Harald Vogel

Konstruieren mit SolidWorks

Harald Vogel

Konstruieren mit SolidWorks

7., überarbeitete Auflage

HANSER

Der Autor
Harald Vogel befasst sich seit über 15 Jahren mit dem Thema CAD. Er unterrichtet CAD und CAE an Bildungseinrichtungen rund um Aachen. Von ihm erschienen bisher insgesamt 17 Titel zu den Themen CAD, MCAD, CAE, CAM und 3D-Animation. Er publiziert regelmäßig in Computerzeitschriften und Zeitungen.

Bibliografische Information Der Deutschen Bibliothek:
Die Deutsche Bibliothek verzeichnet diese Publikation in der Deutschen Nationalbibliografie; detaillierte bibliografische Daten sind im Internet über <http://dnb.ddb.de> abrufbar.

ISBN 978-3-446-44521-5
E-Book-ISBN 978-3-446-44633-5

www.hanser.de
Lektorat: Dipl.-Ing.Volker Herzberg
Herstellung: Der Buch*macher*, Arthur Lenner, München
Coverconcept: Marc Müller-Bremer, Rebranding, München, Germany
Titelillustration: Atelier Frank Wohlgemuth, Bremen
Coverrealisierung: Stephan Rönigk
Satz: page create, Berit Herzberg, Freigericht
Druck und Bindung: aprinta druck, Wemding
Printed in Germany

Vorwort zur ersten Auflage

Die Technik geht davon aus, dass es immer eine einzige richtige Methode gibt, aber das ist nie der Fall.

– Robert M. Pirsig: *Zen und die Kunst, ein Motorrad zu warten*

Liebe Leserin, lieber Leser.

Das *Mechanical CAD* oder kurz MCAD hat das traditionelle Zeichnen auf Pergament und am Computer in den letzten Jahren mehr und mehr verdrängt. Ganze Heerscharen von Ingenieuren sind gezwungen, umzulernen, umzudenken und sich auf die manisch akkurate Interaktion mit 3D-Konstruktionssoftware einzustellen. MCAD gehört inzwischen selbst auf den Hochschulen zum guten Ton.

Doch werfen Sie Ihre CAD-Kenntnisse nicht auf den Kompost: sie werden brotnötig gebraucht. Die Erfahrung eines Konstrukteurs, eines technischen Zeichners, ja eines Schlossers ist im virtuellen Raum unmittelbar anzuwenden – und sogar ein Stück weit Voraussetzung. Wenn Sie wissen, wie Sie eine Zeichnung so gestalten, dass ohne Rückfragen vom Meisterbüro ein perfektes Werkstück zurückkommt, dann bringen Sie bereits das Know-how für die Skizzendefinition im 3D-Bauteil mit.

Denn Sie lernen hier nicht nur ein neues Programm kennen, sondern auch gleich eine ganz neue Arbeitsweise: Sie wissen, wie man einen Körper auf zwei Dimensionen projiziert und zeichnen ihn. Im MCAD hingegen fügen Sie ein virtuelles Bauteil aus einzelnen 3D-Elementen zusammen, selbst das komplizierteste. Die technische Zeichnung wird dann der Computer anfertigen – mehr oder eher weniger normgerecht.

Wundern Sie sich daher nicht, wenn ich in den ersten Kapiteln dauernd von 2D-CAD und MCAD spreche: Umlerner haben es oft schwerer als Neueinsteiger. Darum möchte ich Sie auf bekanntem Weg weiterführen zum neuen Thema. Die Neueinsteiger unter Ihnen werden, da unbelastet, ohnehin kaum Probleme haben, in den Stoff einzusteigen.

Im Hinblick auf das obige Zitat möchte ich Ihnen so viele verschiedene Methoden an die Hand geben, dass Sie sich künftig selbst für die Passende entscheiden können.

Aachen, im Herbst 2004 — Harald Vogel

Vorwort zur zweiten Auflage

Der Erfolg der ersten Auflage – sie war innerhalb Jahresfrist vergriffen – ermunterten Verlag und Autor zur Neubearbeitung für die aktuelle Version SolidWorks 2006. Das Buch wurde komplett überarbeitet, die Abbildungen sind auf die neue Version abgestimmt. Ein neues Kapitel am Ende behandelt die Änderungen seit Version 2004, soweit sie dieses Buch betreffen. Hinzugefügt wurde auch eine beschreibende Inhaltsangabe, die Ihnen gleich im Anschluss den Gebrauch dieses „Schweizer Taschenmessers" erleichtern soll. Also:

Die Welt da draußen wartet auf Ihre Ideen. Auf ein Neues!

Aachen, im Winter 2005
Harald Vogel

Vorwort zur dritten Auflage

Mit Version 2008 hielt der Vista-Look Einzug in SolidWorks. Doch auch unter der Haube hat sich seit Version 2006 viel getan – so viel, dass eine zweite Überarbeitung unausweichlich war: Wieder wurden fast alle Bilder erneuert, sämtliche Texte aktualisiert und neue Methoden eingefügt. Das nenne ich Variantenkonstruktion auf Papier. Für mich ist dieses Manuskript genauso spannend und dynamisch wie sein Thema.

Ich hoffe, es geht Ihnen genauso.

Aachen, im Winter 2008
Harald Vogel

Vorwort zur vierten Auflage

Wieder wurden fast alle Bilder... nein, ich sag's jetzt *nicht* noch mal!
Ihnen das Beste und viel Erfolg mit SolidWorks 2010!

Aachen, im Winter 2009
Harald Vogel

Vorwort zur fünften Auflage

Wo Dürer draufsteht, ist jetzt auch Dürer drin: Gemeint ist der **Dürer-Polyeder** am Ende des vierten Kapitels. Diesen Rhomboederstumpf – nicht mit „ö“, sondern mit „o-e“, weshalb man früher *Rhomboëderstumpf* schrieb – parametrieren Sie derart, dass Sie ihn allein durch seine Kantenlänge steuern können. Betrachtet man die letzten Entwicklungen auf dem Gebiet der 3D-Modellierung, so scheint dies die Methode der Zukunft zu sein.

Bei dieser Gelegenheit lernen Sie den in Version 2012 frisch renovierten Gleichungseditor in allen drei Dimensionen kennen.

Viel Kurzweil damit – und natürlich mit dem ganzen Buch – wünscht Ihnen

Harald Vogel
Aachen, im Winter 2012

Vorwort zur sechsten Auflage

Neues gibt's in SolidWorks ja mit jeder Version – und auch diesmal hat das Meiste davon den Weg ins Buch gefunden. Für Hard- wie Softwarehersteller gilt: Wichtiger als neue Funktionen ist die Modellpflege. Es stellt sich heraus: Das gilt auch für Autoren.

Zum Beispiel funktioniert neuerdings die Zeichnungsableitung. SolidWorks steuert offenbar auf einen Nebenjob als Dokumentationsprogramm zu. Und so bekam das einsame zwölfte Kapitel zum Thema **Zeichnungsableitung** Zuwachs – in Form des Kapitels 13: Insgesamt rund 70 Seiten zum Thema Zeichnen. Dreimal so viel wie bisher.

Sie lernen die Erstellung automatischer Zeichnungsvorlagen, um sich öde Wiederholungen zu sparen. Sie definieren Entwurfsnormen zur Synchronisierung Ihrer Vorlagen, speichern automatische Schriftfelder, jonglieren mit Layern, Linien und Variablen, bauen Blöcke für Zeichnungssymbole und erlernen die Kniffe aller Hilfsansichten inklusive des Halbschnitts. Dabei lernen Sie auch einen der lustigsten *bugs* kennen, die mir je begegnet sind.

Wenn Sie mit diesen beiden Kapiteln durch sind, dann können Sie mit Fug und Recht von sich behaupten: *„Ich kann SolidWorks… zeichnen lassen!“*

Viele schöne „Aha“-Erlebnisse und viel Freude mit SolidWorks wünscht Ihnen nun

Harald Vogel
Aachen, im Winter 2014

Vorwort zur siebenten Auflage

Die Programmierer von SolidWorks, so scheint es, haben sich das letzte Vorwort zu Herzen genommen: Die Version 2015 steht weniger für aufregende Neuigkeiten als vielmehr für die Pflege des Vorhandenen: Stabilität, Performance und Konsistenz.

Oder auch „händisch"

Die 2015 ist *händich,* wie man in Hessen sagt.

Jetzt können Sie die Kontext-Symbolleisten **anpassen**. Damit gewinnen Sie einen zusätzlichen Freiheitsgrad bei der Gestaltung „Ihres" SolidWorks. Sie können **Auswahlgruppen** definieren, wie Sie sie schon seit ewig in AutoCAD gewohnt sind. Auch können Sie Ihre Modelle und Baugruppen direkt aus dem Editor heraus als *eDrawing* und 3D-PDF exportieren – **MBD** heißt das neue Stichwort.

Eine angenehme und vergnügliche Reise in die *echte* virtuelle Welt wünscht Ihnen nun

Harald Vogel

Aachen, im Winter 2015

Gebrauchsanleitung

Damit Sie vom Gebrauch des Werkes maximal profitieren, gebe ich Ihnen einen Wegweiser mit. Denn dies Buch ist nicht unbedingt als „A-Z"-Anleitung zu verstehen, sondern eher als Vielzweck-Werkzeug, ähnlich einem Schweizer Taschenmesser: Zum Einen hat es siebenVorworte und drei Anfänge. Zum Anderen ist es in zwei Hauptteile gegliedert, frei nach dem Motto: Erst das Vergnügen, dann die Arbeit.

Teil I: Aller Anfang ist gar nicht so schwer

In Teil I werden Ihnen drei Anfänge geboten, die Ihnen für den Einstieg in SolidWorks die unterschiedlichsten Ansätze bieten und dabei immer ein anderes Gebiet streifen – es lohnt sich also, sie wenigstens einmal durchzublättern:

- Kapitel 1 erklärt die SolidWorks-Bedienoberfläche, ihre Begrifflichkeiten und Einstellungen. Es wendet sich an diejenigen, die sowohl in den Gefilden des MCAD als auch in SolidWorks völlig neu sind und sich erst einmal anschauen möchten, was wohin gehört. Auch eine ergonomische Arbeitsplatzkonfiguration ist dabei.
- Kapitel 2 ist reine Praxis – *learning by doing*: Es erklärt die Grundlagen der Bauteilkonstruktion. Das Beispiel ist außerdem komplex genug, um Ihnen die hierarchische Denkweise des Mechanical CAD zu demonstrieren.

Die nächsten beiden Kapitel vereinigen sich zum dritten Anlauf:

- In Kapitel 3 steigen wir gleichsam chirurgisch in die Skizzengestaltung ein, die erste Hürde des Mechanical CAD.
- Kapitel 4 schult – Hürde Nr. 2 – Ihr räumliches Vorstellungsvermögen, und zwar radikal! Das Dürer-Beispiel dürfte in dieser Hinsicht das schwierigste des ganzen Buches sein. Rahmenhandlung sind Referenzgeometrie, Gleichungen und Tabellensteuerung (Hürden Nr. 3 bis 5).

Teil II: Und jetzt wird's ernst!

Wenn Sie dann so richtig schön unter Dampf stehen, sind Sie bereit für Teil II. Der enthält ein komplettes Projekt, ein Stirnradgetriebe mit Bauteilen, Baugruppen, Normteilen und Zeichnungsableitung:

- In Kapitel 5 und 6 erlernen Sie den Gebrauch der MCAD-Werkzeuge. Das Gehäuse ist anspruchsvoll genug, um die Vorzüge der *Top-Down-Methode* herauszustellen, der Planung *vor* der Konstruktion.
- Kapitel 7 enthält eigentlich nur ein paar Bohrungen und Gewinde...
- In Kapitel 8 arbeiten Sie mit Oberflächen, einer ganz eigenen Klasse von Objekten. Dann kombinieren Sie diese Oberflächen mit Volumenkörpern – SolidWorks mausert sich ja schließlich immer mehr zur „gussgerechten" Anwendung.
- Verrundungen und Fasen bilden den Inhalt von Kapitel 9 – ein schweißtreibendes Kapitel für Mensch und Maschine!

- In Kapitel 10 steuern Sie Bauteilvarianten mit Tabellen und arbeiten mit externen Referenzen.
- Die Baugruppen kommen endlich in Kapitel 11 zur Sprache – *Hürde Nummer n.* Außerdem: Norm- und Zukaufteile, Bauteilkataloge.
- Im 12. Kapitel lernen Sie, SolidWorks Ihre Zeichnungsnorm zu lehren.
- Im 13. Kapitel erlernen Sie die Zeichnungsableitung in der Praxis.

Alle Renderings dieses Buches wurden mit *PhotoWorks* und Nachfolger *PhotoView* angefertigt.

Jedes Kapitel **beginnt** mit einem Bild des Lernziels.

Jedes Kapitel – bis auf das erste – **endet** mit einem *Ausblick auf kommende Ereignisse.* Auch sind am Ende stets die zugehörigen Dateien angegeben, die Sie auf der DVD finden. Für manche Kapitel sind sogar Zwischenstadien festgehalten. Der Sinn: Sie können, wenn Sie wollen, mitten ins Buch einsteigen (s. *Nomenklatur*).

Nomenklatur

In diesem Buch kommen unterschiedliche Formatierungen zum Einsatz:

- Spiegelpunkte – siehe links – bedeuten Arbeit. In diesem Format sind sämtliche Bauanleitungen gesetzt.
- *Kursiv gesetzt* sind alle Befehle und Funktionen, alle Optionen, Menüpunkte und Schaltflächen, aber auch die SolidWorks-spezifischen Fachbegriffe.

`Eingaben in Formel- oder Skriptsprache sind in Schreibmaschinenschrift gesetzt.`

- **Fett** sind die Text- und Zifferneingaben gesetzt, die Sie in Dialogboxen und Editierfelder eintragen. Ebenso die Shortcuts (Tastenbefehle).
- **Blau** sind Hervorhebungen allgemeiner Art gesetzt.
- Datei- und Verzeichnisnamen erscheinen in \KAPITÄLCHEN.

Hinweise dienen dazu, Sie auf kritische Aspekte aufmerksam zu machen, aber auch zur weiterführenden Information.

- Am Ende eines jeden Kapitels sind die zugehörigen Ergebnisdateien auf der Begleit-DVD aufgelistet. Sie können also **unmittelbar in jedes Kapitel einsteigen**, indem Sie die Dateien des **vorhergehenden** Kapitels laden. Meist wird das Ausgangsstadium aber noch einmal gesondert genannt.
- Wenn Sie eine Anleitung sehen, die mit **drei Pünktchen** endet…

… dann sollten Sie erst einmal **weiterlesen**, denn hier weise ich auf ein Problem mit der Methode oder der Software hin. Im folgenden Text wird dies dann näher erläutert.

Der Grund, warum ich Sie gelegentlich – aber nie zu sehr! – in die Irre laufen lasse, ist folgender: Ich glaube, dass Sie dadurch etwas Wichtiges lernen, etwas, das Sie bestimmt **nicht** lernen, wenn ich Sie wie auf Schienen sorglos von A nach Z geleite. Die Eingeweihten wissen: *MCAD ist nicht so.* Und darum ist dieses Buch auch nicht so.

À-propos Rechtschreibung

Bitte wundern Sie sich nicht, wenn Sie im Text unterschiedliche Schreibweisen vorfinden, etwa „Paßfeder" und „Passfeder", *denn eigentlich, SolidWorks ist Amerikaner:* Die eingedeutschten Texte in Dialogboxen und Menüeinträgen sind orthografisch und stilistisch also nicht perfekt. Ich zitiere sie im Original, um Ihnen Kopfzerbrechen zu ersparen.

Die DVD

Auf der beiliegenden DVD finden Sie – verwirrend genug – gleich sieben Root-Verzeichnisse: SolidWorks 2004 und 2005, SolidWorks 2006 und 2007, SolidWorks 2008 und 2009, SolidWorks 2010 und 2011, SolidWorks 2012 und 2013, SolidWorks 2014 sowie SolidWorks 2015. Der Inhalt dieser sieben ist zwar größtenteils identisch, doch SolidWorks ist – wie die meisten Anwendungen – nicht aufwärtskompatibel. Ich habe die Dateien der ersten sechs Auflagen dazugepackt, damit Sie Beispiele und Modelle auch mit einer älteren Version bearbeiten können.

Dies betrifft auch die MS-Excel-Arbeitsmappen für die Tabellensteuerung: Für SolidWorks 2004 benötigen Sie mindestens Excel 97, SolidWorks 2006 verlangt nach Excel 2000, und die aktuelle Version arbeitet nur mit Excel 2007 oder jünger zusammen. Entsprechend wurden die Arbeitsmappen auf der DVD abgelegt. Allerdings können Sie auch in SolidWorks 2015 Tabellen im alten, binären XLS-Format nutzen.

Wenn SolidWorks beim Laden einer Baugruppe mit einer Fehlermeldung unterbricht und Sie fragt, ob Sie selbst "... nach Datei XY suchen ..." wollen, dann bestätigen Sie und öffnen Sie auf der DVD das Verzeichnis <LW>\<Version>\SolidWorks\CopiedParts.

Danksagung

Es ist ein großes Glück für ein Buch, wenn die Danksagung im Lauf der Zeit immer länger wird:

Mein Dank geht an Reiner Weber-Nobis, meinen Lektor und Leser Nummer Eins. Er korrigierte nicht nur den Text der ersten Auflage, sondern baute auch die Modelle nach.

Ein Dankeschön auch Herrn Dr. Ulrich Kliegis, der mir bei der Entzerrung der Texte nach der Reform der „neuen" neuen Rechtschreibung hilfreich zur Seite stand.

Reiner Weber-Nobis hat dann die vierte Auflage noch einmal komplett durchgesehen. Die Duden-Mafia kostet wirklich einen Haufen Geld...

Dipl.-Ing. und freier Fachjournalist Ralf Steck fand beim Durcharbeiten der vierten Auflage noch einige Ungenauigkeiten und Sachfehler. Mit dem hier erworbenen Wissen absolvierte er im Gegenzug die CSWA-Prüfung gleich im ersten Anlauf.

CSWA: *Certified SolidWorks Associate*, Basiszertifikat bei SolidWorks.

Ich bedanke mich bei SolidWorks Deutschland, besonders bei den Herren Kim Ilgmann und Andreas Spieler, für die Unterstützung mit Software, Service und Beratung zu beinahe jeder Stunde.

Projektleiter ist Herr Dipl.-Ing. Volker Herzberg vom Carl Hanser Verlag in München.

Für den – wie stets! – schönen und professionellen Satz und die hervorragende Beratung in allen Frage-Sätzen geht mein Dank an Berit Herzberg von *Page create*, Freigericht.

Inhaltsverzeichnis

Teil I: Aller Anfang ist gar nicht so schwer

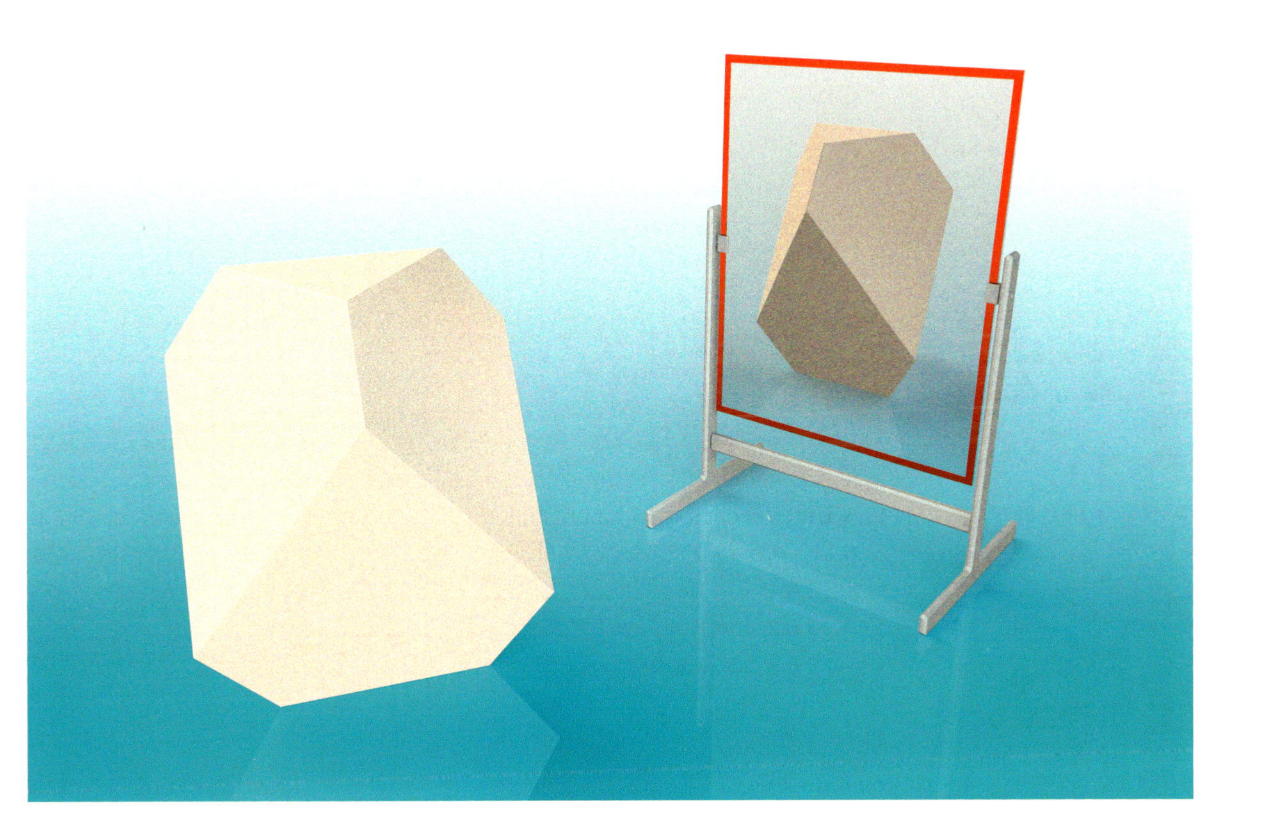

1 Die Oberfläche von SolidWorks

. . . und das erste Modell

Ein Rundgang durc h die Werkstatt zeigt die Vielfalt und Komplexität eines modernen MCAD-Programms. Trotzdem ist SolidWorks eines der am einfachsten zu bedienenden 3D-Werkzeuge auf dem Markt.

Wenn Sie SolidWorks starten, sehen Sie entweder das leere Programmfenster mit dunkelgrauem Hintergrund, ein leeres Dokument, oder – rechts im Editor – den sogenannten *Task-Fensterbereich* nach Bild 1.1.

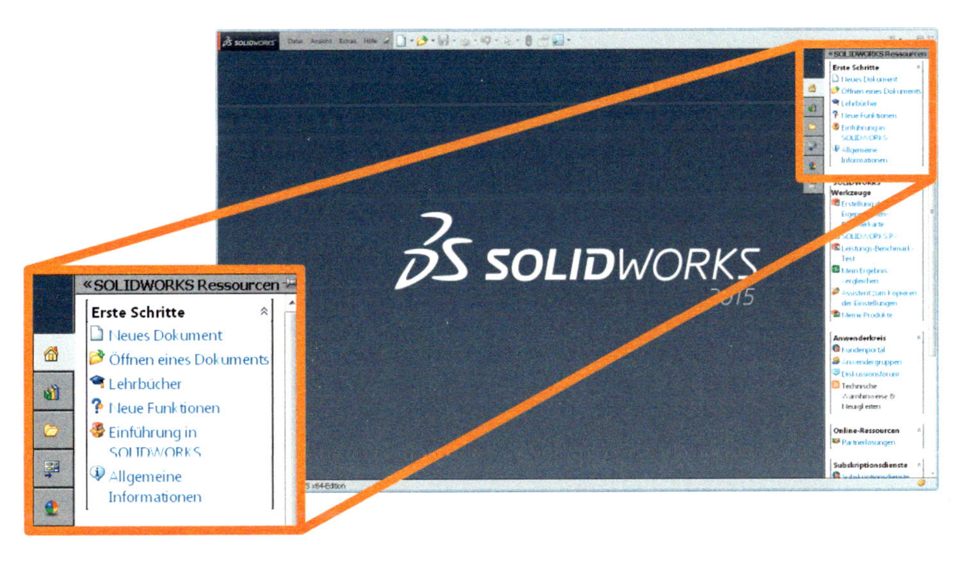

Bild 1.1: Vor dem Anfang: Der *Task-Fensterbereich*. Über die Stecknadel oben rechts blenden Sie ihn ein und aus, über das Menü *Ansicht, Task-Fensterbereich* deaktivieren Sie ihn ganz.

- Sollte statt des Task-Fensterbereichs nur eine senkrechte Reihe Schaltflächen zu sehen sein, klicken Sie einfach die erste an. Sie birgt die *SolidWorks Ressourcen*.
- Aktivieren Sie die Schaltfläche *Neues Dokument*. Gleichen Dienst tut die linke Schaltfläche *Neu* der kurzen Symbolleiste neben dem Menü. Oder Sie öffnen das SolidWorks-Logo oben links und wählen aus dem Menü *Datei, Neu*.

1.1 Die Arbeitsmodi

Daraufhin erscheint das Dialogfeld *Neues SolidWorks Dokument*. Gleich zu Beginn werden Sie vor die Wahl gestellt, welche Art von Dokument Sie erstellen möchten: Ein *Teil*, eine *Baugruppe* oder eine *Zeichnung* (Abb. 1.2).

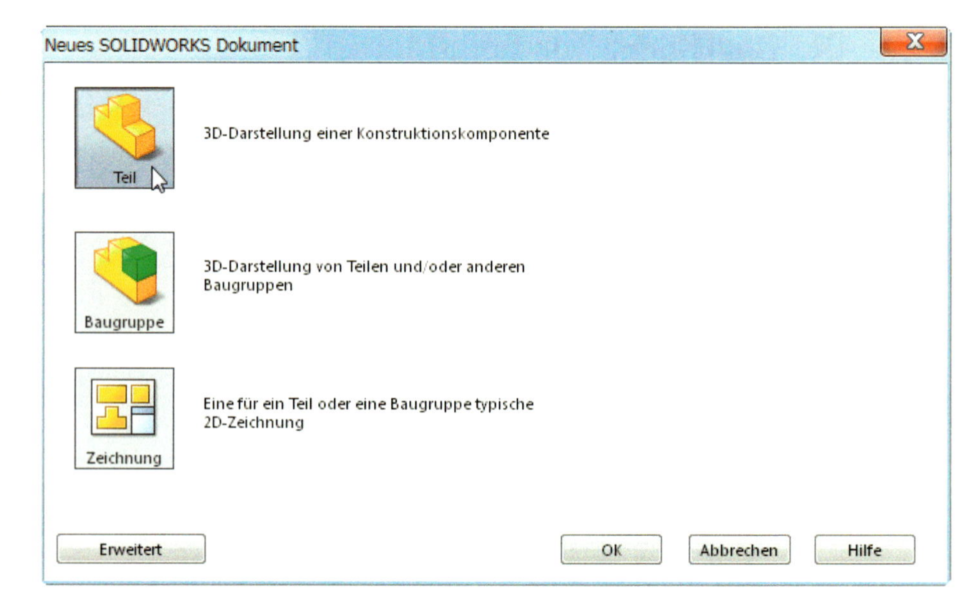

Bild 1.2:
Die Entscheidung für den Arbeitsmodus fällt gleich zu Beginn – ein typisches Merkmal aller MCAD-Anwendungen.

Eine derartige Fallunterscheidung treffen Sie in allen MCAD-Systemen an:

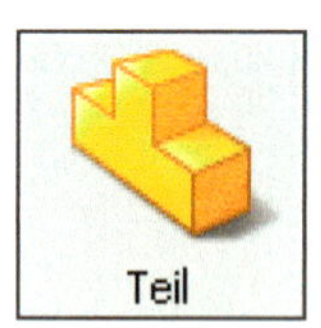

- Ein Bauteil wird grundsätzlich im *Teil*-Dokument erstellt, und zwar in der Regel **ein** Bauteil pro Datei. Hier steht das Modellieren im Vordergrund, und dieses Thema nimmt auch den Löwenanteil des Buches in Beschlag. Denn der Erfolg der Konstruktion basiert – auch im Virtuellen – auf der sinnvollen Gestaltung der Einzelteile. Auch wenn diese nicht dafür garantiert.

- Das aus den Bauteilen resultierende Gerät stellen Sie in einer *Baugruppendatei* zusammen, wo Sie die Teile importieren und in Relation zueinander setzen. Sie verknüpfen zum Beispiel eine Welle drehbar in einem Lager, das seinerseits im Gehäuse fixiert ist. Hier geht es also um die fachgerechte Einschränkung der Freiheitsgrade. Nur in der Baugruppe ist es auch möglich, das Gerät zu animieren, um etwa Kollisionen zu entlarven. Diesen Modus finden Sie in Kapitel 11.

- Um von den fertigen Bauteilen und -gruppen technische Zeichnungen, Zusammenstellungen und Stücklisten abzuleiten, verwenden Sie den Modus *Zeichnung*. Dieses Umfeld wird Ihnen vielleicht vom CAD her vertraut vorkommen. Im MCAD zeichnen allerdings nicht Sie, sondern das Programm: Die Zeichnung entsteht automatisch aus der Modellgeometrie. Die Aufgabe des Konstrukteurs besteht vielmehr darin, die Ansichten korrekt zu platzieren, die Normen einzuhalten und die Detaillierung anzubringen, also etwa Form-, Lage- und Maßtoleranzen, Materialbeschreibungen, zusätzliche Maße und das Schriftfeld. Die Zeichnungsableitung finden Sie in den Kapiteln 12 und 13.

Hier können – je nach geladenem Plug-In – noch weitere Optionen stehen, etwa für Blech- und Schweißkonstruktionen.

1.2 Die Benutzeroberfläche

Für die zweite und dritte Option benötigen Sie Bauteile, also fällt die Entscheidung leicht:

- Klicken Sie auf *Teil* und auf *OK* (Abb. 1.3).

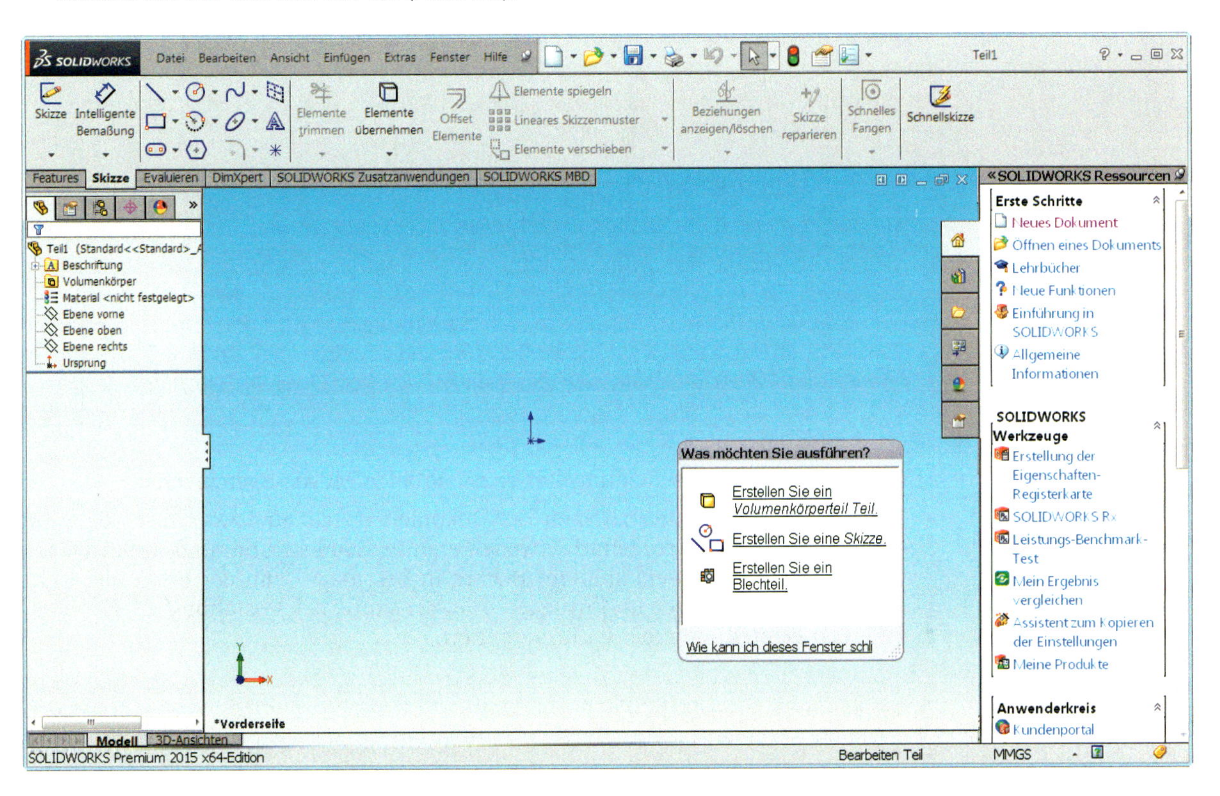

Bild 1.3: Ein neues Teildokument. Die graue Liste links ist der *FeatureManager*, ein Hierarchiebaum, in dem die Eigenschaften (*Features*) des Bauteils chronologisch verzeichnet sind.

Obwohl das Dokument noch leer ist, bewirkt es doch das Erscheinen einiger neuer Bedienelemente:

- Links erkennen Sie eine breite Liste, in der die Einzelheiten – englisch: *Features* – des Modells aufgeführt sind. Dies ist der *FeatureManager*. Er enthält momentan nur den Namen des Teils, also *Teil1*, die *Beschriftungen*, seine *Volumenkörper*, das verwendete *Material*, die drei *Ebenen* und den *Ursprung*. Er füllt sich im Verlauf Ihrer Arbeiten zusehends mit Einträgen, wobei jeder neue Modellbestandteil als sogenanntes **Feature** hinzugefügt wird. Diese Features lassen sich nachträglich bearbeiten, was den großen Unterschied zwischen den allgemeinen 3D- und den MCAD-Programmen darstellt.
- Unter dem *FeatureManager* liegt eine schmale Steuerleiste, mit der Sie zwischen der interaktiven Modell-Ansicht und den bisher gespeicherten 3D-Ansichten umschalten – eine neue Funktion in Version 2015!

- Das Menü finden Sie durch einen Klick auf das SolidWorks-Logo. Mit der *Stecknadel* am rechten Menü-Ende blenden Sie es dauerhaft ein.

Im Modellfenster – dem *Editor* – ist noch die Hilfsfunktion *Was möchten Sie ausführen?* zu sehen. Dieses Fenster reagiert ähnlich wie Karl Klammer in *MS Word:* Es versucht, während der Arbeit ständig Ihre Intentionen zu erraten, und so erhalten Sie jede Menge Antworten auf Fragen, die Sie gar nicht gestellt hatten.

- Deshalb, und natürlich auch zur Platzersparnis und Übersichtlichkeit bitte ich Sie, die Online-Hilfe über das Menü *Hilfe, Quickinfo* zu deaktivieren.

1.2.1 Gemeinsamkeiten . . .

Sehen wir uns nun diese Bedienelemente einmal genauer an:

- Das Menü enthält die windows-üblichen Stichpunkte *Datei, Bearbeiten, Ansicht, Einfügen, Extras, Fenster* und *Hilfe.* In ihm sind sämtliche Funktionen des jeweiligen Modus enthalten – anders in den Symbolleisten, die immer nur eine kleine Auswahl bieten. Der Punkt *Fenster* verrät, dass es sich hier um ein MDI-Fenster handelt, ein **Multiple Document Interface**, zu Deutsch Mehrdokumentenansicht: Sie können also mehrere Dateien zugleich öffnen. Und bei einer Baugruppe mit dreihundert Teilen müssen Sie das auch.

- Die Symbolleiste rechts *neben* dem Menü ist bei allen Dokumentarten dieselbe. Sie beginnt mit den Schaltflächen *Neu, Öffnen, Speichern* und *Drucken.*

Ein Pfeil rechts neben einer Schaltfläche weist auf ein **Flyout** hin. Klicken Sie ihn an, klappt ein Menü mit artverwandten Funktionen auf.

- Dann folgt die Funktion *Rückgängig,* mit der Sie – fast – alle Aktionen widerrufen können. Ihr Flyout bietet eine Liste der bisherigen Aktionen.
- *Auswählen* ist der Defaultmodus. Er bedeutet, dass Sie Modellelemente durch Anklicken aktivieren können.
- Mit der Ampel erzwingen Sie einen *Modellneuaufbau* für den Fall, dass etwas geändert wurde. Normalerweise geschieht dies jedoch automatisch.
- Die Schaltfläche *Dateieigenschaften* ruft das fast gleichnamige Dialogfeld auf, in dem Sie eine ganze Reihe allgemeiner Eigenschaften, aber auch Modell- und Konfigurationsparameter abspeichern können. Wir werden es in Kapitel 12 erkunden.
- *Optionen* ist der letzte Punkt in der Standardleiste. Die Options-Box ist wie bei allen 3D-Grafikprogrammen gigantisch. Deshalb taucht sie im Buch immer wieder auf.
- Falls Sie die *SolidWorks-Suche* installiert haben, wird rechts neben der Symbolleiste und dem aktuellen *Dateinamen* ihr Eingabefenster mit Lupensymbol angezeigt.

Da die Suchfunktion ständig alle Festplatten indiziert, bremst sie das System – und besonders ältere Systeme – **merklich** aus. Falls Sie das stört, können Sie sie über *Optionen, Systemoptionen, Suchen* deaktivieren oder über das benutzerdefinierte Setup nachträglich deinstallieren (lassen).

Am rechten oberen Fensterrand finden Sie noch

- das *Fragezeichen* bzw. das Menü *Hilfe*. Hier erhalten Sie die komplette Dokumentation, etwa das Handbuch, die *Schnellreferenz*, die *Servicepack*-Informationen und vieles mehr.

Etwas irritierend für den erfahrenen SolidWorks-Anwender ist die Integration der altgewohnten Titelleiste, des Menüs und der ersten Symbolleiste in eine einzige Leiste. Aber natürlich hilft diese Anordnung auch, Platz für den Editor zu sparen.

1.2.2 ... und Differenzen: Der *CommandManager*

Die dicke Symbolleiste im Bild 1.3 stellt den *CommandManager* dar. Dieser enthält gleich mehrere Symbolleisten, welche Sie über die Registerkarten an seinem unteren Rand anwählen können. Die Auswahl an Registerkarten entspricht dem jeweiligen Arbeitsmodus. Die Ausstattung einer Registerkarte entspricht der jeweils gleichnamigen Symbolleiste und kann genau wie diese durch Rechtsklick, *Anpassen* modifiziert werden.

Der *CommandManager* spart also ebenfalls Platz, indem er als Schaltzentrale fungiert. Allerdings gestaltet er das Editorfenster unangenehm lang und schmal, besonders wenn zusätzlich seine Schaltflächentexte eingeblendet sind (Abb. 1.4).

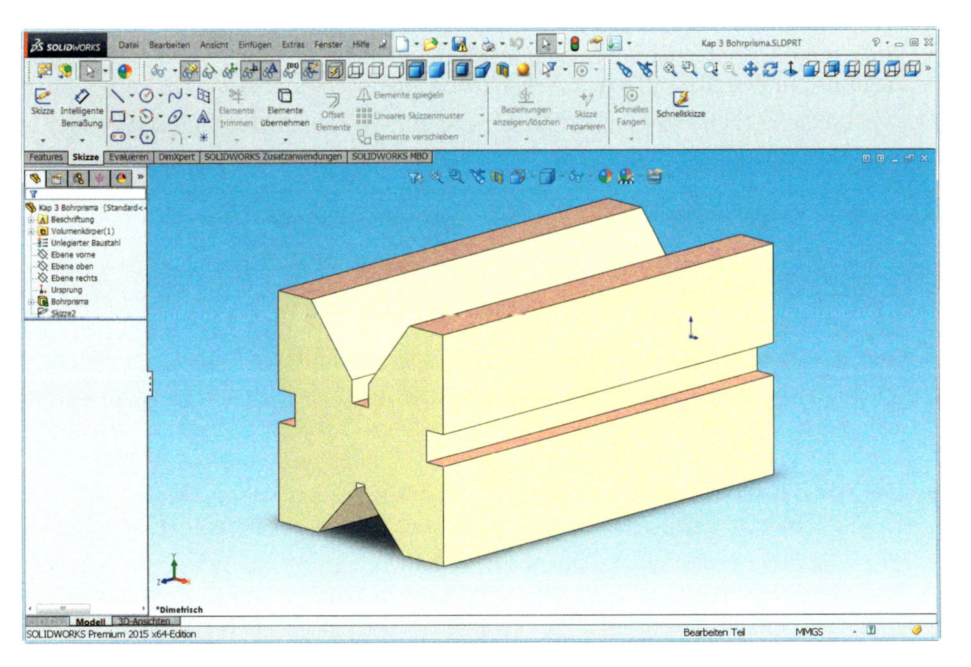

Bild 1.4: Der Sinn des *CommandManagers:* Mehrere Symbolleisten sind in einer einzigen untergebracht.

Bevor Sie den *CommandManager* ausschalten, bitte ich Sie, zunächst die Funktion *Instant3D* auf der Registerkarte *Features* zu deaktivieren. *Instant3D* braucht eine sichere Hand, und sie würde uns im Verlauf dieses Buches in die Quere kommen.

Der *CommandManager* war eine Neuerung in Version 2004, und er ist sicher gut gemeint. Ich persönlich halte die alte Anordnung jedoch für übersichtlicher und ergonomischer. Doch urteilen Sie selbst:

- Schließen Sie den CommandManager über das Menü *Ansicht, Symbolleisten, CommandManager* oder, indem Sie einen Rechtsklick auf eine Symbolleiste oder Titelleiste ausführen und *CommandManager* wählen.

Auf diese Arten toggeln Sie alle Symbolleisten, auch den Task-Fensterbereich. Symbolleisten können Sie zusätzlich am geriffelten Ende in den Editor ziehen und dann über deren *x*-Schaltfläche schließen.

Automatisch erscheinen die beiden Symbolleisten *Features* und *Skizze*. Docken Sie *Features* an der linken Seite an und *Skizze* an der rechten, falls dies nicht bereits automatisch geschehen ist (Abb. 1.5).

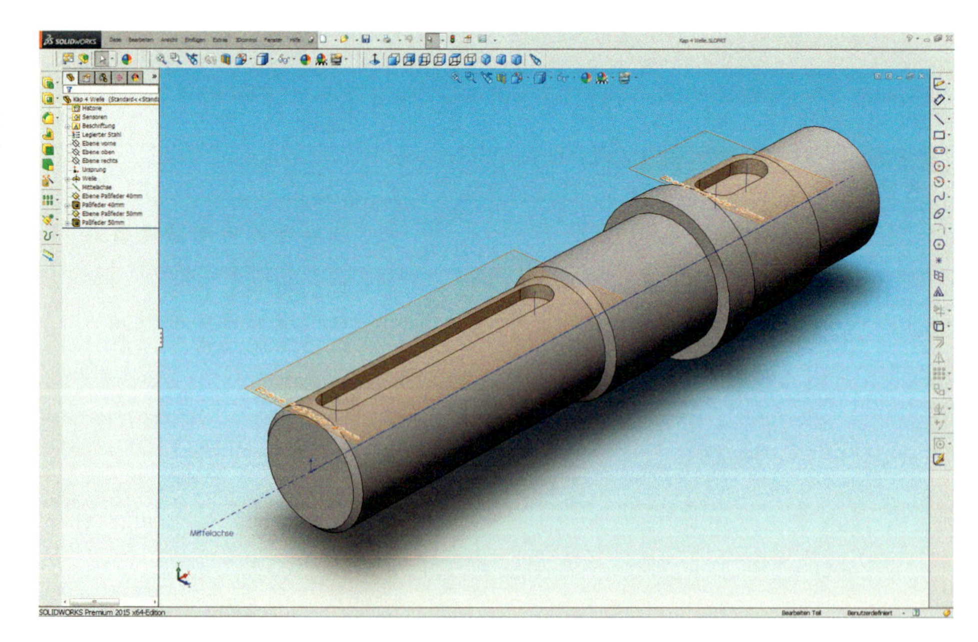

Bild 1.5:
Old habits die hard: Links sind die Features mit dem FeatureManager vereinigt, rechts alle Skizzenfunktionen mit dem Editor – alle Funktionen sind genau dort, wo sie gebraucht werden, und das in einfacher Ausführung.

1.2.3 Feintunen der Benutzeroberfläche

Sie können die Oberfläche von SolidWorks beinahe frei konfigurieren. Das ist sinnvoll,

- wenn Sie eine Funktion *oft* benötigen, wenn Sie sie *niemals* benötigen, oder wenn Sie sie einer anderen Funktionsgruppe (Symbolleiste) zuordnen wollen,
- wenn Sie einen der alten 4:3-Monitore verwenden, denn dann schinden Sie wertvolle Breitenpixel heraus, indem Sie alle Flyouts der Symbolleiste *Features* und *Skizze* durch feste Funktionen ersetzen,

- wenn Sie einen 16:10-Monitor besitzen, denn dann schinden Sie wertvolle Höhenpixel heraus, indem Sie z. B. den *CommandManager* verschwinden lassen, wodurch sich der Editor wieder der optimalen Quadratform annähert, und schließlich dann,
- wenn Sie die Zahl der Bedienelemente reduzieren wollen – denn je weniger Sie zu wählen haben, desto leichter geht Ihnen die Arbeit von der Hand.

Der Nutzen von Flyouts kann ohnehin nur als umstritten bezeichnet werden: Symbolleisten sollen wichtige Befehle auf einen Klick anbieten – für **alle** Befehle ist ja bereits das Menü zuständig.

Räumen wir SolidWorks also ein wenig auf:

- Führen Sie über der Symbolleiste *Features* einen Rechtsklick aus und wählen Sie *Anpassen*. Es ist der vorletzte Menüpunkt der langen Liste. Wenn die Dialogbox *Anpassen* erscheint, befindet sich SolidWorks im Konfigurationsmodus. Schalten Sie auf die Registerkarte *Befehle* um. Aus der langen Liste zur Linken, den *Kategorien*, wählen Sie *Features* (Abb. 1.6).

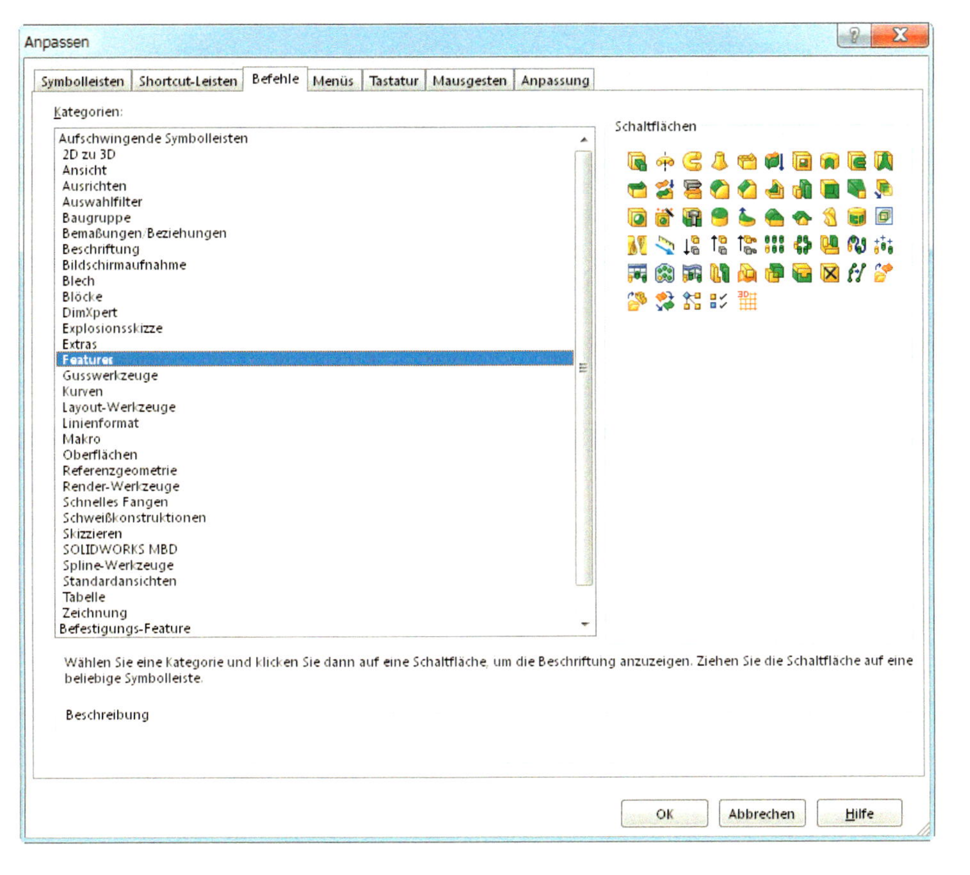

Bild 1.6:
Die Dialogbox *Anpassen* enthält alle Symbolleisten, Schaltflächen, Menüs, Tastaturbefehle sowie einige Optionen der Benutzeroberfläche.

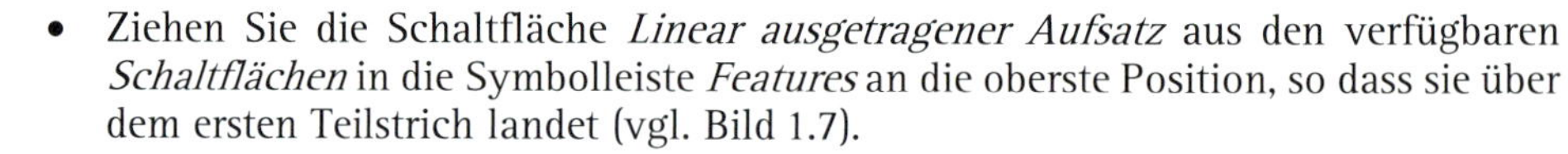

- Ziehen Sie die Schaltfläche *Linear ausgetragener Aufsatz* aus den verfügbaren *Schaltflächen* in die Symbolleiste *Features* an die oberste Position, so dass sie über dem ersten Teilstrich landet (vgl. Bild 1.7).

- Verfahren Sie ebenso mit ihrem Gegenstück, dem *Linear ausgetragenen Schnitt.*

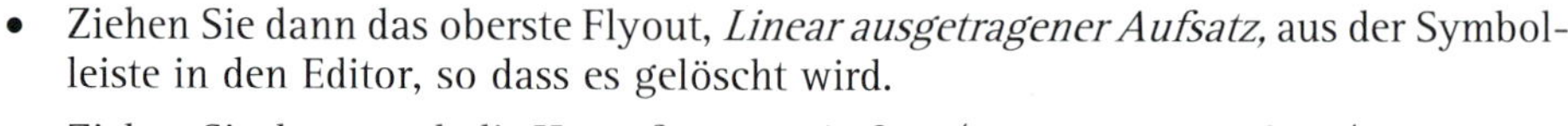

- Ziehen Sie dann das oberste Flyout, *Linear ausgetragener Aufsatz,* aus der Symbolleiste in den Editor, so dass es gelöscht wird.

- Ziehen Sie dann noch die Hauptfeatures *Aufsatz/Basis rotiert, Aufsatz/Basis ausgetragen* und *Aufsatz/Basis ausgeformt* in die Symbolleiste, zusammen mit ihren jeweiligen Schnitt-Pendants. Die Icons finden Sie leider nicht in der nebenstehenden Reihenfolge.

- Fügen Sie unterhalb des ersten Teilstrichs die *Verrundung* und die *Fase* hinzu, dann *Spiegeln, Lineares Muster, Kreismuster* und den *Bohrungsassistenten.* Entfernen Sie dann auch hier alle Flyouts.
- Blenden Sie dann über die Registerkarte *Symbolleisten* die Symbolleiste *Referenzgeometrie* ein und fügen Sie sie links unterhalb der *Features* an.

Auch die Symbolleiste *Skizze* lässt sich vereinfachen (Abb. 1.7). Sie finden die folgenden Funktionen unter folgenden Kategorien:

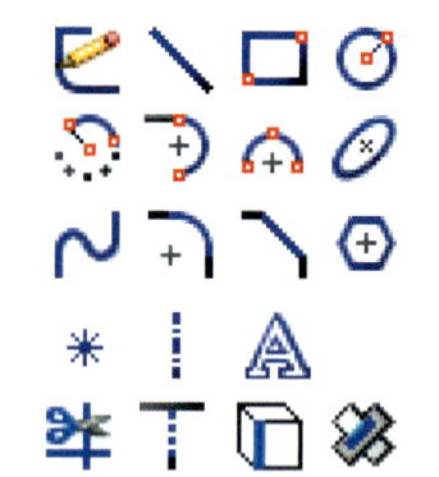

- Zum Lernen benötigen Sie nur die *Skizzier*-Funktionen *Skizze, Linie,* das *Ecken-Rechteck,* den *Kreis,* die drei *Bogenfunktionen, Spline* und *Ellipse, Skizze verrunden* und *Fase skizzieren,* das *Polygon,* den *Punkt* und die *Mittellinie* sowie schließlich *Text.*

Natürlich können Sie weitere Funktionen hinzufügen. Achten Sie aber darauf, dass sie der thematischen Ausrichtung der Symbolleiste entsprechen, hier also möglichst nur Funktionen für den Skizziermodus bieten.

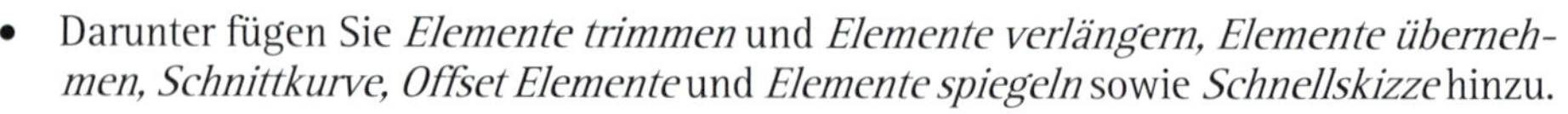

- Darunter fügen Sie *Elemente trimmen* und *Elemente verlängern, Elemente übernehmen, Schnittkurve, Offset Elemente* und *Elemente spiegeln* sowie *Schnellskizze* hinzu.
- Aus der Kategorie *Ansicht* benötigen Sie noch *Gitter anzeigen,* und
- aus der Kategorie *Bemaßungen/Beziehungen* die *Intelligente Bemaßung, Beziehung anzeigen/löschen* und *Beziehung hinzufügen.*
- Löschen Sie dann alle Flyouts aus dieser Symbolleiste.

Damit verfügen Sie über den elementaren Funktionsschatz, ohne ständig Flyouts aufklappen zu müssen.

Wenn Sie die verkürzten Menüs stören – was Sie an den Doppelpfeilen am unteren Ende erkennen –, so können Sie dies über *Ansicht, Symbolleisten, Anpassen, Optionen,* Gruppenfeld *Anpassen der Menüs* und die Schaltfläche *Alles anzeigen* beheben.

1.2.4 Ein Service für alte SolidWorks-User

Ich schlage zusätzlich vor, dass Sie die Funktionen der Leiste *Ansicht (Head-Up)* aus dem Editor (Abb. 1.4, oberer Rand) in die Symbolleisten verschieben, denn Steuerelemente und Modelle sollten einander nicht überlagern:

- Deaktivieren Sie im Kontextmenü einer Symbolleiste den Eintrag *Ansicht (Head-Up)*.

Die nun fehlenden Ansichtsfunktionen bauen Sie einfach in die – eingeblendeten – Symbolleisten *Standardansichten* bzw. *Ansicht* ein. Sie finden die Befehle unter *Anpassen, Befehle* in der Kategorie *Ansicht*. Es handelt sich um die Funktionen

- Symbolleiste *Standardansichten: Vorherige Ansicht, Ausrichtung Ansicht, In Fenster zoomen, Ausschnitt vergrößern, Vergrößern/Verkleinern, Zoomen auf Auswahl, Ansicht drehen* (**nicht** *Ansicht rollen!), Verschieben, Normal auf,* dann die sechs Standardansichten und die drei axonometrischen Ansichten (Abb. 1.7 unten links).
- Symbolleiste *Ansicht:* Die fünf Darstellungsformen *Drahtdarstellung, Verdeckte Kanten sichtbar, Verdeckte Kanten ausgeblendet, Schattiert mit Kanten, Schattiert, Schatten im Modus Schattiert, Perspektive, Schnittansicht, RealView Graphics, Schnelles Fangen* und *Auswahlfilter* (im Bild unten rechts).
- Auch hier können Sie die Flyouts dann entfernen.

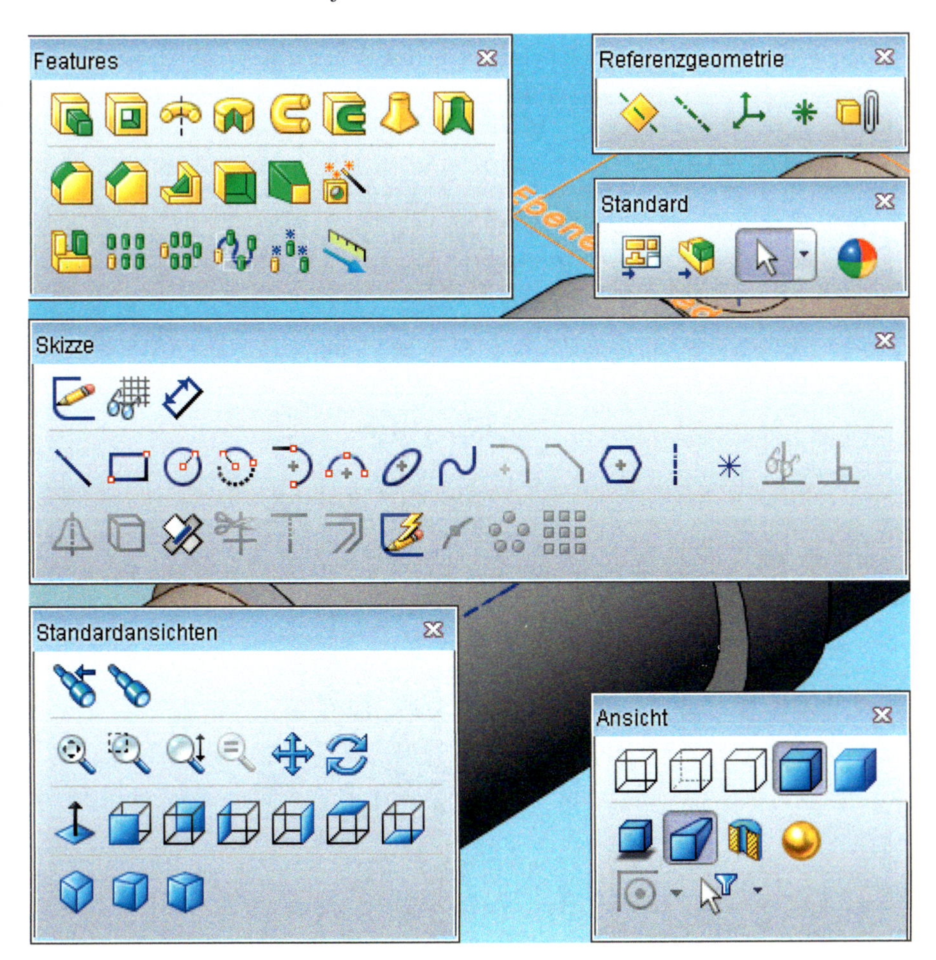

Bild 1.7: Serviervorschlag: Mit diesen elementaren Funktionen kommt man beim Modellieren schon sehr weit.

Damit haben Sie eine äußerst funktionelle Anordnung erreicht: Die *Features* werden hauptsächlich im *FeatureManager* verwaltet, dem länglichen Fenster mit der langen Liste zur Linken des Editors. Daher ist es sinnvoll, auch die Symbolleiste *Features* hier zu platzieren. Das Skizzieren geschieht dagegen rechts im großen Editorfenster, und dort sollten sich denn auch die Werkzeuge zum Skizzieren befinden. Schön ist auch, dass das Editorfenster nun frei ist und mehr nutzbare Höhe und Breite besitzt (vgl. Abb. 1.24).

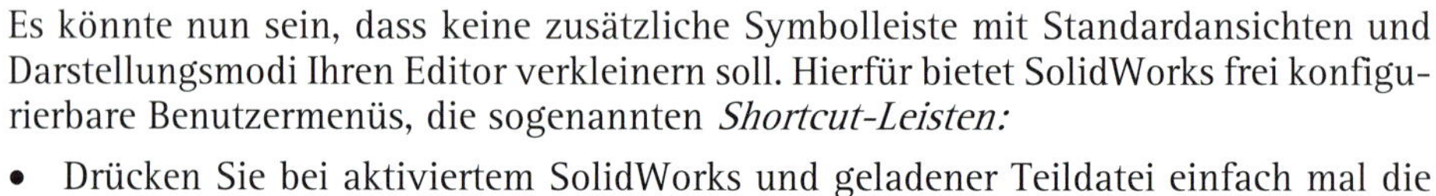

All diese Einstellungen – Symbolleisten, Shortcuts und Tastenkürzel – können Sie mit Hilfe der beigelegten SolidWorks-Registrationsdatei von der Buch-DVD laden (s. S. 34). Die *Systemoptionen* sind sicherheitshalber **nicht** dabei (s. S. 24 ff.)!

1.2.5 Shortcut-Leisten

Es könnte nun sein, dass keine zusätzliche Symbolleiste mit Standardansichten und Darstellungsmodi Ihren Editor verkleinern soll. Hierfür bietet SolidWorks frei konfigurierbare Benutzermenüs, die sogenannten *Shortcut-Leisten:*

- Drücken Sie bei aktiviertem SolidWorks und geladener Teildatei einfach mal die Taste **S**.

Es erscheint die Leiste mit den *Shortcuts* für Bauteile. Auch hier steht Ihnen der komplette Befehlsumfang zur Verfügung, wenn Sie es wünschen:

- Ein Rechtsklick über diesem Fensterchen ermöglicht Ihnen das *Anpassen*. Wechseln Sie auf die Registerkarte *Shortcut-Leisten*, falls dies nicht automatisch passiert (Abb. 1.8).

Bild 1.8: Anpassen der Shortcut-Leisten über die Dialogbox *Anpassen*

- Ziehen Sie die Schaltfläche *Standardansichten* in die Shortcut-Leiste. Bestimmen Sie ihre Position durch Ziehen, ändern Sie auch die Form des Fensters nach Wunsch durch Ziehen des Rahmens.

- Alternativ dazu können Sie natürlich auch einzelne Befehle einfügen, so wie wir es in Abschnitt 1.2.4, *Ein Service für alte SolidWorks-User*, auf S. 10 getan hatten. Überflüssige Elemente ziehen Sie von der Leiste in den Editor, wie gehabt.

Ähnliche Shortcut-Leisten gibt es für *Skizzen, Baugruppen* und *Zeichnungen*. Über die Schaltflächen auf der Registerkarte können Sie sie gesondert konfigurieren.

- Bestätigen Sie dann.

1.2.6 Kontext-Symbolleisten

Wenn Sie über einem Eintrag des FeatureManagers oder über einem Modell einen Rechtsklick ausführen, erscheint oberhalb des üblichen Kontextmenüs noch ein zweites, die sogenannte *Kontext-Symbolleiste*. Sie bietet eine kleine Auswahl von Funktionen, die früher ins Kontextmenü selbst integriert waren. Als Zweit-Kontextmenü scheint sie nicht sonderlich viel Sinn zu ergeben.

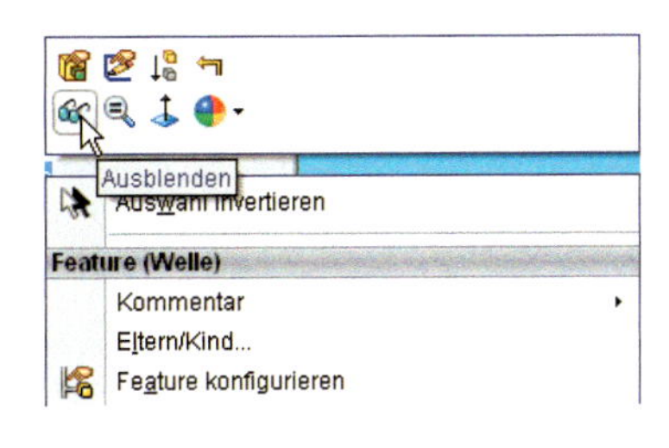

- Wenn Sie jedoch einmal *Extras, Anpassen* aufrufen, so finden Sie auf der Registerkarte *Symbolleisten* ein Gruppenfeld namens *Einstellungen Kontext-Symbolleiste*.

Einstellungen Kontext-Symbolleiste
☑ Bei Auswahl anzeigen
☑ Schnellkonfigurationen anzeigen
☑ Schnellverknüpfungen anzeigen
☑ In Kontextmenü anzeigen

- Aktivieren Sie nur die Option *Bei Auswahl anzeigen*, so erscheint die handliche Kontext-Symbolleiste künftig bei jedem **Linksklick** auf ein Objekt oder einen Eintrag im FeatureManager. Das ausführliche Kontextmenü dagegen bleibt dem **Rechtsklick** vorbehalten – es sei denn,
- Sie aktivieren auch *In Kontextmenü anzeigen*. Dann erscheint beim Rechtsklick zusätzlich zum Kontextmenü auch die Kontext-Symbolleiste.
- Ist die Option *Schnellkonfigurationen anzeigen* eingeschaltet, dann können Sie per Klick auf ein Modell über die Kontext-Symbolleiste eine seiner *Konfigurationen* – seiner Konstruktionsvarianten – aktivieren.
- Wenn Sie hingegen die oberste Option ausschalten, so verschwindet die Kontext-Symbolleiste ganz und das Kontextmenü erscheint in der alten Fassung: Die extrahierten Funktionen sind wieder integriert.

Mit Version 2015 können Sie auch die Kontext-Symbolleisten konfigurieren:

- Öffnen Sie durch Klick z. B. auf den Eintrag *Ursprung* im FeatureManager die Kontext-Symbolleiste und führen Sie auf *dieser* dann einen Rechtsklick aus. Klicken Sie auf den einzigen Menüpunkt, *Anpassen* (Abb. 1.9).

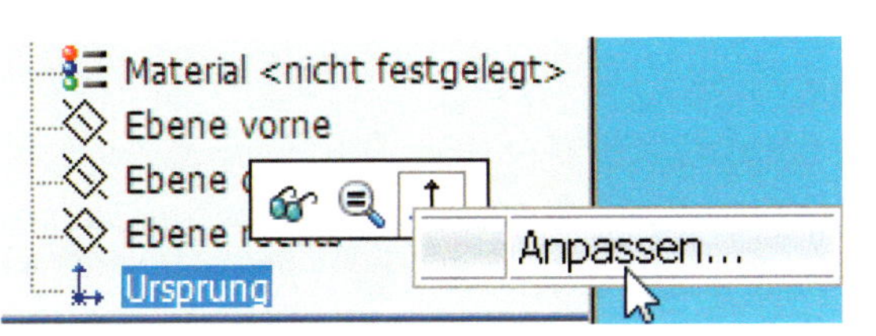

Bild 1.9: Anpassen der Shortcut-Leisten

- Hierauf öffnet sich das Dialogfeld *Anpassen* mit den *Befehlen,* die gewählte Shortcut-Leiste wird davor platziert (Abb. 1.10).

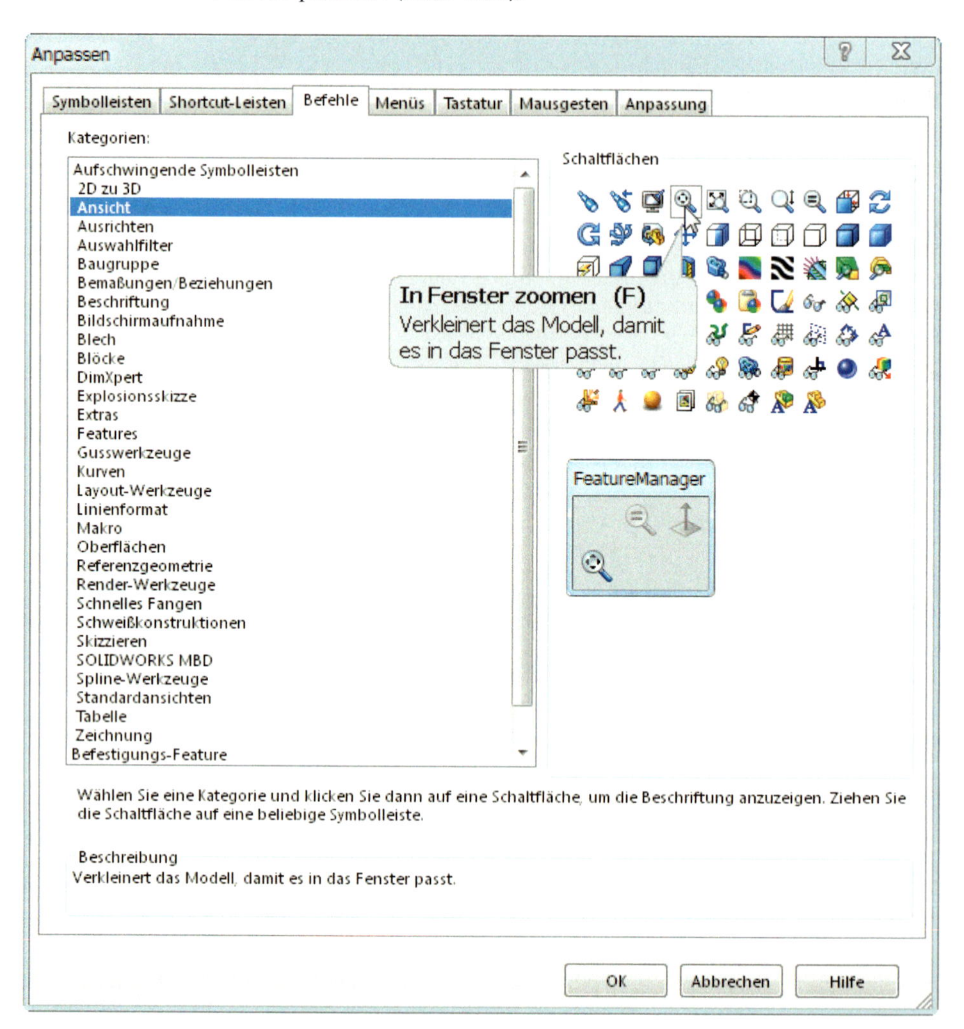

Bild 1.10:
Hinzufügen eines Befehls zur Shortcut-Leiste

- Ziehen Sie aus der Rubrik *Ansicht* den Befehl *In Fenster zoomen* auf die Leiste. Bestätigen Sie dann.

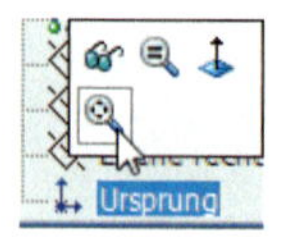

Ab sofort wird der neue Befehl in der Shortcut-Leiste eingeblendet werden, und zwar nicht nur für den Ursprung, sondern auch für die drei Ebenen und die Feature-Einträge – kurz alles, was „zoombare" Geometrie verkörpert.

Zu **Tastenkürzeln** finden Sie näheres im Abschnitt 3.2.1 auf S. 60.

1.3 Skizzieren von der Pike auf: Das erste Modell

Um die Ansichtssteuerung erlernen zu können, benötigen Sie Geometrie im Editor, also erstellen Sie im Anschluss Ihr erstes Objekt. Zugleich lernen Sie die verschiedenen Stadien kennen, die zur Entstehung eines parametrischen Volumenkörpers führen.

1.3.1 Die Skizzierebene

Die im MCAD allgegenwärtigen *Skizzen* sind Querschnitte für räumliche Objekte – wir sprechen von **regelbasierten Objekten,** als Gegenstück zu den Freiflächen. Daher müssen auch die Skizzen selbst eine bestimmte Orientierung im Raum einnehmen. Diese Orientierung wiederum wird ihnen durch die zugrundeliegende Ebene verliehen, die sogenannte *Skizzierebene*.

- Wenn Sie in der Symbolleiste *Skizze* auf den obersten Punkt *Skizze* klicken, **ohne** dabei eine der drei Hauptebenen im FeatureManager aktiviert zu haben, so werden Sie spätestens jetzt mit der Wahl der Skizzierebene konfrontiert. Klicken Sie eine der Ebenen an, so dreht sie sich ins Bild, und die Skizze wird erstellt (Abb. 1.11).

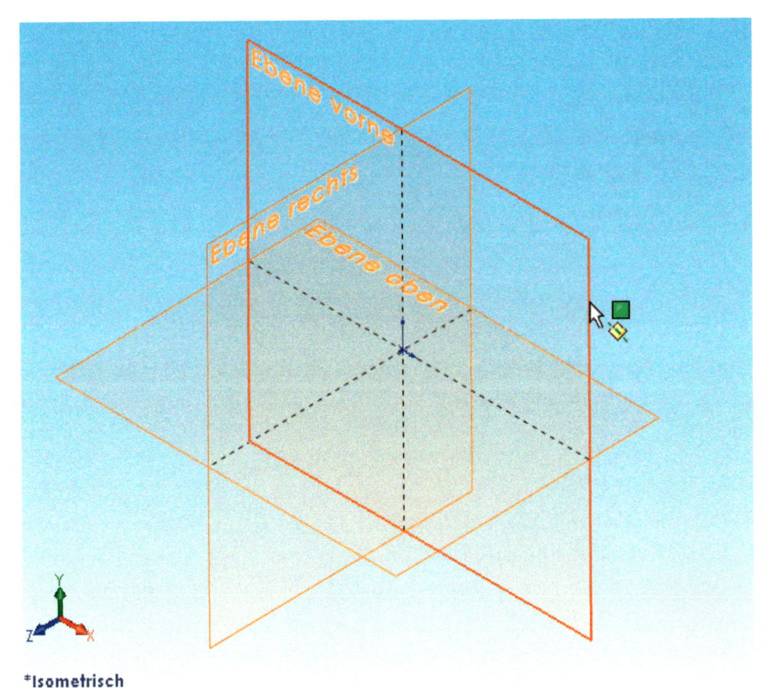

Bild 1.11: Höflich aber bestimmt fordert SolidWorks zur Anwahl der Skizzierebene auf.

Sie können die drei Ebenen ruhig einmal einblenden:

- Klicken Sie im FeatureManager und der Kontext-Symbolleiste jeder der drei Ebenen auf die *Brille*.

Klicken Sie dabei das *Symbol* an, nicht den Text, andernfalls lösen Sie die Funktion *Umbenennen* aus.

- Wenn Sie dann mit der Schaltfläche *Isometrisch* die Ansicht drehen und die Ebenen mit dem Achsenkreuz links unten – der *Referenztriade* – vergleichen, dann lernen Sie die Bedeutung der etwas schwammigen Ebenenbezeichnungen *vorne, oben* und *rechts* kennen:
- **Ebene vorne** entspricht derjenigen Hauptebene, die von den kartesischen Koordinatenachsen X und Y aufgespannt wird, wobei die Z-Koordinate null ist. Sie stellt die korrekte Ebene für den Aufriss dar. Hier definieren Sie auch die Skizze Ihres ersten Bauteils.
- Bei der **Ebene oben** sind X und Z variabel, Y ist null. Sie stellt allgemein die Draufsicht dar.
- Die **Ebene rechts** liegt parallel zu den Koordinaten Y und Z (X=0) und ist für den Seitenriss gedacht.

Auch im MCAD wird also – wie im 2D-CAD – mit Ansichten, Ebenen und Koordinaten gearbeitet, nur mit dem Unterschied, dass hier eine dritte Achse hinzutritt: die Z-Achse. Daraus folgen drei Hauptebenen, wo es vorher nur eine gab.

Die Auswahl der Skizzierebene bestimmt die Orientierung des Modells bei der Zeichnungsableitung. Auch die Standardansichten beziehen sich darauf.

1.3.2 Die Skizze

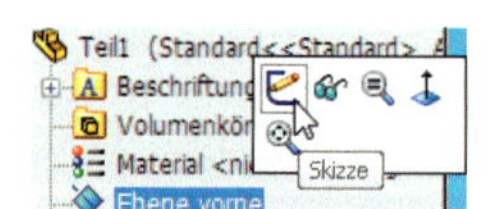

- Blenden Sie die drei Ebenen nun wieder aus.

Sollte sich SolidWorks noch nicht oder nicht mehr im Skizziermodus befinden,

- rufen Sie aus der Kontext-Symbolleiste der *Ebene vorne* den Punkt *Skizze* auf. Die Schaltflächen der Symbolleiste *Skizze* werden aktiviert.

Die Skizze ist der Grundstock zu jedem dreidimensionalen Regelobjekt. Skizzen können nicht nur entlang oder parallel zu den Hauptebenen, sondern auf jeder beliebigen Ebene – auch denjenigen eines anderen Körpers – angelegt werden. Eine neue Skizze wird allerdings nur dann dauerhaft übernommen, wenn sich auch ein Objekt darauf befindet:

- Wählen Sie aus der Symbolleiste *Skizze* die Schaltfläche *Kreis*. Die Kreisfunktion wird aktiviert und erwartet die Eingabe des Mittelpunktes.

Auch der Cursor ändert sein Aussehen, er stellt einen Stift mit einem Kreis dar. Sie werden bald feststellen, dass nicht nur alle Skizzierfunktionen einen eigenen Cursor besitzen, sondern auch die verschiedenen Objektfänge.

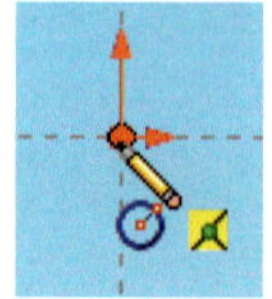

- Klicken Sie dann im Editor auf den Skizzennullpunkt oder **Ursprung**.

Dieser ortsfeste Punkt ist durch ein kleines rotes Koordinatensystem in der Mitte der Ebene dargestellt. Zur Orientierung: Der kürzere Pfeil Positiv-X zeigt nach rechts, Positiv-Y hingegen nach oben. Diese Orientierung gilt immer, egal, wie Sie die Ansicht drehen.

Sobald Sie mit dem Cursor in die Nähe einer solch markanten Stelle kommen, ändert er wiederum sein Aussehen: Es erscheint ein sogenanntes *Skizzen-* oder *Objektfang-Symbol,* hier die Variante *Deckungsgleich.* **Gelb** unterlegte Symbole bedeuten außerdem die automatische Bildung von Skizzenbeziehungen. Dazu bald mehr. Viel mehr.

- Mit einem Klick definieren Sie die Lage des Zentrums im Nullpunkt. Der Kreis hängt als dünne blaue Kontur am Cursor.
- Mit einem zweiten Klick definieren Sie den Radius. Der fertige Kreis ist grün markiert. In seinem Zentrum und an seinen vier Schnittpunkten mit einem gedachten, örtlichen Koordinatensystem – den *Quadranten* – befinden sich gelbe Markierungen, die potentielle Fangpunkte des Objekts anzeigen.
- Mit der Eingabetaste oder **Esc** beenden Sie die Kreisfunktion. Klicken Sie neben den Kreis, sodass er abgewählt wird. Er erscheint nun in der Standardfarbe für unterdefinierte Objekte: in Blau. Als geschlossene Kontur wird er zudem dick gezeichnet.

Abbildung 1.12 zeigt die vier beschriebenen Stadien im gleichen Bild.

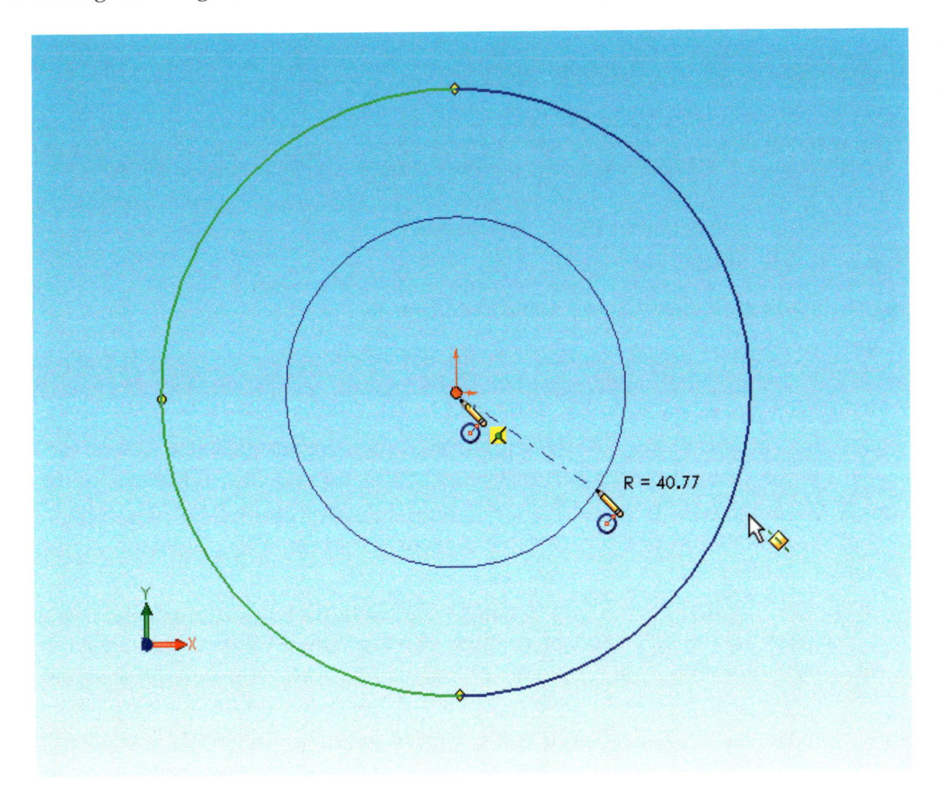

Bild 1.12: Anatomie der Kreisfunktion: Die Definition unterscheidet sich kaum von derjenigen in einem 2D-CAD-Programm. Nur die Hilfsmittel sind ausgefeilter.

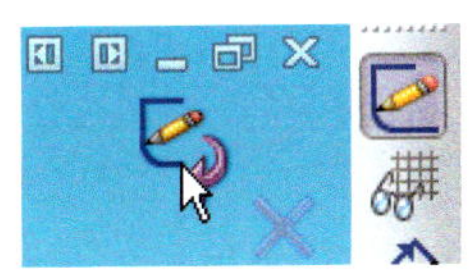

Verlassen Sie den Skizzenmodus,

- indem Sie erneut auf die Schaltfläche *Skizze beenden* klicken – jawohl, sie hat **zwei** Funktionen und zwei Namen! –,

- indem Sie aus der Kontext-Symbolleiste *Skizze beenden* wählen oder
- indem Sie das Skizzensymbol im *Bestätigungs-Eckfeld* betätigen. Dieses erscheint in der oberen rechten Ecke des Editors in unmittelbarer Nähe der Fensterfunktionen.

Passen Sie also immer auf, **wohin genau** Sie klicken.

Der Eintrag *(-) Skizze1* im FeatureManager ist markiert, der Kreis grün. Klicken Sie irgendwo in den Editor, und die Skizze wird in Grau dargestellt. Sie lässt sich nun nicht mehr bearbeiten – dazu müssen Sie sie schon wieder aktivieren:

- Ein Klick auf den Eintrag *Skizze1,* und mit *Skizze bearbeiten* der Kontext-Symbolleiste – im Folgenden kurz **Kontextleiste** genannt – laden Sie die Skizze erneut.

Dies ist auch später noch jederzeit möglich, selbst wenn dieser Kreis die Skizze für die Senkbohrung einer der Unterlegscheiben für den Bolzen zu Zylinder Nr. 3 des Ausfahrgetriebes des rechten Fahrwerks eines *Dreamliners* bildet.

- *Beenden* Sie die Skizze dann wieder.

Wenn ein Eintrag im FeatureManager farbig dargestellt ist, wie hier die *Skizze1,* so ist er *eingeblendet.* Schwarzweiß dargestellte Einträge sind dagegen *ausgeblendet,* wie zum Beispiel die drei Hauptebenen. Dieser Status lässt sich wie gesagt über das Kontextmenü des Eintrags und die Brille ändern.

1.3.3 Das Feature

- Markieren Sie *Skizze1.* Klicken Sie in der Symbolleiste *Features* auf die erste Schaltfläche, *Linear ausgetragener Aufsatz.* Dies führt zur Extrusion, einem prismatischen Objekt besonderer Art: Der Kreis – oder was immer Sie als Skizze angeben – wird mit dieser Funktion senkrecht zur Skizzierebene ausgetragen. Somit entsteht ein Zylinder. Die folgenden Ausführungen beziehen sich auf Bild 1.13.

SolidWorks dreht nun die Ansicht automatisch, um das folgende Geschehen trimetrisch darzustellen. Der künftige Zylinder wird in **transparentem Gelb** dargestellt, der Textur für temporäre Objekte.

- Wenn Sie mit dem Cursor am grauen/roten Pfeil in der Mitte dieses Objekts ziehen, so können Sie die Extrusionshöhe interaktiv einstellen. Genauer geht es natürlich mit dem Editierfeld *Tiefe* („D1“) im *PropertyManager* zur Linken, der automatisch an die Stelle des FeatureManagers trat, als die Funktion aufgerufen wurde.

Sie sehen, der PropertyManager gehört zur zweiten der – mindestens – drei Registerkarten dieses langgestreckten Fensters. Mit der Zahl der geladenen Zusatzanwendungen können es mehr werden.

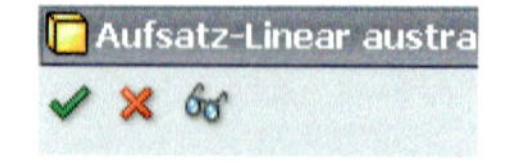

- Die Definition wird durch Betätigung der Schaltfläche *OK,* dem grünen Häkchen oben im PropertyManager, abgeschlossen. Alternativ dazu können Sie auch wieder das Bestätigungs-Eckfeld nutzen.

Das Ergebnis ist ein volumenbehaftetes Objekt, das sogar einen Schatten wirft, falls Sie diesen über *Schatten im Modus Schattiert* einschalten. Da im Unterschied zu einem Netz oder einer Oberfläche auch das Innere des Zylinders definiert ist, spricht man hier von einem *Volumenkörper,* und da Sie Durchmesser und Höhe durch Eingabe von Parametern steuern können, sogar von einem **parametrischen Volumenkörper**.

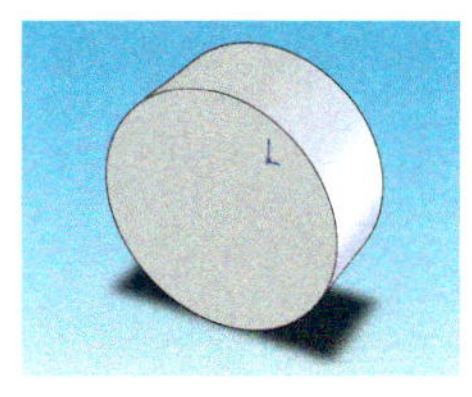

- Speichern Sie dieses Bauteil unter dem Namen ANSICHTSSTEUERUNG.SLDPRT.

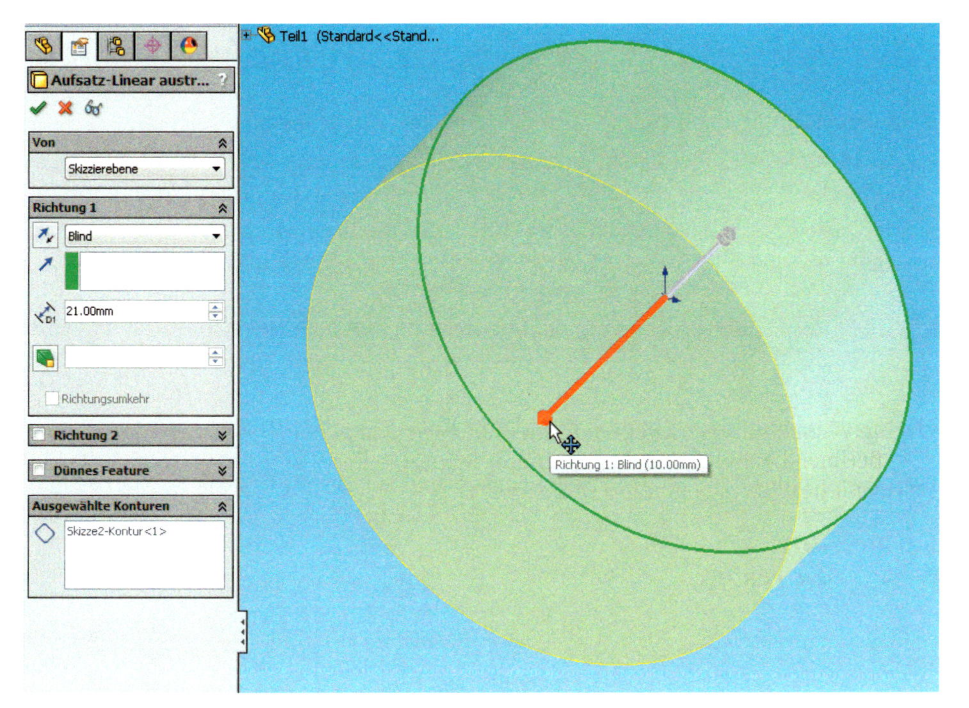

Bild 1.13: Standardprozedur: Durch Extrusion entstehen aus geschlossenen Skizzen prismatische Objekte. Im Fall eines Kreises wird ein Zylinder gebildet. Mit dem jeweils aktiven Pfeil und der Skala lässt sich die Höhe über der Skizzierebene interaktiv steuern – in beide Richtungen.

1.4 Die Ansichtssteuerung I

Falls Sie ein Steuergerät für die 3D-Modellierung Ihr Eigen nennen, so können Sie diese Seite getrost überschlagen. Mehr dazu in Abschnitt 1.4.2, *Mit Messer und Gabel: Navigationsgeräte,* auf S. 21.

Sehen wir uns nun die Werkzeuge der Symbolleiste *Ansicht* an:

- Mit der Schaltfläche *Vorherige Ansicht* oder **Strg + Shift + Z** verfügen Sie über ein separates *Undo* für die Ansichtssteuerung. Damit können Sie die letzten zehn **Ansichten** – so bezeichnen wir eine Kombination aus Zoomfaktor, Bildausschnitt und Perspektive – wiederherstellen.

Die nächste Gruppe behandelt den Zoomfaktor:

Taste **F**

- Die linke Schaltfläche, *In Fenster zoomen,* passt sämtliche Objekte im Editor in das Zeichenfenster ein – ideal, um verlorengegangene Dinge wiederzufinden oder um eine Skizze auf unabsichtlich gezeichnete Objekte zu durchsuchen. Diese Funktion rufen Sie auch über die Taste **F** auf.
- *Ausschnitt vergrößern* entspricht dem altbekannten *Zoom, Fenster:* Zwei Punkte markieren bei dieser Funktion die Ecken des neuen Bildausschnitts.

Shift + MMB

- Interaktiv dagegen lässt sich der Zoomfaktor mit der dritten Schaltfläche ändern, *Vergrößern/Verkleinern.*

Mausrad

- Zoomen um den Mauspunkt lässt sich nur über das Mausrad erreichen.
- Die vierte Schaltfläche ist nur dann aktiv, wenn etwas ausgewählt wurde, eine Fläche etwa, eine Kante oder ein Objekt. Dann wird diese Auswahl formatfüllend gezoomt.

MMB

- *Ansicht Drehen* ist eine der wichtigsten Steuerfunktionen in jedem 3D-Programm. Damit können Sie die Ansicht dreidimensional um den Nullpunkt drehen. Dies erreichen Sie aber auch mit der mittleren Maustaste.

Strg + MMB

- Ähnliches gilt für *Verschieben,* das altbekannte *Pan* aus AutoCAD. Funktioniert das Drehen über die mittlere Maustaste, so auch das Verschieben über **Strg** + mittlere Maustaste.

Mit den drei Funktionen *Drehen, Verschieben* und *Vergrößern/Verkleinern* können Sie in Rekordzeit jeden beliebigen Ausschnitt des Modells aus jeder beliebigen Richtung betrachten. Wenn Sie sich die Steuerung der drei über die mittlere Maustaste zu Eigen machen, werden Sie kaum noch auf die vorhin beschriebenen Schaltflächen zurückgreifen müssen (Abb. 1.14).

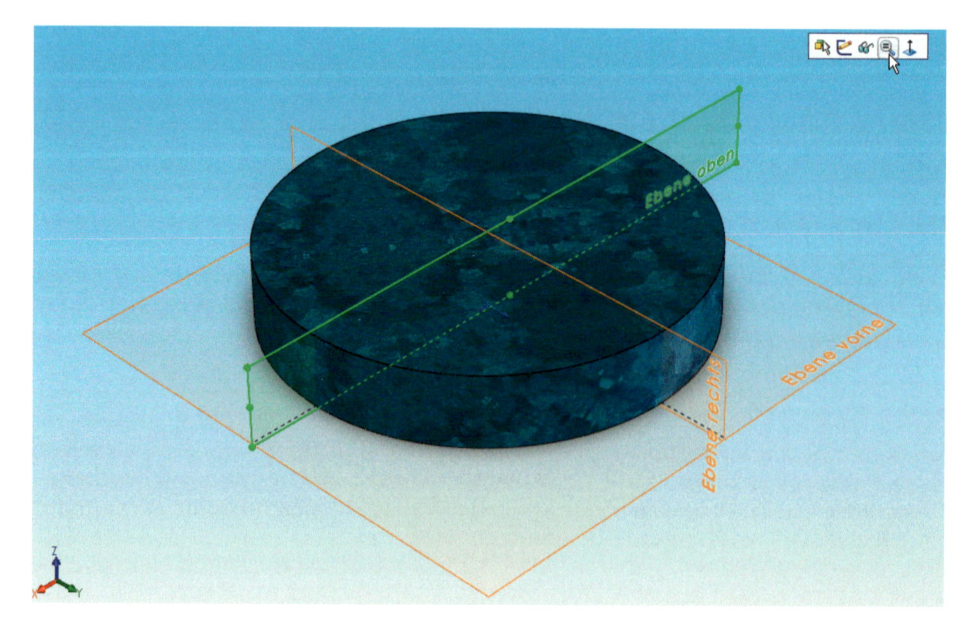

Bild 1.14: Die Steuerung der Ansicht mit den Maustasten ermöglicht eine wirklich interaktive Kontrolle über das Geschehen im Editor. Verirrt man sich, hilft die Kontext-Symbolleiste oder die Symbolleiste *Ansicht* aus der Patsche.

1.4.1 Das Problem des Maustreibers

Für den Anfang genügt eine Dreitastenmaus zur Ansichtssteuerung. Doch die Freude wird oft getrübt: Da die mittlere Taste meist eine Doppelfunktion als Mausrad besitzt, versagen die Ansichtskommandos bei manchen Geräten den Dienst.

An besseren Mäusen befinden sich entweder weitere Tasten, die über die Maussoftware als mittlere Taste belegt werden können, oder das Mausrad lässt sich kippen und so mit weiteren Funktionen belegen. In jedem Fall trennen Sie auf diese Art Tastenfunktion und Mausrad, und die interaktive Handhabung der Ansichtsbefehle ist gesichert.

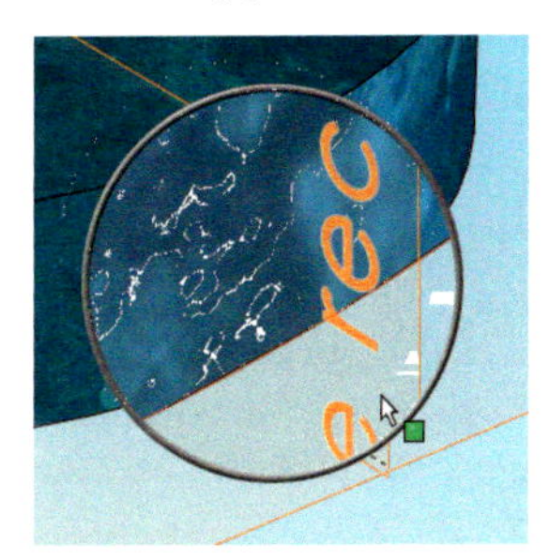

Eine interaktive Lupe erhalten Sie durch das Drücken der Taste **G** im Editor. Durch Bewegen des Mauszeigers ziehen Sie die Lupe, mit dem Mausrad ändern Sie die Vergrößerung. Elemente können Sie damit ebenfalls bearbeiten. Durch Klick oder **Esc** verlassen Sie die Funktion.

1.4.2 Mit Messer und Gabel: Navigationsgeräte

Noch schneller und bequemer geht's mit spezieller 3D-Navigationshardware für die beidhändige Bedienung. Damit steuern Sie in einer einzigen Bewegung gleichzeitig Ansichtswinkel, Bildausschnitt und Zoomfaktor – das Beste jedoch: Navigation und Modellbearbeitung sind auf zwei Hände verteilt, und das ermöglicht Ihnen nach kurzer Eingewöhnung ein wesentlich flüssigeres Arbeiten.

Einfache sechsachsige Geräte wie den **SpaceNavigator** von 3DConnexion bekommen Sie heute zum Preis einer guten Maus. Dafür laufen Sie weniger Gefahr, Stress- und Ermüdungssymptome wie das *Repetitive Syndrom* zu erleiden – den gefürchteten Mausarm, der besonders unter Grafikarbeitern verbreitet ist.

1.4.3 Ansicht mit Pfeiltasten steuern

Neben Maus und Navigator können Sie auch die vier Pfeiltasten der Tastatur zum Manipulieren der Ansicht einsetzen. Dabei drehen Sie das Modell stets um ein ortsfestes Koordinatensystem, das gleichsam am Monitor fixiert ist:

- Mit **Links** / **Rechts** drehen Sie die Ansicht um die Hochachse,
- Mit **Oben** / **Unten** drehen Sie sie um die Querachse, und
- mit **Alt + Links** / **Alt + Rechts** rollt das Bild, es dreht sich um die Längsachse, die in den Monitor hinein zeigt.
- Mit **Strg** und den Pfeiltasten verschieben Sie den Bildausschnitt.

Leider gibt es kein Tastenkürzel für die Zoomfunktion. Aber das lässt sich nachholen. Über *Ansicht, Symbolleisten, Anpassen* gelangen Sie zur Registerkarte *Tastatur*. Dort belegen Sie so gut wie alles in SolidWorks mit Hotkeys.
Sehen Sie alles Weitere dazu im Abschnitt *Die Ansichtssteuerung II* im 3. Kapitel.

1.4.4 Die Standardansichten

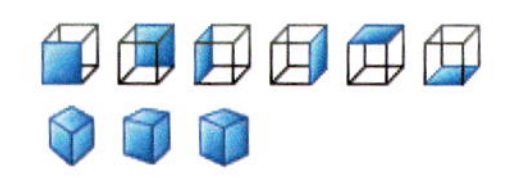

Interessant ist auch die Möglichkeit, sogenannte *Standardansichten* einzustellen. Dabei handelt es sich um die bereits oben erwähnten klassischen Ansichten aus dem technischen Zeichnen: Draufsicht, Vorderansicht, Seitenansicht usw. In MCAD nicht unbedingt mehr nötig, erleichtern sie dennoch die Orientierung:

- *Vorder-* und *Rückseite* liegen parallel zur XY-Ebene oder Vorderansicht. Sie lassen sich auch mit **Strg + 1** bzw. **Strg + 2** aktivieren.
- *Links* und *Rechts* finden ihre Entsprechung in der YZ-Ebene, sie werden über **Strg + 3** bzw. **Strg + 4** geschaltet, und
- *Oben* und *Unten* liegen in der XZ-Ebene oder Draufsicht. Die Tastenkürzel lauten **Strg + 5** und **Strg + 6**.
- Die Ansichtspunkte für *Isometrie* – **Strg + 7** –, *Di-* und *Trimetrie* befinden sich im – dreimal – positiven Sektor des Koordinatensystems. Leider sind sie nicht auf die anderen sieben Sektoren umzuschalten, so dass nur jeweils ein einziger Ansichtspunkt definiert ist.

- Die Option *Normal auf* kennen Sie bereits. Sie wird eingeschaltet, sobald man eine Skizze definiert, und man erhält die Draufsicht auf die Skizzierebene. Sie können sie gesondert aufrufen, indem Sie eine Ebene oder eine ebene Objektfläche wie die Endflächen des Zylinders wählen. Zu *Normal auf* gehört der Shortcut **Strg + 8**.

Leertaste

- Die letzte Schaltfläche, *Ausrichtung Ansicht,* öffnet ein kleines Dialogfeld, das die Standardansichten enthält. Hier können Sie zusätzliche Ansichten definieren und speichern (Abb. 1.15).

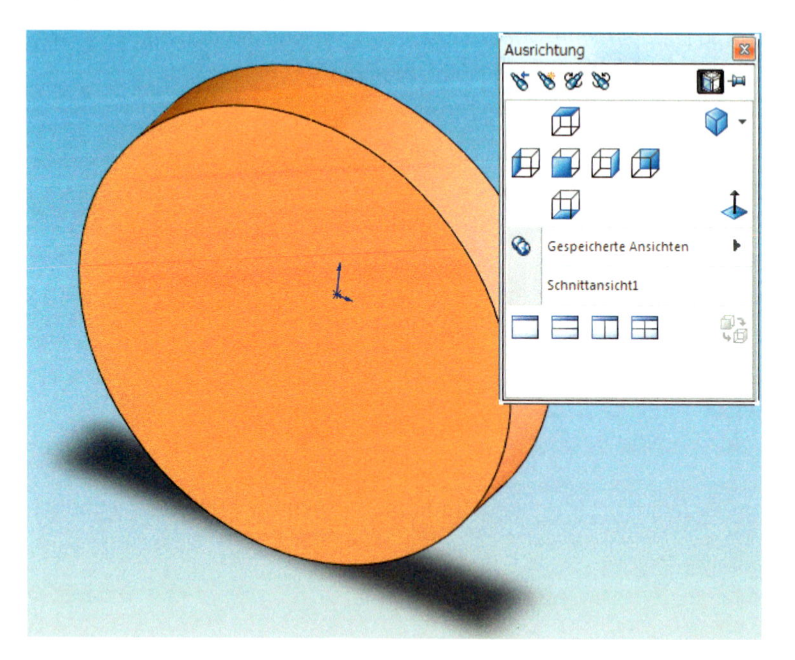

Bild 1.15: Standard- und selbstdefinierte Ansichten lassen sich über das *Ausrichtungs*-Fenster schalten.

Wir kehren später noch einmal zu diesem kleinen Fenster zurück. Es kann nämlich viel mehr, als es den Anschein hat.

1.5 Die Darstellungsmodi

Die dritte Funktionsgruppe der Symbolleiste *Ansicht* befasst sich mit der Darstellung der Volumenmodelle und Flächen im Editor.

Interessanterweise ist bei Grafikkarten mit Hardwarebeschleunigung die anspruchsvollste Option, *Schattiert,* bei weitem die schnellste.

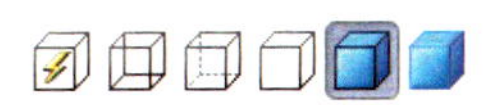

- Verfügbar sind die Optionen *Entwurfsqualität für Verdeckte Kanten ausgeblendet/ sichtbar, Drahtdarstellung* (s. Abschnitt 1.6.6, *Dokumenteigenschaften, Bildqualität,* auf S. 29), *Verdeckte Kanten sichtbar* und *Verdeckte Kanten ausgeblendet* sowie *Schattiert mit Kanten* und *Schattiert.*

Diese Funktionen beziehen sich **nur** auf die Darstellung im Editor, nicht auf die Textur und Schattierung des Objekts beim Rendern in *PhotoView.*

Die nächsten drei Schaltflächen stellen echte Schmankerl in Bezug auf die Anschaulichkeit der Volumenobjekte dar:

- Um auf einen Blick die Lage eines Körpers im Raum einschätzen zu können, existiert die Schaltfläche *Schatten im Modus Schattiert.* Sie erzeugt durch Parallelprojektion einen dunklen Schatten des Volumenkörpers auf der momentanen Unterseite des Modells.

- Die *Perspektive* lässt sich sogar einstellen, und zwar über das Menü *Ansicht, Modifizieren, Perspektive.* Im Gegensatz zur üblichen Parallelprojektion betont sie die Tiefenrichtung durch scheinbare Vergrößerung näherliegender Partien und emuliert auf diese Art die Einpunktperspektive des menschlichen Auges.

- Der dritte Punkt dient der Anfertigung interaktiver *Schnittansichten.* Mit bis zu drei Ebenen können Sie einen Volumenkörper schneiden, um einen Einblick ins Innere zu bekommen. Die Ebenen lassen sich interaktiv verschieben und drehen, was eine präzise Einstellung ermöglicht (Abb. 1.16, s. S. 24).
- Abschließend können Sie die Schnittansicht sogar *speichern.* Die zugehörigen Schaltflächen befinden sich in der Rubrik *Ausgewählte Körper* am unteren Ende des PropertyManagers, die Sie im Bild links unten erkennen.

Leider sind diese häufig benutzten Funktionen werksseitig nicht mit Tastaturkürzeln versehen. Über *Extras, Anpassen,* Registerkarte *Tastatur* können Sie dies nachholen.

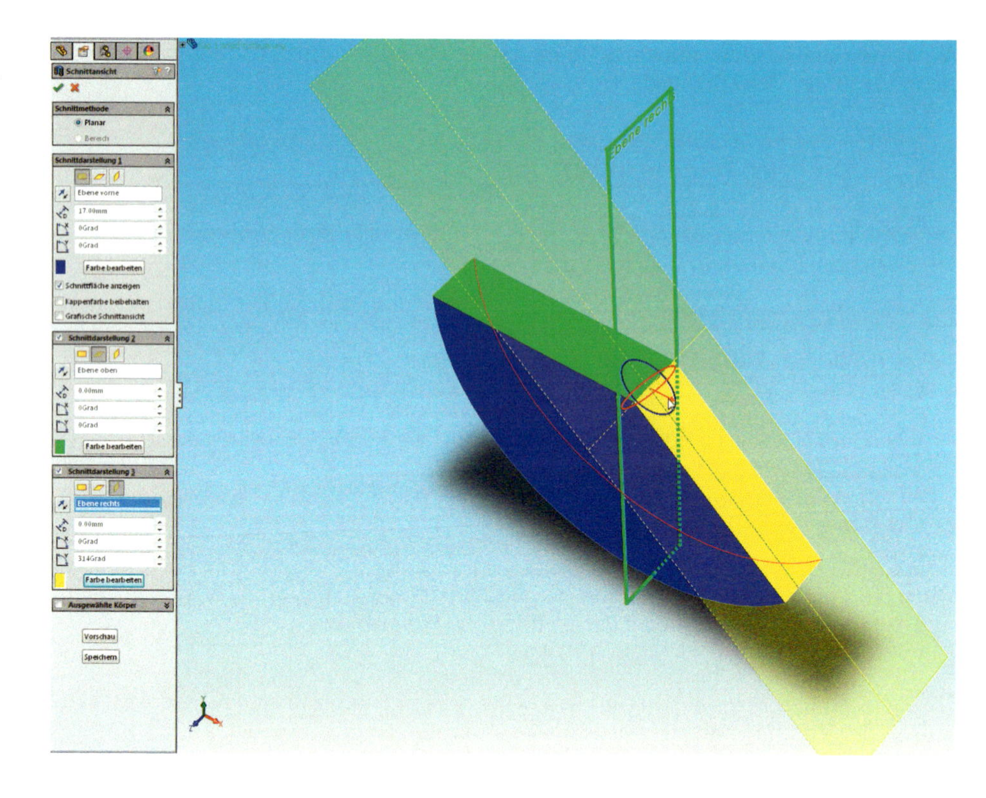

Bild 1.16:
Definition einer Schnittansicht mit drei Ebenen. Selbst das interaktive Drehen und Kippen der Schnitte ist möglich.

1.6 Einstellungen für das Skizzieren

Die meisten CAD-Programme besitzen eine riesige *Optionen*-Dialogbox. SolidWorks macht da keine Ausnahme:

- Sie erreichen die Einstellungen über das Menü *Extras, Optionen* oder über die letzte Schaltfläche der Hauptsymbolleiste.

Diese Dialogbox ist zweigeteilt, und zwar jeweils für die globalen Einstellungen – die *Systemoptionen* – und die, die nur für das aktuelle *Dokument* gelten. Letztere müssen also für jedes Dokument neu definiert werden – oder Sie bringen sie gleich in der Dokumentvorlage unter, so dass sie bei der Erstellung einer neuen Bauteildatei geladen werden. Was wir nun gemeinsam tun werden.

1.6.1 Systemoptionen, Skizze

Wechseln Sie zur Registerkarte *Systemoptionen* und klicken Sie im Listenfeld auf *Skizze*. Übernehmen Sie die Einstellungen nach Abbildung 1.17.

- Die erste Option, *voll definierte Skizzen verwenden,* verhindert, dass Sie eine unterdefinierte Skizze schließen können. Sie sollte jetzt, also im Lernstadium, **unbedingt ausgeschaltet sein!**

Wenn Sie beim Verschieben eines Objekts dessen Originalposition sehen wollen, aktivieren Sie *Ghost-Image anzeigen.*

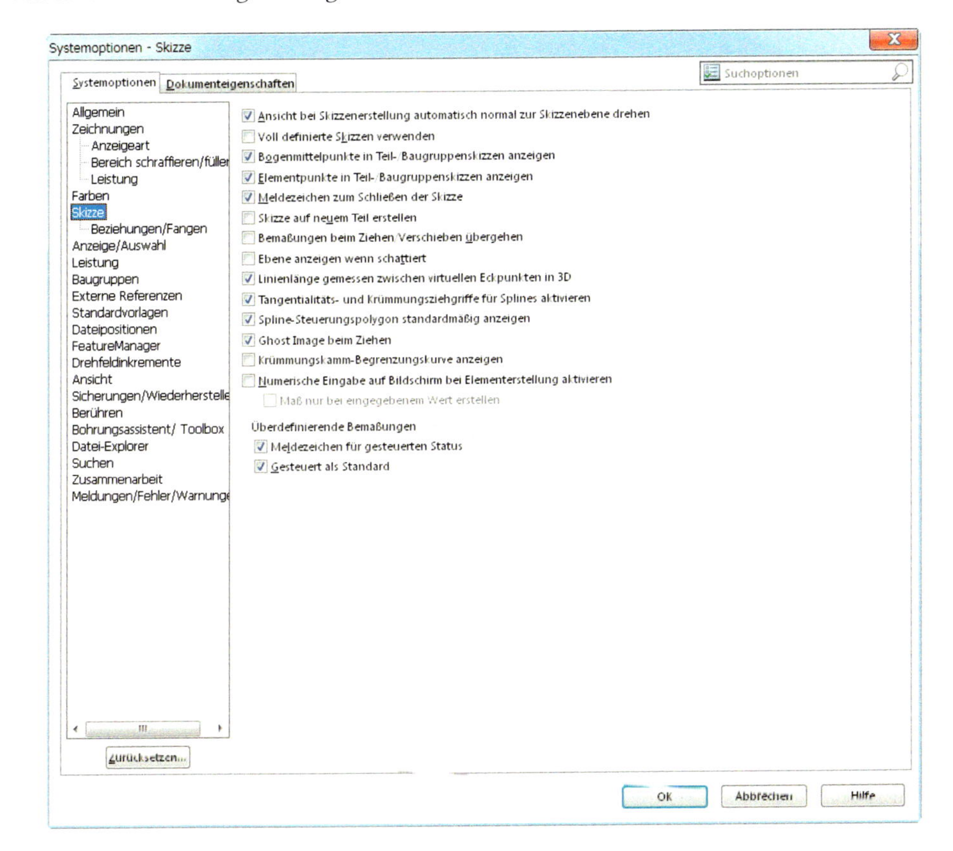

Bild 1.17:
Glaubensfragen: Globale Einstellungen für Skizzen.

- Wechseln Sie zur Unterrubrik *Beziehungen/Fangen* und schalten Sie dort die Option *Automatische Beziehungen* ab (Abb. 1.18).

Bild 1.18:
Automatische Beziehungen sind gefährlich, solange man ihre Funktionsweise nicht versteht.

Diese Vorsichtsmaßnahme hat folgenden Hintergrund, und vielleicht haben Sie es ja schon vorhin beim Experimentieren bemerkt: Wenn Sie annähernd horizontal, vertikal oder orthogonal skizzieren, so werden die Linien wie von Geisterhand geradegezogen und an zufällig in der Nähe befindlichen Fangpunkten angeheftet. SolidWorks versucht, Ihre Intention zu erraten und Ihnen Arbeit abzunehmen.

Solange Sie **genau wissen**, was das Programm da macht, ist dagegen auch nichts einzuwenden. Doch zu Beginn möchte ich Ihnen ans Herz legen, dass Sie sich mit den Skizzenbeziehungen **selbst auseinandersetzen**. Denn je gründlicher Sie das tun, um so besser werden Sie dem Programm später einmal sagen können, was es zu tun hat – und nicht anders herum!

1.6.2 Systemoptionen, Drehfeldinkremente

Drehfeldinkremente bezeichnen die Schrittweite der kleinen Pfeilschaltflächen am Rand eines Editierfeldes, wie hier der Höhe der Extrusion.

- Diese Schrittweite stellen Sie im Listeneintrag *Drehfeldinkremente* der Dialogbox *Optionen,* Registerkarte *Systemoptionen* ein.
- Für unsere Zwecke sind **1 mm** für *Metrische Einheiten* und **1°** für *Winkelinkremente* sinnvoll.

1.6.3 Systemoptionen, Ansicht

Im Gegensatz zu den Drehfeldern lässt sich die Ansicht tatsächlich drehen, und zwar mit den Cursortasten (s. Abschnitt 1.4.3, *Ansicht mit Pfeiltasten steuern*, auf S. 21). Die zugehörige Einstellung finden Sie unter *Systemoptionen, Ansicht* (Abb. 1.19).

Bild 1.19: Einstellen der Mausgeschwindigkeit, der Zoomrichtung und des Interaktionsverhaltens

Systemoptionen | Dokumenteigenschaften

Allgemein
Zeichnungen
Anzeigeart
Bereich schraffieren/füller
Farben
Skizze
Beziehungen/Fangen
Anzeige/Auswahl
Leistung
Baugruppen
Externe Referenzen
Standardvorlagen
Dateipositionen
FeatureManager
Drehfeldinkremente
Ansicht
Sicherungen/Wiederherstelle
Berühren
Bohrungsassistent/ Toolbox
Datei-Explorer
Suchen
Zusammenarbeit
Meldungen/Fehler/Warnung

Zoomrichtung für Mausrad umkehren
In Fenster zoomen bei Änderung zu Standardansichten
Drehung anzeigen
Pfeiltasten : 5.00Grac
Mausgeschwindigkeit : Langsam Schnell
Übergänge
Übergang anzeigen: Aus Langsam Schnell
Komponente einblenden/ausblenden: Aus Langsam Schnell
Isolieren: Aus Langsam Schnell
Ansicht-Auswahl: Aus Langsam Schnell

- Die *Zoomrichtung* des Mausrades vertauschen Sie mit der Checkbox ganz oben.
- Wenn Sie eine der Standardansichten aufrufen, wird automatisch auch der Befehl *In Fenster zoomen* ausgeführt – es sei denn, Sie deaktivieren die zweite Checkbox!
- Der Winkelwert unter *Pfeiltasten* bestimmt den Drehwinkel pro Tastendruck. **5** Grad erlauben feinfühliges Drehen.
- Mit der *Mausgeschwindigkeit* bestimmen Sie, um wie viel die Ansicht durch eine Mausbewegung gedreht wird. Mit dem Regler in Richtung *Langsam* können Sie die Ansicht also ebenfalls feinfühliger drehen.
- Die *Übergänge* sehen Sie immer dann, wenn Sie die Ansicht wechseln, etwa durch Einschalten einer Hauptansicht oder die Definition eines Features. Der zweite Regler bestimmt die Geschwindigkeit des Fadings beim Ein- und Ausblenden von Komponenten in Baugruppen. Gleiches gilt für das *Isolieren,* bei dem Sie Komponenten von Baugruppen freistellen und für die *Ansicht-Auswahl.*

1.6.4 Dokumenteigenschaften, Gitter/Fangen

Wechseln Sie dann zur Registerkarte *Dokumenteigenschaften* und dem Listeneintrag *Gitter/Fangen.* Hier stellen Sie die Optionen des Anzeigerasters beim Bearbeiten einer Skizze ein:

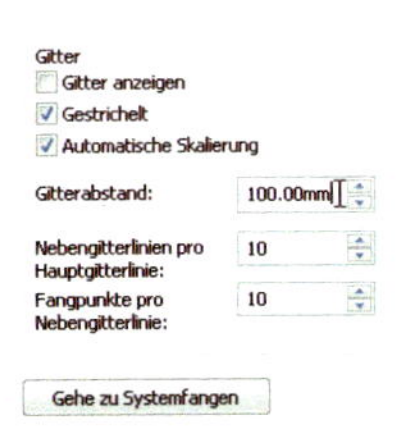

- *Gitter anzeigen* sorgt dafür, dass beim Erzeugen oder Öffnen einer Skizze das Zeichenraster eingeblendet wird. Sie können es aber auch im laufenden Betrieb zu- und abschalten, indem Sie im Editor rechts klicken und *Gitter anzeigen* aufrufen.
- Der *Gitterabstand* einer metrischen Skizze sollte auf ein Vielfaches von 10 eingestellt werden, etwa **100 mm**.
- Die *Nebengitterlinien* unterteilen den Hauptgitterabstand in *n* gleiche Teile. **10** wäre ein guter Anfang für metrische Systeme.
- Unter *Fangpunkte pro Nebengitterlinie* können Sie dann noch bestimmen, dass zwischen zwei Nebengitterlinien noch einmal *n Fangpunkte* gesetzt werden. Geben Sie wieder **10** ein.

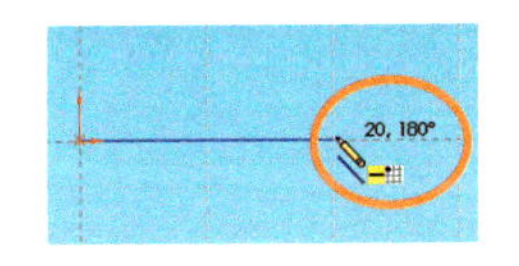

Diese Einstellungen führen zu einem Gitter mit 100 mm Hauptteilung und 10 mm Nebenteilung. Der Zeichencursor dagegen rastet in ganzen Millimeterschritten ein.

- Klicken Sie nun auf die Schaltfläche *Gehe zu Systemfangen.*
- Aktivieren Sie dort sämtliche Optionen. Indem Sie auch die Option *Fangen nur bei Gittereinblendung* deaktivieren, bewirken Sie diskrete Punkte des Cursors bei sichtbarem Gitter und freies Zeichnen, wenn das Gitter ausgeschaltet ist – eine feine Sache!

- Der *Winkelfang* schließlich entspricht dem Polarfang handelsüblicher 2D-CAD-Anwendungen. Beim Zeichnen von Linien rastet der Cursor im eingestellten Winkelabstand ein, und zwar **relativ** zu der Richtung des letzten Liniensegments. Geben Sie hier **15°** ein.

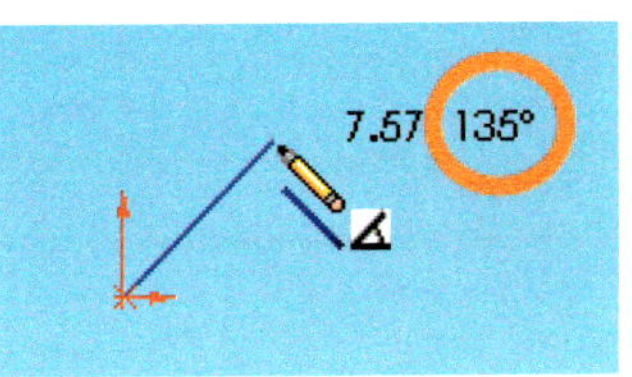

1.6.5 Dokumenteigenschaften, Einheiten

Stellen Sie nun noch die Maßeinheiten ein, und zwar über *Dokumenteigenschaften, Einheiten:*

- Wenn Sie SolidWorks mit dem Windows-Gebietsschema *Deutschland* installieren, sollten die Einheiten dem *MKS*-System entsprechen, also Länge, Gewicht und Zeit in *Metern, Kilogramm* und *Sekunden* gemessen werden.
- Abweichend davon können Sie auch *Zentimeter* bzw. *Millimeter, Gramm, Sekunde* einstellen. Die Einstellung sollte jedenfalls metrisch und passend zur Größe des verwendeten Modells gewählt werden. Für dieses Buch ist die Option *MMGS* am besten geeignet.
- Die Beschränkung der *Dezimalstellen* für Längenmaß und Winkeleinheiten ist rein kosmetischer Natur und verhindert, dass die Skizze von Maßziffern bedeckt wird. Intern werden diese Daten stets mit der höchsten Genauigkeit geführt, die mit der gegebenen Hardware möglich ist (Abb. **1.20**).

Bild 1.20:
Die Wahl des Maßsystems ist auch vom Bauteil abhängig.

Einheitensystem

- MKS (Meter, Kilogramm, Sekunde)
- ZGS (Zentimeter, Gramm, Sekunde)
- MMGS (Millimeter, Gramm, Sekunde)
- ZPS (Zoll, Pfund, Sekunde)
- Benutzerdefiniert

Typ	Einheit	Dezimale	Brüche	Weiter
Grundeinheiten				
Länge	Millimeter	.12		...
Doppelmaßlänge	Zoll	.12		...
Winkel	Grad	.123		
Massen-/Querschnitteigenschaften		.1234		
Länge	Millimeter	.12345		
Masse	Gramm	.123456		
Volumen per Einheit	Millimeter^3	.1234567		
Bewegungseinheiten		.12345678		
Zeit	Sekunde	.12		
Kraft	Newton	.12		
Leistung	Watt	.12		
Energie	Joule	.12		

1.6.6 Dokumenteigenschaften, Bildqualität

Wenn sich in Ihrem Computer eine OpenGL-Grafikkarte befindet, so können Sie ohne großen Performanceverlust die Bildqualität ausreizen. Gekrümmte Konturen sind in der Anzeige nämlich nicht wirklich gekrümmt, sondern werden als Polygone von einstellbarer Feinheit dargestellt. Die zugehörigen Einstellungen finden sich unter der Rubrik *Bildqualität:*

- Mit *Abweichung* bzw. dem Regler darüber stellen Sie die Rundheit gekrümmter Kanten insgesamt und für alle Ansichtsmodi ein. Die Wirkung des Reglers können Sie an dem kleinen Kreis rechts im Dialogfeld ablesen (Abb. 1.21).

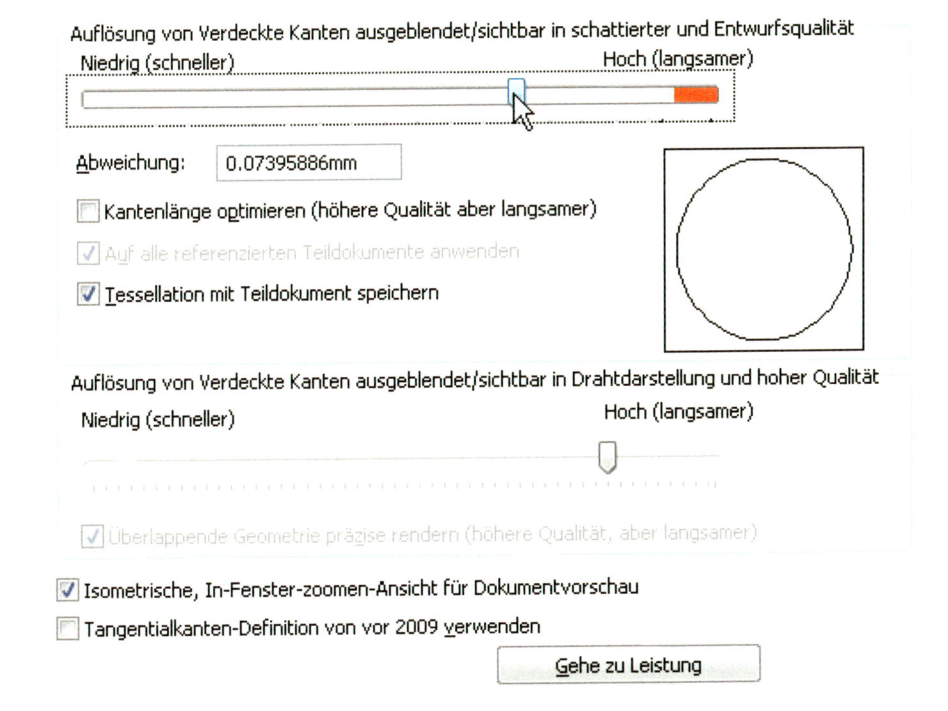

Bild 1.21: Einstellung der Anzeigequalität.

- Die Option *Kantenlänge optimieren* rundet die Ecken der Kurvenpolygone weiter ab, wenn Sie die rechte Position des oberen Reglers erreicht haben. Sie zieht allerdings auch die Performance herunter. Am Besten experimentieren Sie etwas.
- Der untere Regler, *Auflösung für verdeckte Kanten...*, bestimmt die Darstellung der Kurven in der Zeichnungsableitung. Außerdem steuern Sie damit die Qualität der Modi *Drahtdarstellung, Verdeckte Kanten sichtbar* und *Verdeckte Kanten ausgeblendet* unabhängig von der obigen Gesamteinstellung.

Sie können zwischen beiden Qualitäten umschalten, indem Sie die Schaltfläche *Entwurfsqualität für Verdeckte Kanten ausgeblendet/sichtbar* toggeln (vgl. Abschnitt 1.5, *Die Darstellungsmodi,* auf S. 23).

1.6.7 Dokumenteigenschaften, Detaillierung

Um im laufenden Betrieb die Anzeige von Beschriftungen toggeln zu können, stellen Sie unter der Rubrik *Detaillierung* noch folgendes ein:

- Gruppenfeld *Anzeigefilter:* Aktivieren Sie alle Optionsfelder außer *Feature-Bemaßungen* und *Alle Typen anzeigen.*
- Aktivieren Sie außerdem *Text immer in derselben Größe anzeigen* sowie *Beschriftungen anzeigen* (Abb. 1.22).

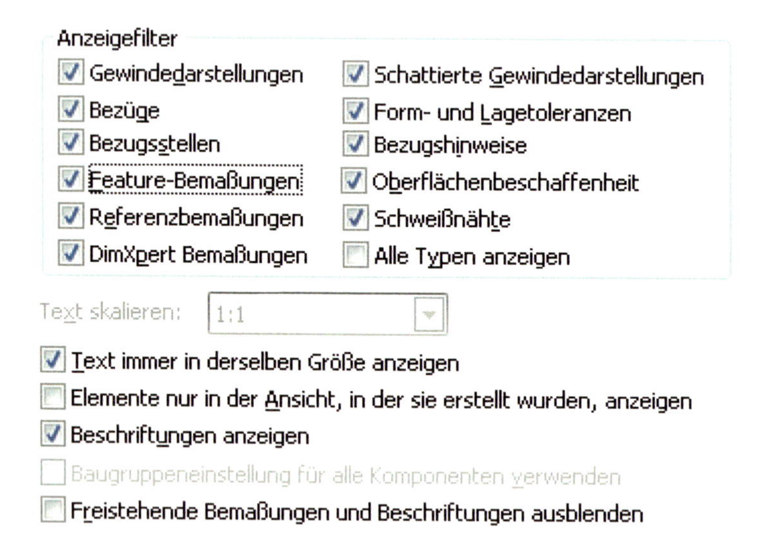

Bild 1.22: Die Anzeige von Beschriftungen und Bemaßungen wird in der Rubrik *Detaillierung* eingestellt.

1.6.8 Die Dokumentvorlage

Die Einstellungen in der Registerkarte *Dokumenteigenschaften* werden stets von der Dokumentvorlage geladen, also nicht im System gespeichert. Sie müssten sie also jedes Mal aufs Neue einstellen. Speichern Sie daher diese Einstellungen in einer Dokumentvorlage, die Sie dann durchgängig für dieses Buch verwenden:

- Löschen Sie alle selbsterstellten Objekte aus dem FeatureManager und blenden Sie die Ebenen wieder aus. Stellen Sie die gewünschte Ansicht und Darstellung ein – empfehlenswert sind *Vorderseite, Schattiert mit Kanten* und *Schatten im Modus Schattiert.* Wählen Sie dann *Datei, Speichern unter.*
- Stellen Sie den Dateityp *Part Templates (*.prtdot)* ein. SolidWorks wechselt in das Vorlagenverzeichnis.
- Geben sie den Namen TEIL BUCH ein, eventuell auch eine *Description,* die in die Dokumenteigenschaften übernommen wird, und klicken Sie auf *Speichern* (Abb. 1.23).
- Sie finden diese Vorlage, wenn Sie bei der Erstellung einer Datei im Dialogfeld *Neues SolidWorks Dokument* auf die Schaltfläche *Erweitert* klicken und dort auf die Registerkarte *Vorlagen* wechseln.

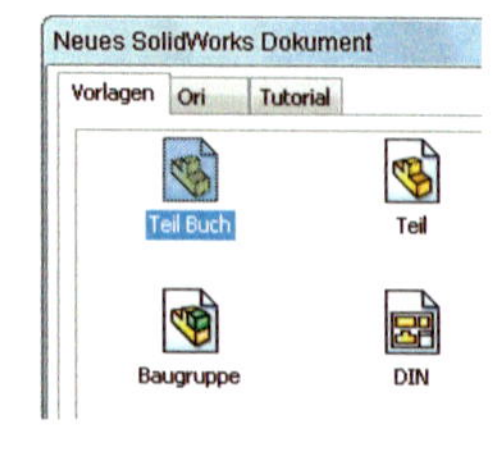

Wenn Sie nun weiterhin die Option *Neueinsteiger* verwenden, könnte es zu der Fehlermeldung kommen, dass Dokumentvorlagen fehlen.

- Wechseln Sie dann zur Version *Fortgeschrittene* hinüber, um eine Vorlage zu laden und damit SolidWorks ruhigzustellen.
- Rufen Sie nun die *Optionen* auf, wechseln Sie zu *Systemoptionen, Standardvorlagen* und stellen Sie unter der Rubrik *Teile* die Vorlage *Teil Buch* ein.

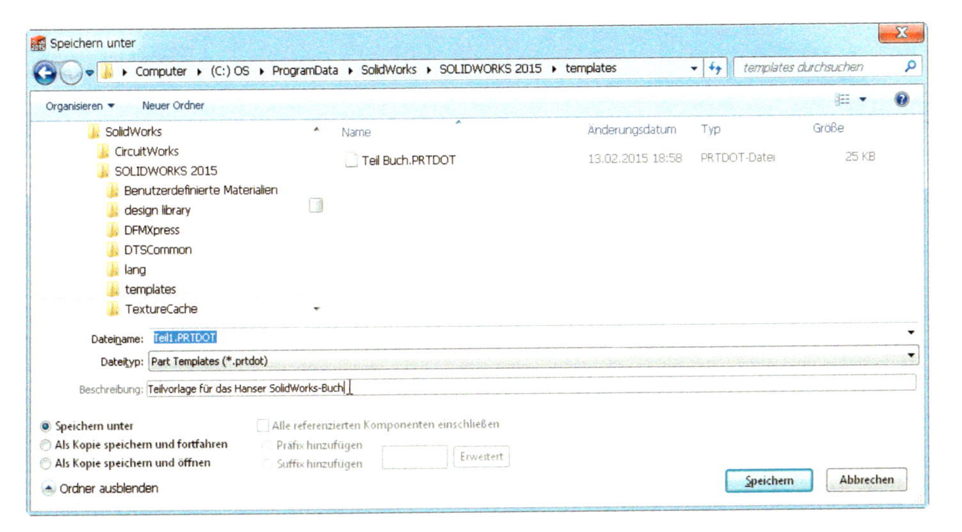

Bild 1.23: Die Anfertigung einer Dokumentvorlage ist einfach – sie wiederzufinden dagegen nicht ganz so einfach.

Damit verwenden Sie künftig stets Ihre eigene Vorlage, auch dann, wenn Sie unter *Neueinsteiger* einfach auf *Teil* klicken. Nach dieser Methode werden Sie im Verlauf des Buches auch Ihre eigenen Baugruppen- und Zeichnungsvorlagen in SolidWorks einbinden.

1.7 Austauschformate

MCAD ist nur der Kern, nicht das Ganze. Die Stärke dieses Programm-Genres liegt vor allem in der Anbindung an Fertigungs- und Analyse-Software (CAM, CAE) sowie an Konstruktionsdatenserver (PDM). In SolidWorks generierte Modelle können Sie direkt an ein CAM-Plug-in durchreichen oder über eines der Austauschformate in die CNC-Fertigung geben. Viele CAE-Programme weisen bereits Schnittstellen auf, über die Sie das Modell direkt aus SolidWorks herüberladen können – die ehemaligen COSMOS-Plug-ins sind heute Bestandteil der Maximalversion SolidWorks Premium.

1.7.1 Native 2D- und 3D-Formate

- Mit SolidWorks speichern Sie Dateien in den drei nativen Formaten *Bauteil* (SLDPRT), *Baugruppe* (SLDASM) und *Zeichnung* (SLDDRW).

- Mit anderen MCAD-Systemen können Sie parametrische Bauteile über die Schnittstellen **Catia**, **Pro/Engineer**, **Inventor**, **CadKey** und **UniGraphics** bzw. **SolidEdge** austauschen.
- Freiflächendaten importieren Sie über **Rhino**.
- 2DCAD-Dateien erzeugen Sie als **AutoCAD DWG** R12 bis 2013.

1.7.2 3D-Austauschformate

- Für Volumenkörper gibt es die generischen Austauschformate **IGES 5.3**, **STEP** und **VDA-FS** (Abb. 1.24).

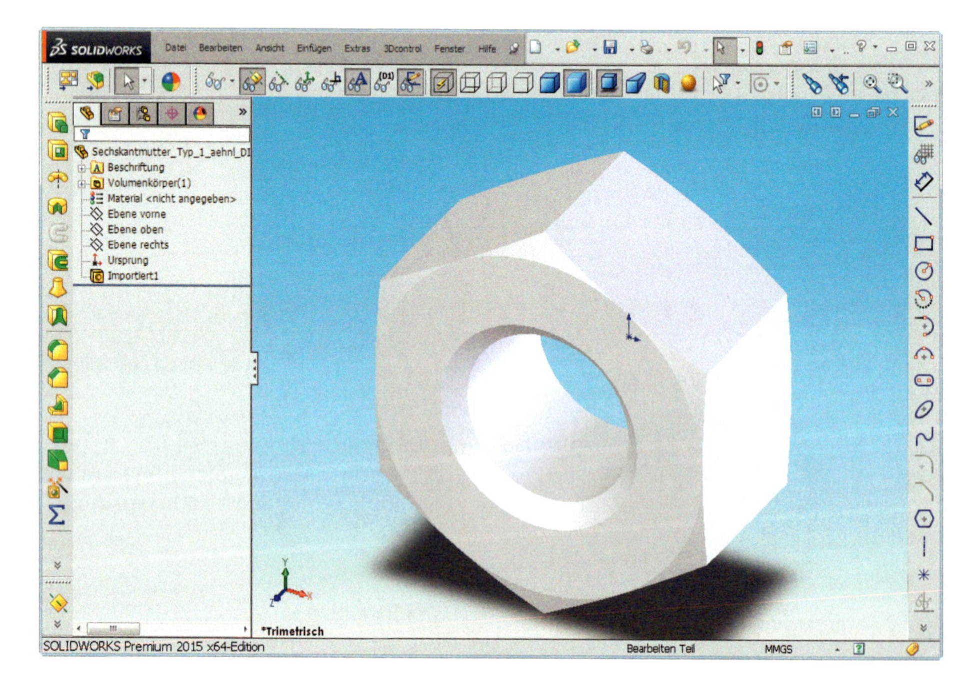

Bild 1.24: Im Bild: das berühmte „dumme Solid". Importierte Bauteile besitzen keinerlei parametrische Informationen.

Importierte Teile lassen sich im Bauteil genau wie Volumenkörper verwenden, allerdings verfügen sie weder über Parameter noch über Features. Man kann dies zwar mit der Feature-Erkennung *FeatureXpert* beheben, aber erstens ist dies ein zeitraubendes, fehlerträchtiges Verfahren, zweitens sind Features nicht immer wünschenswert – etwa dann, wenn es sich um das Basisteil einer Top-Down-Konstruktion handelt – oder wenn Sie Ihre Konstruktionsgeheimnisse für sich behalten wollen.

- Die Schnittstellen **x_b**, **x_t**, **xmt_txt** und **xmt_bin** des – auch in SolidWorks verbauten – 3D-Kernels Parasolid aller Versionen von *8.0* bis *26.0* stehen ebenso zur Verfügung wie das Outlet **SAT** des Konkurrenz-Modelers **ACIS** *1.6* bis *22.0*.

Diese Formate können Sie verlustfrei in jedes Programm importieren, das einen dieser Kernel verwendet. (Pro-Tip: **IronCAD** hat beide und kann sie ineinander überführen!)

- Auch die Ausgabe von Stereolithografiedateien **STL/AMF** – etwa für 3D-Printing und *Rapid Prototyping* – ist möglich.

1.7.3 Export in 3D-PDF und eDrawing

Mit Version 2015 verfügen Sie über die sogenannte *modellbasierte Definition (MBD)*. Dahinter verbirgt sich die Erstellung von 3D-Dokumenten direkt aus dem SolidWorks-Editor heraus.

eDrawing zum Beispiel liefert die Formate **EPRT, EDRW** und **EASM** zur Präsentation im Webbrowser. Sie können diese Dateien aber auch Empfängern zuschicken, die präzise, messbare Modelle benötigen, ohne SolidWorks zu besitzen. Das kostenpflichtige *eDrawing Professional* kann zudem mit 3D-Ansichten, Beschriftungen und Schnitten umgehen. Doch auch mit der Schnittstelle **3DPDF** ist dies möglich:

- Laden Sie das zu exportierende Modell, richten Sie die gewünschte Ansicht ein und klicken Sie auf den Tabellenreiter *3D-Ansichten*, der sich über der Statusleiste befindet (Abb. 1.25).
- Klicken Sie auf die Schaltfläche *3D-Ansicht erfassen*, so wird eine Art Schnappschuss des Modells aufgenommen und als Icon in der Ansichtsleiste abgelegt. Auch Schnittansichten können Sie hier speichern.

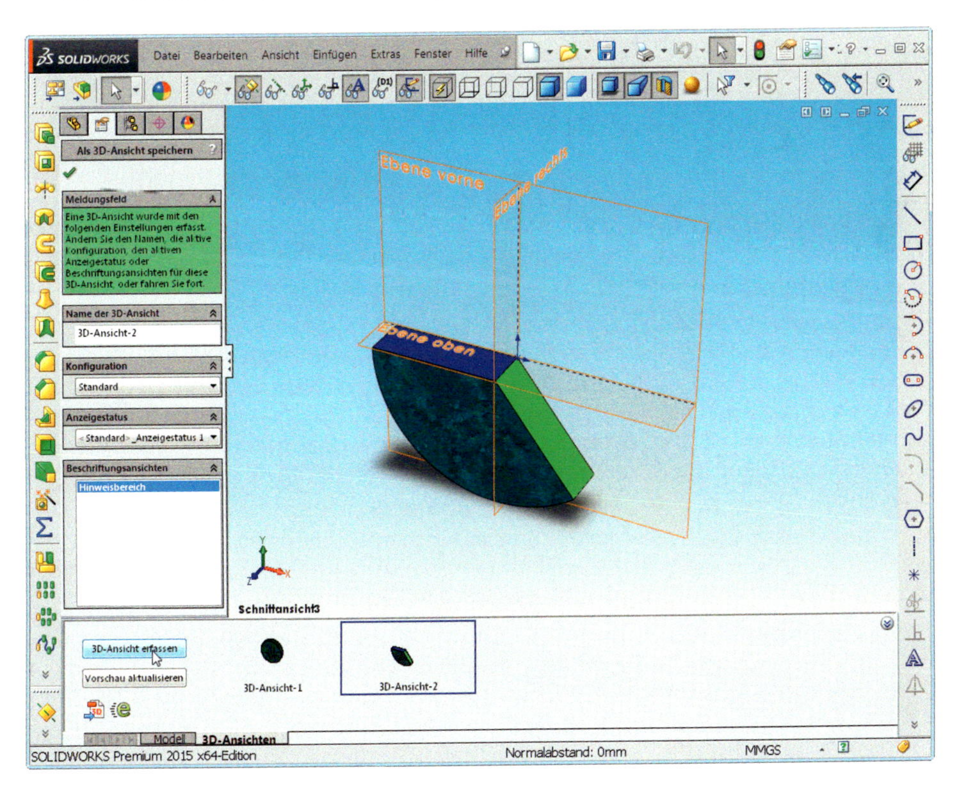

Bild 1.25: Der Export von 3D-PDFs und 3D-eDrawings ist direkt vom Editor aus möglich

- Hierbei können Sie die Ansicht *benennen,* eine bestimmte *Konfiguration* sowie den *Anzeigestatus* vorgeben und bestehende *Beschriftungen* einblenden – wie etwa die, die Sie in der Zeichnungsableitung erstellt haben. Diese Ansichten werden in der Modelldatei gespeichert.
- Mit einem Doppelklick auf eines der Icons kehren Sie zu der betreffenden Ansicht zurück, etwa um sie zu korrigieren. Danach klicken Sie auf *Vorschau aktualisieren,* und die Korrektur wird übernommen.
- Der eigentliche Export findet über die beiden Schaltflächen am unteren Rand der Ansichtsleiste statt: Klicken Sie auf das *3D-PDF-* oder das *eDrawing*-Icon.

1.7.4 2D- und Pixelformate

Es ist natürlich auch möglich, Modelle als Zeichnungen oder Bilder zu exportieren:

- Sie können Vektordateien **AutoCAD DXF** der Formatversionen R12 bis 2013 schreiben.
- Besonders schlanke Vektordateien entstehen im **PDF**-Format – in Sachen Bildqualität stehen sie der Originalzeichnung trotzdem in nichts nach.
- Schließlich können Sie auch Pixeldateien generieren. Die Auflösung bei **TIFF, PSD** und **JPG** reicht bis hinauf zu 2880 DPI, was bereits Print-Qualität entspricht.

1.8 Dateien auf der DVD

- Die Bauteildatei zu diesem Kapitel finden Sie auf der DVD unter dem Namen KAP 1 ANSICHTSSTEUERUNG.SLDPRT.
- Die Formatvorlage TEIL BUCH.PRTDOT ist im Verzeichnis \DOKUMENTVORLAGEN abgelegt. Kopieren Sie sie ins Installationsverzeichnis von SolidWorks unter SOLIDWORKS 2015\TEMPLATES, so finden Sie sie im Dialog *Neues SolidWorks Dokument* im Modus *Erweitert.*
- Die hier gezeigten Einstellungen der Symbolleisten, Shortcuts und Tastenkürzel finden Sie auf der DVD im Verzeichnis \ANWENDEREINSTELLUNGEN\SOLIDWORKS 2015 KMSW.SLDREG. Sie können diese Registrierungsdatei mit dem SolidWorks-Werkzeug *Assistent zur Kopie der Anwendereinstellungen,* Modus *Einstellungen wiederherstellen* importieren. Aktivieren Sie jedoch im letzten Schritt die Option *Einstellungen sichern,* um im Zweifelsfall **Ihre alten Einstellungen** wiederherstellen zu können!

2 Das Volumenkörper-Konzept

Die strenge Logik eines MCAD-Programms

Im 3D-CAD ist die Projektion auf eine Zeichenebene nicht mehr das Problem. Doch die Gestaltung eines virtuellen Bauteils erfordert eine ganz neue Art des Abstraktionsvermögens.

In manchen 2D-/3D-CAD-Programmen kann man noch die Anfänge des virtuellen Modellierens kennenlernen: Da gibt es eine Symbolleiste mit Würfel, Kugel, Kegel und Zylinder. Diese **Primitive** sind in der Software fest verdrahtet und erscheinen auf Knopfdruck (Abb. 2.1).

Bild 2.1: Aus der Väter Tage: Primitive als Grundbausteine komplexer Maschinenbauteile. Das Prinzip ist geblieben, nicht jedoch die Arbeitsmittel.

2.1 *In a nutshell:* Das parametrische Prinzip

Primitive wurden früher dazu verwendet, durch Kombination komplexe Körper zu formen. Als Kombinationsmöglichkeiten standen die drei Boole'schen Operationen **Addition**, **Subtraktion** und **Schnittmenge** zur Verfügung. An diesem Baukastenprinzip – der **Constructive Solid Geometry** oder kurz CSG – hat sich im Grunde nicht viel geändert, doch wurden im Lauf der Jahre die Arbeitsmittel verfeinert. Zum Beispiel bleiben im MCAD alle Arbeitsschritte, die zu einem Bauteil führen, erhalten und können jederzeit geändert werden: Dies ist als **parametrisch-historienbasiertes Modellieren** bekannt.

- Wenn Sie nun noch einmal die Zeichnung KAP 1 ANSICHTSSTEUERUNG.SLDPRT aus dem letzten Kapitel bzw. von der DVD öffnen wollen, kann ich Ihnen demonstrieren, was damit gemeint ist.

2.1.1 Ein parametrisches Feature

- *Speichern* Sie die Datei zunächst *unter* dem Namen SCHRAUBE.SLDPRT. Sie haben nun eine Kopie des Bauteils erzeugt und diese zugleich geladen. Die alte Version dagegen wurde geschlossen.
- Im FeatureManager klicken Sie auf den Eintrag *Linear austragen1* und wählen aus der Kontextleiste *Feature bearbeiten.*

Das Bauteil wird wieder im Editiermodus angezeigt, links erscheint anstelle des FeatureManagers der *PropertyManager*, die zweite der fünf Registerkarten. Er wird immer dann eingeblendet, wenn Sie Einstellungen an Objekten vornehmen (Abb. 2.2).

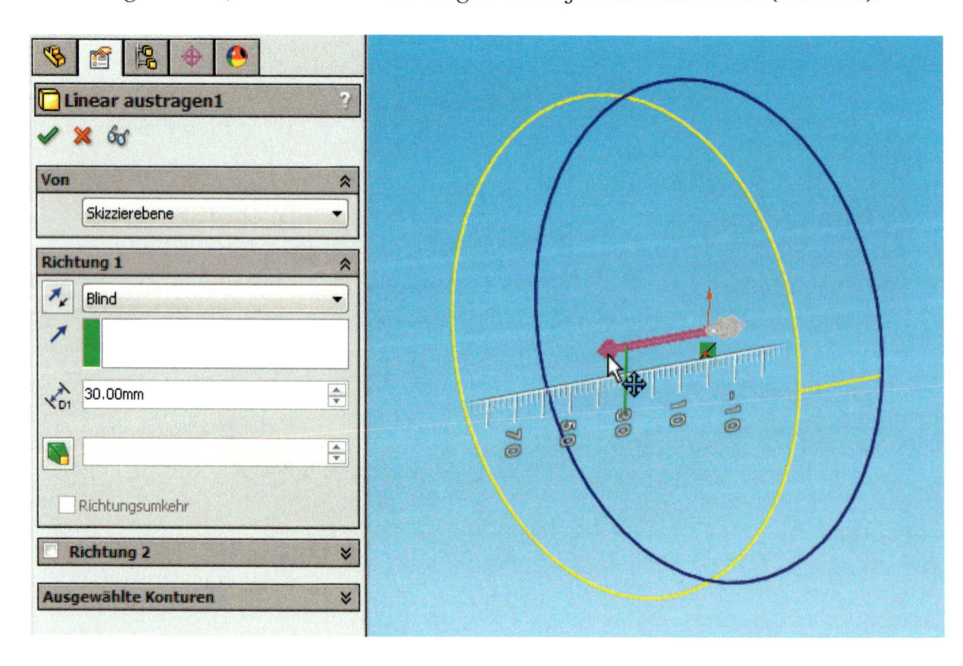

Bild 2.2: Bildungs-Weg: Jedes Bauteil bleibt als parametrische Bauanleitung erhalten. So wird aus der Scheibe ein mehr oder weniger gestreckter Zylinder.

- Bewegen Sie den Cursor auf den grauen Pfeil innerhalb des Bauteils, so dass dieser rot angezeigt wird. Ziehen Sie an der Pfeilspitze, so ändert der Zylinder seine Höhe. Eine mitlaufende Skala zeigt den alten und den neuen Wert an.

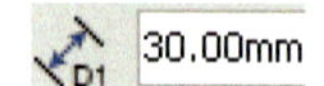

Zugleich können Sie im *PropertyManager* auf der linken Seite die Änderung der Länge mitverfolgen: Es ist das Editierfeld mit dem Namen *Tiefe* und dem Icon *D1*, das die Länge der Extrusion anzeigt.

- Genau so gut können Sie hier auch direkt einen Wert eingeben, etwa **30**. Die Maßeinheit, hier *mm,* wird automatisch hinzugefügt. Das Bauteil reagiert, sobald Sie auf die Eingabetaste drücken.
- Mit der Schaltfläche *OK,* der linken oberen mit dem grünen Häkchen, bestätigen Sie die Änderung und kehren in den Editiermodus zurück.

Die **Extrusion**, in SolidWorks als *Lineare Austragung* bezeichnet, ermöglicht noch eine ganze Reihe weiterer Einstellungen, zu denen wir im Lauf des Buches zurückkehren. Spielen ist aber immer erwünscht und fast immer ungefährlich:

- Mit der Schaltfläche *Detaillierte Vorschau* – der Brille – können Sie die Wirkung Ihrer Experimente begutachten.

- Sollte etwas schief gehen, kehren Sie einfach mit *Abbrechen,* der Taste **Esc** oder schlimmstenfalls mit **Strg + Z** zum alten Status zurück.

2.1.2 Eine parametrische Skizze

Ein MCAD-Volumenkörper lässt sich also jederzeit ändern. Aber auch die zugrundeliegende Skizze ist parametrisch:

Schraube
Beschriftung
Material <nicht festgelegt>
Ebene vorne
Ebene oben
Ebene rechts
Ursprung
Linear austragen1
(-) Skizze1

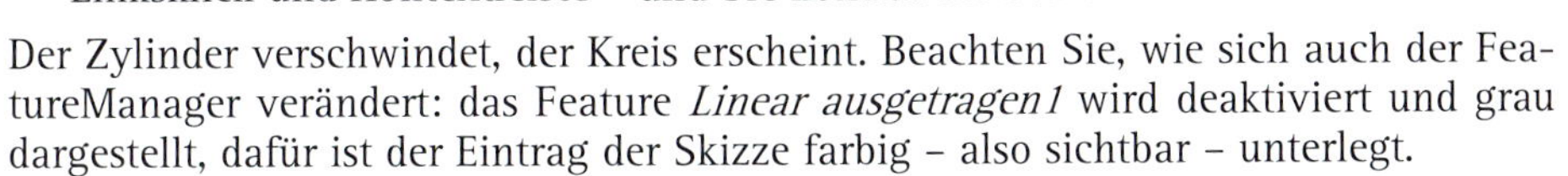

- Öffnen Sie die Skizze des Zylinders erneut, indem Sie durch einen Klick auf das Pluszeichen das Feature *Linear austragen1* aufklappen. Unsere Kreisskizze ist in das Feature des Zylinders **eingebettet**. Ein Rechtsklick über dem Eintrag *Skizze1* – bzw. Linksklick und Kontextleiste – und Sie können sie *bearbeiten.*

Der Zylinder verschwindet, der Kreis erscheint. Beachten Sie, wie sich auch der FeatureManager verändert: das Feature *Linear ausgetragen1* wird deaktiviert und grau dargestellt, dafür ist der Eintrag der Skizze farbig – also sichtbar – unterlegt.

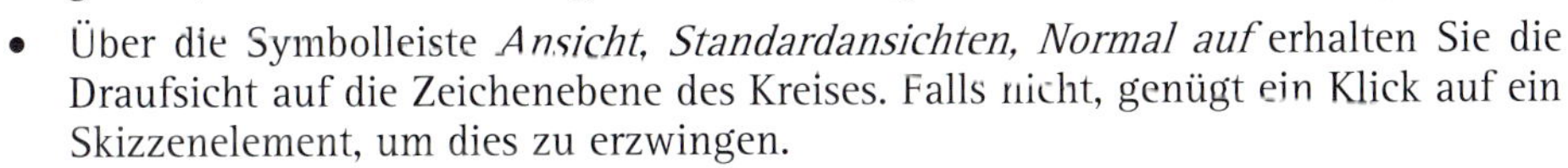

- Über die Symbolleiste *Ansicht, Standardansichten, Normal auf* erhalten Sie die Draufsicht auf die Zeichenebene des Kreises. Falls nicht, genügt ein Klick auf ein Skizzenelement, um dies zu erzwingen.

Unterdefiniert

Sie sehen nun den Kreis in einer ganz bestimmten Farbe, nämlich Blau. Dies ist die Farbe für eine *unterdefinierte Skizze,* wie SolidWorks Ihnen auch unten in der Statuszeile mitteilt. Das vorangestellte Minuszeichen vor dem Namen der Skizze weist ebenfalls darauf hin: Er lautet exakt *(-) Skizze1.* Mit dieser Behauptung ist gemeint, dass der Kreis nicht vollständig parametriert ist: Sie können ihn beispielsweise mit der Maus vergrößern und verkleinern und eventuell sein Zentrum verschieben. Der Kreis ist also geometrisch nicht eindeutig festgelegt. Dieser Umstand kann in der Gesamtkonstruktion ganz unerwartete und daher meist unerwünschte Wirkungen entfalten. Legen wir zunächst also den Kreis fest:

Wenn Sie in Kapitel 1 exakt gearbeitet haben, so ist das Zentrum des Kreises auf den Ursprung festgelegt.

- Aktivieren Sie *Ansicht, Skizzenbeziehungen,* so erscheint das Symbol *Deckungsgleich* im Zentrum. Klicken Sie dieses Symbol an und löschen Sie es mit **Del** – aus didaktischen Gründen. Oder noch besser: Löschen Sie den ganzen Kreis und zeichnen Sie einen neuen, und zwar **neben** den Ursprung.

Das Austragungsfeature wird dadurch nicht berührt, denn es basiert auf der Skizze **in ihrer Gesamtheit**, nicht auf dem Kreis als solchem.

2.1.2.1 Der Objektfang

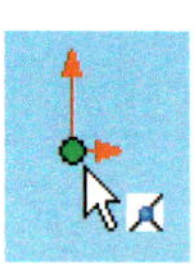

- Ziehen Sie das Zentrum des Kreises auf das stilisierte, rote Achsenkreuz des Ursprungs. Der Cursor zeigt dabei ein Kreuz an, das Zeichen für ein Bogen- oder Kreiszentrum. Das gezogene Objekt wird beim Anfahren einer solch markanten Stelle magnetisch angezogen. Das Symbol für den Objektfang *Deckungsgleich* erscheint wie im vorigen Kapitel, nur dass es diesmal **weiß statt gelb** unterlegt ist – wir hatten ja die automatische Bildung von Beziehungen abgestellt. Sie können die Maustaste jetzt loslassen (Abb. 2.3).

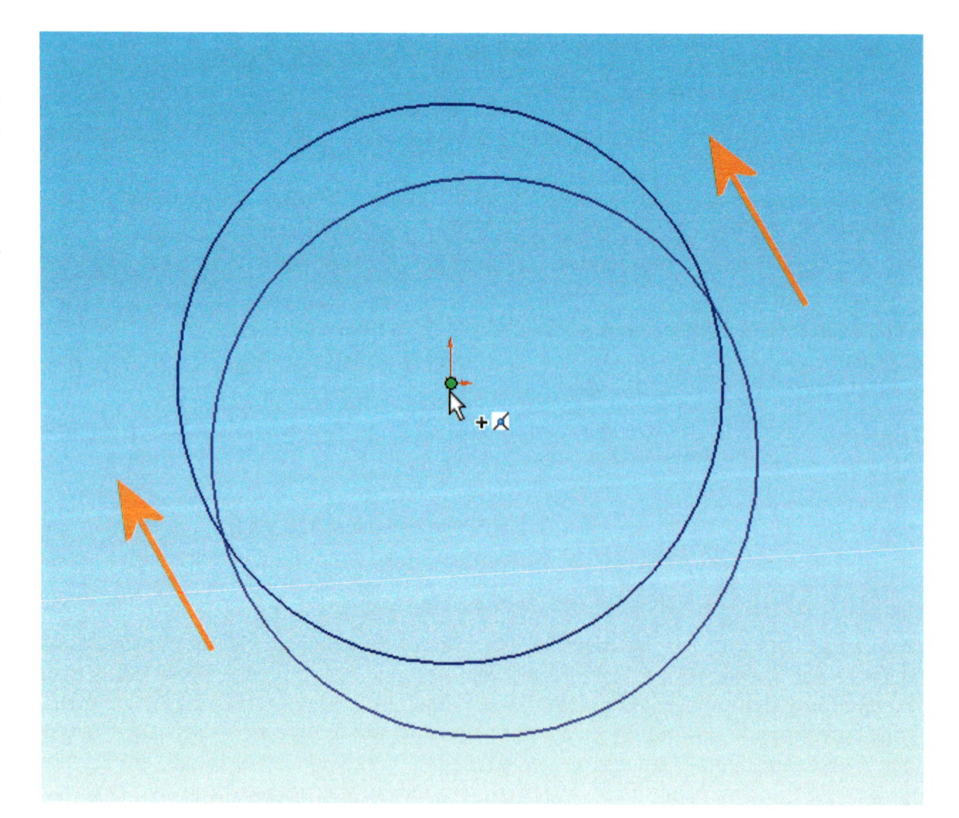

Bild 2.3:
Kontaktkleber: Verschiebt man das Kreiszentrum in den Nullpunkt, so wird es von diesem magnetisch angezogen. Trotzdem ist es bei den gegenwärtigen Einstellungen nicht mit ihm verknüpft und daher nicht festgelegt.

2.1.2.2 Eine Skizzenbeziehung

Das Kreiszentrum liegt zwar im „magnetischen Nullpunkt", doch können Sie es von dort auch wieder wegziehen. Bis jetzt war also nur der Objektfang im Einsatz – ein zweiter Schritt ist erforderlich, um das Objekt nachhaltig zu fixieren: Wir bilden eine Beziehung zu anderen Objekten, eine sogenannte **Skizzenbeziehung**.

- Ziehen Sie das Kreiszentrum wieder vom Nullpunkt weg, um separat an die beiden Punkte heranzukommen. Wählen Sie dann mit gedrückter **Strg**-Taste das Kreiszentrum und den Nullpunkt.
- Im PropertyManager erscheinen die Namen der beiden Punkte in einer blauen Auswahlliste. Ganz unten werden alle Skizzenbeziehungen angezeigt, die zu dieser Kombination von Objekten passen. Klicken Sie auf *Deckungsgleich* (Kasten).

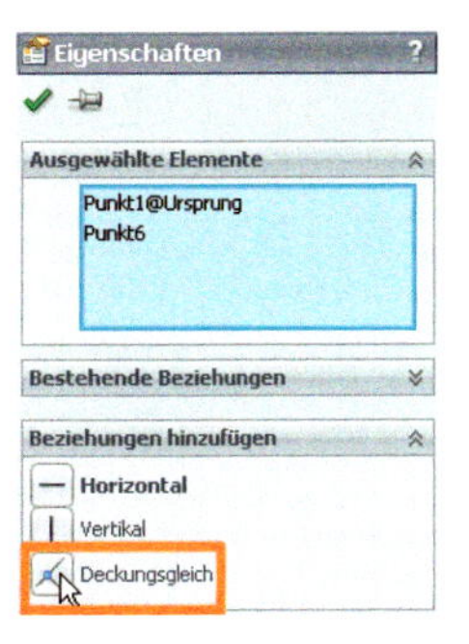

Durch diese Aktion wird das Zentrum mit dem Koordinaten-Nullpunkt der Bauteildatei dauerhaft zur Deckung gebracht – es entsteht eine Skizzenbeziehung. Und da der Nullpunkt stets fixiert ist, kann nun auch der Kreis nicht mehr weggezogen werden (Abb. 2.4).

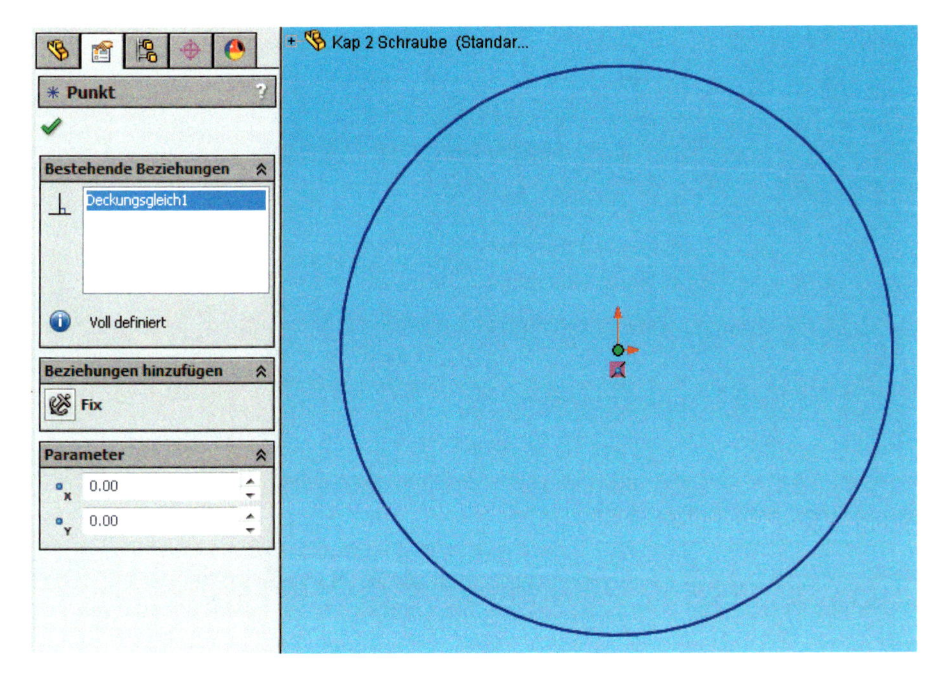

Bild 2.4: Zum Teil voll definiert: Das Kreiszentrum ist durch die Beziehung *Deckungsgleich* fest mit dem Nullpunkt verbunden. Als nulldimensionales Objekt ist es somit voll definiert. Der Radius dagegen ist immer noch variabel.

Die Skizzenbeziehung ist nicht nur definiert, sie wird auch kenntlich gemacht:

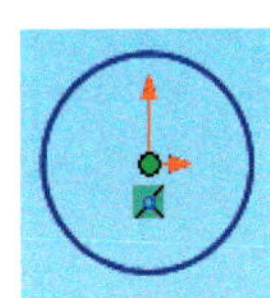

- Klicken Sie nochmals auf das Zentrum des Kreises. Im PropertyManager erscheint eine Liste namens *Bestehende Beziehungen* mit dem einzigen Eintrag *Deckungsgleich<n>*. Das Kreiszentrum, in SolidWorks als *Punkt* eingestuft, ist deckungsgleich mit dem Nullpunkt des Koordinatensystems verbunden. Also ist dieser Punkt nun *voll definiert,* wie die Liste weiterhin offenbart.

Sie haben aber noch eine andere Möglichkeit, denn Kontext-Symbolleisten gibt es inzwischen für alle erdenklichen Objekte:

- Löschen Sie die Beziehung *Deckungsgleich* über den PropertyManager oder machen Sie die letzten Aktionen mit **Strg+Z** rückgängig, bis Kreiszentrum und Ursprung wieder getrennt liegen.

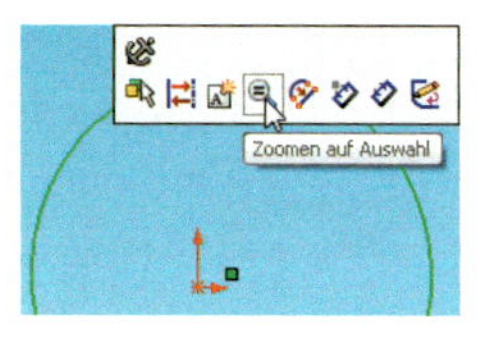

- Klicken Sie den Kreis am Umfang an, so erscheint die Kontext-Symbolleiste mit einer Auswahl an kreisbezogenen Funktionen. Klicken Sie z. B. auf *Zoomen auf Auswahl,* so geschieht genau dieses.
- Klicken Sie in den Editor oder drücken Sie **Esc**, um alles abzuwählen.
- Wählen Sie wieder das Kreiszentrum und den Ursprung, so bietet die Kontext-Symbolleiste die Beziehung *Deckungsgleich* an. Klicken Sie darauf, so wird die Beziehung geknüpft – genau wie vorhin (Abb. 2.5).

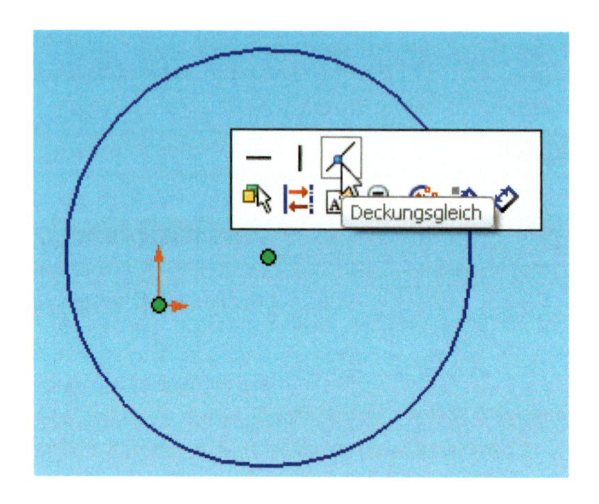

Bild 2.5: Knüpfung einer Skizzenbeziehung mit der Kontext-Symbolleiste

2.1.2.3 Skizzenbeziehungen erkennen

Sie haben mehrere Möglichkeiten, Skizzenbeziehungen zu identifizieren:

- Wenn Sie im Menü *Ansicht, Skizzenbeziehungen* einschalten, so werden **alle** Skizzenbeziehungen angezeigt. Eine komplexe Skizze kann dadurch allerdings schnell unübersichtlich werden.
- Schalten Sie die *Skizzenbeziehungen* dagegen ab, so erscheint nur die im Listenfeld gewählte Beziehung im Editor. Wenn Sie den Listenpunkt *Deckungsgleich<n>* anklicken, so wird die zugehörige Geometrie im Editor farblich hervorgehoben, normalerweise in Pink. Ein Icon zeigt die Art der Beziehung.

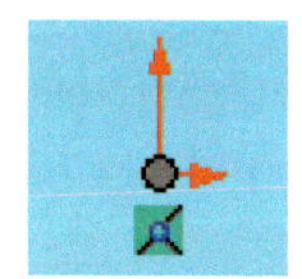

- Wenn Sie zusätzlich im Menü *Ansicht, Verknüpfungsvariablen-Beschriftung* einschalten, so dokumentiert ein Fähnchen Ort, Art, Beschaffenheit und beteiligte Partner der Skizzenbeziehung.

Der restliche Kreis indessen ist nach wie vor blau, also unterdefiniert: Die Definitionswut, so scheint es, wird in SolidWorks zur Wissenschaft erhoben.

2.1.2.4 Eine steuernde Bemaßung

Noch immer steht die Anzeige in der Statusleiste unten rechts auf *Unterdefiniert.* Warum? Ein Kreis ist erst durch die Lage seines Zentrums **und** den Radius oder Durchmesser eindeutig definiert, es fehlt uns also noch die Bemaßung des Kreises. Hier tritt ein weiteres Werkzeug in Aktion, die sogenannte **steuernde Bemaßung**.

Im CAD ist man daran gewöhnt, dass eine Bemaßung der bloßen Kennzeichnung dient: Einem Kreis in AutoCAD müssen Sie schon bei **Erstellung** den Durchmesser 20 zuordnen – egal, ob Sie ihn bemaßen oder nicht. Die Bemaßung beschreibt nur, sie übt jedoch keinerlei Einfluss auf die Geometrie aus.

Nicht so im MCAD: Hier zeichnet man den Kreis zunächst frei in die Skizze und verleiht ihm erst im zweiten Schritt eindeutige Eigenschaften, und zwar erstens die Lage des Zentrums und zweitens den Durchmesser. *Das* genau sind die **Parameter** der Skizze:

- Wählen Sie – bei geöffneter Skizze – auf der Symbolleiste *Skizze* die Schaltfläche *Intelligente Bemaßung*. Klicken Sie dann nacheinander auf den Umfang des Kreises und auf einen Punkt rechts daneben, um das Maß aus der Kontur zu ziehen.

Daraufhin geschehen mehrere Dinge zugleich:

- Die Bemaßung wird als Durchmesser angebracht,
- der Kreis wird schwarz dargestellt, ein Zeichen dafür, dass er nun *voll definiert* ist und
- es erscheint ein kleines Editierfenster namens *Modifizieren* und fordert Sie zu einer Zifferneingabe auf (Abb. 2.6).
- Geben Sie den Wert **12** ein. Er wird automatisch in mm gedeutet, der Standard-Längeneinheit also, die Sie in den Optionen eingestellt hatten. Nach Bestätigung über die Eingabetaste oder die Schaltfläche *OK* nimmt der Kreis den gewünschten Durchmesser an, das Dialogfeld wird geschlossen. Durch einen Doppelklick auf die Maßzahl bringen Sie es wieder zum Vorschein, um den Zahlenwert zu ändern. Auch dies ist später jederzeit möglich.

Es ist hingegen ganz egal, **welchen** Wert Sie hier eintragen: Der Kreis ist immer eindeutig festgelegt oder *Voll definiert*, wie SolidWorks es nun ausdrückt.

Voll definiert

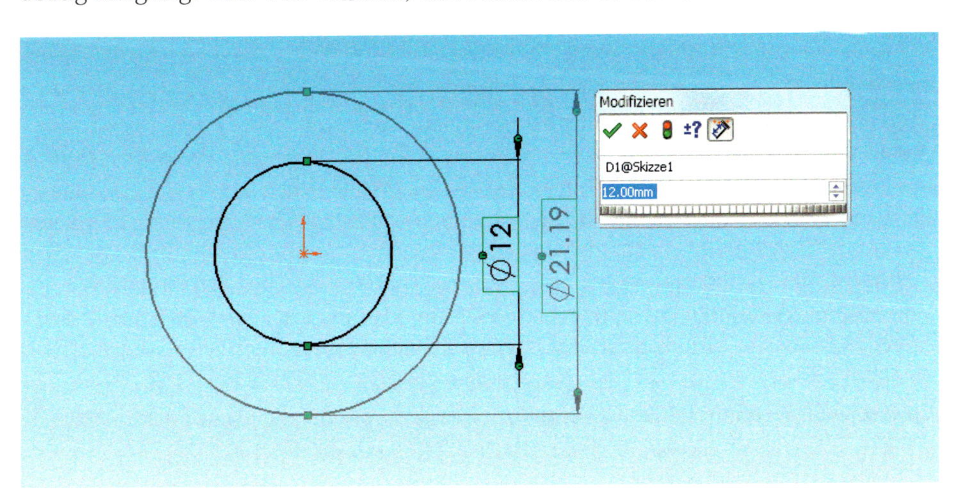

Bild 2.6: Voll definiert: Der Kreis wird mit einer Bemaßung versehen. Diese steuert ab sofort seinen Durchmesser.

- Mit **Esc** beenden Sie die *intelligente Bemaßung*.

- Mit einem Klick auf den *Modellneuaufbau* – die Ampel – wird die Skizze geschlossen und der Volumenkörper wiederhergestellt. Ein Doppelklick auf diesen, und die Maße werden eingeblendet (Abb. 2.7).

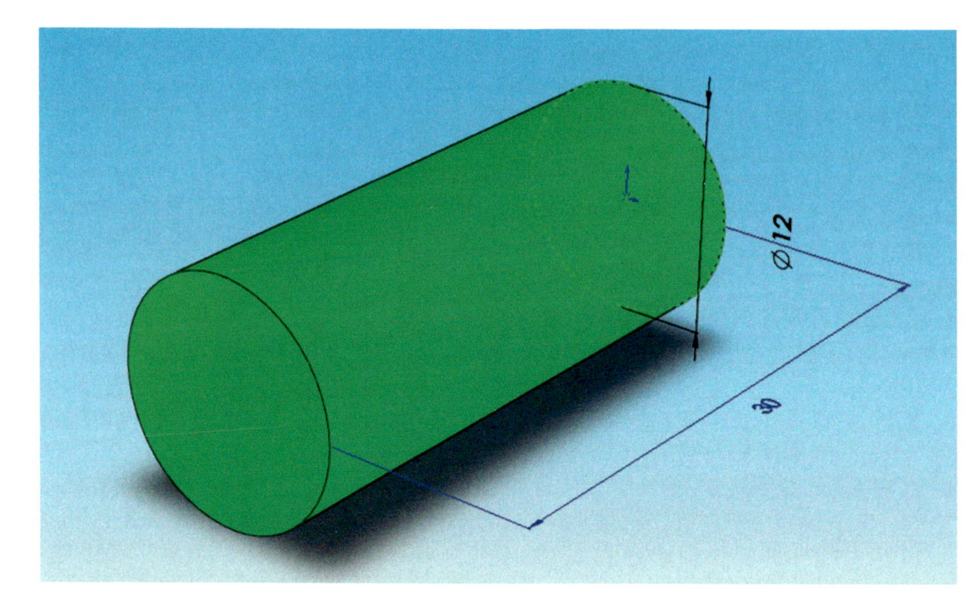

Bild 2.7:
Zentrum, Durchmesser und Höhe: Ist erst die Skizze voll definiert, dann auch der Zylinder. Die Skizze erscheint hier als gestrichelte Kontur.

- Wenn Sie im FeatureManager bei gedrückter **Strg**-Taste die Skizze auswählen, so erscheint sie als gestrichelter Umriss.

2.2 Kombination einfacher Grundkörper

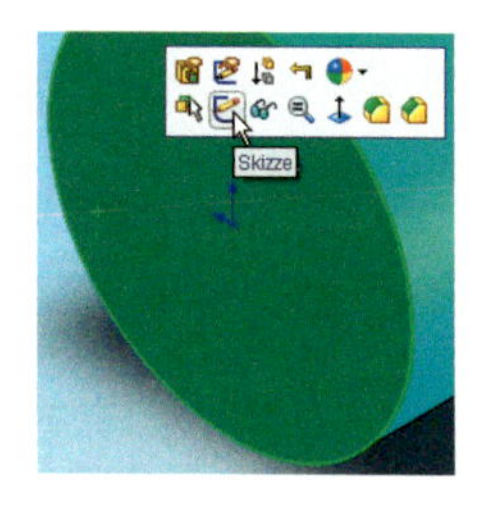

Die klassische Methode des 3D-Modellierens ist, einfache Körper zu komplexeren zusammenzufügen, hatten wir festgestellt. Daran hat sich nicht viel geändert: Die meisten Maschinenteile bestehen schließlich nicht nur in Zylindern und Kugeln, es sei denn, Sie arbeiten bei FAG. Andererseits bestehen sie oft aus einfachen, regelmäßigen Grundobjekten. Um beispielsweise eine Maschinenschraube zu bauen, gehen Sie folgendermaßen vor:

- Klicken Sie auf die der Skizze gegenüberliegende Stirnfläche des Zylinders – sie wird grün eingefärbt – und wählen Sie aus der Kontextleiste die Schaltfläche *Skizze*. Verwechseln Sie sie nicht mit der Schaltfläche *Skizze bearbeiten,* sonst öffnen Sie die Skizze des Zylinders.
- Wechseln Sie dann in die Ansicht *Normal auf.* Wenn Sie die grüne Farbe stört, klicken Sie im Editor „ins Blaue“, um die Fläche abzuwählen – der Skizzenmodus bleibt trotzdem bestehen.

- Wählen Sie aus der Symbolleiste Skizze *Polygon*. Legen Sie im PropertyManager **6** Ecken und die Definition durch *Inkreis* fest.

- Klicken Sie dann außerhalb des Nullpunkts und ziehen Sie das Sechseck auf. Mit **Esc** oder Rechtsklick, *Auswählen* beenden Sie die Polygonfunktion. Verknüpfen Sie Nullpunkt und Zentrum wieder *deckungsgleich*.
- Bemaßen Sie dann den Inkreis des Polygons mit **19 mm**. Er definiert zugleich die Schlüsselweite (Abb. 2.8).

Das Sechseck ist immer noch blau gefärbt. Ein Test mit der Maus zeigt, warum: Die E-cken lassen sich frei um das Zentrum rotieren, wobei sie immer brav den Inkreis tangieren. Um diese Beweglichkeit zu eliminieren, benötigen wir eine weitere Skizzenbeziehung:

- Markieren Sie eine der sechs Seiten und wählen Sie im PropertyManager die Beziehung *Horizontal*.

Die Linie wird horizontal ausgerichtet, und da alle sechs Seiten nach dem PropertyManager Teil eines kreisförmigen *Musters* gleich langer, tangentialer Linien sind, müssen auch sie dieser Festlegung folgen. Die ganze Skizze ist plötzlich schwarz – und damit voll definiert.

- Beenden Sie die Skizze und definieren Sie über die Symbolleiste *Features* wieder einen *Linear ausgetragenen Aufsatz* (erste Schaltfläche). Extrudieren Sie das Sechseck **7 mm** vom Zylinder weg und aktivieren Sie die Option *Ergebnis verschmelzen*. Dadurch werden alle Features als einzelnes Bauteil interpretiert, ansonsten entsteht ein sogenanntes *Mehrkörperbauteil*.

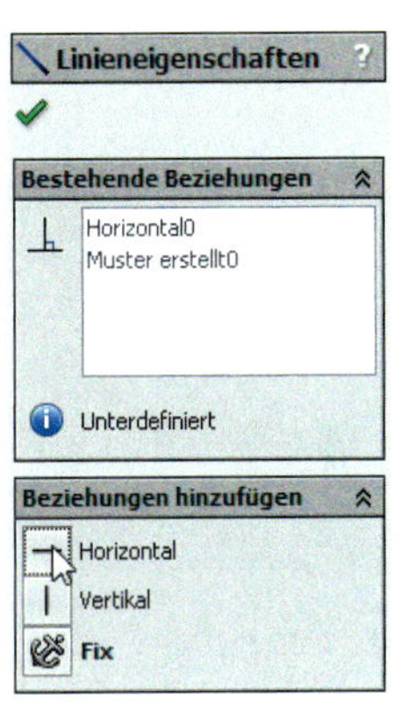

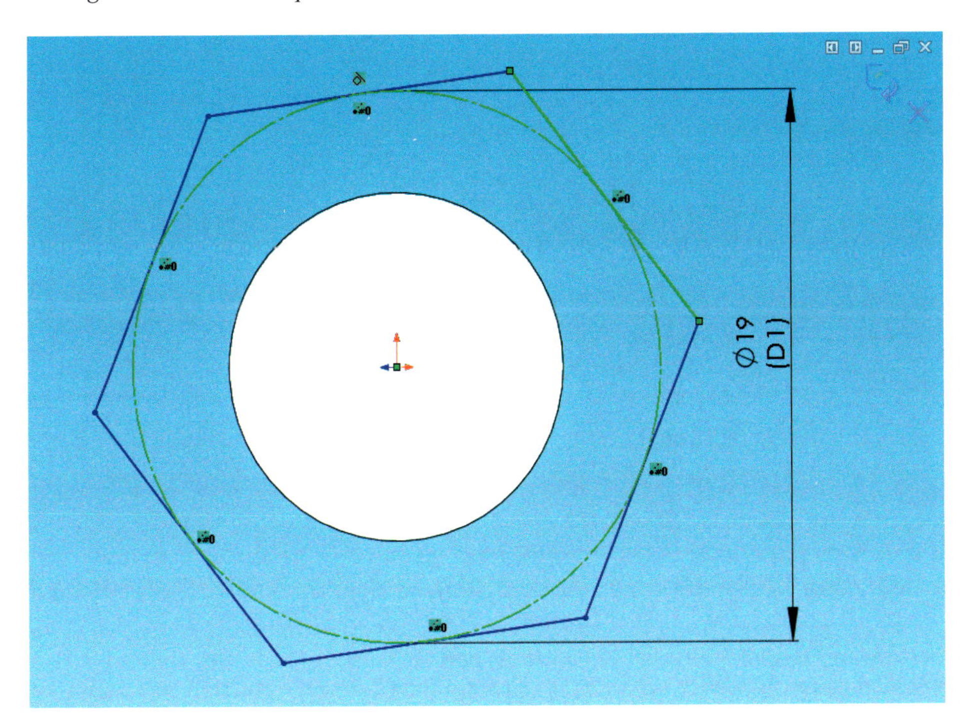

Bild 2.8:
Schraube à la carte: Der Sechskant lässt sich trotz Durchmesserbemaßung noch verdrehen.

Das Polygon ist kein Skizzenelement, sondern es zählt zu den sogenannten *Skizzenmustern*. Diese Eigenschaft ist in seiner Skizzenbeziehung *Muster erstellt<n>* im PropertyManager abgelegt. Polygone lassen sich zwar wie üblich bemaßen und festlegen, doch um etwa die Anzahl ihrer Seiten zu ändern, müssen Sie schon das Muster **selbst** bearbeiten: Rufen Sie über das Kontextmenü der **Skizzenbeziehung** *Polygon bearbeiten* auf.

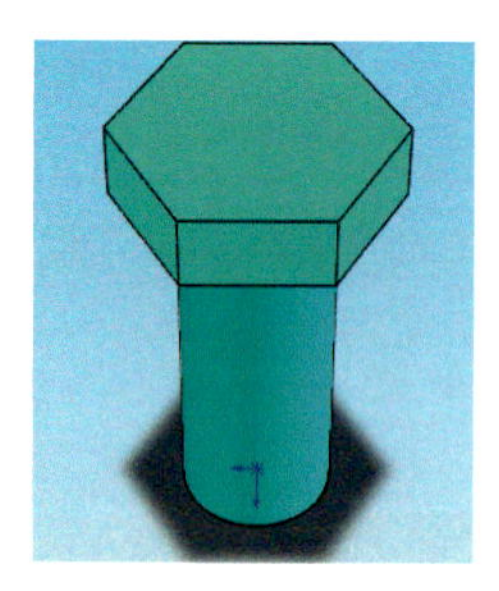

Das Ergebnis ähnelt einer Maschinenschraube bereits ziemlich stark. Es fehlen jedoch noch die abgerundeten Kanten. Sie entstehen durch den Schnitt des Sechskants mit einem Kegel:

- Erstellen Sie eine neue Skizze auf der Stirnfläche des Sechskants. Zeichnen Sie einen Kreis und verknüpfen Sie ihn *deckungsgleich* mit dem Nullpunkt.
- Markieren Sie nun mit **Strg** den Kreis und eine der Kanten des Sechsecks. Daraufhin wird im PropertyManager die Verknüpfung *Tangential* angeboten. Aktivieren Sie sie. Der Kreis tangiert alle sechs Kanten und wird schwarz dargestellt. Die Skizze ist nun voll definiert, und Sie können sie schließen (Abb. 2.9).

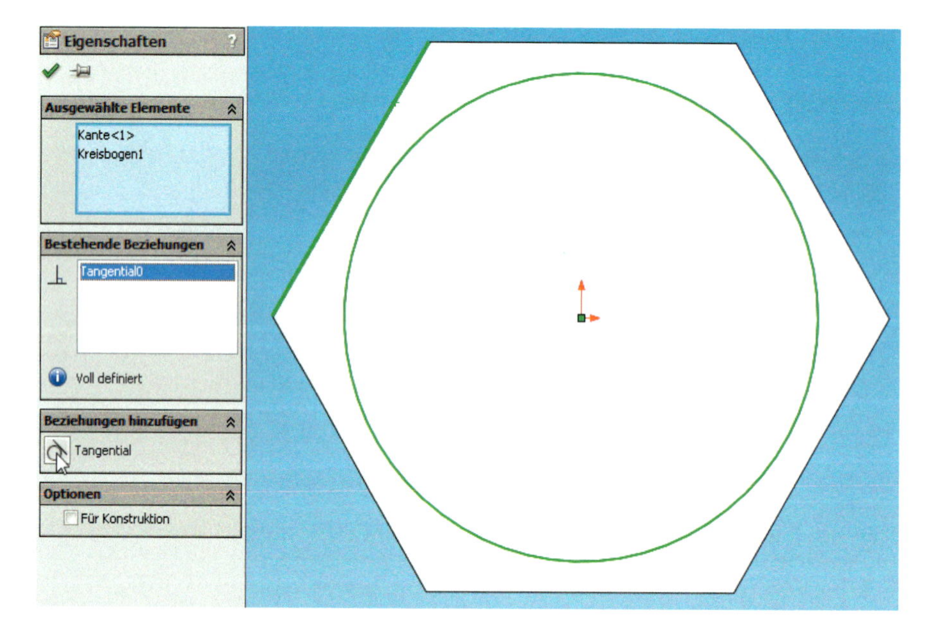

Bild 2.9: Sobald die Tangentenbedingung gilt, ist der Kreis auch ohne jede Bemaßung voll definiert.

Diesen Kreis gilt es nun in einen Schnittkegel umzuwandeln. Nichts leichter als das:

- Markieren Sie den Kreis und aktivieren Sie in der Symbolleiste *Features* die Schaltfläche *Linear ausgetragener Schnitt*.

Der lineare Schnitt stellt das Gegenstück zum linearen Aufsatz dar: Hier wird eine Skizze prismatisch in ein Volumen hineingeschnitten – man extrudiert sozusagen regelbasiertes Nichts. Stellen Sie im PropertyManager folgendes ein:

- Stellen Sie als *Endbedingung* in der Gruppe *Richtung 1 Durch alles* ein. Dadurch wird der Schnitt auf jeden Fall durch den ganzen Schraubenkopf geführt. Sollte sich das gelbe Volumen – die Vorschau des Schnitts – im Inneren des Sechskants befinden, aktivieren Sie noch *Umkehrung der Schnittseite*.
- Aktivieren Sie die Schaltfläche *Formschräge Ein/Aus* und stellen Sie einen Winkel von **45°** ein.

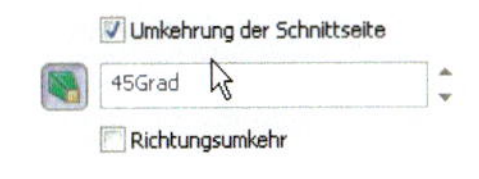

Bild 2.10: Schablone adé: Das Rodieren des Schraubenkopfs wird – wie in Wirklichkeit – durch einen kegelförmigen Schnitt erzielt.

In der Vorschau sollte der Schraubenkopf so aussehen wie in Bild 2.10: Die scharfen Ecken sind abrasiert, und es entstehen die charakteristischen Ellipsen, die in der 2D-Seitenansicht immer so schwierig zu zeichnen sind.

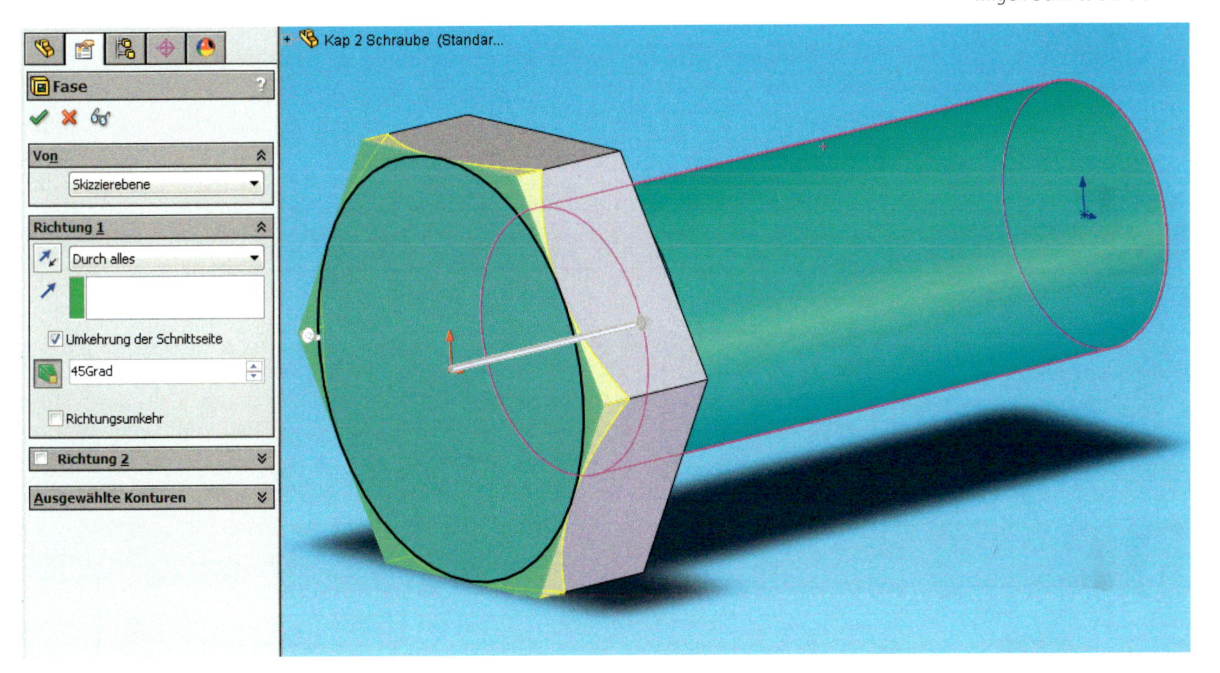

Langsam wird es unübersichtlich im FeatureManager. Benennen Sie daher die Features um:

- Markieren Sie das erste Feature und klicken Sie ein zweites Mal oder drücken Sie **F2**, genau wie im Windows-Explorer. Tragen Sie den Namen **Zylinder** ein. Das zweite Feature benennen Sie dann in **Sechskant**, das dritte in **Fase** um.

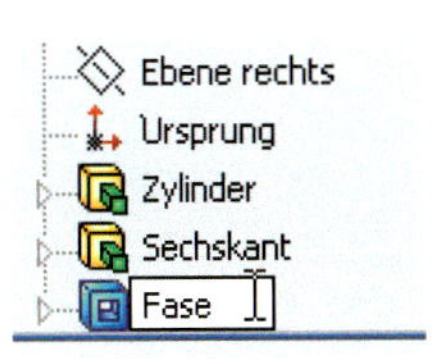

2.2.1 Einfügen von Features

Bei der Endkontrolle fällt noch etwas Unschönes auf: Die Unterseite des Sechskants besitzt keine Druckscheibe, wie sie nach DIN vorgesehen ist. Man müsste also zwischen Zylinder und Sechskant noch ein Aufsatz-Feature einfügen. Auch hier bietet MCAD ein einfaches Verfahren:

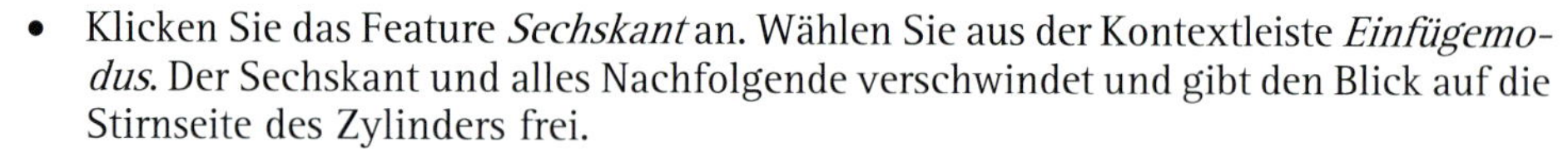

- Klicken Sie das Feature *Sechskant* an. Wählen Sie aus der Kontextleiste *Einfügemodus*. Der Sechskant und alles Nachfolgende verschwindet und gibt den Blick auf die Stirnseite des Zylinders frei.

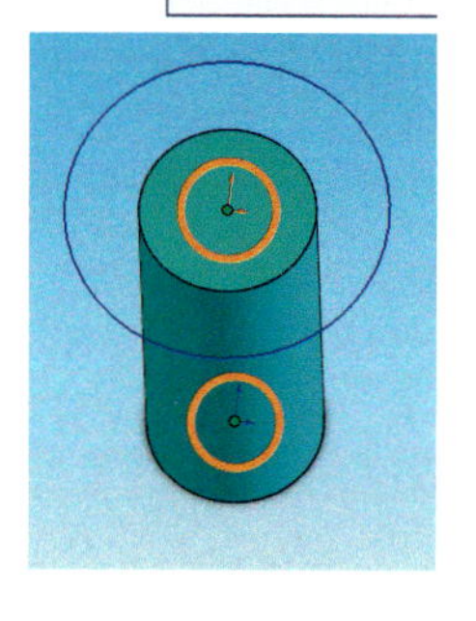

- Klicken Sie auf die Stirnseite, fügen Sie eine neue Skizze ein und zeichnen Sie einen Kreis, der *deckungsgleich* mit dem Nullpunkt verknüpft ist (s. Markierungskreise in der Abbildung) und einen Durchmesser von **18 mm** aufweist.
- Sollte sich der Nullpunkt nicht wählen lassen, definieren Sie eine *konzentrische* Beziehung zwischen dem Kreis und der Zylinderkante.
- Extrudieren Sie diese voll definierte Skizze nun mit dem *Linear ausgetragenen Aufsatz* um **0,5 mm** nach oben. Aktivieren Sie dann den *Modellneuaufbau.*

Der Neuaufbau des Modells bringt keine Veränderung. Der Sechskant bleibt verschwunden.

2.2.2 Wechsel der Skizzierebene

Dies liegt daran, dass der Einfügemodus noch aktiv ist:

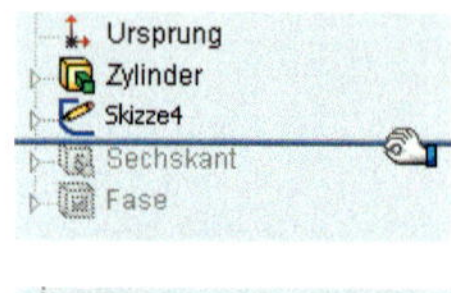

- Ziehen Sie den Einfügebalken im FeatureManager ganz nach unten. Übrigens können Sie den Einfügemodus auch mit Hilfe dieses Balkens einleiten, indem Sie ihn nach oben ziehen.

Es erscheint eine Fehlermeldung, wonach die Skizzierebene für die Sechskantskizze (oder *Skizze <n>*) nicht mehr definiert sei – was ja auch logisch ist: Diese Ebene gehörte zu dem Zylinder, und durch die eingefügte Druckscheibe ist sie aus Sicht der Sechskantskizze nicht mehr existent. Diese Skizze besitzt also keine Skizzierebene mehr, und das darf nicht sein – ein weiterer Hinweis auf die strenge Ordnung in MCAD-Konstrukten. Doch auch hier können Sie leicht Abhilfe schaffen:

- Klappen Sie das Feature *Sechskant* auf und aktivieren Sie aus der Kontextleiste der *Skizze <n>* den Punkt *Skizzierebene bearbeiten.* Daraufhin erscheint das übergeordnete Feature, in diesem Fall also die Druckscheibe.

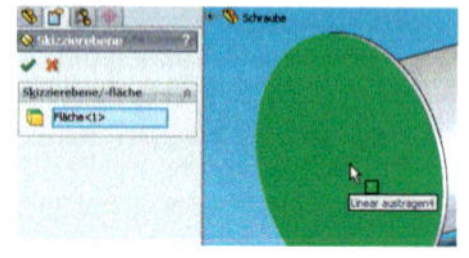

- Klicken Sie auf deren Stirnfläche, so dass ihr Eintrag im Auswahlfeld des PropertyManagers erscheint, und bestätigen Sie mit *OK.* Der Sechskant wird ohne Murren aufgesetzt, die Fase eingezeichnet (Abb. 2.11).
- Benennen Sie das neue Feature in **Druckscheibe** um und speichern Sie dann.

Auch der FeatureManager zeigt uns, dass die Operation erfolgreich verlief. Natürlich ist das Einfügen nicht immer so leicht wie hier: Je nachdem, auf welche Art ein Feature auf dem – oder den – vorhergehenden aufbaut, kann das Einfügen weiterer Features sehr aufwendig sein.

Stellen Sie sich die Liste der Features am Besten wie ein Skript vor, ein Programm, das der FeatureManager von oben nach unten abarbeitet. Auf diese Art wird auch die hierarchische Ordnung eines MCAD-Bauteils deutlich: Eines baut auf dem anderen auf. Zieht man in der Mitte etwas heraus oder fügt etwas Neues hinzu, so kann und wird es mit den nachfolgenden Posten Probleme geben. Aus diesem Grund wird der FeatureManager in manchen MCAD-Programmen auch als **Hierarchiebaum** bezeichnet, was seine Funktion sehr viel besser erklärt.

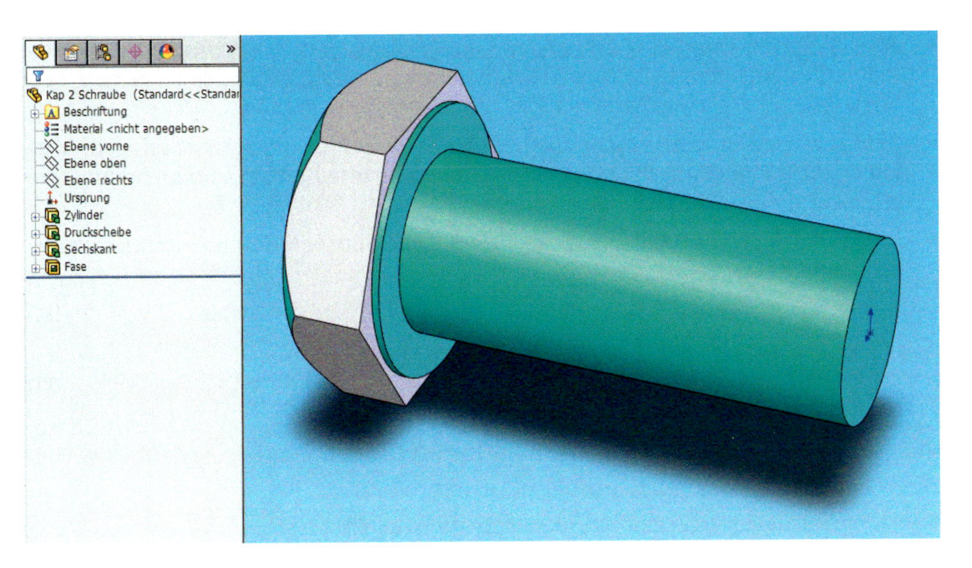

Bild 2.11: Maschinenschraube M12 nach DIN EN 24014: Die Druckscheibe wurde zwischen Sechskant und Schaft eingefügt.

2.3 Zusammenfassung bis hier

Sie haben bereits einige wichtige Konzepte von SolidWorks und MCAD kennen gelernt:

- Die 3D-Modelle in MCAD entstehen aus **Skizzen**, also Querschnitten in Form zweidimensionaler, geschlossener Konturen, deren Zeichentechnik stark derjenigen von 2D-CAD-Programmen ähnelt. Doch im Gegensatz zu CAD werden diese Konturen durch **Parameter** wie Skizzenbeziehungen und steuernde Bemaßungen definiert.
- 3D-Operationen wie im vorigen Beispiel die Extrusion werden als **Features** bezeichnet. Sie sind in der Reihenfolge ihrer Entstehung im **Historienbaum** verzeichnet, ebenso wie die Skizzen, die **Ebenen** und der **Ursprung**.
- Jeden der Einträge im Historienbaum können Sie **ändern**. Sie können Skizzen bearbeiten, Parameter ergänzen und löschen, können Beziehungen zu Ebenen, Achsen und anderen Features ändern und selbst deren Reihenfolge vertauschen.
- Aus den genannten Punkten folgt der Name für die Arbeitsweise des *Mechanical CAD:* das **parametrisch-historienbasierte Modellieren**.
- Die entstehenden Modelle werden als **Volumenkörper** bezeichnet, weil nicht nur ihr Äußeres, sondern auch das eingeschlossene Volumen zu Berechnungen herangezogen werden kann. Das Material, das Gewicht, der Schwerpunkt und die Trägheitsmomente sind ebenso darin enthalten wie die Möglichkeit geometrischer Mengenoperationen.
- Eine der wichtigsten Voraussetzungen im Umgang mit MCAD ist die souveräne **Orientierung** im virtuellen Raum. Hierzu dient eine ganze Reihe von Hilfsmitteln wie Zoom, Pan, Drehen, Perspektive, Schnitt und anderes mehr. Die Beherrschung der zugehörigen Tastenkürzel beschleunigt die Arbeitsgeschwindigkeit um ein Vielfaches. Ein Navigationsgerät potenziert sie.

- **3D-Navigationshardware** erhöht den Komfort, verbessert den Arbeitsfluss und hilft Ihnen, Verschleißerscheinungen wie **Mausarm** und **Verspannungen** zu meiden. Außerdem können Sie Gerätetasten mit oft benutzten Funktionen belegen.
- Bereits zu Beginn entscheiden Sie, welche Art von Objekt Sie erstellen möchten – ein **Bauteil**, eine **Baugruppe** oder eine **Zeichnung**. Die Dateien sind nicht direkt ineinander zu überführen.
- MCAD-Programme verfügen oft über eine ausgefeilte **Farb- und Linienkodierung**, d. h. jeder Farbe und Darstellung kommt eine bestimmte Bedeutung zu.

2.4 Ausblick auf kommende Ereignisse

So. Jetzt kennen Sie das Geheimnis von MCAD: Skizzenbeziehung, steuernde Bemaßung, Features, Parameter. Sie können das Buch jetzt weglegen, bis Sie anfangen, Baugruppen zu definieren.

Oder?

Logisches Denken ist kein Charaktermerkmal, sondern Übungssache. Die strenge Logik eines MCAD-Programms, die wesentlich weniger Fehler und Schludrigkeiten verzeiht als ein 2D-Zeichenprogramm, bereitet **jedem** Anfänger Kopfzerbrechen – es sei denn, er ist Philosoph oder er stammt vom Planeten Vulkan. Selbst die Umsteiger vom „elektronischen Reißbrett" mit ihrem erheblichen Sachverstand in technischer Planung haben ihre liebe Not mit MCAD – vielleicht auch *gerade* sie: Ich behaupte, in AutoCAD können Sie sich nie derart gnadenlos festfahren wie in SolidWorks. Die Anforderungen sind obskur, komplex und völlig anders geartet als zuvor. Scheinbare Präzedenzfälle verlieren ihre Gültigkeit.

2.5 Dateien auf der DVD

Das hier verwendete Modell finden Sie auf der Buch-DVD unter:

KAP 2 SCHRAUBE.SLDPRT.

3 Die Kunst der Skizze

Von der Schwierigkeit des Definierens

Nach dem Überflug der ersten Kapitel dringen wir nun tiefer in die Materie ein. Denn MCAD-Bauteile beruhen fast immer auf Skizzen. Und was an diesen Fundamenten falsch gemacht wird, ist auch im späteren Bauteil nicht mehr zu korrigieren.

Als *Skizze* wird allgemein der Querschnitt eines Volumenkörpers bezeichnet. Äußerlich und funktional einer CAD-Zeichnung ähnlich, besitzt eine Skizze jedoch unmittelbare Macht über das resultierende Bauteil. Auch wenn Sie zehn Jahre Erfahrung mit AutoCAD & Co. haben: Skizzieren will gelernt sein, und zwar gründlich.

3.1 Radikal einfach: ein Bohrprisma

Schalten Sie die *automatischen Beziehungen* für dieses Kapitel **aus**. Sie finden die Option unter *Extras, Optionen,* Registerkarte *Systemoptionen, Skizze, Beziehungen/Fangen.*
Im Folgenden wird die Dateinamenerweiterung (*.SLDPRT) nicht mehr genannt, da SolidWorks sie ohnehin automatisch hinzufügt.

Die einfachste Art, ein Bauteil zu erstellen, besteht darin, einen Querschnitt senkrecht zu seiner Zeichenebene auszutragen: die **Extrusion**. Dies wird am folgenden Beispiel deutlich, einem Bohrprisma. Für die Nichtschlosser: Ein solches Hilfswerkzeug nimmt zylindrische Werkstücke für die Bearbeitung an der Ständerbohrmaschine auf. Als Prisma im geometrischen Sinne wird es allein durch Querschnitt und Höhe definiert:

- Erstellen Sie ein neues Bauteil und speichern Sie es unter dem Namen BOHRPRISMA.SLDPRT.
- Ziehen Sie zwei *Mittellinien* horizontal und vertikal durch den Nullpunkt. Beenden Sie den Befehl jeweils mit **Esc**.

Andere Methode: Nach der ersten Linie drücken Sie zweimal **Enter**, um den Befehl zu beenden, und ein drittes Mal **Enter**, um ihn wieder aufzurufen. Diese Wiederholfunktion gilt für alle Befehle.

Wenn der Cursor genau vertikal oder horizontal zu einem markanten Punkt liegt, wird eine gestrichelte *Leitlinie* eingeblendet – der Objektfang tritt in Aktion (Abb. 3.1).

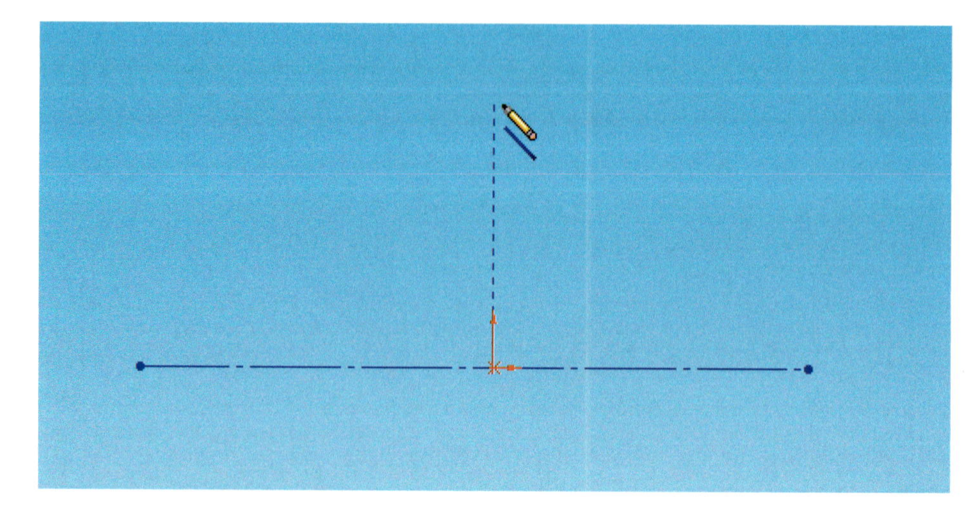

Bild 3.1: Komfort pur: Markante Punkte werden automatisch aufgespürt, Linien rasten in genau den Winkeln ein, die Sie in den Optionen unter *Gitter/Fangen* einstellen.

3.1.1 Konstruktion und erste Beziehungen

Diese beiden Linien müssen nach Ausrichtung und Ort fixiert werden, da auf ihnen die ganze nachfolgende Konstruktion aufbaut.

- Klicken Sie die vertikale Linie an, so erscheint ganz oben im PropertyManager ein Feld namens *Bestehende Beziehungen*, in dem noch keine Einträge stehen (Abb. 3.2).
- Klicken Sie im Feld darunter auf die Schaltfläche *Vertikal*, so erscheint der Eintrag im Listenfeld. Die Linie kann nur noch vertikal verlängert oder als Ganzes verschoben werden. Das entsprechende Symbol wird an der Linie eingeblendet.

Da es sich hier um eine Beziehung mit nur einem Element handelt, sprechen wir von einer **unären Beziehung**. Kein Widerspruch: Der Partner, der auch im MCAD zu einer jeden Beziehung gehört, ist hier das ortsfeste Koordinatensystem.

- Bestätigen Sie den PropertyManager dann mit der Eingabetaste oder der Schaltfläche *OK*. Sie wird durch ein grünes Häkchen symbolisiert.

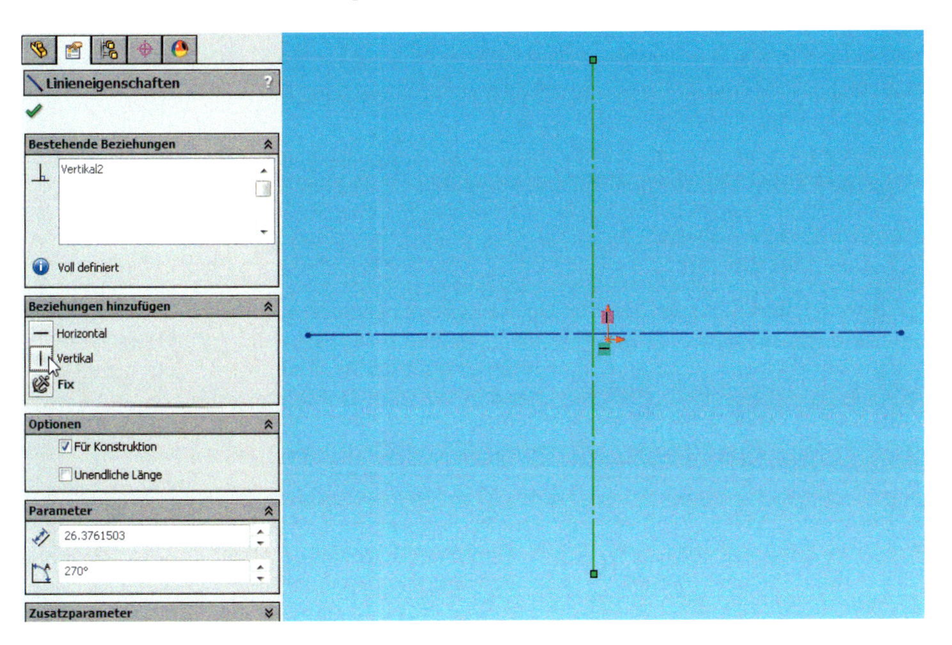

Bild 3.2: Die Ausrichtung der Mittellinien wird durch Beziehungen zu den Hauptachsen des Koordinatensystems festgelegt, hier: *Vertikal*.

- Legen Sie dann auf gleiche Weise die waagerechte Linie *horizontal* fest.

Damit haben Sie die Ausrichtung der beiden Linien am ortsfesten Koordinatensystem bewirkt. Die Linien erscheinen jedoch in Blau, sie sind also immer noch *unterdefiniert*.

- Ziehen Sie die vertikale Linie ein wenig vom Nullpunkt weg.

Dass dies überhaupt möglich ist, ist auch die Erklärung für die Unterbestimmung: Der **Objektfang** ist nicht gleichzusetzen mit der Definition einer **Skizzenbeziehung**.

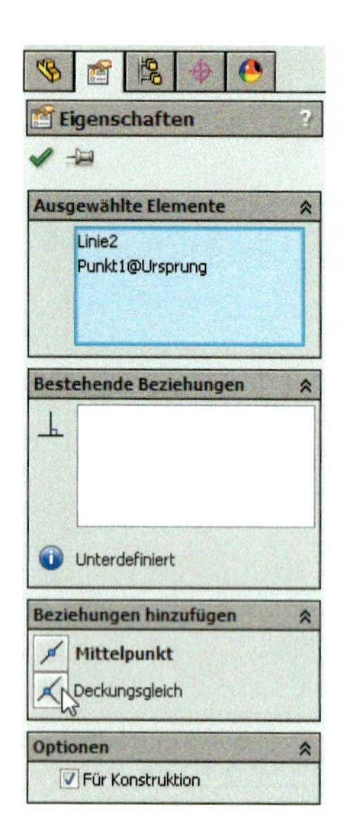

- Markieren Sie bei gedrückter **Strg**-Taste die vertikale Linie **und** den Nullpunkt. Im PropertyManager erscheint oben eine blau unterlegte Liste mit den gewählten Elementen.

Dies ist die *aktuelle Auswahlliste*, wie sie in ganz SolidWorks verwendet wird: Wenn Sie ein Element im Editor anklicken, wird es hier eingetragen. Sie können jederzeit mit der **Strg**-Taste Elemente hinzufügen und durch nochmaliges Anklicken daraus entfernen. Noch schneller geht es, wenn Sie den Eintrag mit **Entf** direkt aus der Liste löschen.

Durch die Auswahl ändert sich unter der Rubrik *Beziehungen hinzufügen* die Auswahl der Beziehungen, so dass nur die für diese Paarung gültigen Optionen angezeigt werden.

- Klicken Sie auf *Deckungsgleich*. Hierbei handelt es sich, da zwei Elemente beteiligt sind, um eine **binäre Beziehung**.

Die Linie springt wieder an ihren alten Platz und wird nun auch endlich in Schwarz gezeichnet, ist also *voll definiert*. Es ist nun nicht mehr möglich, sie mit der Maus wegzuziehen. Die **Endpunkte** indes lassen sich weiterhin in Längsrichtung verschieben, und zwar unabhängig voneinander.

- Verknüpfen Sie auf gleiche Weise auch die Horizontale mit dem Ursprung, so dass beide Konstruktionslinien voll definiert sind. Speichern Sie dann.

3.1.2 Das Rohteil

Es gibt viele Möglichkeiten, einen Querschnitt zu definieren. Ich zeige Ihnen hier die „maschinelle Methode", also das virtuelle Analogon zur Fertigung des Bohrprismas auf einer Fräsmaschine. Dort würde man einen passenden Vierkant-Rohling einspannen und die erforderlichen Nuten einfräsen. Bauen wir also den Vierkant:

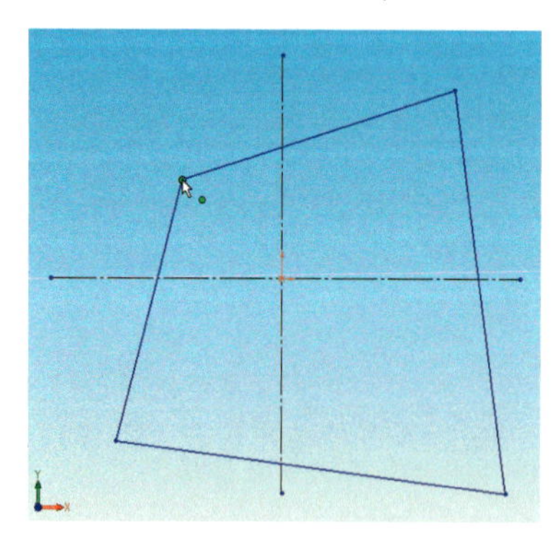

Bild 3.3: Das Rechteck besteht aus vier zusammenhängenden Linien – mehr aber auch nicht.

- Aktivieren Sie den Befehl *Ecken-Rechteck* aus der Symbolleiste *Skizze*. Wenn Sie lieber mit dem Menü arbeiten, finden Sie das vollständige Skizzenwerkzeug unter *Extras, Skizzenelemente* bzw. *Skizzieren*.
- Zeichnen Sie ein Rechteck um den Nullpunkt herum. Versuchen Sie dann die Eckpunkte und Linien zu verschieben (Abb. 3.3).

Dies ist problemlos möglich, da die Elemente ohne automatische Beziehungen nicht festgelegt werden. Ein Rechteck in SolidWorks besteht also nur aus vier zusammenhängenden Linien ohne weitere Beziehungen. Machen Sie die Aktionen dann mit **Strg + Z** oder der Schaltfläche in der Titel-Symbolleiste rückgängig, um das Rechteck wiederherzustellen.

3.1.2.1 Horizontale und vertikale Ausrichtung

- Markieren Sie beide Senkrechte mit der **Strg**-Taste und definieren Sie die Beziehung *Vertikal*.

Hierbei erscheint kein Eintrag unter *Bestehende Beziehungen*, da die beiden Linien auf das Koordinatensystem, nicht aufeinander bezogen werden – zwei unäre Beziehungen also: Die gemeinsame Auswahl diente hier nur der Arbeitsersparnis.

- Legen Sie analog die Beziehung *Horizontal* für die beiden Waagerechten fest.
- Erforschen Sie das Verhalten des Rechtecks nach diesen Schritten, indem Sie wieder die Eckpunkte und Linien ziehen. Ergebnis: Die Seiten bleiben stets orthogonal zueinander.

3.1.2.2 Symmetrie

Bevor wir das Rechteck bemaßen, können wir noch eine weitere Festlegung treffen: Der Nullpunkt soll stets in der Mitte des Rechtecks liegen. Dazu definieren wir einfach die Seiten als symmetrisch zur Mittellinie:

- Markieren Sie die beiden Vertikalen und die vertikale Mittellinie (Abb. 3.4).

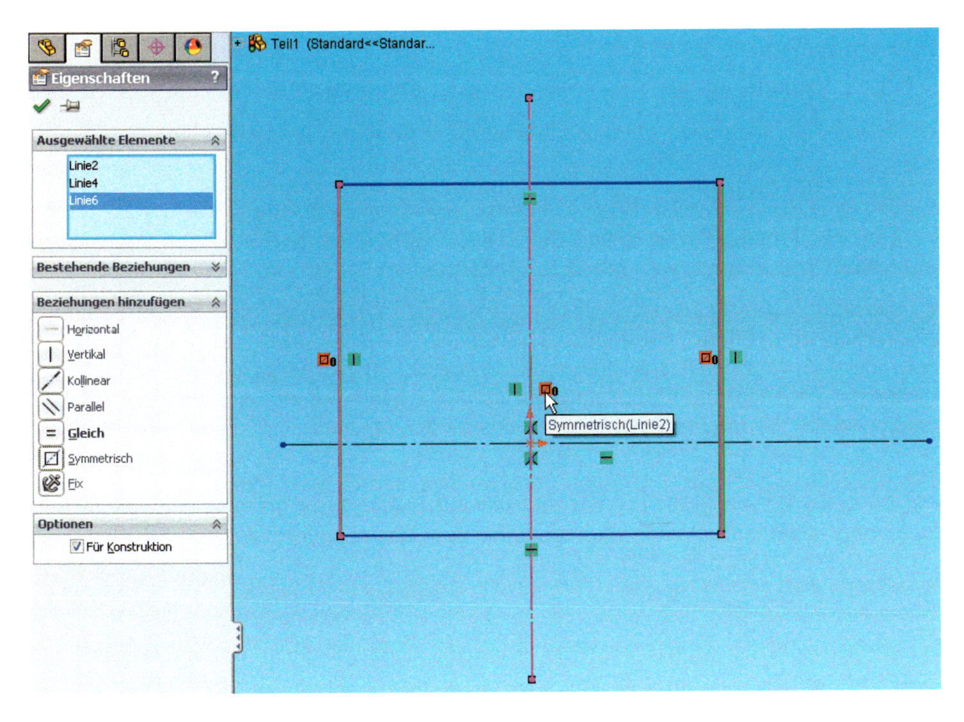

Bild 3.4:
Ternäre Beziehung: Die Skizzenbeziehung *Symmetrisch* benötigt drei Elemente, darunter eine Mittellinie. Der Editor hat sich unterdessen mit allerlei Symbolen gefüllt.

- Klicken Sie dann auf die Schaltfläche *Symmetrisch*. Je nach Fehllage springen die beiden Vertikalen mehr oder weniger erkennbar in symmetrische Positionen zur Mittellinie.

Symmetrisch

Da wir in diese Skizzenbeziehung drei Elemente integrieren mussten, sprechen wir hier auch von einer **ternären Beziehung**.

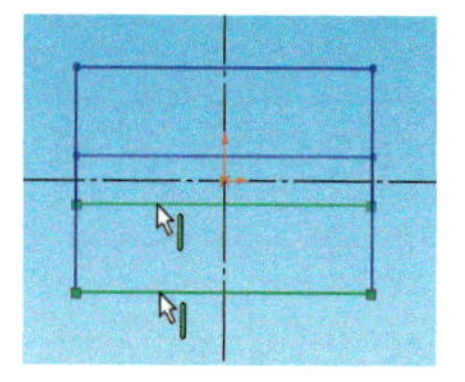

- Führen Sie die gleiche Operation dann mit den beiden Horizontalen und der waagerechten Mittellinie durch.
- Versuchen Sie nun wieder, die Seiten und Ecken weg zu ziehen. Ergebnis: Beim Ziehen einer Seite reagiert automatisch die gegenüberliegende, so dass die Symmetrie gewahrt bleibt. Verschieben Sie hingegen eine Ecke, so reagieren **alle** restlichen, denn hierbei müssen sowohl Symmetrie als auch Parallelität zu den Hauptachsen gewahrt bleiben.

Die möglichst weitgehende Festlegung der Skizzenelemente durch Beziehungen erhöht die Eigenlogik einer Skizze. So kann man „intelligente" Bauteile realisieren, die sich bei Änderung der wenigen Maße in weiten Grenzen korrekt verhalten. Was das bedeutet, werden Sie in den folgenden Jahren lernen.

Die schnellste Art, ein Rechteck doppelt symmetrisch zu machen, verrate ich Ihnen zum Schluss, auf S. 81.

3.1.3 Bemaßungen

Der Editor füllt sich inzwischen mit Beziehungssymbolen, wobei jede Übersicht verloren geht.

- Schalten Sie deren Anzeige über *Ansicht, Skizzenbeziehungen* ab.
- Klicken sie in der Symbolleiste *Skizze* auf *Intelligente Bemaßung*. Der Cursor zeigt diesen Modus durch eine stilisierte Bemaßung an.
- Klicken Sie dann eine der Vertikalen an, so dass ein Vertikalmaß entsteht. Platzieren Sie durch einen weiteren Klick die Maßzahl – wo, ist egal, aber sinnvoll wäre: außerhalb der Kontur. Das Dialogfeld *Modifizieren* mit dem Istmaß erscheint. Geben Sie die Zahl **100** ein und bestätigen Sie durch Klick auf *OK* oder Drücken der Eingabetaste. Die Rechteckseite nimmt das Maß an (Abb. 3.5).
- Legen Sie für die Horizontale ebenfalls eine Seitenlänge von **100 mm** fest.

Das Rechteck ist **voll definiert**, wie die schwarze Linienfarbe beweist. Die Reihenfolge Beziehung->Bemaßung ist deshalb anzuraten, weil es nur so gelingt, mit lediglich zwei festen, starren Maßen das gesamte Objekt zu steuern.

Gegenversuch gefällig?

Sie können natürlich auch anstatt der Symmetriebedingung den Abstand jeweils einer Seite vom Mittelpunkt definieren.

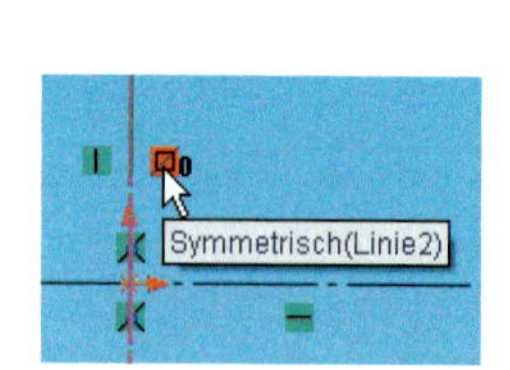

- Aktivieren Sie eine der Linien, sodass die Beziehungssymbole erscheinen. Klicken Sie auf eins der Symmetrie-Labels und beseitigen Sie die Beziehung mit **Entf**. Führen Sie dies dann auch für die andere Symmetriebeziehung durch.

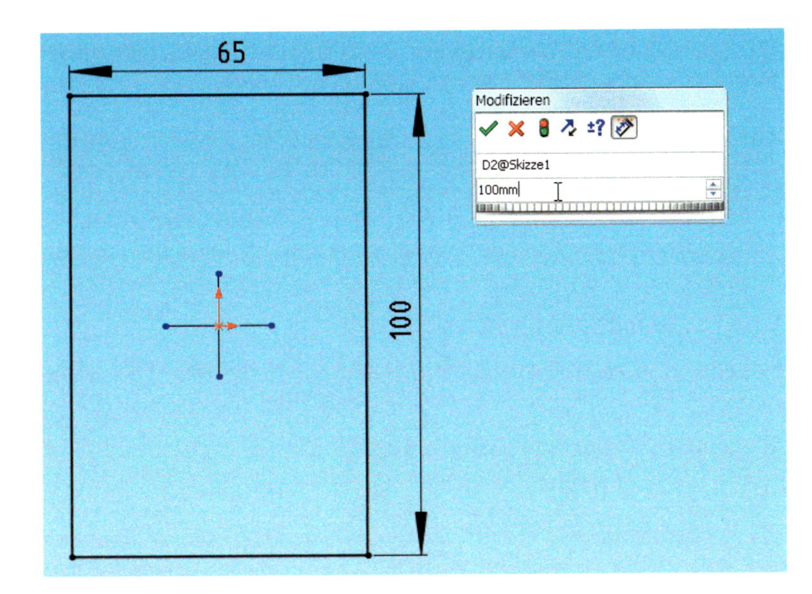

Bild 3.5:
Auch Bemaßungen steuern die Skizze. Sie sollten bei der Festlegung jedoch an letzter Stelle stehen. NB: Wurde eine Maßzahl schon einmal eingegeben, erscheint sie in einem Listenfeld.

Die Symmetrie zur Mittellinie wird so aber nur dann gewahrt,

- wenn Sie mit der Seitenbreite auch die Entfernung vom Mittelpunkt anpassen.

Der Verwaltungsaufwand steigt also mit der Anzahl der Maße – und mit ihm auch das Fehlerpotential (Abb. 3.6).

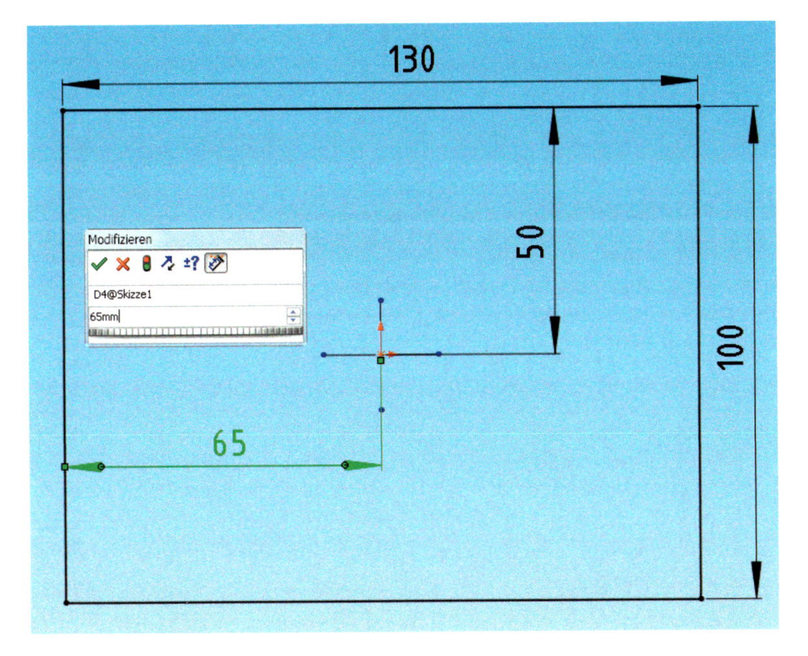

Bild 3.6:
Auch ohne Symmetrie lässt sich das Rechteck festlegen. Mit der Anzahl der Maße steigt aber auch die Gefahr, notwendige Korrekturen zu vergessen.

Kurzum: Bei der MCAD-Skizze lernen Sie, all die Dinge zu **benennen**, die Sie normalerweise einfach „sehen“, sie also unbewusst voraussetzen: Rechtwinkligkeit, Regelmäßigkeit, Symmetrie, Tangentialität. Man könnte sagen: Mit Hilfe der Skizzenbeziehungen lehren Sie SolidWorks, die Skizze mit Ihren Augen zu betrachten.

- Machen Sie diese Änderungen mit rund siebenmal **Strg + Z** rückgängig. Schalten Sie dazu vorübergehend die Anzeige der Skizzenbeziehungen ein.

3.1.4 Symmetrie an sich

Es gibt noch andere Möglichkeiten, Symmetrie zu definieren. Die Folgende kennen Sie aus dem CAD, es ist das Halbprofil mit anschließendem Spiegeln:

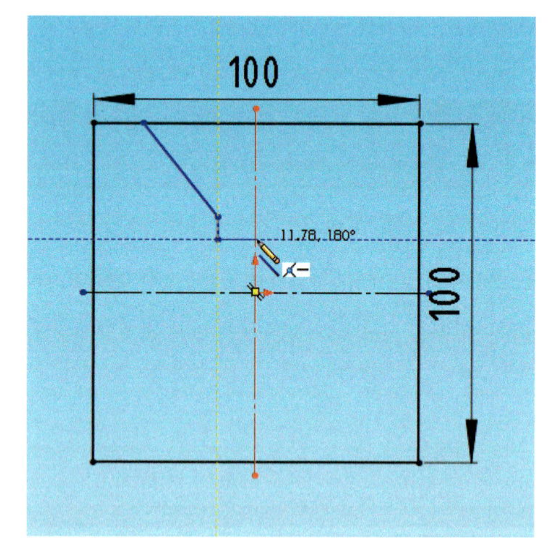

Bild 3.7: Die Fräsnut wird freihand eingezeichnet. Nur die Anzahl und die ungefähre Orientierung der Segmente müssen stimmen.

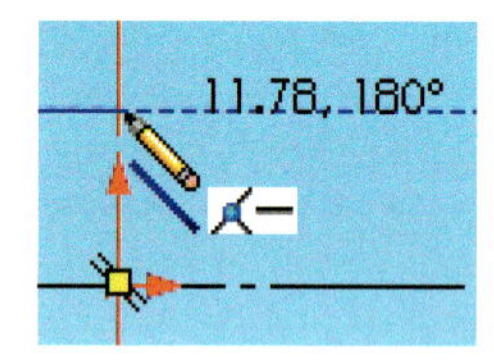

- Zeichnen Sie die linke Seite der Nut in das Quadrat ein, so dass eine dreiteilige Figur wie in Abb. 3.7 entsteht.
- Mit **Esc**, zweimal **Enter** oder Rechtsklick, *Auswählen* beenden Sie die Linienfunktion.
- Achten Sie darauf, dass Sie die Endpunkte des Linienzuges an bestehende Geometrie anheften. SolidWorks zeigt dies wieder mit dem – weiß unterlegten – Symbol für Deckungsgleichheit an.
- Definieren Sie die *Vertikale* und die *Horizontale* der Nut, indem Sie die Linienstücke aktivieren und entsprechende Skizzenbeziehungen setzen.

3.1.4.1 Objektfang oder Skizzenbeziehung?

Skizzenbeziehungen existieren nicht nur für Linien, sondern für jede Art von Geometrie – sogar für einzelne Punkte. Deshalb müssen Sie genau darauf achten, **was** Sie in Ihrer Skizze markiert haben, bevor Sie es bearbeiten. Führen Sie dazu ein kleines Experiment durch:

- Klicken Sie den oberen Endpunkt der Schräge an und versuchen Sie, ihn wegzuziehen.

Dies gelingt, was bedeutet: Das „Einschnappen“ beim Zeichnen bedeutet lediglich eine exakte Platzierung, nicht jedoch die Bildung einer Skizzenbeziehung.

- Markieren Sie nun – immer mit gedrückter **Strg**-Taste – zwei Elemente, die Sie verknüpfen wollen, also etwa den Anfangspunkt der Schräge und die obere Horizontale des Quadrats.

Der PropertyManager zeigt die gewählten Objekte in der Auswahlliste an.

- Definieren Sie die Beziehung *Deckungsgleich* für die beiden Objekte. Da das Rechteck voll definiert ist, bewegt sich nur der freie Endpunkt (Abb. 3.8).

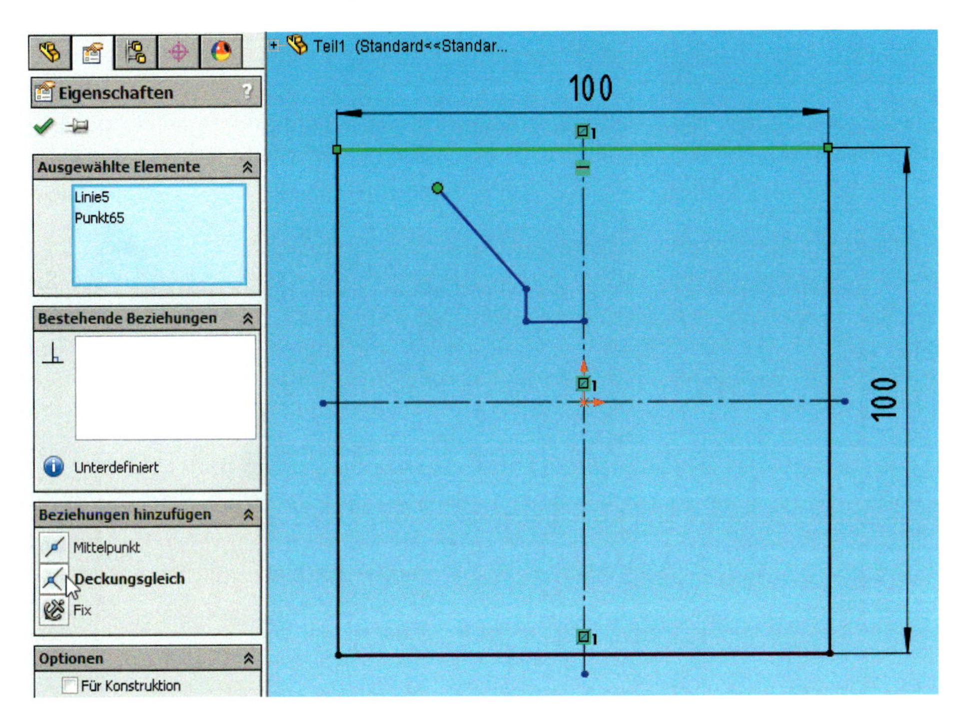

Bild 3.8: Beziehungen gelten für alle Arten von Objekten – sogar für Punkte. Bei geeigneter Einstellung werden nur noch die Skizzensymbole gewählter Elemente angezeigt.

- Verknüpfen Sie auf die gleiche Art den unteren Endpunkt mit der vertikalen Mittellinie.

Der Linienzug sollte jetzt über vier Beziehungen verfügen: Vertikal, Horizontal und die beiden Endpunktverknüpfungen. Dies können Sie jederzeit mit *Beziehungen anzeigen/löschen* nachprüfen, der zentralen Beziehungsverwaltung in SolidWorks.

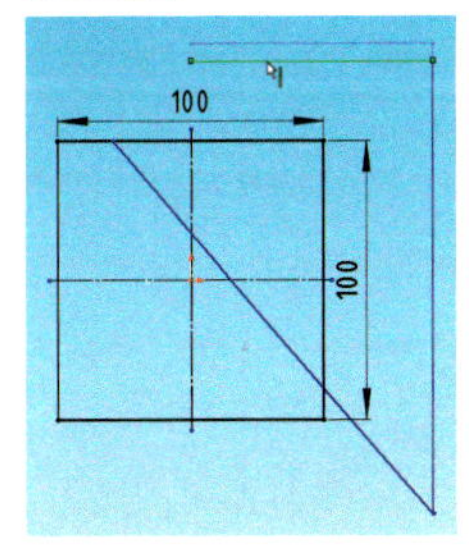

Im englischen Original wird die Skizzenbeziehung übrigens als **Constraint** bezeichnet, zu Deutsch etwa Beschränkung, Randbedingung, kinematischer Zwang.

- Und wieder ist das Experiment gefordert: Ziehen Sie die Elemente und Knotenpunkte des Linienzuges in alle Richtungen, um ein Gefühl für das Verhalten der eingeschränkten Elemente zu bekommen.

Wie Sie sehen, müssen die Linienenden nicht einmal ihre Gegenstücke berühren – die Deckungsgleichheit bleibt gewahrt, indem SolidWorks die Linien projiziert. Dies funktioniert auch für Bogen und Kreise!

Experimentieren Sie überhaupt viel! Dies wird Ihnen später manche Kopfschmerzen ersparen, wenn Sie Ihre eigenen Entwürfe realisieren und SolidWorks plötzlich einen eigenen Willen zu haben scheint.

Bevor Sie die Skizze bemaßen, spiegeln Sie den Linienzug um die vertikale Mittelachse:

- Markieren Sie den Linienzug, indem Sie über einer Linie rechtsklicken und aus deren Kontextmenü *Kettenauswahl* aktivieren. Mit gedrückter **Strg**-Taste fügen Sie dann noch die vertikale Mittelachse hinzu. Klicken Sie dann auf *Elemente spiegeln* in der Symbolleiste *Skizze*.

Die Mittelachse wird trotz Auswahl nicht kopiert, denn SolidWorks fasst sie automatisch als Spiegelachse auf. Aus diesem Grund darf für die Spiegelfunktion auch nur **eine einzige** Mittellinie markiert werden (Abb. 3.9).

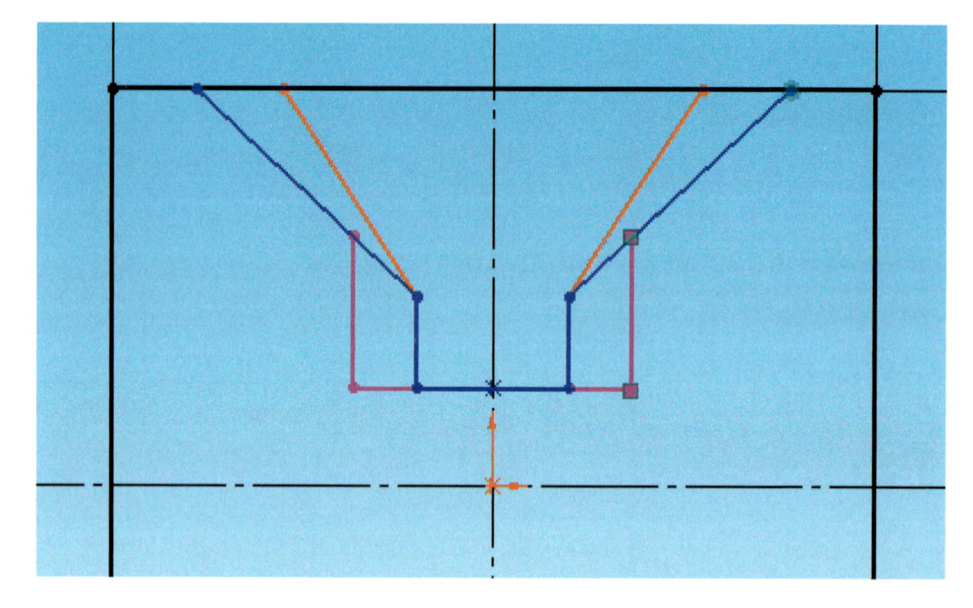

Bild 3.9: Definition durch Symmetrie: Die Elemente verhalten sich spiegelbildlich – auch beim Festlegen und Bemaßen.

Die so erzeugte Form verhält sich ebenfalls symmetrisch, denn die Spiegelfunktion verknüpft Original und Kopie automatisch durch Symmetriebeziehungen. Wenn Sie die einzelnen Punkte markieren, werden jene im PropertyManager angezeigt, nicht jedoch bei Anwahl ganzer Linien.

Die Frage, warum dies auch nicht nötig ist, können Sie inzwischen sicher schon selbst beantworten.

3.1.4.2 Einstellen der Bemaßungsschriftart

Die Ähnlichkeit der Skizze mit einer technischen Zeichnung ist wirklich verblüffend. Trotzdem brauchen Sie in diesem Stadium noch nicht auf normgerechte Gestaltung zu achten: Die Ableitung einer regelrechten Normzeichnung ist ein Kapitel für sich (genauer, das zwölfte). Wichtiger beim „Modellbau" ist, dass die Zahlen gut zu lesen sind. Sie erscheinen in der Defaulteinstellung recht klein, besonders wenn Sie mit hoher Grafikauflösung arbeiten.

Doch das ist rasch behoben:

- Bestätigen und beenden Sie die Skizze und rufen Sie *Extras, Optionen, Dokumenteigenschaften, Entwurfsnorm, Bemaßungen* auf. Klicken Sie im Gruppenfeld *Text* auf die Schaltfläche *Schriftart*. Der altbekannte Font-Dialog erscheint. Doch im Gegensatz zum Windows-Normdialog können Sie hier die Schrifthöhe **in Millimetern** angeben. Tragen Sie anstelle der üblichen *3.50mm* **5.00** oder gar **7.00** ein und bestätigen Sie (Abb. 3.10).

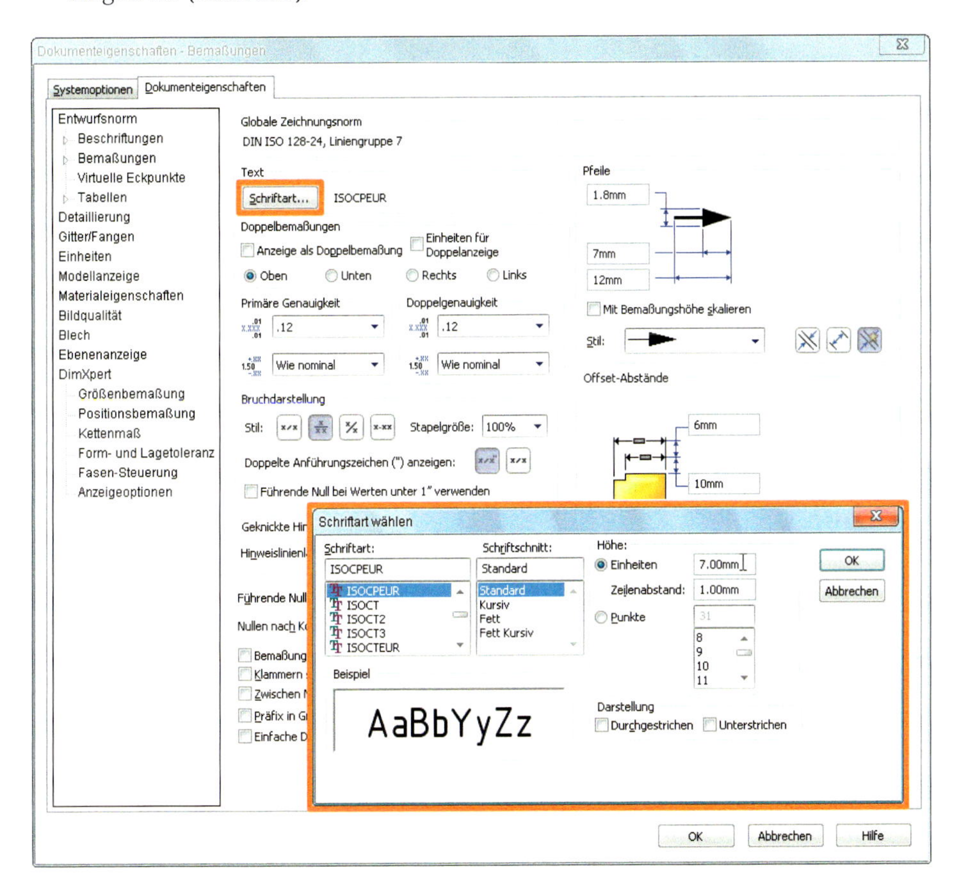

Bild 3.10:
Nicht ganz windowskonform, aber umso effektiver: die Einstellung der Beschriftung kann in Millimetern ausgedrückt werden.

Dazu noch zwei Anmerkungen:

Die Schriftart der einzelnen Maßarten unterhalb von *Bemaßungen,* also *Winkel, Bogenlänge* usw. ändert sich dadurch ebenfalls. Sie können ihnen jedoch trotzdem individuelle Fonts zuweisen – bis zur nächsten globalen Änderung.

Wenn Sie diese Einstellung dauerhaft machen wollen, nehmen Sie sie in Ihrer Dokumentvorlage TEIL BUCH vor (s. Abschnitt 1.6.8 auf S. 28).

- Ziehen Sie die beiden Außenmaße *100* jetzt etwas von der Kontur weg, um Platz für die Innenmaße zu schaffen. Hierzu ziehen Sie einfach die Maßzahlen.
- Tragen Sie dann die vier Bemaßungen des V-Nutprofils ein. Beachten Sie, dass Sie die Maße **15** und **30** besser durch Anklicken der Kontur-**Endpunkte** statt der ganzen Linien definieren können (Abb. 3.11).

Bild 3.11:
Noch suboptimal: Die Bemaßung der V-Nut.

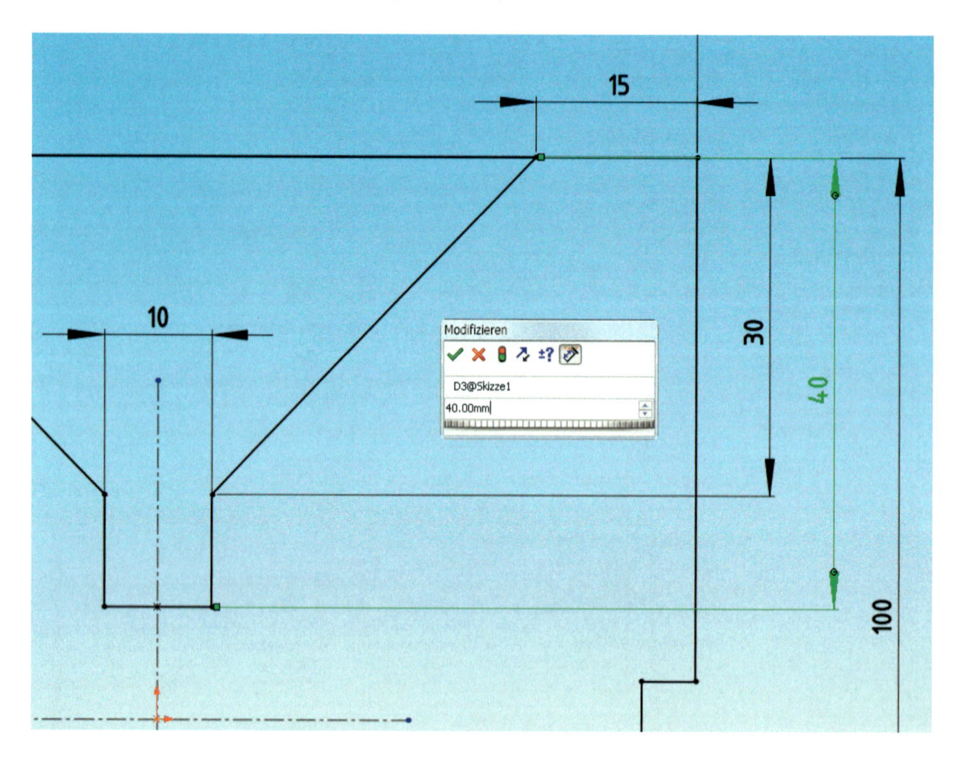

Wenn Sie die Skizze so bemaßen, dass Sie das Werkstück danach fertigen könnten, sind Sie auf dem richtigen Weg.

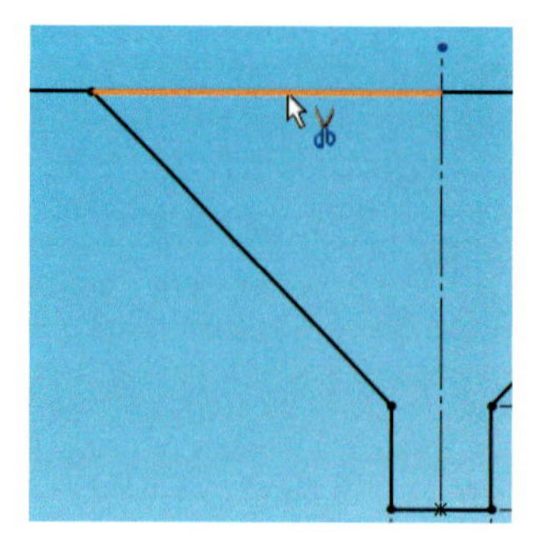

- Schneiden Sie dann das horizontale Stück innerhalb der Nut heraus. Dies gelingt durch einfaches Anklicken mit dem Werkzeug *Elemente trimmen* aus der Symbolleiste *Skizze*. Wählen Sie zuvor die letzte Option im PropertyManager, *zu nächstem Element trimmen*.
- Das jeweils erkannte Segment wird hervorgehoben, wenn auch nicht ganz so übertrieben wie in der Darstellung. Mit **Esc** beenden Sie die Funktion.

3.1.5 Extrusion oder Linear ausgetragener Aufsatz

Wenn alle durchgezogenen Linien der Skizze schwarz sind – SolidWorks blendet in der Statuszeile wieder den Schriftzug *Voll definiert* ein – so können Sie die Skizze, obwohl unfertig, bereits jetzt in die dritte Dimension erheben:

- Klicken Sie auf *Skizze beenden*. Der neue Querschnitt erscheint in grauer Farbe im Editor.

- Wählen Sie die Skizze im FeatureManager und klicken Sie auf *Linear ausgetragener Aufsatz*. Diese Funktion kennen Sie bereits aus dem letzten Kapitel. Definieren Sie eine *Tiefe* von **200 mm** und bestätigen Sie. Das Bohrprisma erscheint im Editor.
- Bezeichnen Sie das Extrusionsfeature als **Bohrprisma** (Abb. 3.12).

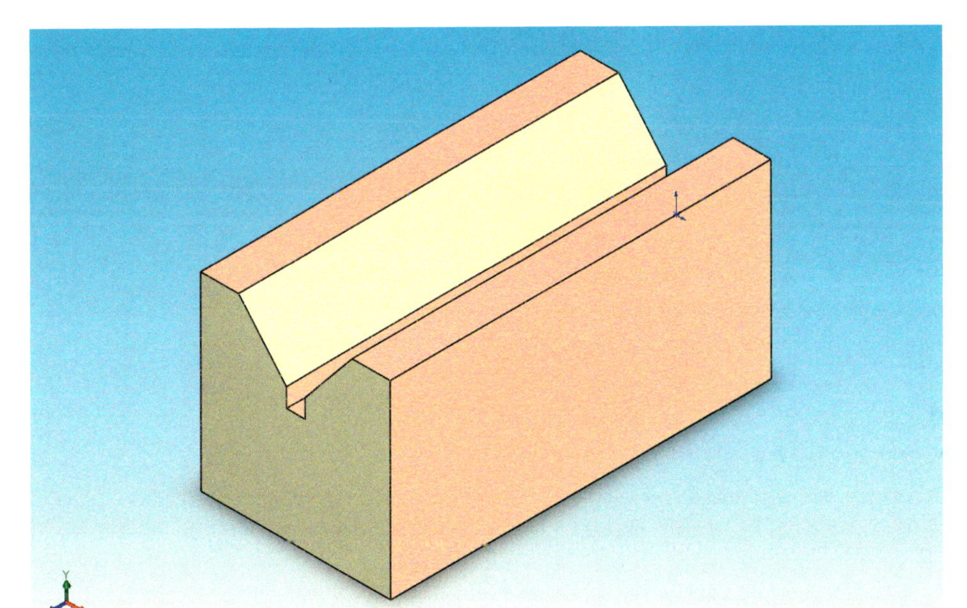

Bild 3.12: Bohrprisma, Stufe 1: Der Querschnitt wird senkrecht zur Skizzierebene ausgetragen.

3.1.6 Umwege zur voll bestimmten Skizze

Wenn Sie bei einem Ihrer Entwürfe blaue Linien übrig haben, aber beim besten Willen nicht wissen, wie Sie diese festlegen sollen, so hilft Ihnen SolidWorks weiter:

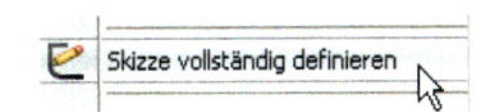

- Aktivieren Sie die Funktion *Extras, Bemaßungen, Skizze vollständig definieren*. Wählen Sie dann im PropertyManager die Option *Alle Elemente in Skizze* und klicken Sie auf *Berechnen*.

Das Ergebnis wird zwar selten fertigungsgerecht sein, aber meistens zu einer voll bestimmten Skizze führen – und Sie am Ende vielleicht doch noch auf die richtige Spur locken.

3.2 Die Ansichtssteuerung II

Mit *Ansicht, Anzeige, Perspektive* schalten Sie von der axonometrischen Ansicht zur Einpunktperspektive um – ähnlich der Sichtweise einer Kamera mit Weitwinkel: Nahe Kanten erscheinen leicht zum Betrachter hingeneigt, allerdings auch verzerrt. So aber vermeiden Sie das trügerische „Kippen" der Ansicht, wie es bei prismatischen Objekten wie diesem leicht auftreten kann (Abb. 3.13).

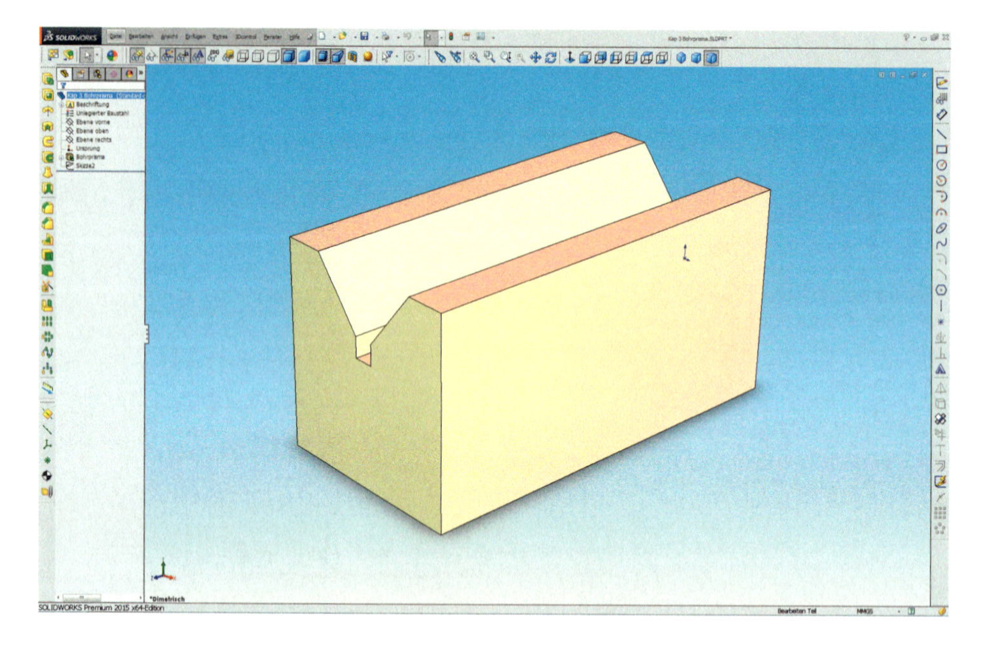

Bild 3.13: Wirklichkeitsgetreu: Das Bohrprisma in der Perspektive.

Unser Prisma eignet sich hervorragend zur Demonstration der reichhaltigen Funktionen zur Ansichtssteuerung:

- Drücken Sie die **Leertaste**. Das Dialogfeld *Ausrichtung* erscheint (Abb. 3.14).
- Wenn Sie mit dem Mauszeiger auf die Schaltflächen der Hauptansicht **zeigen**, so erscheint eine kleine Vorschau des aktuellen Modells. Ein Klick, und das Modell wird gedreht, das Dialogfeld verschwindet.

- Mit der Stecknadel am oberen, rechten Rand verhindern Sie dies: Das Dialogfeld bleibt so lange geöffnet, bis Sie es über die x-Schaltfläche schließen.
- Die Schaltfläche mit dem Würfel links neben der Stecknadel ist die *Ansichtenauswahl.* Sie können diese auch direkt aufrufen, indem Sie **Strg+Leertaste** drücken.

Das Modell wird mit einem transparenten Würfel mit gebrochenen Kanten und Ecken eingefasst, der nun ganz ins Bild gezoomt wird. Sie können nun wiederum auf diese 26 Flächen und die drei Projektionsebenen **zeigen**, wobei das Modell jeweils in einer Vorschau angezeigt wird (Abb. 3.15, Kreis).

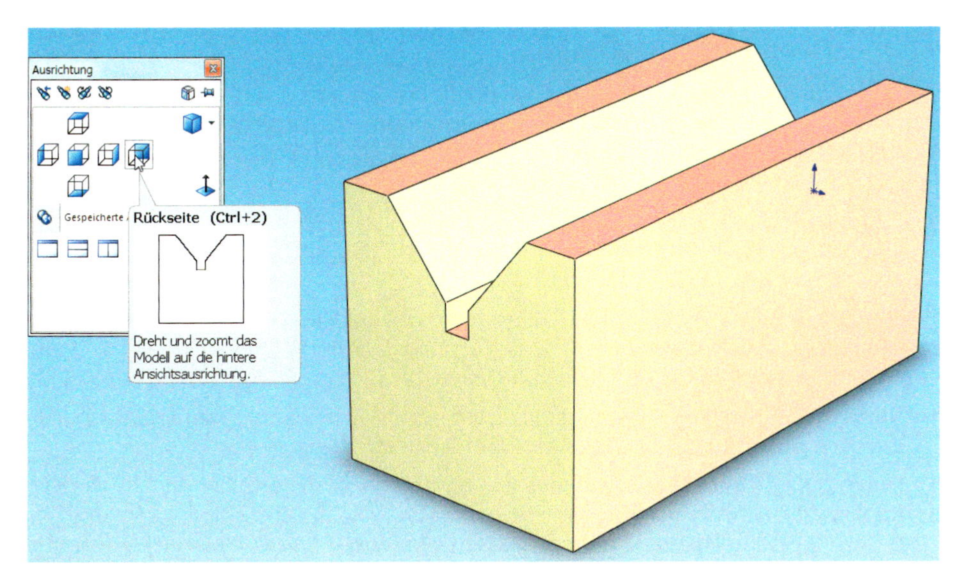

Bild 3.14: Die Ansichtssteuerung bietet selbst eine *Vorschau* der Hauptansichten

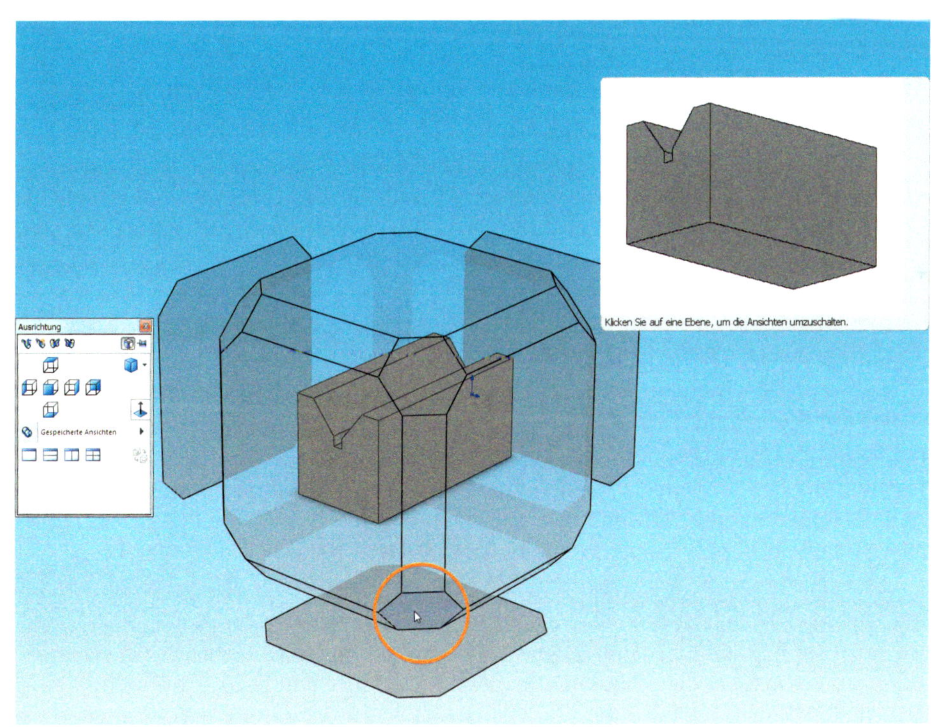

Bild 3.15: Die Ansichtenauswahl erleichtert das Drehen unübersichtlicher Modelle

- Ein Klick auf eine dieser Flächen dreht die Ansicht der Vorschau entsprechend.

3.2.1 Tastenkürzel, Hotkeys

Wer kein 3D-Navigationsgerät besitzt, ist auf die Ansichtssteuerung per Maus angewiesen. Leider ist die komfortable Maussteuerung der drei wichtigen Funktionen *Drehen*, *Vergrößern/Verkleinern* und *Verschieben* stark von der Qualität des Maustreibers abhängig. Probieren Sie Ihren aus:

- Können Sie durch Ziehen mit der mittleren oder der vierten Maustaste oder mit gekipptem Mausrad in Kombination mit **Strg**, **Alt** und **Shift** jede beliebige Ansicht einstellen?

Wenn nicht, sind Sie auf die Schaltflächen der Symbolleiste *Ansicht* angewiesen – ein zeitraubendes, klicklastiges Verfahren, das den Arbeitsfluss behindert. Mit der Vergabe von Shortcuts können Sie dies jedoch beheben:

- Klicken Sie über einer der Symbolleisten rechts und wählen Sie *Anpassen*. Die gleichnamige Dialogbox erscheint. Wählen sie die Registerkarte *Tastatur*.
- Unter der Kategorie *Ansicht* finden Sie im unteren Listenfeld den Befehl *Drehen*. Klicken Sie in das Editierfeld *Tastenkombination (en)* in der rechten Spalte und betätigen Sie dann eine der Funktionstasten – Autodesk *Inventor* benutzt hierfür die Taste **F4**. Der Shortcut wird festgeschrieben, eventuell erscheint eine Warnmeldung über Doppelbelegung. Hier entscheiden Sie, welche Funktion den Vorrang erhält (Abb. 3.16).

Angenommen, Sie kennen *Inventor*, dann definieren Sie etwa folgendes:

- Für *Verschieben* setzen Sie **Alt + F2**, falls Sie das Windows-F2 zum Editieren von Namen in Explorerfenstern benötigen, und **F2** ansonsten.
- Vergrößern/Verkleinern belegen Sie mit **F3**, falls Sie das *Schnelle Fangen* nicht als Shortcut brauchen.
- Die *Vorherige Ansicht* – SolidWorks speichert die letzten zehn Ansichten – belegen Sie mit **Shift + F2**.
- Wenn Sie die Dialogbox bestätigt haben, probieren Sie es gleich aus: Mit **F4** schalten Sie *Drehen* ein und können Ihr Bauteil nun durch Ziehen mit der linken Maustaste von allen Seiten betrachten. Ein erneutes **F4** beendet die Funktion. Ähnliches gilt für die anderen Shortcuts.

Das Schöne an speziell dieser Tastenbelegung ist, dass Sie mit der linken Hand auf der Tastatur und der Maus in der Rechten Ihre Ansicht sozusagen im Handumdrehen einstellen können – sogar **während des laufenden Befehls**. Bei Verwendung einer Linkshändermaus werden Sie dagegen die Funktionstasten **F10** bis **F12** vorziehen.

Das Prinzip ist aber klar: Derart wichtige und oft benutzte Funktionen müssen Sie sich einfach handlich machen. Solche Details helfen Ihnen auch, das *Repetitive Syndrom* zu vermeiden, den gefürchteten „Maus-Arm", der häufig bei Grafikern zu finden und fast ausschließlich auf übermäßige Klickerei zurückzuführen ist.

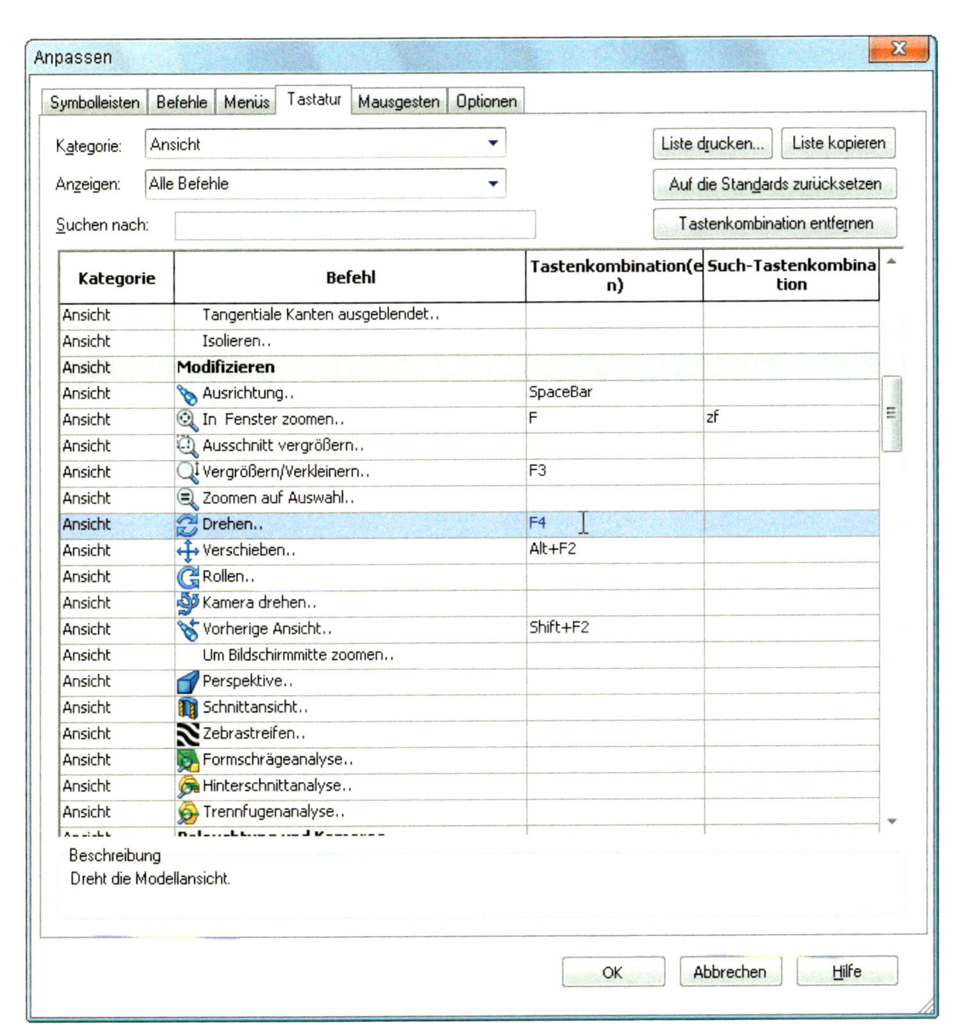

Bild 3.16:
Die Definition von Shortcuts gleicht dem Verfahren bei handelsüblichen Office-Anwendungen.

3.3 Editieren von Skizzenbeziehungen

Wenden wir uns nun wieder dem Prisma zu. Es fehlen noch die Nut für kleinere Werkstücke auf der Unterseite sowie die beiden Nuten links und rechts für die Einspannung:

Hauptansichten:
Strg + 1 . . . Strg + 8

- Aktivieren Sie die Skizze, indem Sie im FeatureManager das Bohrprisma aufklappen und über die Kontextleiste der Skizze *Skizze bearbeiten* wählen. Mit **Strg + 8** erreichen Sie die *Normalansicht,* d.h. Sie blicken senkrecht auf die Skizzierebene. In einer gedrehten Ansicht sollten Sie vorerst nicht an Skizzen arbeiten – es ist besser, Sie sehen, was Sie tun.

- Wählen Sie mit einem Zugfenster die V-Nut aus, also die fünf Linien, die wir gerade in das Quadrat eingefügt hatten. Fügen Sie die horizontale Mittellinie zur Auswahl hinzu und *spiegeln* Sie das Ganze horizontal. Trimmen Sie dann die Kontur des Quadrates – alles genau wie vorhin.

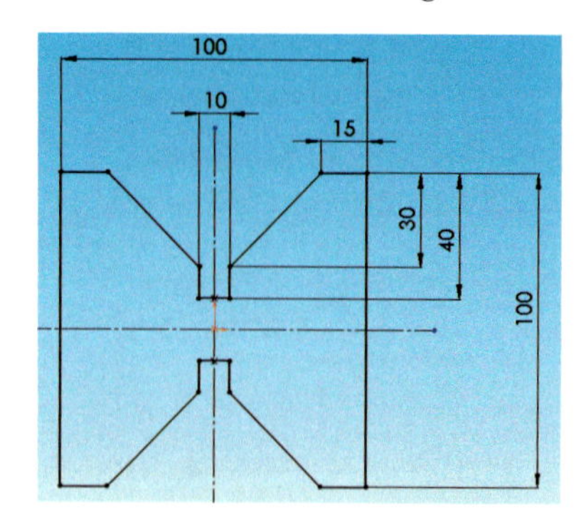

Dabei fällt auf, dass die Linien sofort und ohne jede Nacharbeit voll bestimmt sind. Dies hängt wiederum mit der Symmetriebedingung zusammen, mit der SolidWorks automatisch Original und Spiegelbild verknüpft. Das bedeutet, wenn Sie eine Bemaßung ändern, werden immer beide Konturen geändert. Eine identische Nut ergibt jedoch keinen Sinn – wir wollen ja zwei Aufnahmen für verschieden große Werkstücke haben.

Entfernen Sie also zunächst einmal die überschüssigen Skizzenbeziehungen:

- Aktivieren Sie *Beziehungen anzeigen/löschen* und dort im obersten Listenfeld *Ausgewählte Elemente*. Wählen Sie lediglich die Eckpunkte des neuen, unteren Linienzuges einschließlich der Anschlusspunkte an die Quadratkontur und des einzelnen Punktes, der auf der senkrechten Mittellinie liegt.

In diesem Modus benötigen Sie die **Strg**-Taste nicht, denn das Listenfeld sammelt ja schon alle Ihre Eingaben.

3.3.1.1 Auswahlfilter

Wenn Ihnen die Auswahl der einzelnen Punkte schwer fällt, können Sie auch mit einem *Auswahlfilter* arbeiten:

- Blenden Sie über die Symbolleiste *Ansicht* das Flyout *Auswahlfilter* oder über das Menü *Ansicht, Symbolleisten* die gleichnamige Symbolleiste ein.
- Wählen Sie die Schaltfläche *Filter Skizzenpunkte*. Jetzt **können** Sie nur noch Punkte wählen. Wählen Sie die Endpunkte des unteren Linienzuges.
- Im Listenfeld *Beziehungen* des PropertyManagers tauchen immer mehr Einträge auf, je mehr Punkte Sie wählen. All diese Beziehungen müssen vom Typ *Symmetrisch* sein, sonst haben Sie falsch gewählt – in der Liste *Ausgewählte Elemente* oben im PropertyManager dürfen ausschließlich **Punkte**, keine Linien stehen (Abb. 3.17).

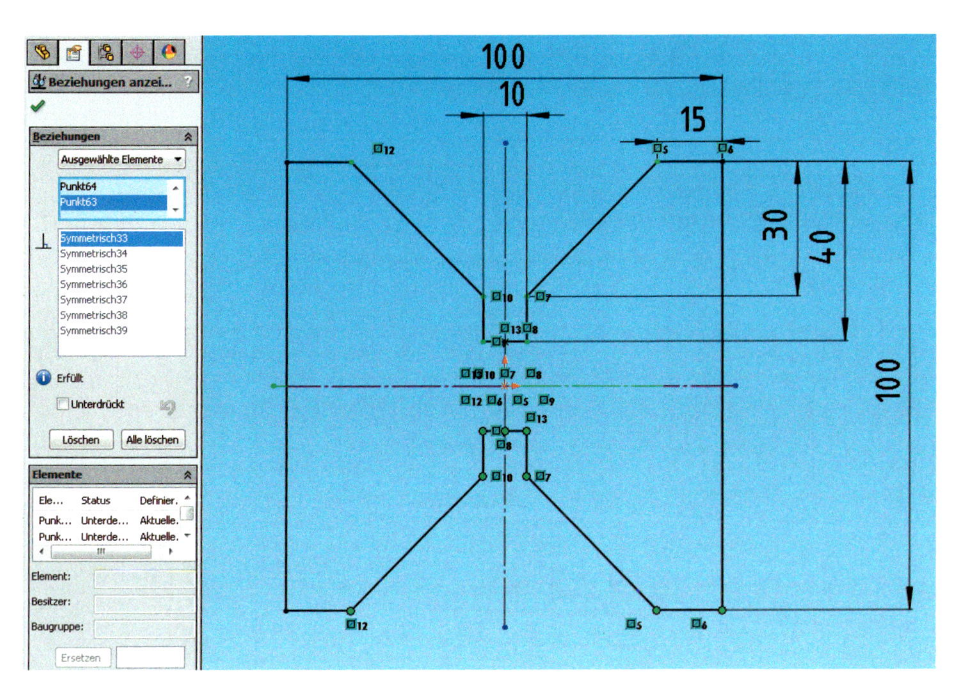

Bild 3.17:
Diffizil: Das Editieren von Beziehungen erfordert Feinmotorik.

- Markieren Sie all diese Beziehungen und entfernen Sie sie mit der Schaltfläche *Löschen* oder mit **Entf**. Bestätigen Sie den PropertyManager dann mit **Enter** oder mit der Schaltfläche *OK*. Sollten noch Linien und Punkte in Schwarz erscheinen, so löschen Sie deren Beziehungen in einem zweiten Durchgang.

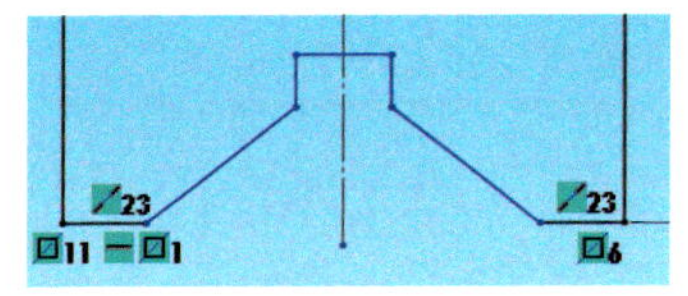

Die neue Kontur erscheint in blauen Linien, Sie können sie in alle Richtungen ziehen – und dies dann tunlichst wieder rückgängig machen. Sollte dabei doch noch eine Symmetrie zur oberen Hälfte zum Vorschein kommen, so löschen Sie diese.

- Den einzelnen Punkt in der Mitte der Nut und sein Pendant können Sie löschen, denn die entstanden vorhin automatisch durch das Spiegeln der Halbkontur.
- Schalten Sie auch den Punktfilter wieder aus.

3.3.1.2 Winkelbeziehungen

Legen Sie nun auch diesen Teil der Skizze fest, diesmal jedoch auf etwas andere Art:

- Definieren Sie die kleine Rechtecknut wieder durch *Vertikal* und *Horizontal*. Definieren Sie *Symmetrie* zur Mittellinie jeweils für die beiden Vertikalen und die Schrägen.

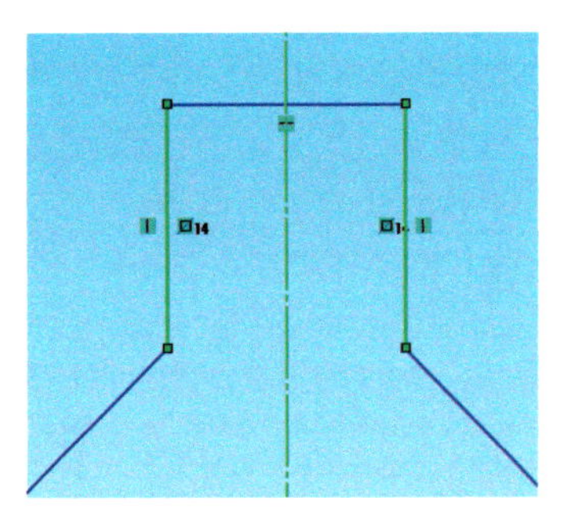

Wenn Sie Skizzenbeziehungen definieren, brauchen Sie den PropertyManager nicht jedes Mal zu schließen. Nach einer Festlegung können Sie direkt mit der Auswahl von Skizzenelementen fortfahren.

- Rufen Sie die *Intelligente Bemaßung* auf. Bemaßen Sie zunächst die Schrägen durch einen Winkel von **90°**. Dies erreichen Sie durch Anklicken der Linien selbst. Die anderen Bemaßungen ähneln denjenigen der oberen Hälfte. Sie entnehmen sie Bild 3.18.

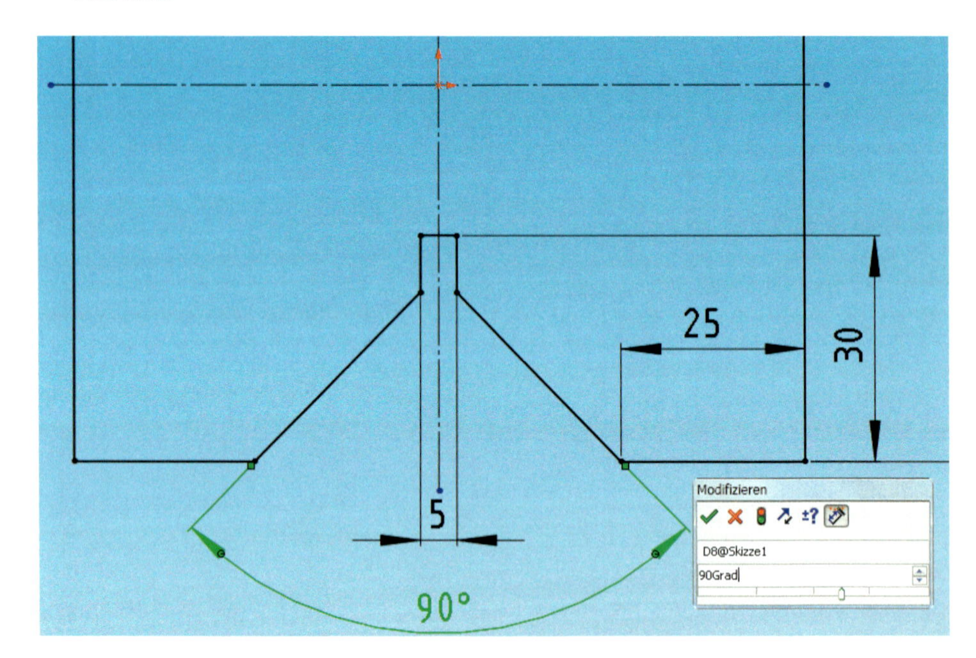

Bild 3.18: Dieser Winkel bewirkt ein flexibles Verhalten der Skizze.

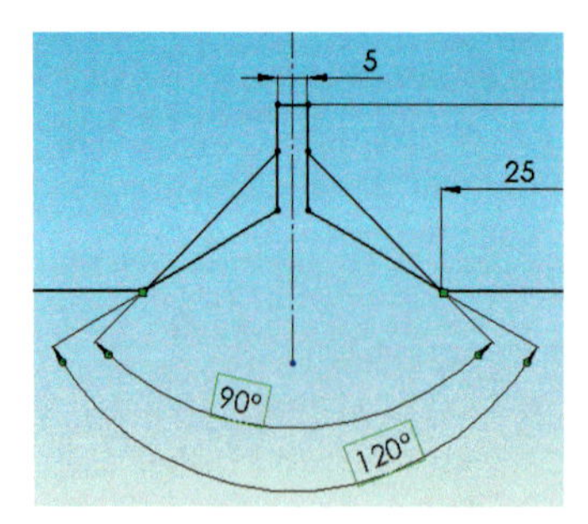

Es ist interessant zu beobachten, wie SolidWorks mit der Winkelbeziehung umgeht:

Wenn Sie den Winkel über einen Doppelklick ändern, so müssen die anderen Maße und Beziehungen ja trotzdem eingehalten werden. Da die Skizze ansonsten voll bestimmt ist, bleibt nur, die Tiefe der Nut anzugleichen.

3.3.1.3 Das Konstruktionsziel als Limit

Spätestens jedoch, wenn Sie als Winkel *60°* definieren, stolpern Sie über den Pferdefuß dieser Methode: Die Nut wird zum Steg, was natürlich keinen Sinn hat (Abb. 3.19 links).

Eine Lösung ist, die Tiefe der Nut nicht von der ganzen Kontur, sondern erst vom Knickpunkt mit den Schrägen an zu definieren. Dadurch erhält die Nut stets die gleiche Tiefe.

- Versuchen Sie es: löschen Sie das Maß *30* und bemaßen Sie eine der Vertikalen vom Anschluss der Schräge aus mit **7.5 mm**.

Unterschreitet man jedoch einen gewissen Winkel oder *überschreitet* die Breite der gesamten Aussparung – das Maß *25* ist hierfür zuständig – so wird diese Nut in ihr Pendant auf der Oberseite eintauchen. Das Prisma wird der Länge nach in zwei Teile gespalten, wie es sich in der Abbildung 3.19 rechts ankündigt.

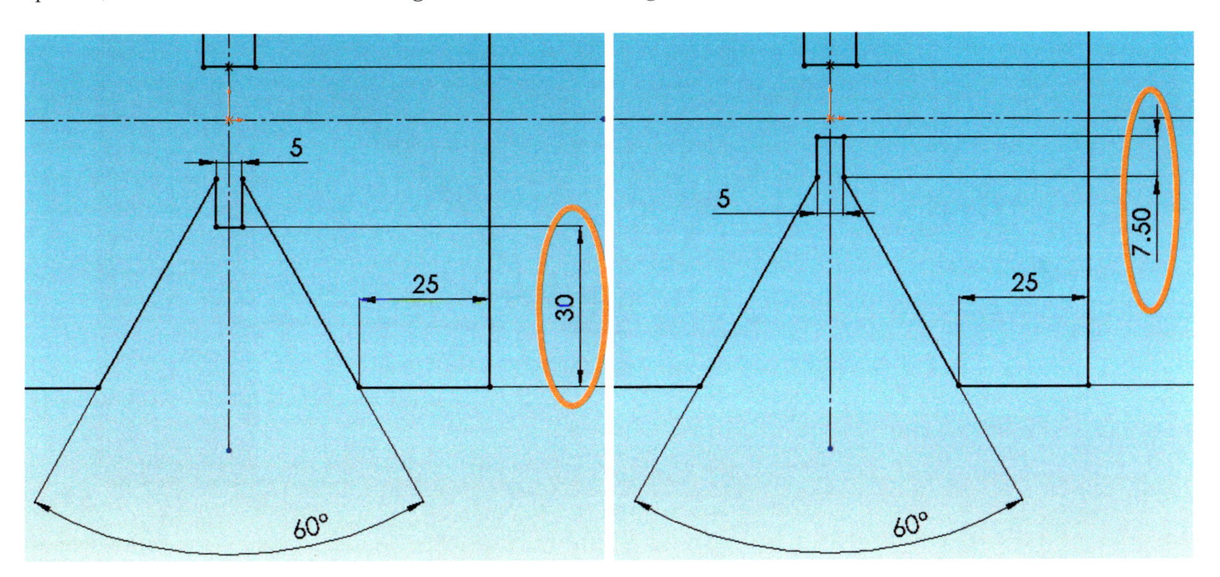

Bild 3.19: Wege ins Dilemma: Sinn und Unsinn einer Skizze hängen von vielen Bedingungen, vor allem aber vom Konstruktionsziel ab.

Sie sehen schon an diesem einfachen Beispiel, welche Tücken mit der Definition einer Skizze verbunden sind. Der einzige Ausweg ist es, das Konstruktionsziel im Auge zu behalten und sich unablässig die eine Frage zu stellen:

Was ist hier sinnvoll?

3.3.2 Automatisierung einer Skizze

Treten wir einen Schritt zurück und betrachten das ganze Bild:

- Beenden Sie die Skizze, so dass die Extrusion wieder angezeigt wird.

Wozu dient die Rechtecknut in der Mitte? Nun, sicher nicht dazu, das Rundmaterial zu führen. Genau genommen würde es sogar genügen, die beiden Schrägen ineinanderlaufen zu lassen und auf die Rechtecknut zu verzichten (Abb. 3.20, s. S. 70).

Nein, diese Nut dient einem herstellungstechnischen Zweck: Der Fräser, mit dem die Schrägen erzeugt werden, wird aller Wahrscheinlichkeit nach keine saubere Kehle erzeugen, sondern Riefen hinterlassen. Also führt man zunächst einen Sohlenschnitt aus und sorgt so dafür, dass die Ecke des Fräsers frei läuft.

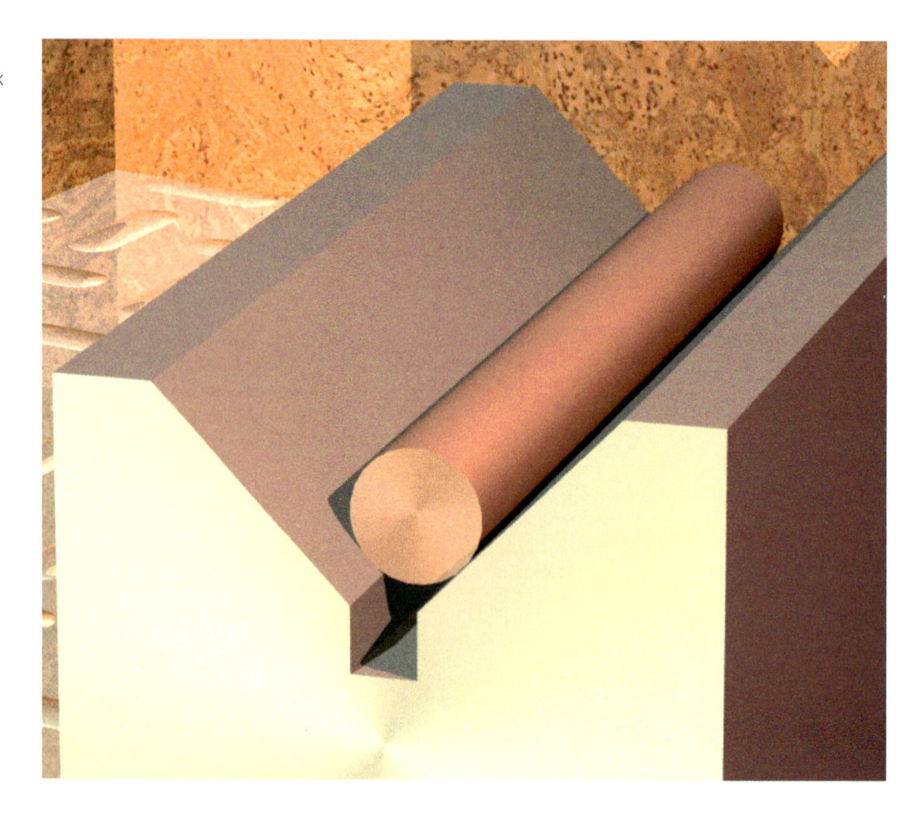

Bild 3.20:
Ein eingelegtes Werkstück offenbart: Die Nut braucht gar nicht so tief zu sein ...

- Öffnen Sie die Skizze zur Bearbeitung. Löschen Sie die Bemaßung der Nutentiefe, so dass die kurze Horizontale unterdefiniert – also in Blau – dargestellt wird.

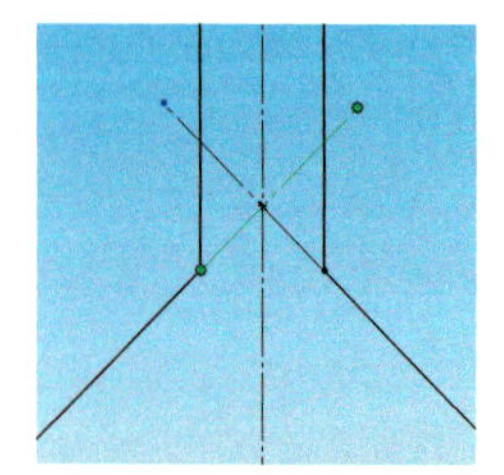

3.3.2.1 Konstruktionsgeometrie

- Verlängern Sie die beiden Schrägen so, dass sie sich überkreuzen. Dies erreichen Sie durch zwei kurze Linienzüge, die Sie jeweils am Knick ansetzen. Markieren Sie diese kurzen Geraden erneut und aktivieren Sie unter *Optionen* im PropertyManager die Checkbox *Für Konstruktion*. Andernfalls werden die Linien als Kanten aufgefasst, und eine Fehlermeldung über offene Konturen ist die Folge, sobald Sie die Skizze beenden.

- Verknüpfen Sie jeweils eine Schräge und ihre angesetzte Konstruktionslinie durch die Beziehung *Kollinear*.

- Fügen Sie am Schnittpunkt der Geraden einen *Punkt* ein. Der Cursor zeigt den Schnittpunkt durch zwei stilisierte, gekreuzte Linien an. Alternativ dazu setzen Sie den Punkt einfach irgendwo daneben und beobachten, was im Folgenden passiert.

- Markieren Sie die beiden überkreuzenden Geraden und den Punkt. Im PropertyManager erscheint die Beziehung *Schnittpunkt*, die ebenfalls zu den ternären Beziehungen zählt. Aktivieren Sie sie.

Der Punkt springt an die Kreuzung der Linien und wird schwarz eingefärbt. Er wird von nun an im Schnittpunkt der Geraden gehalten.

- Markieren Sie die blaue Horizontale und den Punkt. Legen Sie für diese Paarung die Beziehung *Deckungsgleich* fest (Abb. 3.21).

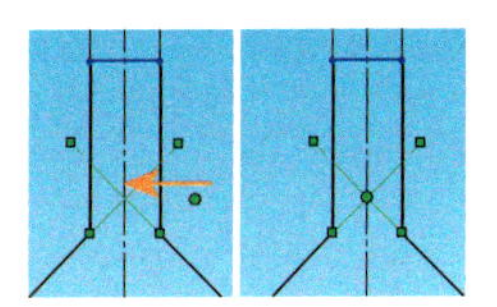

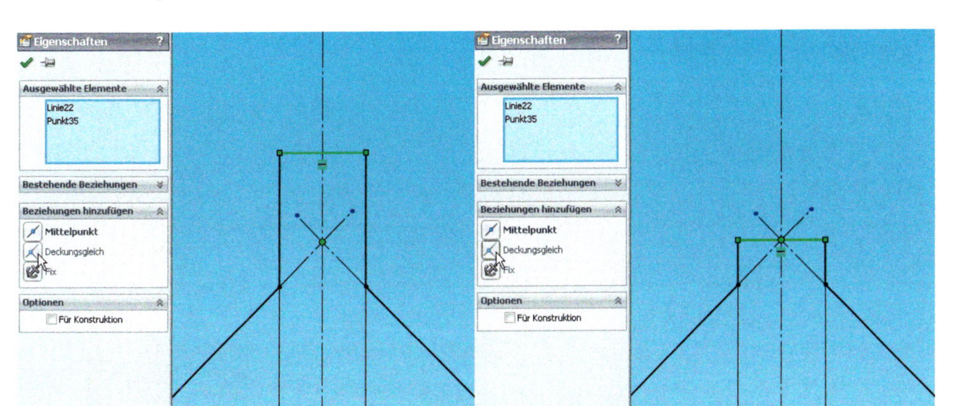

Bild 3.21:
Beziehung statt Bemaßung: Es ist interessant zu beobachten, wie Skizzenbeziehungen die Elemente steuern.

Die Linie liegt auf dem Punkt und verbleibt dort, egal was Sie künftig mit dem Winkel, der Gesamt- oder der Nutbreite anstellen (Abb. 3.22).

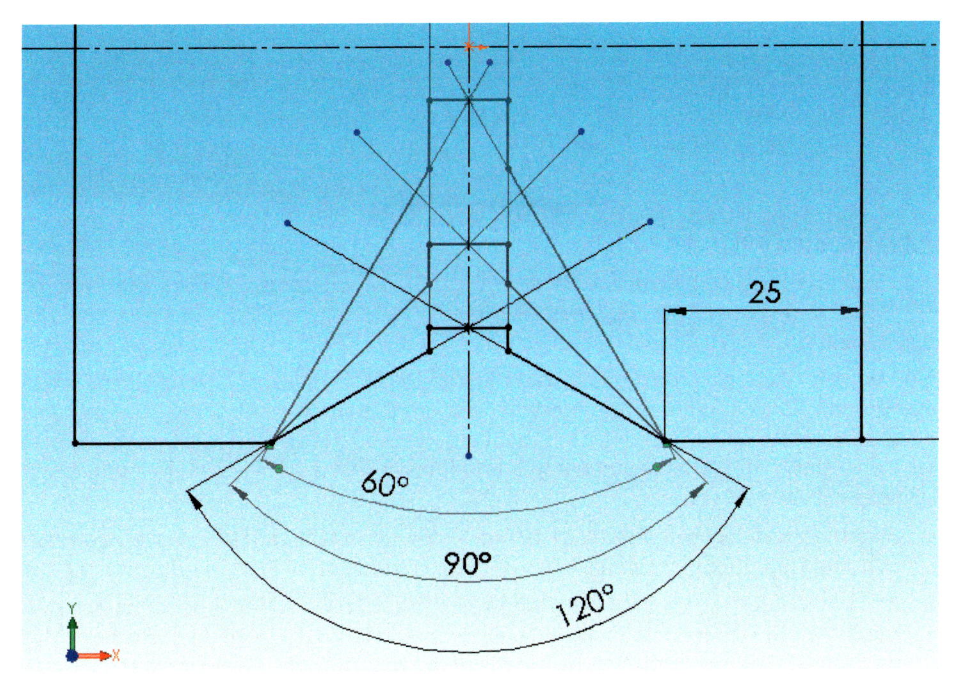

Bild 3.22:
Geo-Dreieck:
Die Nuttiefe folgt logisch aus dem Winkel und der Gesamtbreite des Einschnitts.

3.3.2.2 Überbestimmung von Skizzen

- Stellen Sie den Winkel danach wieder auf 90° ein. Bringen Sie eine Bemaßung der Gesamttiefe an. SolidWorks überrascht Sie nun mit einer Fehlermeldung, dass die Skizze durch diese Maßnahme überbestimmt würde. Allerdings werden Sie vor die Wahl gestellt, die Bemaßung zu einer *gesteuerten Bemaßung* zu machen oder das Ganze *abzubrechen* (Abb. 3.23).

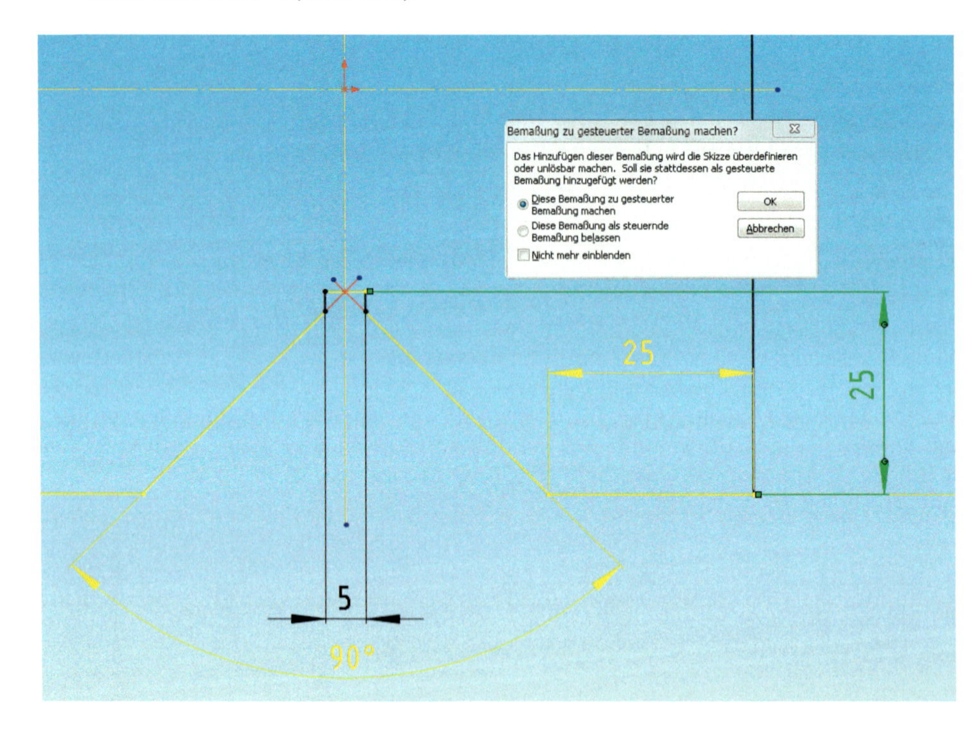

Bild 3.23:
Redundanz verboten: Dieses Maß ist mehr, als zur Definition der Skizze notwendig ist.

Was bedeutet das alles? Nun, die Skizze war ja bereits voll bestimmt. Sie konnten keine der Ecken oder Linien mit der Maus wegziehen, was ja immer ein guter Test auf Bestimmtheit ist.

Eine weitere Steuerung durch Maß oder Beziehung führte also zu einer Überbestimmung, man könnte auch sagen, Maße wurden dadurch linear abhängig. Beides darf nicht sein, also haben Sie nur die Möglichkeit, die Bemaßung zu „entmachten", indem Sie sie zu einem Hilfsmaß machen – was SolidWorks just als *gesteuerte Bemaßung* bezeichnet.

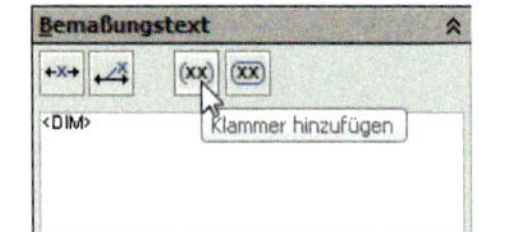

- Gehen Sie auf diesen Vorschlag ein. Das Maß wird in einer anderen Farbe angezeigt und kann nicht editiert werden.
- Trotzdem stellt dieses Maß eine wichtige Hilfe zur Herstellung des Prismas dar. Durch Anklicken der Bemaßung und *Bemaßung, Wert,* Gruppenfeld *Bemaßungstext* im PropertyManager können Sie die *Klammer hinzufügen*, um sie unmissverständlich als Hilfsmaß zu kennzeichnen. Schließen Sie die Skizze wieder.

Wenn Sie mit der grauen Farbe für gesteuerte Bemaßungen generell nicht zufrieden sind, können Sie sie ändern, und zwar unter *Extras, Optionen,* Registerkarte *Systemoptionen, Farben,* Listenpunkt *Bemaßungen, nicht importiert (gesteuert).*

3.3.3 Interaktion von Skizzen

Untersuchen Sie nun das Verhalten dieser Konstruktion mit Hilfe eines Kreises als Querschnitt des aufzunehmenden Rundmaterials:

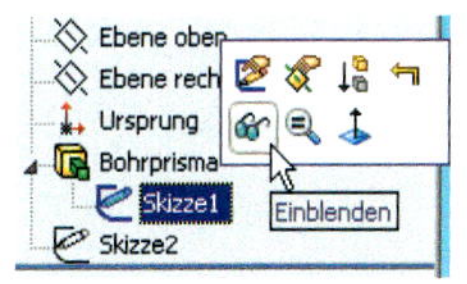

- Klicken Sie auf *Ebene vorne* und fügen Sie eine neue Skizze ein. Klappen Sie die Austragung des Prismas auf und *blenden* Sie die erste Skizze über deren Kontextleiste *ein.* Ihr Eintrag im FeatureManager wird farbig gezeichnet.

Die Skizze erscheint samt Mittellinien im Editor. Die Linien können als Zeichenhilfe benutzt, nicht jedoch editiert werden.

- Zeichnen Sie einen Kreis über die V-Nut. Markieren Sie ihn sowie eine der Schrägen und verknüpfen Sie beide durch die Skizzenbeziehung *Tangential.* Führen Sie diesen Schritt dann auch mit der zweiten Schräge durch.

Nun können Sie den Kreis an seinem Umfang oder Mittelpunkt auf und ab ziehen, wobei er – der Tangentenbedingung folgend – stetig seinen Durchmesser ändert. Sie erkennen besonders an den kleinen Durchmessern, dass die Tiefe der Nut stets ausreicht, um den Kreis – den Querschnitt des Rundmaterials nach Bild 3.20 – korrekt in den Schrägen zu führen, ohne dass dieser im Nutgrund aufsetzt (Abb. 3.24).

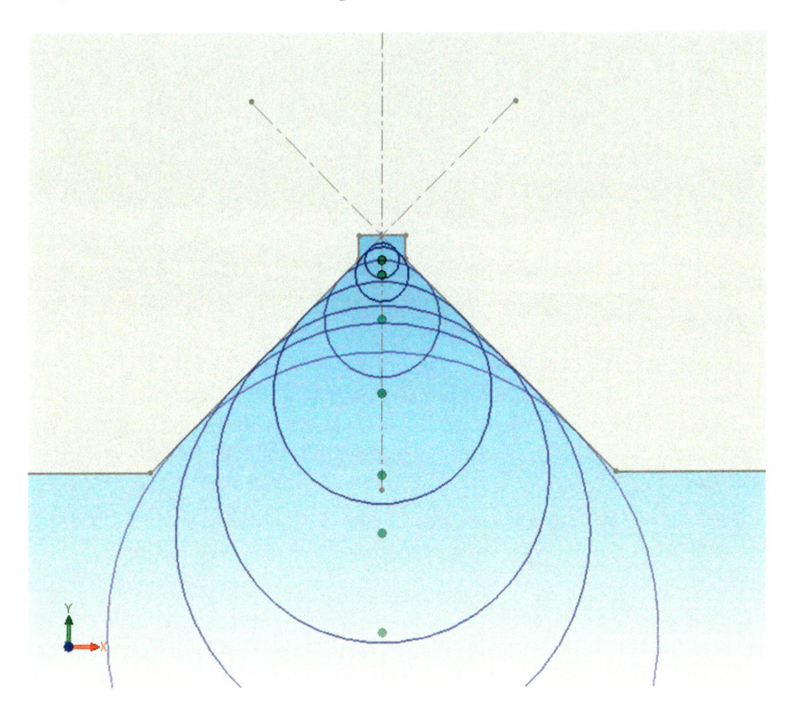

Bild 3.24: Ein tangentialer Kreis bringt den Beweis: Die Nuttiefe ist stets ausreichend bemessen.

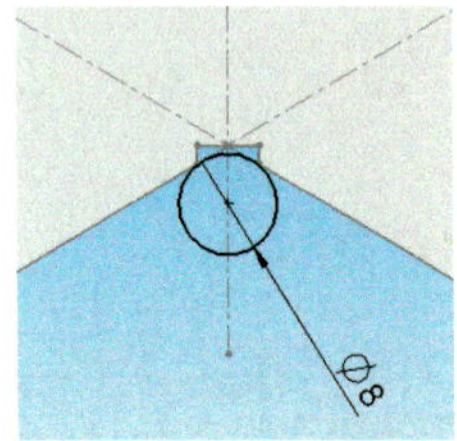

- Wenn Sie den Kreis mit einem Durchmesser bemaßen, können Sie diese Skizze schließen, sie über ihr Kontextmenü permanent einblenden und beobachten, was passiert, wenn Sie in der Prismenskizze den Schrägenwinkel ändern.

Sie haben nun gesehen, wie Skizzen sich gegenseitig beeinflussen können – eine hilfreiche Lektion für später!

Was immer Ihnen einfällt: Probieren Sie es, und probieren Sie mehr. Spielen ist Lernen. Das Feeling, das Sie empirisch erwerben, kann ich Ihnen auf tausend Seiten Theorie nicht vermitteln.

3.3.4 Die Nuten

Nun fehlen uns nur noch zwei Nuten in der Seite des Querschnitts, um das Bohrprisma perfekt zu machen. Doch das ist jetzt schon fast kein Thema mehr für Sie:

- Öffnen Sie die Skizze des Prismas zur Bearbeitung. Zeichnen Sie einen dreiteiligen Linienzug nach Bild 3.25 etwa symmetrisch zur horizontalen Mittellinie.
- Trimmen Sie die überflüssigen Segmente aus der Kontur.

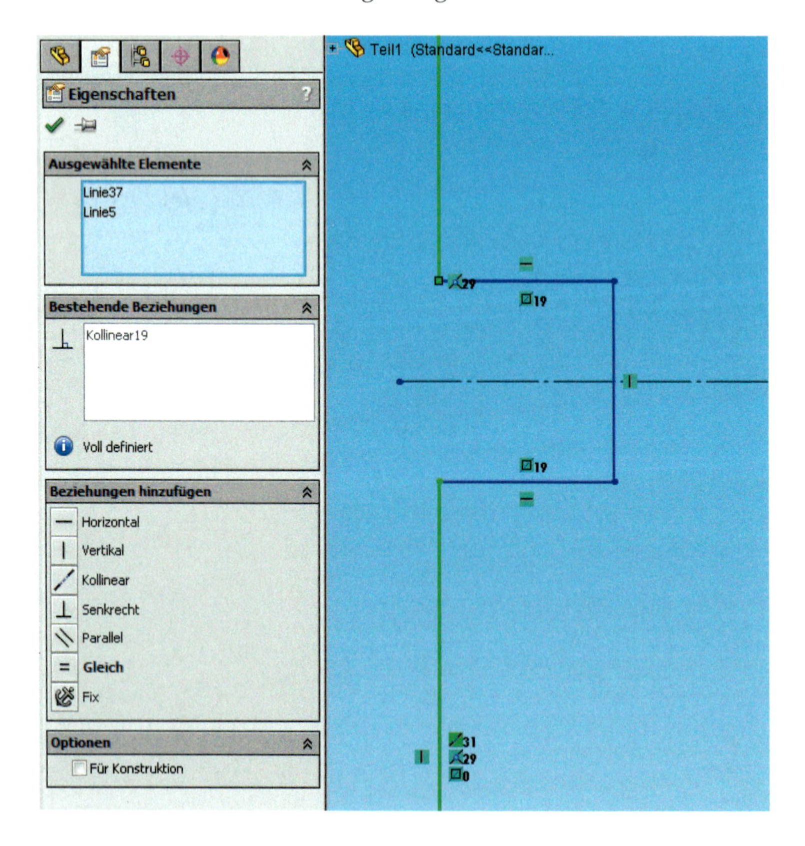

Bild 3.25: Aus eins mach zwei: SolidWorks fügt automatisch eine kollineare Beziehung ein, um die unterbrochene Kante zusammenzuhalten.

Streng genommen wird die Seite des Quadrats durch das Trimmen doch in zwei Segmente gespalten, nicht wahr? Was ist denn nun mit den Beziehungen dieser neuen Linien? Finden Sie es heraus:

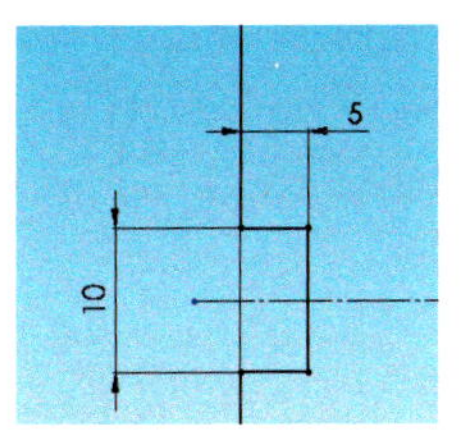

- Wenn Sie eine der beiden Linien markieren, wird im PropertyManager die Beziehung *Kollinear* angezeigt. Klicken Sie auf diesen Eintrag im Listenfeld *Bestehende Beziehungen*, so zeigt SolidWorks, zu welchem Element die Verknüpfung besteht.

Die neue Aussparung muss noch festgelegt werden. Auch das ist nichts Neues mehr:

- Setzen Sie die Beziehungen *Horizontal* und *Vertikal* für die drei Linien und legen Sie die *Symmetrie* zur Mittellinie fest (vgl. Abb. 3.25).
- Bemaßen Sie dann die Tiefe der Nut mit **5 mm** und die Höhe mit **10 mm**. Die Linien sollten daraufhin wieder komplett schwarz gezeichnet werden.
- *Spiegeln* Sie dann diese Aussparung zur rechten Seite hinüber. Die Symmetriebeziehungen der Punkte können Sie diesmal stehen lassen, denn die beiden Nuten sollen sich ja gerade spiegelsymmetrisch verhalten. Trimmen Sie nur wieder die beiden Segmente aus der durchlaufenden Kante.

- Die Skizze bleibt weiterhin bestimmt. Experimentieren Sie nun mit den beiden Nuten: Stellen Sie die beiden Maße von *5* auf z.B. **7 mm** bzw. von *10* auf **12 mm**. Beide Nuten reagieren stets gleich und spiegelbildlich (Abb. 3.26).

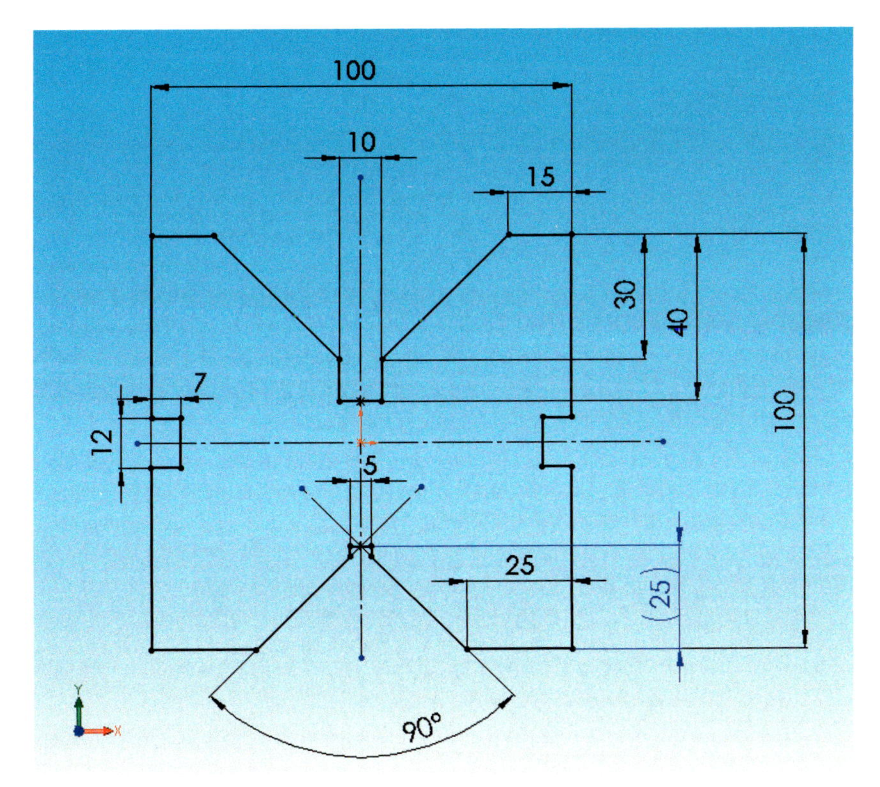

Bild 3.26:
Fertig: Die Skizze des Bohrprismas. Besonders praktisch: Beide Spannnuten werden durch die Bemaßungen der linken gesteuert.

3.3.5 Die einzige Art, Skizzen zu definieren …

… existiert nicht. Natürlich hätten Sie die Skizze zum Bohrprisma auch in einem einzigen Zug zeichnen, beschränken und bemaßen können, wie es ja auch häufig vorgemacht wird. Was soll also der Umstand?

Überlegen Sie mal: Sie haben bis jetzt zwölf Maße und über vier Dutzend Skizzenbeziehungen definiert – als Anfänger! Wie groß ist da wohl Ihre Chance, sich zu verhaspeln, etwas zu überlesen, etwas zu vergessen und schließlich beim fünften Anlauf – gleichsam mit Hängen und Würgen – gerade eben durchzukommen, ohne jedoch am Ende auch **durchzusteigen**?

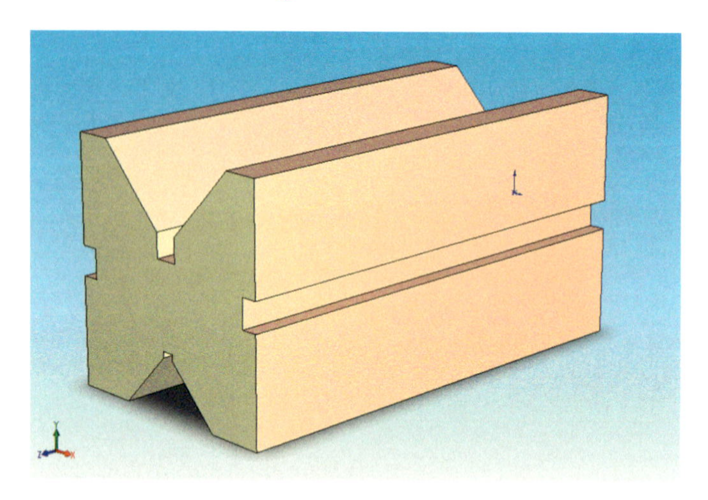

3.3.6 Wechsel der Skizzierebene

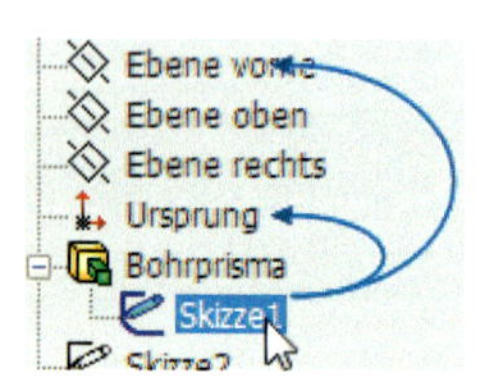

Erinnern Sie sich noch einmal an den Anfang dieses Kapitels. Wir definierten die Skizze des Bohrprismas nicht frei im Raum, sondern auf einer bestehenden Ebene: der *Ebene vorne* aus der Standard-Formatvorlage für Bauteile.

Bezugselemente wie etwa die Skizzierebene können Sie für jede Skizze und jedes Feature nachträglich herausfinden,

- indem Sie einfach auf deren Eintrag im FeatureManager zeigen. SolidWorks zeigt dann seinerseits alle Beziehungen dieser Einheit mit anderen an – wie im Falle der *Skizze1* den *Ursprung* und die *Ebene vorne*.

Aus der Ebene folgt die Skizze, aus der Skizze das Bauteil.

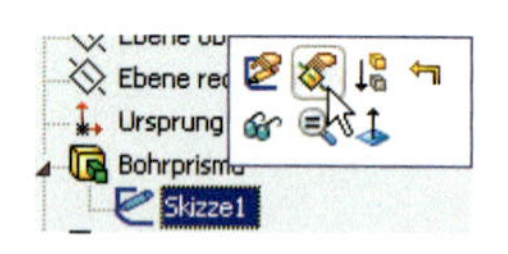

Diese Definition ist bindend, aber nicht betoniert – Sie können die zugrundeliegende Ebene nachträglich austauschen:

- Klappen Sie die Extrusion *Bohrprisma* auf und wählen Sie aus der Kontextleiste der Skizze *Skizzierebene bearbeiten*.

Das Prisma verschwindet, nur die *Ebene vorne* ist noch zu sehen. Wir müssten jetzt eigentlich eine andere Ebene wählen, aber der FeatureManager ist dem PropertyManager gewichen, und der zeigt im Moment nur ein einziges blaues Auswahlfeld.

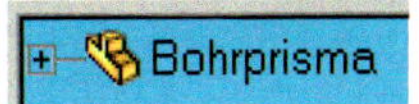

- Doch betrachten Sie einmal die linke obere Ecke des Zeicheneditors: Da ist eine exakte Kopie des Hierarchiebaums untergebracht, der so genannte *Aufschwingende FeatureManager*. Wenn Sie den nun aufklappen, können Sie die neue Ebene wählen. Versuchen Sie es mit *Ebene oben*. Der Eintrag im PropertyManager ändert sich entsprechend (Abb. 3.27).

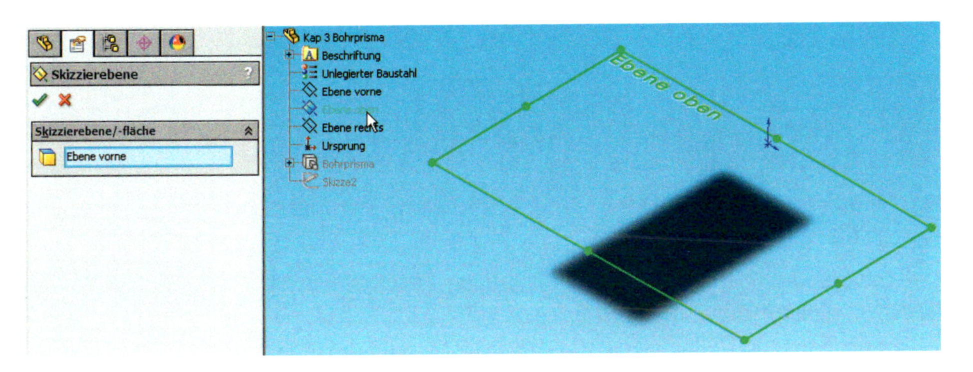

Bild 3.27:
Enttäuschend einfach: Die Wahl einer neuen Skizzierebene.

Den aufschwingenden FeatureManager können Sie auch über einen Klick auf die Titelleiste der Funktion im PropertyManager – hier *Skizzierebene* – toggeln.

Nachdem Sie bestätigt haben, erscheint das Prisma wieder, diesmal jedoch um 90° gekippt. Wenn Sie die Skizze der beiden tangentialen Kreise einblenden, so stellen Sie fest, dass sie die Transformation nicht vollzogen haben, schlimmer noch: die tangentiale Ausrichtung scheint verloren (Abb. 3.28 links).

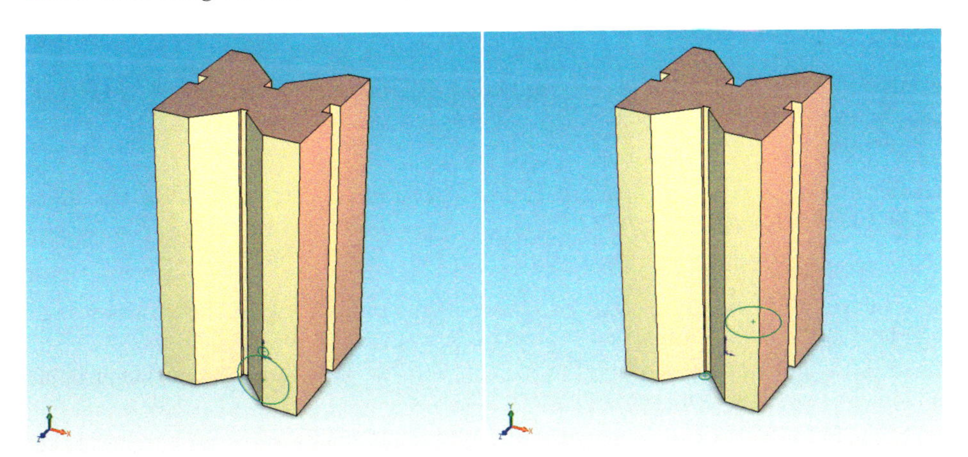

Bild 3.28:
Die Skizze der Tangentkreise muss ebenfalls transformiert werden.

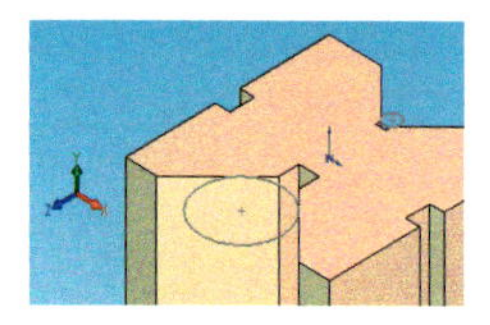

- Führen Sie die gleiche Aktion mit *dieser* Skizze durch, so wird die alte Beziehung wiederhergestellt, wie in der Abbildung zu erkennen ist.

Das Verfahren hat jedoch einen Haken: Führt man die Operation invers durch – verlegt man also die Skizzen wieder auf die *Ebene vorne* – so erscheint das Prisma gespiegelt: was vorher oben war, ist nun unten, aus links wird rechts. **Beide** Transformationen müssen noch einmal durchgeführt werden, um die alte Orientierung wiederherzustellen, sonst kann es passieren, dass die Zusammenhänge zwischen zwei Skizzen verloren gehen. Dann bliebe nur die Neuerstellung der zweiten Skizze.

- Besser ist also, Sie machen einfach alles *Rückgängig*.

3.4 Der Vorteil der parametrischen Konstruktion

Das Prisma ist mit 100 mm Seitenlänge natürlich recht groß, und außerdem zu schwer für ein Handwerkzeug.

3.4.1 Massenbestimmung

Wie schwer genau, das lässt sich leicht feststellen – schließlich steht uns ein Volumenkörper zur Verfügung. Alles was wir noch brauchen, ist die Dichte des verwendeten Materials:

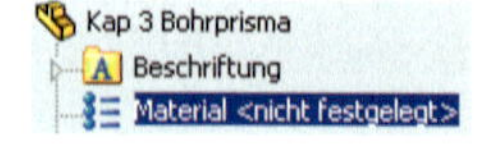

- Im FeatureManager steht an dritter Stelle der Eintrag *Material* mit der Zusatzbemerkung *nicht festgelegt*. Falls nicht, stellen Sie in den *Optionen, Systemoptionen, FeatureManager* unter *Strukturelemente* das Listenfeld *Material* auf *Anzeigen*.
- Führen Sie einen Rechtsklick auf diese Zeile aus und wählen Sie *Material bearbeiten*. Es erscheint das Dialogfeld *Material* (Abb. 3.29).
- Öffnen Sie die Kategorie *SolidWorks Materials, Stahl* und wählen Sie *Unlegierter Baustahl*.

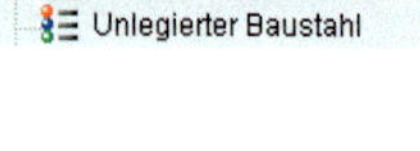

- Rechts, unter *Eigenschaften*, erkennen Sie die *Dichte* des Materials. Bestätigen Sie mit *Anwenden* und *Schließen*. Der Eintrag *Unlegierter Baustahl* erscheint im FeatureManager.

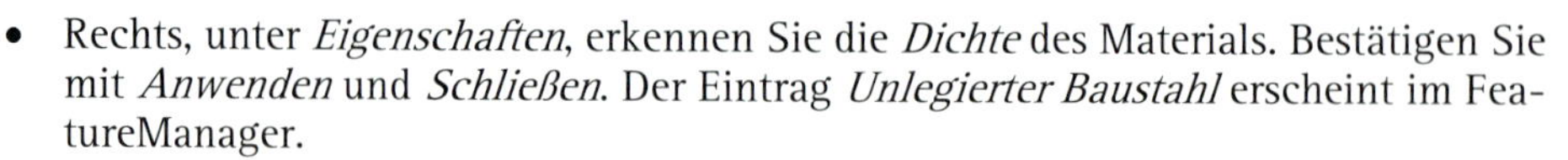

Falls eine **Bauteildatei** mehrere Körper enthält, erhalten alle das gleiche Material.

- Wählen Sie *Extras, Eigenschaften Masse*. Bestätigen Sie die Aktualisierungsabfrage. Das Ergebnis wird unten im breiten Textfeld angezeigt (Abb. 3.30).

Die Masse des Bohrprismas überschreitet bei der gegenwärtigen Dimensionierung 12 Kilogramm. Neben der Angabe von Masse, Schwerpunkt und Oberfläche sind hier noch die Hauptträgheitsachsen und Hauptträgheitsmomente abzulesen.

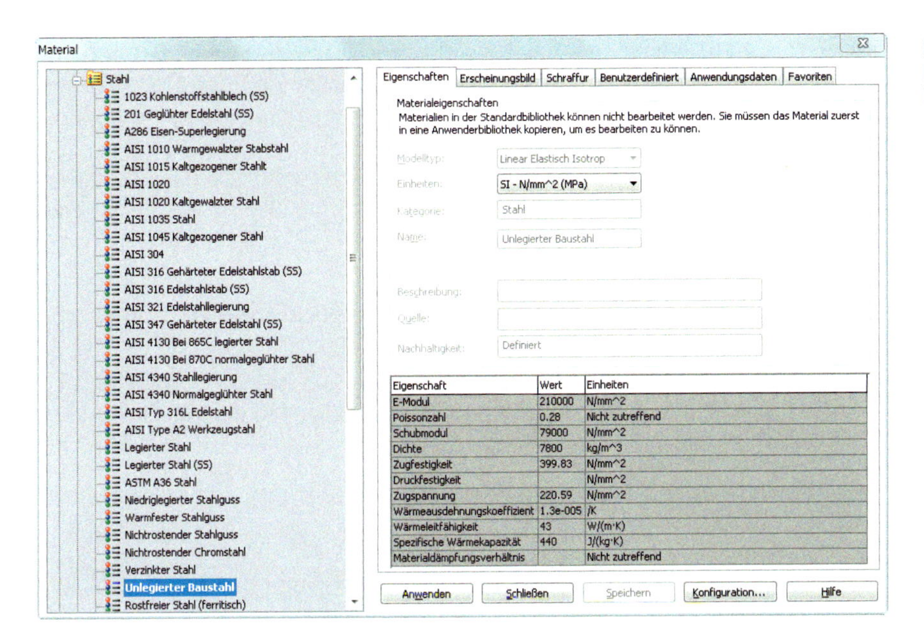

Bild 3.29: Riesig und kompliziert: Die Materialauswahl.

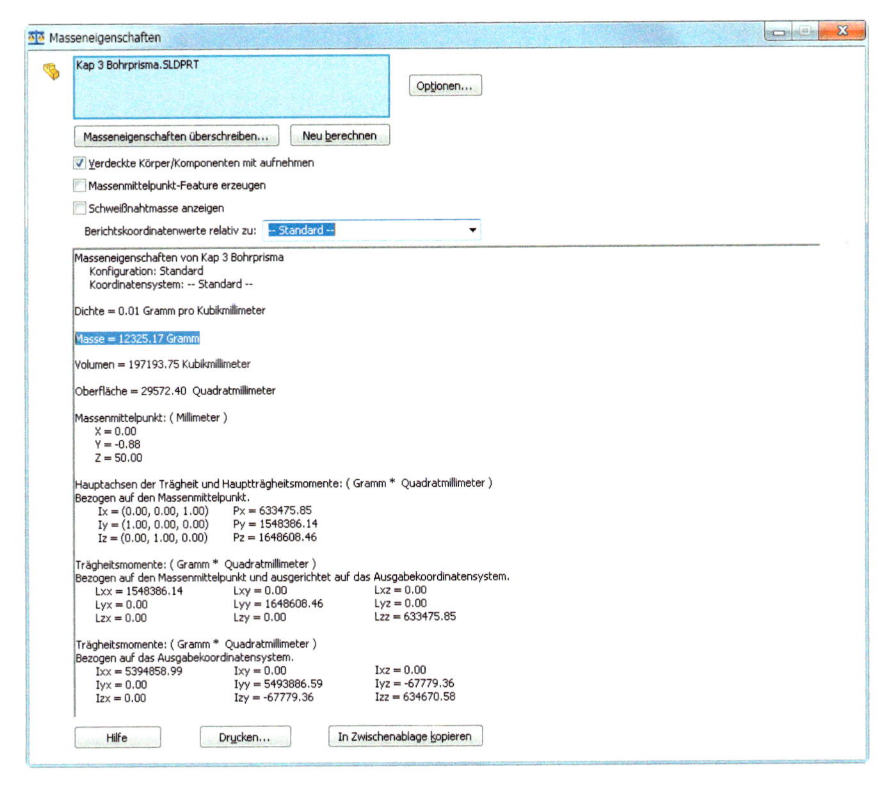

Bild 3.30: Zwölf Kilo Lebendgewicht: Unter den Ergebnissen sind auch Massenschwerpunkt und sämtliche Trägheitsmomente abzulesen.

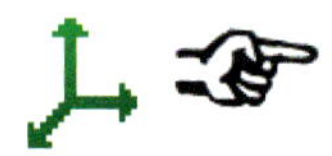

Wenn Sie als *Referenzgeometrie* ein beliebiges *Koordinatensystem* definieren, so werden die Trägheitsmomente in Bezug auf dieses *Ausgabe-Koordinatensystem* berechnet – ein nettes, kleines Feature, das dem Ingenieur stundenlanges Umrechnen erspart.

3.4.2 Ändern der Skizzenparameter

Das Prisma ist mit zwölf Kilo reichlich unhandlich. Um es zu verkleinern, müssen Sie wiederum die Skizze bearbeiten:

- Öffnen Sie die Skizze des Bohrprismas. Ändern Sie die beiden Hauptmaße von *100* auf **50 mm**.
- Die Skizze erscheint stark verzerrt. Arbeiten Sie sich systematisch von den kleinsten zu den größten Maßen vor. Editieren Sie die Maßzahlen der vier Nuten so, dass sie der Abbildung 3.31 entsprechen.

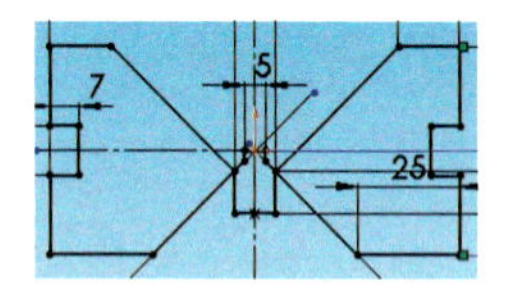

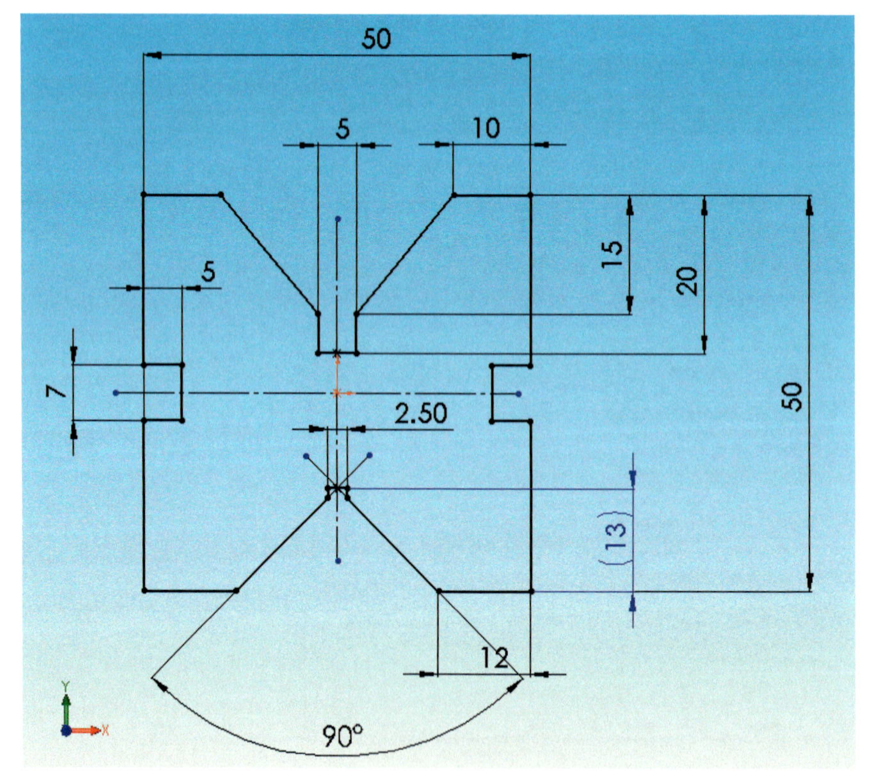

Bild 3.31: Erträgliches Maß: Die Korrekturen beschränken sich auf das Editieren der Maßzahlen – so sollte es sein.

Das Ergebnis sieht während der Bearbeitung dramatischer aus als es ist. Lassen Sie sich nicht beirren, editieren Sie einfach nur die Werte. Am Ende sieht das Prisma genau so gut aus wie zuvor, nur etwas geschrumpft und um etliches leichter, wie eine neue Massenbestimmung zeigt.

Die Skalierung der Maße einer Skizze gibt Auskunft über deren Qualität – ein guter Test also. Besonders am Anfang wird es Ihnen bei solchen Gelegenheiten passieren, dass Sie völlig verzerrte und unbrauchbare Skizzen erhalten. Aber das gibt sich mit der Zeit.

3.4.3 Endlich: Automatische Beziehungen

Nachdem Sie nun die Unterschiede zwischen Zeichenhilfen und Skizzenbeziehungen hautnah erfahren haben und wissen, was z.B. die horizontale Ausrichtung bedeutet, können Sie die automatische Generierung dieser Eigenschafen wieder aktivieren:

- Rufen Sie die Optionen auf und wählen sie *Systemoptionen, Skizze, Beziehungen/Fangen.* Aktivieren Sie die Optionsschaltfläche *Automatische Beziehungen.*

Diese unscheinbare Einstellung hat weitreichende Folgen, die ich Sie bitten möchte, gleich auszuloten:

- Erstellen Sie ein neues Bauteil. Zeichnen Sie das Rechteck, den Kreis und die Diagonale nach Bild 3.32, wobei Sie die Linien entsprechend vertikal und horizontal und an End- und Mittelpunkten einschnappen lassen.

Hierbei lernen Sie gleich die schnellste Methode kennen, doppelte Symmetrie zu definieren:

- Verknüpfen Sie die Diagonale und den Ursprung über die Beziehung *Mittelpunkt.* Ziehen Sie an den Ecken, um das Rechteck zu testen: Jeweils zwei Seiten verhalten sich symmetrisch zueinander.
- Rufen Sie dann *Beziehungen anzeigen/löschen* auf, oder klicken Sie Punkte und Linien einzeln an, um deren Verknüpfungen zu inspizieren.

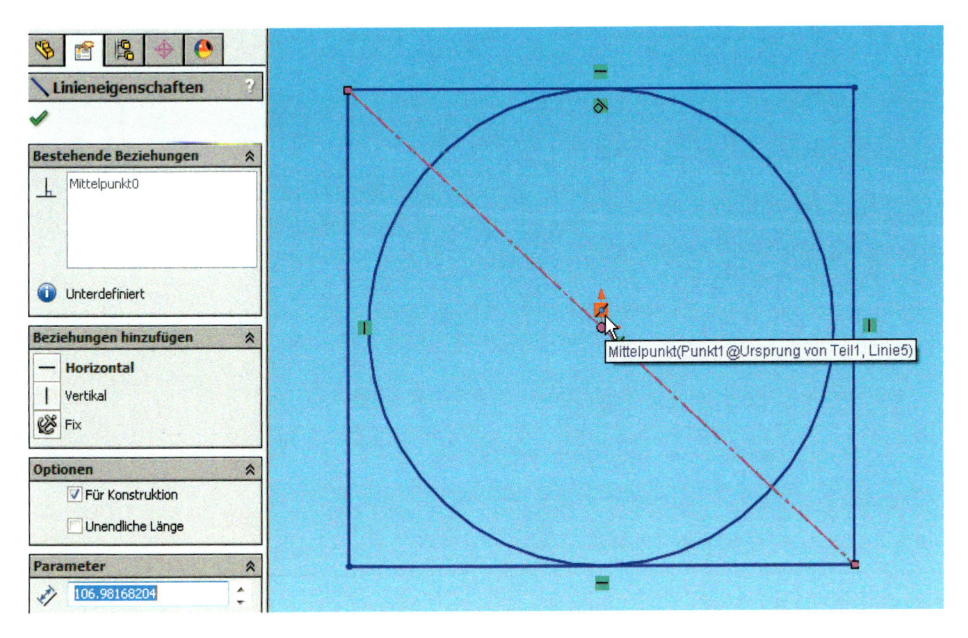

Bild 3.32: Die automatischen Beziehungen ersparen Kopfschmerzen – oder bewirken sie, je nachdem, was man erreichen wollte.

Ergebnis: Beim Zeichnen wurden automatisch zehn Skizzenbeziehungen gebildet, inklusive *Mittelpunkt* und *Deckungsgleich*. Die Fang-Symbole waren nun **gelb** statt weiß unterlegt – der Hinweis auf die bevorstehende Bildung automatischer Beziehungen. Waren die Objekte einmal gefangen, bedurfte es keinerlei Mehrarbeit.

So schön diese Arbeitsersparnis ist, so verfänglich ist sie auch: Angenommen, Sie wollten die mittlere Vertikale gar nicht auf die Mittelpunkte setzen, sondern seitlich davon? Der Objektfang hat Ihren Cursor natürlich wie gewohnt eingefangen, aber diesmal auch gleich plausibel scheinende Beziehungen geknüpft.

Wenn Sie die Linie nun durch Bemaßung asymmetrisch definieren wollen, müssen Sie erst einmal ihre Endpunkte aktivieren und die beiden Beziehungen *Mittelpunkt* löschen: **Das** ist der Nachteil der Automatik.

Im weiteren Verlauf werde ich noch oft auf die Kunst der Skizze und die damit verbundenen Probleme zurückkommen. Denn Skizzieren ist – auf die Gefahr der Wiederholung hin – Übungssache.

3.5 Ausblick auf kommende Ereignisse

Bisher haben Sie nur die Erstellung prismatischer Objekte kennengelernt, die zudem mit einer einzigen Querschnittskizze auf einer Grundebene auskamen. Im nächsten Kapitel definieren Sie rotierte Körper und erlernen die Tabellensteuerung – quasi: das Modellieren mit Excel.

Außerdem bauen Sie Objekte mit mehreren Querschnittskizzen – und mit mehreren Skizzierebenen!

3.6 Dateien auf der DVD

Die Dateien zu diesem Kapitel finden Sie auf der Buch-DVD unter

KAP 3 BOHRPRISMA

KAP 3 AUTOMATIK

4 Die Kunst der Ebene

Achsen, Flächen, Albrecht Dürer

Volumenkörper, die eine gewisse Komplexität überschreiten, sind nur noch mit Hilfe beweglicher Ebenen, Achsen und Punkte zu definieren. Diese Beweglichkeit im Raum zu studieren und anzuwenden ist Thema dieses Kapitels.

Skizzen basieren auf Ebenen, hatten wir festgestellt. Denn die Ebene weist der Skizze ihre Orientierung im Raum zu. Die Definition eines Punktes, einer Achse oder einer Ebene – in SolidWorks als **Referenzgeometrie** bezeichnet – zur Skizzenorientierung verlangt jedoch manchmal mehr Geschick als das Zeichnen der Skizze selbst.

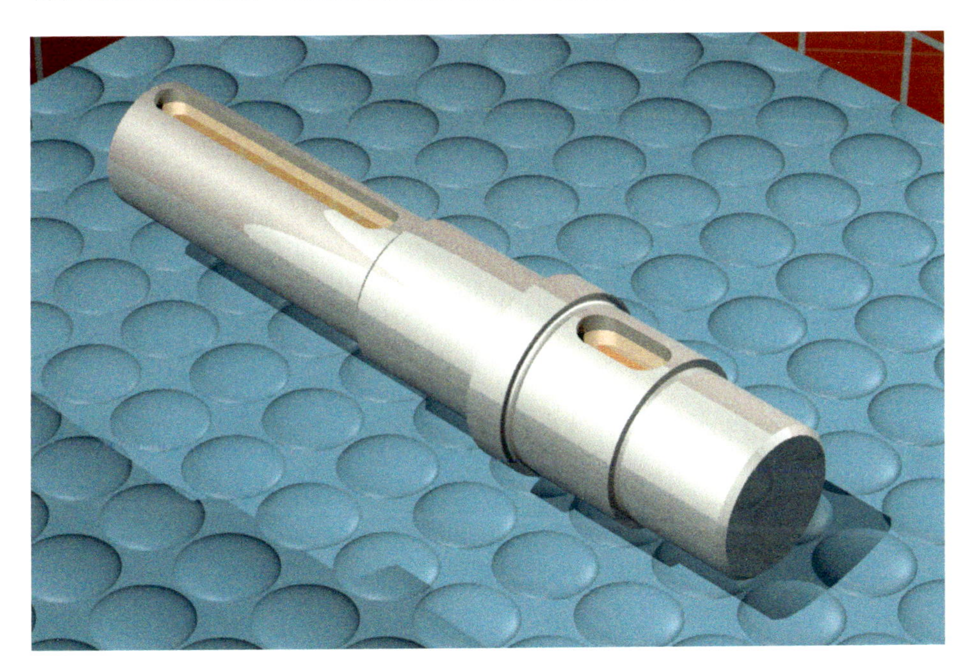

4.1 Rotationssymmetrie und Achsen

Eines der häufigsten Elemente im Maschinenbau ist die Welle. Sie entsteht durch Rotation des Werkstücks um seine Achse, wobei ein Drehmeißel die Kontur abschält. Und genau so entsteht auch die virtuelle Welle: durch Rotation des Querschnittes um eine Mittellinie, was uns zu den nächst häufigen Volumenkörpern nach den Extrusionen bringt: den *Rotationskörpern*.

Freilich gibt es wieder mehrere Arten zum Ziel zu kommen. Manche bevorzugen die Methode, einzelne Extrusionen aufeinander zu stapeln, wie wir es im zweiten Kapitel bei der Maschinenschraube getan haben. Hier jedoch war ein Sechskant zu bewältigen, ein Querschnitt, der sich durch Rotation nicht erreichen lässt.

Die nun vorgestellte Methode lehnt sich stärker an den Entstehungsprozess eines Drehteils an: Wir zeichnen den halben Querschnitt und rotieren ihn um die Mittellinie. Wir kommen später noch auf die Vorteile dieses Verfahrens zu sprechen.

Schalten Sie, falls das noch nicht geschehen ist, die Option der automatischen Skizzenbeziehungen ein, die Sie unter *Extras, Optionen, Systemoptionen, Skizze,* Unterpunkt *Beziehungen/Fangen* finden.

4.1.1 Rotation um eine Mittellinie

Öffnen Sie ein neues Bauteil und speichern Sie es unter dem Namen WELLE ab.

- Aktivieren Sie das *Gitter* mit der im ersten Kapitel beschriebenen Teilung und zeichnen Sie eine horizontale *Mittellinie.* Sie sollte etwa **300 mm** lang sein. Wichtiger ist, dass sie genau durch den Ursprung verläuft.

- Den Ort des Cursors und die relative Entfernung von einem Punkt können Sie in der Statuszeile und im PropertyManager ablesen.
- Zeichnen Sie grob die Figur nach Abb. 4.1. Sie ist etwa **250 mm** lang und an der höchsten Stelle etwa **60 mm** hoch. Achten Sie darauf, die Schräge in der Mitte zu zeichnen.
- Prüfen Sie nach, ob alle Skizzenbeziehungen gesetzt sind. Waagerechtes sollte *Horizontal,* senkrechtes *Vertikal,* die linke untere Ecke mit dem Nullpunkt *deckungsgleich* und schließlich das Ganze rundherum geschlossen sein.

Bild 4.1: Beim Rotieren entsteht der Querschnitt in einem einzigen Zug – selbst die Fasen können eingefügt werden. Wichtig trotz Mittellinie ist es, die Kontur zu schließen.

4.1.1.1 Bemaßung: Ein kleiner Tipp vorweg

- Beim Bemaßen fangen Sie am Besten mit den **kleinen** Abmessungen an und arbeiten sich zu den **großen** vor. Andernfalls besteht die Gefahr, die Skizze extrem zu verzerren, was besonders den Novizen irritiert.

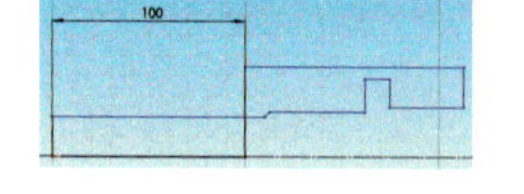

Doch auch das wäre kein Beinbruch: Entweder machen Sie dann die Bemaßung mit **Strg + Z** rückgängig und fangen noch einmal richtig an, oder Sie rücken einfach die Linien in ungefähr die richtige Position, bevor Sie weitermachen. SolidWorks skaliert außerdem die gesamte Skizze nach dem zuerst definierten Maß.

4.1.1.2 Fasen

- Rufen Sie *Extras, Skizzieren, Fase* auf oder klicken Sie auf die gleichnamige Schaltfläche in der Symbolleiste *Skizze*.

Diese Welle benötigt noch zwei Fasen an den Enden. Auch hierfür existiert eine Skizzenfunktion:

- Wählen Sie die Option *Winkel-Abstand* und setzen Sie für den *Abstand* **2 mm** und für den *Winkel* **45°** ein.
- Klicken Sie dann die **beiden** oberen Ecken am linken und rechten Ende des Wellenquerschnitts an (Abb. 4.2).

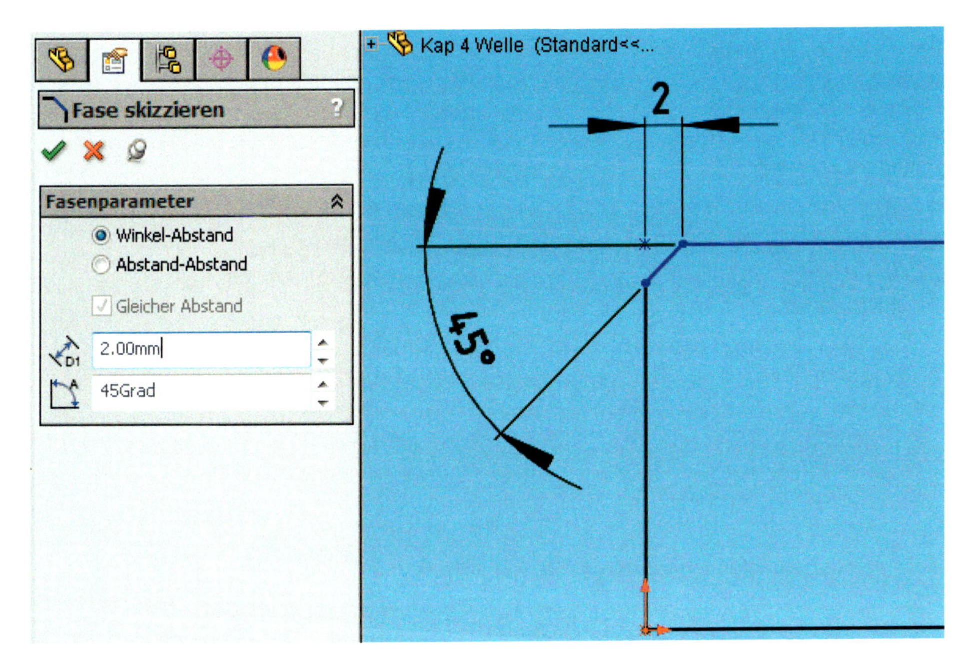

Bild 4.2:
Selbst zur Definition von Fasen gibt es eine Funktion in SolidWorks.

4.1.1.3 Durchmesser: Bemaßung *Doppelter Abstand*

In einer technischen Zeichnung werden die Durchmesser eines Drehteils oft mit einem halben Durchmesser bemaßt, der – genau wie die Zeichnung – nur bis zur Mittellinie herunter reicht. Glücklicherweise wurde dies im MCAD geändert: Wenn Sie eine Linie mit der Mittellinie vermaßen, erkennt SolidWorks diese als Rotationsachse und fügt automatisch einen **vollen** Durchmesser ein. Diese Bemaßung wird denn auch als *Doppelter Abstand* bezeichnet.

- Um einen vollen Durchmesser an der rechten Horizontalen zu definieren, klicken Sie erst die gewünschte Kante, dann die Mittellinie an und platzieren die Maßzahl außerhalb des Querschnitts – in diesem Beispiel also **unterhalb** der Mittellinie. Setzen Sie den Wert auf **45 mm** (Abb. 4.3, s. S. 86).

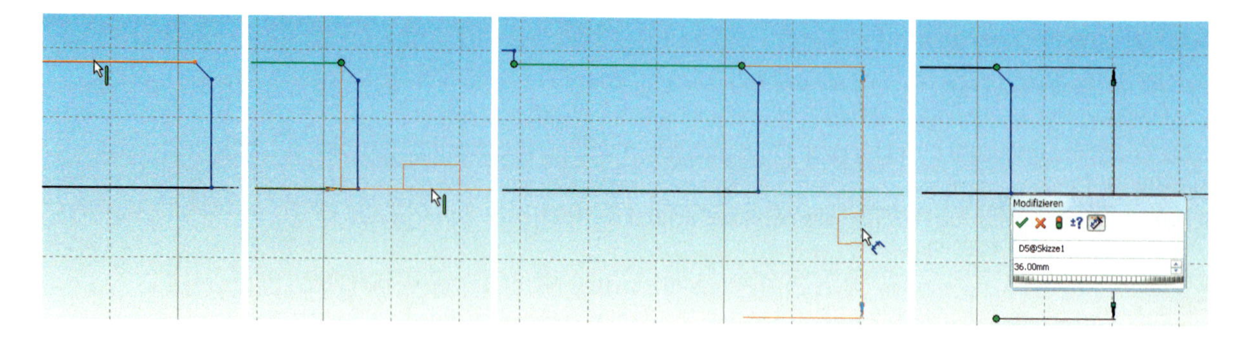

Bild 4.3:
Entstehung eines doppelten Abstands: die Mittellinie wird als Rotationsachse erkannt.

Die zweite Maßhilfslinie greift also ins Leere. Das Schöne an dieser Methode ist, dass Sie den Durchmesser nicht im Kopf halbieren müssen, sondern „eins zu eins" eintragen können – und dabei brauchen Sie das so bemaßte Profil nicht einmal als Rotationsquerschnitt zu nutzen. Der Abbildung 4.4 können Sie die komplette Bemaßung der Welle entnehmen:

- Die Durchmesser betragen von links nach rechts **40**, **45**, **55**, **50** und **45 mm**.
- Die Längenmaße vom **linken** Ende betragen **110** und **162 mm**,
- die Längenmaße vom **rechten** Ende gemessen sind **38** und **76 mm**, jeweils inklusive der Fasen.
- Die Gesamtlänge beläuft sich auf **251 mm**. Damit sollte die Skizze voll definiert sein.

Bild 4.4:
Wie eine technische Zeichnung: Die komplette Bemaßung des Halbquerschnitts.

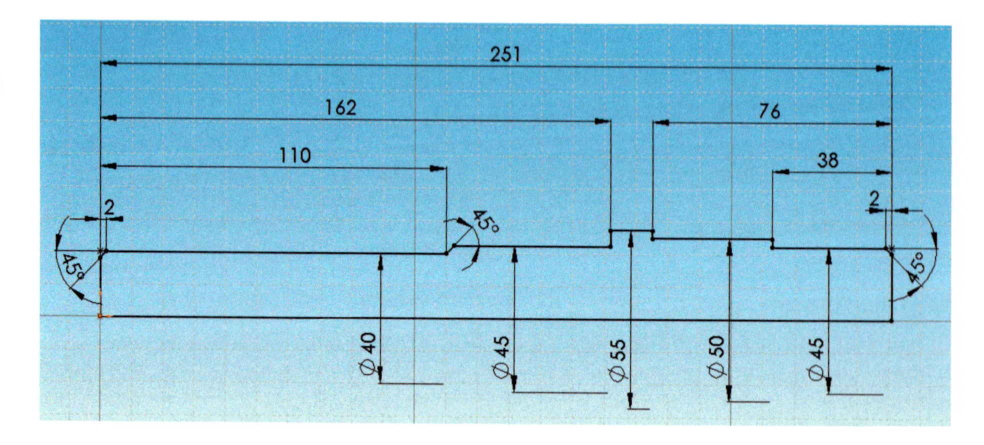

Das Schöne an SolidWorks ist, dass die Software beim Bemaßen der Skizzen getreulich die Regel **„Keine redundanten Maße"** umsetzt: Die Länge des dicksten Absatzes folgt automatisch als Differenz aus der Gesamtlänge und der Summe der übrigen Längenangaben.

- Beenden Sie die Skizze und nennen Sie sie **Skizze Welle**.

4.1.2 Rotationskörper

Diesen Querschnitt rotieren Sie dann wie folgt:

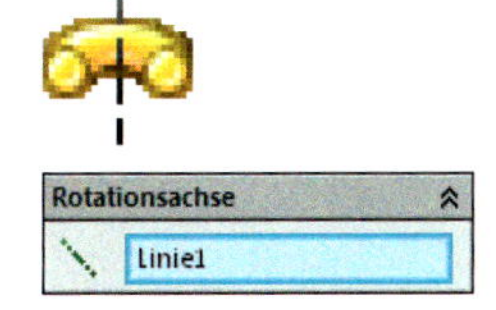

- Markieren Sie die Skizze und rufen Sie *Einfügen, Aufsatz/Basis rotiert* auf.

Normalerweise wird die Mittellinie korrekt als Rotationsachse erkannt, und bereits beim Bearbeiten erscheint die Vorschau der Welle. Wenn nicht, klicken Sie auf das Feld *Rotationsachse* und dann auf die Mittelachse (Abb. 4.5).

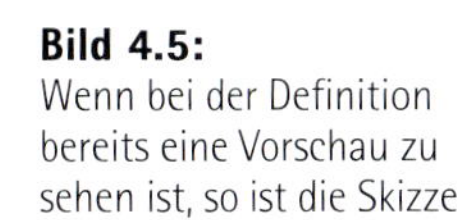

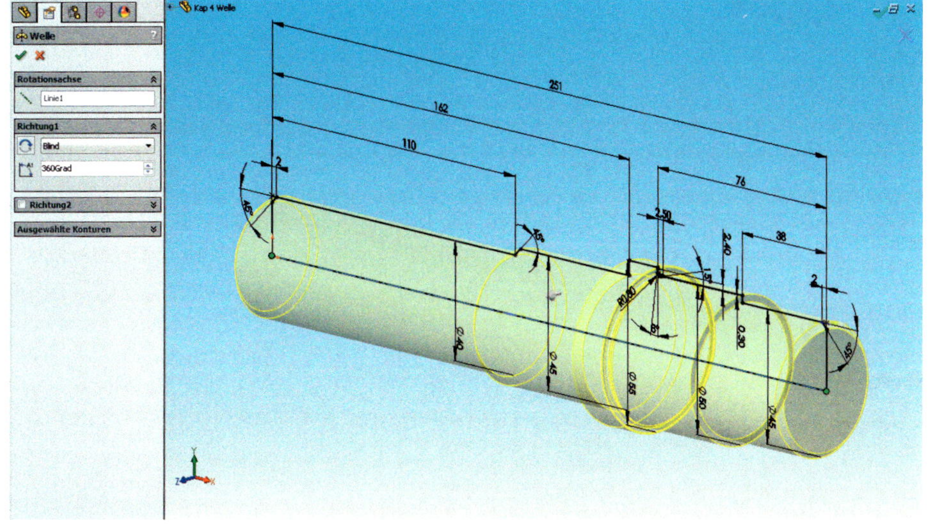

Bild 4.5:
Wenn bei der Definition bereits eine Vorschau zu sehen ist, so ist die Skizze soweit in Ordnung.

- In der folgenden Abbildung sehen Sie eine Dreiviertelrotation. Dies ist leicht zu bewerkstelligen, indem Sie unter *Winkel* einen anderen als den Defaultwinkel 360° angeben, zum Beispiel **270°** (Abb. 4.6).
- Die *Rotationsrichtung* ist links herum, also gegen den Uhrzeigersinn. Ändern Sie dies durch einen Klick auf die gleichnamige Schaltfläche im PropertyManager.
- Machen Sie diese Änderungen dann wieder rückgängig.

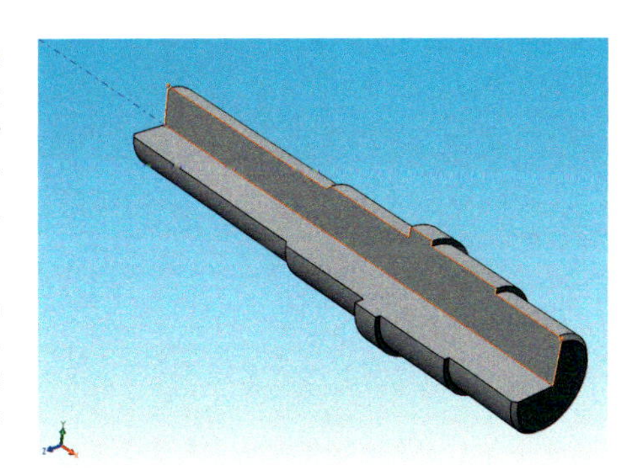

Bild 4.6:
Die Welle als Dreiviertelrotation. In der Aussparung ist das Profil zu erkennen.

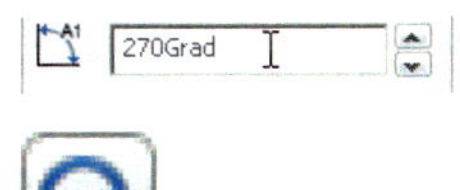

Natürlich können Sie auch jede andere beliebig geneigte, gerade Linie des Profils als Achse definieren. Dadurch entsteht statt der Welle eine Art Scheibe oder Drehteller. Das Profil folgt stets automatisch der Drehachse, es ist keine weitere Eingabe nötig.

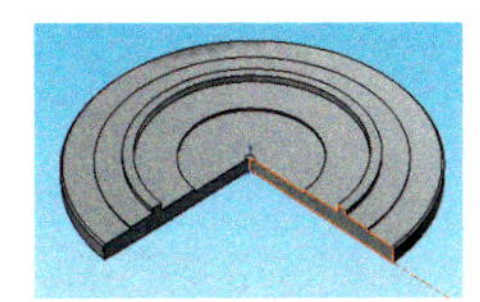

4.1.3 Referenzachsen

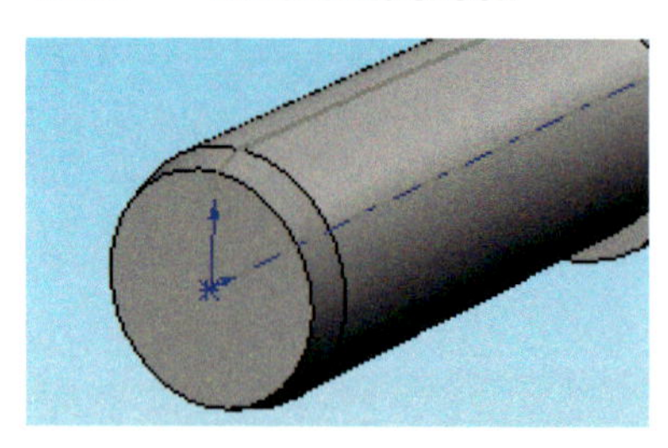

Alle Rotationskörper besitzen naturgemäß eine Rotationsachse. Diese kann zur Definition weiterer Skizzen und Features dienen. Sie können die Achse sichtbar machen, indem Sie im Menü *Ansicht* den Eintrag *Temporäre Achsen* aktivieren.

Temporäre Achsen können nicht editiert werden und besitzen auch keinen eigenen Eintrag im FeatureManager. Um dies zu erreichen, können Sie jedoch eine *Referenzachse* definieren:

- Klicken Sie in der Symbolleiste *Referenzgeometrie* auf *Achse*. Diese Funktionen finden Sie im Menü unter *Einfügen, Referenzgeometrie*. Da Sie diese Funktionen oft benötigen, empfiehlt sich die Symbolleiste *Referenzgeometrie*.

- Wählen Sie dann eine der zylindrischen Flächen auf dem Umfang der Welle. Dadurch wird die Option *zylindrische/konische Fläche* im PropertyManager aktiviert und die Achse eingefügt. Bestätigen Sie und nennen Sie die Achse **Mittelachse**.
- Wenn die Achse nach der Erstellung verschwindet, so aktivieren Sie im Menü *Ansicht, Achsen* (Abb. 4.7).

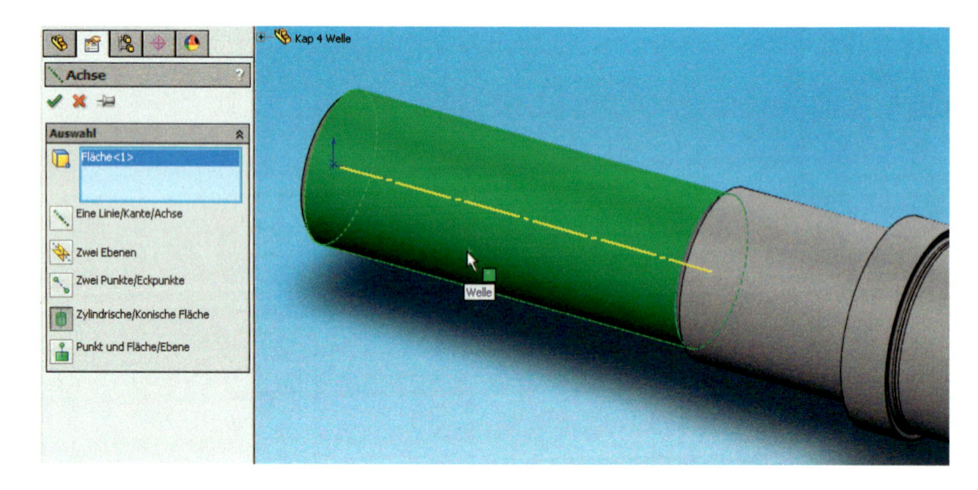

Bild 4.7: Einfügen einer Referenzachse. Es besteht eine ganze Reihe von Optionen, um dies zu bewerkstelligen.

Eine Referenzachse ist im Gegensatz zur temporären Achse nicht auf rotationssymmetrische Objekte angewiesen, sondern kann in **jedem** Volumenkörper und an **jeder** Stelle erstellt werden. Sie können sie mit den Anfassern verlängern, so dass sie beidseitig aus der Kontur austritt. Genau wie die Referenzebenen sind auch sie im FeatureManager eingetragen.

Referenzachsen dienen vor allem dazu, weitere Elemente zu definieren, etwa Kreismuster und kreisförmige Anordnungen oder auch Referenzebenen, und sie ermöglichen das koaxiale Ausrichten in einer Baugruppe.

4.1.4 Referenzebenen

Eine Welle besitzt häufig periphere Einschnitte wie etwa eine Langnut für eine Passfeder. Auch dafür muss zunächst wieder eine Skizze erstellt werden, und das bedeutet, wir brauchen eine tangentiale Ebene für diese Skizze. Sie soll parallel zur *Ebene oben* liegen, also senkrecht auf der Skizzierebene der Welle:

- Wechseln Sie mit **Strg + 7** in die isometrische Ansicht der Welle. Wählen Sie *Einfügen, Referenzgeometrie, Ebene.*

4.1.4.1 Der aufschwingende FeatureManager

Siehe auch Kapitel 3

Unter der etwas blumigen Bezeichnung *aufschwingender FeatureManager* verbirgt sich die Kopie des FeatureManagers links oben im Editor. Sie kommt zum Einsatz, wenn der angestammte Platz des FeatureManagers durch den PropertyManager eingenommen wird. So wie jetzt:

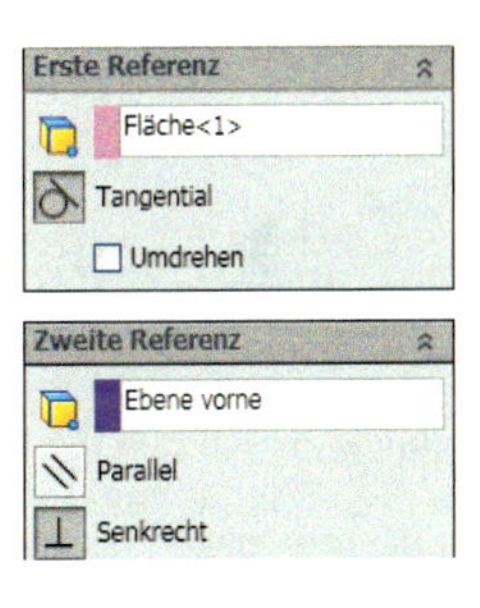

- Aktivieren Sie im PropertyManager der Referenzebene das Auswahlfeld unter der Rubrik *Erste Referenz.* Wählen Sie die linke Zylinderfläche und die Schaltfläche *Tangential,* falls das nicht von selbst geschieht. Eine grüne Ebene erscheint neben der Welle.
- Das Auswahlfeld unter *Zweite Referenz* erwartet nun Eingaben. Wählen Sie die *Ebene vorne* (!) aus dem aufschwingenden FeatureManager, den Sie durch einen Klick auf die Titelleiste der Funktion toggeln, und aktivieren Sie gegebenenfalls die Schaltfläche *Senkrecht.*

Die grüne Ebene sollte die Welle jetzt von oben tangieren (Abb. 4.8).

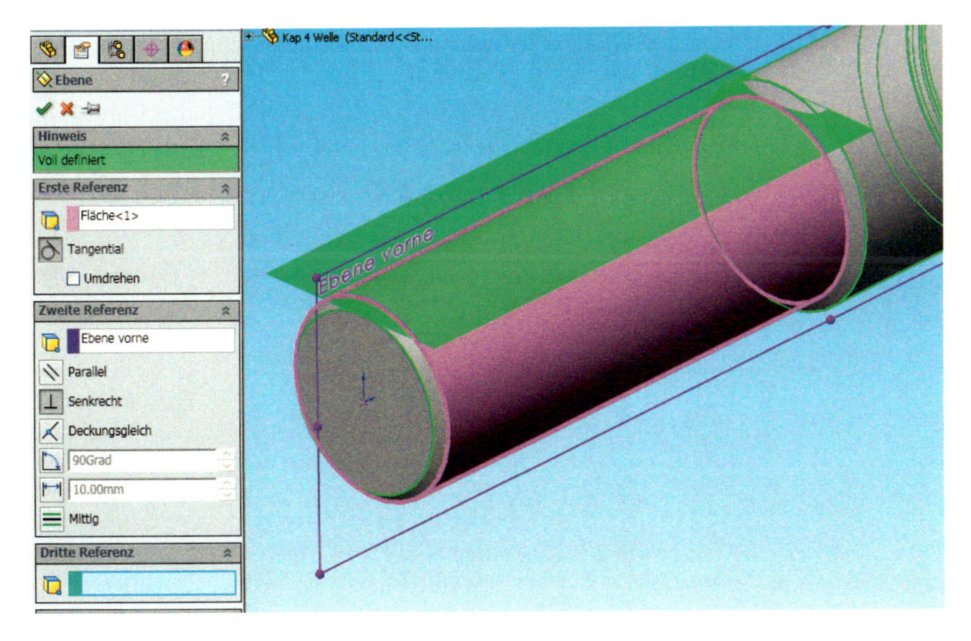

Bild 4.8:
Der Ort ist die Kunst: Definition einer Referenzebene tangential auf einer Zylinderfläche.

- Bestätigen Sie dann. Die Ebene wird orange umrandet im Editor angezeigt. Drehen Sie die Ansicht, um die korrekte tangentiale Lage der Ebene an die Zylinderfläche zu prüfen.
- Nennen Sie die Ebene im FeatureManager **Ebene Paßfeder 40mm**.

Wenn Sie die Skizze auf der entgegengesetzten Seite der Welle platzieren wollten, so würden Sie das Optionsfeld *Umdrehen* unter *Erste Referenz* aktivieren.

Nun werden Sie sich vielleicht fragen, warum die Ebene parallel zur Obersicht ausgerechnet durch die *Ebene vorne* zustande kommt. Nun, wir suchen ja die Tangente an eine Fläche. Im Fall des Zylinders suchen wir die tangentiale Berührungslinie mit der Referenzebene in der **Draufsicht**. Und die fällt genau mit der Schnittlinie der Zylinderfläche mit der *Ebene vorne* zusammen. Die Software hilft uns, indem sie bei einer Konstellation dieser Art Tangentialität annimmt. Am Besten spielen Sie mit der Funktion *Ebene* ein paar Möglichkeiten durch – Sie werden sie noch oft benötigen.

4.1.4.2 Skizzen auf beliebigen Ebenen: Eine Passfedernut

- Wenn Sie die neue Ebene markieren, können Sie von deren Kontextleiste aus – oder über die Symbolleiste *Skizze* – eine *Skizze einfügen.*
- Wenn Sie die Ansicht mit **Strg + 8** auf die Skizzenebene drehen, wird die Welle im Hochformat angezeigt. Günstiger ist es, wenn die Welle liegt, was Sie mit **Strg + 5** oder durch mehrmaliges Drücken von **Alt + Links** erreichen. Zoomen Sie an den linken Zylinderabsatz heran.
- Zeichnen Sie dann eine *Mittellinie* auf die Referenz-*Mittellinie*. Sie wird deckungsgleich mit ihr verknüpft und ist voll definiert.
- Zeichnen Sie dann ein Rechteck aus *Linien* nach Abb. 4.9. Durch den Objektfang entstehen Vertikale und Horizontale.

Bild 4.9: Ein Linienrechteck: die Zeichenhilfen führen rasch zum Ziel.

- Verknüpfen Sie die langen Seiten mit der Mittellinie durch die Skizzenbeziehung *Symmetrisch.*
- Zeichnen Sie dann je einen *Tangentialen Kreisbogen* an die langen Rechteckseiten, und zwar von Ecke zu Ecke. Die Skizzenbeziehungen *Tangential* (zu den langen Seiten) und *Mittelpunkt* werden automatisch gesetzt (Abb. 4.10).

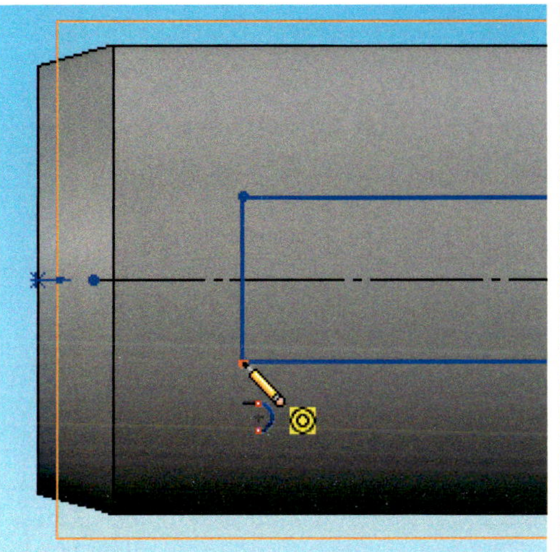

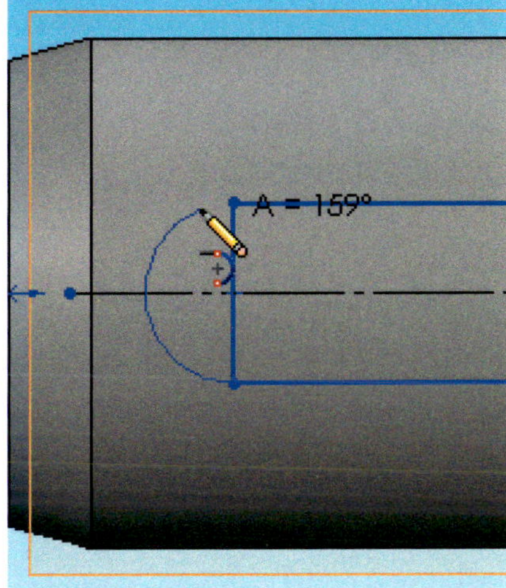

Bild 4.10:
In situ: Zeichnen eines tangentialen Abschlussbogens.

Wenn der Bogen nach dem Anklicken der ersten Ecke in die falsche Richtung zeigt, führen Sie den Cursor noch einmal auf den Anfangspunkt. Dieser Trick funktioniert bei allen Bogenfunktionen.

- Löschen Sie dann die kurzen Rechteckseiten, so dass der Grundriss einer Passfedernut entsteht. Zugleich übernehmen die zunächst dünn gezeichneten Bogen die normale Linienstärke.

Wenn Sie nun alle *Beziehungen anzeigen,* so sollten hier neun Einträge stehen: 1x *Deckungsgleich,* 4x *Tangential,* 1x *Symmetrisch* und 3x *Vertikal.*

Achtung: Wenn Sie die Ansicht um 90° gedreht haben, erscheinen *Vertikale* nun horizontal!

4.1.4.3 Bemaßen von Tangenten

Beim Bemaßen von Passfedern ist es üblich, die Gesamtlänge anzugeben, nicht etwa die Distanz zwischen den Bogenzentren.

- Da die Bemaßungsfunktion keine Tangenten akzeptiert, müssen wir zunächst einen Punkt jeweils auf die *Schnittpunkte* mit der Mittellinie setzen. Wenn der Cursor das Schnittpunktsymbol anzeigt, wird diese Beziehung automatisch gesetzt.

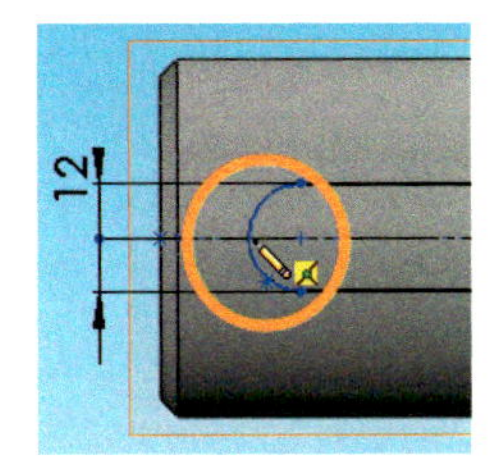

- Bemaßen Sie dann die Skizze mit der Breite **12 mm**, dem lichten Abstand **5 mm** vom linken Ende und der Gesamtlänge **100 mm**. Damit ist die Skizze voll bestimmt (Abb. 4.11).

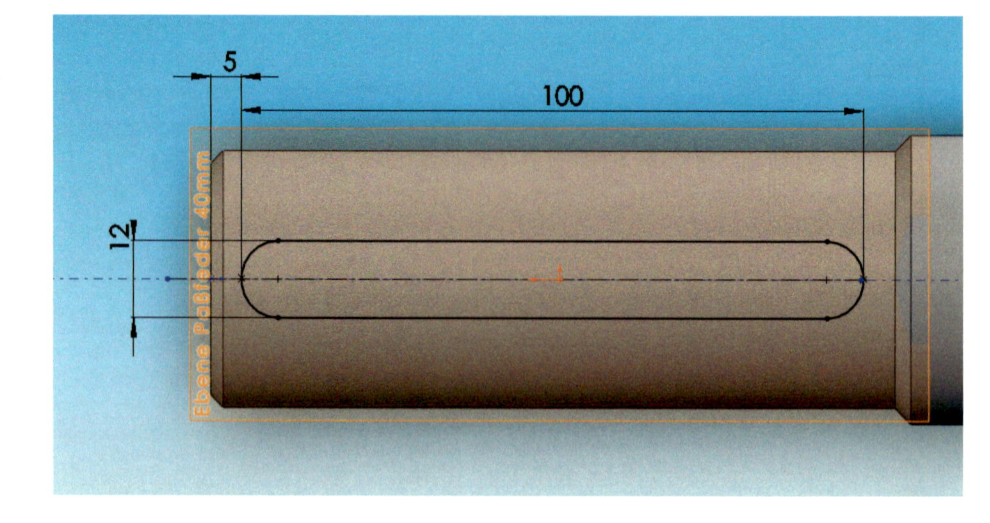

Bild 4.11:
Nur drei Maße führen zum Ziel: Die Passfedernut auf dem 40mm-Durchmesser.

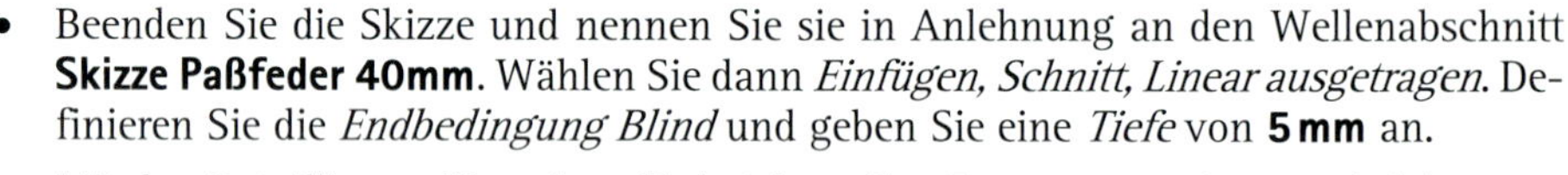

- Beenden Sie die Skizze und nennen Sie sie in Anlehnung an den Wellenabschnitt **Skizze Paßfeder 40mm**. Wählen Sie dann *Einfügen, Schnitt, Linear ausgetragen.* Definieren Sie die *Endbedingung Blind* und geben Sie eine *Tiefe* von **5 mm** an.

- Mit der *Detaillierten Vorschau,* die bei fast allen Features angeboten wird, können Sie die exakte Wirkung Ihres Kommandos abschätzen. Geänderte Flächen werden in einer anderen Farbe angezeigt. Um zu den Eigenschaften des Features zurückzukehren, klicken Sie nochmals auf die Brille, um das Feature zu bilden, auf *OK.*
- Der Schnitt wird in der Vorschau angezeigt. Bestätigen Sie (Abb. 4.12).
- Nennen Sie dieses Feature **Paßfeder 40mm**.

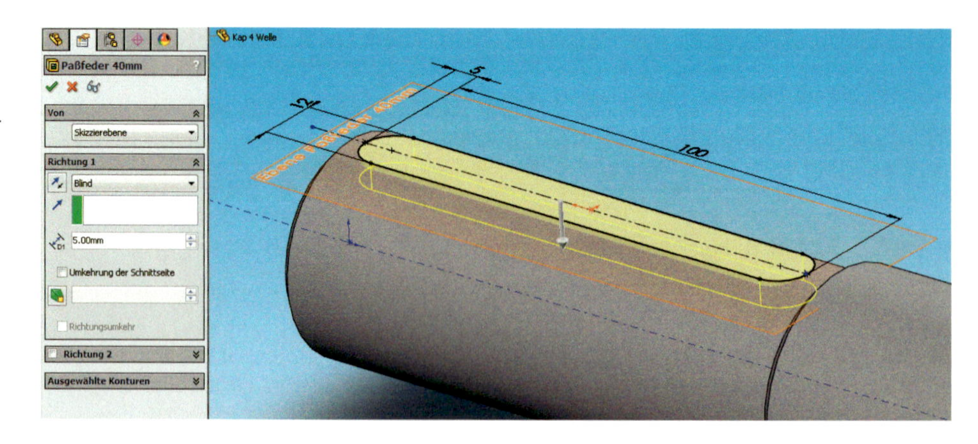

Bild 4.12:
Der Einschnitt für die Passfedernut entspricht einer negativen Extrusion.

4.1.4.4 $T_{in} = T_{out}$: Eine weitere Paßfedernut

Übung kann nicht schaden. Und so kommt es ganz gelegen, dass wir zur formschlüssigen Übertragung des Drehmoments noch eine zweite Passfedernut benötigen:

- Definieren Sie – wieder mit Hilfe der *Ebene vorne* – eine weitere Referenzebene namens **Ebene Paßfeder 50mm** tangential zum zweiten Absatz von rechts – dem 50 mm-Durchmesser – und auf der gleichen Seite wie die erste Ebene.
- Zeichnen Sie darauf die **Skizze Paßfeder 50mm** nach Bild 4.13.

Nutzen Sie diesmal jedoch die Funktion *Gerades Langloch,* die Sie im Menü *Extras, Skizzenelemente* finden:

- Mit den ersten beiden Punkten fixieren Sie die beiden Kreiszentren der Kontur *deckungsgleich* auf der Mittellinie, der dritte Klick zieht die Kontur selbst auf. Verfahren Sie dann wie vorhin und bemaßen Sie nach der Abbildung.
- Setzen Sie einen linear ausgetragenen Schnitt von **5,5 mm** *Tiefe* und nennen Sie ihn **Paßfeder 50mm**.

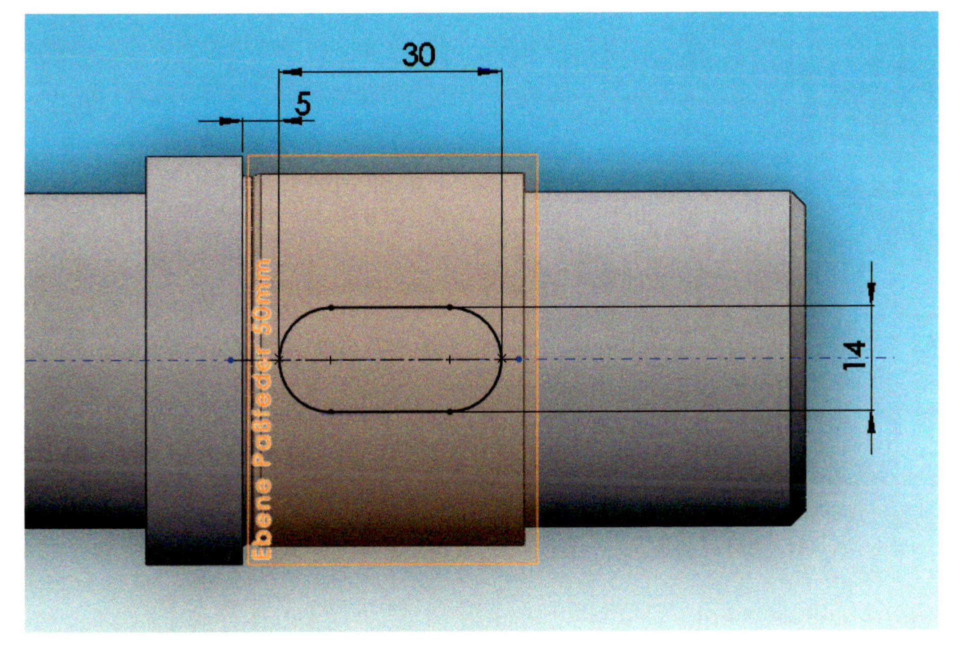

Bild 4.13: Die zweite Passfedernut mit ihren Abmessungen.

4.1.5 Ein Freistich Form F 0,8 x 0,3

Eine Welle überträgt Drehmomente. Je nachdem, wie die Belastung der Welle beschaffen ist, kann es passieren, dass eventuell auftretende Momentspitzen in den Querschnittsübergängen überdimensionale Spannungen aufbauen – die Rede ist vom Kerbeffekt. Um dessen zerstörerische Kraft zu brechen, versieht man Kehlübergänge mit einer speziellen Ausrundung, dem sogenannten **Freistich**.

- Öffnen Sie noch einmal die Querschnittskizze der Welle. Zoomen Sie an den Übergang des zweiten Absatzes von rechts heran. Zeichnen Sie die drei Linien nach Abbildung 4.14 (s. S. 94) ein. An den Endpunkten ist die Figur mit der restlichen Kontur verbunden, die untere Linie besitzt die Beziehung *Horizontal*.
- *Trimmen* Sie die alten Linienstücke gegen die neue Kontur.

Das Trimmen einer Kontur sollte möglichst **vor** der Festlegung und der Bemaßung erfolgen, da durch diesen Arbeitsschritt referenzierte Elemente gelöscht und somit auch deren Beziehungen ungültig werden können.

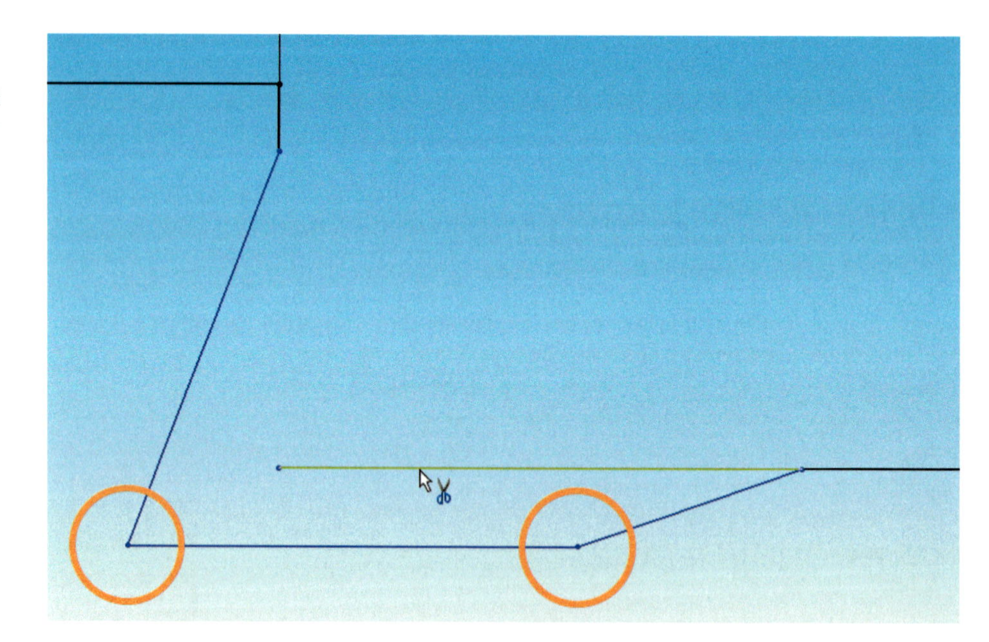

Bild 4.14: Die Grundform eines Freistichs: Die Kehle wird entlastet. Vor der Bemaßung müssen die Linien getrimmt werden.

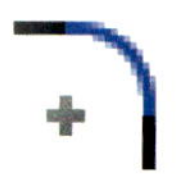

- Aktivieren Sie *Extras, Skizzieren, Verrundung*. Stellen Sie den *Radius* auf **0.8 mm** ein und bringen Sie je eine Verrundung an den markierten Eckpunkten an. Dies erreichen Sie durch Anklicken eines Endpunktes oder durch Wahl der beteiligten Elemente.

Wenn Sie die beiden Radien mit Hilfe der *Stecknadel* in einem Arbeitsgang anbringen, sind sie durch die Beziehung *Gleich* verknüpft – es wird also nur einer von beiden bemaßt.

- Bemaßen sie die rechte Schräge mit einem Winkel von **15°** gegen die Horizontale und die linke mit **8°** gegen die Vertikale. Hierbei entscheidet die Position der Maßzahl über den bemaßten Winkel: Sie müssen sie innerhalb des gedachten Sektors – hier nur 8 bzw. 15 Grad weit – platzieren. Etwas Geschick ist vonnöten (Abb. 4.15).

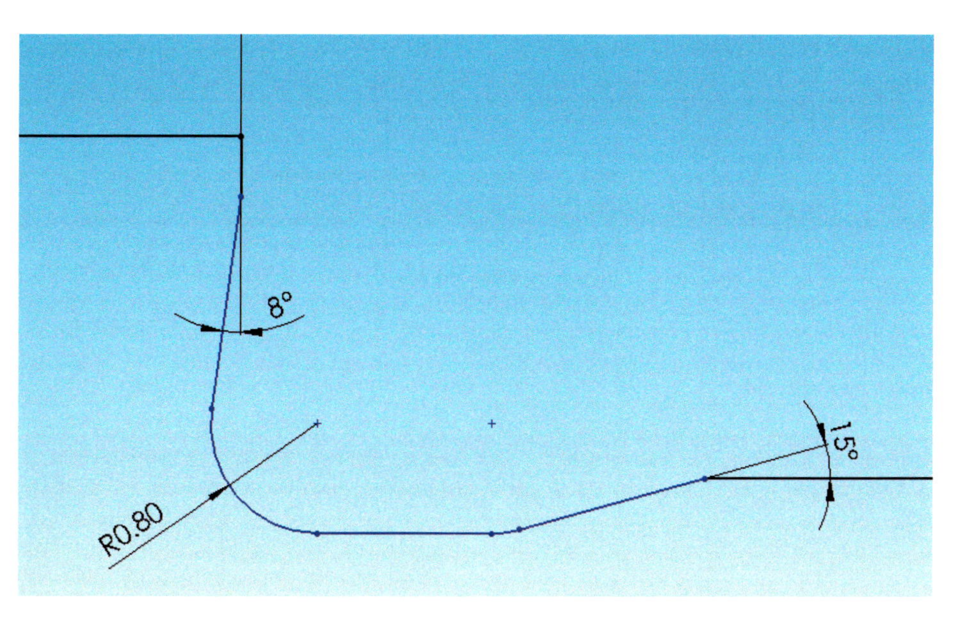

Bild 4.15:
Winkelmaße:
Bei kleinen Winkeln ist Feinmotorik gefragt.

Wenn Sie nun die fünf Segmente nacheinander anklicken, sollten sie alle mindestens eine Beziehung *Tangential* aufweisen.

- Bemaßen Sie dann das horizontale Stück mit **0.3 mm** gegen das rechte Wellenstück.
- Schließlich geben Sie noch die Gesamtbreite von **2.50 mm** und die Tiefe der Freistichkontur von **2.40 mm** an. Damit ist die Skizze voll bestimmt (Abb. 4.16).

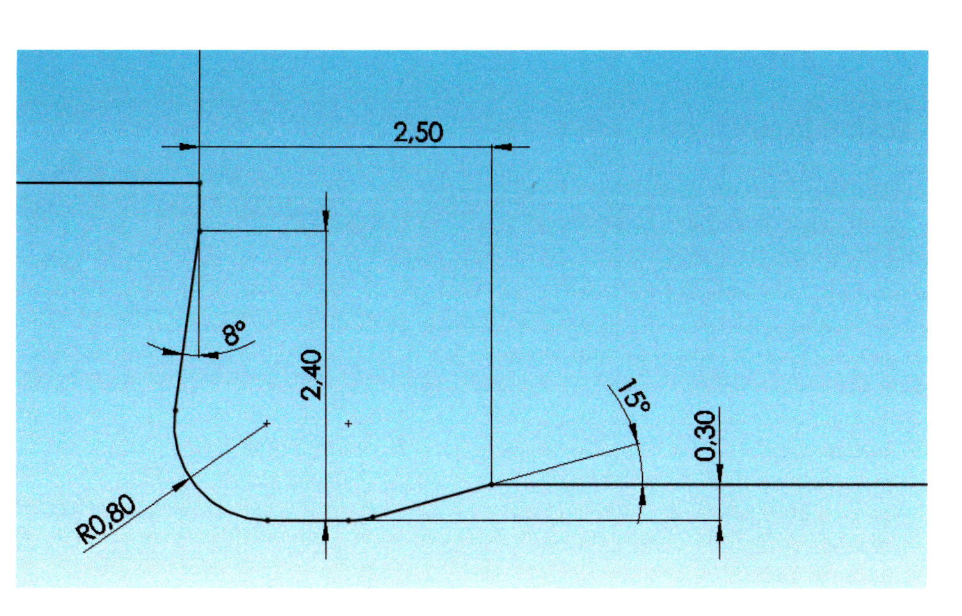

Bild 4.16:
Vom Kleinsten zum Größten: Drei Längenmaße legen die Skizze endgültig fest.

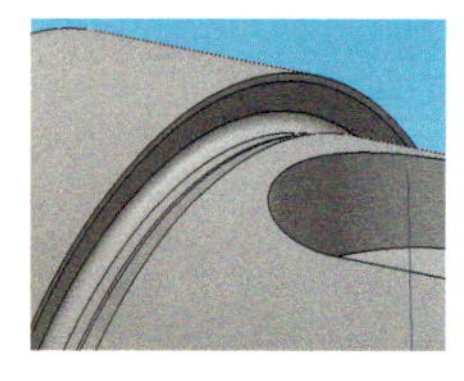

Beenden Sie die Skizze, so wird die Änderung der Welle übernommen und angezeigt.

- Speichern und verwahren Sie die Welle, wir werden sie noch brauchen, wenn wir das Stirnradgetriebe aus Teil II zusammensetzen.

4.2 Interaktion zwischen Skizzen

Die Interaktion durch Skizzenbeziehungen ist nicht nur innerhalb derselben Skizze, sondern auch unter Objekten **verschiedener** Skizzen möglich. Selbst die Bemaßungen verschiedener Skizzen können miteinander korrelieren. Als Beispiel soll uns der Tetraeder dienen, ein gleichmäßiges Polyeder mit vier Flächen, zugleich einer der fünf **Platonischen Körper**.

- Öffnen Sie ein neues Bauteil und speichern Sie es unter dem Namen TETRAEDER.
- Fügen Sie eine neue Skizze in die *Ebene vorne* ein. Zeichnen Sie über *Extras, Skizzenelemente, Polygon* ein dreiseitiges Polygon. Der Mittelpunkt des Inkreises soll mit dem Nullpunkt verknüpft sein. Eine Seite des Dreiecks erhält die Skizzenbeziehung *Horizontal*.

- Bemaßen Sie die Seite mit **200 mm**. Schließen Sie die Skizze und nennen Sie sie **Grundfläche** (vgl. Abb. 4.17).
- Fügen Sie auf der *Ebene rechts* eine neue Skizze ein. Zeichnen Sie einen Punkt senkrecht über den Nullpunkt. Mit Hilfe der Leitlinien können Sie ihn in Z-Richtung exakt über dem Nullpunkt platzieren.
- Verknüpfen Sie die beiden Punkte durch die Beziehung *Horizontal*. Der Punkt lässt sich jetzt nur noch in Z-Richtung verschieben. Bemaßen Sie den Abstand zwischen derjenigen Ecke des Dreiecks, die die Zeichenebene schneidet, und dem Punkt mit **200 mm**. Auch diese Skizze ist nun voll definiert.
- Nennen Sie sie **Spitze** (Abb. 4.17).

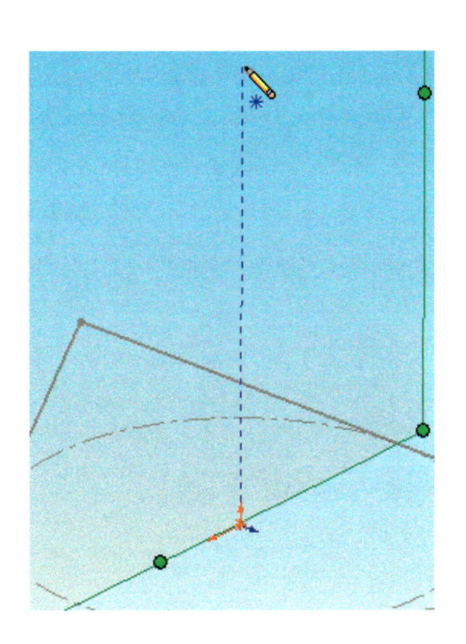

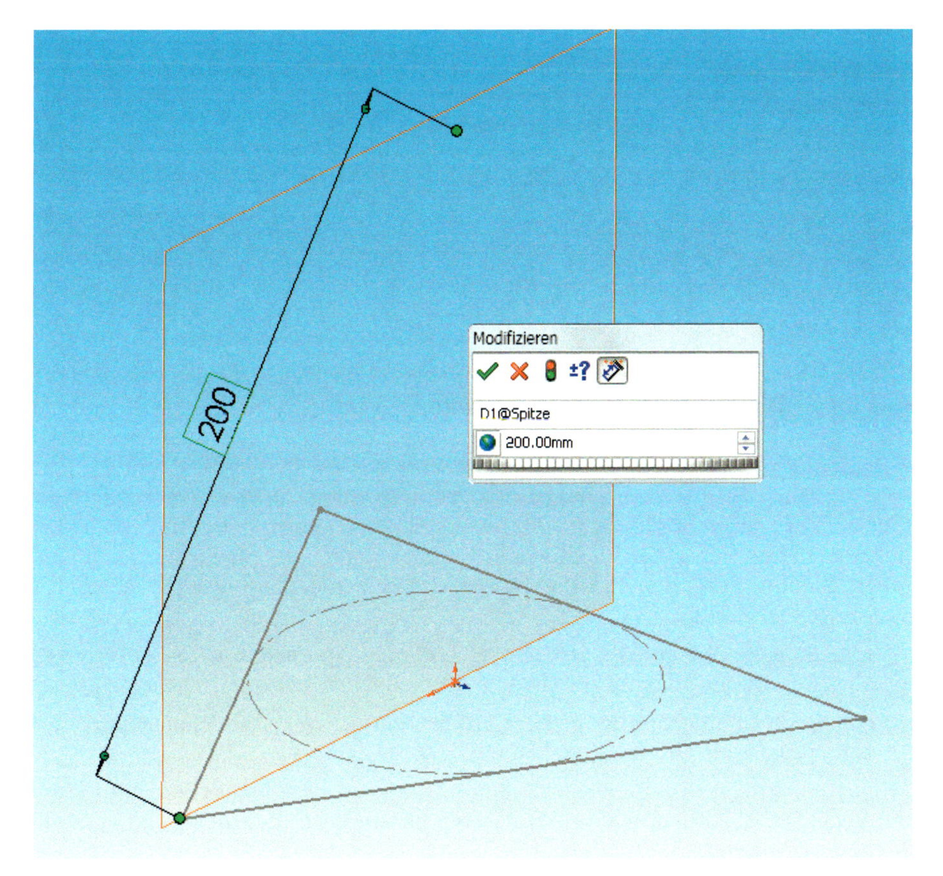

Bild 4.17:
Durch die Zwangsbedingung lässt sich der Ort des Punktes allein über die Kantenlänge steuern. Die Hilfsebene dient der Veranschaulichung. Sie liegt auf *Ebene rechts*.

- Rufen Sie *Einfügen, Aufsatz/Basis, Ausformung* auf. Definieren Sie als *Profile* das Dreieck und den einzelnen Punkt. In der Vorschau erscheint der Tetraeder (Abb. 4.18).

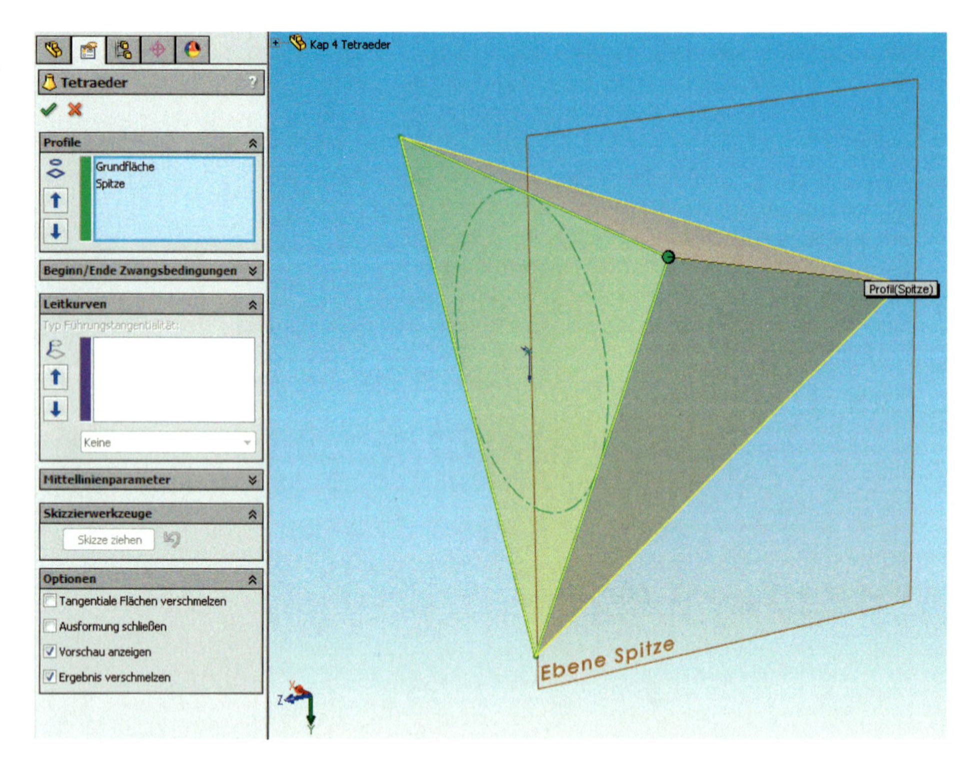

Bild 4.18: Nichtprismatische Objekte wie der Tetraeder sind häufig nur durch eine Ausformung zu realisieren.

4.3 Formelbezug und Variable

Bei einem Tetraeder sind alle Kanten gleich lang. Bei der Dreieckskizze ist das ja auch kein Problem – aber der einzelne Punkt? Wir müssten bei einer Änderung der Grundfläche immer daran denken, auch die zweite Skizze zu korrigieren. Die Skizzenbeziehungen helfen uns hier auch nicht weiter, denn die Skizzen sind räumlich unterschiedlich ausgerichtet. Es besteht jedoch eine andere, universelle Möglichkeit:

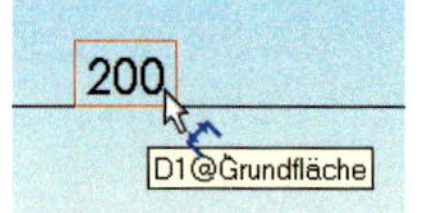

- Führen Sie im FeatureManager einen Doppelklick auf den Eintrag *Grundfläche* aus, sodass die Beschriftungen erscheinen. **Zeigen** Sie mit dem Cursor auf die einzelne Maßzahl. Daraufhin wird ihr Name eingeblendet: *D1@Grundfläche*.
- Führen Sie dann einen Doppelklick auf den Eintrag *Spitze* aus und zeigen Sie wieder auf die Maßzahl. Ihr Name lautet *D1@Spitze*.

Ein weiterer großer Unterschied zwischen CAD und MCAD ist, dass Bemaßungen nicht nur einen **Wert**, sondern auch einen **Namen** haben. Bei SolidWorks folgt er der Konvention *Bemaßungsname@Feature* oder *Bemaßungsname@Skizzenname*. Bemaßungen sind also vollgültige, im gesamten Bauteil einmalige **Variable** – und mit Variablen kann man rechnen! Sie brauchen die Skizze nicht einmal zu öffnen:

- Wählen Sie *Extras, Gleichungen*. Das Dialogfeld *Gleichungen, Globale Variablen und Bemaßungen* erscheint (Abb. 4.19). Wechseln Sie in die *Gleichungsansicht*, die erste Schaltfläche des Dialogfelds.

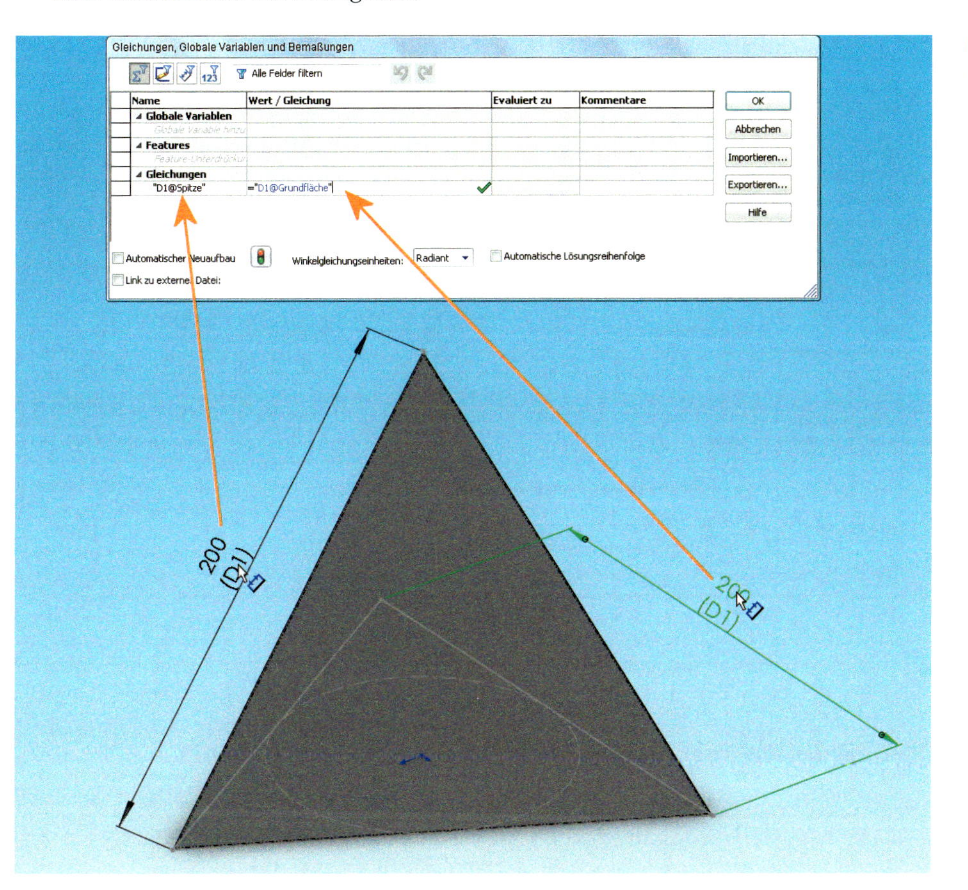

Bild 4.19:
Völlig neu gestaltet seit SolidWorks 2012 erscheint der Gleichungseditor.

- Sie wollen eine Gleichung hinzufügen, also klicken Sie in das leere linke Feld unter *Gleichungen*. Der graue Text verschwindet.
- Klicken Sie die Bemaßung *D1* der *Spitze* an – sie wird ins Editierfeld übernommen. Die Einfügemarke wechselt ins Ergebnisfeld und fügt ein Gleichheitszeichen ein.
- Fügen Sie dort auf gleiche Weise das Maß *D1@Grundfläche* hinzu. Damit ist die Gleichung formuliert, und Sie können bestätigen.

Die Bemaßung der Spitze wird jetzt mit einem Summenzeichen ausgestattet, was sie als **berechnete Bemaßung** kennzeichnet.

Zwei Anmerkungen:

Versuchen Sie nicht, Gleichungen durch Löschen der Werte zu entfernen, denn das wird zahllose Fehlermeldungen nach sich ziehen. Führen Sie stattdessen einen Rechtsklick über dem fraglichen Eintrag aus und wählen Sie *Gleichung löschen.*

Gleichungen können Sie auch direkt eintippen. Beachten Sie jedoch, dass Variablennamen in doppelte Anführungszeichen (**"**) gesetzt werden müssen.

- Sie können eine Bemaßung auch direkt definieren, indem Sie zur *Bemaßungsansicht* wechseln – die dritte Schaltfläche in Abb. 4.20. Dort klicken Sie dann in das Ergebnisfeld von *D1@Spitze*, danach auf die linke Seite von *D1@Grundfläche*, ohne das Modell im Editor bemühen zu müssen.

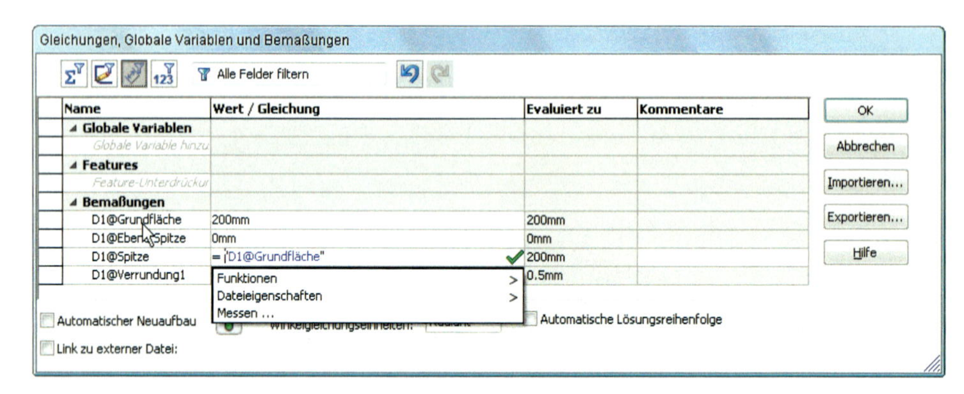

Bild 4.20: *Evaluiert zu 200 mm:* Gleichungen sind der Schlüssel zu Variantenkonstruktion und intelligentem Bauteil.

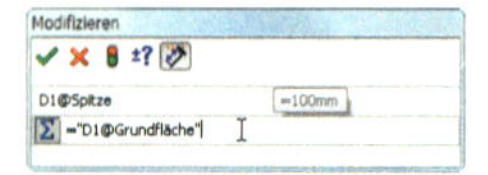

Gleichungen können Sie jederzeit ändern und sogar löschen, indem Sie die betreffende Bemaßung öffnen und den Gleichungstext **inklusive des Gleichheitszeichens** löschen. Eventuell müssen Sie dazu zunächst die Schaltfläche mit dem Summenzeichen betätigen, um die *Gleichungs-/Wertanzeige* umzuschalten.

Oben im FeatureManager ist ein neuer Eintrag hinzugekommen: Durch einen Rechtsklick über *Gleichungen* haben Sie also jederzeit Zugriff auf Ihre „Formelsammlung". Probieren Sie's aus:

- Ändern Sie das Maß *200mm* in der Skizze *Grundfläche* auf **400 mm**. Schließen Sie die Skizze.
- Klicken Sie dann auf *Modellneuaufbau*. Dieser Schritt ist bei der Verwendung von Gleichungen erforderlich. Die Spitze wird automatisch angepasst.

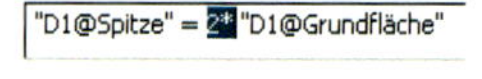

- Natürlich können Sie die Formel wie jede Gleichung ausweiten: Setzen Sie zum Beispiel einen Faktor **2*** vor die rechte Seite, so werden die drei Kanten zur Spitze hin immer doppelt so lang sein wie die der Grundfläche. Selbst trigonometrische Funktionen können Sie hier anwenden.

Achten Sie bei abgeleiteten Variablen - oder gesteuerten Bemaßungen - darauf, nicht versehentlich **Zirkelbezüge** zu definieren. Diese entstehen, wenn Variable und linear abhängige Variable sich gegenseitig beeinflussen, was zu instabilen Modellen führt! Dies erkennen Sie daran, dass sich das Modell bei jeder Neuberechnung verändert (Abb. 4.21). Mein Tip: Experimentieren und spielen Sie so lange, bis Sie ein sicheres Gefühl für Gleichungen und Zirkelbezüge entwickeln.

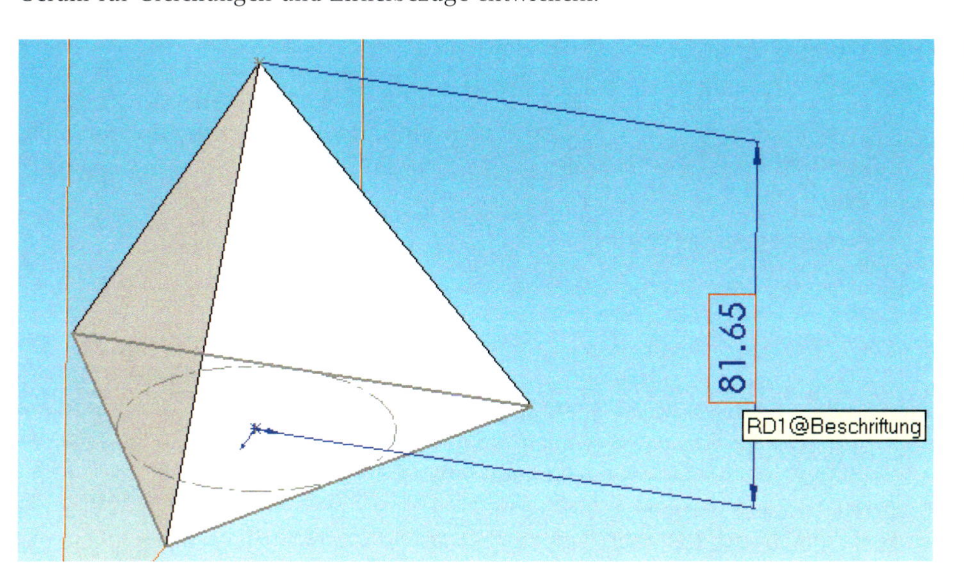

Bild 4.21:
Gefahr im Verzug:
Auch wenn abgeleitete Variable einen Namen haben, sollten Sie sie (vorerst) niemals in einer Gleichung verwenden . . .

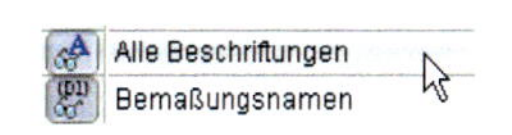

Wenn Sie die Variablennamen permanent einblenden wollen, aktivieren Sie im Menü *Ansicht* die Punkte *Alle Beschriftungen* und für die Formelarbeit außerdem *Bemaßungsnamen.*

Um dies künftig zu beschleunigen, können Sie via *Anpassen, Befehle,* Rubrik *Ansicht* auch die beiden Schaltflächen in eine der Symbolleisten ziehen.

4.3.1 Globale Variable

Eine Alternative zur obigen Methode - besonders wenn die Gleichung so einfach ist wie bei unserem Tetraeder - ist die Einführung von globalen Variablen:

- Öffnen Sie wieder den Gleichungseditor. Durch einen Rechtsklick über der Gleichung und *Unterdrücken* oder *Gleichung löschen* machen Sie die Gleichung unwirksam. Dies ist notwendig, weil Sie ansonsten gleich mit Fehlermeldungen über Doppeldefinitionen bombardiert werden.
- Klicken Sie dann unter die Rubrik *Globale Variablen* ins linke Feld und geben Sie den Namen der Variablen ein, also z. B. **Kante** (Abb. 4.22). Rechts verleihen Sie ihr den Wert **100**.

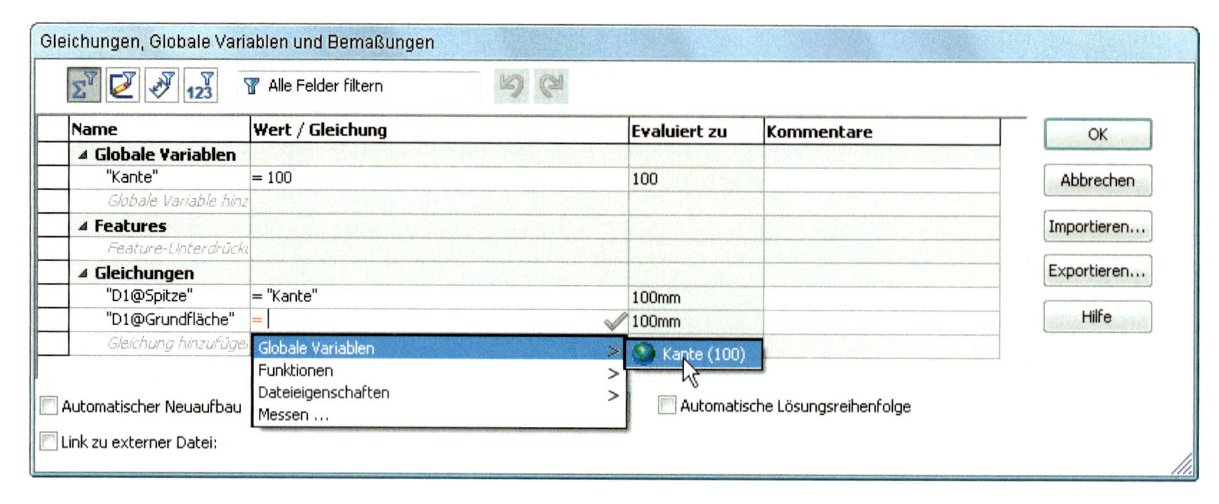

Bild 4.22:
Alles unter einem Dach: Der Gleichungseditor bietet eine Vielzahl von Zahlenbezügen.

- Klicken Sie dann wieder unter *Gleichungen* und wählen Sie – via Editor oder *Bemaßungsansicht* – *D1@Spitze*.
- Daraufhin erscheint wieder das Kontextmenü, das jetzt eine zusätzliche Möglichkeit bietet: *Globale Variablen*. Wählen Sie dort *Kante (100)*. Führen Sie das Gleiche dann noch einmal für *D1@Grundfläche* durch.

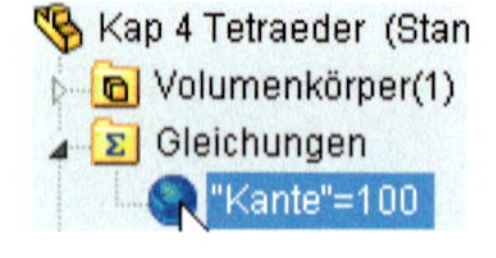

Der Vorteil dieser Variante ist, dass Sie im FeatureManager eine visuelle Rückmeldung erhalten, auf welche Werte die Variablen eingestellt sind. Für Gleichungen gibt es das leider (noch immer) nicht.

4.3.2 Ansichtssteuerung III: Hauptansichten, neu definiert

Sicher haben Sie sich beim Bau des Tetraeders darüber geärgert, dass dieser kaum in eine normgerechte Ansicht zu bringen war. Die Hauptansichten, die Sie über die Leertaste aufrufen können, orientieren sich am ortsfesten Koordinatensystem und passen nicht zu diesem Exoten. Doch das können Sie ändern:

- Klicken Sie auf die Tetraederfläche mit dem Ursprung – die *Grundfläche* – und richten Sie die Ansicht mit **Strg + 8** *normal* aus.
- Rufen Sie die *Ausrichtung* auf, indem Sie die **Leertaste** drücken.

- Klicken Sie dann auf die dritte der vier gleichartigen Schaltflächen, *Aktualisieren der Standardansichten* (Abb. 4.23).

Hierauf erscheint die Aufforderung, die zu dieser Ansicht gehörige Hauptansicht zu wählen.

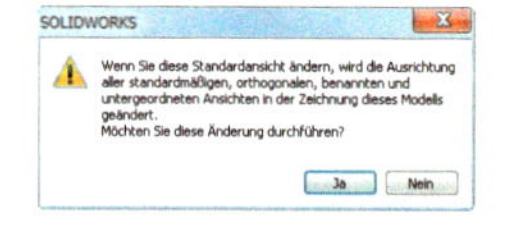

- **Markieren** Sie in der Dialogbox diejenige Hauptansicht, die mit der aktuellen assoziiert werden soll, in diesem Fall *Unten*. Bejahen Sie die Abfrage, ob Sie die Änderung durchführen wollen.

Damit haben Sie die aktuelle Ansicht mit dem Eintrag *Unten* verbunden – und alle anderen folgen dieser Einstellung entsprechend.

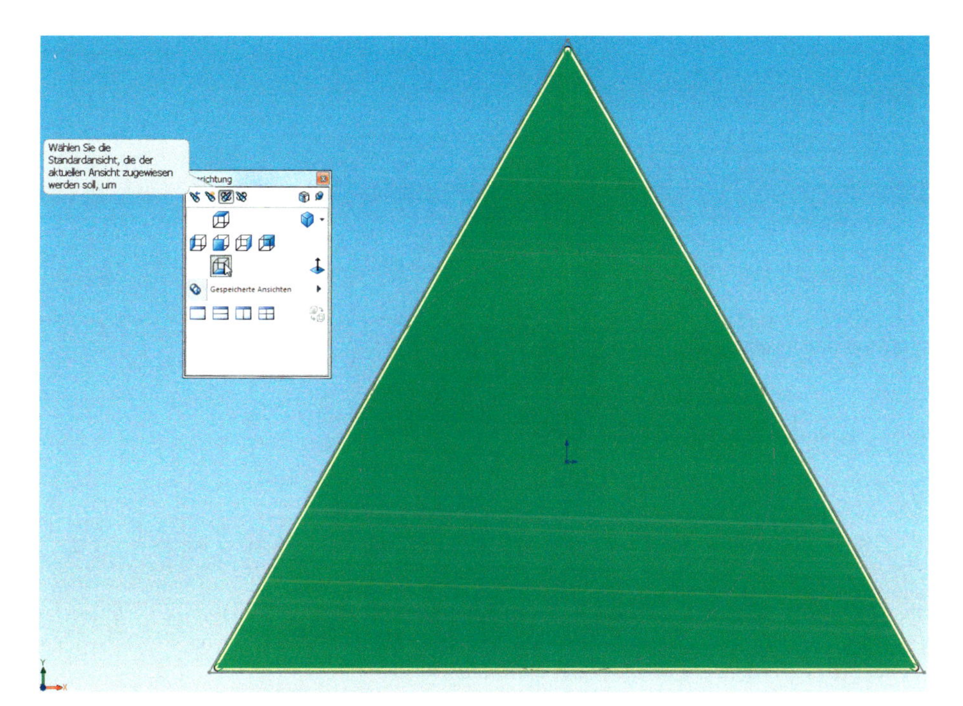

Bild 4.23: Hauptansichten lassen sich an Objekten und Ebenen orientieren.

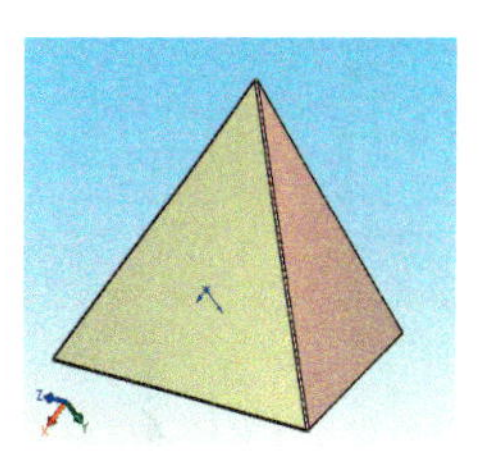

Mit der **Strg**-Taste und den Zahlen **1** bis **8** der Haupttastatur können Sie nun die gewünschten Standardansichten des Tetraeders einstellen. Die Neudefinition wird mit der Datei gespeichert, Sie haben sie also jederzeit zur Verfügung.

Ansichten können Sie auch in der **Teilvorlage** speichern.

- Mit der vierten Schaltfläche, *Standardansichten zurücksetzen,* stellen Sie das Hauptkoordinatensystem – das Dreibein links unten im Editor – als Bezugspunkt der Ansichten wieder her.
- Speichern und schließen Sie das Modell.

4.4 Albrecht Dürer: Arbeit mit Ebenen

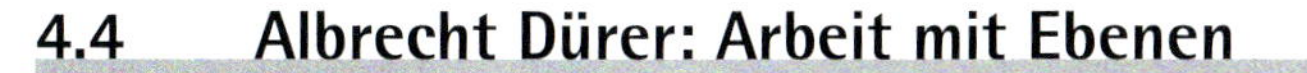

Referenzebenen sind im MCAD das tägliche Brot. Jedes Bauteil, das im Komplexitätsgrad oberhalb einer Passfeder liegt, besitzt mehrere davon. Die Fertigkeit besteht indessen darin, Ebenen richtig zu platzieren und vor allem die **Möglichkeiten** zu ihrer Platzierung zu erkennen: Wie kriegt man die Ebene genau dahin, wo man sie haben will? Um das zu illustrieren, folgt ein Abstecher in die Welt der Kunst.

Eines der berühmtesten Bilder von Albrecht Dürer (1471–1528) ist ein Kupferstich namens **Melencolia I:** Die Allegorie eines Künstlers, eines Schaffenden, der des Schaffens müde ward. Nachdem er bestrebt war, seine eigene Welt zu zimmern, bleiben ihm nur Waage, Sanduhr, Glocke: *gewogen und für zu leicht befunden,* und die Zeit, die bemessen ist. Heute würde man darin das *Burn-Out*-Syndrom erkennen. Kein Wunder also, dass die ganze rechte Hälfte des Bildes Melancholie spiegelt.

Die linke Hälfte wird indes von einem mysteriösen, kristallartigen Objekt beherrscht, wie es so explizit im sonstigen Dürer'schen Schaffen kaum zu finden ist. Auf den ersten Blick ähnelt es einem Würfel, dessen Spitzen abgeschnitten sind. Bei näherem Hinsehen jedoch erkennt man, dass keine zwei Flächen rechtwinklig zueinander stehen. Es handelt sich – um im Bild der Kristalle zu bleiben – um ein *trigonales* Objekt, ein von einem Quader abgeleiteter Körper, dessen drei erzeugende Kanten in beliebigen Winkeln zueinander stehen. Zwei dieser Kanten sind dabei gleich lang. Bis sie gekappt werden, jedenfalls.

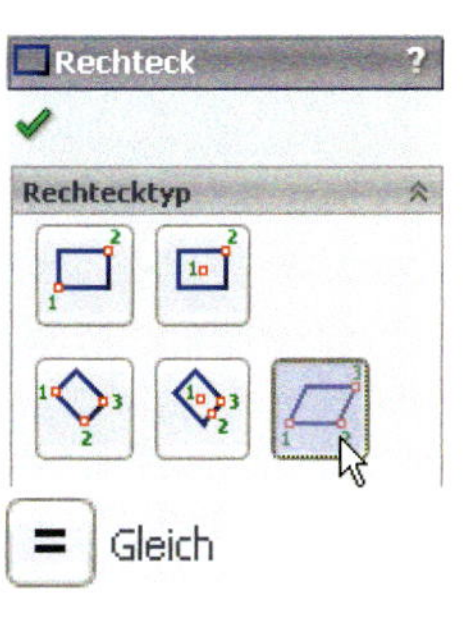

Soviel steht fest: Mit einer simplen Extrusion kommen wir diesmal nicht hin.

- Öffnen Sie ein neues Bauteil und speichern Sie es unter dem Namen TRIGON.
- Erstellen Sie die Grundskizze auf der *Ebene vorne* mit Hilfe eines *Parallelogramms*. Sie finden diese Figur im PropertyManager des *Ecken-Rechtecks*. Beginnen Sie beim Zeichnen im Nullpunkt und ziehen Sie zuerst die Vertikale auf. Die Skizzenbeziehungen *Parallel* und *Vertikal* sind bei diesem Typ bereits automatisch korrekt.
- Definieren Sie dann für eine Quer- und eine Hochseite die Beziehung *Gleich*.
- Bemaßen Sie eine Seite mit **60 mm** und den Winkel mit **75°**. Damit ist die Skizze voll bestimmt. Nennen Sie sie **Grundriss** (Abb. 4.24).

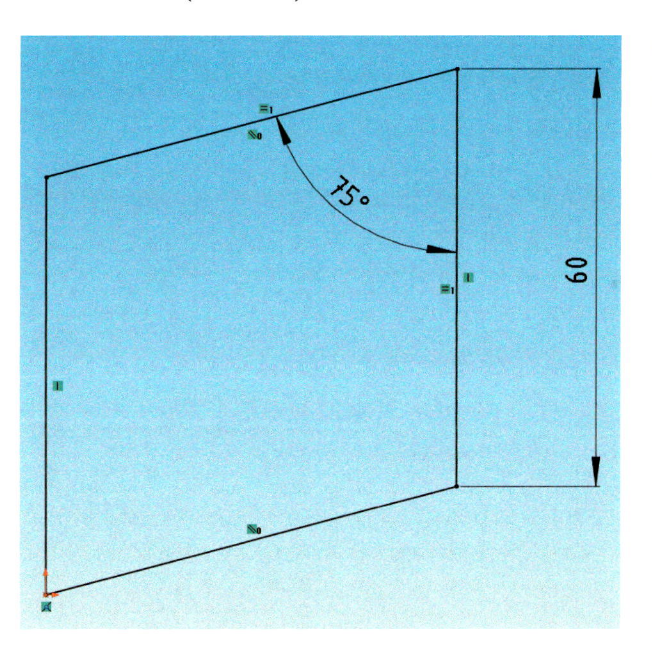

Bild 4.24:
Mit SolidWorks 2008 kam eine eigene Parallelogrammfunktion. Anders als beim Rechteck werden hier unabhängige Skizzenbeziehungen gesetzt.

Spätestens seit der Lektion über Gleichungen ist Ihnen die Notwendigkeit eindeutiger Benennungen klar geworden. Doch auch die Ordnung eines Bauteils oder einer Baugruppe und vor allem Ihre Kollegen profitieren davon, dass die Skizzen nicht alle stereotyp mit „Skizze X" und die Features mit „Feature Y" benannt sind. Selbst die Benennung **einzelner Maße** kann sinnvoll sein. Dies wird im Folgenden deutlich.

Trigon (lat.): Drei Winkel

Ein Trigon besitzt keine rechten Winkel. Ähnlich wie beim Tetraeder bedeutet das: Da wir bereits eine der Hauptebenen nutzen, sind die beiden anderen unbrauchbar. Wir müssen demnach eine gedrehte Skizzierebene erstellen. Und während wir den Winkel des Parallelogramms beliebig ändern können, haben wir keine solche Möglichkeit für die dritte Dimension – eine „schwenkbare Ebene“ muss also her.

4.4.1 Komplexe Ebenendefinition

Um eine Ebene zu definieren, benötigen wir drei Punkte im Raum. Zwei davon haben wir bereits, es sind die gegenüberliegenden Ecken der *Ebene rechts* – zumindest sieht SolidWorks es so: eine Ebene ersetzt zwei Punkte. Den dritten konstruieren wir auf dem Umweg über eine kleine Skizze:

Die Orientierung in einer 3D-Szenerie ohne Körper ist schwierig. Leichter wird es, wenn Sie in die *Perspektivansicht* wechseln.

- Fügen Sie auf der *Ebene rechts* eine neue Skizze ein. Zeichnen Sie eine Horizontale vom Ursprung an und bemaßen Sie sie beliebig, um nur die Skizze zu bestimmen. Benennen Sie sie mit **Skizze Schnittebene** (Abb. 4.25).

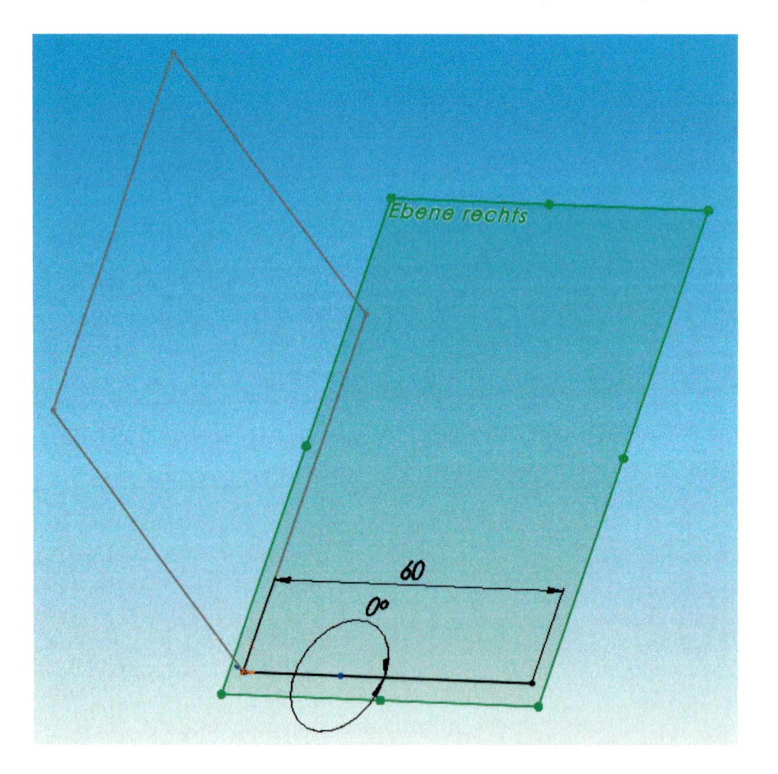

Bild 4.25: Die Definition eines Punktes erfordert manchmal eine ganze Skizze. Links der rautenförmige Grundriss.

- Aktivieren Sie die *Ebene rechts* und ziehen Sie sie an ihren Rändern so, dass sie die *Skizze Schnittebene* umfasst. Dies erleichtert die Orientierung beim folgenden Schritt.
- Fügen Sie eine *Referenzebene* ein und definieren Sie als *Referenzelemente* die *Ebene rechts* und die Linie aus der gerade erstellten *Skizze Schnittebene*. Stellen Sie als Option *Im Winkel* ein und bemessen Sie als Winkel **37.5°**. Benennen Sie die Ebene folgerichtig mit **Schnittebene** (Abb. 4.26).

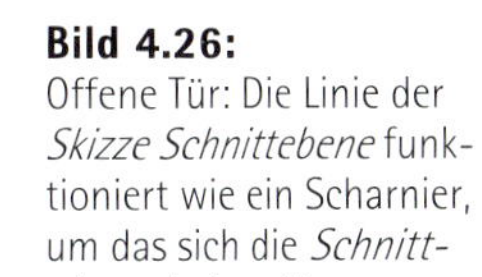

Bild 4.26:
Offene Tür: Die Linie der *Skizze Schnittebene* funktioniert wie ein Scharnier, um das sich die *Schnittebene* drehen lässt.

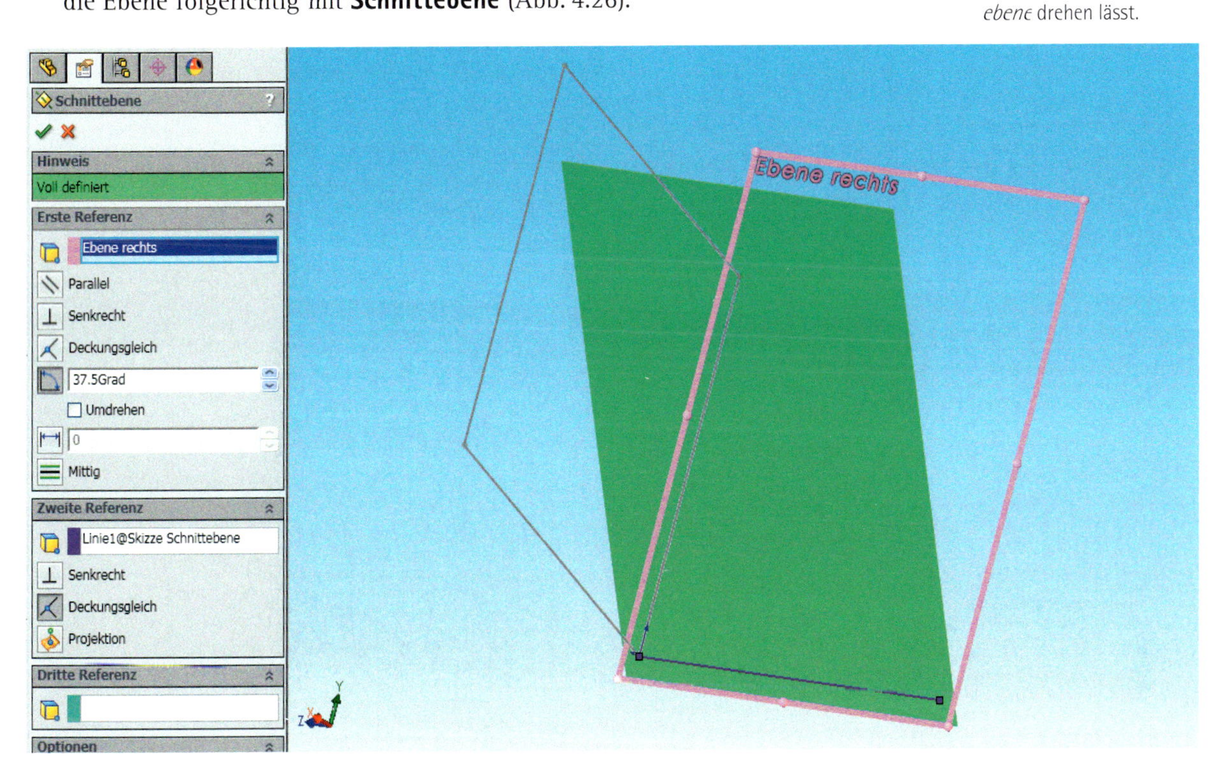

Die Erklärung: Bei einem Winkel von 37.5° halbiert die neue Ebene die Raute des Grundrisses, die ja einen Öffnungswinkel von 75° besitzt.

Allerdings: Dieser Ebene werden Sie nachträglich **beliebige** Winkel zuordnen können, und zwar auch dann noch, wenn auf ihr liegende Skizzenelemente bereits zu einem Volumenkörper beitragen.

Erst auf dieser geschwenkten Ebene können wir nun die „dritte Dimension" des Trigons definieren:

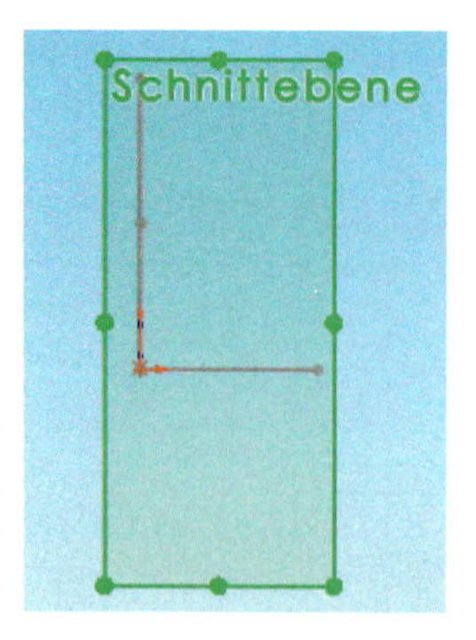

- Markieren Sie die neue *Schnittebene* und wechseln Sie in die Ansicht *Normal auf.* Stellen Sie die Ansicht der Skizze hochkant, indem Sie sie mit **Alt + Links** um 90° rollen. Jetzt sollte eine Art großes „L" zu sehen sein.
- Fügen Sie auf der *Schnittebene* eine neue Skizze ein. Zeichnen Sie eine horizontale *Mittellinie* vom Ursprung an.
- Zeichnen Sie dann eine Schräge, bemaßen Sie diese mit einer Länge von **60 mm** und einem Winkel zur Konstruktionslinie von **30°**. Benennen Sie die Skizze mit **Pfad Trigon** (Abb. 4.27).

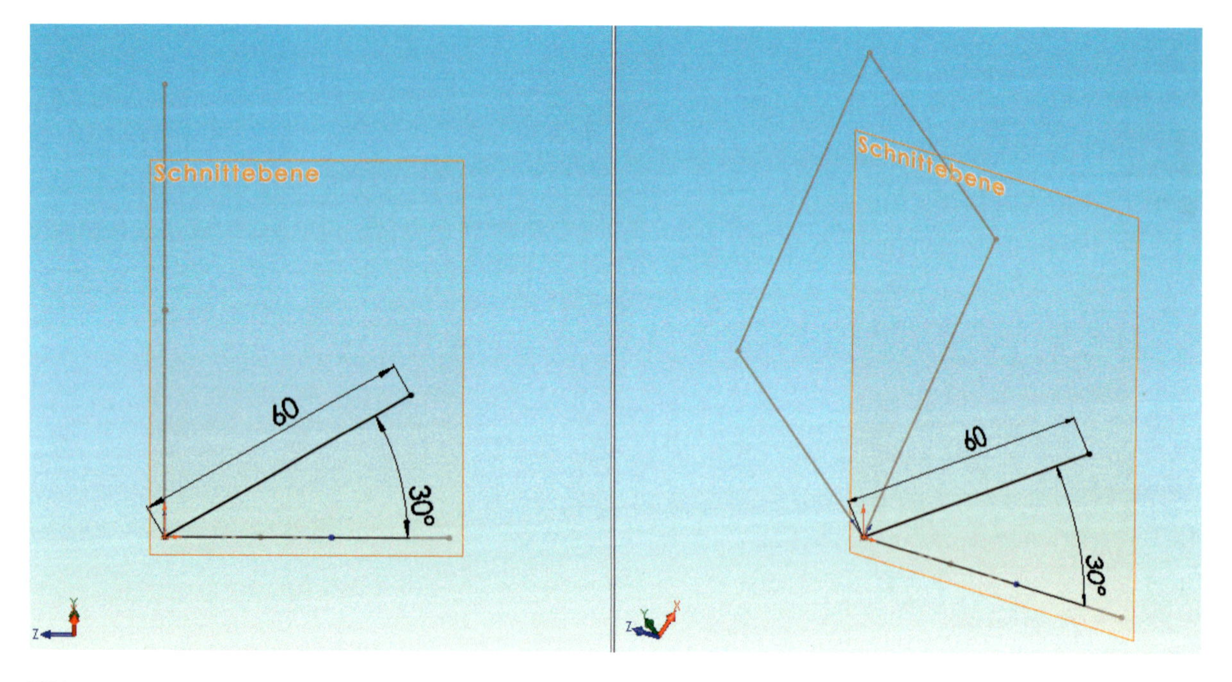

Bild 4.27:
Ecken im Kopf: Die dritte Kante des Trigons wird eingezeichnet.

4.4.2 Austragung

- Wählen Sie beide Skizzen – *Grundriss* und *Pfad Trigon* – und fügen Sie einen *sweep* ein, wie er in SolidWorks unter *Einfügen, Aufsatz/Basis, ausgetragen* zu finden ist.

Die Austragung stellt eine Erweiterung der Extrusion dar, indem sie es erlaubt, die Extrusionsrichtung eines einzelnen *Profils* in Form eines beliebigen *Pfades* vorzugeben. Dieser Pfad darf sogar geschwungen sein. In unserem Beispiel wird er allerdings von der simplen Skizze *Pfad Trigon* gebildet (Abb. 4.28).

- Speichern Sie das Bauteil.

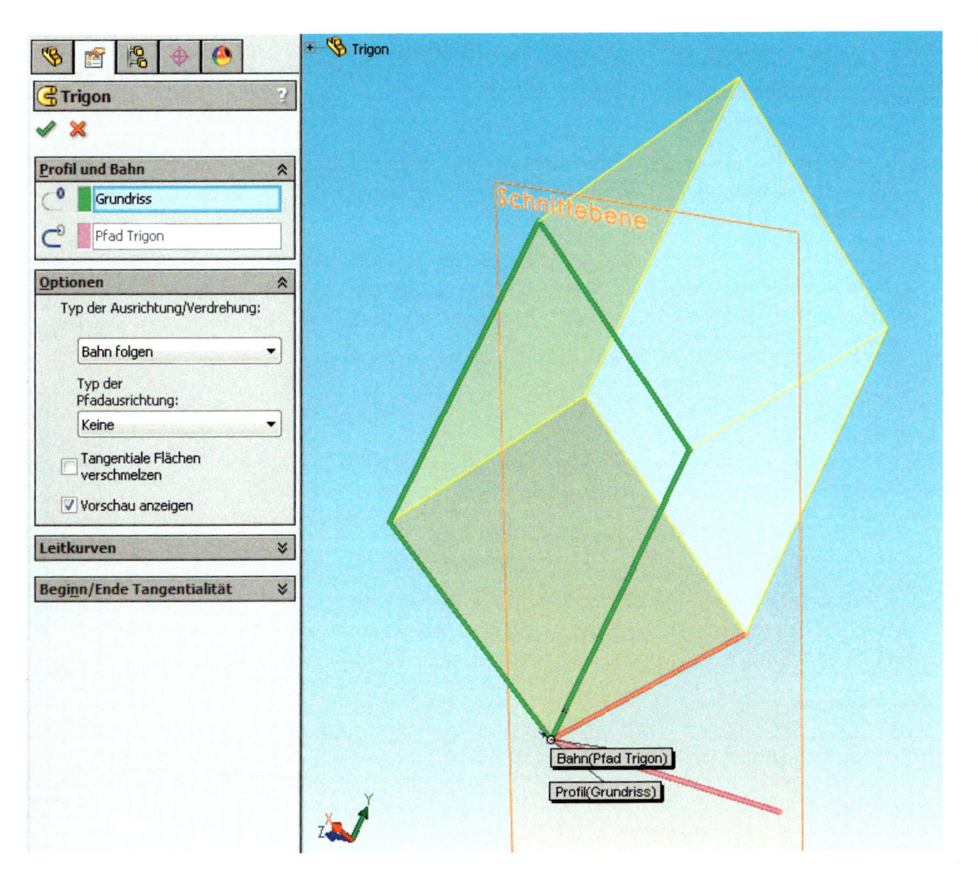

Bild 4.28: Austragung allgemein: Der Pfad braucht nicht senkrecht auf dem Profil zu stehen, wie es bei der linearen Austragung der Fall ist.

4.4.3 Tabellengesteuerte Bauteile

Um nun das komplexe räumliche Verhalten unseres Trigons zu erforschen, können wir nacheinander alle Winkel und Längen verändern, indem wir auf die Skizzen doppelklicken – und dabei alsbald vollständig den Überblick verlieren.

Es wäre doch viel schöner, wenn wir diese Werte sozusagen in einer Fernsteuerung vereinigen könnten, sie ordentlich in einer Tabelle auflisten und editieren könnten, ohne je wieder eine Skizze öffnen zu müssen. Es wäre doch schön, wenn wir zwischen den Varianten umschalten könnten, **ohne** 38mal **Strg + Z** drücken zu müssen.

Genau diese Möglichkeit besteht. Sie wird in SolidWorks wie in den meisten MCAD-Programmen als **Tabellensteuerung** bezeichnet.

Für tabellengesteuerte Bauteile benötigen Sie *MS Excel* ab Version 2007. Allerdings können Sie neben den aktuellen Dateiformat *.XLSX (ab Excel 2007) auch Tabellen im älteren Format *.XLS verwenden – und in SolidWorks bearbeiten.

4.4.3.1 Benennung von Parametern und Variablen

Bevor Sie mit der Tabellensteuerung anfangen, geben Sie den relevanten Parametern eindeutige Namen:

- Öffnen Sie die Skizze *Grundriss* und wählen Sie die Längenbemaßung. Es erscheint der PropertyManager mit den Bemaßungseigenschaften. Wechseln Sie ins Gruppenfeld *Primärer Wert.*

- Ändern Sie den Namen von *D1@Grundriss* in **Seitenlänge**. Die Zuordnung „@" und der Skizzenname *Grundriss* werden automatisch wieder angefügt. Dies ist der Name, wie er in den Gleichungen und der Tabellensteuerung referenziert wird.
- Ändern Sie den Namen des Winkels analog in **Winkel**.
- Öffnen Sie die Skizze *Pfad Trigon* und benennen Sie die beiden Maße um in **Länge** bzw. **Winkel**.

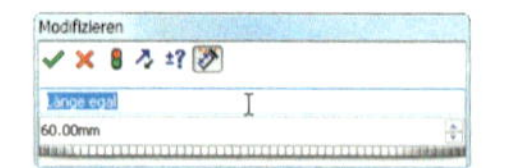

Auch mittels Doppelklick auf die Maßzahl und die kleine Dialogbox *Modifizieren* können Sie Maße umbenennen:

- Zur besseren Unterscheidung taufen Sie die Länge der Linie in *Skizze Schnittebene* um in **Länge egal** – das ist sie nämlich wirklich!

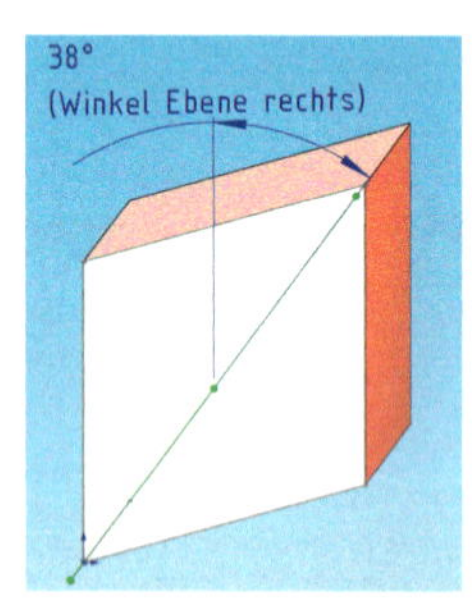

- Um an den Schwenkwinkel der Schnittebene heranzukommen, hilft nur ein Doppelklick auf deren Eintrag im Editor – blenden Sie also die *Beschriftungen* ein, und das Winkelmaß erscheint. Benennen Sie es um in **Winkel Ebene rechts**.

Je nach Einstellung der Anzeige kann die Bemaßung auf ganzzahlige Werte aufgerundet sein – **intern** jedoch wird genau gerechnet.

- Speichern Sie das Bauteil.

Falls Sie die Beispieldateien auf der DVD zu Rate ziehen möchten:
Die Konstruktion bis hierher sind in der Datei KAP 4 TRIGON abgelegt.
Die Variantenkonstruktion und die Tabellen hingegen befinden sich in der Datei KAP 4 TRIGON VARIANTEN.

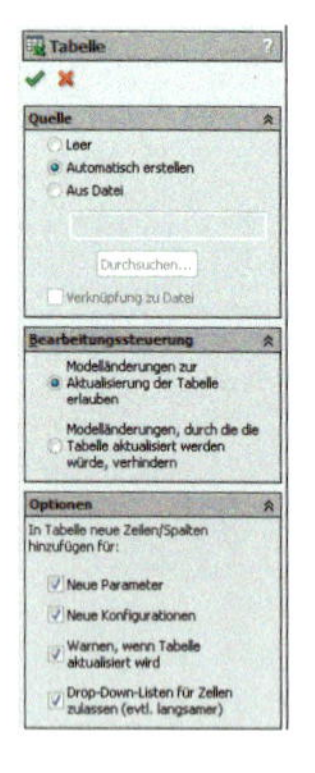

4.4.3.2 Variantenkonstruktion

- Wählen Sie *Einfügen, Tabellen, Tabelle.*
- Aktivieren Sie unter *Quelle* die Option *Automatisch erstellen.*

Dies führt dazu, dass alle Parameter des Bauteils übernommen werden.

- Erlauben Sie *Modelländerungen zur Aktualisierung der Tabelle erlauben.*

Andernfalls können Sie die Werte künftig **nur noch** in der Tabelle bearbeiten, nicht aber in den Skizzen des Bauteils.

- Aktivieren Sie auch die beiden Optionen *Neue Parameter* und *Neue Konfigurationen.*

Dadurch wird die Tabelle automatisch erweitert, wenn Sie das Bauteil weiter aufbauen. Bestätigen Sie dann.

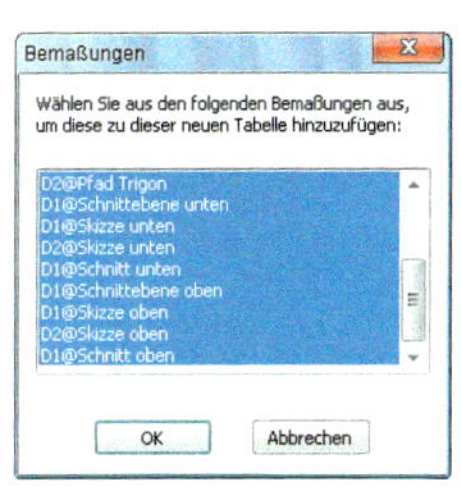

- Beim Erstellen der Tabelle fragt Sie SolidWorks nach den *Bemaßungen*. Wählen Sie alle Einträge und bestätigen Sie.

Im Editor erscheint die neue Tabelle als *OLE*-Objekt (Abb. 4.29). Die Reihenfolge der Spalten ist übrigens gleichgültig.

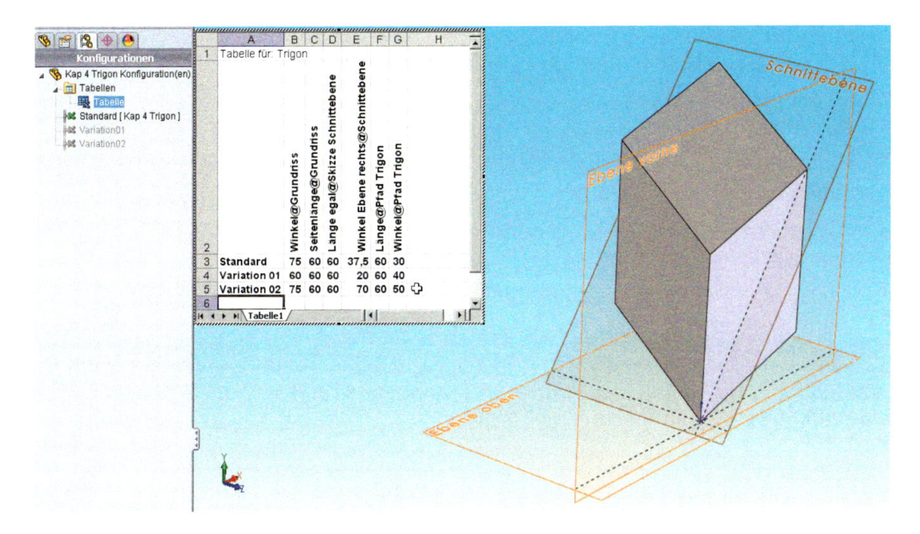

Bild 4.29:
Variantenkonstruktion: Die Excel-Tabelle ist in den Editor eingebettet. Die Spalten sind bereinigt, zwei weitere Konfigurationen wurden bereits hinzugefügt.

- Markieren Sie alle Spalten, deren Variable Sie vorhin **nicht** explizit benannt haben, und löschen Sie sie. Anfragen beim Öffnen der Tabelle, ob neue Variable übernommen werden sollen, übergehen Sie mit *OK*, ohne etwas zu markieren.

Object Linking und Embedding bedeutet, dass das Menü und die Symbolleisten von *MS Excel* angezeigt und dessen Funktionen mit dem eingebetteten Objekt aktiviert werden, obwohl man sich weiterhin in SolidWorks befindet – die Mächtigkeit beider Anwendungen steht nun im gleichen Umfeld zur Verfügung.

In der ersten Zeile erkennen Sie die Überschrift *Tabelle für:* und den Dateinamen. In den Spalten darunter sind sauber die Parameter aufgereiht. Jetzt erkennen Sie auch, wozu die Arbeit mit der Benennung nütze war.

In der dritten Zeile stehen die aktuellen Werte der Parameter. Diese Zeile trägt die Bezeichnung *Standard*, was dem Namen der Ausgangskonfiguration entspricht.

Ein Satz von Parametern, der die gegebene Variante charakterisiert, wird in SolidWorks als *Konfiguration* bezeichnet.

- Doppelklicken Sie in die Zelle unter *Standard* und tragen Sie dort **Variation 01** ein. Füllen Sie dann die Zeile mit Parametern, wie sie Ihnen sinnvoll erscheinen. Experimentieren Sie ruhig – schlimmstenfalls kommt eine Fehlermeldung.

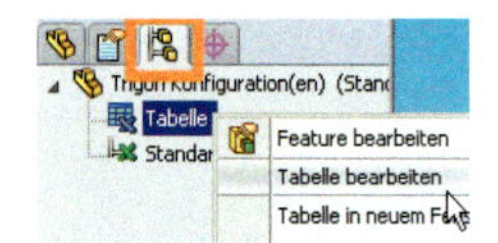

Wenn sie neben die Tabelle klicken, wird das OLE-Objekt geschlossen, ebenso der OLE-Server *Excel*. Um die Tabelle verfügbar zu halten, gibt es nun jedoch einen neuen Eintrag im *ConfigurationManager*, der dritten Registerkarte der „Manager-Riege". Dazu gleich mehr.

Über das Kontextmenü der *Tabelle* können Sie die Tabelle jederzeit *bearbeiten* – etwa, um sie mit einer neuen Konfiguration zu ergänzen:

- Fügen Sie noch eine **Variation 02** ein. Ändern Sie die Winkelangaben, um die Wirkung unserer „Schwenkebene" zu ergründen. Beenden Sie dann die Tabelle, indem Sie daneben klicken oder die „*OK*-Ecke" rechts oben im Editor betätigen.

In der Spalte des FeatureManagers sind mindestens drei Registerkarten vorhanden. Die ersten beiden kennen Sie, es sind der Feature- und der PropertyManager. Die dritte Karte enthält den *ConfigurationManager*. Damit verwalten Sie die Konfigurationen und können – unter Umgehung der Excel-Tabelle – auch neue schaffen.

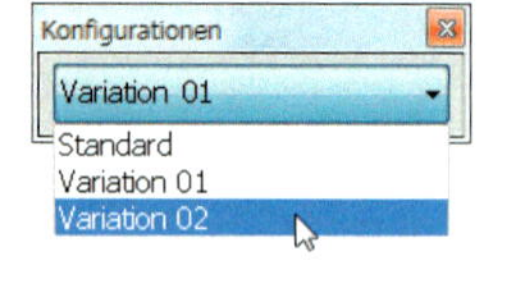

- Aktivieren Sie die drei Konfigurationen nacheinander, indem Sie auf die Einträge doppelklicken. Alternativ dazu können Sie auch die Symbolleiste *Konfigurationen* dazu verwenden. Das Trigon ändert sich entsprechend (Abb. 4.30).

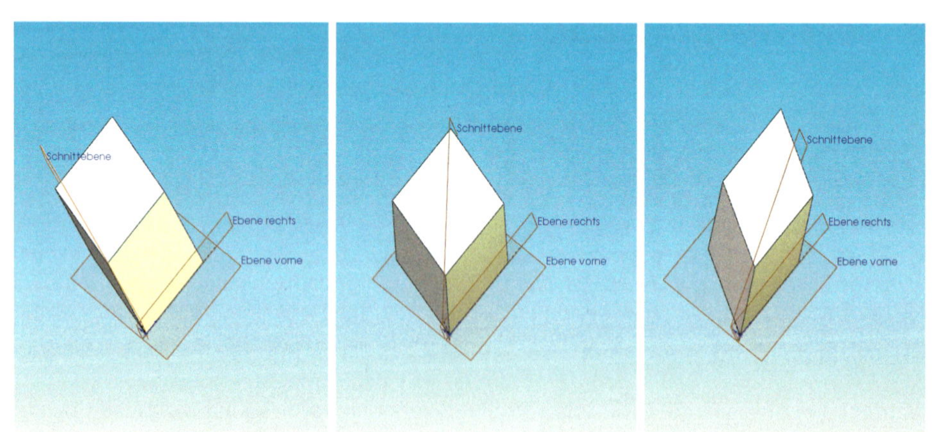

Bild 4.30:
Drei Konfigurationen des Trigons mit veränderten Winkeln. Die Ebenen *rechts* und *vorne* wurden zur Orientierung eingeblendet, die Ansicht ist immer die gleiche. Die *Schnittebene* muss allerdings noch konfiguriert werden.

4.4.3.3 Variation auf Exceletisch

Über das Kontextmenü der Tabelle können Sie diese extern bearbeiten, d. h. Sie können sie in einem gesonderten Excel-Fenster öffnen, um komfortabel mit den Excel-Funktionen zu arbeiten. Im OLE-Modus ist das Folgende zwar auch möglich, aber doch recht umständlich:

- Öffnen Sie die Tabelle über das Kontextmenü in einem *neuen Fenster*.
- Kopieren Sie die Zeile *Standard* in eine neue Zeile und tragen Sie als Namen **Variation 03** ein. Wenn die grünen "Fehler-Ecken" Sie stören, können Sie Text und Zahlen entsprechend formatieren.
- Kopieren Sie diese Zeile wiederum in eine **Variation 04**.

Dies wird benötigt, um die Zellenautomatik von Excel zu nutzen. Ändern Sie die Werte wie folgt:

- Zelle **B6** – *Winkel@Grundriss* in *Variation 03* – erhält den Wert **45, B7** – die *Variante 04* – den Winkel **50** (Abb. 4.31).
- In Zelle **E6** – *Winkel Ebene rechts@Schnittebene* der gleichen Zeile – tragen Sie statt eines Wertes die Formel **=B6/2** ein. Nach Bestätigung sollte hier der halbe Wert von Zelle B6 stehen. Wählen Sie diese Zelle und kopieren Sie sie mit dem „Knoten" rechts unten (Kreis im Bild 4.31) von E6 nach E7, sodass sie **sinngemäß** übertragen wird. Dort sollte dann also *=B7/2* stehen
- Die gleiche Formel setzen Sie auch in Zelle **G6** für *Winkel@Pfad Trigon* und kopieren sie auf gleiche Weise nach **G7**.
- In die Zelle **F6** setzen Sie die Formel **=C6**. Dadurch bleiben die Seitenlänge des *Grundrisses* und der Pfad des *Trigons* immer gleich lang. Übertragen Sie auch diese Formel mit dem Knoten in die untere Reihe, nach **F7**.

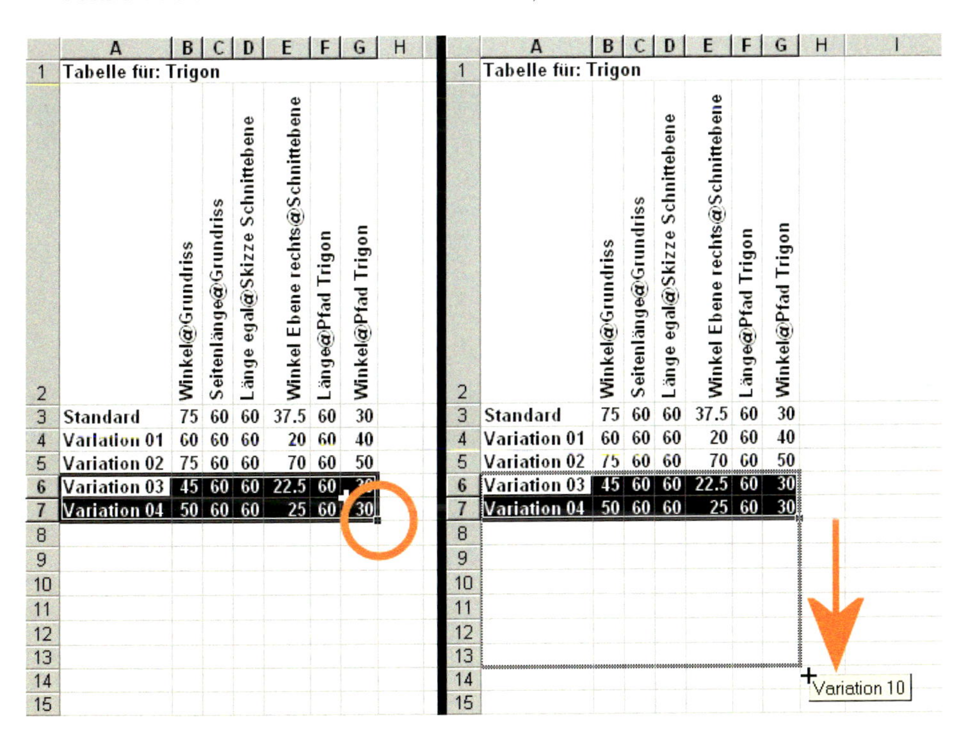

	A	B	C	D	E	F	G	H
1	Tabelle für: Trigon							
2		Winkel@Grundriss	Seitenlänge@Grundriss	Länge egal@Skizze Schnittebene	Winkel Ebene rechts@Schnittebene	Länge@Pfad Trigon	Winkel@Pfad Trigon	
3	Standard	75	60	60	37.5	60	30	
4	Variation 01	60	60	60	20	60	40	
5	Variation 02	75	60	60	70	60	50	
6	Variation 03	45	60	60	22.5	60	30	
7	Variation 04	50	60	60	25	60	30	

	A	B	C	D	E	F	G	H	I
1	Tabelle für: Trigon								
2		Winkel@Grundriss	Seitenlänge@Grundriss	Länge egal@Skizze Schnittebene	Winkel Ebene rechts@Schnittebene	Länge@Pfad Trigon	Winkel@Pfad Trigon		
3	Standard	75	60	60	37.5	60	30		
4	Variation 01	60	60	60	20	60	40		
5	Variation 02	75	60	60	70	60	50		
6	Variation 03	45	60	60	22.5	60	30		
7	Variation 04	50	60	60	25	60	30		

Bild 4.31: Crashkurs Excel: Mit den Zellenfunktionen lassen sich im Handumdrehen Konfigurationen schaffen.

- Markieren Sie dann die Zellen **B6** bis **G7**. Ziehen Sie den Knoten nach unten, bis die *Variante 10* angezeigt wird.

Nun sind Sie im Besitz einer Reihe von Varianten, bei denen der Winkel für den Grundriss 5° ansteigt, der Schwenkwinkel dagegen um den halben Wert erhöht wird.

Dadurch steht die Schwenkebene immer diagonal auf dem Grundriss. Die Seiten sind immer gleich lang, das Polyeder ist immer symmetrisch.

- Speichern und beenden Sie die Tabelle. SolidWorks wird Ihnen nun eine Nachricht anzeigen, wonach neue Konfigurationen in der Tabelle aufgetaucht sind. Klicken Sie auf *OK* und probieren Sie die Varianten der Reihe nach durch.

Sie sind jetzt meilenweit entfernt vom manuellen Erzeugen von Skizzen und Bauteilen: Ob Sie nur *einen* Winkel ändern oder alle, ob Sie abhängig von der Dimensionierung drei, fünf oder 21 Bohrungen vorsehen oder ein Cabrio in einen Toaster verwandeln – der Fantasie sind hier kaum Grenzen gesetzt.

Die Konfigurationen benutzen Sie für die Variantenkonstruktion, wobei Sie für ein und dasselbe Bauteil praktisch beliebige Varianten schaffen können. Wichtig ist nur, dass dabei die Bauteillogik nicht durchbrochen wird: Es sind natürlich Winkel und Längen denkbar, bei denen unsinnige und gar unmögliche Bauteile entstehen.

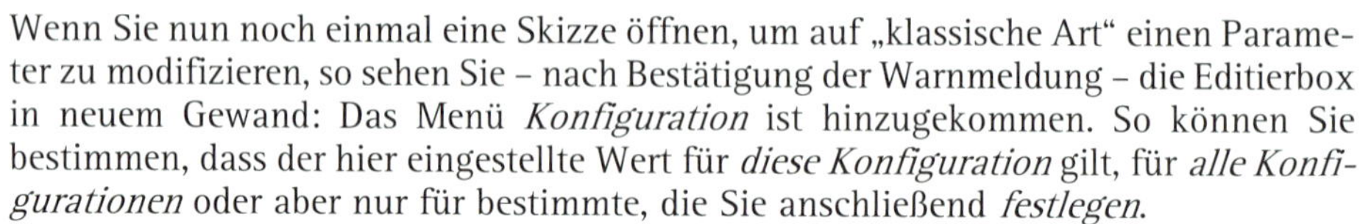

Wenn Sie nun noch einmal eine Skizze öffnen, um auf „klassische Art“ einen Parameter zu modifizieren, so sehen Sie – nach Bestätigung der Warnmeldung – die Editierbox in neuem Gewand: Das Menü *Konfiguration* ist hinzugekommen. So können Sie bestimmen, dass der hier eingestellte Wert für *diese Konfiguration* gilt, für *alle Konfigurationen* oder aber nur für bestimmte, die Sie anschließend *festlegen*.

Was immer Sie einstellen, die Tabelle wird im Hintergrund aktualisiert. So nutzen Sie Konfigurationen und Skizzenparameter interaktiv, auch wenn diese – als Zeichen der Verknüpfung mit einer Tabelle – künftig in Pink dargestellt werden.

4.4.4 Ebenen für Fortgeschrittene: Begegnung mit der Bauteil-Logik

Zurück zu unserem Trigon. Es fehlen noch die Endkappen nach Dürers Kupferstich. Sie entstehen durch Schnitte parallel zu den Raumdiagonalen.

Um sich das besser vorstellen zu können, fügen Sie **nach der Methode von** Abbildung 4.31 – um die Formel zu kopieren – eine weitere **Variation 00** zur Tabelle hinzu, in der Sie für den *Winkel@Grundriss* **90** eintragen, für *Länge@Pfad Trigon* **60** und für den *Winkel@Pfad Trigon* **0**.

In früheren Versionen kam es hier immer zu einer Fehlermeldung: Winkel durften nicht den Wert 0.0 besitzen. Mit der neuen Version ist das anscheinend behoben worden. Falls SolidWorks dennoch einmal wegen eines **Nullwinkels** protestieren sollte, tragen Sie statt 0° einfach **360°** ein.

Wir sehen mit dieser Variante den Sonderfall des Trigons, einen handelsüblichen Würfel. (Es existiert also doch eine Version mit rechten Winkeln ...)

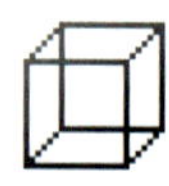

- Vielleicht hilft es Ihnen, im Folgenden auf die Ansicht *Verdeckte Kanten sichtbar* umzuschalten. Vorn liegende Kanten werden dabei dicker gezeichnet als verdeckte.

Blenden Sie die Ebenen außer der *Schnittebene* aus. Zusammen mit dem Ursprung sollte sie Ihnen genug Orientierung liefern.

- Stellen Sie den Würfel auf diejenige Spitze, die mit dem Ursprung zusammenfällt. Stellen Sie die Ansicht so ein, dass Sie alle Kanten und Eckpunkte sehen und räumlich zuordnen können.
- Definieren Sie eine *Referenzebene,* indem Sie die drei Punkte der nun waagerecht liegenden oberen Diagonale anklicken. Benennen Sie die neue Ebene mit **Ebene Diagonale oben** (Abb. 4.32).

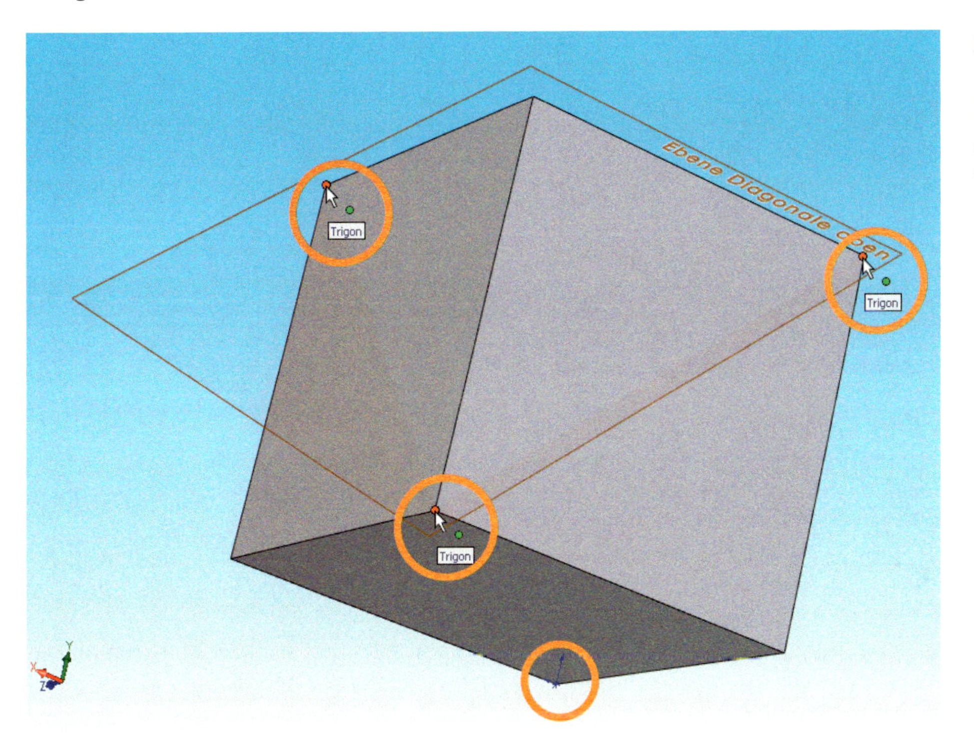

Bild 4.32:
Quod erat demonstrandum: Drei Punkte – hier in Form von Ecken – genügen zur Definition einer Ebene im Raum.

- Aktivieren Sie diese Ebene und fügen Sie eine dazu parallele Referenzebene ein, die in einem *Abstand* von **21 mm** darüber liegt. Kehren sie die *Richtung um,* wenn die Vorschau dies nahelegt.
- Benennen Sie diese Ebene mit **Ebene Schnitt oben**.
- Fügen Sie auf dieser Ebene eine neue Skizze ein.

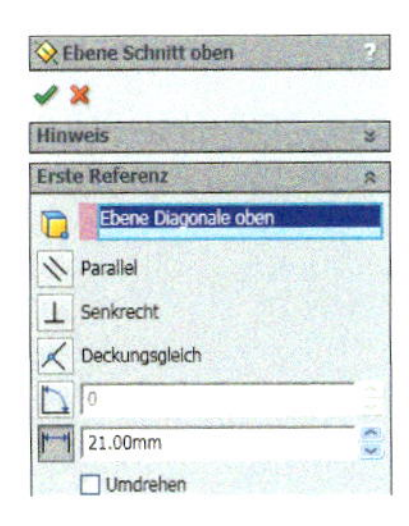

4.4.5 Schnittkurven

Wir konstruieren nun die drei Linien, die durch den Schnitt des Trigons mit der neuen Ebene entstehen:

- Wählen Sie *Extras, Skizzieren, Schnittkurve*. Klicken Sie die drei durchstoßenden Flächen des Trigons an. Die Schnittlinien werden automatisch generiert (Abb. 4.33).

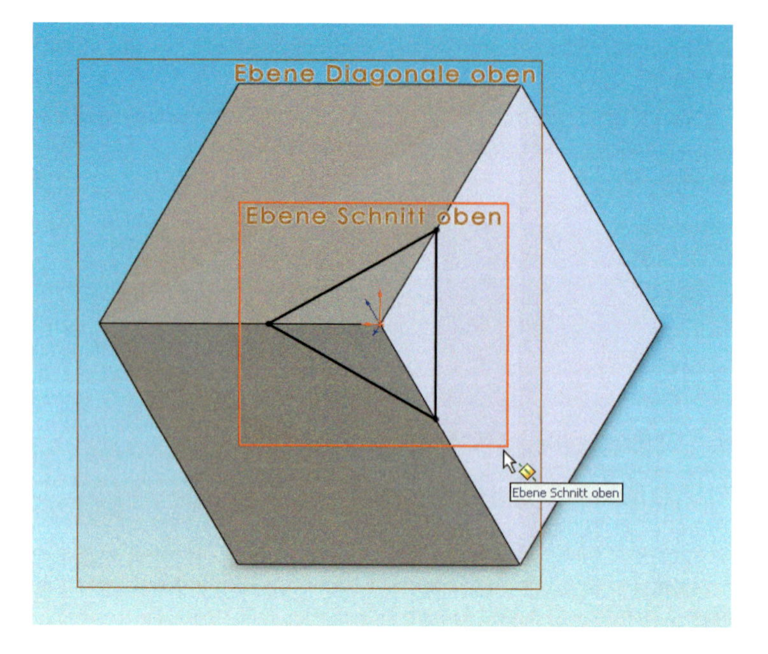

Bild 4.33:
Einfacher geht's nicht: Die Konstruktion der Schnittlinien erfordert ganze drei Mausklicks. Hier die Gesamtansicht von oben.

Idealerweise sind diese Linien voll definiert, wie die Farbe signalisiert. Das lässt hoffen, dass sie im Fall der anderen Varianten automatisch nachgeführt werden.

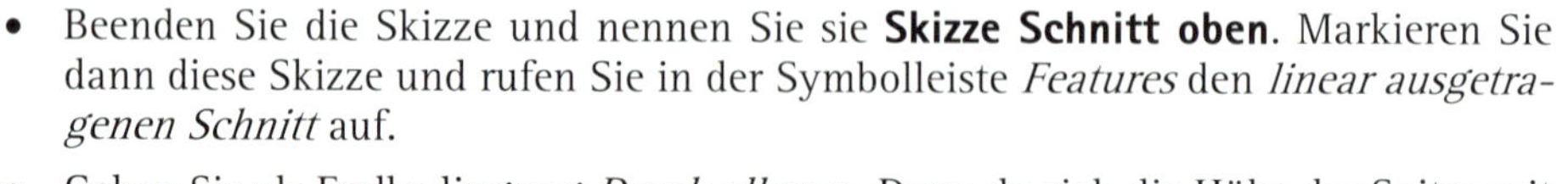

- Beenden Sie die Skizze und nennen Sie sie **Skizze Schnitt oben**. Markieren Sie dann diese Skizze und rufen Sie in der Symbolleiste *Features* den *linear ausgetragenen Schnitt* auf.

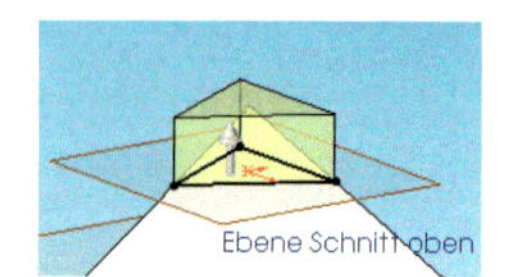

- Geben Sie als Endbedingung *Durch alles* an. Denn da sich die Höhe der Spitze mit den Variationen ändert, ist dies die Gewähr, sie sicher und in jedem Fall vollständig abzuschneiden.
- Benennen Sie diesen Schnitt mit **Schnitt oben**.

Führen Sie die gleiche Operation dann für die untere Diagonale des Trigons durch:

- Definieren Sie mit den unteren drei Ecken eine Referenzebene. Benennen Sie sie mit **Ebene Diagonale unten**. Schaffen sie im Abstand von **21 mm** – abwärts! – die **Ebene Schnitt unten**. Fügen Sie dort wieder *Schnittkurven* ein, und zwar auf der **Skizze Schnitt unten**.
- Schneiden Sie dann die untere Spitze ab. Diesmal probieren Sie die Endbedingung *bis Eckpunkt*. Dazu müssen Sie nur noch die Spitze wählen, bis zu der der Schnitt verlaufen soll. Auch diese Einstellung wird sich automatisch mit den Konfigurationen ändern (Abb. 4.34). Nennen Sie das Feature **Schnitt unten**.
- Speichern Sie die Datei.

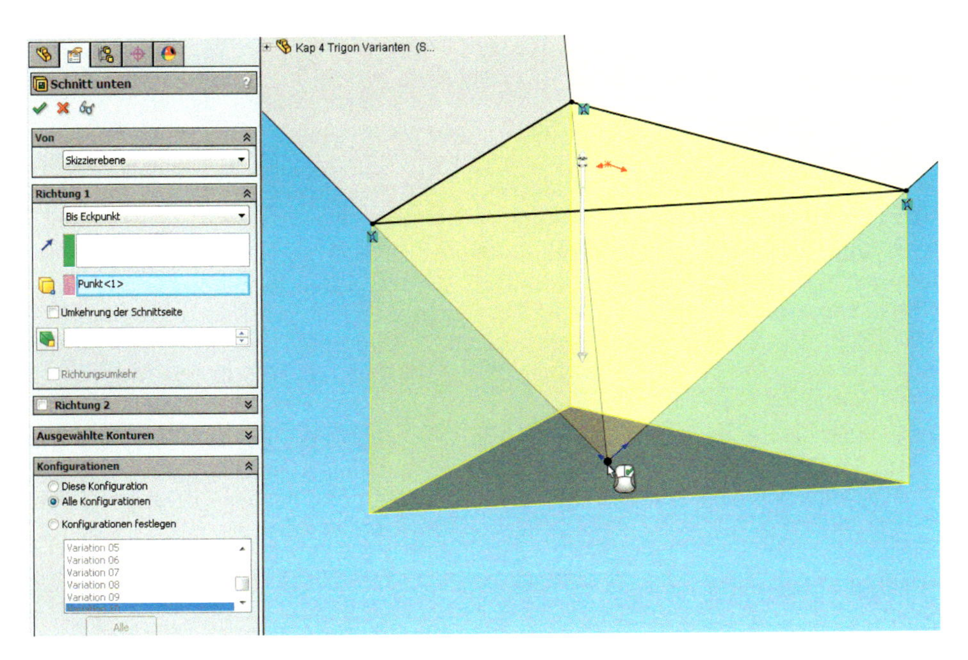

Bild 4.34:
Ein Schnitt kann auch bis zu definierten Eckpunkten, Kanten und Flächen geführt werden.

Damit ist die Konstruktion des Trigons abgeschlossen. Stellen Sie die Konfiguration *Standard* ein, um Dürers Vorbild zu ehren (Abb. 4.35).

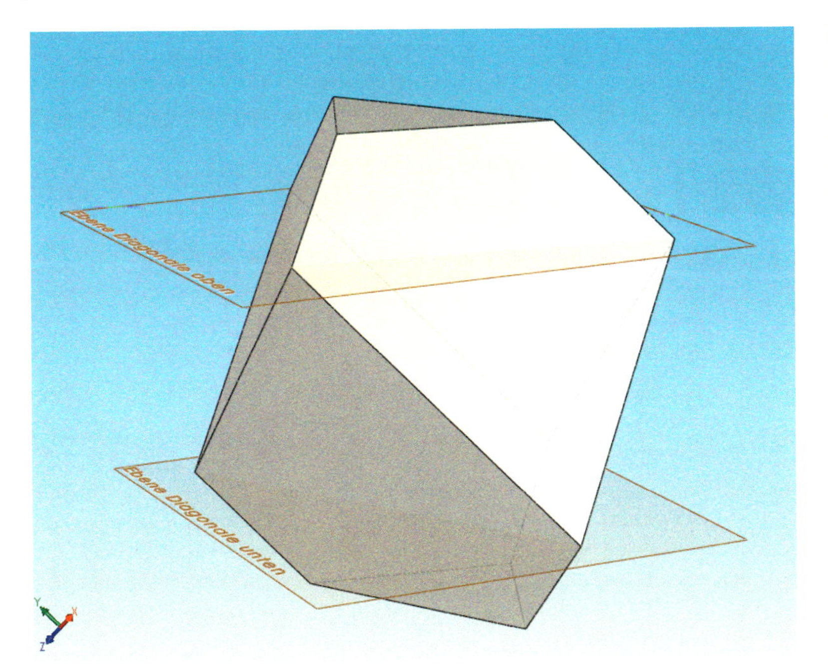

Bild 4.35:
Faszination Geometrie: Das Trigon in der Konfiguration *Standard*.
Die Spitzen der Schnittdreiecke weisen – antiprismatisch – in entgegengesetzte Richtungen – genau wie die Schnitte der Diagonalebenen.

4.4.6 Arbeiten mit Konfigurationen

Wenn Sie nun die Konfigurationen der Reihe nach durchschalten, so stellen Sie fest, dass die Modifikationen in *alle Konfigurationen* übernommen wurden – und zwar *korrekt* übernommen wurden: Die Diagonalebenen sitzen stets exakt auf ihren drei Punkten, und so sind auch die darauffolgenden Ebenen und Skizzen korrekt eingefügt. Dieses Volumenmodell ist im Wortsinne „definitiv" stabil.

Doch Konfigurationen können mehr. Sie können beispielsweise Features deaktivieren, wodurch diese ihren geometrischen Einfluss auf das Modell verlieren. In SolidWorks wird dies als **Unterdrücken** bezeichnet. Das Unterdrücken kann hilfreich sein, wenn Sie Modifikationen an einem Modell vornehmen. Andererseits können Sie die Features auch nur für *bestimmte* Konfigurationen unterdrücken und so sehr unterschiedliche Modellvarianten schaffen:

- Wählen Sie bei aktivierter Konfiguration *Standard* alle Features unterhalb des Eintrags *Trigon*. Sie können hier wie im Windows-Explorer arbeiten, d. h. mit **Shift** bzw. **Strg** + Anklicken mehrere Einträge auswählen. Wählen Sie dann aus der Kontextleiste *Unterdrücken* (Abb. 4.36). Die Flächen verschwinden aus dem Modell.

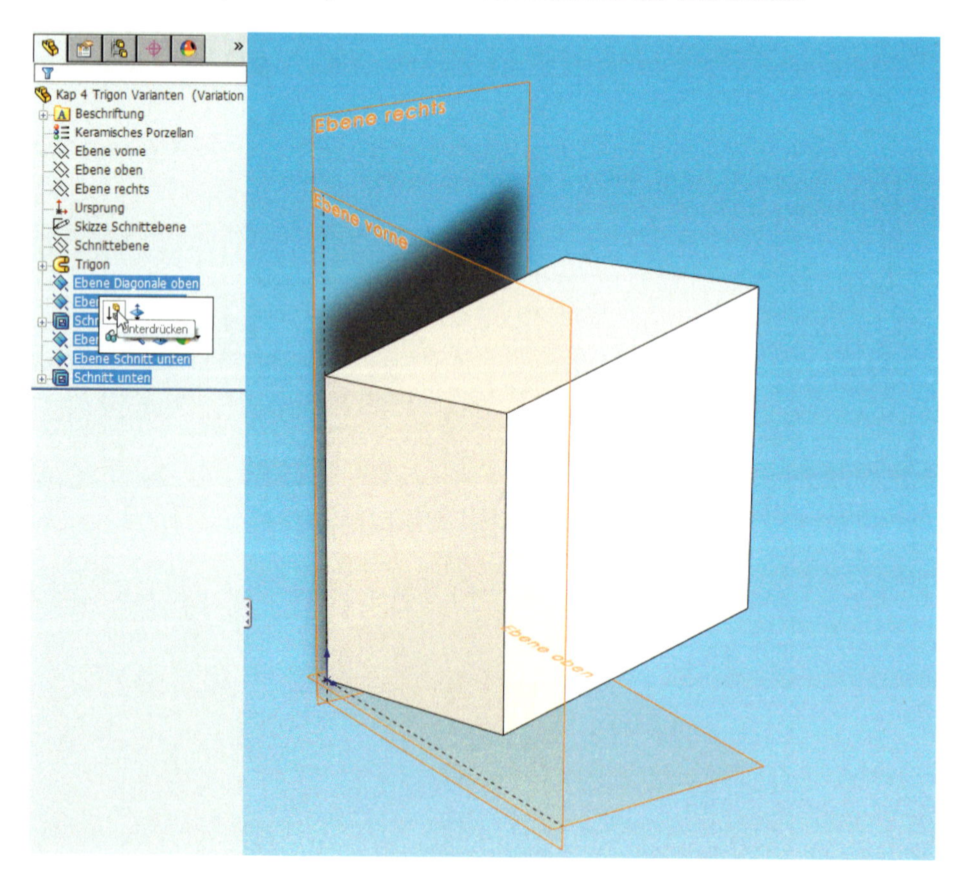

Bild 4.36: Vorher-Nachher: Features lassen sich vorübergehend unterdrücken. Dadurch verlieren sie ihren geometrischen Einfluss.

4.4.6.1 Konfigurationsweises Unterdrücken von Features

Nun, da wir offenbar neue Parameter ins Modell eingefügt haben, stellt sich natürlich die Frage, was inzwischen mit der Konfigurationstabelle geschehen ist – die Antwort: Bis jetzt noch gar nichts. Das ändert sich erst, wenn Sie sie das nächste Mal öffnen:

- Rufen Sie die Tabelle zur Bearbeitung auf.

SolidWorks zeigt die Dialogbox *Zeilen und Spalten hinzufügen* an. Vor jedem Eintrag im Listenfeld steht die Bemerkung $STATUS: Gemeint ist der **Unterdrückungsstatus** des Features.

- Wenn Sie einen oder mehrere dieser Einträge auswählen, so werden die Parameter in die Tabelle eingefügt. Wählen Sie hier **alle** aus und bestätigen Sie (Abb. 4.37).

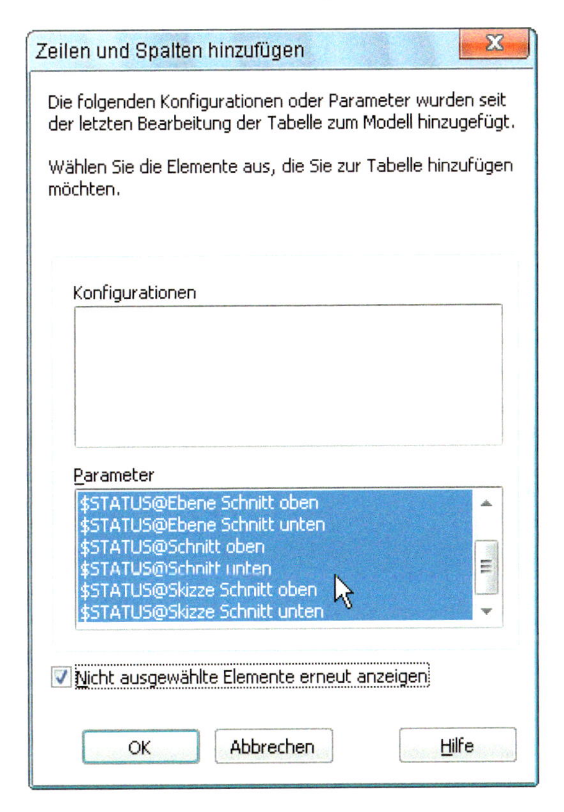

Bild 4.37:
SolidWorks hält getreulich alle neu hinzugefügten Einzelheiten zur Auswahl in die Tabelle bereit.

Die resultierenden Tabelleneinträge enttäuschen: Statt Ziffern und Zahlen sehen Sie nur ein großes **U** in den Spalten (gelb hinterlegt). Es steht für *Unterdrückt.* Allerdings ist nur die oberste Zeile mit Einträgen gefüllt. Das ändern Sie auf unkonventionelle Weise:

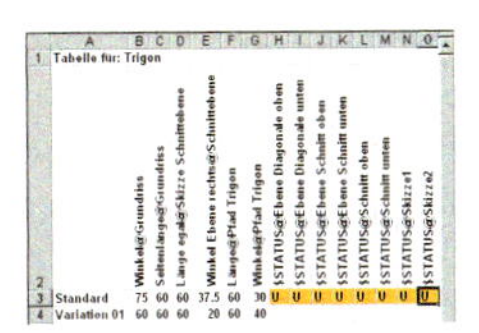

- Schließen Sie die Tabelle und rufen Sie sie nochmals zur Bearbeitung auf.

Die Werte sind ausgefüllt. In allen anderen Spalten steht nun die Zeichenfolge **NI** für *Nicht unterdrückt.* Das können Sie sofort nachprüfen:

- Ersetzen Sie in der Zeile *Variation 03* alle „U" durch **NI** – einfach eintippen. Schließen Sie die Tabelle und schalten Sie in SolidWorks auf *Variation 03* um. Ergebnis: Auch hier sind die Flächen verschwunden.

4.4.6.2 Konfigurationsweises Ändern von Parametern

Nicht nur der Unterdrückungsstatus lässt sich konfigurieren, auch die Bemaßungen, Skizzenbeziehungen und alle anderen Parameter können Sie bequem per Excel einstellen – dazu müssen die aber erst einmal dort verzeichnet sein. Sehen wir uns noch einmal die Unterdrückungskandidaten von vorhin in SolidWorks an:

- *Ebene Diagonale oben* und *unten* besitzen keine Parameter, sie sind ausschließlich von der Lage der Eckpunkte abhängig. Wir könnten sie auch im Modell nicht modifizieren, ebenso wenig wie die beiden Skizzen der Schnitte.
- *Ebene Schnitt oben* und *unten* dagegen besitzen einen Parameter, und zwar den Abstand *21 mm* von den Diagonalebenen. Führen Sie einen Doppelklick auf ihre Einträge aus, so erscheint dieses Maß im Editor – allerdings in Blau, der Standardfarbe für unverknüpfte Bemaßungen. „Ferngesteuerte" Bemaßungen, egal ob sie durch Beziehungen, Gleichungen oder Tabellen beeinflusst sind, werden in Pink angezeigt.

- Ein Doppelklick auf diese Bemaßung, und Sie sehen, warum: Sie gilt für *alle Konfigurationen*. Stellen Sie im Listenfeld *Diese Konfiguration* ein. Damit wird dieser Parameter konfigurationsabhängig (Abb. 4.38).
- Führen Sie diesen Schritt auch für die *Ebene Schnitt unten* durch.

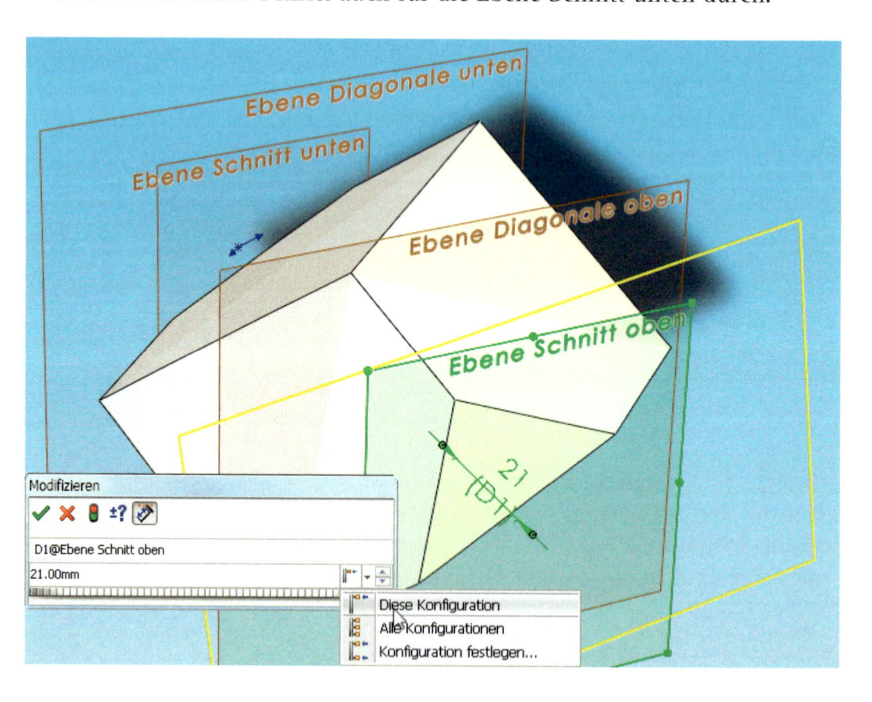

Bild 4.38: *Diese Konfiguration* sorgt dafür, dass die Bemaßung überhaupt in die Konfigurationstabelle gelangt.

- Aktivieren Sie dann noch einmal die Tabelle. Im Dialogfeld *Zeilen und Spalten hinzufügen* werden zwei neue Parameter angezeigt. Markieren Sie diese und bestätigen Sie.

Die Winkel werden in die Tabelle aufgenommen und zeigen für alle Konfigurationen den gleichen Wert an (Abb. 4.39).

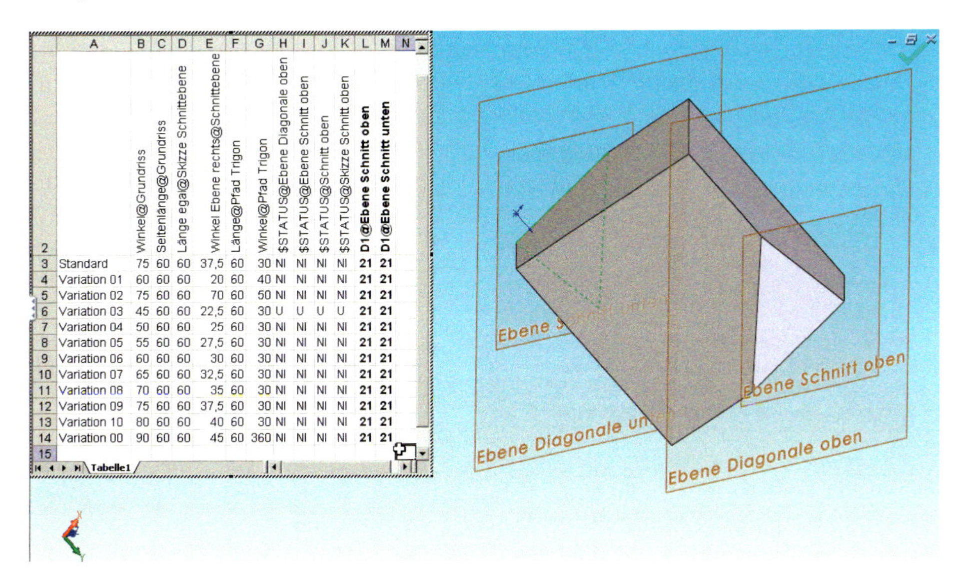

	A	B	C	D	E	F	G	H	I	J	K	L	M
2		Winkel@Grundriss	Seitenlänge@Grundriss	Länge egal@Skizze Schnittebene	Winkel Ebene rechts@Schnittebene	Länge@Pfad Trigon	Winkel@Pfad Trigon	$STATUS@Ebene Diagonale oben	$STATUS@Ebene Schnitt oben	$STATUS@Schnitt oben	$STATUS@Skizze Schnitt oben	**D1@Ebene Schnitt oben**	**D1@Ebene Schnitt unten**
3	Standard	75	60	60	37,5	60	30	NI	NI	NI	NI	**21**	**21**
4	Variation 01	60	60	60	20	60	40	NI	NI	NI	NI	**21**	**21**
5	Variation 02	75	60	60	70	60	50	NI	NI	NI	NI	**21**	**21**
6	Variation 03	45	60	60	22,5	60	30	U	U	U	U	**21**	**21**
7	Variation 04	50	60	60	25	60	30	NI	NI	NI	NI	**21**	**21**
8	Variation 05	55	60	60	27,5	60	30	NI	NI	NI	NI	**21**	**21**
9	Variation 06	60	60	60	30	60	30	NI	NI	NI	NI	**21**	**21**
10	Variation 07	65	60	60	32,5	60	30	NI	NI	NI	NI	**21**	**21**
11	Variation 08	70	60	60	35	60	30	NI	NI	NI	NI	**21**	**21**
12	Variation 09	75	60	60	37,5	60	30	NI	NI	NI	NI	**21**	**21**
13	Variation 10	80	60	60	40	60	30	NI	NI	NI	NI	**21**	**21**
14	Variation 00	90	60	60	45	60	360	NI	NI	NI	NI	**21**	**21**
15													

Bild 4.39: Neue Parameter: Die Tabelle wurde um die beiden Abstände der Schnittebenen erweitert. Diese können nun ebenfalls per Excel-Tabelle konfiguriert werden.

4.4.6.3 Tabellen speichern und importieren

Die Excel-Tabelle ist normalerweise in die Modelldatei integriert. Sie kann jedoch auch extern gespeichert und wieder eingelesen, ja sogar extern verknüpft werden. Auf diese Weise ist es möglich, Konfigurationen zu speichern und auszutauschen – ein Feature für die Teamkonstruktion also. Oder ein Feature, mit dem Sie Ihre Teamkollegen wahnsinnig machen.

Bevor Sie weitere Experimente mit den Konfigurationen anstellen, speichern Sie die Tabelle extern:

- Aktualisieren und speichern Sie das Modell. Über das Kontextmenü der Tabelle wählen Sie dann *Tabelle speichern.*
- Der Standarddialog wird geöffnet und wechselt in das Verzeichnis, in dem sich auch die Modelldatei befindet. Übernehmen Sie den Vorschlag für den Dateinamen und bestätigen Sie. Die externe Kopie ist nicht mit dem Modell verknüpft.

Allerdings sollte der Pfad inklusive Dateiname **nicht länger als 31 Zeichen** sein. Andernfalls wird der Pfadname abgeschnitten, und die Datei landet unter diesem verkürzten Namen im Wurzelverzeichnis. Beim Einlesen der Dateien existiert dieses Problem offenbar nicht.

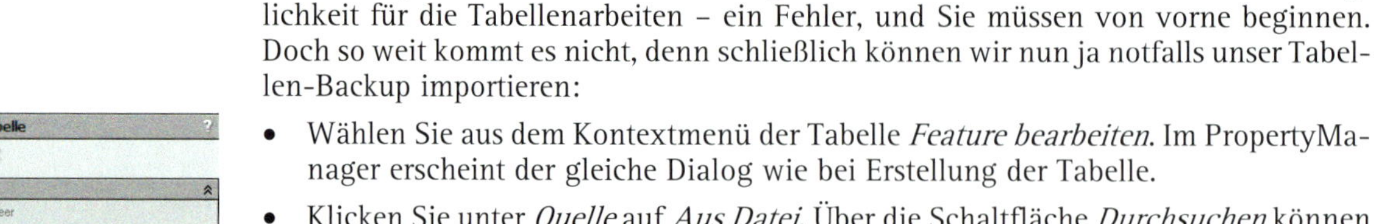

Der Hintergrund dieses Einschubs ist folgender: SolidWorks bietet keine Revisionsmöglichkeit für die Tabellenarbeiten – ein Fehler, und Sie müssen von vorne beginnen. Doch so weit kommt es nicht, denn schließlich können wir nun ja notfalls unser Tabellen-Backup importieren:

- Wählen Sie aus dem Kontextmenü der Tabelle *Feature bearbeiten*. Im PropertyManager erscheint der gleiche Dialog wie bei Erstellung der Tabelle.
- Klicken Sie unter *Quelle* auf *Aus Datei*. Über die Schaltfläche *Durchsuchen* können Sie die eben gespeicherte Excel-Tabelle einlesen.
- Aktivieren Sie *Verknüpfung zu Datei*, wenn diese Tabelle künftig den **Rang des internen Datensatzes** einnehmen soll.

In diesem Fall führt eine externe Änderung der Tabelle dazu, dass SolidWorks beim nächsten Laden des Modells eine Entscheidung von Ihnen verlangt (Abb. 4.40).

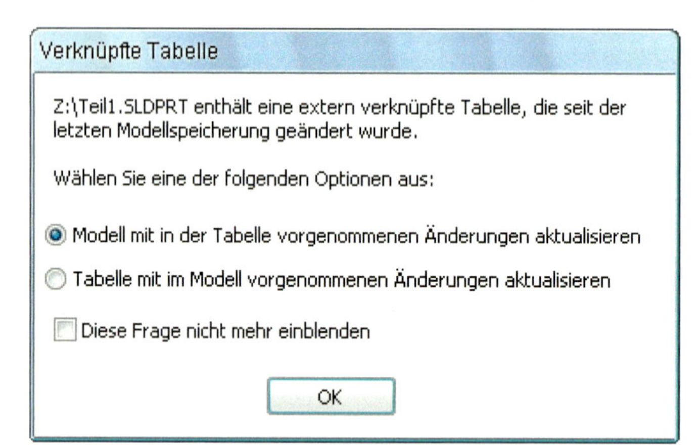

Bild 4.40: Die verknüpfte Tabelle wird auf Konsistenz mit den intern gespeicherten Daten geprüft

Wenn Sie die Verknüpfung verneinen, wird die interne Tabelle bei jedem Import einmalig mit den externen Daten überschrieben, wobei jene unverknüpft bleiben. Auf diese Art können Sie die externe Tabelle tatsächlich als Backup-Medium verwenden.

Bei der Arbeit mit externen Tabellen müssen Sie den Modellneuaufbau manuell auslösen.

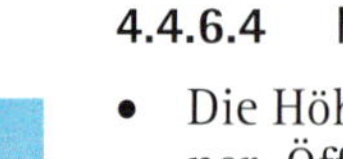

4.4.6.4 Modifizieren im Konfigurationskontext

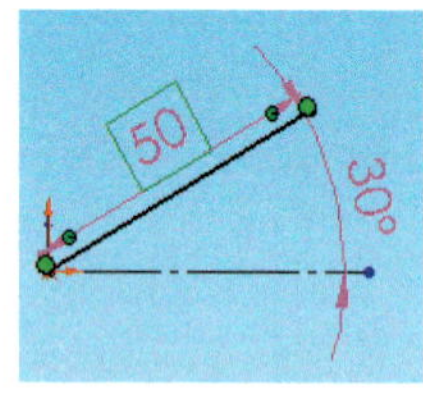

- Die Höhe des Trigons scheint noch etwas überzogen, bei Dürer wirkt es gedrungener. Öffnen Sie in der Konfiguration *Standard* die Skizze *Pfad Trigon* und ändern Sie die Länge von *60 mm* auf **50 mm**, und zwar nur für *diese Konfiguration*.

Beim Schließen der Skizze erhalten Sie die Meldung, dass die Tabelle aktualisiert wird. Wenn Sie sie öffnen, ist der neue Wert in der Konfiguration *Standard* eingetragen. Tabelle und Modell sind tatsächlich gleichberechtigt – Sie haben also Freiheitsgrade gewonnen, ohne Einbußen in Kauf nehmen zu müssen.

Es existieren jedoch auch Gefahren, die mit der fehlenden *Undo*-Funktion für Tabellen zusammenhängen:

- Speichern Sie das Modell. Öffnen Sie die Grundskizze des Trigons und ändern Sie den Winkel von *75°* auf **80°**. Wählen Sie *Alle Konfigurationen* und bestätigen Sie.

Die Änderung wird übernommen. Öffnen Sie nun die Tabelle, so sind die feinen Abstufungen für den Winkel der Grundskizze verschwunden und durch den neuen Wert ersetzt.

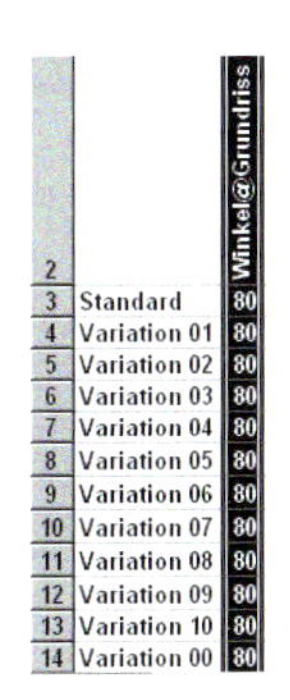

		Winkel@Grundriss
2		
3	Standard	80
4	Variation 01	80
5	Variation 02	80
6	Variation 03	80
7	Variation 04	80
8	Variation 05	80
9	Variation 06	80
10	Variation 07	80
11	Variation 08	80
12	Variation 09	80
13	Variation 10	80
14	Variation 00	80

Es gibt nun zwei Möglichkeiten:

1. Re-importieren Sie die externe Tabelle, wie oben gezeigt.
2. Schließen Sie die Datei ohne sie zu speichern und öffnen Sie sie erneut.

- Legen Sie dann noch einmal den Winkel der Grundskizze auf **80°** fest, doch nur für *diese Konfiguration*.

Interessant ist vor allem die Möglichkeit, bestimmte Konfigurationen auszuwählen, für die eine Modifikation gelten soll:

- Ändern Sie für die Ebene *Schnitt oben* das Maß *D1* von *21 mm* auf **18 mm**. Aktivieren Sie diesmal die Option *Konfiguration festlegen* und bestätigen Sie.
- Daraufhin erscheint ein Dialogfeld, in dem Sie die Konfigurationen auswählen, für die der neue Wert gelten soll. Wählen Sie alle **außer** *Variation 01* und *Variation 02*. Lassen Sie dann das *Modell neu berechnen*.

Nach Bestätigung wird die Konfigurationstabelle entsprechend aktualisiert. Bei diesem Verfahren ist es natürlich egal, in welcher Konfiguration Sie die Änderung vornehmen.

4.4.7 Ein echter Dürer: Der Rhomboederstumpf

Sehen Sie sich noch einmal Dürers Kupferstich auf S. 103 an. Das Objekt wirkt immer noch gedrungener als in unserer Konfiguration *Standard*. Die Schnitt-Dreiecke scheinen außerdem größer. Gelehrte sind nun der Meinung, dass es sich bei Dürers Kristall um ein **abgestumpftes Rhomboeder** handelt, dass also alle Winkel und Längen – und selbst die Position der Schnittebenen – entweder konstant oder von der Kantenlänge des „ungekappten" Rhomboeders linear abhängig sind. Wir müssten ein wenig umkonstruieren.

Rhomboeder: von sechs Rhomben begrenzte Kristallform

Da geht Ihnen eine Frage durch den Kopf.

Ja, worauf warten Sie noch, Herr Vogel?

4.4.7.1 Eine Konstruktionsvariante

Um die Gesetze des Rhomboederstumpfes „abbilden" zu können, müssen wir die Schnittebenen anders definieren. Die Grundform ist bereits korrekt, bis auf den Spitzenwinkel. Sie werden sehen, so viel Arbeit ist es nicht:

- Öffnen Sie Ihre Datei TRIGON – bzw. KAP 4 TRIGON von der DVD – und speichern Sie sie unter dem Namen DÜRER ab.

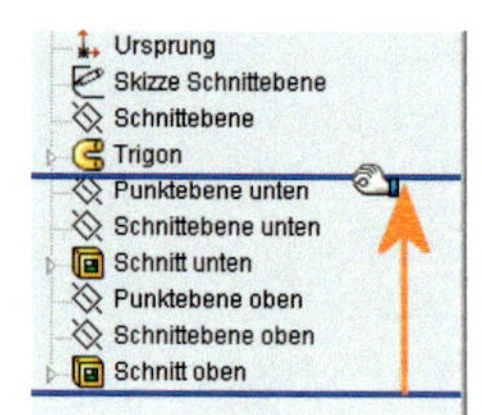

- Ziehen Sie den *Einfügebalken* – den blauen Balken unter dem letzten Feature – hinauf bis unter das Feature *Trigon*.

Dadurch werden die darunter liegenden Features unterdrückt, das Modell kehrt gleichsam in die Urzeit zurück. Alles, was Sie jetzt modellieren, wird hier eingefügt, wird **hierarchisch also über die nachfolgenden Features** gestellt.

- Zunächst brauchen wir die – oder eine – Bezugsebene für die Schnittebenen. Fügen Sie eine neue *Ebene* ein, die Sie *deckungsgleich* mit drei **Mittelpunkten** der langen Kanten verbinden (Abb. 4.41, vgl. Abb. 4.32 auf S. 115). Beachten Sie die Lage des Ursprungs (Kreis) und die Form des Cursors beim Anklicken. Nennen Sie das Feature **E Basis**.

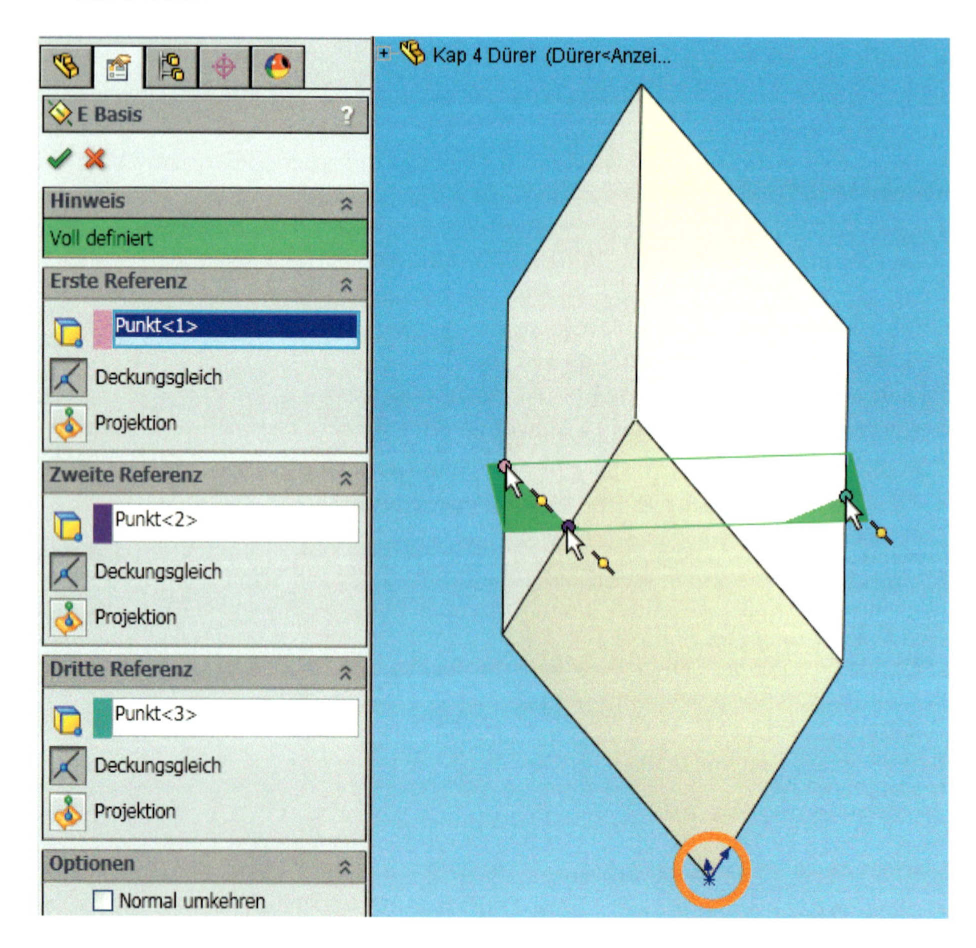

Bild 4.41: Auch Mittelpunkte von Kanten sind Punkte, an die man Geometrie anheften kann.

Blenden Sie diese Ebene ein. Zusammen mit dem Ursprung können Sie sich so besser orientieren.

Die Entfernung der Schnittebene messen wir beim Rhomboederstumpf von der oberen bzw. der unteren Spitze aus, und zwar entlang einer der drei Kanten, die von der jeweiligen Spitze ausgehen. Zeit für eine neue Skizze:

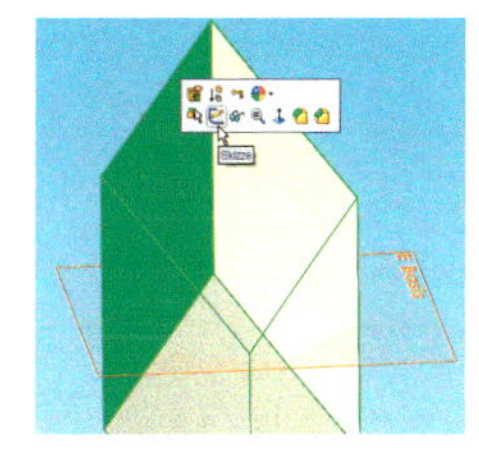

- Klicken Sie auf eine der Flächen, die an die obere Spitze angrenzen, und fügen Sie eine neue *Skizze* ein. Gehen Sie in die *Normalansicht.*

- Fügen Sie einen einzelnen Skizzen-*Punkt* ein und verbinden Sie ihn *deckungsgleich* mit einer der Spitzen-Kanten (Abb. 4.42). Der Punkt muss sich entlang dieser Kante verschieben lassen, ansonsten haben Sie eine Mittelpunkt- oder Endpunktbeziehung definiert.

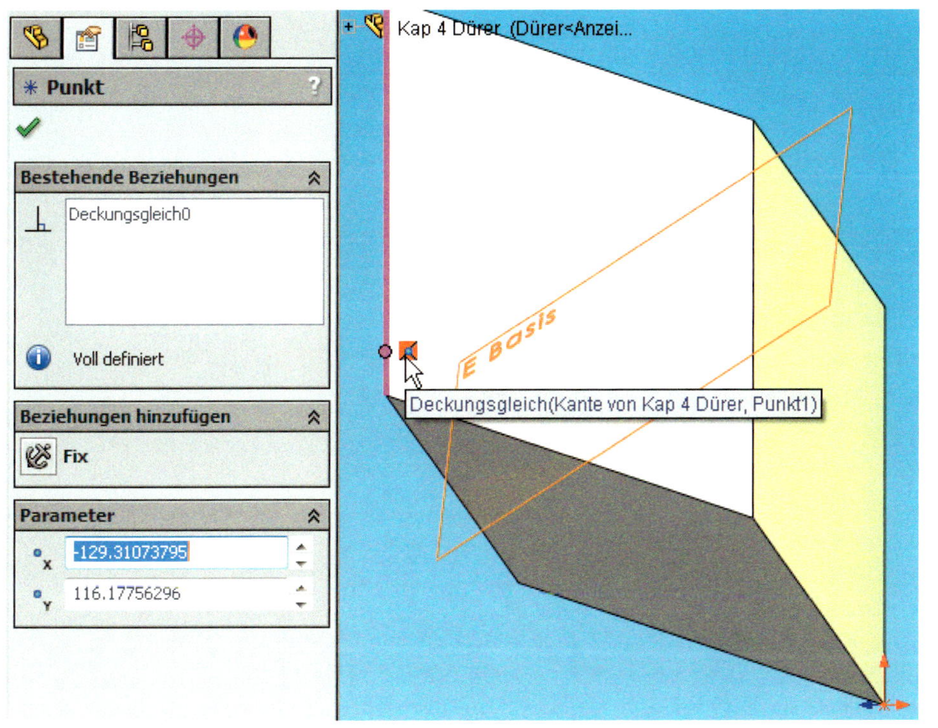

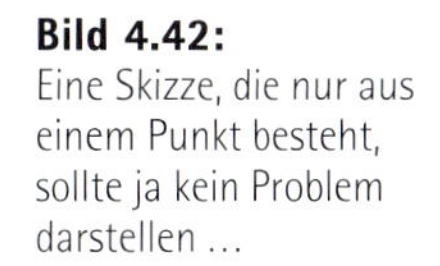

Bild 4.42:
Eine Skizze, die nur aus einem Punkt besteht, sollte ja kein Problem darstellen ...

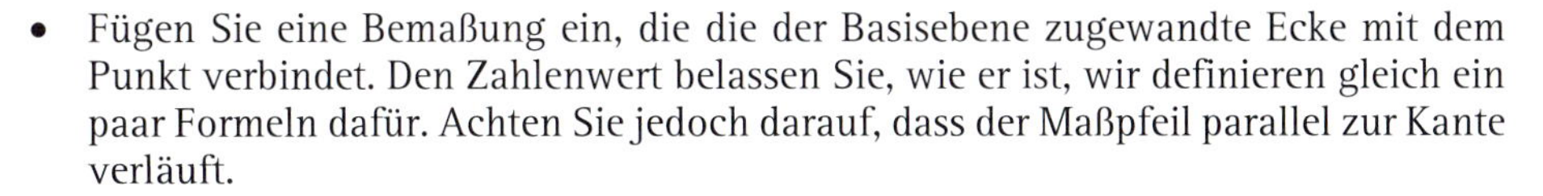

- Fügen Sie eine Bemaßung ein, die die der Basisebene zugewandte Ecke mit dem Punkt verbindet. Den Zahlenwert belassen Sie, wie er ist, wir definieren gleich ein paar Formeln dafür. Achten Sie jedoch darauf, dass der Maßpfeil parallel zur Kante verläuft.
- Schließen Sie die Skizze und nennen Sie sie **Sk Seite b oben**.
- Fügen Sie eine zweite Skizze **Sk Seite b unten** auf ähnliche Weise so ein, dass sie den Abstand der unteren Schnittebene definiert. Als Skizzenebene müssen Sie eine Körperfläche wählen, die an die untere Spitze angrenzt.

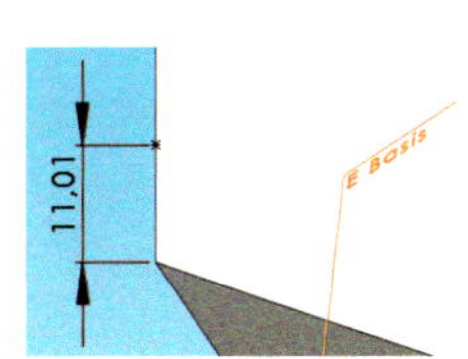

Beide Punkte (Kreise) und ihre betreffenden Bezugsecken (Pfeile) sind noch einmal in Bild 4.43 dargestellt.

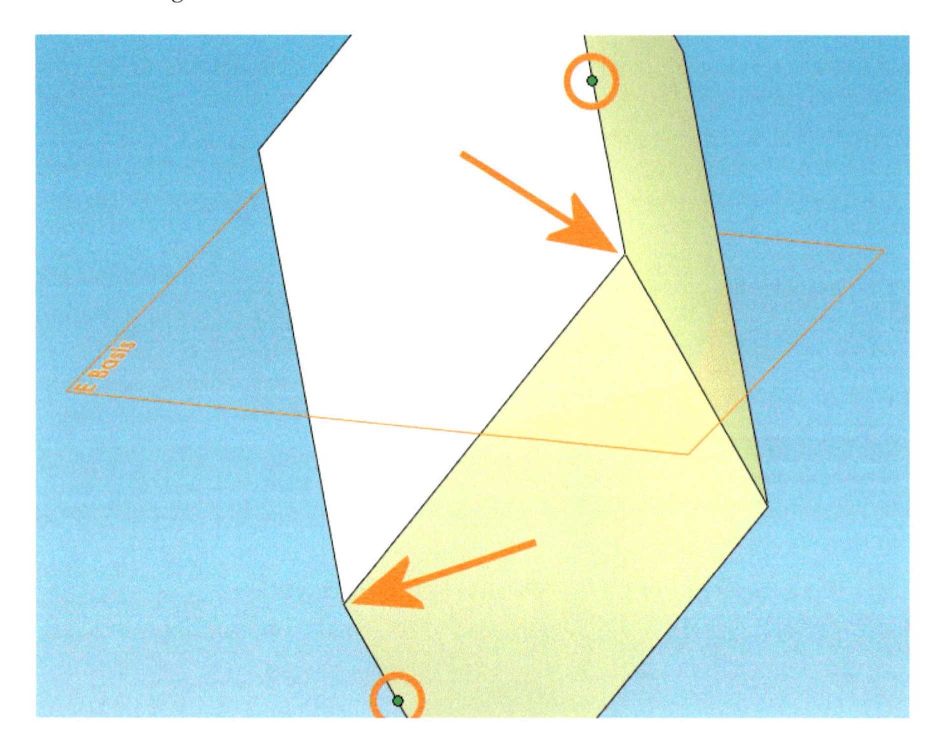

Bild 4.43:
Die Bezugspunkte für die Schnittflächen und ihre Bezugsecken. Die Pfeile liegen auf den Bezugsebenen dieser Punkte.

- Ziehen Sie den Einfügebalken eins nach unten, sodass das Feature *Ebene Schnitt oben* aktiviert ist. Öffnen Sie diese Ebene und löschen Sie alle Referenzen durch Auswählen der Einträge und **Entf**.
- Definieren Sie dann als *Erste Referenz* die neue *E Basis* mit dem Bezug *Parallel*, als *Zweite Referenz* den *Punkt1@Sk Seite b oben* mit dem Bezug *Deckungsgleich*. Damit ist sie voll definiert, Sie können bestätigen (Abb. 4.44).

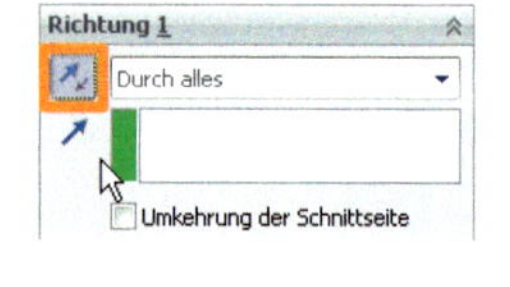

- Ziehen Sie den Einfügebalken noch eins nach unten, sodass *Schnitt oben* aktiviert wird. Sollte dieser nun in den Körper hineinführen, so aktivieren Sie die Schaltfläche *Richtung umkehren*. Die Endbedingung lautet *Durch alles*. Bestätigen Sie, so wird der Schnitt ausgeführt.
- Ziehen Sie den Einfügebalken eins nach unten, sodass die *Ebene Schnitt unten* aktiviert wird und verknüpfen Sie sie auf analoge Weise wie eben mit der Basisebene und dem *Punkt1@Sk Seite b unten*.
- Korrigieren Sie dann auch den *Schnitt unten*. Stellen Sie diesen außerdem auf die Endbedingung *Durch alles* um und bestätigen Sie.

Damit sollte der Modellbaum wieder vollständig aktiviert sein, beide Schnitte sind zu sehen. Nun kommt das Formelwerk an die Reihe, nämlich...

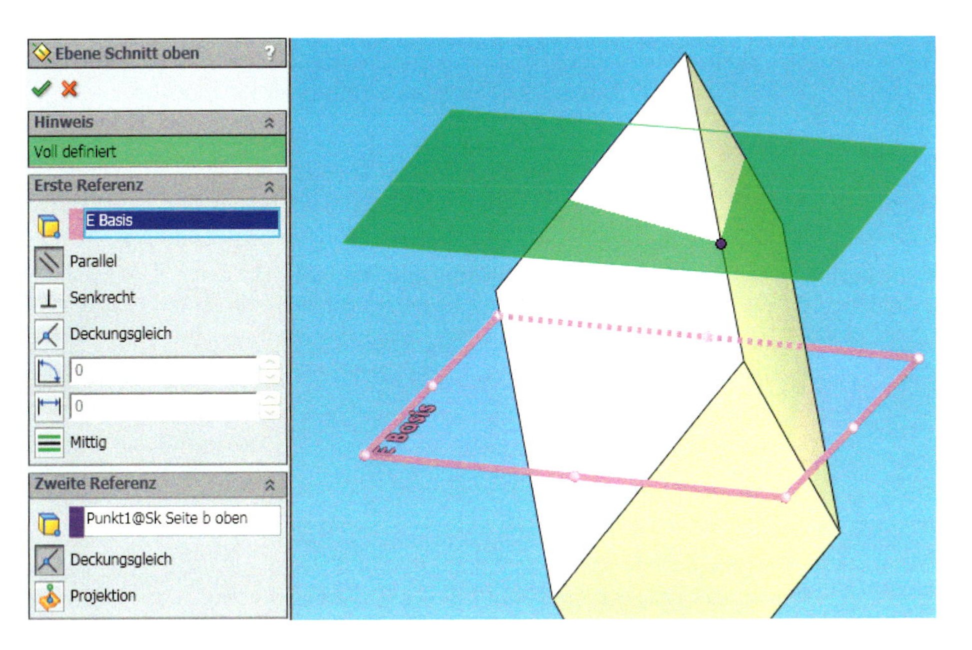

Bild 4.44:
Die Neudefinition vorhandener Features ist bei voller Parametrierung kein Problem.

4.4.7.2 Die Geometrie des Dürer-Polyeders: Parametrik an sich

Zum Rhomboederstumpf gehört, wie stets in der Mineralogie, ein dicker Satz Formeln (Abb. 4.45).

Der Abstand einer Schnittfläche von ihrer jeweiligen Bezugsecke (in der Grafik **b**) berechnet sich bei einem abgestumpften Rhomboeder der Kantenlänge **a** zu

$$b = \frac{a}{2}(3 - \sqrt{5})$$

Der Terminus **b** steht für die kurze Kante, die durch den Schnitt entsteht – genau derjenige Abstand also, den Sie soeben mit den beiden Skizzenpunkten definiert hatten. Der konstante Term dieser Formel sieht im Gleichungseditor so aus:

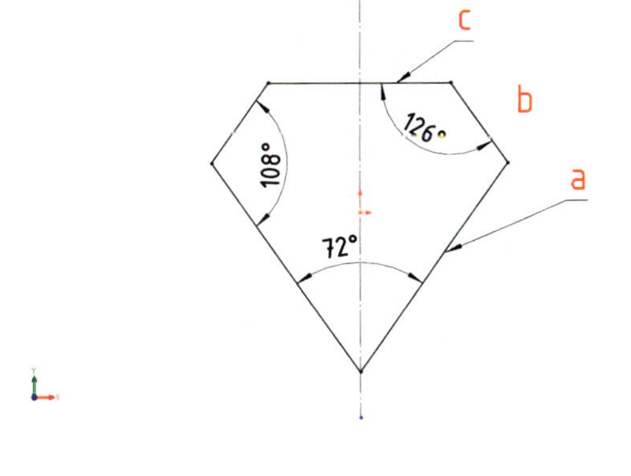

Bild 4.45:
Seiten und Winkel einer einzelnen Rhomboeder-Rhombe. Alle sechs sind identisch.

```
= ( 3 - sqr ( 5 ) ) / 2
```

wobei *sqr* für **Square Root** oder *Quadratwurzel* steht. Es gilt wie üblich **Punkt vor Strich**, was die Zahl der erforderlichen Klammern in erträglichen Grenzen hält.

Wenn Ihnen die Schreibweise einer Funktion einmal entfallen sollte, können Sie immer das automatische Kontextmenü des Gleichungseditors zu Rate ziehen.

- Öffnen Sie den Gleichungseditor über *Extras, Gleichungen*. Fügen Sie eine neue *Globale Variable* namens **Kantenlänge** ein und verleihen Sie ihr den Wert **100**.
- Fügen Sie eine weitere Variable namens **Winkel** mit dem Wert **72** hinzu.
- Als dritte Variable definieren Sie **sSchnitt** – oder **b** – mit dem obigen Text auf der rechten Seite (Abb. 4.46). Achten Sie auf die korrekte *Evaluierung* von *sSchnitt*.

Bild 4.46:
Widerspruch in sich: Die *Variablen* des Rhomboeders sind alle konstant.

	Name	Wert / Gleichung	Evaluiert zu	Kommentare
	Globale Variablen			
	"sSchnitt"	= (3 - sqr (5)) / 2	0.381966	Entfernung Schnittebene
	"Winkel"	= 72	72	Kantenwinkel Spitze
	"Kantenlänge"	= 100	100	Kantenlänge
	Globale Variable hinzu			

Natürlich können Sie diese Variablen auch *b, alpha* und *a* nennen – Hauptsache, der Name existiert noch nicht im Bauteil. Ich fand es nur deutlicher so.

Da *sSchnitt* konstant ist, könnten wir natürlich auch einfach den Wert eintippen. Doch SolidWorks rechnet auf 15 Stellen hinter dem Komma genau, und die lassen wir uns nicht entgehen.

Kommen wir nun zur Berechnung der Längen und Winkel an sich:

- Aktivieren Sie die Anzeige *aller Beschriftungen* und der *Bemaßungsnamen* und fügen Sie eine neue *Gleichung* ein.
- Wählen Sie den *Winkel@Grundriss* (z.Zt. *75°*) und verleihen Sie ihm den Wert *Winkel*, indem Sie einfach auf dessen Namen in den *Globalen Variablen* klicken (Abb. 4.47, oberste Zeile).

Bild 4.47:
Sieht nur kompliziert aus: Fast alle Eingaben lassen sich durch Anklicken von Variablen und Maßzahlen definieren.

	Gleichungen			
	"Winkel@Grundriss"	= "Winkel"	72Grad	Winkel Rhombo-Spitze
	"Länge@Pfad Trigon"	= "Kantenlänge"	100mm	Kante a
	"Winkel Ebene rechts@Schnittebene"	= "Winkel" / 2	36Grad	Halbwinkel Schwenk
	"Winkel@Pfad Trigon"	= "Winkel" / 2	36Grad	Halbwinkel Tiefe Trigon
	"Seitenlänge@Grundriss"	= "Kantenlänge"	100mm	Kantenlänge
	"D1@Sk Seite b oben"	= "sSchnitt" * "Kantenlänge"	38.2mm	Kante b
	"D1@Sk Seite b unten"	= "sSchnitt" * "Kantenlänge"	38.2mm	
	Gleichung hinzufügen			

- Verknüpfen Sie auf gleiche Weise *Länge@Pfad Trigon* mit der *Kantenlänge* und
- *Winkel Ebene rechts@Schnittebene* mit *Winkel*, wobei Sie dahinter noch **/2** eingeben, sodass hierfür der halbe Winkel evaluiert wird.
- *Winkel@Pfad Trigon* besitzt den gleichen Wert wie unsere Schwenkebene *Winkel Ebene rechts@Schnittebene*.

- *Seitenlänge@Grundriss* erhält natürlich die *Kantenlänge*.

Die Formel für die Schnittebenen komplettieren Sie nun, indem Sie sie mit der Kantenlänge multiplizieren:

- Fügen Sie eine neue Gleichung ein und klicken Sie auf das einzelne Maß der Skizze *Sk Seite b oben*, normalerweise heißt dieses *D1*. Für die Ergebnisseite klicken Sie auf *sSchnitt*, dann geben Sie ein Multiplikationszeichen „*" ein, dann klicken Sie auf *Kantenlänge*.
- Führen Sie Analoges mit dem Abstand von *Sk Seite b unten* durch.

Wenn alles sauber evaluiert wird, können Sie den Gleichungseditor mit *OK* bestätigen. Das gesamte Modell wird nun durch diese Formeln gesteuert – mit anderen Worten: Sie können allein durch Ändern des Parameters *Kantenlänge* den Rhomboederstumpf ansteuern! In Bild 4.48 sehen Sie den Polyeder mit seiner kompletten **Erstellungshistorie** – das ist Jargon für *FeatureManager*.

- Speichern Sie das Modell.

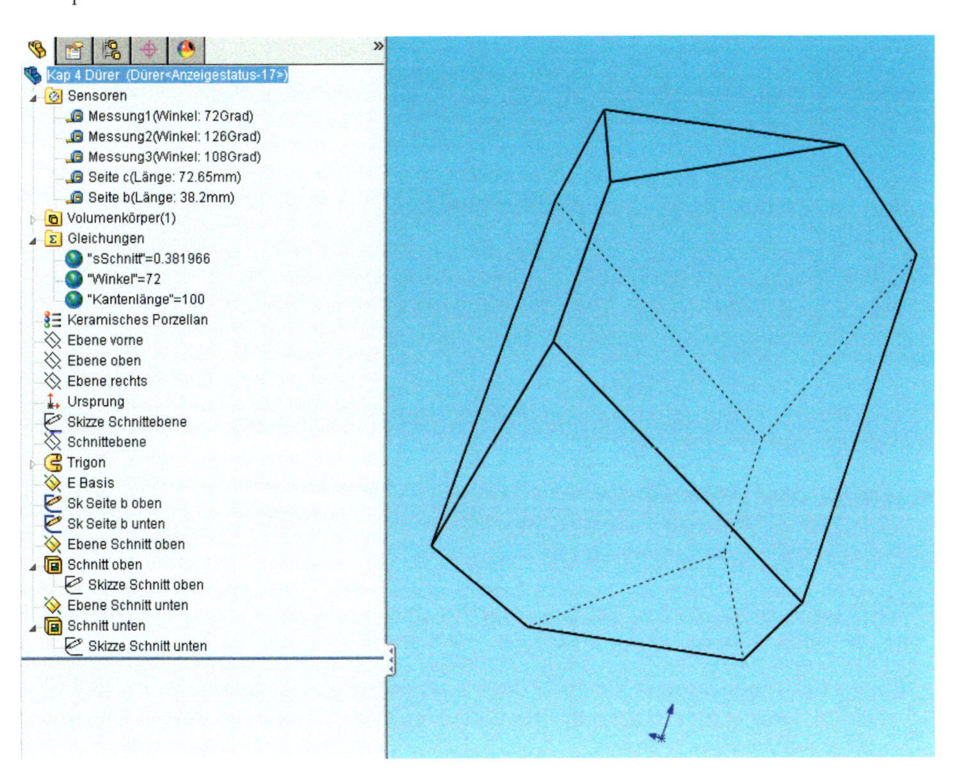

Bild 4.48: Schon fast da: Der vollparametrische Dürer-Polyeder!

4.4.7.3 Sensoren

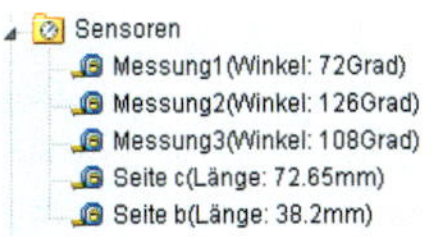

Vielleicht haben Sie in Bild **4.48** die kleinen Einträge am oberen Ende des Baums bemerkt, die *Sensoren*. Diese Kontrollmöglichkeit ist relativ neu in SolidWorks. Mit Sensoren können Sie allerlei Werte des Modells in Echtzeit messen und auf Wunsch sogar mit Alarmfunktionen versehen:

- Wählen Sie *Extras, Messen*. Ein kleines Dialogfeld gleichen Namens erscheint.
- Klicken Sie dann nacheinander auf zwei lange Kanten, sodass ein Winkel interpretiert wird (Abb. 4.49). Dieser sollte sich auf *72°* belaufen.

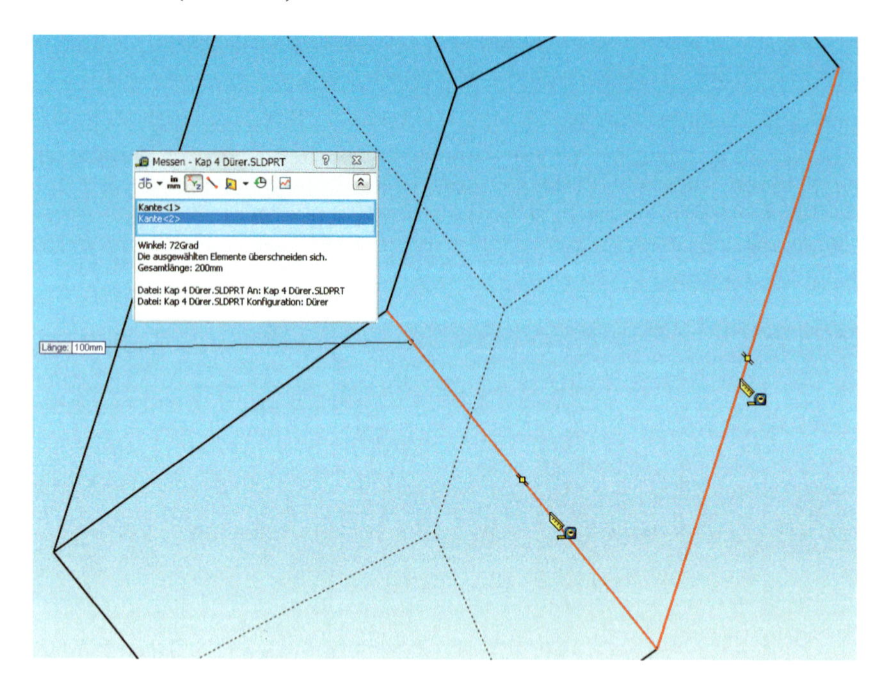

Bild 4.49:
Prüfen und Messen: Mit Sensoren lassen sich viele Eigenschaften des Modells überwachen.

- Um diese Messung aufzubewahren, klicken Sie auf das kleine Diskettensymbol. Der Sensor wird im FeatureManager unter der Rubrik *Sensoren* eingeordnet.
- Verfahren Sie ebenso für die Winkel zwischen einer langen und einer kurzen Kante (a-b, 108°) sowie zwischen einer kurzen und einer Schnittkante (b-c, 126°).

Die Winkel 72° und 108° sind charakteristisch für den Rhomboederstumpf. Der dritte ergibt sich aus der Differenz der Winkelsumme mit den restlichen Winkeln, für ein Fünfeck also $(540° - 72° - 2 \cdot 108°)/2 = 126°$. Sollten die Winkel also andere Werte annehmen, stimmt mit dem Modell etwas nicht.

- Eine letzte Probe können Sie durchführen, wenn Sie die Länge einer Schnittkante – einer der Dreieckseiten des Schnittes (vgl. Abb. 4.45), Seite **c** – messen. Diese Kante sollte eine Länge von genau

$$c = a\sqrt{5 - 2\sqrt{5}}$$

oder 0,7265 multipliziert mit der Kantenlänge *100* besitzen. Und richtig, der Sensor pegelt sich auf **72,65 mm** ein. *Q. e. d.,* kann man da nur sagen.

4.4.7.4 Aus der Sicht der Renaissance

Ihrer untrüglichen, messerscharfen Beobachtungsgabe ist nicht entgangen, dass unser Modell immer noch nicht so aussieht wie auf Dürers Kupferstich (S. 103). Nun, hier kommt die Zeit Albrecht Dürers ins Spiel, die Renaissance. Dort wurden die Grundlagen der modernen Malerei und Darstellungskunst geschaffen, unter anderem auch die Einpunktperspektive, die der Wahrnehmung des menschlichen Auges entspricht. Korrigieren wir die Ansicht im Editor, so erhalten wir die korrekte Darstellung:

- Schalten Sie um auf *Perspektive*.

Schon besser. Aber noch nicht perfekt. Doch die Perspektive lässt sich ihrerseits konfigurieren:

- Wählen Sie *Ansicht, Modifizieren, Perspektive*. Im PropertyManager können Sie nun die *Betrachterposition* bis auf **1** herunterregeln, wodurch die Perspektive verstärkt wird und sich einem Weitwinkelobjektiv annähert – so als stünde man direkt davor. Und endlich stellt sich das Gewünschte ein (Abb. 4.50)!

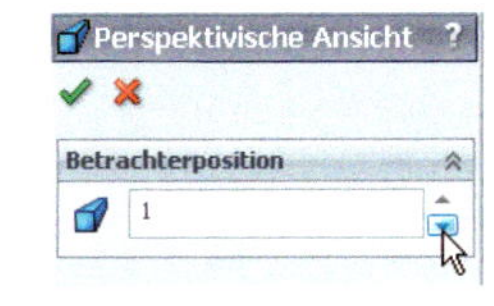

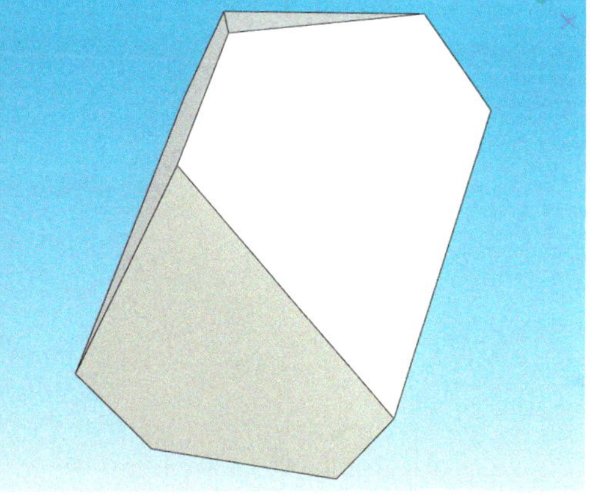

Bild 4.50:
So stark ist Dürer: Stellen Sie sich nur mal vor, er hätte SolidWorks gehabt!

Die Perspektive lässt sich weiter verstärken, indem Sie Werte kleiner als 1 in das obige Editierfeld **eintippen**, also z. B. **0.4**.

4.4.7.5 Ansichtssteuerung IV: Benannte Ansichten

Beim Rhomboeder werden Sie auf die gleichen Schwierigkeiten stoßen wie beim Tetraeder: Da sich die Ansichtssteuerung stur auf die Hauptebenen bezieht und die isometrische Ansicht ohnehin nur eine einzige Variante kennt, müssen Sie entweder die Hauptebenen neu einstellen, wie Sie dies vorhin schon getan hatten, oder mit der Handsteuerung arbeiten. Die Orientierung des Originals lässt sich jedoch an ein paar markanten Punkten festmachen – Dürer hatte schließlich auch keinen Computer mit Ansichtsrotation:

- Das obere Schnittdreieck weist nach rechts. Die linke Seite dieses Dreiecks steht genau senkrecht zum Beobachter.

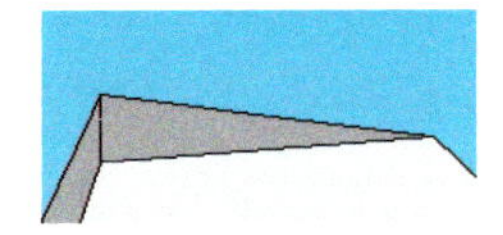

- Die linke obere Fläche steht beinahe parallel zum Betrachter.

- Wenn Sie die Ansicht korrekt eingestellt haben, drücken Sie die Leertaste oder die Schaltfläche *Ausrichtung Ansicht* in der Symbolleiste *Ansicht*. Es erscheint die Dialogbox *Ausrichtung* (Abb. 4.51).

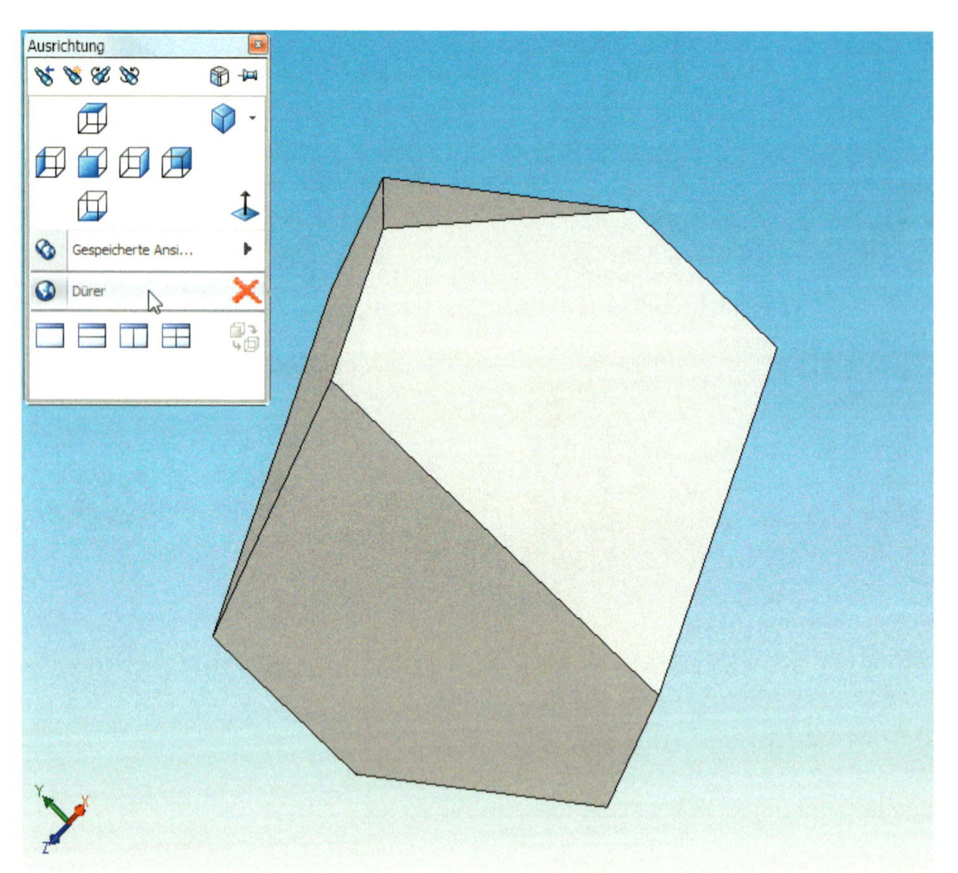

Bild 4.51: Ansichten lassen sich in der Modelldatei speichern.

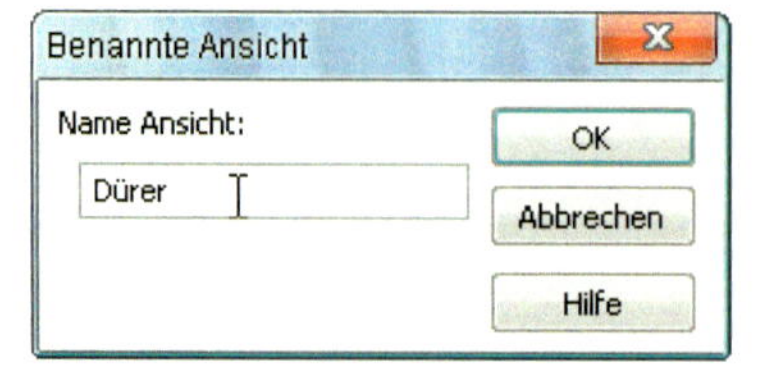

- Klicken Sie auf *Neue Ansicht*, die linke der drei beinahe identischen Schaltflächen,
- so erscheint das Dialogfeld *Benannte Ansicht*. Tragen Sie hier einen leicht zu merkenden Namen für die Ansicht ein, etwa **Dürer**. Speichern Sie die Datei.

Damit ist auch diese Ansicht gespeichert: Wenn Sie die Datei erneut öffnen, ist die Ansicht noch vorhanden – ein Doppelklick ins Fenster *Ausrichten* genügt.

4.5 Ausblick auf kommende Ereignisse

Kommen wir nun zum nächsten Schwierigkeitsgrad:

- Schalten Sie unter *Extras, Optionen, Systemoptionen, Skizze* die Option *Voll definierte Skizzen verwenden* ein.

Diese Einstellung zwingt Sie, jede Skizze voll zu definieren, **bevor** Sie sie schließen. SolidWorks wird Sie sonst weder aus der Pflicht noch aus der Skizze entlassen und Sie mit der Fehlermeldung nach Abbildung 4.52 konfrontieren.

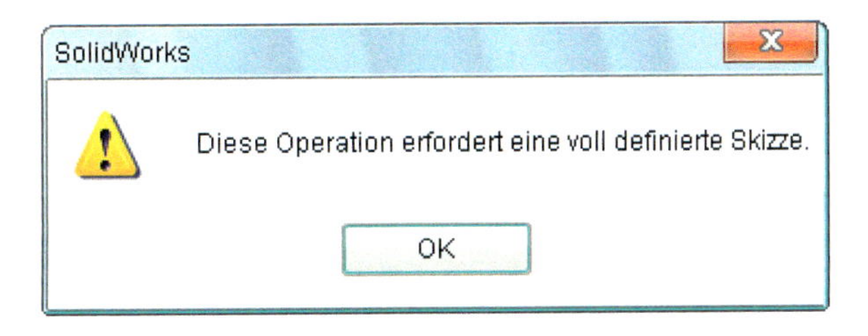

Bild 4.52:
Das Ende allen Spiels: Die Option *voll definierte Skizzen verwenden* zwingt den User, genau dies zu tun.

Der Sinn der Sache ist, dass Sie mehr und mehr lernen, selbst auf die korrekte Definition zu achten – und zwar auch dann, wenn Sie mit diesem Buch schon lange fertig sind.

4.6 Dateien auf der DVD

Die Dateien zu diesem Kapitel finden Sie auf der DVD unter

KAP 4 REFERENZGEOMETRIE.SLDPRT

KAP 4 WELLE.SLDPRT

KAP 4 TETRAEDER.SLDPRT

KAP 4 TRIGON.SLDPRT

KAP 4 TRIGON VARIANTEN.SLDPRT

KAP 4 DÜRER.SLDPRT

KAP 4 RHOMBOEDER HERLEITUNG.SLDPRT

KAP 4 TRIGON.XLS

KAP 4 TRIGON VARIANTEN.XLS

Teil II: Und jetzt wird's ernst!

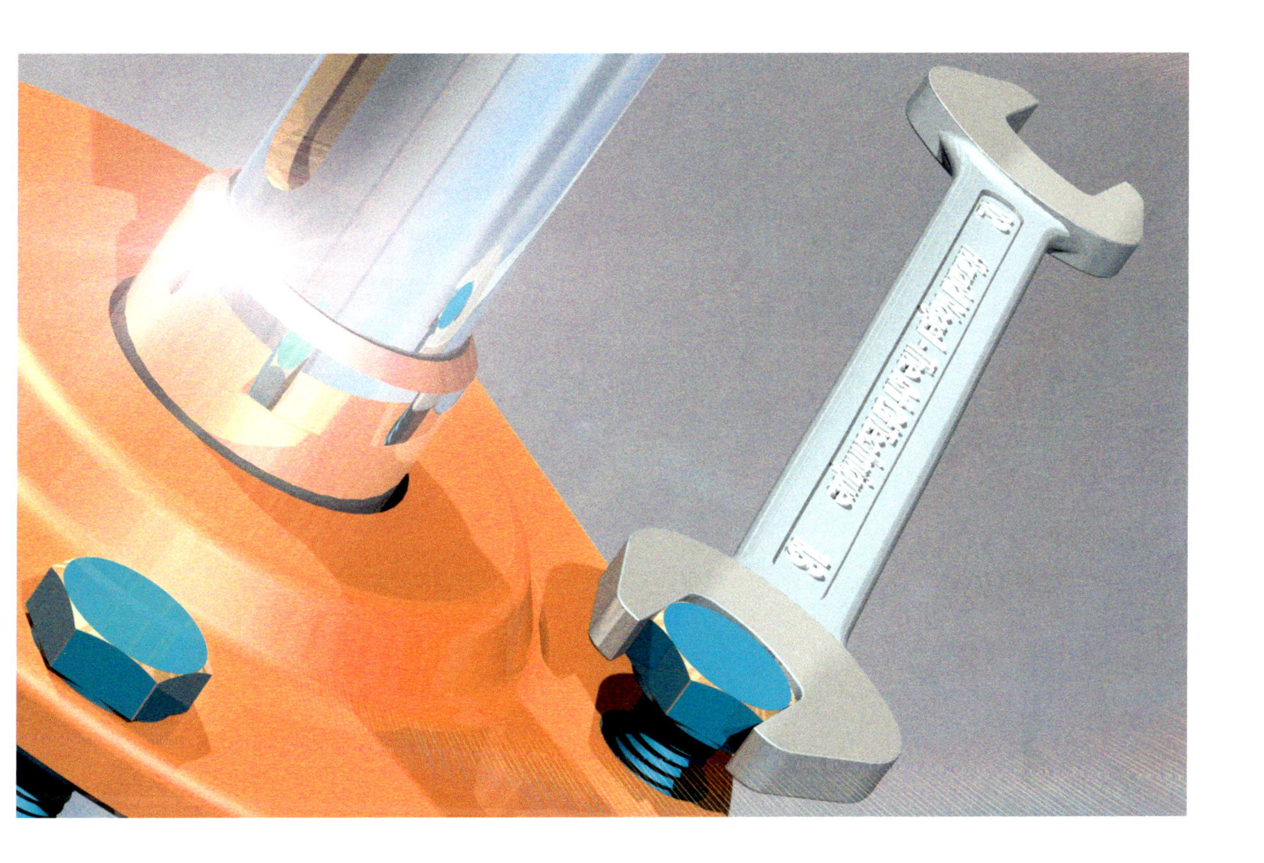

5 Die Kunst des Mechanical CAD

Wie man Stahlguss flexibel hält

Konstruieren Sie nun die Bestandteile eines Stirnradgetriebes, die Sie dann, in den letzten Kapiteln, zur lauffähigen Maschine zusammenbauen. Fraglos ist das gussgerechte Gehäuse der schwierige Part – die Gefahr, in eine Sackgasse zu geraten, ist groß.

In den ersten Kapiteln haben Sie gesehen, wie Skizzen und Features im wahrsten Sinn des Wortes aufeinander aufbauen. Doch je weiter sich ein Modell entwickelt, desto mehr wird der gegenseitige Bezug zum Problem: Die Gefahr wächst, dass Skizzengeometrie und Features, Punkte und Ecken, Linien und Kanten durcheinander geraten und sich verknoten wie ein Topf Spaghetti. Hat man dann auch noch etwas vergessen oder muss etwas ändern, ist das Modell oft verloren: Allen Vokabeln der Werbetexter zum Trotz fordert gerade das MCAD planvolles Vorgehen!

Doch man kann nicht jede Entwicklung vorhersehen. Es kommt immer wieder vor, dass man nachträglich Features verändert. Man muss also sein Modell so flexibel wie möglich halten, um Änderungen zu erleichtern oder überhaupt erst möglich zu machen. Um das zu illustrieren, wagen wir uns jetzt an eine mehrteilige Konstruktion: wir bauen ein Standgetriebe.

Um das zweigeteilte Gehäuse zu konstruieren, gehen wir ähnlich vor wie ein Formenbauer: Wir definieren es in einem Stück. So erhalten wir automatisch zwei harmonisch zusammenpassende Hälften und vermeiden Anschlussfehler. Dazu bilden wir einen Grundkörper, an dem wir die Details – oder Features – anbringen. Erst zum Schluss nehmen wir die Teilung vor.

5.1 Der Grundkörper

Der Grundkörper besteht aus einer linearen Austragung, die mit einem weiteren Profil – der Seitenansicht – geschnitten wird. Das Verfahren entspricht der Boole'schen Schnittmenge.

Die Skizze des Körpers ist symmetrisch zur Vertikalen, also brauchen wir nur die rechte Hälfte zu zeichnen:

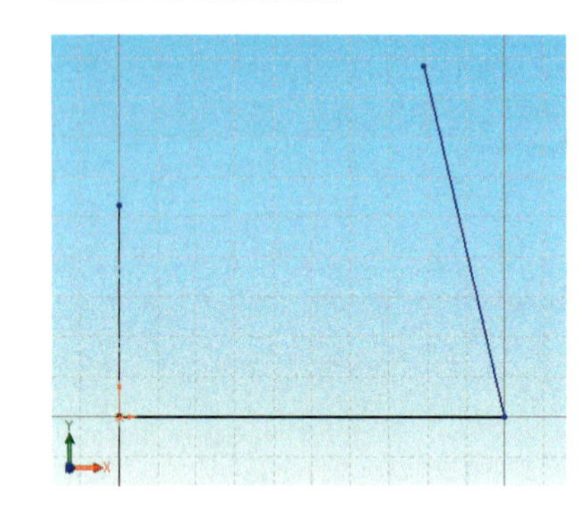

- Öffnen Sie ein neues *Teil* und speichern Sie es unter dem Namen GEHÄUSE.
- Fügen Sie eine neue Skizze auf der *Ebene vorne* ein. Zeichnen Sie dann eine *vertikale Mittellinie* und verknüpfen Sie sie *deckungsgleich* mit dem Nullpunkt, so dass sie voll definiert ist.
- Zeichnen Sie dann eine Horizontale nach rechts und eine Schräge, die im spitzen Winkel nach oben führt.

Die Bildung **automatischer Beziehungen** verhindern Sie, indem Sie beim Skizzieren die **Strg**-Taste gedrückt halten.

5.1.1 Alternativfunktion: Der Bogen in der Linie

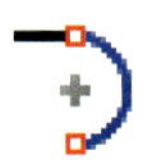

Sie können innerhalb der Linienfunktion einen tangentialen Kreisbogen anschließen, indem Sie – ohne zu klicken – den Cursor auf den letzten Punkt zurück führen und wieder ausziehen, oder indem Sie die Taste **A** für die jeweils **a**lternative Befehlsoption drücken. Der Cursor zeigt nun das Bogensymbol. Alternativ dazu nutzen Sie aus der Symbolleiste *Skizze* die Funktion *Tangentialer Bogen:*

- Zeichnen Sie zwei tangentiale Bogenstücke nacheinander nach Abb. 5.1. Das Ende des zweiten soll die Mittellinie *deckungsgleich* berühren.
- Zeichnen Sie vom Berührpunkt zwischen Bogen und Mittellinie eine *horizontal* festgelegte Linie. Markieren Sie sie *für Konstruktion.* Dies können Sie außer über den PropertyManager ebenfalls mit einer *Mittellinie* erreichen (Abb. 5.2).
- Verknüpfen Sie diese Linie *tangential* mit dem Bogen.

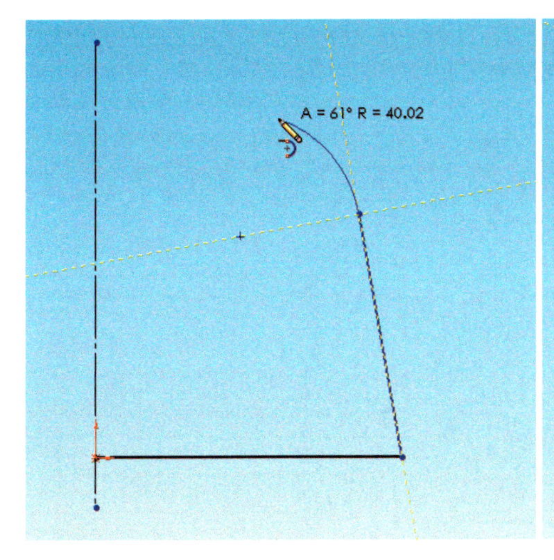

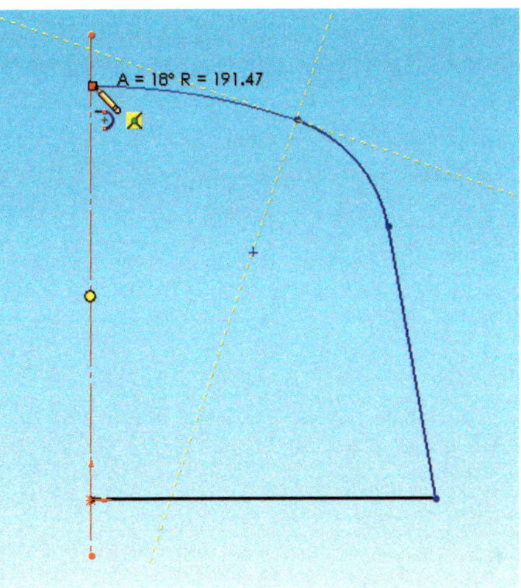

Bild 5.1:
Praktisch:
Die Linienfunktion enthält einen Alternativmodus für tangential anschließende Bogen.

So erreichen Sie, dass das Bogenstück stets rechtwinklig zur Mittellinie steht: Dies ist die Voraussetzung für einen tangentialen Übergang beim Spiegeln. Zudem können Sie ohne lästige Bemaßungsversuche zunächst mehrere Positionen ausprobieren, während beide Bogen harmonisch und simultan mitgehen.

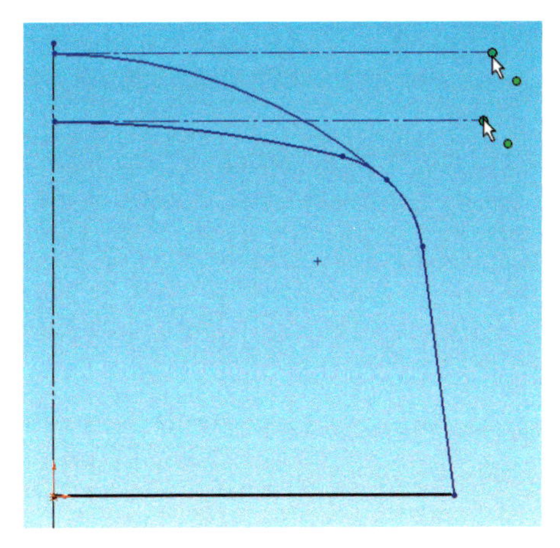

Bild 5.2:
Stellhebel:
Mit diesem Trick bleibt das Ende des Bogens stets horizontal.

- Wenn Sie die richtige Form gefunden haben, legen Sie sie fest.
- Wählen Sie die Kontur und die vertikale – **ohne** die horizontale – Konstruktionslinie. *Spiegeln* Sie sie dann.
- Bemaßen Sie die rechte Seite der Skizze nach Abb. 5.3 (s. S. 140), um sie voll zu bestimmen. Fangen Sie mit den Radien an und bemaßen Sie – wie immer – vom Kleinen zum Großen.
- Beenden Sie die Skizze und nennen Sie sie **Skizze Grundkörper**.
- Fügen Sie eine neue Skizze auf *Ebene rechts* ein. Wechseln Sie in die Normalansicht.
- Zeichnen Sie das Trapez plus vertikaler Mittellinie nach Abbildung 5.4 links, wobei die rechte untere Ecke im Nullpunkt liegt.
- Bemaßen Sie die Unterkante mit **85 mm** und den Neigungswinkel gegen die Mittellinie mit **3°**.

Strg + 8

Diesmal beschreiten wir beim Festlegen den umgekehrten Weg: Die Mittellinie wird mit Hilfe zweier Skizzenelemente symmetrisch gemacht.

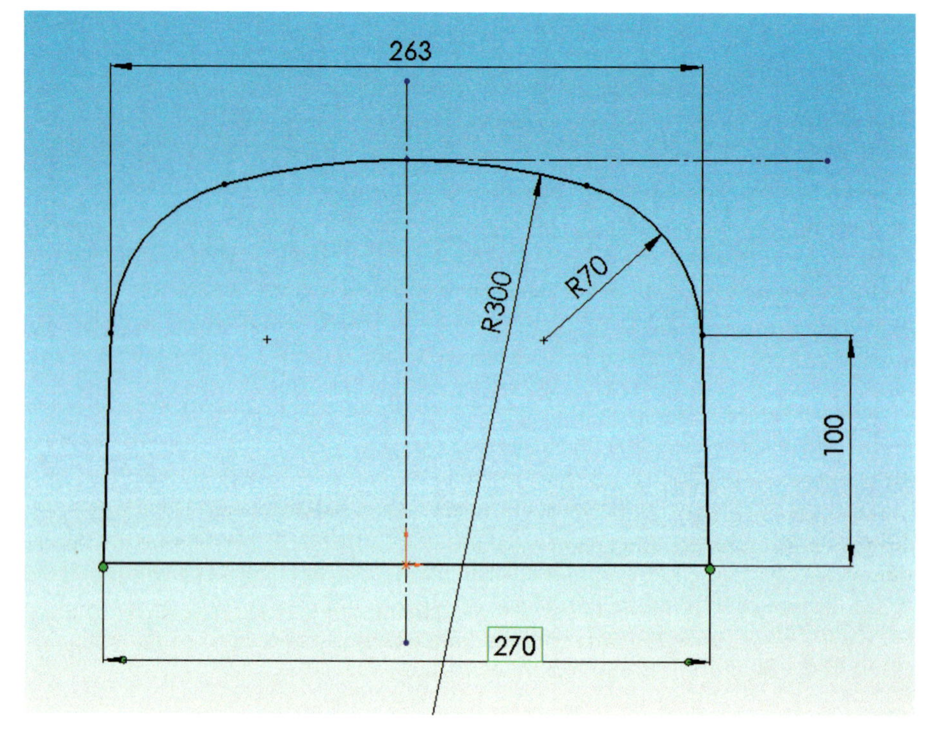

Bild 5.3:
Durch Skizzenbeziehungen kommt man bei dieser Skizze mit ganzen fünf Maßen aus.

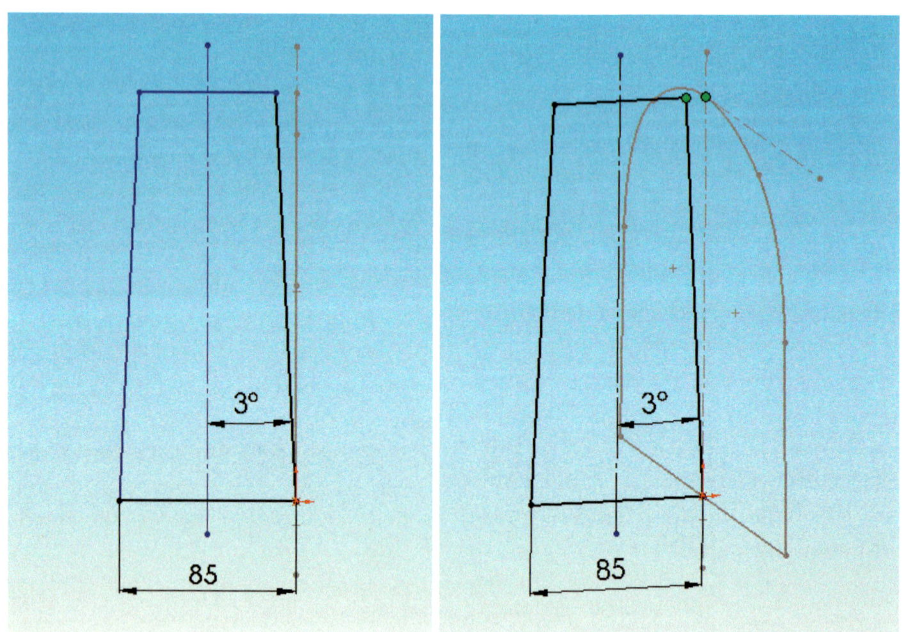

Bild 5.4:
Die Seitenansicht des Gehäuses ist so einfach, dass sich ein Halbprofil nicht lohnt.

- Klicken Sie bei der unteren Horizontalen den linken und den rechten Endpunkt sowie die Mittellinie an. Definieren Sie die Beziehung *Symmetrisch*. Damit ist sie festgelegt.

Mehrfachauswahl mit **Strg** + Klick

- Definieren Sie dann gleichfalls *Symmetrie* zwischen den beiden Schrägen und der Mittellinie.
- Drehen Sie die Ansicht etwas, so dass sie aussieht wie in Bild 5.4 rechts.
- Definieren Sie zwischen einem der oberen Endpunkte und dem Scheitelpunkt der *Skizze Grundkörper* die Beziehung *Horizontal*. Damit ist auch die Seitenansicht voll definiert. Beenden Sie die Skizze und nennen Sie sie **Skizze Schnitt rechts**.

Was ist nun der Vorteil der Verknüpfung zwischen den Skizzen? Nun, beide Skizzen werden den Grundkörper mit einer Boole'schen Schnittmenge definieren. Darum ist es wünschenswert, dass die Seitenskizze die Grundskizze berührt, nicht aber **durchstößt**. Dies würde zu einem unvollständigen Körper führen. Deshalb ist die rechte Ecke auf dem Nullpunkt – und damit der Ebene der Grundskizze – fixiert. Außerdem werden die beiden Skizzen stets identische Höhe besitzen.

Da das Gehäuse in Längs- **und** Querrichtung symmetrisch ist, werden wir außerdem eine Mittelebene brauchen, und sie wird just durch die Mittellinie der Seitenansicht verlaufen: Wir haben nebenbei also noch Geometrie zum „Aufhängen" geschaffen.

- Extrudieren Sie nun die Grundskizze mit einem *linearen Aufsatz* im Modus *Bis Eckpunkt* bis zum weitestentfernten Endpunkt der *Skizze Schnitt rechts* (Abb. 5.5, Kreis).

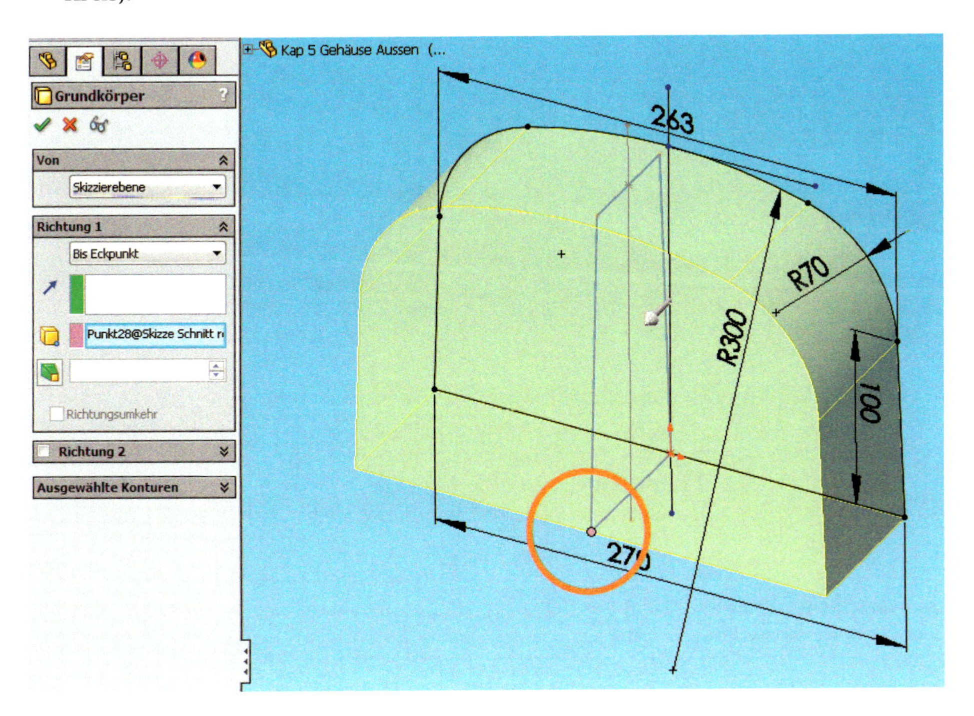

Bild 5.5: Automatik Teil 1: Die Extrusionshöhe richtet sich nach der Geometrie des Seitenschnitts. So überschneiden sich Körper und Skizzen stets vollständig.

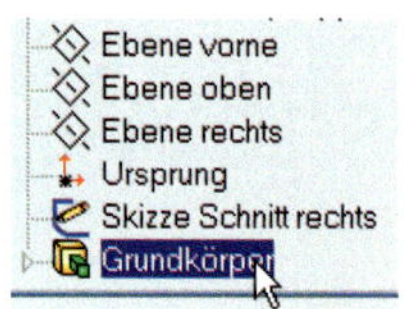

So ist der resultierende Körper stets lang genug, um die Seitenskizze vollständig einzuhüllen.

Wenn Sie nun den FeatureManager betrachten, bemerken Sie, dass die beiden Skizzen die Plätze getauscht haben: Der Grundkörper ist durch die Eckpunkt-Beziehung vom Seitenschnitt abhängig geworden und rutscht daher in der Hierarchie nach unten.

- Mit einem *linear ausgetragenen Schnitt* bringen Sie dann die Schrägen an. Da die Skizze in der Mitte steht, müssen Sie den Schnitt nach beiden Seiten definieren: benutzen Sie jeweils für *Richtung 1* und *Richtung 2* die Option *bis nächste*. Aktivieren Sie das Kästchen *Umkehrung der Schnittseite*, um nur den Innenteil zu behalten. Nennen Sie dieses Feature dann **Schnitt rechts** (Abb. 5.6).

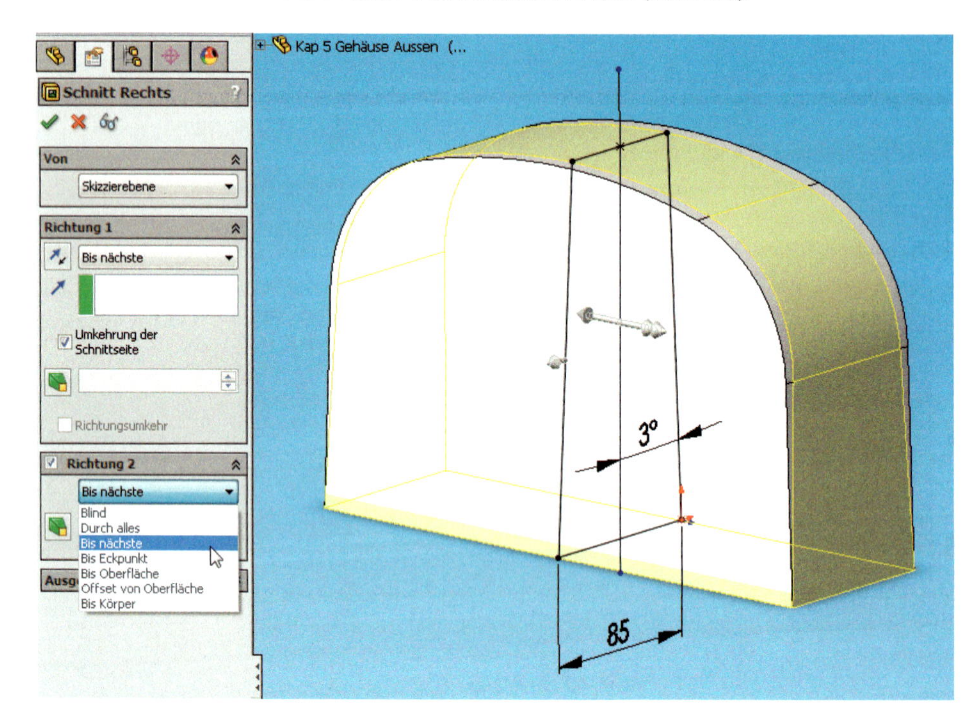

Bild 5.6:
Automatik, Teil 2:
Der Schnitt verläuft stets von Fläche zu Fläche.

- Probieren Sie nun mehrere Variationen der Grund- und der Seitenskizze, um die Wirksamkeit der Verknüpfungen zu prüfen: Ändern Sie die Bemaßungen, Breiten, Höhen usw. und aktualisieren Sie das Bauteil immer wieder. Der Körper sollte stets vollständig sein und keine abgeschnittenen Flächen aufweisen. Einzige Ausnahme – probieren Sie's –: Die Oberseite von *Skizze Schnitt rechts* ist breiter als die Unterseite.

Mit der *detaillierten Vorschau* können Sie bereits in der Skizze nachprüfen, ob der gewünschte Effekt erzielt wird.

5.1.2 Eine Frage der Priorität

Im FeatureManager steht der *Grundkörper* nun wieder an erster Stelle. Ist so was möglich? Sind die beiden Features nun etwa „über Kreuz" voneinander abhängig?

Ja und nein. Genau genommen ist der *Grundkörper* nur von der **Skizze** des Seitenschnitts abhängig. Diese war jedoch bereits vorhanden. Der *Schnitt rechts* dagegen orientiert sich an **Flächen**, er ist also vom Aufsatz-Feature des Grundkörpers abhängig. Und diese Abhängigkeit hat logischerweise höhere Priorität: Ohne Körper gibt es Skizzen, aber keine Flächen. Die Hierarchie ist also eindeutig, oder besser gesagt: unzweideutig.

Zum Beweis: Wenn Sie beide Features löschen und es mit den Skizzen andersherum versuchen, werden Sie es nicht schaffen.

5.2 Die Mittelebene

Wir definieren nun die Mittelebene, die den Grundkörper in der Vertikalen teilt. Die erforderliche Geometrie haben wir bereits definiert, doch wir brauchen noch einen Punkt, den wir mit der Ebenenfunktion einfangen können:

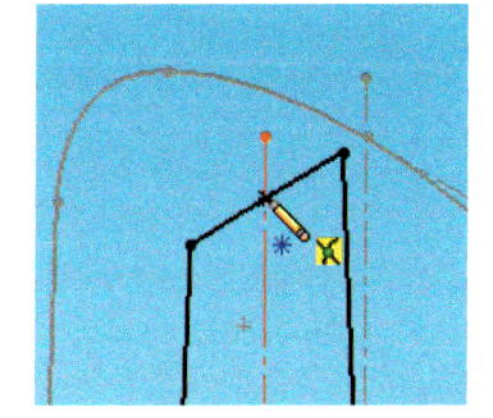

- Öffnen Sie die *Skizze Schnitt rechts* und fügen Sie auf dem Schnittpunkt zwischen der oberen Querlinie und der Mittellinie einen *Punkt* ein. Achten Sie darauf, dass er voll definiert ist, sonst müssen Sie noch eine Skizzenbeziehung *Schnittpunkt* oder *Mittelpunkt* zur Querlinie setzen. Schließen Sie die Skizze und blenden Sie sie über das Kontextmenü ein.
- Fügen Sie eine *Referenzebene* ein, die die *Ebene vorne* und den eben erzeugten Punkt als Referenzelemente besitzt. Nennen Sie sie **Mittelebene**.

5.2.1 *Flirting with disaster:* Die bessere Strategie

Sie fragen sich, warum Sie die Mittelebene trotz des vorhandenen Volumenkörpers auf eine Skizze beziehen sollen. Praktischer könnte man sie doch mit Hilfe des Mittelpunktes der unteren Körperkante definieren. Warum wählen wir also nicht die bequeme Variante?

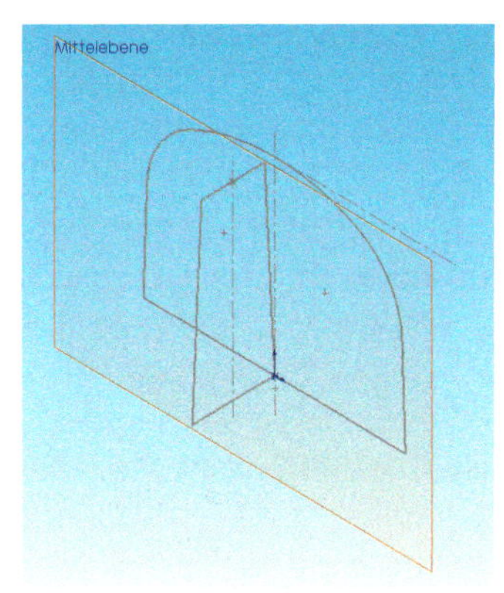

- Speichern Sie die Datei. Löschen Sie dann die Features *Grundkörper* und *Schnitt rechts,* **nicht** aber die *absorbierten Features* laut Abfrage. Denn das sind die Skizzen.

Ergebnis: Der Körper ist verschwunden, nur die Skizzen und die Mittelebene sind noch vorhanden. Sonst gibt es keinerlei Probleme oder Fehlermeldungen. So weit, so gut.

- Schließen Sie die Datei – **ohne zu speichern** – und laden Sie sie neu. Blenden Sie den Volumenkörper ein. Öffnen Sie die *Mittelebene* über das

Kontextmenü, *Feature bearbeiten,* löschen Sie den Eintrag des Punktes aus dem Auswahlfeld und definieren Sie stattdessen den *Mittelpunkt* der Körperkante. Die Ebene sollte nun wieder im Editor erscheinen. Bestätigen Sie (Abb. 5.7).

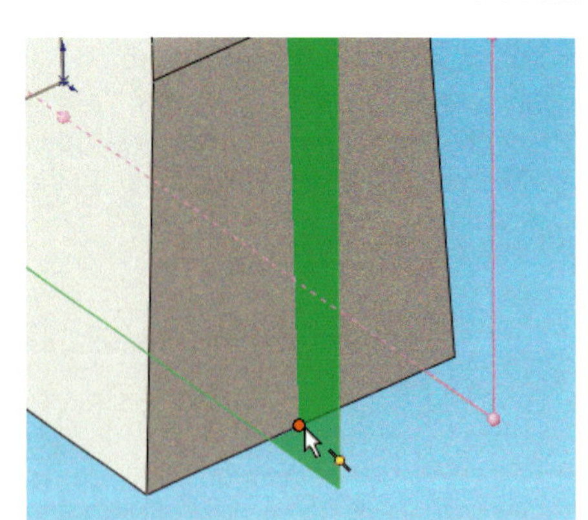

Bild 5.7: Eine bequeme Definition, die aber böse Folgen haben kann...

- Wenn Sie nun erneut das Austragungs-Feature des Grundkörpers löschen, erhalten Sie eine ominöse Fehlermeldung: *„Der Punkt... befindet sich nicht mehr im Modell.“*

Das kann er auch nicht, denn er war Teil des Körpers, den Sie gerade gelöscht haben. Mit dieser Definition haben Sie die Mittelebene auf virtuellen Sand gebaut – ein beliebter, weil scheinbar folgenloser Fehler: Wenn Sie nun Skizzen auf der Ebene definieren und später das Referenzfeature – den Volumenkörper – ändern oder löschen, so wird sich der Fehler in all diesen Skizzen fortpflanzen und Sie werden eine Weile mit Fehlermeldungen zu kämpfen haben.

Um solche Überraschungen zu vermeiden, gewöhnen Sie sich an, die Hierarchie-Pyramide so flach und einfach wie möglich zu halten: Denken Sie parallel und bauen Sie nicht eins aufs andere und noch ein drittes obendrauf – denn das bedeutet, wie man in Australien sagt, **flirting with disaster**.

- Schließen und laden Sie die Datei wieder neu und blenden Sie die *Mittelebene* einstweilen aus.

5.3 Die Montageplatte

Nun wird es Zeit für die nächste Skizze: Die Bodenplatte, an der das Gehäuse mit dem Boden oder dem Maschinenbett verschraubt wird.

- Blenden Sie den Volumenkörper über dessen Kontextmenü aus. Blenden Sie dafür die *Skizze Grundkörper* sowie die *Skizze Schnitt rechts* ein.
- Öffnen Sie eine neue Skizze auf *Ebene oben* und zeichnen Sie eine vertikale Mittellinie durch den Nullpunkt. Fügen Sie dann eine horizontale Mittellinie hinzu, die Sie mit dem gleichen Punkt verknüpfen, der vorher schon zur Platzierung der *Mittelebene* diente (Abb. 5.8).

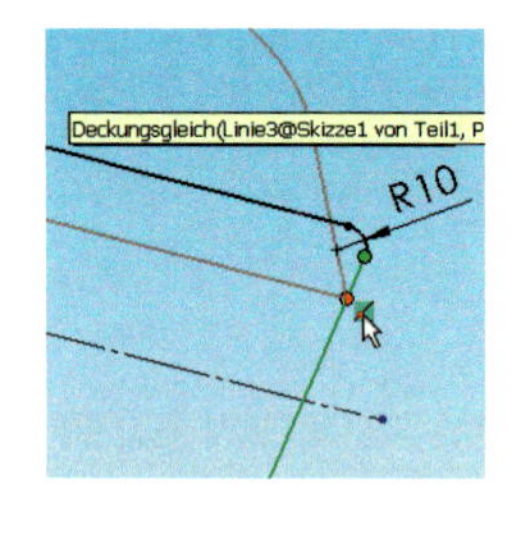

- Zeichnen Sie ein *Rechteck* um den Nullpunkt. Verknüpfen Sie jeweils zwei gegenüberliegende Seiten und die parallele Mittellinie *symmetrisch.*
- Stellen Sie eine räumliche Ansicht ein, so dass alle drei Skizzen erkennbar sind. Verknüpfen Sie eine der kurzen Seiten *deckungsgleich* mit der benachbarten Ecke der Grundskizze.

Die Wirkung der Verknüpfung ist, dass die Grundplatte an der schmalen Seite stets bündig mit dem Gehäuse bleibt.

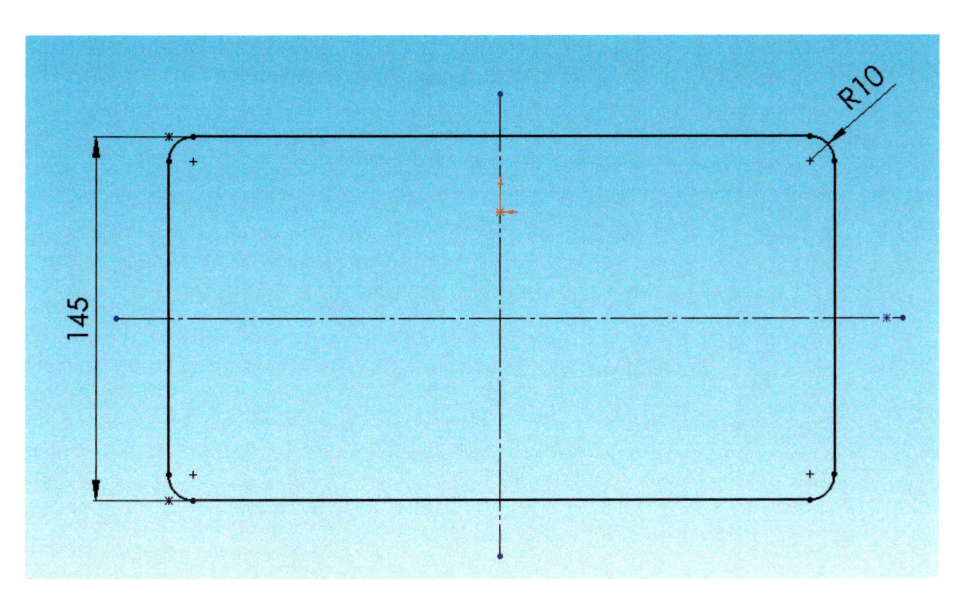

Bild 5.8:
Einfach, weil doppelt symmetrisch: Die Skizze der Grundplatte.

- Bemaßen Sie die Breite mit **145 mm**. Damit ist die Skizze voll bestimmt.

Alternativ dazu können Sie auch eine der Längsseiten mit der Grundskizze vermaßen und für gleiche Breite **30 mm** definieren. Das hätte den Vorteil, dass sich die Breite der Grundplatte – und damit auch der künftigen Lochleiste – nach der Breite des Gehäuses richtet.

- Bringen Sie eine *Skizzenverrundung* mit **10 mm** Radius an jeder Ecke an. Tun Sie dies in einem Arbeitsgang, so erhalten alle vier Radien automatisch die Beziehung *Gleich*.
- Schließen Sie die Skizze und nennen Sie sie **Skizze Montageplatte**.
- Extrudieren Sie die Skizze mit einem *linear ausgetragenen Aufsatz* blind um **12 mm** nach unten. Dies erreichen Sie, indem Sie die Schaltfläche *Richtung umkehren* aktivieren.
- Nennen Sie dieses Feature **Montageplatte**.

5.4 Die Dichtflächen

Wir gestalten das Gehäuse zwar als Ganzes, doch zur Produktion müssen wir es früher oder später teilen. Wir brauchen also einen breiten Rand, über den die beiden Hälften öldicht miteinander verschraubt und die Wälzlager korrekt eingespannt werden können. Deshalb soll die Teilung auf der Ebene der beiden künftigen Wellenachsen liegen.

Zunächst benötigen wir wieder eine Ebene. Sie wird später die Trennebene des Gehäuses darstellen, weshalb wir ihr auch genau diesen Namen geben:

- Fügen Sie die **Trennebene** parallel zur *Ebene oben* ein. Der *Abstand* beträgt **85 mm** (Abb. 5.9).

Bild 5.9:
Die *Trennebene* ist der Ausgangspunkt für alle „wellenbezogenen" Features.

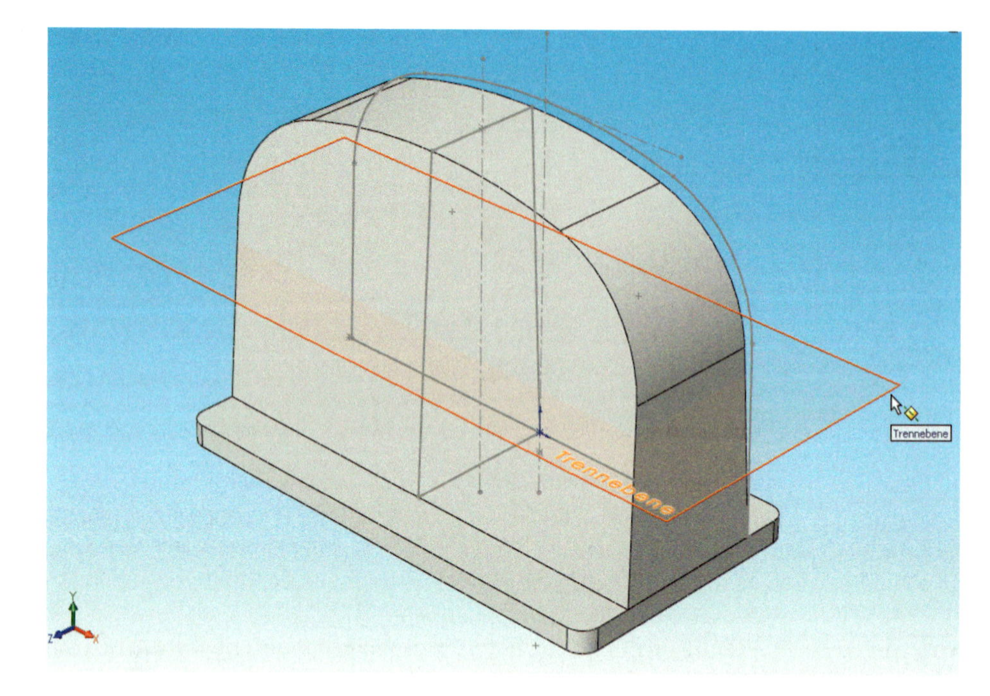

Skizzen ableiten und kopieren

Wenn Sie sich Bild 5.10 ansehen, bemerken Sie die Ähnlichkeit mit der Skizze der Grundplatte, nur sind die Maße verändert. Sparen wir uns diesmal ein wenig Arbeit:

- Klappen Sie das Feature *Montageplatte* auf. Markieren Sie zugleich die *Skizze Montageplatte* und die *Trennebene*. Wählen Sie aus dem Menü *Einfügen, Abgeleitete Skizze*.

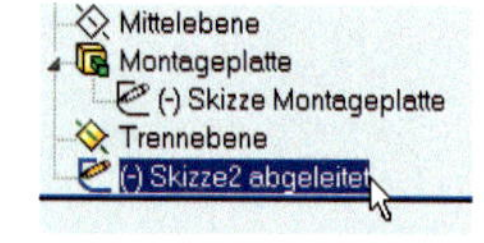

Daraufhin erscheint eine Kopie der Skizze auf der Trennebene. Sie ist komplett in Blau gezeichnet, was irreführend ist, denn diese Skizze ist noch mit der Ausgangsskizze verbunden und damit voll definiert. Das wird auch durch den Zusatz ... *abgeleitet* im Skizzennamen dokumentiert.

- Über das Kontextmenü der Skizze wählen Sie nun *Ableitung aufheben*. Die Skizze wird unabhängig.

Leider sind jetzt nicht nur die Bemaßungen, sondern auch die Skizzenbeziehungen verloren gegangen – wir müssen sie also erneut definieren. Eine gute Wiederholungsübung ist das allemal:

- Markieren Sie zwei benachbarte Segmente und verknüpfen Sie sie tangential. Wiederholen Sie dies rundum für die gesamte Kontur. Am Ende soll jedes Segment zwei tangentiale Beziehungen aufweisen.
- Markieren Sie die beiden Querlinien sowie die waagerechte Mittellinie und definieren Sie *Horizontal* und *Symmetrisch*. Führen Sie Entsprechendes auch für die drei Vertikalen durch.
- Markieren Sie alle vier Radien und verknüpfen Sie sie durch die Beziehung *Gleich*.
- Verknüpfen Sie die waagerechte Mittellinie mit dem einzelnen Punkt aus *Skizze Schnitt rechts* und die senkrechte mit dem Nullpunkt.
- Bemaßen Sie einen Radius mit **20 mm**, die Länge soll **300 mm** und die Breite **110 mm** betragen. Damit ist die Skizze voll definiert. Nennen Sie sie **Skizze Dichtfläche** (Abb. 5.10).

Bild 5.10:
Die Skizze des Dichtsaums wird später die Kontaktflächen der Gehäusehälften bilden.

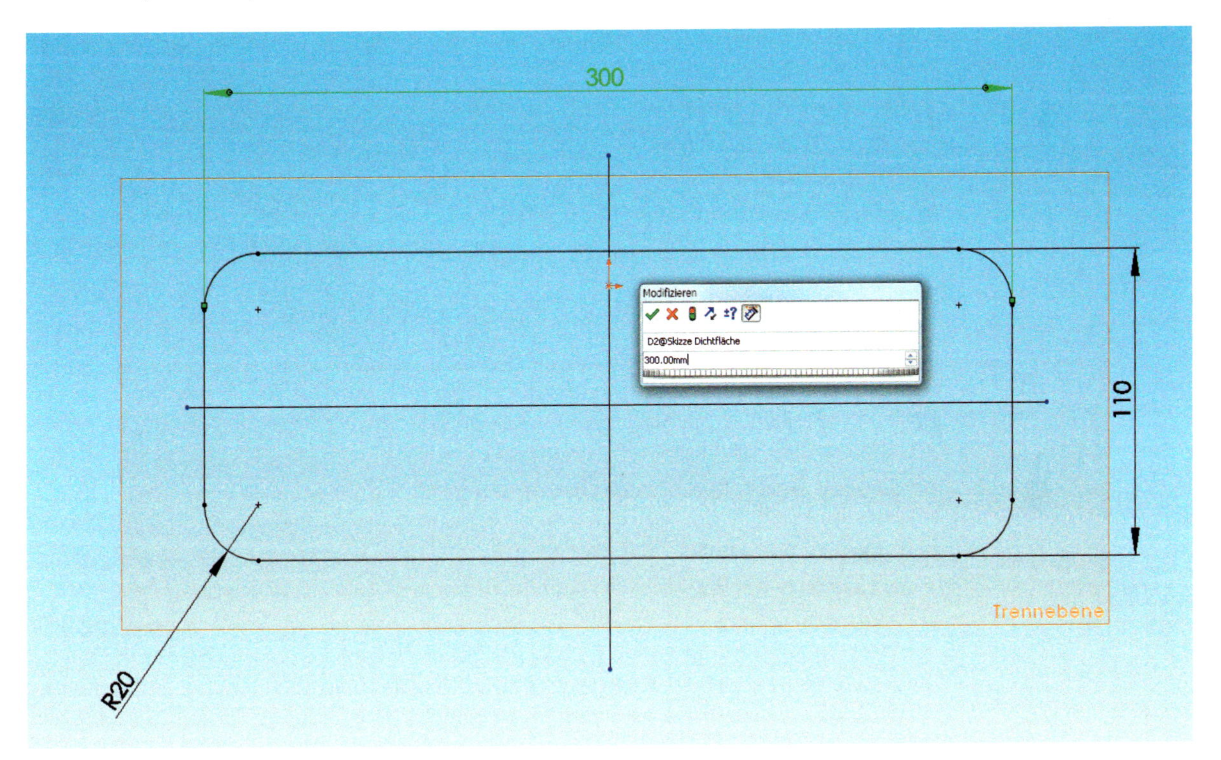

Sie können eine Skizze auch durch *Kopieren* und *Einfügen* duplizieren. Dadurch werden einige Beziehungen und Bemaßungen gerettet, andere wieder nicht. Um eine solch unvollständige Skizze korrekt zu ergänzen, müssen Sie schon wirklich Bescheid wissen. Ich empfehle Ihnen dieses Verfahren also erst dann, wenn Sie ein wenig mehr Erfahrung gesammelt haben.

- Extrudieren Sie die Skizze zu einem *linear ausgetragenen Aufsatz* mit der Option *mittig* auf **12 mm**. Nennen Sie das Feature **Dichtfläche** (Abb. 5.11).

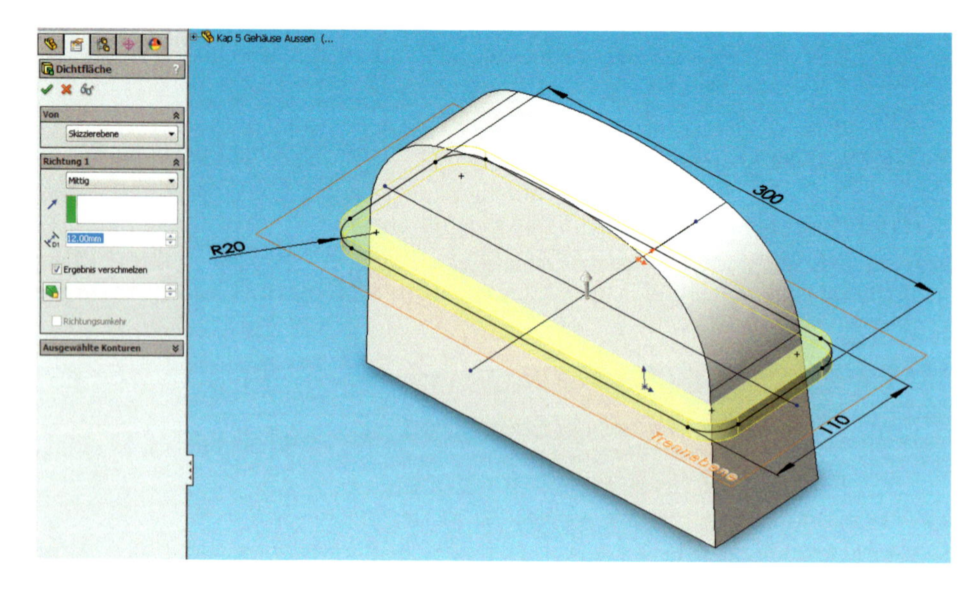

Bild 5.11: Option *Mittig:* Die Dichtfläche wird gleichmäßig zu beiden Seiten der Trennebene ausgetragen.

5.5 Der Lagersattel

Um später die Wälzlager-Außenringe mit dem erforderlichen Druck einspannen zu können, wird auf Höhe der Lagerschalen ein Sattel eingefügt, der das Gehäuse an diesen hoch beanspruchten Stellen aussteift und zudem eine plane Auflagefläche für die Schraubenköpfe bietet.

- Blenden Sie die *Mittelebene* ein und beginnen Sie auf ihr eine neue Skizze. Wechseln Sie in die Normalansicht.
- Zeichnen Sie eine waagerechte *Mittellinie* und verknüpfen Sie sie *deckungsgleich* mit der hier nur als Linie sichtbaren *Trennebene* (Abb. 5.12).
- Zeichnen Sie dann ein Rechteck und bemaßen Sie es mit B x H = **205** x **90 mm**. *Verrunden* Sie es mit einem Radius von **5 mm**. Legen Sie *Symmetrie* für die beiden Waagerechten und die Mittellinie fest. So wird der Lagersattel immer der Trennebene folgen – genau wie auch die Lagerschalen.
- Bemaßen Sie die linke Seite mit dem Nullpunkt und geben Sie **110 mm** an. So liegt das Rechteck leicht außerhalb der vertikalen Symmetrieachse und wir haben rechts etwas mehr Platz für das größere der beiden Zahnräder. Die Skizze ist nun voll bestimmt.
- Schließen Sie sie und geben Sie ihr den Namen **Skizze Lagersattel**.
- Aktivieren Sie die Skizze und wählen Sie *Linear ausgetragener Aufsatz*. Extrudieren Sie sie mit der Endbedingung *mittig* um **120 mm**. Nennen Sie dieses Feature **Lagersattel** (Abb. 5.13).

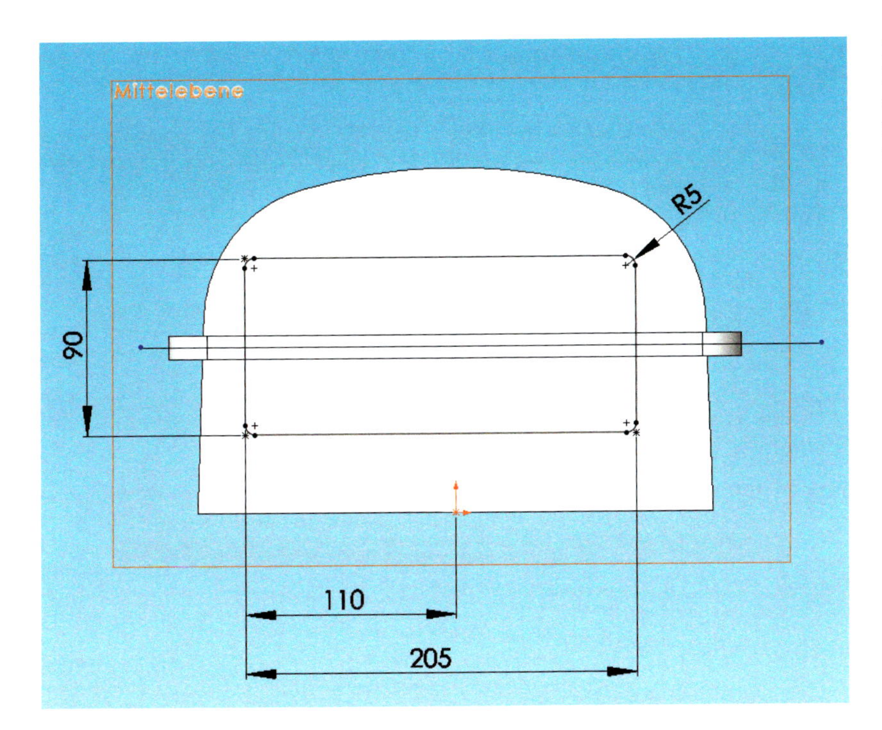

Bild 5.12:
Die Skizze der Lagereinspannung liegt etwas seitlich von der Symmetrielinie.

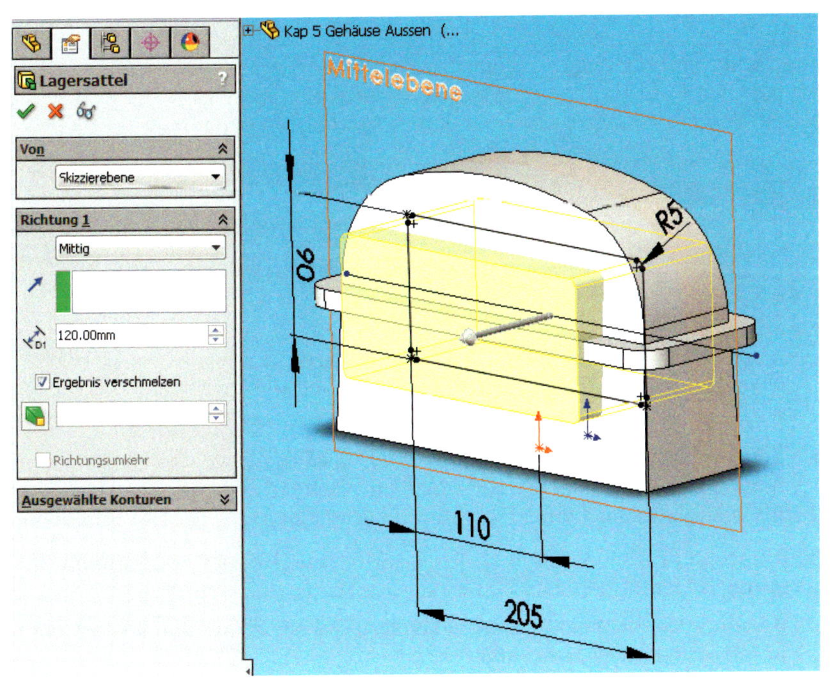

Bild 5.13:
Der Lagersattel wird gleichmäßig nach beiden Seiten extrudiert.

5.6 Die Lagerschalen

Für die Aufnahme der Wälzlager und der Wellen werden zwei Bohrungen im Gehäuse angebracht. Doch zunächst müssen wir Material auftragen, um die Lager vollständig zu umschließen und das Gehäuse weiter auszusteifen:

- Rufen Sie die *Optionen* auf, *Systemoptionen,* Rubrik *FeatureManager,* und schalten Sie *dort* die Anzeige des *Volumenkörpers* ein. Dieser Eintrag erscheint nun oben im FeatureManager.

- Blenden Sie dann den *Hauptkörper* aus, um versehentliche Verknüpfungen mit dessen Geometrie zu verhindern. Machen Sie die *Skizze Lagersattel* sichtbar.
- Beginnen Sie auf der *Mittelebene* eine neue Skizze. Zeichnen Sie zunächst eine vertikale Mittellinie, die die Mittelpunkte der langen Rechteckseiten miteinander verbindet (Abb. 5.14).
- Zeichnen Sie eine waagerechte Mittellinie, die *deckungsgleich* mit der *Trennebene* liegt. Letztere können Sie dann wieder ausblenden.

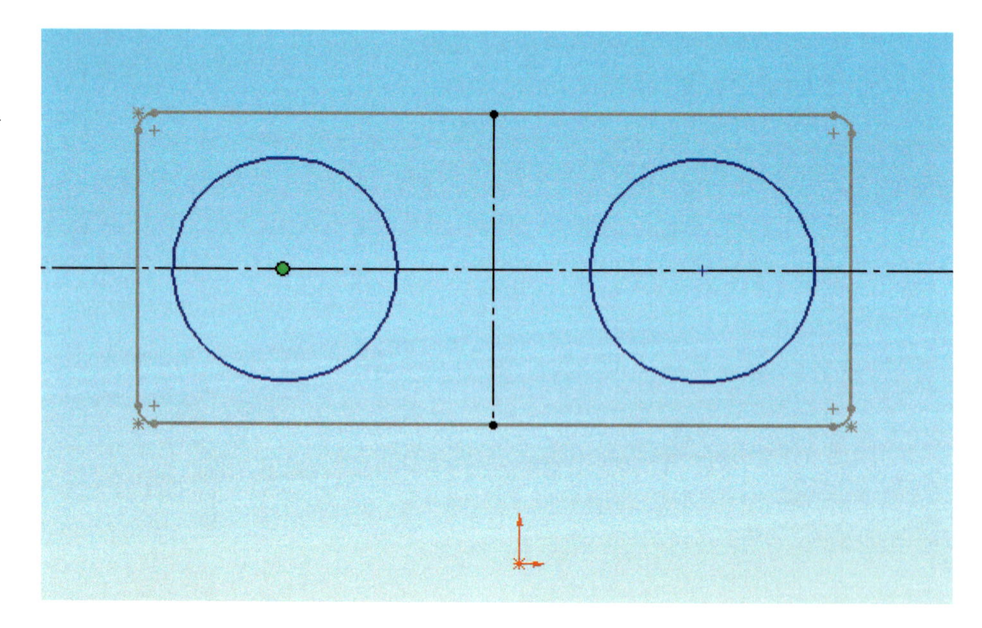

Bild 5.14: Die beiden Lagerschalen werden als Zylinder extrudiert. Sie sind symmetrisch auf dem Lagersattel ausgerichtet.

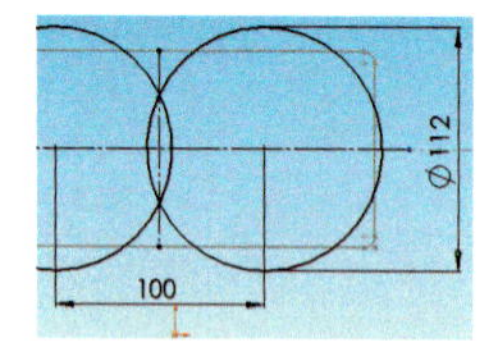

- Zeichnen Sie zwei Kreise, deren Zentren *deckungsgleich* mit der Waagerechten verbunden sind. Verknüpfen Sie die Kreise durch die Beziehung *Gleich.* Verknüpfen Sie außerdem die beiden Kreiszentren und die vertikale Mittellinie *symmetrisch.*
- Bemaßen Sie den Abstand der Kreiszentren mit **100 mm**. Der Durchmesser der Kreise soll **112 mm** betragen. Damit ist die Skizze voll definiert.
- *Trimmen* Sie die sich überschneidenden Segmente heraus, so dass eine einteilige, geschlossene Kontur entsteht.

- Bringen Sie an die spitzen Übergänge je eine *Skizzenverrundung* von **10 mm** an. Die Bestimmtheit der Skizze bleibt dabei erhalten.

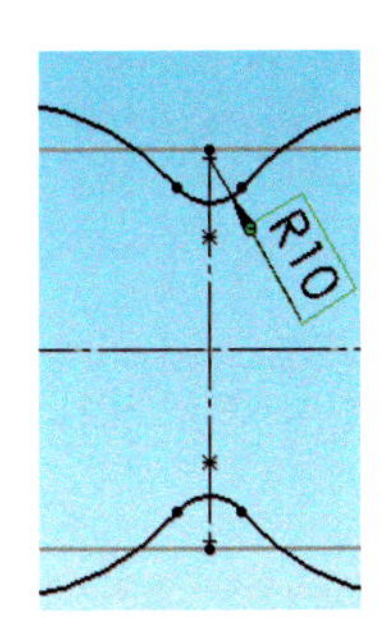

Das Schöne ist indes, dass auch sonst alle Parameter und Beziehungen erhalten bleiben: Die Symmetrie der Kreise und deren Gleichheit bleiben ebenso unter Kontrolle wie ihr Abstand und ihr Durchmesser. Sie können also weiterhin den Durchmesser und die Distanz der Zentren variieren sowie den Radius verändern – allerdings nur innerhalb der geschaffenen Skizzenlogik: Ein Durchmesser von 99 Millimetern führt wegen des Abstandes *100* zu einer Skizze ohne Lösung, was SolidWorks mit einer leicht kränkelnden rosa Färbung zu erkennen gibt – aber:

Probieren Sie's!

- Schließen Sie die Skizze und nennen Sie sie **Skizze Lagerschalen**. Blenden Sie den Volumenkörper wieder ein. Extrudieren Sie dann mit einem linear ausgetragenen Aufsatz *mittig* um **125 mm**. Nennen Sie das Feature **Lagerschalen** (Abb. 5.15).

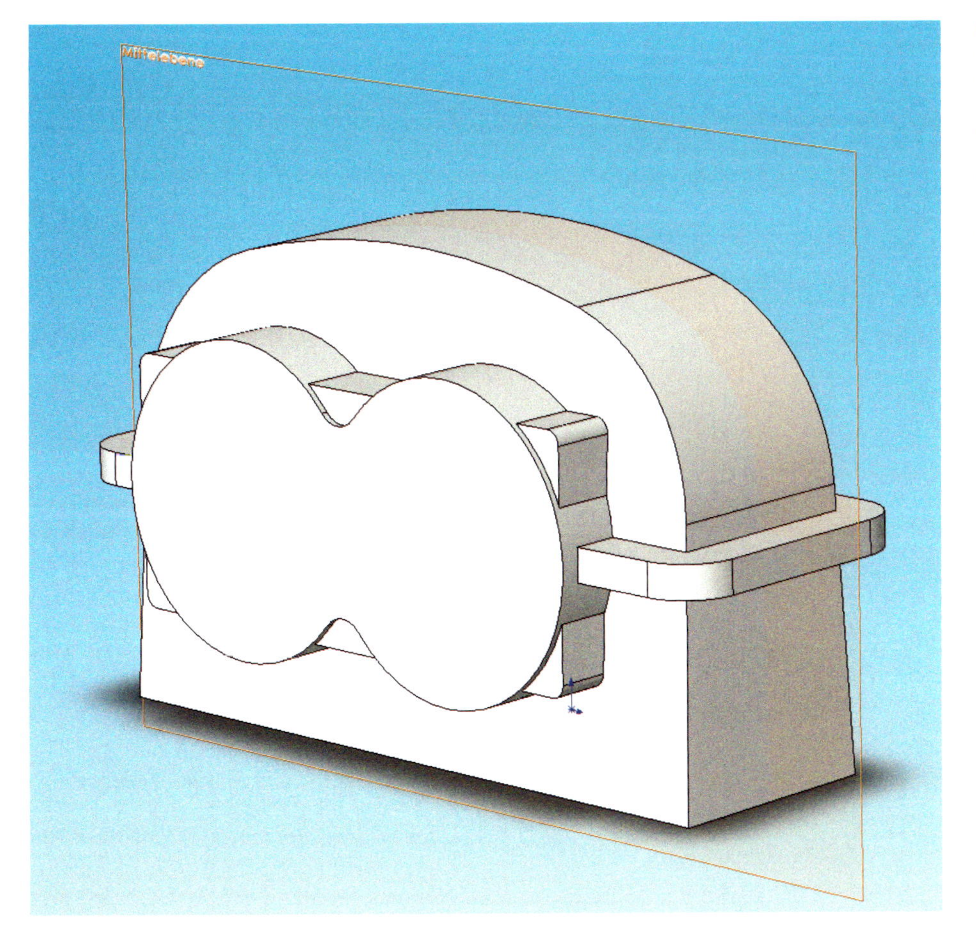

Bild 5.15:
Die Lagerschalen überschneiden sich leicht gegenseitig, so dass eine Gesamtfläche entsteht. Sehr gut ist jetzt die Funktion des Spannsattels zu erkennen, der neben und zwischen den Zylindern Flächen für Bohrer und Schrauben bietet.

5.7 Eine Aussparung in der Bodenplatte

In der Gusstechnik versucht man stets, konstante Wandstärken zu realisieren, denn jede Änderung der Materialstärke führt zu Spannungen und zu Rissen, da der Werkstoff sich beim Erkalten ungleichmäßig zusammenzieht. Um dies bei unserem Gehäuse zu vermeiden, wird die massive Bodenplatte von unten ausgehöhlt. Sie berührt die Unterlage dann nur noch an zwei schmalen Streifen, was auch die Montage an den Ecken erleichtert.

- Blenden Sie den Volumenkörper aus und die *Skizze Grundkörper* ein. Fügen Sie auf der *Mittelebene* eine neue Skizze ein. Zeichnen Sie dann eine vertikale Mittellinie, die Sie *deckungsgleich* mit dem Nullpunkt verknüpfen (Abb. 5.16).
- Zeichnen Sie dann die Skizze nach Bild 5.16. Der vertikale Abstand vom Nullpunkt soll **7 mm** betragen, die Höhe der Skizze **5 mm**, was zusammen wieder die Stärke der Bodenplatte ergibt, nämlich 12 mm.

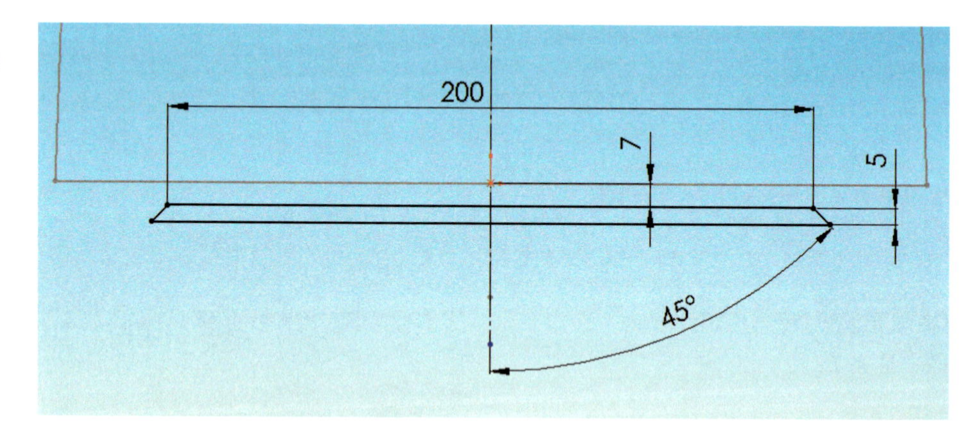

Bild 5.16:
Die Skizze der Aussparung ist auf eine Bodenplatte von 12 mm Dicke abgestimmt.

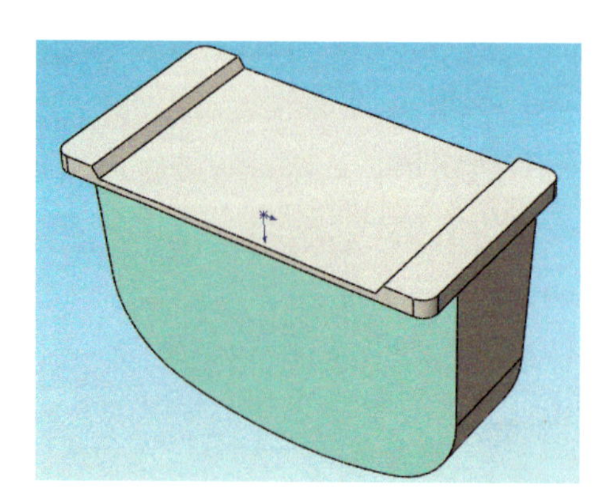

- Für die Schrägen definieren Sie die **Zwangsbedingung** – ein anderer Name für Skizzenbeziehung – *Symmetrie*. Legen Sie den Halbwinkel auf **45°** fest. Bemaßen Sie die kurze Seite dieses Trapezes dann auf **200 mm**. Damit ist die Skizze voll definiert. Nennen Sie sie **Skizze Schnitt MP**.
- Blenden Sie den Volumenkörper ein. Tragen Sie die Skizze durch einen *linear ausgetragenen Schnitt* und die Endbedingung *durch Alles* jeweils zu beiden *Richtungen* der Mittelebene aus. Nennen Sie das Feature dann **Schnitt Montageplatte**.

5.7.1 Beziehungen zwischen Features

Die Schnittoperation wird ausgeführt, und der Ausschnitt wirkt sauber. Doch es gibt ein Problem: Die Bodenplatte wird durch eine Extrusion nach unten erzeugt, und das bedeutet: Die Endfläche, die Sie gerade geschnitten haben, entsteht durch den im Austragungsfeature festgelegten Abstand, nicht durch die Skizze. Was passiert also, wenn wir diesen Wert einfach erhöhen?

Bild 5.17 gibt darüber Aufschluss: Da die Unterseite der Skizze willkürlich bemaßt wurde, folgt sie natürlich auch nicht der Änderung des Mutterfeatures. Es entsteht ein prismatischer Schnitt.

Wir müssen also die *Skizze Schnitt MP* und die Extrusion der Bodenplatte miteinander verbinden. Natürlich können wir die Unterseite der Skizze einfach an die Bodenplatte des Volumenkörpers koppeln, was zum erwünschten Ergebnis führt. Doch es gibt einen eleganteren und vor allem fehlertoleranten Weg: Wir definieren einen Punkt in der Grundskizze, der zugleich die Höhe der Extrusion **und** den Ausgangspunkt der Schnittskizze definiert, und kommen ohne den fragilen Volumenkörper aus:

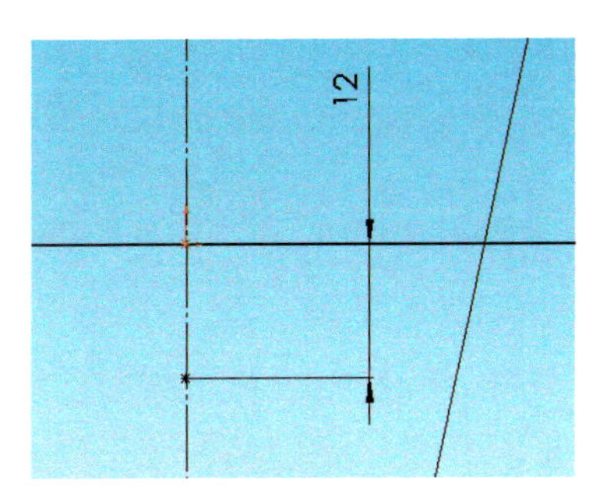

- Öffnen Sie die *Skizze Grundkörper* zur Bearbeitung. Fügen Sie einen Punkt *deckungsgleich* auf der vertikalen Mittellinie und unterhalb des Nullpunktes ein. Bemaßen Sie ihn gegen den Nullpunkt mit **12 mm**. Schließen Sie die Skizze und sorgen Sie dafür, dass sie *eingeblendet* bleibt.

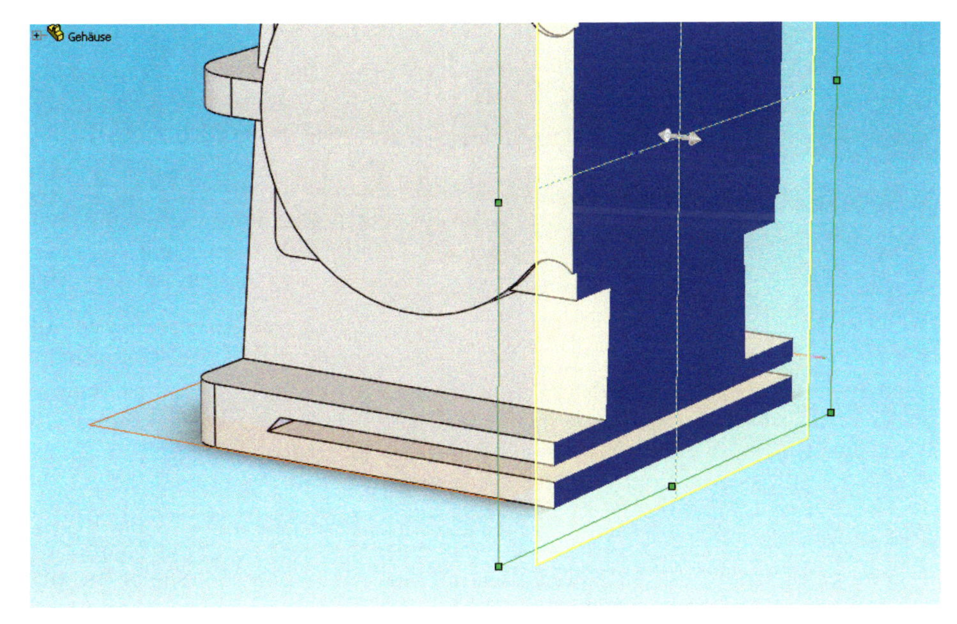

Bild 5.17: Mangelnde Verständigung: Die Bodenplatte wird dicker, der Schnitt bleibt gleich. Es entsteht eine Art Langloch.

- Rufen Sie aus der Kontextleiste der *Montageplatte* den Punkt *Feature bearbeiten* auf. Wechseln Sie die Endbedingung in *Bis Eckpunkt* und klicken Sie den Punkt der Grundskizze an. Damit ist die Extrusion wieder bestimmt und kann geschlossen werden (Abb. 5.18).

Bild 5.18: Ein kleiner Verlust an Komfort: Die Dicke der Bodenplatte wird nun vom Skizzenpunkt gesteuert.

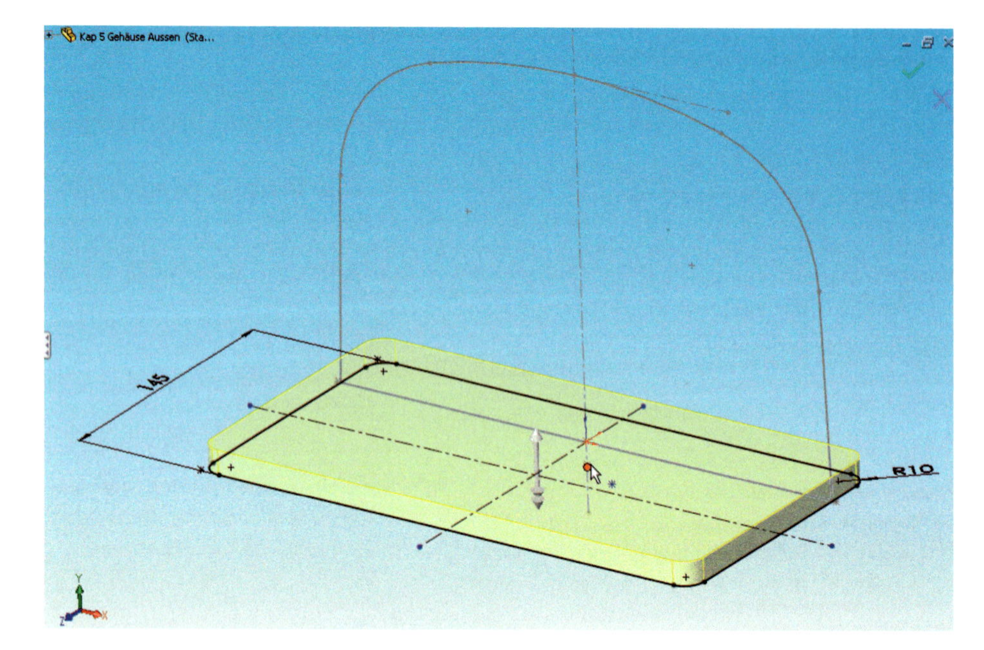

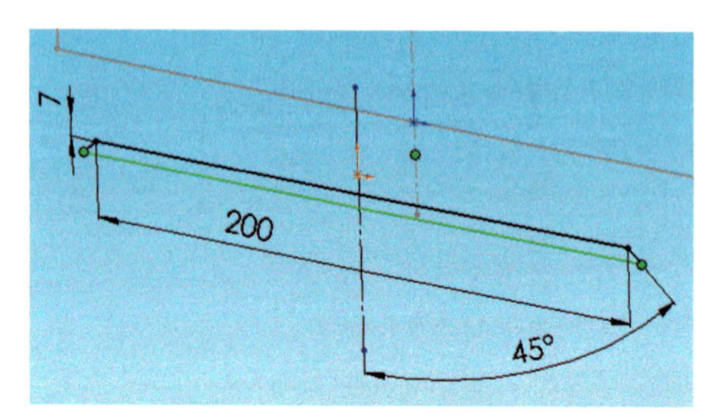

- Öffnen Sie dann die *Skizze Schnitt Montageplatte* zur Bearbeitung. Löschen Sie das Maß *5mm*, das die Tiefe des Einschnitts angibt. Verknüpfen Sie die Linie stattdessen *deckungsgleich* mit dem Punkt aus der Grundskizze. Damit sollte die Skizze dann wieder voll bestimmt sein.

Wenn Sie nun die Skizze schließen und das Modell aktualisieren, verläuft der Schnitt wieder korrekt durch die Bodenplatte. Der Sinn der Sache: Durch den gemeinsamen Bezugspunkt bleibt der Schnitt korrekt positioniert, egal wie die Bodenplatte später verändert wird. Um die Schnitttiefe zu steuern, ändern Sie wie bisher die Bemaßung in der *Skizze Schnitt Montageplatte*.

- Wenn Sie nun versuchshalber die Entfernung des Punktes in der Grundskizze ändern, gehen beide Features automatisch mit – so wie es sein soll. Stellen Sie den Abstand dann wieder auf **12 mm** ein (Abb. 5.19).

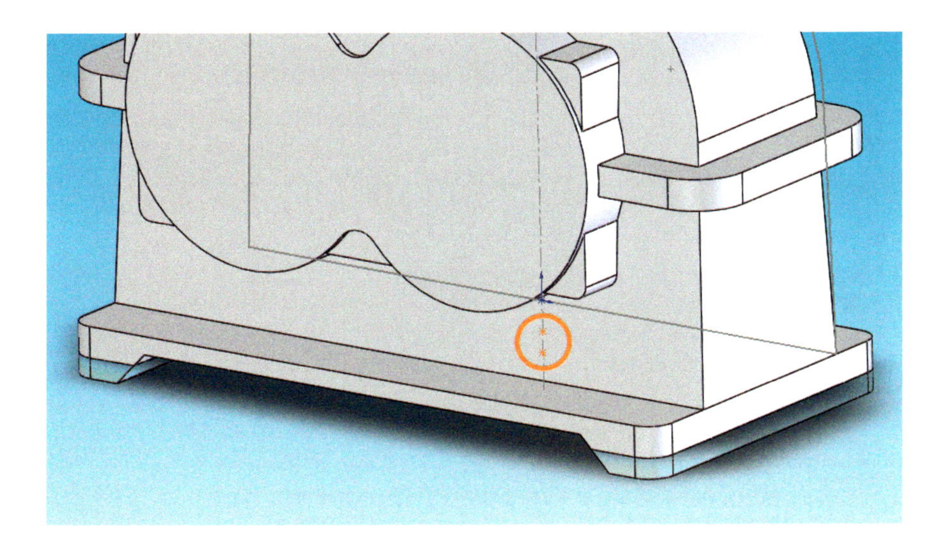

Bild 5.19:
Endlich: Montageplatte und Einschnitt sind synchron. Im Kreis ist der steuernde Punkt aus der Grundskizze markiert. Er liegt in einer Entfernung von 12 bzw. 20 mm vom Nullpunkt.

5.7.2 Features verschieben

Zu guter Letzt ordnen Sie noch den FeatureManager. Die Grundregel lautet: Solange Features nicht voneinander abhängig sind, lassen sie sich frei umschichten. Prüfen Sie dies zunächst nach:

- Zeigen Sie auf das letzte Feature, *Schnitt Montageplatte*. Im FeatureManager werden die Referenzen auf andere Features angezeigt. Verborgene Elemente wie hier die Skizzen erscheinen als Tooltips (Abb. 5.20).

Allerdings existieren keinerlei Bezüge auf die Features *unterhalb* der Montageplatte, und das bedeutet: Da der *Schnitt Montageplatte* nicht mit Skizzen oder Features aus *Dichtfläche, Lagersattel, Lagerschalen* und *Trennebene* verbunden ist, kann er oberhalb dieser Einträge angeordnet werden – ein weiterer Vorteil der reinen Skizzenbezüge!

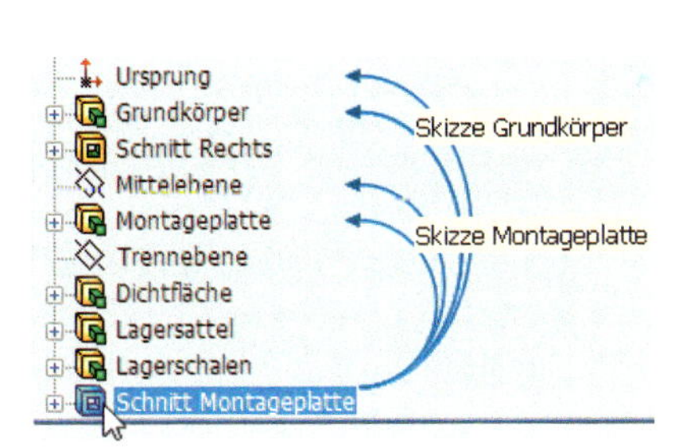

Bild 5.20:
Der Schnitt Montageplatte weist Bezüge zu einigen anderen Features auf

- Ziehen Sie *Schnitt Montageplatte* einfach mit der Maus unter den Eintrag der *Montageplatte* selbst.

Sie können ruhig versuchen, den Schnitt noch weiter nach oben zu ziehen. Dies wird jedoch nicht höher als bis zur *Montageplatte* funktionieren: Ist eine Position verboten, so erscheint hinter den Einfügepfeil eine Art „Parkverbot“. Ihr Wunsch wird nicht ausgeführt. Schließlich erreichen Sie die Anordnung nach Bild 5.21.

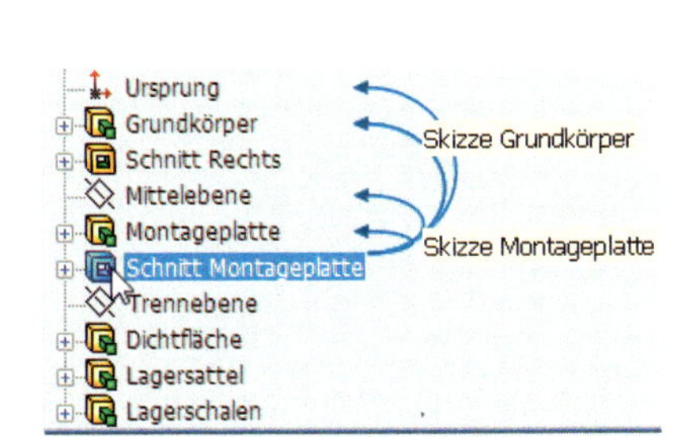

Bild 5.21:
Der Schnitt wurde an die höchstmögliche Stelle gerückt.

5.8 Die Verstärkungsrippen

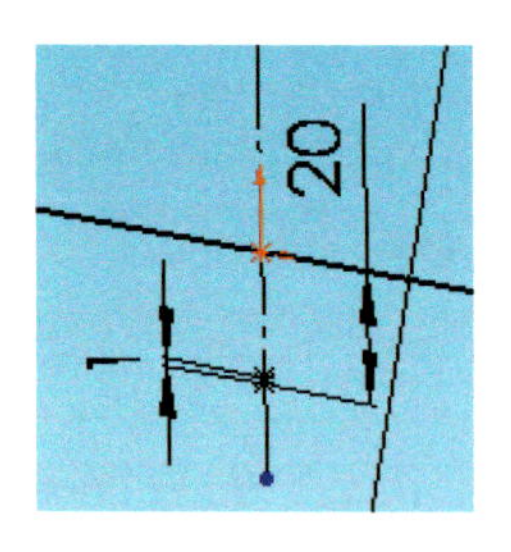

Um die ausgehöhlte Bodenplatte zu versteifen, füllen wir die Höhlung mit Verstärkungsrippen. Diese werden als beliebige Linien und Kurven skizziert und dann mit einem speziellen Extrusionsfeature ausgetragen. Damit die Rippen nicht den Boden berühren und unter Spannung geraten, wird für sie eigens eine Ebene erstellt, die stets um einen Millimeter vom Boden entfernt bleibt:

- Bringen Sie in der *Skizze Grundkörper* einen zweiten *Punkt* oberhalb des ersten an. Verknüpfen Sie ihn *deckungsgleich* mit der Mittellinie. Bemaßen Sie ihn dann mit einem Abstand von **1 mm** zum untersten Punkt. Schließen Sie die Skizze und lassen Sie sie eingeblendet.
- Fügen Sie eine Ebene ein, die als Referenzelemente die *Ebene oben* sowie den soeben definierten Punkt besitzt. Die Erstellungsoption ist *Parallel*. Nennen Sie sie **Ebene Rippen Montageplatte**.
- Fügen Sie auf dieser Ebene eine Skizze ein und wechseln Sie in die *Normalansicht*. Wenn Sie die ein zweites Mal aufrufen, wechselt SolidWorks die Ansicht zur **Unterseite** der Ebene. Diese wird in einem dunkleren Ton (Braun) dargestellt als die Oberseite (Orange).
- Blenden Sie den Volumenkörper wieder aus und dafür die *Skizze Montageplatte* ein.
- Ziehen Sie eine vertikale und eine horizontale Mittellinie. Verknüpfen Sie die Vertikale *deckungsgleich* mit dem Nullpunkt und die Horizontale *deckungsgleich* (Endpunkt) oder *kollinear* (ganze Linie) mit der *Mittelebene*. Blenden Sie diese dann auch aus.

5.8.1 Skizzieren eines linearen Musters

- Zeichnen Sie eine Linie auf die waagerechte Mittellinie, aber noch innerhalb der Grenzen der Montageplatte. Verknüpfen Sie beide *kollinear*.
- Markieren Sie die Linie und wählen Sie *Extras, Skizzieren, Lineares Skizzenmuster* (Abb. 5.22).
- Belassen Sie die *Anzahl* der Elemente in *Richtung 1* auf **1** und erhöhen Sie sie in *Richtung 2* auf **4**.
- Stellen Sie einen *Abstand* von **20 mm** und einen *Winkel* von **90°** ein oder ziehen Sie das oberste Element am grünen Anfasserpunkt an die gewünschte Position: nach oben, knapp unter die Oberkante, also ohne automatisch zu verknüpfen. Bestätigen Sie dann.
- Bemaßen Sie das oberste Element gegen die Außenlinie der *Skizze Montageplatte* mit **5 mm**. Alle Linien des Musters sind nun festgelegt, und die Platzierung der Rippen wird sich automatisch nach den Parametern der Montageplatte richten.

Damit die Linien nicht in Längsrichtung über die Bodenplatte oder einen der Radien hinausragen können, knüpfen Sie sie an die Länge der Bodenplatte:

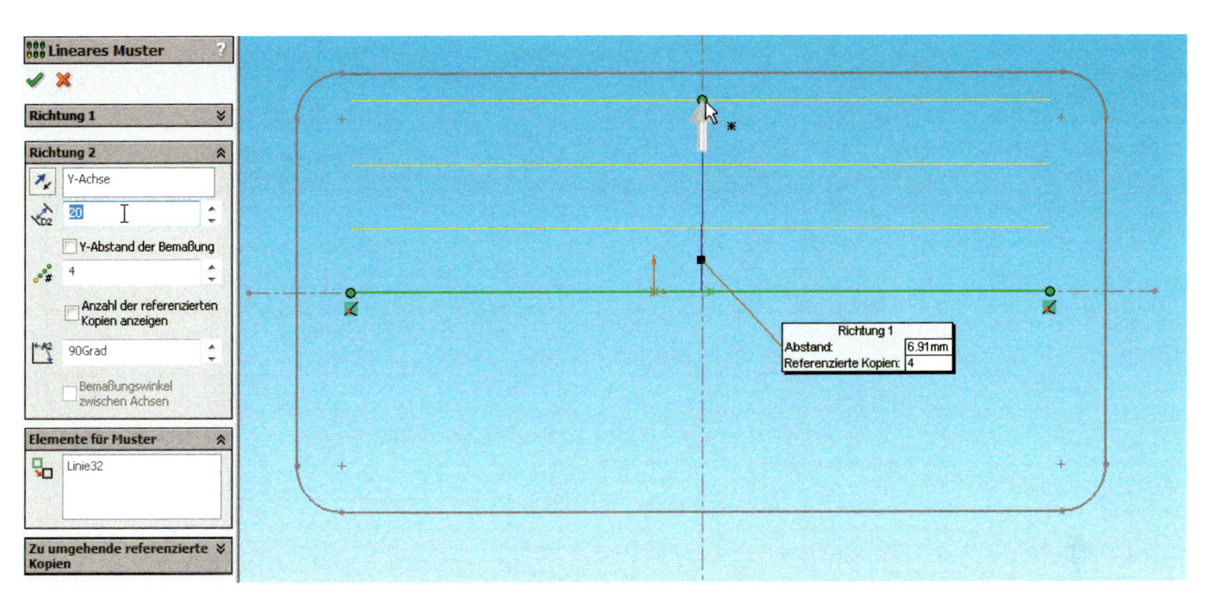

Bild 5.22:
Das lineare Muster kann auch mit Hilfe von Skizzengeometrie definiert werden.

- Markieren Sie den linken Endpunkt der obersten Linie zusammen mit dem Anfangspunkt des dortigen Radius und verknüpfen Sie diese *vertikal* (Abb. 5.23 oben links).
- Führen Sie die entsprechende Operation dann für die rechte Seite aus.

Allerdings ist es noch möglich, die untere Linie an den Endpunkten zu verschieben. Dadurch wird das Muster gleichmäßig schräg gestellt, was wir hier nicht wünschen:

- Verknüpfen Sie die Endpunkte der obersten und der untersten Linie *vertikal* wie in den zwei unteren Teilbildern zu sehen. Führen Sie dies für beide Seiten durch. Die Linien und ihre Endpunkte erscheinen alle schwarz, also voll definiert.

Nun muss dieses Muster nur noch nach unten gespiegelt werden:

Bild 5.23:
Diesmal werden nicht nur die Linien, sondern auch deren Endpunkte festgelegt.

- Wählen Sie die drei oberen Linien – **nicht** die unterste – sowie die waagerechte Mittellinie und *spiegeln* Sie die Anordnung.

Damit ist das Muster vollkommen definiert.

- Ändern Sie zur Probe einmal das Maß *5 mm*, so sehen Sie, wie sich alle Elemente gleichmäßig anpassen: Die gesamte Anordnung lässt sich mit einer einzigen Maßzahl kontrollieren (Abb. 5.24, s. S. 158).

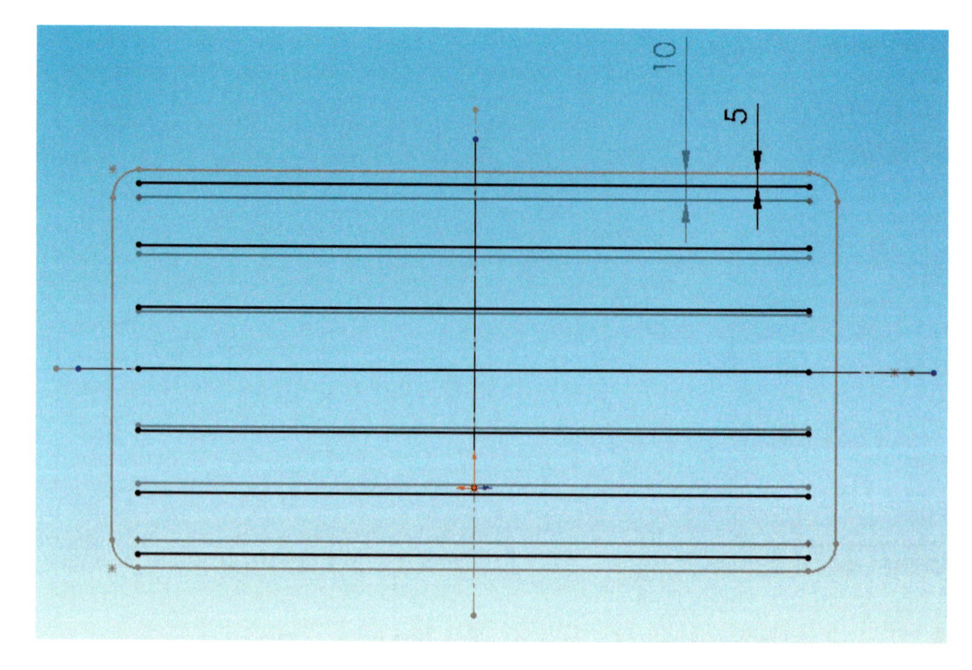

Bild 5.24:
Minimalistisch: Ein einziges Maß steuert diesen kompletten Array. Auch die gespiegelten Elemente gehen mit.

- Schließen Sie diese Skizze, antworten Sie auf die Warnmeldung über offene Konturen mit *Nein, trotzdem neu aufbauen,* und nennen Sie sie **Skizze Rippen MP**. Blenden Sie die *Skizze Montageplatte* wieder aus.

Sie können Skizzenmuster nachträglich ändern: Klicken Sie auf ein Element des Musters, so erscheint der PropertyManager mit den *bestehenden Beziehungen.* Aus dem **Kontextmenü** des Eintrags *Muster erstellt<n>* wählen Sie dann *Muster bearbeiten.*

Sinn der Sache ist nicht nur der steuerbare Abstand vom Rand, sondern die *Skizze Montageplatte* als Vorgabe für die Anordnung der Rippen. Wenn Sie in jener Skizze die Breite *145 mm* – oder 30 mm, je nachdem wie Sie sich entschieden hatten – ändern, so werden Sie nach der Aktualisierung feststellen, dass auch die Rippen mitgegangen sind. Auch eine Längenänderung in der *Skizze Grundkörper* wird hier kein Kopfzerbrechen verursachen, da sich die Länge der Rippen nach der Lage der Verrundungen richtet.

- Aktivieren Sie die Skizze und wählen Sie *Einfügen, Features, Verstärkungsrippe.* Im Editor werden die Linien der Skizze mit gelben Rechtecken umgeben.
- Wählen Sie die Option *Beide Seiten* und geben Sie eine *Dicke* von **2 mm** an. Lassen Sie die Rippen *Normal auf Skizze* erstellen und aktivieren Sie *Materialseite umkehren,* da wir ja immer noch von unten nach oben arbeiten. Zeigt der rote Pfeil zum Volumenkörper hin, ist die Richtung korrekt. Bestätigen Sie dann. Die Rippen werden eingefügt. Nennen Sie das Feature **Rippen Montageplatte** (Abb. 5.25).

Bild 5.25: Parameter und Endergebnis in einem Bild: Die Verstärkungsrippen sind rasch definiert, sobald man die Skizze angefertigt hat. Hier erkennt man gut, dass sie ein wenig tiefer liegen als die Auflageflächen.

5.8.2 Bauteilstatistik: Der Nachteil des Rippenfeatures

Die automatische Erstellung von Rippen oder generell sich wiederholenden Einzelheiten ist natürlich eine praktische Sache, doch sie hat auch einen Pferdefuß:

- Rufen Sie *Extras, Feature-Statistik* auf. Es erscheint das gleichnamige Dialogfeld.

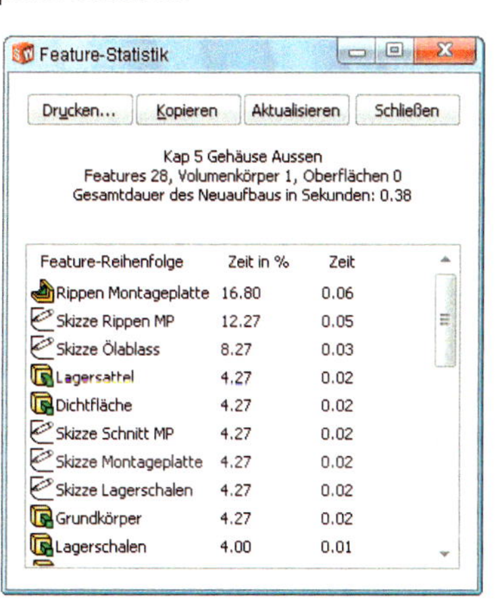

Hier sind alle Features des aktuellen Bauteils aufgeführt, und zwar in der Rangfolge ihrer Wiederaufbauzeit. Die *Gesamtdauer* für die Neuberechnung des Bauteils ist über der Liste nachzulesen.

Demnach ist das Rippenfeature das langsamste von allen. Wenn Sie das Feature öffnen und *Aushebeschrägen* definieren, sieht es noch schlechter aus.

Sie sehen, dass die Rippenfunktion Ihre Bauteile – viel mehr noch später die Baugruppen – riesig und behäbig macht. Dies sollten Sie im Hinterkopf behalten, etwa für den Fall der Frage, ob es nicht auch mit einer einfachen Extrusion geht. Doch es gibt noch andere Möglichkeiten, der Performance auf die Sprünge zu helfen:

- Schließen Sie die Dialogbox. *Unterdrücken* Sie dann das Rippenfeature über dessen Kontextleiste.

Die Rippen verschwinden, der Eintrag im FeatureManager ist jedoch noch vorhanden – er wird nur grau eingefärbt. Laut *Feature-Statistik* verkürzt sich die Wiederaufbauzeit nun beträchtlich.

5.8.3 MCAD menschlich: Die Eltern/-Kind-Beziehung

Durch vorübergehendes Unterdrücken können Sie auch am dicksten Bauteil zügig weiterarbeiten. Doch sehen Sie sich vor: Wenn andere Features und Skizzen von dem Unterdrückten abhängen, sind sie nicht mehr definiert und Sie erhalten die wohlbekannte Meldung *Fehler bei Neuaufbau...* – hier hilft dann nur der umgekehrte Weg:

- Machen Sie die Unterdrückung mit **Strg + Z** oder über das Listenfeld in der Standard-Funktionsleiste rückgängig.
- Unterdrücken Sie dann sukzessive alle Features, und zwar angefangen vom **untersten** bis hin zum **höchsten** in der betreffenden Hierarchiekette.

Es erscheinen keine Fehlermeldungen, weil die abhängigen, die Kind-Elemente zeitlich vor ihren jeweiligen Eltern-Elementen unterdrückt werden.

Kind?

Eltern?

Auch dieses Konzept trägt zum Verständnis so mancher MCAD-Ungereimtheit bei:

- Heben Sie die Unterdrückung für alle außer dem Rippen-Feature wieder auf – natürlich jetzt von oben nach unten. Dann klicken Sie im FeatureManager rechts über der *Dichtfläche* und wählen *Eltern/Kind* (Abb. 5.26).

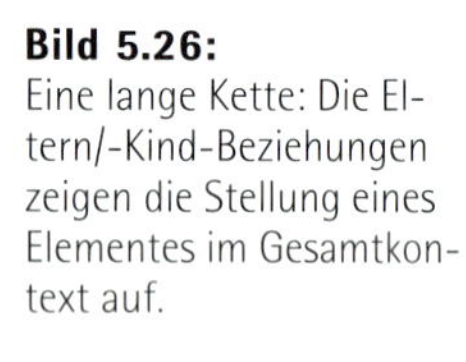

Bild 5.26:
Eine lange Kette: Die Eltern/-Kind-Beziehungen zeigen die Stellung eines Elementes im Gesamtkontext auf.

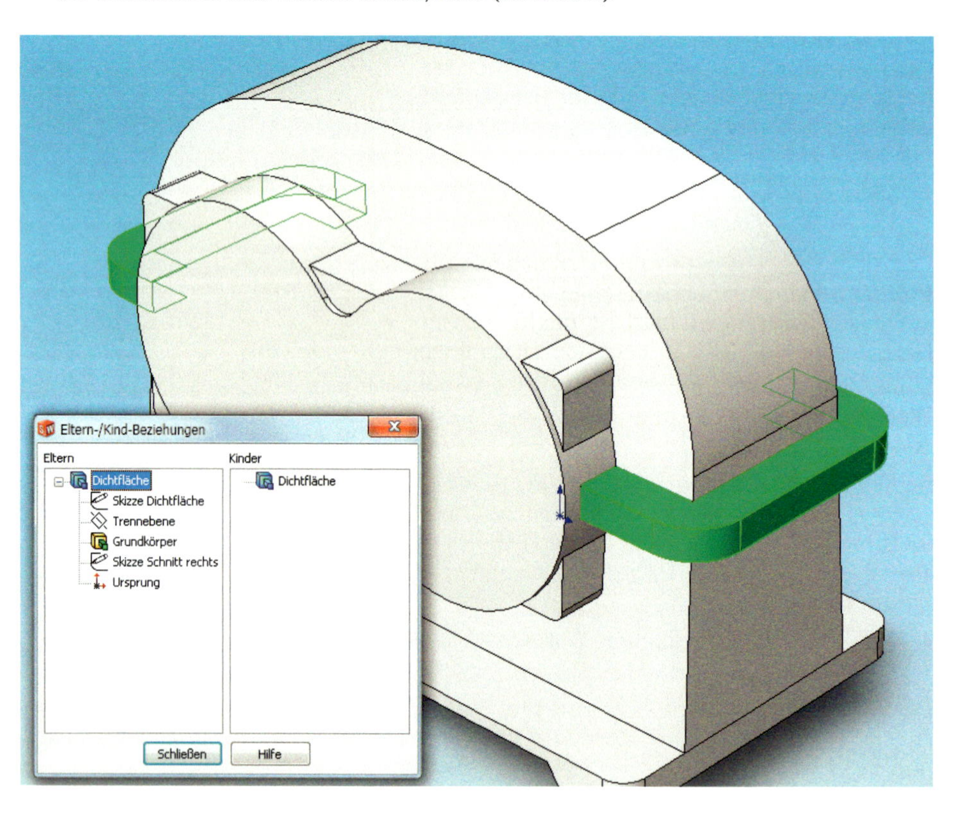

Es erscheint eine Dialogbox mit zwei Listenfeldern:

- Links sind die Features, Skizzen- und Grundelemente bis hinauf zum *Ursprung* aufgelistet, von denen das aktuelle Feature abhängt. Das sind die *Eltern*.
- Rechts sind die Einzelheiten eingetragen, die von diesem Feature abhängen, also dessen *Kinder*. Im Falle der Dichtfläche – dem vorläufig letzten Glied einer langen Kette – sind hier allerdings noch keine Eintragungen vorhanden.

Die *Dichtfläche* hängt demnach von der *Skizze Dichtfläche* ab, was noch keine große Überraschung ist. Doch die Skizze liegt auf der *Trennebene* und ist mithin von dieser abhängig. Der *Grundkörper* ist über die Feature-Definition mit der Dichtfläche *verschmolzen* und daher auch von dieser abhängig. Der Grundkörper basiert seinerseits auf *Skizze Schnitt rechts*, und die wiederum weist einen Bezug zum *Ursprung* auf, dem Nullpunkt des ortsfesten Koordinatensystems.

Jeder dieser Einträge kann seinerseits aufgeklappt werden, um die eigenen Abhängigkeiten zu offenbaren. Ein Rechtsklick über einem Element, und Sie können dessen *Eltern-Kind-Beziehung* auf die gleiche Weise darstellen. Die Dialogbox hat aber nicht nur einen informativen Nutzen, sondern Sie können über das Kontextmenü auch in das betreffende Feature einsteigen.

Sie erkennen nun, wie komplex die gegenseitigen Beziehungen selbst noch in diesem nach Kräften einfach gehaltenen Bauteil sind – hier von einem Netzwerk zu sprechen, ist keine Übertreibung. Der Überblick ist im Nu verloren, die Fehler werden zunehmend enigmatisch.

Darum immer wieder der Rat: **Halten Sie Ihr Bauteil schlicht und einfach!**

5.9 Der Ölablass

Um ein Getriebe mit Ölschmierung zu betreiben, müssen Öffnungen her: oben eine, durch die das Schmiermittel eingefüllt, unten eine, durch die es abgelassen werden kann. Dazu extrudieren wir einen einzigen Querschnitt durch den gesamten Volumenkörper. Wir erfüllen dabei die Forderung, dass dessen vertikale Anlagefläche über die schräge Seitenwand hinausragt. Dieses Feature muss sich trotzdem der Form der Grundskizze anpassen, weshalb wir auch genau dort beginnen:

- Öffnen Sie die *Skizze Grundkörper* zur Bearbeitung. Fügen Sie je einen Punkt links und rechts von der Grundlinie ein (Abb. 5.27).

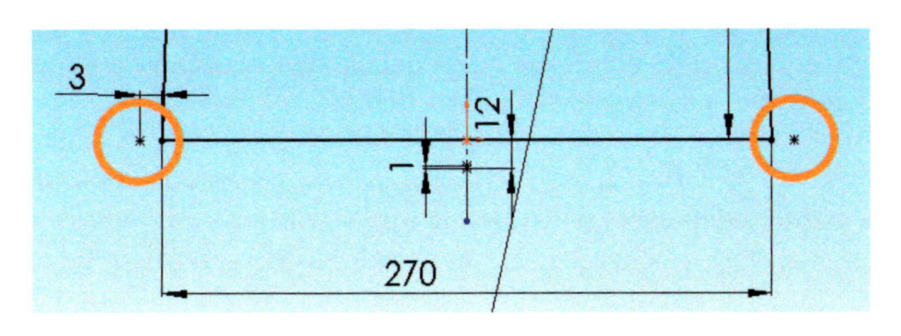

Bild 5.27: Zwei neue Punkte (Kreise) zur Definition des Ölablasses. Zur Verdeutlichung wurde der Abstand von der Kontur überhöht.

- Verknüpfen Sie jeden der Punkte *horizontal* mit dem benachbarten Eckpunkt der Grundlinie. Definieren Sie für die beiden Punkte und die senkrechte Mittellinie außerdem die Beziehung *Symmetrisch*.
- Nun reicht für die gesamte Skizze ein einziges Maß, nämlich **3 mm** von der linken Ecke zum linken Punkt, um die Skizze zu bestimmen. Der rechte Punkt hält seine Distanz nun automatisch ein. Schließen Sie die Skizze dann wieder und blenden Sie sie ein.

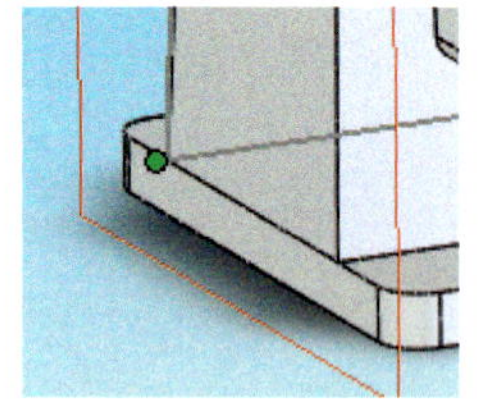

- Fügen Sie eine neue Referenzebene ein. Sie liegt parallel zur *Ebene rechts* und ist am linken der beiden Punkte fixiert. Nennen Sie sie **Ebene Ölablass**.

5.9.1 Symmetrie durch Radien

- Fügen Sie auf dieser Ebene eine Skizze ein. Zeichnen Sie eine vertikale Mittellinie und verknüpfen Sie sie *kollinear* mit der *Mittelebene*.

Sie müssen die Ebene dazu nicht einmal einblenden, Sie können sie auch einfach aus dem *aufschwingenden FeatureManager* oben links im Editor wählen.

- Zeichnen Sie die Kontur nach Abbildung 5.28 in einem Arbeitsgang. Benutzen Sie dazu wieder die *Linie* und ihren alternativen Bogenmodus. Alle Übergänge bis auf die beiden unteren Ecken sollen *tangential* sein. Vermeiden Sie es, die untere Querlinie bzw. einen ihrer Endpunkte auf die Körperkante zu beziehen – die genaue Lage der Skizze wird wieder mit Hilfe der Grundskizze festgelegt.
- Verknüpfen Sie das Zentrum des großen Radius *deckungsgleich* mit der Mittellinie. Auf diese Art ist zwischen den beiden Vertikalen automatisch Symmetrie gewährleistet.
- Bemaßen Sie die beiden Radien mit **2 mm** bzw. **5 mm**.
- Geben Sie die Längenmaße an, vom kleinsten bis zum größten. Die Skizze kann jetzt nur noch vertikal verschoben werden.

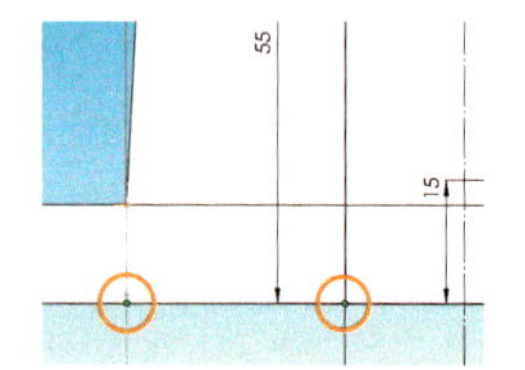

- Verknüpfen Sie *horizontal* den linken unteren Eckpunkt mit dem unteren der beiden Punkte aus der *Skizze Grundkörper*. Es handelt sich um den gleichen Punkt, der die Höhe der Bodenplatte steuert. Damit ist die Skizze festgelegt. Nennen Sie sie **Skizze Ölablass**.

Wieder ist es uns gelungen, den Volumenkörper zur Geometriedefinition zu umgehen. Ich empfehle Ihnen, ihn bei ähnlichen Arbeiten stets auszublenden, und zwar aus folgendem Grund: Wenn Sie ihn eingeblendet lassen, besteht die Gefahr, dass Sie eine **Kante** statt einer **Linie** erwischen – SolidWorks macht da keine Unterschiede. Natürlich lassen sich solche erratischen Beziehungen lösen. Besser ist aber, man kommt gar nicht erst in Versuchung.

- Extrudieren Sie die Skizze mit einem *linear ausgetragenen Aufsatz* bis zum rechten der beiden neuen Punkte in der *Skizze Grundkörper*. Benutzen Sie die Endbedingung *bis Eckpunkt* (Abb. 5.29). Nennen Sie das Feature **Ölablass**.

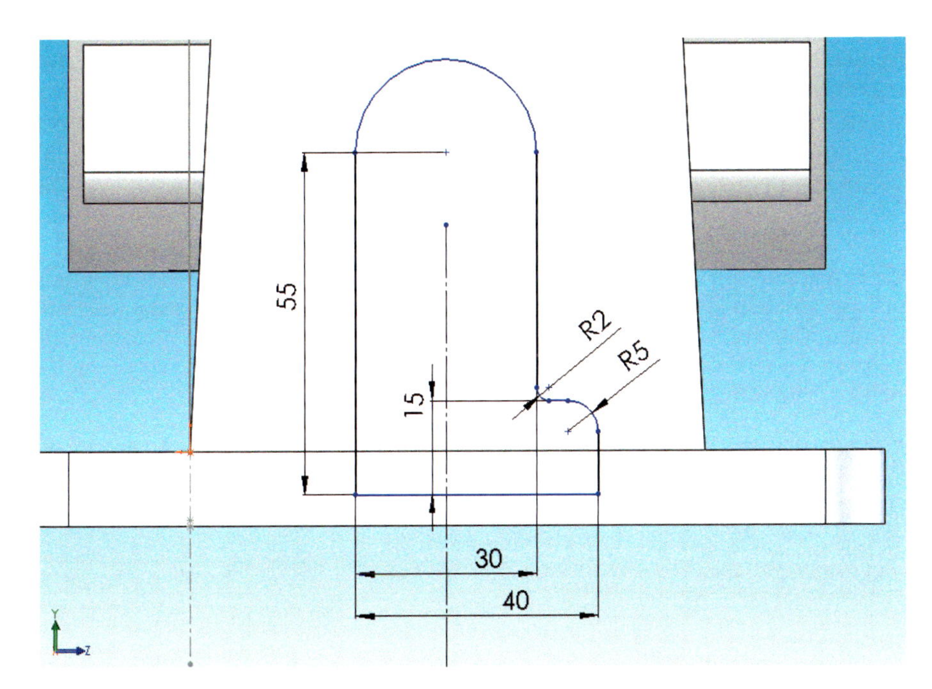

Bild 5.28:
Die Skizze des Öldeckels ist noch nicht festgelegt.

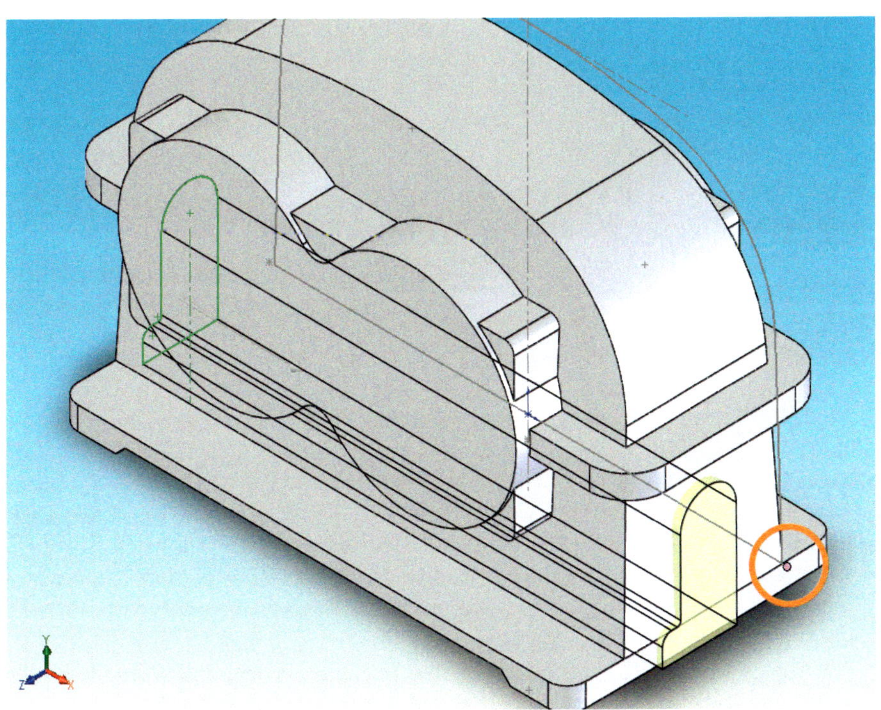

Bild 5.29:
Leichte Übung:
Die Skizze des Sockels für den Ölablass wird von Punkt zu Punkt (orangefarbener Kreis) ausgetragen. Es bedarf also keinerlei sonstiger Parameter mehr.

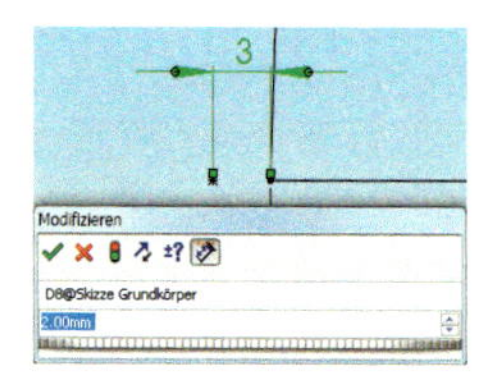

- Verringern Sie nun die Höhe der beiden Flächen über dem Seitenteil dadurch, dass Sie das Maß *3mm* in der *Skizze Grundkörper* auf **2 mm** einstellen. Vergleichen Sie dazu auch Abbildung 5.27.

Ergebnis: Die Extrusion wird auf beiden Seiten um einen Millimeter niedriger.

5.9.2 Das wahre Potenzial des FeatureManagers

Wenn Sie nun das Gehäuse von allen Seiten betrachten, so sind die beiden neuen Erhebungen schön gleichmäßig aufgetragen. Besonders fällt die Unterseite auf: Die neue Extrusion verläuft über die ganze Länge von *Schnitt Montageplatte*. Unangenehm fällt sie dagegen auf, wenn Sie zusätzlich die Rippen wieder einblenden. Denn auch diese werden teilweise überdeckt (Abb. 5.30)!

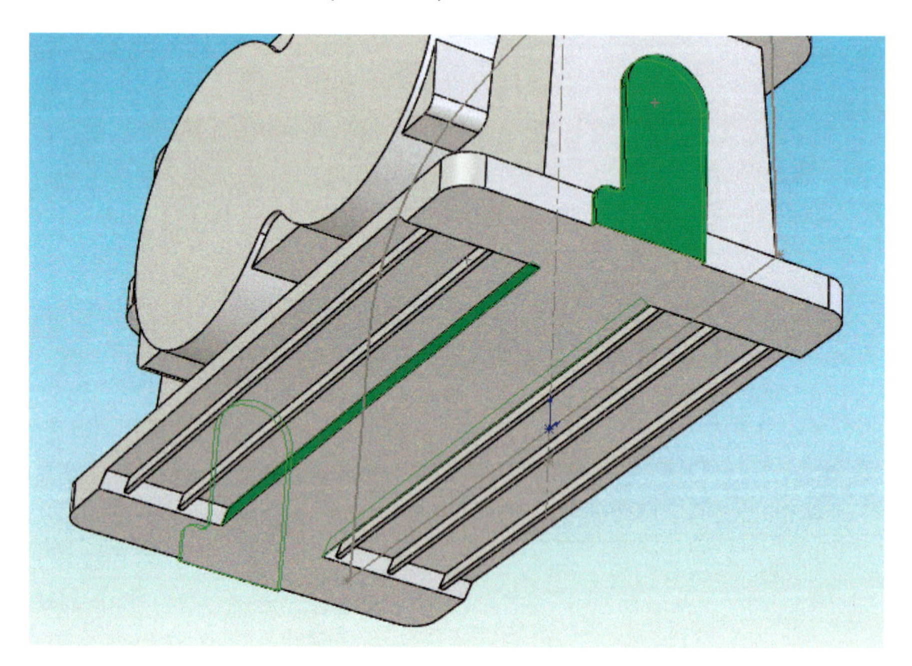

Bild 5.30:
Tücke des Objekts: Durch die neue Extrusion wurde in der Aussparung Material aufgetragen.

Das ist allerdings auch logisch, denn der Ölablass wurde ja **nach** der Aussparung und den Rippen eingefügt. Wieder gibt es mehrere Lösungen, aber nur eine, die wirklich elegant ist. Sie führt Ihnen nun auch endlich Vorteil und Lohn einer konsequent durchgehaltenen, flachen Hierarchie ohne Körper-Referenzen vor Augen – denn wir brauchen einfach nur den FeatureManager aufzuräumen:

- Verschieben Sie alle Referenzebenen, also *Trennebene*, *Ebene Rippen Montageplatte* und *Ebene Ölablass* hinauf bis unter die *Mittelebene*, so dass nur noch Grundkörper und Schnitt über ihnen stehen.

Damit sind diese von Skizzen referenzierten Ebenen aus dem Weg, und Sie haben mit den darunter liegenden Features beinahe völlig freies Spiel:

- Verschieben Sie das Feature *Ölablass* über das Feature *Schnitt Montageplatte* oder der Ordnung halber noch über die *Montageplatte* selbst: Das Problem ist gelöst (Abb. 5.31)!

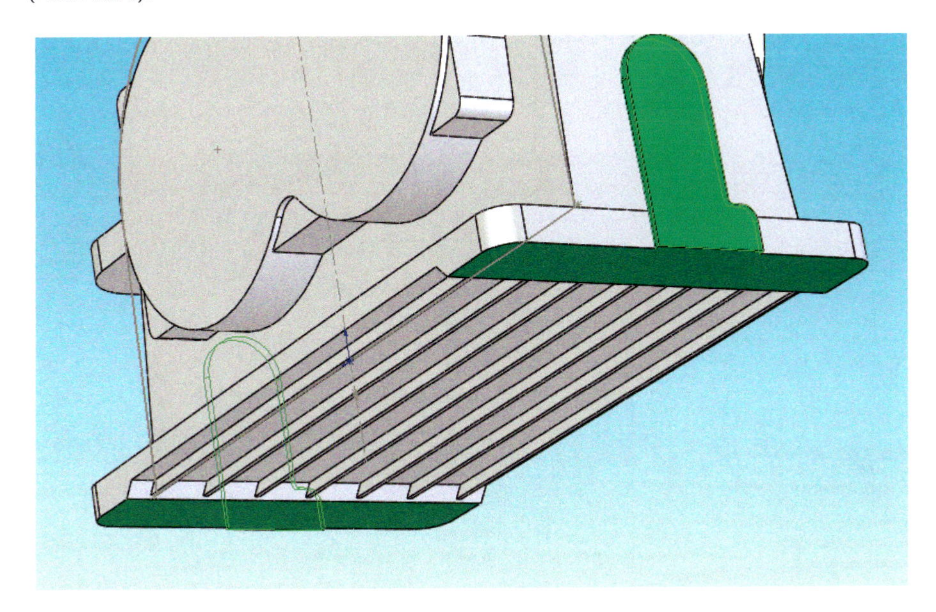

Bild 5.31: Modellieren mit dem FeatureManager: ein Zug mit der Maus, und der Ölablass entsteht *vor* dem Schnitt.

Es ist natürlich klar, dass eine derartige Änderung nur möglich ist, wenn Features und Skizzen nicht von anderen Features oder Skizzen abhängen. Die Mehrzahl unserer Skizzen basieren denn auch direkt auf einer der Ebenen, ohne Bezug untereinander. Eine Ausnahme bilden die beiden Gruppen, die sich nebenbei – fast automatisch – gebildet haben:

- Zunächst sind hier die *Montageplatte*, ihr *Schnitt* und die *Rippen* zu nennen. Letztere ziehen Sie nun einfach noch unter *Schnitt Montageplatte*, dann ist die Gruppe vereint. Wenn die Performance zu wünschen übrig lässt, können Sie sie jetzt auch gefahrlos wieder unterdrücken.
- Die zweite Gruppe besteht aus dem *Lagersattel* und den davon abhängigen *Lagerschalen*.

Diese Abhängigkeiten sind jedoch erwünscht: Die Lagerschalen sollen stets in der Mitte der Lagereinspannung sitzen, also müssen auch ihre beiden Skizzen voneinander abhängen. Zusammen bilden sie die asymmetrische Einheit im ansonsten symmetrischen Gehäuse. Das ist genau die Konstruktionsabsicht! Und dass ein Schnittfeature immer **nach** dem geschnittenen Feature kommen muss, ist eigentlich auch klar.

5.9.3 Nagelprobe: Die logischen Grenzen eines Modells

Reizen wir den Entwurf doch ein wenig aus. Wagen wir es, die Grenzen unserer Konstruktion auszuloten, dabei womöglich Fehler zu finden und sie zu verbessern.

Führen Sie die folgenden Schritte durch, indem Sie auf die Skizze im FeatureManager doppelklicken: Die Maße lassen sich ohne Öffnen der Skizze editieren.

- Wenn Sie etwa die Länge *270* der Grundlinie in der *Skizze Grundkörper* auf **300** bzw. **250 mm** ändern und jedes Mal das Modell neu berechnen lassen, so führt SolidWorks Ihnen die Folgen sozusagen plastisch vor Augen (Abb. 5.32).

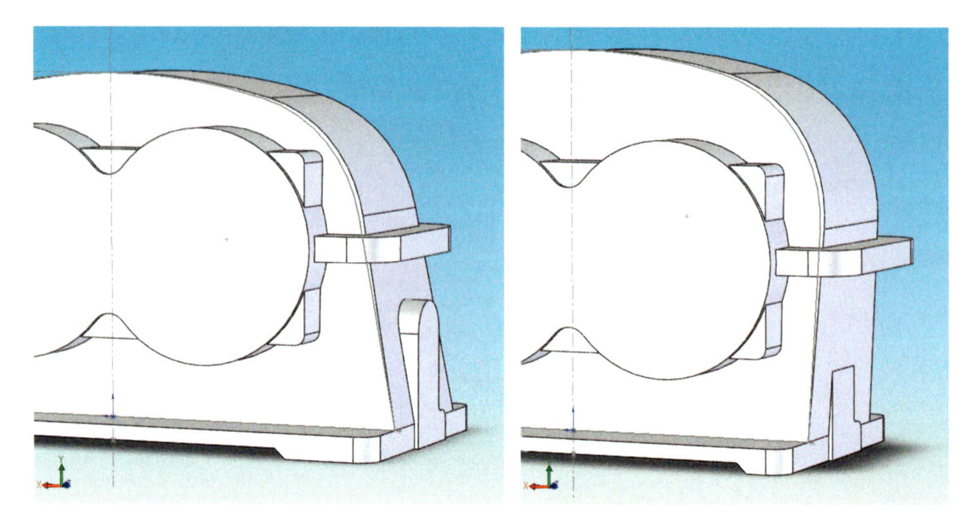

Bild 5.32:
Der stählerne Sumpf: Die Flächen des Ölablassdeckels bleiben senkrecht, egal was mit der Seitenwand passiert. Ist die Wand negativ geneigt, können sie jedoch in die Seitenwand eintauchen.

Zunächst ist positiv zu bewerten, dass die Austragung des Ölablasses brav mit der Kontur mitgeht und stets um den Betrag von jetzt 2 mm darüber hinausragt. Dieses Konzept ging also auf. Und solange die Grundseite breiter ist als die Oberseite, kann auch sonst nicht viel schiefgehen, die Flächen bleiben parallel zueinander und rechtwinklig zur Bodenplatte (Bild links).

Problematisch wird es aber, wenn das Gehäuse unten schmaler ist als oben. Dann nämlich taucht die Ebene in die Seitenwand ein (rechts).

Ähnliche Grenzen kennt auch die Bodenplatte:

- Wenn Sie den Punkt für die Extrusion in der Grundskizze von *12 mm* auf **25 mm** Entfernung setzen, ist noch alles in Ordnung. Rippen und Vertiefung werden angepasst, der Ölablass wandert mit (Abb. 5.33 oben).
- Setzt man jedoch die Entfernung auf **50 mm**, erscheint erst einmal eine Fehlermeldung: Die Rippen können nicht mehr dargestellt werden, wie im Bild unten zu sehen ist.

Die Erklärung: Durch den fest definierten Winkel in der *Skizze Schnitt MP* wird die Aussparung mit der Höhe immer breiter, bis sie an die Grenzen der Verrundungen stößt – und die hatten wir ja *vertikal* mit den Endpunkten des Linienmusters in *Skizze Rippen MP* verbunden. Die Linien schweben nun also im Freien, und das wiederum mag die Rippenfunktion nicht.

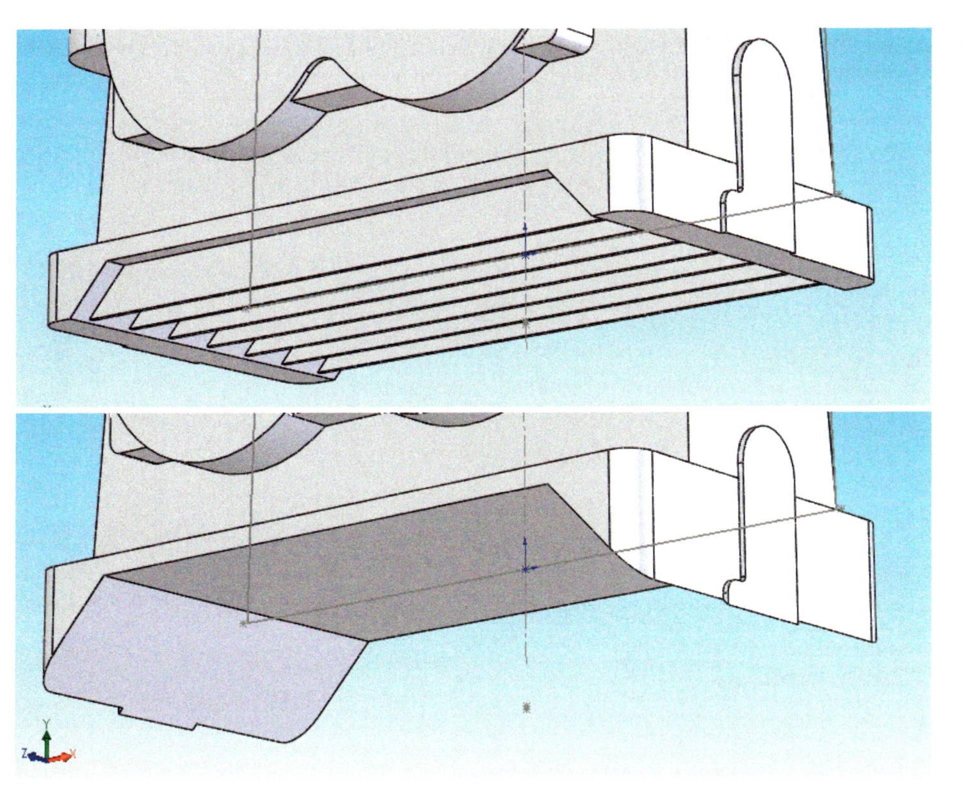

Bild 5.33:
Grenzwertig: Überschreitet die Bodenplatte eine gewisse Höhe, werden die Auflageflächen abgeschnitten. Zudem verschwinden die Rippen – sie sind nun nicht mehr definiert.

Erschwerend kommt hinzu, dass nun auch die Auflageflächen an den Seiten abgeschnitten sind. Dieses Gehäuse könnte man nirgends mehr montieren, denn später sollen noch Löcher für Schrauben durch die Ecken gebohrt werden. Irgendwie müssen wir die Höhe des Ausschnitts an die Höhe der Bodenplatte koppeln. Aber wie?

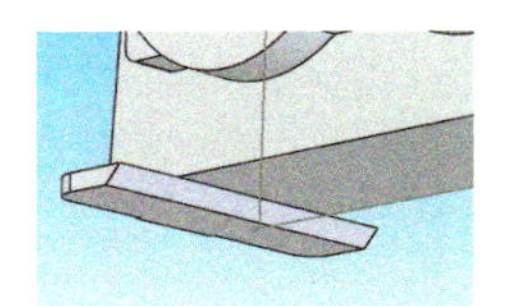

- Ändert man versuchshalber die *Skizze Schnitt MP* so, dass statt der Entfernung *7 mm* vom Nullpunkt die *Höhe* der Aussparung definiert wird, so bleibt die Höhe konstant. Doch auch das hat wieder Nachteile: Der Schnitt kann nun unkontrolliert ins Gehäuse hineinragen, was ebenso unzweckmäßig ist wie die alte Lösung. Die Zahnräder könnten mit dem Boden kollidieren, und vom Aussehen her ist es auch kein Gewinn. Führen wir also die Entfernung **7 mm** vom Nullpunkt zum oberen Ende des Schnittes wieder ein.

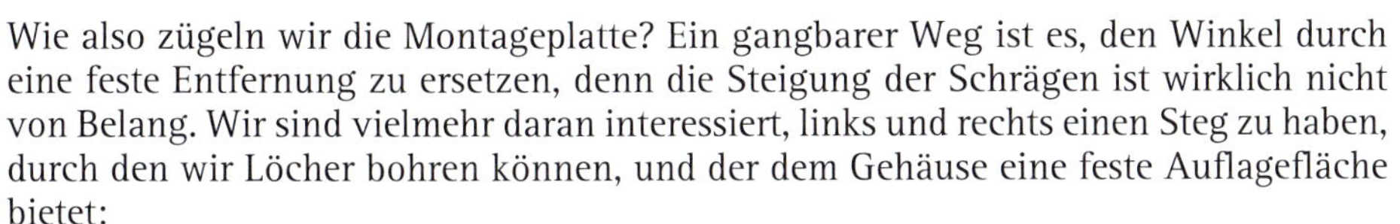

Wie also zügeln wir die Montageplatte? Ein gangbarer Weg ist es, den Winkel durch eine feste Entfernung zu ersetzen, denn die Steigung der Schrägen ist wirklich nicht von Belang. Wir sind vielmehr daran interessiert, links und rechts einen Steg zu haben, durch den wir Löcher bohren können, und der dem Gehäuse eine feste Auflagefläche bietet:

- Blenden Sie die *Skizze Montageplatte* ein und öffnen Sie die *Skizze Schnitt MP*. Löschen Sie das Winkelmaß und definieren Sie statt dessen den horizontalen Abstand

30 mm vom Rand der Platte bis zum unteren Ende des Schnittes. Die Skizze ist nun wieder voll definiert (Abb. 5.34).

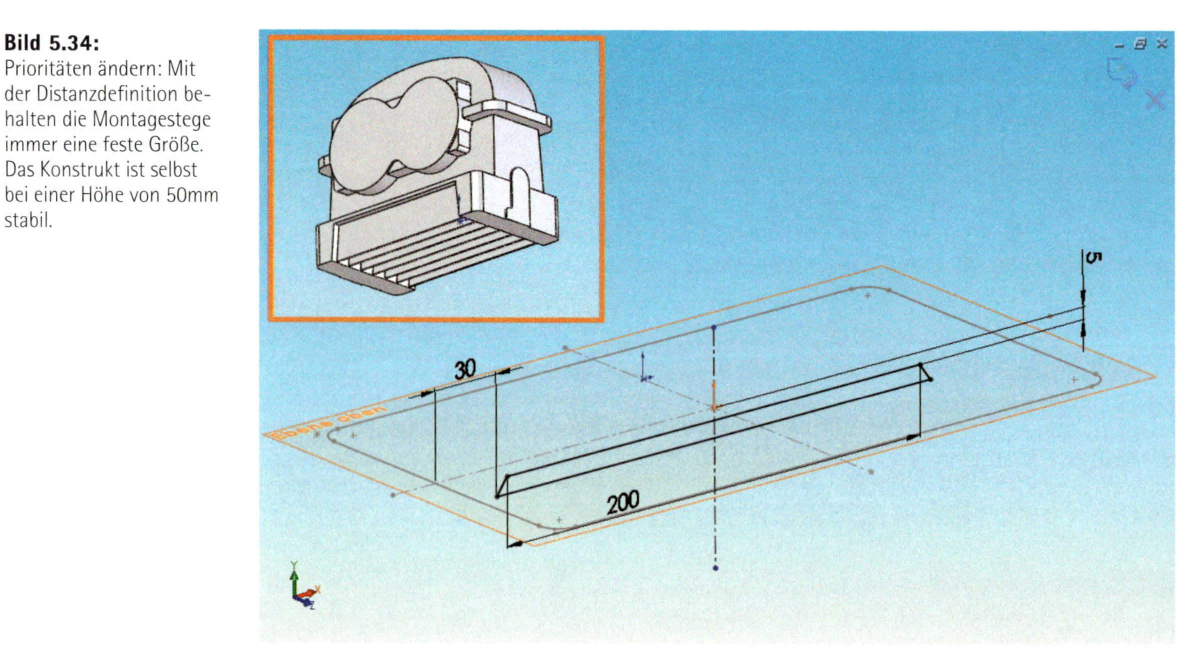

Bild 5.34: Prioritäten ändern: Mit der Distanzdefinition behalten die Montagestege immer eine feste Größe. Das Konstrukt ist selbst bei einer Höhe von 50mm stabil.

Das Ergebnis ist, dass sich zwar der Öffnungswinkel abhängig von der Höhe von Aussparung und Platte ändert, dafür aber der Randsteg erhalten bleibt – und zwar genau **so** breit, wie wir ihn haben wollen. Nützlicher Nebeneffekt: Die Rippen sind nun in jedem Fall definiert, da wir das Abschneiden der Skizzenradien verhindern.

Sie sehen, mit wie viel Planung Sie die Konstruktion von Skizzen und Features angehen müssen. Und doch werden Sie manchen Fehler erst durch Probieren entlarven. Nicht jeder Mangel muss indes behoben werden, wie Sie am ersten Fallbeispiel gesehen haben. Es empfiehlt sich trotzdem, ein Bauteil versuchsweise innerhalb moderater Grenzen zu verändern und sein Verhalten zu studieren, denn so lernen Sie eine Menge über die Kunst des Mechanical CAD.

5.10 Die Handles

handle: (engl.) anfassen, berühren, leiten, aber auch Griff, Henkel oder Stiel.

Ein Gehäuse wie das unsere, dessen Dichtflächen mit Druck und unter Verwendung von dauerelastischer Dichtmasse aufeinander gepresst werden, lässt sich nicht einfach durch Entfernen der Bolzen zerlegen. Es wird ein Vorsprung benötigt, mit dessen Hilfe der Deckel abgehoben werden kann. Ich nenne diese Vorsprünge in Ermangelung einer besseren Bezeichnung **handles**, das englische Universalwort für alles, was mit den Händen geschieht.

5.10.1 Vorhandene Elemente in eine Skizze kopieren

- Blenden Sie den Volumenkörper aus und die *Skizze Grundkörper* ein. Erstellen Sie auf der *Mittelebene* eine neue Skizze und wechseln Sie in die Normalansicht.

Wir setzen den Handle tangential am oberen Rand des Grundkörpers an. Da dieser seine Form verändern könnte, leiten wir die Unterkante von ihm ab:

- Zoomen Sie auf die rechte obere Hälfte der *Skizze Grundkörper*. Aktivieren Sie mit gedrückter **Strg**-Taste die beiden Bogen und wählen Sie *Extras, Skizzieren, Elemente übernehmen*. Die beiden Bogenstücke werden übernommen. Da sie mit den Ursprungselementen durch die Beziehung *Auf Kante* verbunden sind, bleiben sie voll definiert.

- Zeichnen Sie einen *Dreipunkt-Kreisbogen* von der Mittellinie nach außen (Abb. 5.35). Verknüpfen Sie den linken Endpunkt *deckungsgleich* mit dem Scheitelpunkt der Grundskizze.
- Bemaßen Sie den Bogen ausnahmsweise schon **vor** der letzten Skizzenbeziehung, sonst kann es Probleme geben: Definieren Sie einen Radius von **350 mm**. Dann verknüpfen Sie die beiden Bogen *tangential*.

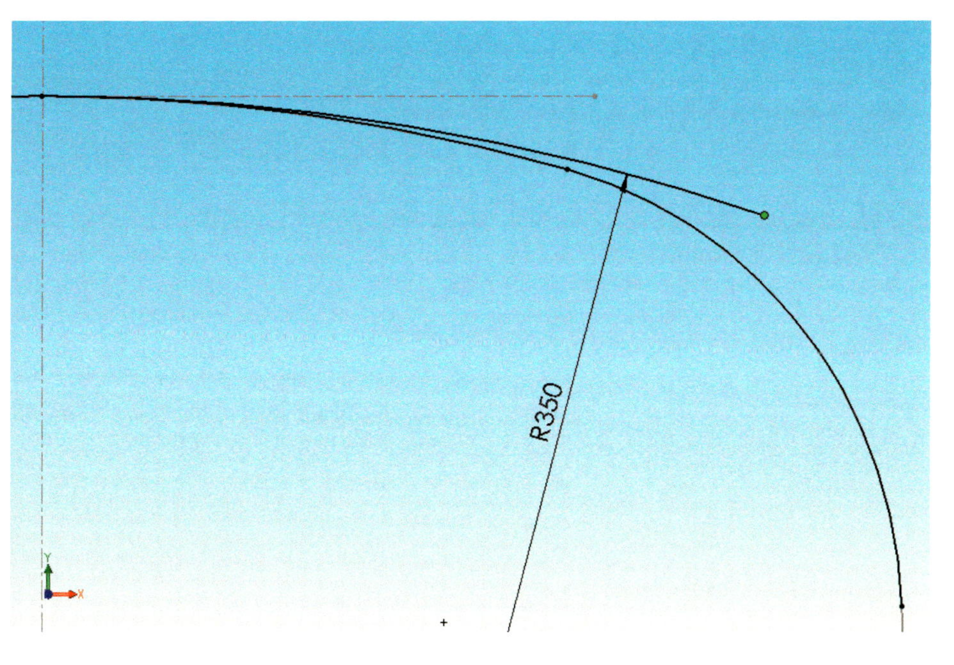

Bild 5.35: Der Bogen wächst tangential aus der Gehäuseskizze heraus.

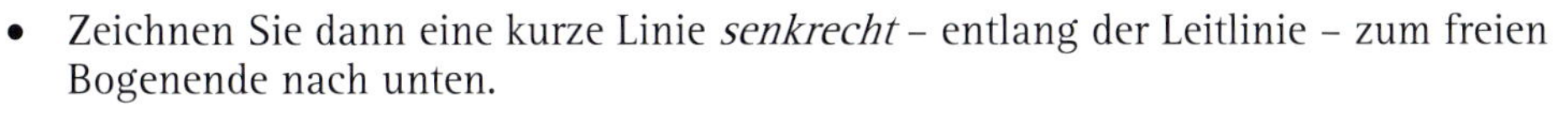

- Zeichnen Sie dann eine kurze Linie *senkrecht* – entlang der Leitlinie – zum freien Bogenende nach unten.

- Schließen Sie daran einen *Dreipunkt-Kreisbogen* an, der *tangential* auf dem unteren der beiden großen Bogen endet – **auf**, nicht **mit**.

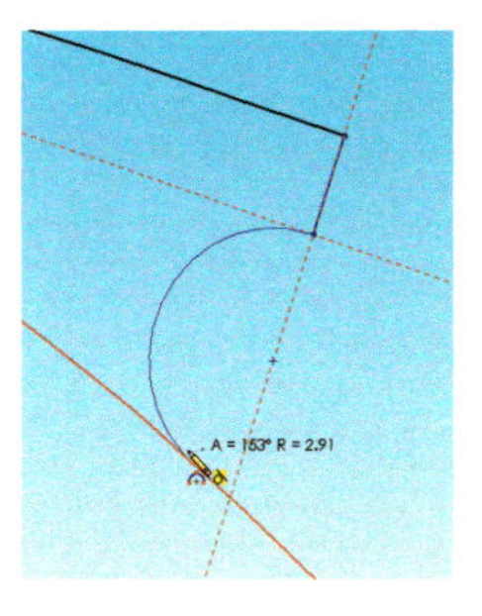

Sie können es auch wieder mit dem Bogenmodus der *Linie* versuchen. Das Problem gerade hier ist jedoch, dass SolidWorks Ihre Intention zu erraten versucht. Je nachdem, in welcher Richtung Sie den Cursor vom Anschlusspunkt wegziehen, wird tangential, umgekehrt tangential oder rechtwinklig angeschlossen.

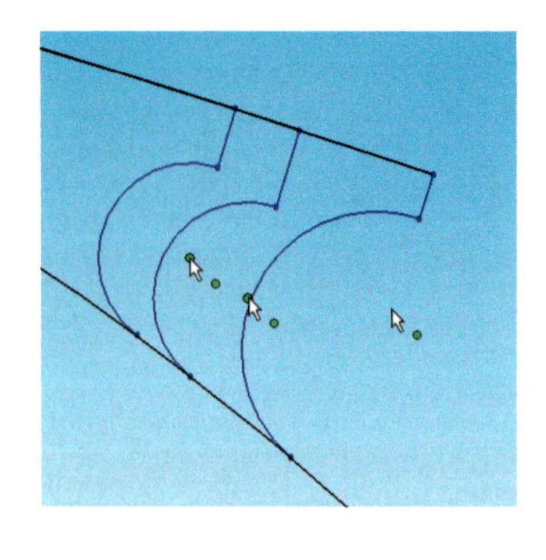

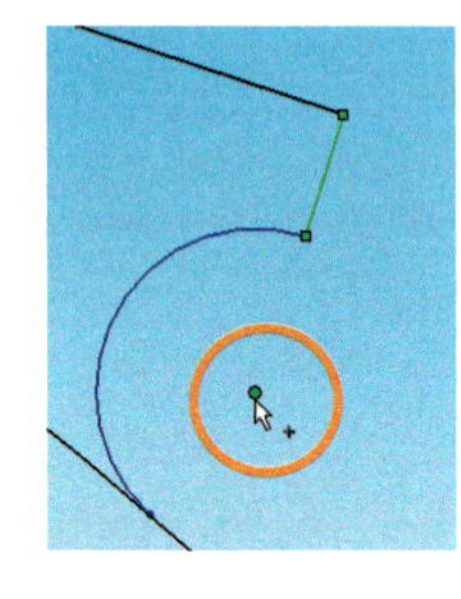

- Verknüpfen Sie das **ganze** gerade Linienstück *deckungsgleich* mit dem Zentrum des 350mm-Bogens. Dies geschieht allerdings automatisch, wenn Sie die Linie rechtwinklig vom Bogen wegführen.

Wenn Sie nun die neu entstandene Ecke zwischen Bogen und Linie bewegen, sollte sich die Linie mit der Bewegung neigen.

- Verknüpfen Sie die Linie ebenfalls *deckungsgleich* mit dem Zentrum des angeschlossenen Bogens. Wenn Sie daraufhin am Zentrum des Bogens ziehen, sollte sich die gesamte Figur mitbewegen, wobei immer die Grenzen der beiden großen Bogen eingehalten werden.
- Bemaßen Sie das Linienstück mit einer ausgerichteten Bemaßung von **5 mm** und das Bogenstück mit einem Radius von **7 mm**.
- *Verrunden* Sie die Ecken mit **1 mm** und die Skizze ist festgelegt (Abb. 5.36).

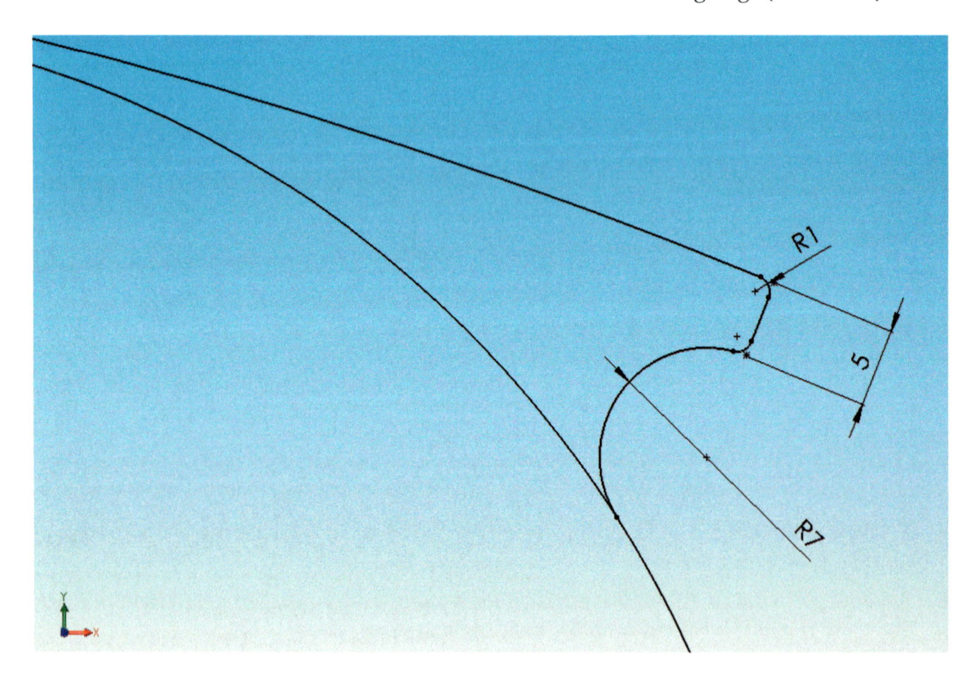

Bild 5.36: Drei feste Maße, der Rest ist Magie: Der Grundriss des rechten Handles.

- Wenn Sie nun etwas aus dem Bild heraus zoomen, erkennen Sie noch überstehende Konturstücke. *Trimmen* Sie sie, so dass eine geschlossene, wenn auch spitzwinklige Kontur entsteht.

- Fügen Sie eine vertikale Mittellinie ein und verknüpfen Sie sie *kollinear* mit der Mittellinie der *Skizze Grundkörper*. Spiegeln Sie dann die Kontur an dieser Mittellinie (Abb. 5.37).

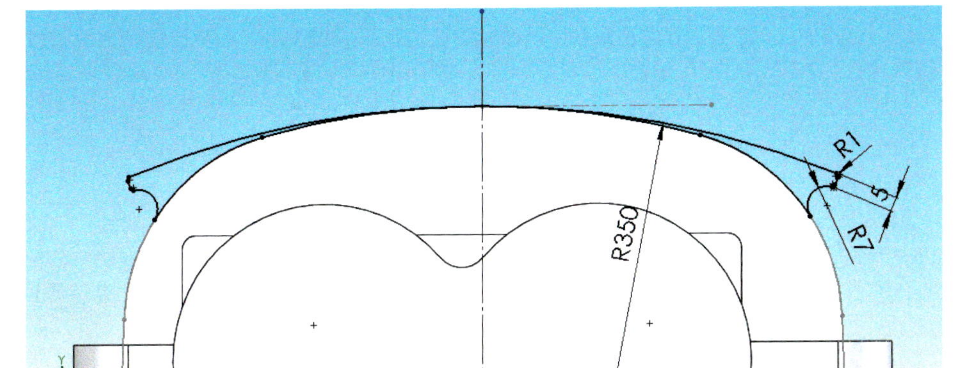

Bild 5.37: Peripher tangierend: Die vollständige Kontur des Handles.

- Damit ist die Skizze fertig gestellt. Schließen Sie sie und geben Sie ihr den Namen **Skizze Handle**. Blenden Sie den Volumenkörper wieder ein.

5.10.2 Arbeiten mit der Konturauswahl

- Extrudieren Sie die Skizze mit einem *linear ausgetragenen Aufsatz mittig* um **10 mm**.

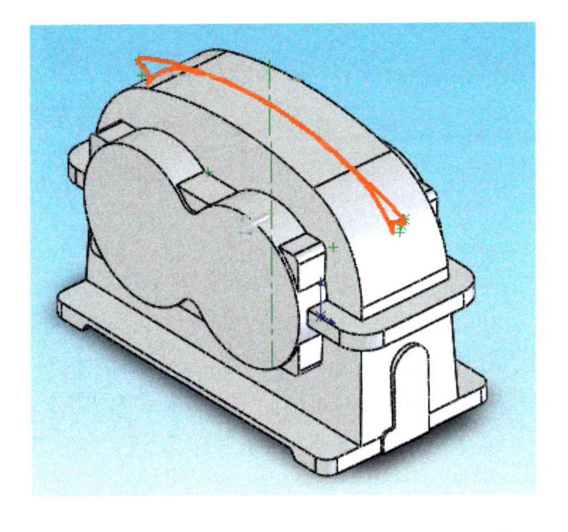

Dabei werden Sie keine Vorschau sehen und auch kein Ergebnis, denn die Skizze kann nicht ausgetragen werden: SolidWorks entdeckt mehrteilige, sich selbst überschneidende oder berührende Konturen, solche also, die stellenweise den Durchmesser null besitzen und so in mehrere Teilflächen zerfallen. Da dies zu ungültigen Objekten führt, verweigert das Programm an dieser Stelle den Dienst und zeichnet bestenfalls die gesamte Skizze in Rot. Einzige Alternative ist die so genannte *Kontur-Auswahl*. Mit ihrer Hilfe können Sie beliebige umschlossene Areale auswählen, selbst wenn diese durch Überschneidung mit anderen Konturen entstehen:

- Wenn SolidWorks nicht selbstständig umschaltet, klicken Sie im PropertyManager in das Auswahlfeld *Ausgewählte Konturen* (Abb. 5.38).

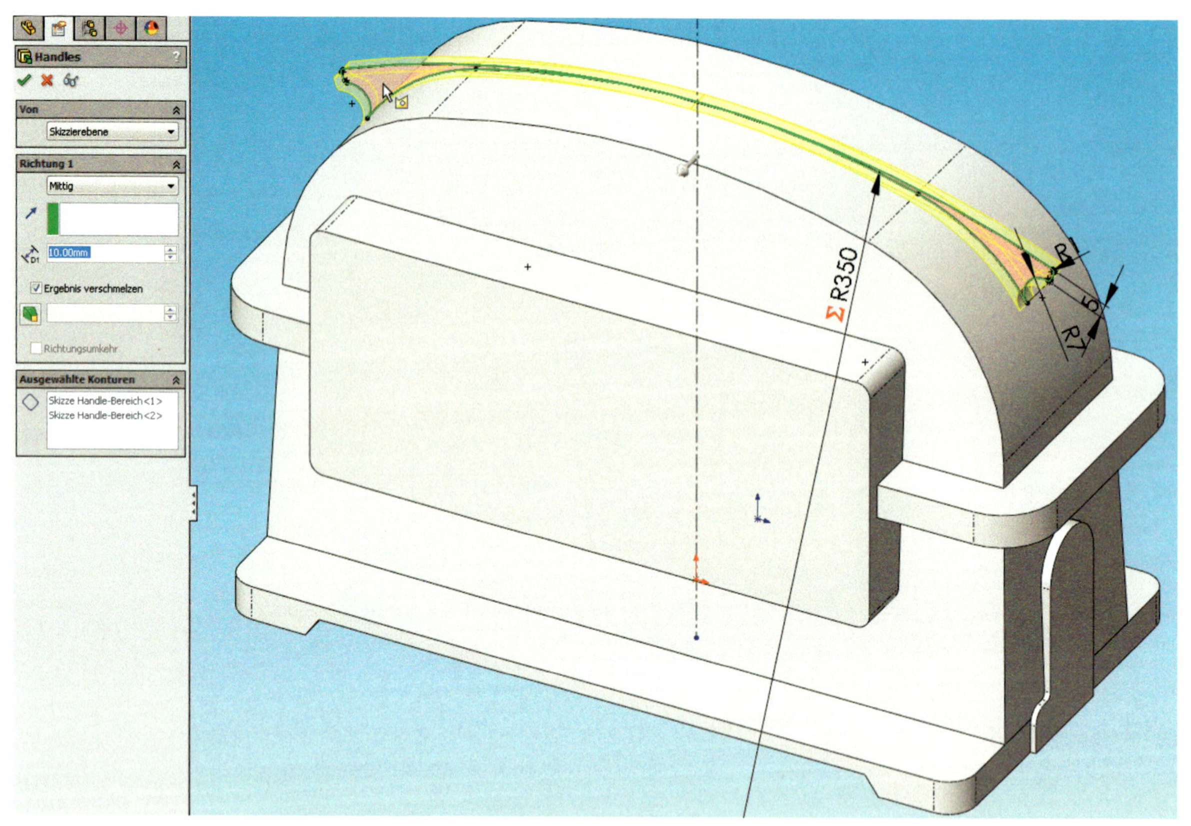

Bild 5.38: Die Konturauswahl dient zur Wahl umschlossener Areale. Auf diese Weise könnte man auch lediglich einen der beiden Handles austragen.

- Klicken Sie nun nacheinander **mitten** in die beiden Teilkonturen hinein. Der anvisierte Bereich wird dabei rot unterlegt. Die gewählten Teile werden in der Auswahlliste aufgeführt und im Editor angezeigt.
- Stellen Sie dann wie gewohnt die Endbedingung *Mittig* und die *Tiefe* **10 mm** ein und aktivieren Sie *Ergebnis verschmelzen*.

5.10.3 Und wieder: Die Gleichungen

Auch beim Belastungstest dieses Features stellen sich Mängel heraus: Durch die mehrfache Tangentialität wird diese Kontur, die ja ohnehin schon zweiteilig ist, zu einer geometrisch fragilen Angelegenheit. Ändert man den Radius des äußeren Bogens, so zeigt sich, dass er einen Umschlagpunkt besitzt (Modell vorher **speichern**!):

- Ab einem Radius von 400 mm und aufwärts wird der Bogen einfach immer flacher, wie in Bild 5.39 oben links zu sehen ist. Er strebt dann gegen eine Gerade.

- Setzt man den Radius gleich dem des zugrundeliegenden Gehäuses, nämlich R=300mm, so überdecken sich die Tangenten bis zum Beginn des kleineren Radius (oben rechts). Schön daran ist, dass die obere Fläche geschlossen und unangetastet bleibt.

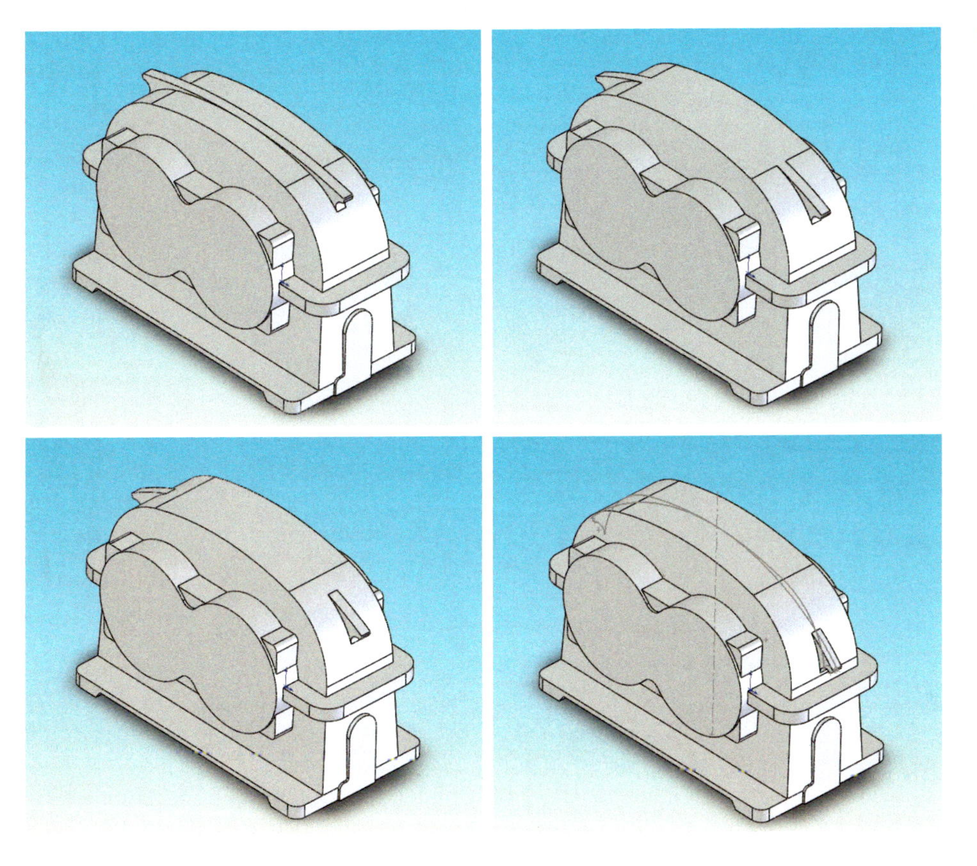

Bild 5.39:
Vier Versionen, eine gefällt: Der Radius des Handles wird an den der Grundskizze gekoppelt.

- Verkleinert man den Radius weiter, wandert die Tangente unter den Grundbogen (unten links) und
- überschneidet ihn zum zweiten Mal – eine vierteilige Kontur ist entstanden! Nur weil die Knoten innerhalb des Gehäusedeckels sitzen, fällt der Fehler zunächst nicht auf (unten rechts).

Beim Experimentieren kann es sogar geschehen, dass die Tangentialbedingung der beiden großen Bogen zerstört wird. Dann müssen Sie den Bogen eigens wieder in Position rücken und die Beziehung neu definieren. Überdies könnte es ja auch sein, dass man irgendwann den Radius des Gehäuseoberteils in der *Skizze Grundkörper* so ändert, dass er größer wird als der des Handles – Folgefehler wie dieser sind geradezu prädestiniert, übersehen zu werden. Wir müssen die Radien der beiden Skizzen aneinander koppeln:

- Blenden Sie die *Skizze Grundkörper* ein und den Volumenkörper aus.
- Öffnen Sie die *Skizze Handle* zum Bearbeiten. Rufen Sie *Extras, Gleichungen* auf und klicken Sie in das Feld *Gleichung hinzufügen.*
- Klicken Sie nun auf den Radius *350* der aktuellen Skizze. Die Variable wird in das Editierfeld eingetragen. Setzen Sie hinter das Gleichheitszeichen die Zeichenfolge **3.5/3** und das Multiplikatorsymbol *Stern* „*“. Der Bruch folgt aus dem Radienverhältnis 350/300 oder auch 7/6 (Abb. 5.40).

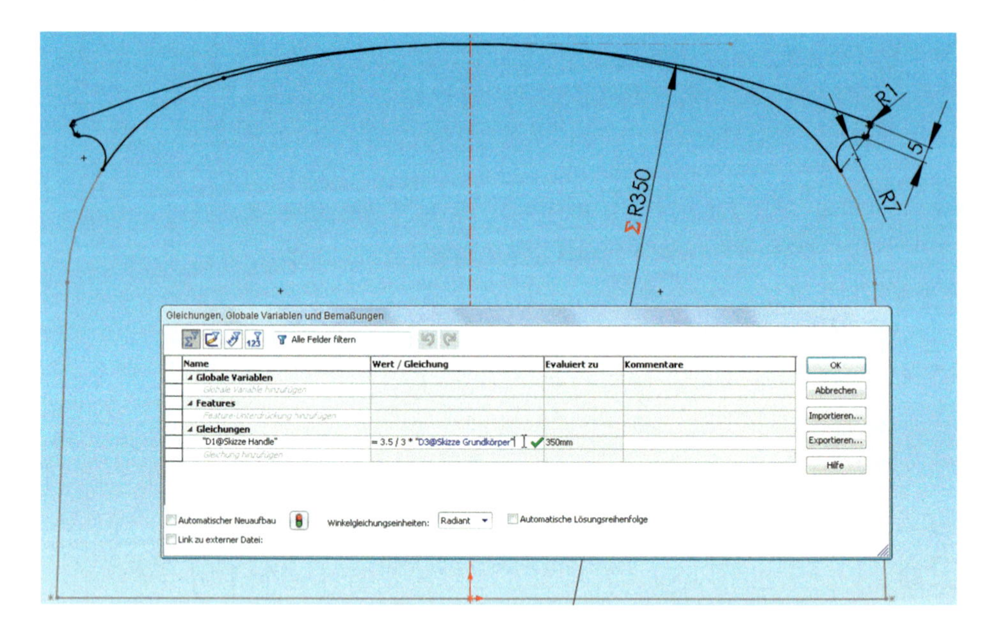

Bild 5.40: Sicherheitsmaßnahme: Der Bogen der Handles wird aus dem des Grundkörpers berechnet.

- Führen Sie nun einen Doppelklick auf den Eintrag *Skizze Grundkörper* im FeatureManager aus. Dadurch werden deren Maßzahlen sichtbar. Klicken Sie dann auf das Maß *R300,* das den großen Radius des Deckels angibt. Es wird an letzter Stelle im Editierfeld eingefügt. Ver-„gleichen“ Sie Ihre Gleichung dann mit derjenigen in Bild 5.40.

Der Gleichungseditor besitzt eine eigene Schaltfläche *Modellneuaufbau.*

- Nach ihrer Betätigung wird das Ergebnis der Berechnung in der Skizze angezeigt. Sie können nun bestätigen und probeweise in der *Skizze Grundkörper* einen anderen Radius definieren. Durch eine Neuberechnung folgen die Handles automatisch nach.

5.11 Eine Verjüngung für die Handles

Die Handles sollen in Längsrichtung verjüngt werden. Wir realisieren das durch einen ausgetragenen Schnitt mit beliebigem Pfad, eine so genannte **Pfadextrusion**.

5.11.1 Hilfskonstruktionen

Doch zunächst brauchen wir wieder eine Ebene für das Schnittprofil. Sie soll den Ansatz des Handles am Deckel schneiden **und** tangential an dessen Horn anliegen – Forderungen, die die Ebenenfunktion so nicht leisten kann. Also müssen wir erst einen Aufhänger konstruieren:

- Blenden Sie den Volumenkörper aus und öffnen Sie die *Skizze Handle*. Alle anderen Skizzen sollten ausgeblendet sein.
- Ziehen Sie eine Linie vom unteren Ansatzpunkt der Kontur bis zur unteren Verrundung des Horns. Die Linie soll **nicht** mit einem End- oder Mittelpunkt, verknüpft werden und kann ruhig ein wenig „daneben liegen". Verknüpfen Sie Linie und Bogen *tangential* und markieren Sie die Linie als *zur Konstruktion* (Abb. 5.41).

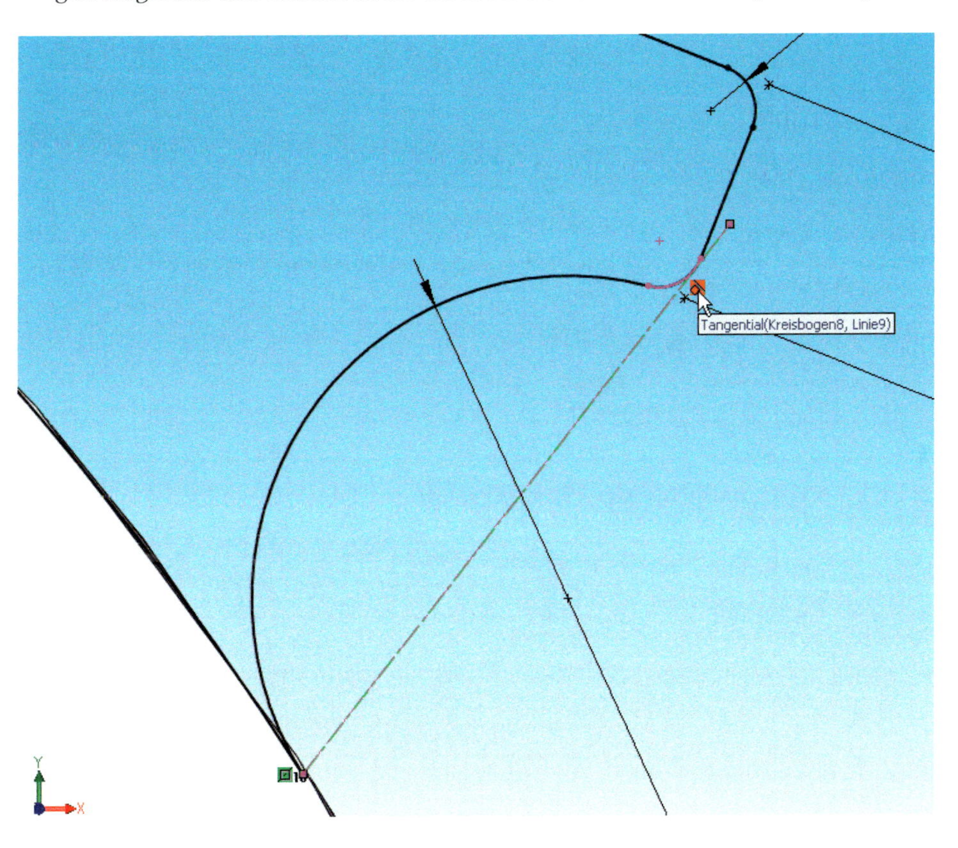

Bild 5.41:
Flächenstütze: Durch die tangentiale Verknüpfung wird die Linie stets der Form der Skizze folgen.

- Setzen Sie einen Punkt neben die Kontur. Markieren Sie den Punkt, die tangentiale Linie und den Kreisbogen und verknüpfen Sie alle drei durch eine Beziehung *Schnittpunkt*. Ziehen Sie den Endpunkt der Tangente auf den Schnittpunkt, so dass er *deckungsgleich* verknüpft wird. Schließen Sie die Skizze und blenden Sie den Volumenkörper wieder ein.

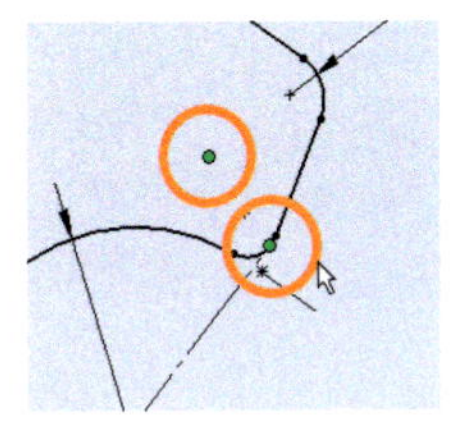

- Fügen Sie eine *Referenzebene* ein, die die Kante des Ansatzes und den soeben konstruierten Tangentenpunkt als Bezugselemente besitzt. Die Funktion sollte selbsttätig auf den Modus *Linien/Punkte* umschalten (Abb. 5.42).
- Nennen Sie das neue Feature **Ebene Schnitt Handle**.

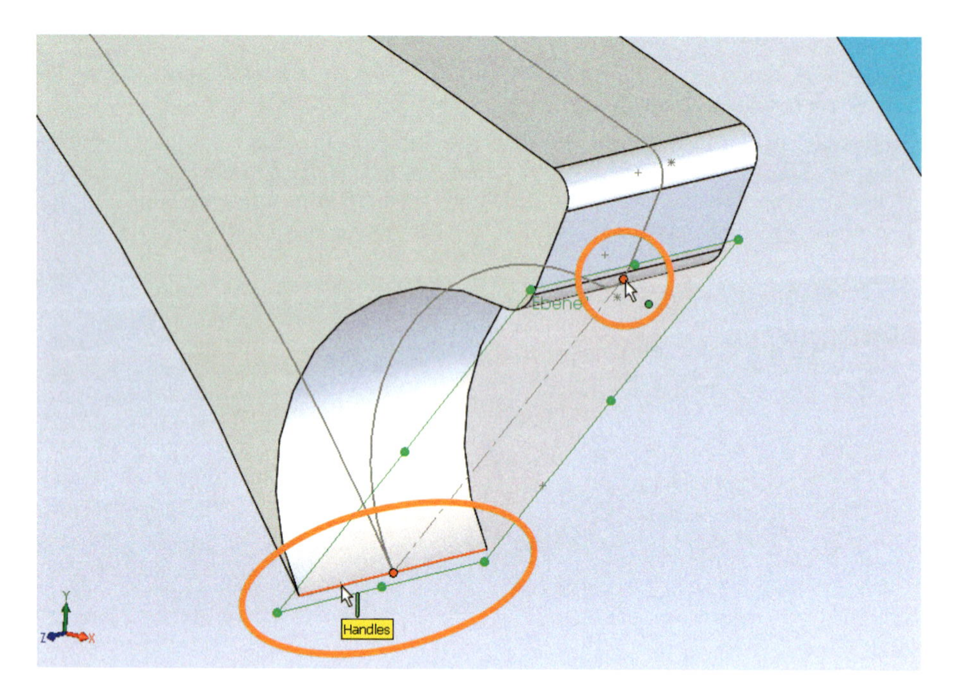

Bild 5.42: Mehr-Arbeit: Komplexe Anordnungen wie diese erfordern oft eine Hilfskonstruktion.

5.11.2 Profil und Pfad der Pfadextrusion

Nur zur Erinnerung: Über die **Leertaste** können – und sollten – Sie Ansichten speichern und laden.

- Fügen Sie auf dieser Ebene eine neue Skizze ein und wechseln Sie in die Normalansicht, so dass Sie von außen auf das Gehäuse blicken. Blenden Sie alle anderen Skizzen aus, sofern sichtbar, und blenden Sie die *Mittelebene* ein.
- Ziehen Sie eine horizontale Mittellinie und verknüpfen Sie sie *kollinear* mit der *Mittelebene*.
- Zeichnen Sie dann das Dreieck aus Bild 5.43. Beginnen Sie beim Ansatzpunkt unten – *deckungsgleich* – und folgen Sie der Silhouette des Horns bis in die rechte obere Ecke. SolidWorks wird hier einen Anknüpfpunkt finden – notfalls verknüpfen Sie den Endpunkt mit der horizontalen Silhouettenkante. Ziehen Sie dann eine Horizontale entlang der Silhouette – **nicht** bis zum Mittelpunkt! – und schließen Sie das Dreieck.

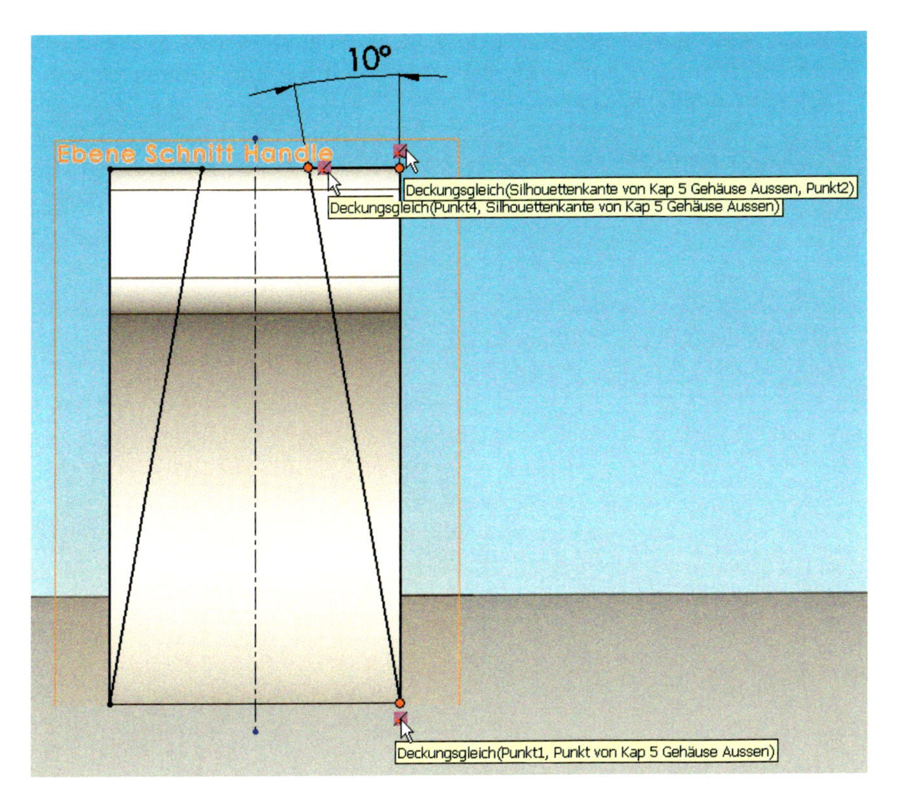

Bild 5.43: Vollkommen abhängig: Die drei Punkte und ihre Beziehungen zum Handle.

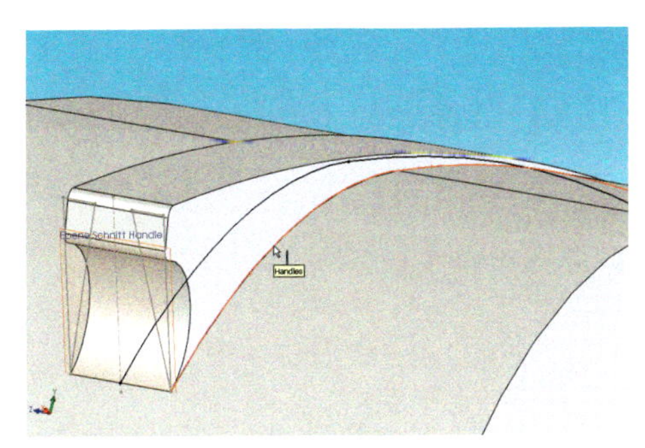

- Bemaßen Sie den Winkel der Schräge gegen die Horizontale mit **10°**. Damit ist die Skizze bereits voll bestimmt.
- Spiegeln Sie die Skizze an der Mittellinie. Beenden Sie den Skizzenmodus und benennen Sie die Skizze **Profil Schnitt Handle**.

Für eine Pfadextrusion benötigen wir außer einem *Profil* aber noch einen *Pfad*. Der ist rasch erstellt:

- Wechseln Sie mit **Strg + 7** in die Isometrieansicht. Erstellen Sie auf der *Mittelebene* eine neue Skizze.
- Klicken Sie in die Kehle zwischen Handle und Gehäuse. Entsprechend der Definition des Grundkörpers mit zwei Radien sind hier – wieder mit **Strg** – **zwei** Teilstücke zu wählen. Wählen Sie dann *Elemente übernehmen*. Die Kanten werden auf die Skizze projiziert. Schließen Sie die Skizze und nennen Sie sie **Pfad Schnitt Handle**.
- Rufen Sie *Einfügen, Ausschneiden, Austragen* auf.

- Wählen Sie im FeatureManager als *Profil* die Profilskizze und als *Pfad* die Pfadskizze. Eine Vorschau wird angezeigt. Bestätigen Sie und nennen Sie das Feature **Schnitt Handle** (Abb. 5.44).

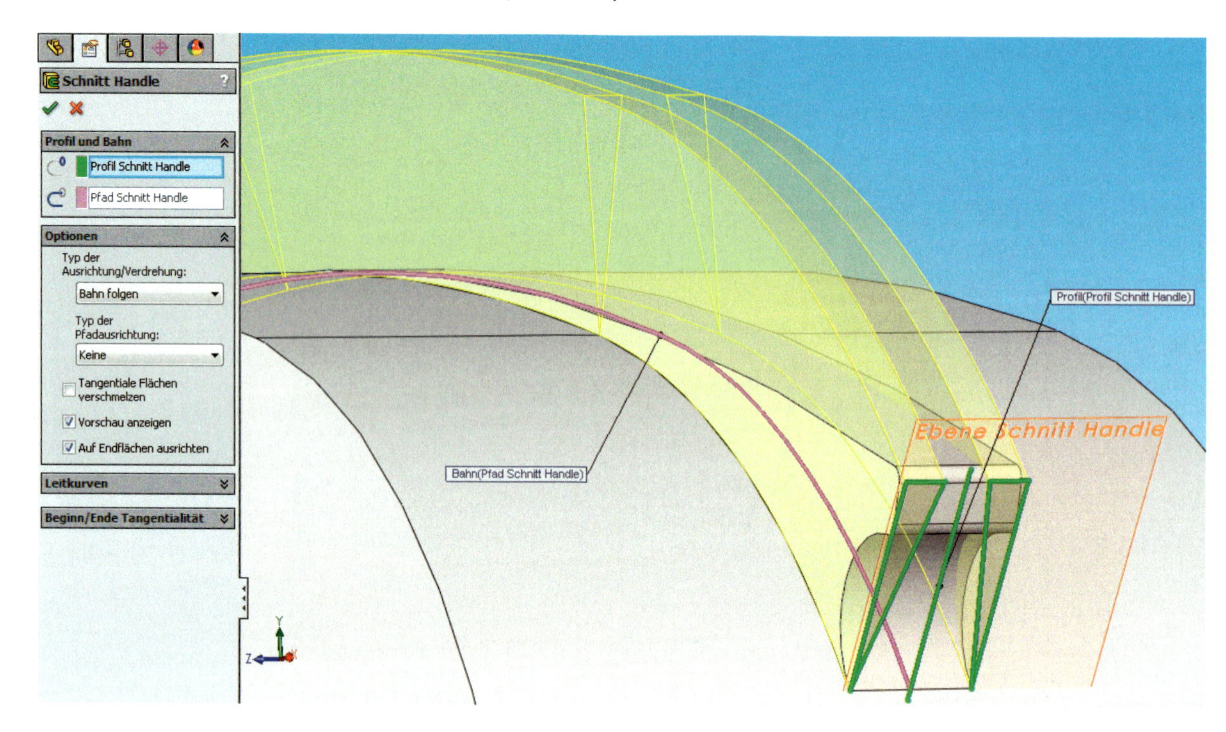

Bild 5.44: Auch die Pfadextrusion kennt einen Schnittmodus. Hier benutzen wir ihn, um den Handle anzuschrägen.

5.11.3 Spiegeln von Features

Da wir beide Handles abschrägen müssen, bietet sich nun natürlich die Möglichkeit, den Schnitt zu spiegeln:

- Rufen Sie *Einfügen, Muster/Spiegeln, Spiegeln* auf. Wählen Sie als *Spiegelfläche* die *Ebene rechts*. Als *zu spiegelndes Feature* legen Sie *Schnitt Handle* fest. In der Vorschau sehen Sie bereits, wie der linke Handle geschnitten wird. Bestätigen Sie dann (Abb. 5.45) ...

Damit ist die Aktion abgeschlossen. Beide Handles sind gleichmäßig abgeschrägt. Werfen wir noch einen Blick auf die *Feature-Statistik* im Menü *Extras:*

- Laut Statistik nimmt der Aufbau der Spiegelung 31% in Anspruch, noch einmal 24% benötigt der Schnitt des Handles. Summa summarum gehen also **55 Prozent** der Aufbauzeit allein für die Schnittoperation drauf. Das ist viel.

Wir hatten vorhin bereits Erfahrungen mit einem Sonderfeature gemacht, dem Rippengenerator. Auch er benötigt sehr viel mehr Rechenzeit als die gleiche Geometrie als Extrusion. Erweitern wir also den Schnitt auf beide Handles, es macht im Gegensatz zu den Rippen ja kaum Arbeit:

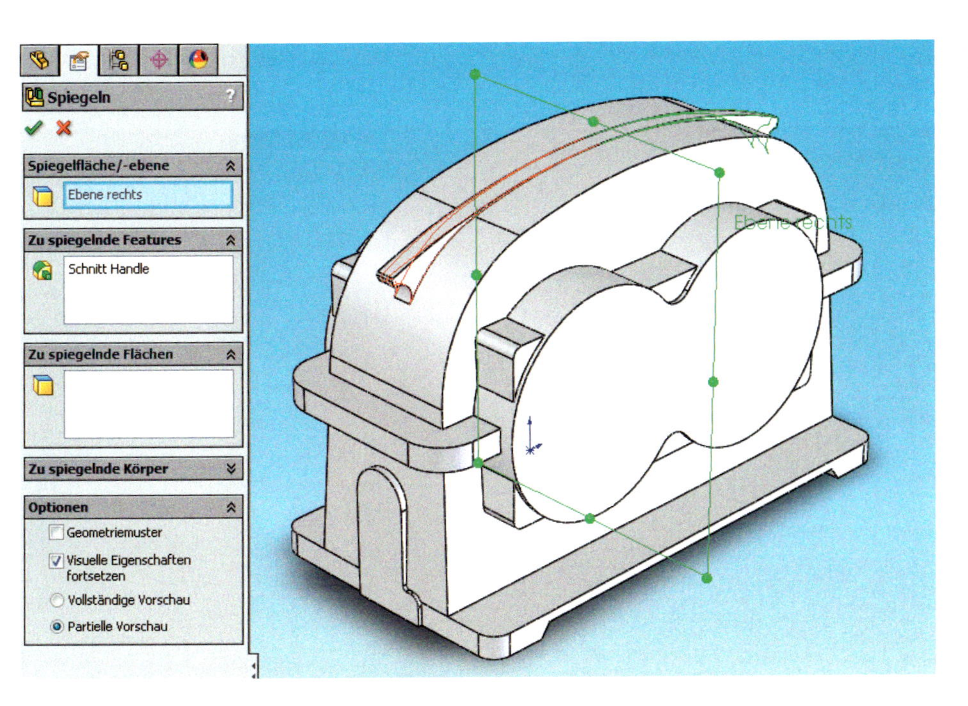

Bild 5.45:
Verkehrte Welt:
Sogar das Nichts kann gespiegelt werden!

- Löschen Sie die Spiegelung. Öffnen Sie den *Pfad Schnitt Handle* zur Bearbeitung. Fügen Sie die Kehlkante des linken Handles zur bereits bestehenden hinzu und schließen Sie die Skizze. Das sollte genügen, den Schnitt durch beide Teilfeatures zu führen. Eine Kontrolle des neuen Schnittes – *Feature bearbeiten* – beweist, dass auch das andere Horn vollständig bearbeitet wird.

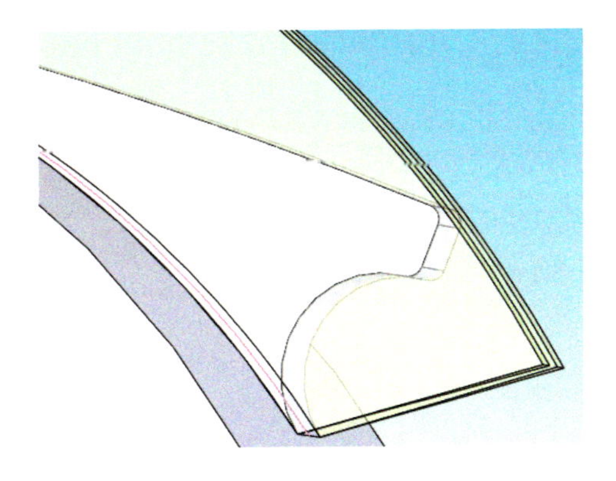

Eine neue Kontrolle der *Feature-Statistik* bestätigt den Verdacht: Die Aufbauzeit beträgt nur noch 77% derjenigen von vorhin. Der Schnitt benötigt 45% dieser Zeit. Angerechnet auf die **alte** Zeitdauer sind das nur knapp 35 Prozent, im Gegensatz zu vorher 55 – immer noch viel, aber schon viel weniger.

Es ist also abzuwägen, ob man diese Sonderfeatures wirklich immer braucht. Auf ein großes, komplexes Bauteil gerechnet können sie die Performance nämlich leicht um eine ganze Größenordnung verschlechtern.

Ein Probe-Rendering bringt den Beweis, dass der Handle tatsächlich tangential ins Gehäuse fließt: An der Scheitelstelle verschwindet die Kante (Abb. 5.46).

Bild 5.46:
Der Handle wurde probehalber mit einem Radius versehen und gerendert. Die Reflexion der Abrundung verschwindet am Scheitelpunkt: Die Fläche an dieser infinitesimal kleinen Stelle ist also glatt.

5.12 Ausblick auf kommende Ereignisse

Bisher sind Sie von der Voraussetzung ausgegangen, dass jede Bauteildatei nur ein einziges Teil enthalten könne. Das ist jedoch nicht der Fall.

Im nächsten Kapitel werden Sie einen zweiten, kleineren Körper für das Gehäuse definieren, den Sie von seinem größeren Pendant subtrahieren: So erhalten Sie einen Hohlkörper. Die gleiche Technik – der *Kern* –wird auch beim Gießen von Hohlkörpern angewandt.

5.13 Dateien auf der DVD

Das Bauteil zu diesem Kapitel finden Sie auf der DVD unter dem Namen KAP 5 GEHÄUSE AUSSEN.SLDPRT im Verzeichnis \GETRIEBE.

6 Einblicke in einen Volumenkörper

Das Innenleben des Gehäuses

Nachdem wir die grobe Außenform gefunden haben, kommt das Innere an die Reihe, denn bis jetzt haben wir lediglich einen massiven Klotz. Wir definieren Wandstärken, ziehen Lagerschalen ins Innere und schaffen eine Öffnung zum Hineinsehen.

Spätestens wenn Sie die erste Öffnung angebracht haben, fällt es Ihnen auf: Unser Gehäuse ist gar keines, denn sein Inneres besteht zu hundert Prozent aus virtueller Materie. Die zweite Stufe unseres Modells besteht darin, es von innen auszuhöhlen. Auch hier suchen wir nach einem Weg, die Abhängigkeiten zu automatisieren: Ändern wir das Äußere, soll auch das Innere folgen.

6.1 Das Schauloch

Die Ansatzfläche für den Öldeckel haben wir ja definiert, doch es fehlt immer noch eine Öffnung um Öl **einzufüllen**. Diese wird natürlich an der höchsten Stelle des Gehäuses angebracht. Da man diese Öffnung nicht nur zum Öleinfüllen benutzt, sondern auch dazu, in das Getriebe hineinzuschauen, um es etwa auf lose Schrauben, den Käfig eines zerstörten Wälzlagers oder beschädigte Zähne zu inspizieren, bezeichnet man sie auch als Schauloch.

Es handelt sich um eine einfache Rechteckskizze mit Verrundungen. Das Problem ist indessen die Ebene: Der Stutzen ragt aus fertigungstechnischen Gründen ein wenig über den höchsten Punkt des Gehäuses hinaus, denn schließlich muss er, wenn er später mit dem Deckel abdichten soll, noch plan geschliffen werden. Wir brauchen also wieder einmal einen Bezugspunkt in der Grundskizze:

- Öffnen Sie die Datei GEHÄUSE AUSSEN und speichern Sie sie unter GEHÄUSE INNEN ab. Auf diese Art behalten Sie das vorige Stadium – den ersten **Meilenstein**, wenn Sie so wollen – als Reserve bei.

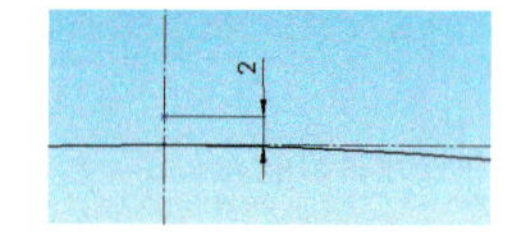

- Öffnen Sie die *Skizze Grundkörper*. Bringen Sie über dem Scheitelpunkt auf der Mittellinie *deckungsgleich* einen Punkt an. Bemaßen Sie ihn mit einem Abstand von **2 mm** vom Scheitelpunkt.

Wenn Sie sich den Punkt nach der Bemaßung genauer ansehen, erkennen Sie an seiner blauen Färbung, dass er offenbar nicht voll definiert ist. Eine eingehende Untersuchung durch Ziehen bringt Sie darauf, dass auch der Scheitelpunkt nicht definiert ist. Dieser ist in Wirklichkeit der Endpunkt der tangentialen Konstruktionslinie, die wir anfangs eingeführt hatten, um das Modellieren zu erleichtern. Als der damit verknüpfte Bogen gespiegelt wurde, verschwand auch der Anknüpfungspunkt – die Linie war nun nicht mehr definiert. Dem ist rasch abgeholfen:

- Markieren Sie die Mittellinie, den Bogen und den *Endpunkt* der Tangente. Definieren Sie für diese drei die Skizzenbeziehung *Schnittpunkt*. Damit wird alles schwarz, auch der neu definierte Punkt, der unsere neue Ebene zuverlässig auf Abstand halten soll.
- Sie können die Skizze nun schließen und *einblenden*.
- Wechseln Sie in die isometrische Ansicht. Definieren Sie eine Ebene unter Verwendung der Option *Parallel* mit der *Ebene oben* und als *Zweite Referenz* den neuen Punkt (Abb. 6.1).
- Nennen Sie dieses Feature **Ebene Schauloch**. Ziehen Sie es im FeatureManager nach oben zu den anderen Ebenen.
- Erstellen Sie eine neue Skizze auf dieser Ebene und wechseln Sie in die Normalansicht. Blenden Sie gegebenenfalls den Volumenkörper aus. Zeichnen Sie dann zwei Mittellinien, eine horizontale, die Sie *kollinear* mit der *Mittelebene* verknüpfen, und eine vertikale, die *deckungsgleich* mit dem Nullpunkt verbunden ist.
- Zeichnen Sie dann die doppelt *symmetrische* Kontur nach Bild 6.2.

Wenn Ihnen das triste Grau des Modells auf die Nerven geht, können Sie über den Plugin *PhotoView* (*Extras, Zusatzanwendungen*) eine andere Beleuchtung einstellen. Wählen Sie *PhotoView, Bühne,* Registerkarte *Beleuchtung,* Schaltfläche *Beleuchtungsschema auswählen*. Hier befinden sich vorgefertigte Lichtkonfigurationen.

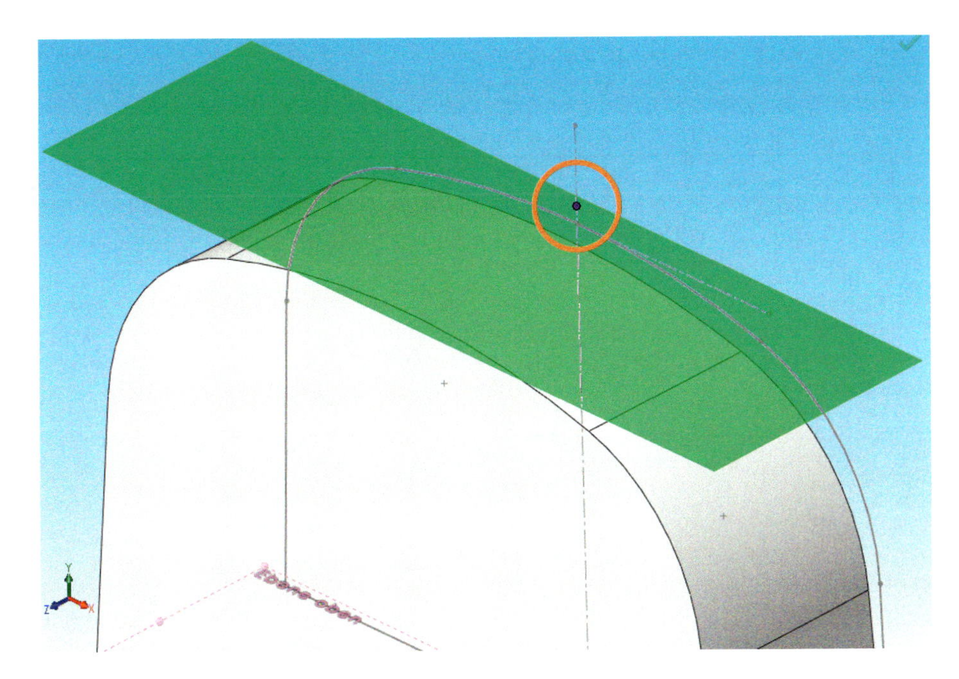

Bild 6.1:
Die neue Ebene schwebt 2 Millimeter über dem Gehäuse.

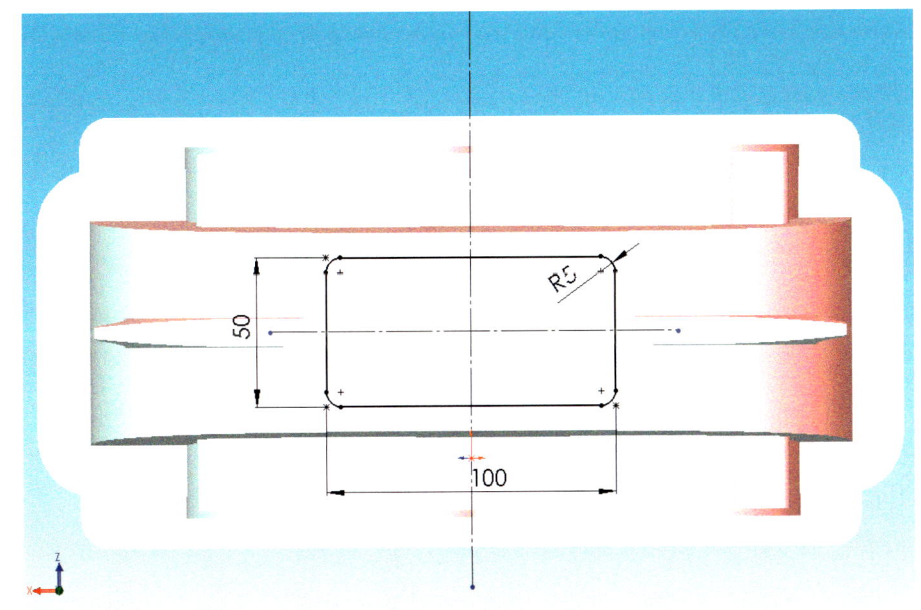

Bild 6.2:
Alles wie gehabt: Diese Skizze ähnelt der der Bodenplatte. Die Beleuchtung mit den drei farbigen Lichtquellen wird von *PhotoView* übernommen und kann dort angepasst werden.

- Beenden Sie die Skizze und nennen Sie sie **Skizze Schauloch**. Blenden Sie die *Ebene Schauloch* aus.

Aufsatz spezial: Die Option *Bis nächste*

- Extrudieren Sie die Skizze mit einem *linear ausgetragenen Aufsatz* und der Endbedingung *Bis nächste*. Achten Sie darauf, dass Sie eventuell die *Richtung umkehren* müssen, damit diese Option angeboten wird. Nennen Sie dieses Feature **Schauloch**.

Der Vorteil der Option *Bis nächste* ist, dass man so die Endfläche der Extrusion automatisieren kann. Man könnte sie etwa auf eine beliebig geformte Oberfläche stoßen lassen und so das Ende in Extrusionsrichtung frei modellieren: Die Änderung der Zielfläche hätte dann automatisch die Änderung der Extrusion zur Folge.

Ein anderer Vorteil ist, dass man nicht mit einem Fixwert für die Höhe arbeiten muss. So kann es auch nie passieren, dass eine starke Modifikation zu frei schwebenden Features führt (Abb. 6.3).

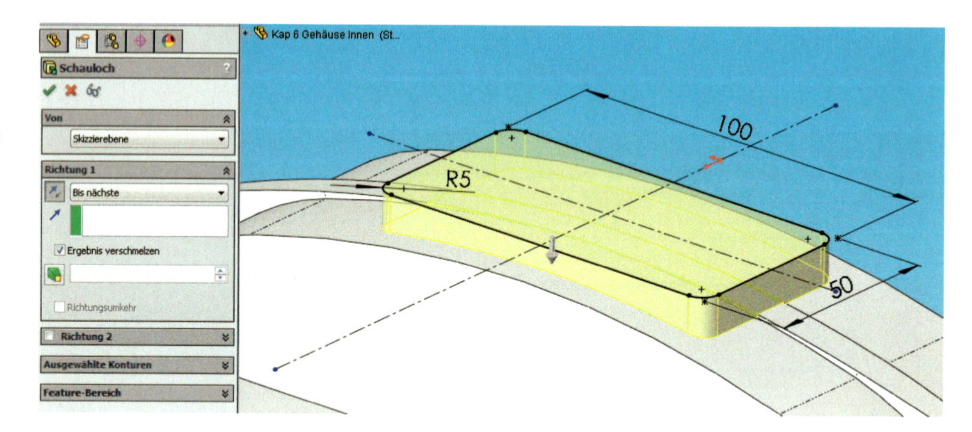

Bild 6.3: Zuverlässig und robust: Die Option *Bis nächste*. Sollte die Zielfläche verschwinden, sucht sich das Feature einfach die nächste Grenzfläche.

6.2 Die Lagerbohrungen

Die Bohrungen für die Wälzlager sind rasch angebracht. Es handelt sich um zweiseitig ausgetragene Schnitte, die wir sinnvoller Weise an die Skizze der Lagerschalen koppeln:

- Blenden Sie *Skizze Grundkörper* und *Skizze Lagerschalen* ein und den Volumenkörper aus. Erstellen Sie eine neue Skizze auf der *Mittelebene* und wechseln Sie in die Normalansicht.
- Zeichnen Sie zwei Kreise. Verknüpfen Sie ihre Zentren *deckungsgleich* mit denjenigen der *Skizze Lagerschalen*.

Achten Sie nun auf die Lage der Asymmetrie zwischen Lagerschalen und Gehäuse (Abb. 6.4).

- Richten Sie die Ansicht so aus, dass die Mittellinie der Lager **links** von der des Gehäuses liegt (vgl. Abb. 6.4).
- Bemaßen Sie den linken Kreis mit einem Durchmesser von **80**, den rechten mit **85 mm**.

- Schließen Sie die Skizze und nennen Sie sie **Skizze Bohrung Lagerschalen**.
- Extrudieren Sie die Skizze mit einem *linear ausgetragenen Schnitt* in beide Richtungen jeweils mit der Endbedingung *bis nächste*.
- Nennen Sie das Feature **Bohrung Lagerschalen**. Ziehen Sie es dann im FeatureManager unter die *Lagerschalen*.

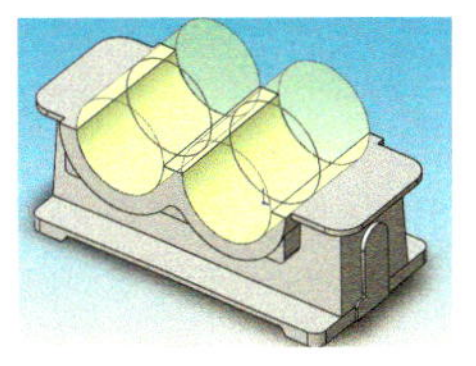

Bild 6.4: Orientierung ist nicht immer leicht im virtuellen Raum. Das Einblenden – oder sogar Erschaffen – asymmetrisch liegender Elemente kann da entscheidend weiter helfen.

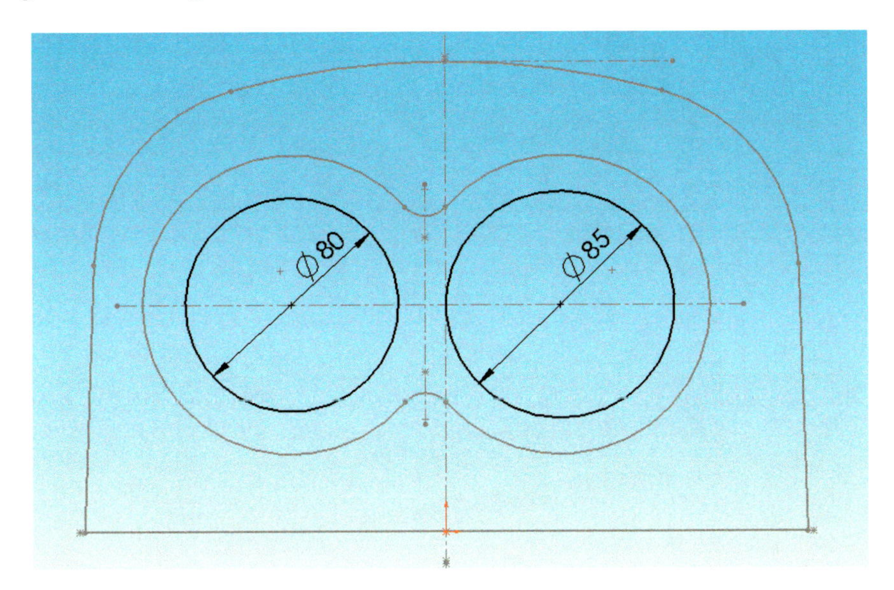

Wir haben hier wieder eine Ausnahme von der Regel gemacht, dass Skizzen voneinander unabhängig sein sollten. Bei den Lagerbohrungen ist die Abhängigkeit allerdings sinnvoll, denn so bleiben die Schalen und ihre Bohrungen stets konzentrisch.

6.3 Erzeugen der Wandungen

Nun gehen wir daran, das gesamte Bauteil auszuhöhlen – und zwar mit gleichmäßiger Wandstärke, wie es in der Gussgestaltung favorisiert wird. Wieder gibt es mehrere Möglichkeiten, und wieder gibt es eine gute.

6.3.1 Das Feature *Wandung*

Natürlich gibt es in SolidWorks wie in jeder MCAD-Software ein Wandungs-Feature:

- **Speichern** Sie Ihr Bauteil und wählen Sie *Einfügen, Features, Wandung*. Hierauf erscheint der PropertyManager für Wandfeatures. Wählen Sie eine beliebige Kombination von Flächen des Modells. Auch alle sind erlaubt.
- Stellen Sie eine Wandstärke von **10 mm** ein und bestätigen Sie, nur um zu sehen, was SolidWorks vorschlägt – denn eigentlich sollten **vor** der Wandstärke noch Gehäuse-

verrundungen definiert werden. Mit der *Schnittansicht* verschaffen Sie sich Klarheit (Abb. 6.5).

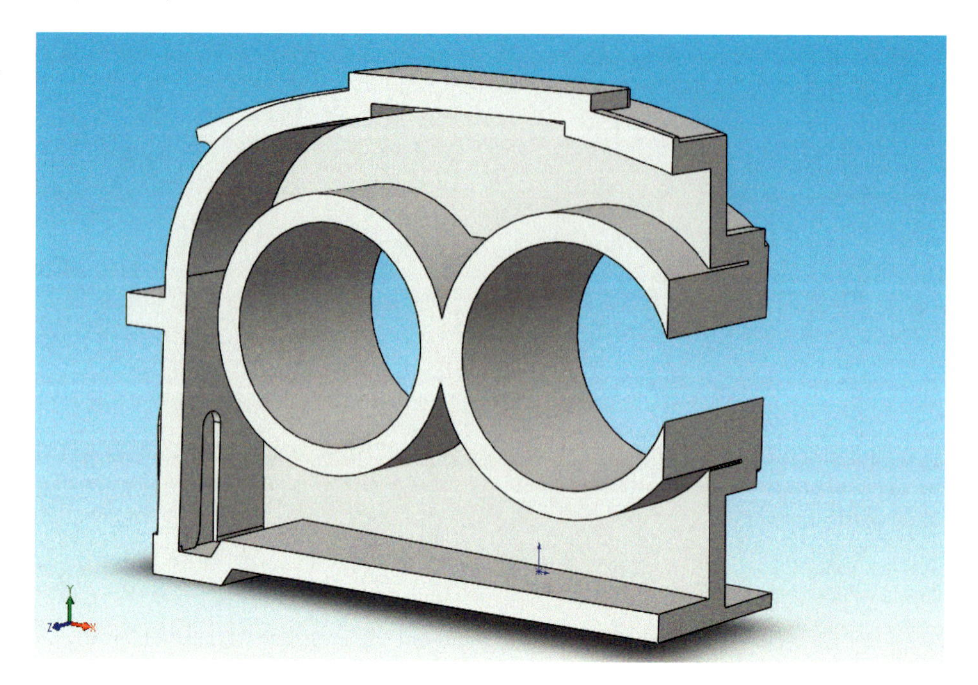

Bild 6.5:
Das Wandungsfeature liefert ein gleichmäßig ausgehöhltes Gehäuse. Zu gleichmäßig allerdings.

Der erste Eindruck ist nicht schlecht. Allerdings sollten die Lagerschalen nicht ausgewandet werden, ebenso wenig wie der Ölablass und die vielen kleinen Winkel, die durch die Wandung des Lagersattels entstehen . . .

- Sie können jetzt versuchen, mit Hilfe des oberen Auswahlfeldes alle *Flächen* zu *entfernen,* die nicht ausgewandet werden sollen. Allerdings werden Sie so nicht die Bildung von Wandungen verhindern, sondern statt der Flächen Durchbrüche erzeugen.
- Das untere Auswahlfeld ermöglicht Ihnen, Flächen mit unterschiedlicher Wanddicke zu versehen. Setzt man die Wandstärke hoch, so kann man einige Löcher der Lagereinspannung „zu schmieren“.

Sehr präzise ist das alles jedoch nicht, und es kommt immer wieder zu spektakulären Fehlermeldungen, abgesehen von der immer länger werdenden Regenerationszeit – was immer ein schlechtes Zeichen ist! Gefahr ist im Verzuge, wenn bereits die Option *Vorschau anzeigen* keine Wirkung zeigt. Dies gilt übrigens generell in SolidWorks (Abb. 6.6).

Wir können's drehen und wenden: Wir erzeugen mit etwas Glück vielleicht ein Hohlteil, aber kein brauchbares Modell für den Stahlguss. Wir brauchen dicke Lagerschalen und eine dünne Wandung. Die Ölablassfläche sollte überhaupt nicht ausgehöhlt werden, weil dies die Entfernung der Gussform – das Entformen – erschwert.

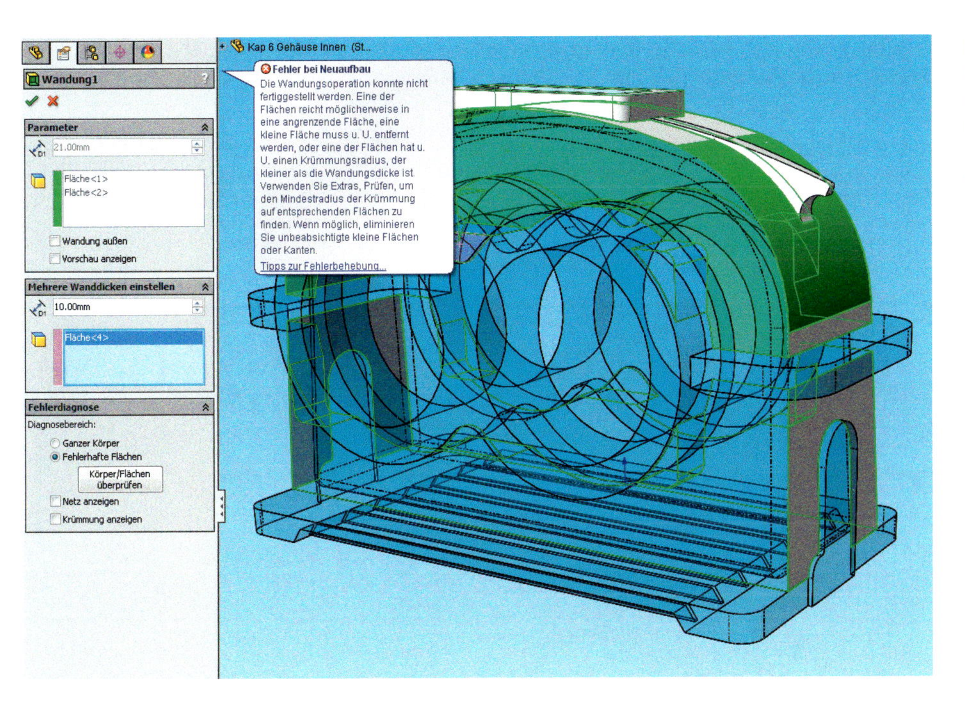

Bild 6.6:
Fehler büschelweise: Das Wandungsfeature ist wohl hauptsächlich für einfache Bauteile gedacht.

- Sie können es damit versuchen, das Wandungs-Feature im FeatureManager immer weiter nach oben zu schieben. Nicht ausgewandete Features verstopfen dann allerdings wieder den Innenraum.

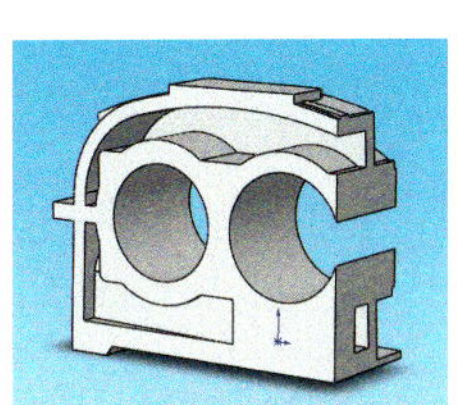

Nein, das Wandungsfeature ist für diesen Zweck ungeeignet. Wir müssen irgendwie „zu Fuß" einen Kern basteln, der vom Inneren des Gehäuses abgezogen wird. Idealerweise sollte dieser Kern automatisch mit den Verformungen des Grundkörpers mitgehen.

6.3.2 Der Einfügemodus: Features für Vergessliche

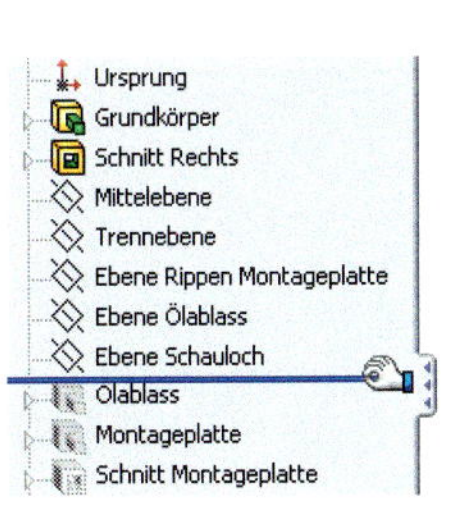

Auch die ausgebuffteste Software kommt nicht ohne den einen oder anderen alten Trick aus. Der Trick heißt hier **Boole'sche Differenz**: Wir fertigen einen Innenkörper an, der allseitig um die gewünschte Wandstärke kleiner ist, ziehen ihn dann vom Grundkörper ab – und der erwünschte Hohlraum bleibt übrig. Soweit die Theorie. Zunächst fertigen wir eine verkleinerte Kopie des Grundkörpers:

- Unter dem letzten Eintrag im FeatureManager befindet sich der *Einfügebalken*. Er markiert den momentanen Schluss des Hierarchiebaums. Ziehen Sie ihn nach oben, bis er unter dem *Grundkörper*, dem *Schnitt rechts* und den darunter befindlichen Ebenen steht.

Ergebnis: Im Editor ist jetzt nur noch der Grundkörper zu erkennen, die anderen Features sind verschwunden. Dies wird in SolidWorks als **Einfügemodus** bezeichnet, wie Sie ihn auch schon in Abschnitt 4.4.7.1 auf S. 123 angewendet haben. Sie sind also jederzeit in der Lage, Features **nachträglich** in der Mitte des Feature-Baums einzufügen

– auch wenn dies nicht immer ratsam ist: Hierdurch können Sie logische Fehler ins System eintragen, die sich erst viel später auswirken.

6.3.3 Offset-Elemente

Unser Ansinnen jedoch ist harmlos, wir wollen lediglich ein paar Kopien anfertigen:

- Blenden Sie den Volumenkörper aus und die *Skizze Grundkörper* ein. Erstellen Sie auf der *Ebene vorne* eine neue Skizze.
- Klicken Sie rechts über einer Linie der Grundskizze und wählen Sie *Kettenauswahl*. Dadurch wird die gesamte Kontur aktiviert. Wählen Sie dann *Extras, Skizzieren, Offset Elemente*. Im PropertyManager stellen Sie nun als *Offset* **10 mm** ein. Aktivieren Sie dann noch *Umkehren,* um eine verkleinerte Kopie zu erzeugen. Bestätigen Sie dann (Abb. 6.7).

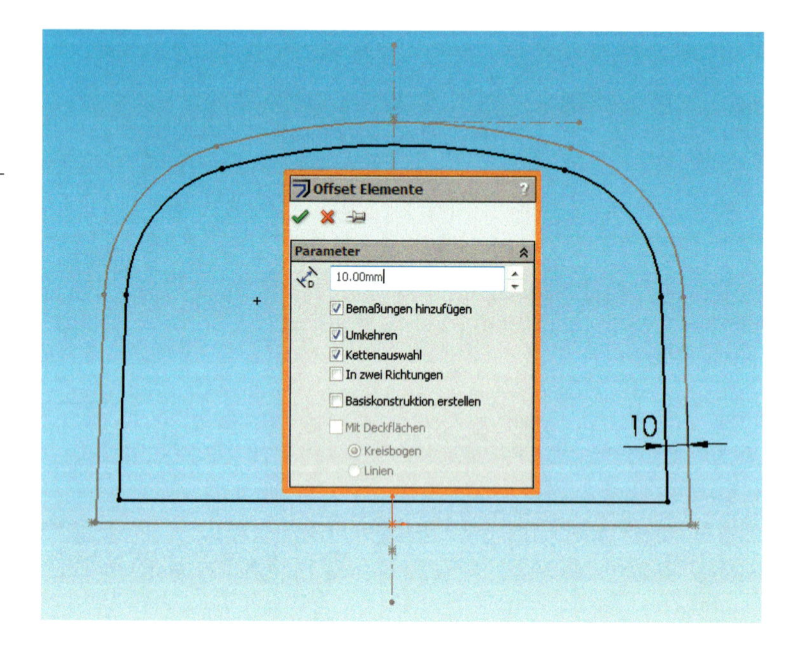

Bild 6.7:
Die erste Kontur des Kernteils steht. Da es sich um eine Musterfunktion handelt, kann der Versatzwert jederzeit wieder geändert werden – und damit auch die Wandstärke. Im orangenen Kasten die wenigen Parameter der Funktion *Offset-Elemente*.

- Schließen Sie die Skizze und nennen Sie sie **Skizze Wand Grundkörper**.

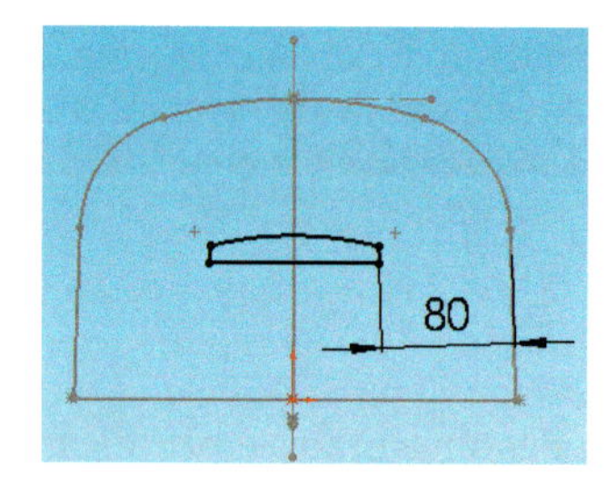

Die Funktion *Offset Elemente* bewirkt übrigens keine einfache Skalierung. Die entstehende Kontur ist **äquidistant**, d.h. sie ist in Normalenrichtung überall gleich weit vom Ursprungselement entfernt. Sie ist dem Original **ähnlich**, aber nicht **gleich**. Probieren Sie dies aus, indem Sie den Versatzwert versuchshalber steigern.

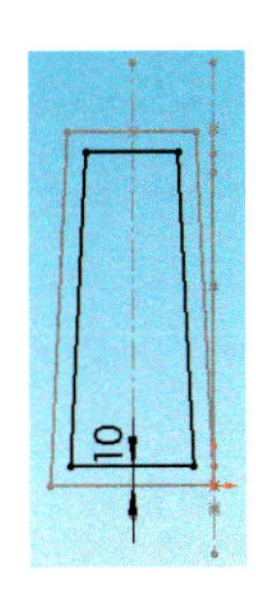

- Zeigen Sie dann die *Skizze Schnitt rechts* an. Fügen Sie eine neue Skizze auf der *Ebene rechts* ein und führen Sie die gleiche Operation wie eben für diesen Querschnitt aus. Nennen Sie die neue Kontur **Skizze Wand Schnitt rechts**.

Sie bemerken übrigens, dass geschlossene Skizzen im FeatureManager von ganz unten vor die Position des Einfügebalkens springen. Sie werden also tatsächlich eingefügt.

- Blenden Sie nun die beiden Mutterskizzen aus, um Irrtümer zu vermeiden. Stellen Sie eine isometrische Ansicht ein.

6.3.4 Der Nutzen von Mehrkörper-Bauteilen

- Tragen Sie die *Skizze Wand Grundkörper* linear bis *zum Eckpunkt* der zweiten Skizze aus, ähnlich wie Sie es beim Grundkörper getan haben. **Deaktivieren** Sie die Option *Ergebnisse verschmelzen*, denn wir haben es auf einen **zweiten Körper** in der Bauteildatei abgesehen, ein so genanntes *Mehrkörper-Bauteil*. Nennen Sie das Feature **Wand Grundkörper**.

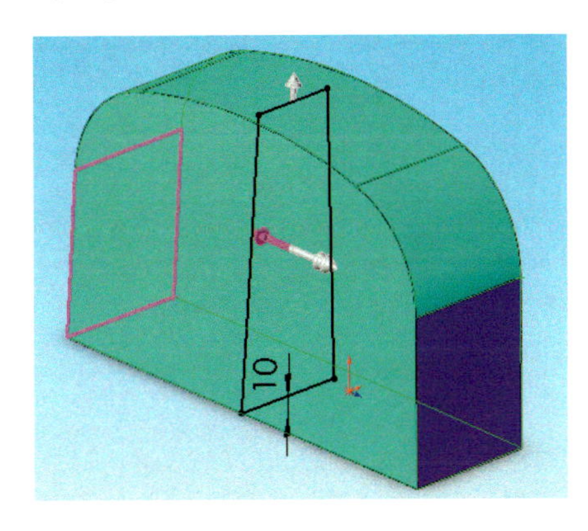

- Tragen Sie dann mit einem linear ausgetragenen Schnitt die *Skizze Wand Schnitt rechts* genau wie beim großen Vorbild in zwei Richtungen aus, und zwar jeweils *bis Oberfläche:* bis zu den Seitenflächen von *Wand Grundkörper* nämlich. Kehren Sie auch die *Schnittseite* um. Das Feature heißt **Wand Schnitt rechts**.

Hier existiert keine Option *Verschmelzen*, da es sich um ein Schnittfeature handelt.

Die Aushöhlung sollte von innen verrundet sein, wie alles bei den Gussteilen. Statt jedoch die Verrundungen hinterher mühselig im Innern des Gehäuses zu platzieren, bringen wir sie schon jetzt am Kern an, auch wenn wir damit Kapitel 9 (ab S. 241) vorgreifen:

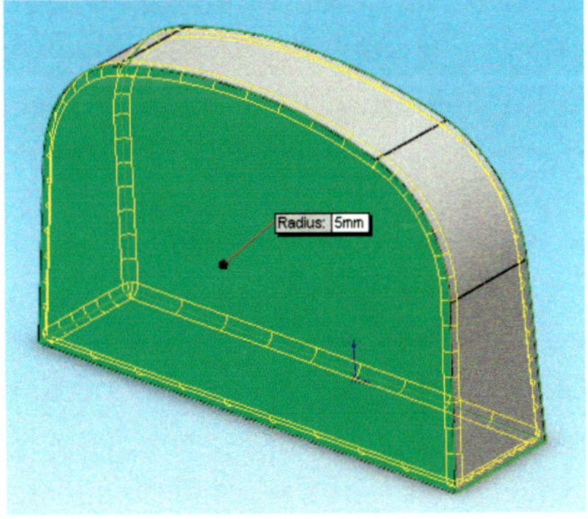

- Wählen Sie *Einfügen, Features, Verrundung* und dort den ersten Verrundungstyp, *Verrundung mit konstanter Größe*.
- Stellen Sie in den *Verrundungsparametern* einen Radius von **5 mm** ein. Wählen Sie dann am Schnittkörper die vordere Ebene, die hintere Ebene und die beiden Kanten am unteren Ende. Damit sollten alle Kanten gewählt sein und die *vollständige Vorschau* überall gelbe Radien anzeigen. Bestätigen Sie.

Der resultierende Körper ist nun allseitig abgerundet und um eine Wandstärke von allseits 10 mm kleiner als die Mutterskizzen. Überprüfen Sie dies vorsichtshalber durch Einblenden dieser Skizzen (Abb. 6.8).

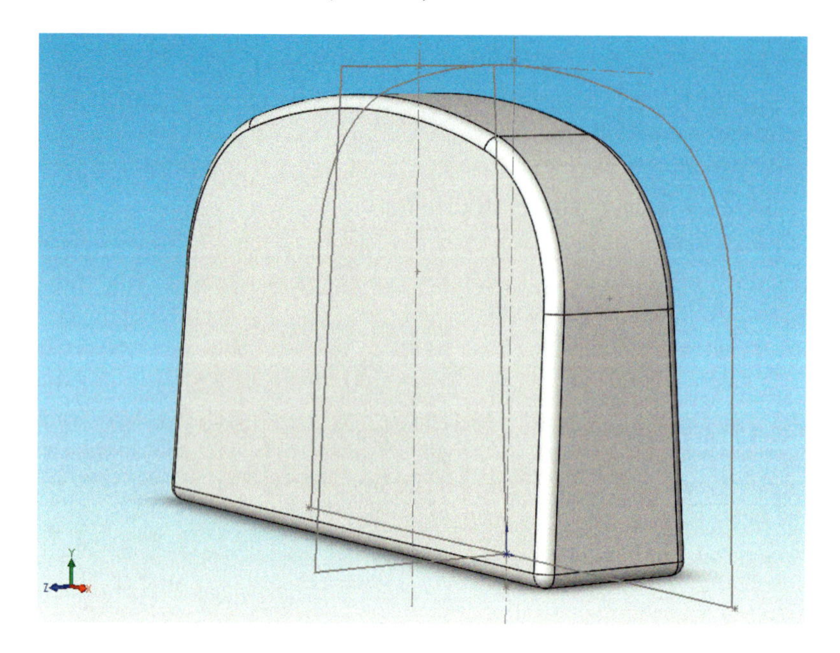

Bild 6.8:
Diese verkleinerte Kopie des Grundkörpers wird bald den Hohlraum des Gehäuses bilden – und zwar komplett mit Innenradien.

6.3.5 Der Volumenkörper-Modus

Um die Objekte für die Boole'sche Differenz wählen zu können, müssen Sie mit ganzen Volumenkörpern arbeiten – Features haben hier nichts verloren!

- Dazu öffnen Sie im FeatureManager ganz oben den Eintrag *Volumenkörper*. Jetzt sollte hier genauer *Volumenkörper(2)* stehen, denn wir haben ja nun einen nicht verschmolzenen, zweiten Volumenkörper in diesem Mehrkörper-Bauteil.
- Benennen Sie zunächst die Volumenkörper um: *Bohrung Lagerschalen* war der Name des letzten Features am **Hauptkörper**, der andere muss demzufolge der **Innenkörper** sein.
- Blenden Sie beide Volumenkörper ein und ziehen Sie den Einfügebalken wieder ganz nach unten.

6.3.6 Alt, weil bewährt: die Boole'schen Operanden

Nun aber endlich zu dem „uralten Trick“: In den Anfängen des dreidimensional-virtuellen Konstruierens am Computer wurde zur Bildung komplexer Objekte die **CSG** benutzt, die **Constructive Solid Geometry**, zu Deutsch etwa *Modellieren mit Festkörpern*. In der CSG baute man Objekte durch Verknüpfung von Körpern mit Hilfe der Boole'schen Operationen **Addition**, **Subtraktion** und **Schnittmenge** auf, in einer Art geometrischer Mengenlehre – es ist in etwa so mühselig, wie es sich anhört. In SolidWorks ist die CSG allgegenwärtig und doch versteckt; *explizit* hat sie sich nur in Form des Featurebefehls *Kombinieren* gehalten:

- Rufen Sie *Einfügen, Features, Kombinieren* auf.

Hier gibt es – frei nach **George Boole**, *The Mathematical Analysis of Logic*, 1847 – drei Modi:

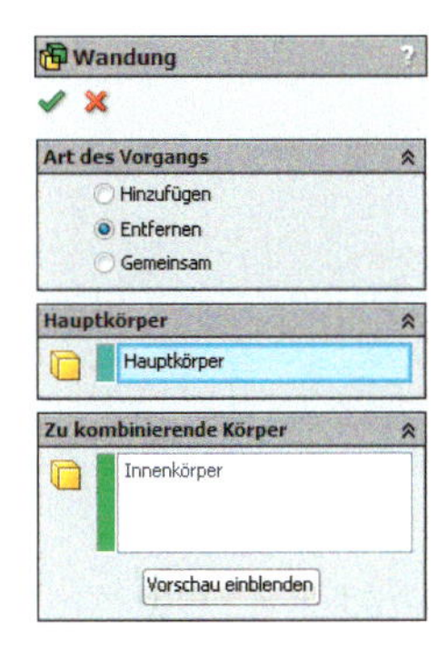

Hinzufügen oder **Addieren** vereinigt zwei Körper, so dass sie zu einem einzigen werden. Es gibt keine Priorität, die Körper sind austauschbar, genau wie es Assoziativ- und Kommutativgesetz der Mengenlehre vorsehen.

Entfernen oder **Subtrahieren** zieht einen Körper vom anderen ab, so dass dort Leere entsteht. Die Priorität liegt in der Wahl eines *Hauptkörpers* oder Minuenden, von dem der *zu kombinierende Körper* oder Subtrahend abgezogen wird. Genau wie in der Differenz (bzw. dem Komplement) der Mengenlehre und der algebraischen Subtraktion sind die beiden nicht austauschbar.

Gemeinsam entspricht der **Schnittmenge** der Mengenlehre. Hier bleibt nur der gemeinsam von beiden Körpern belegte Raum übrig – in der realen Welt natürlich ein Unding. Hier gibt es wiederum keine Priorität, die Körper sind austauschbar.

- Wählen Sie *Entfernen*. Als *Hauptkörper* wählen Sie den großen Hauptkörper aus dem aufschwingenden FeatureManager, Abteilung *Volumenkörper*.
- Einziger *zu kombinierender Körper* ist natürlich unser *Innenkörper*. Mit der Schaltfläche *Vorschau ein-/ausblenden* verschaffen Sie sich einen ersten Eindruck. Bestätigen Sie dann und nennen Sie dieses Feature **Wandung** (Abb. 6.9).

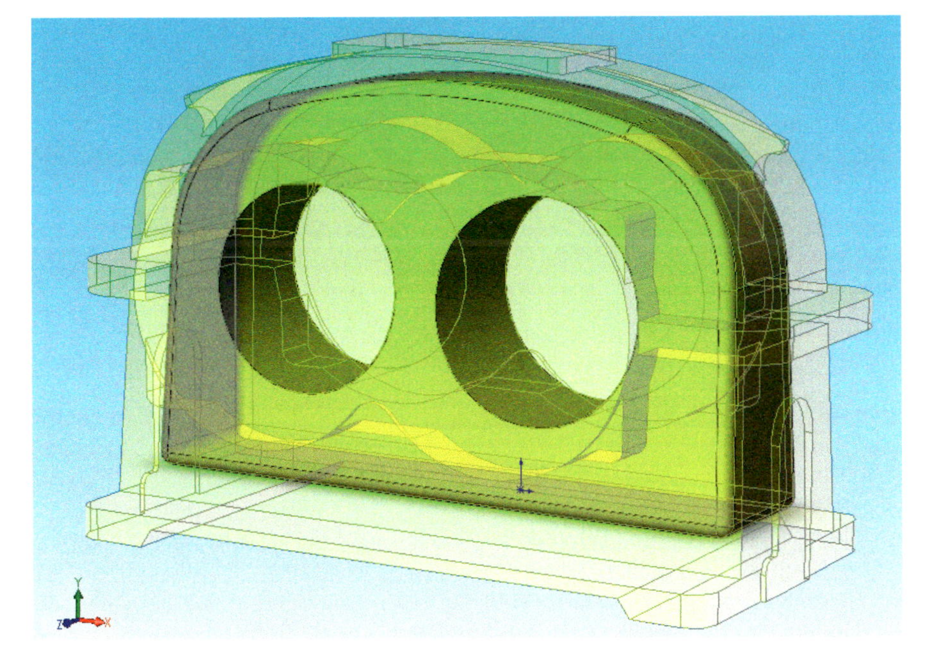

Bild 6.9: Noch ist es umgekehrt: Das Innenteil massiv, der Hauptkörper luftig.

6.3.7 Die Endbedingung *bis Nächste*

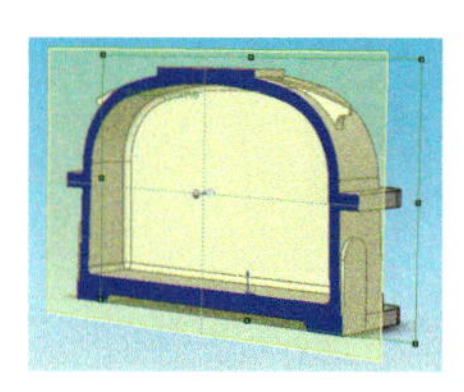

Dabei zeigt sich, dass die Lagerbohrungen verschwunden sind, genauer gesagt – sie sind nun zu kurz geraten: Weil als Endbedingung dieses Schnittes *bis nächste* eingestellt wurde, reicht der Schnitt nur noch bis zur Grenze des Innenkörpers und ist also unsichtbar, wie die *Schnittansicht* beweist.

- Ändern Sie dies, indem Sie die *Bohrung Lagerschalen* im FeatureManager unter die Kombination *Wandung* ziehen.

Das entstehende Teil ist bereits sehr überzeugend: Wenn Sie durch die Bohrungen hineinschauen, erkennen Sie, dass die Aushöhlung perfekt ist. Sogar die Radien sind bereits integriert, und Sie waren nicht gezwungen, das Bauteil in alle möglichen Richtungen zu drehen, um sie anzubringen (Abb. 6.10).

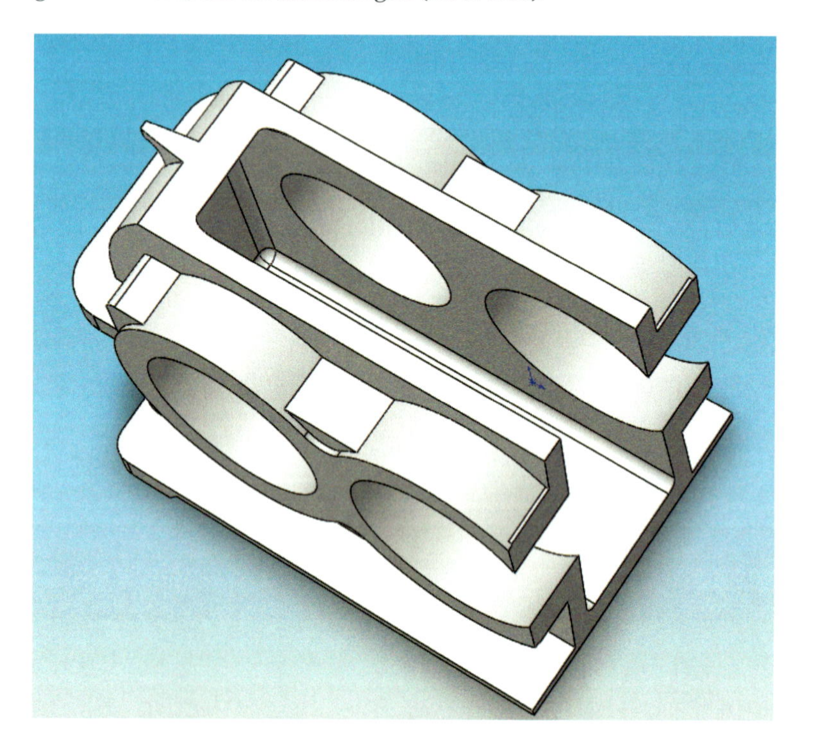

Bild 6.10: Das Gehäuse hat eine Menge Gewicht verloren. Die Kombination verleitet indessen dazu, den *Innenkörper* zur Bildung des Gusskerns heranzuziehen . . .

Wenn Sie mit der *Schnittansicht* arbeiten, was bei Hohlkörpern immer zu empfehlen ist, erkennen Sie noch eine weitere Möglichkeit: Das Schauloch sollte ja eigentlich auch röhrenartig sein, und es ist nicht viel Aufwand, ein verkleinertes Offset-Doppel an den Innenkörper anzuhängen:

- Heben Sie den Einfügebalken im FeatureManager über das Feature *Wandung*, um wieder Zugriff auf die einzelnen Volumenkörper zu haben. Blenden Sie den *Hauptkörper* aus und den *Innenkörper* ein. Letzteren benötigen wir als Schablone. Blenden Sie die *Ebene Schauloch* und die *Skizze Schauloch* ein.

- Beginnen Sie eine neue Skizze auf der *Ebene Schauloch*. Erzeugen Sie mit der Funktion *Offset Elemente* eine verkleinerte Kopie der *Skizze Schauloch* und stellen Sie den Versatz auf **8 mm** ein. *Verrunden* Sie die neue Skizze dann mit **5 mm**-Radien. Schließen Sie die Skizze und nennen Sie sie **Skizze Wand Schauloch** (Abb. 6.11).
- Extrudieren Sie diese Skizze mit der Endbedingung *Bis nächste* in Richtung des *Innenkörpers*. Wählen Sie die Option *Verschmelzen*. Nennen Sie das Feature **Wand Schauloch**.

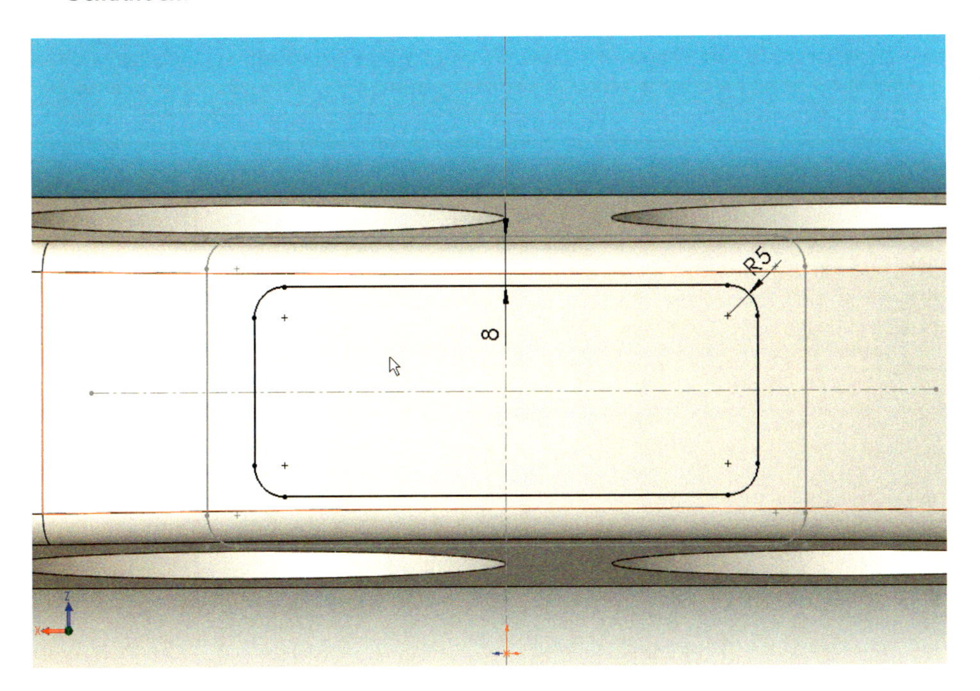

Bild 6.11:
Auch Offset-Skizzen kann man nachträglich noch verrunden. Im Bild der Innenkörper von oben.

- Bringen Sie in der Kehle des Übergangs eine Verrundung von **5 mm** an. Wenn Sie eine der Kanten wählen, sollte die Funktion *Tangentenfortsetzung* die Kette bereits erkennen und den Radius rundum laufen lassen (Abb. 6.12).
- Jetzt brauchen Sie nichts weiter zu tun, als das Feature Wandung wieder zu reaktivieren, und die Änderung wird übernommen. Unser Gehäuse wird einem Gussteil immer ähnlicher.

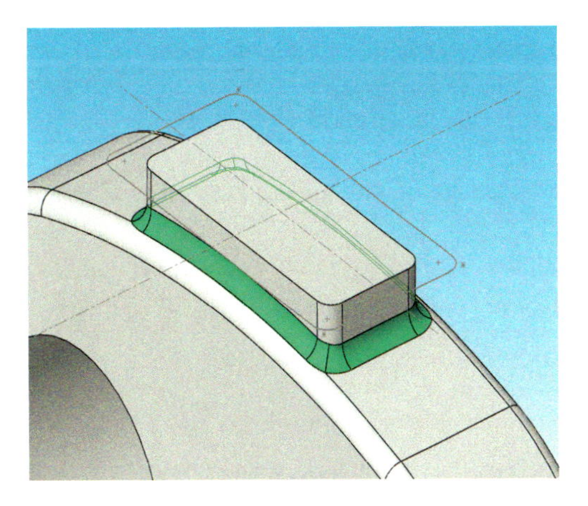

Bild 6.12:
Ineinander laufende Radien sind für SolidWorks zum Glück kein Problem mehr. Eingeblendet in Grau ist auch noch die Mutterskizze des Schaulochs.

6.3.8 Mehrkörperbauteile: Das Dilemma mit den Bezügen

Wenn Sie nun eine Fehlermeldung erhalten, sobald Sie die *Rippen Montageplatte* reaktivieren, so liegt dies daran, dass seit ihrer Definition ein Volumenkörper hinzugekommen, die Hierarchie also nicht mehr eindeutig ist. Auch hier geht die Korrektur schnell vonstatten:

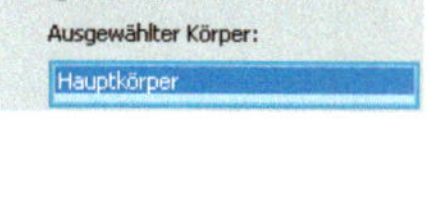

- *Unterdrücken* Sie die Kombination *Wandung*, um Zugriff auf die beiden Volumenkörper zu haben.
- Öffnen Sie dann das Feature *Rippen Montageplatte*. Der PropertyManager ist um ein Auswahlfeld reicher geworden, seit unser Getriebe zu einem Mehrkörper-Bauteil wurde: Unterhalb der *Typ*-Option ist es möglich, einen Volumenkörper zu wählen, auf den sich dieses Feature bezieht. Wählen Sie im *aufschwingenden FeatureManager* unter der Rubrik *Volumenkörper* den *Hauptkörper*, bestätigen Sie und lassen Sie das Modell regenerieren.

Sie sehen also: Wenn Sie vorhaben, ein Mehrkörperbauteil zu definieren, so tun Sie dies **möglichst frühzeitig** im Entwurf. Denn wenn Sie viele Features haben, bedeutet es eine Menge Arbeit, sie alle nachträglich zuzuordnen.

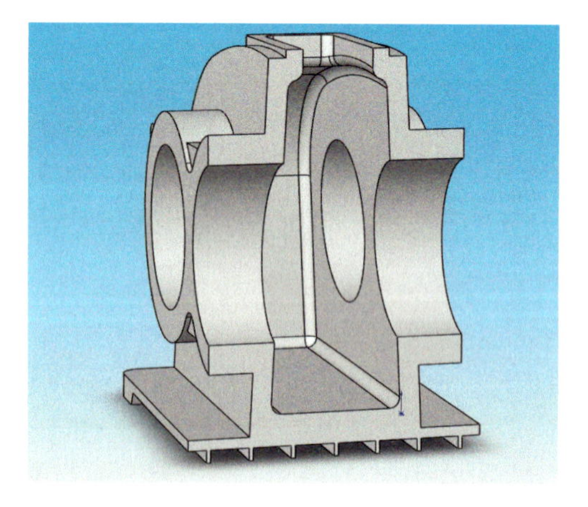

Bild 6.13:
Das Schauloch besitzt bereits die richtige Form. Was fehlt, sind die Lagerschalen auf der Innenseite.

- Hilfreich ist hier auch wieder die Schnittansicht: Mit einer zweiten Schnittebene können Sie das Gehäuse in zwei und maximal drei Ebenen schneiden (Abb. 6.13).

Nun sind wir also doch noch ohne das Wandungsfeature ausgekommen, und das war höchstwahrscheinlich auch wesentlich schonender fürs Nervenkostüm. Denn unser selbst gebastelter Gusskern verhält sich so automatisch, wie man sich das nur wünschen kann: Wenn Sie nun etwas an der Skizze des Grundkörpers oder des Seitenschnitts ändern, oder etwa das Schauloch an eine andere Position verlegen, werden all die Features des Innenkörpers selbsttätig folgen, da sie zu hundert Prozent von diesen Skizzen abhängen.

6.3.9 Ansichtssteuerung V: Schnittansichten

Mit der Innenansicht unseres Gehäuses kommen Sie immer mehr in den Genuss der Schnittfunktion. Da sollten Sie auch langsam von der Möglichkeit Gebrauch machen, Schnittansichten zu speichern:

- Schneiden Sie das Gehäuse von vorne her auf, so dass Sie von innen auf die Lagerbohrungen sehen können (Abb. 6.14).

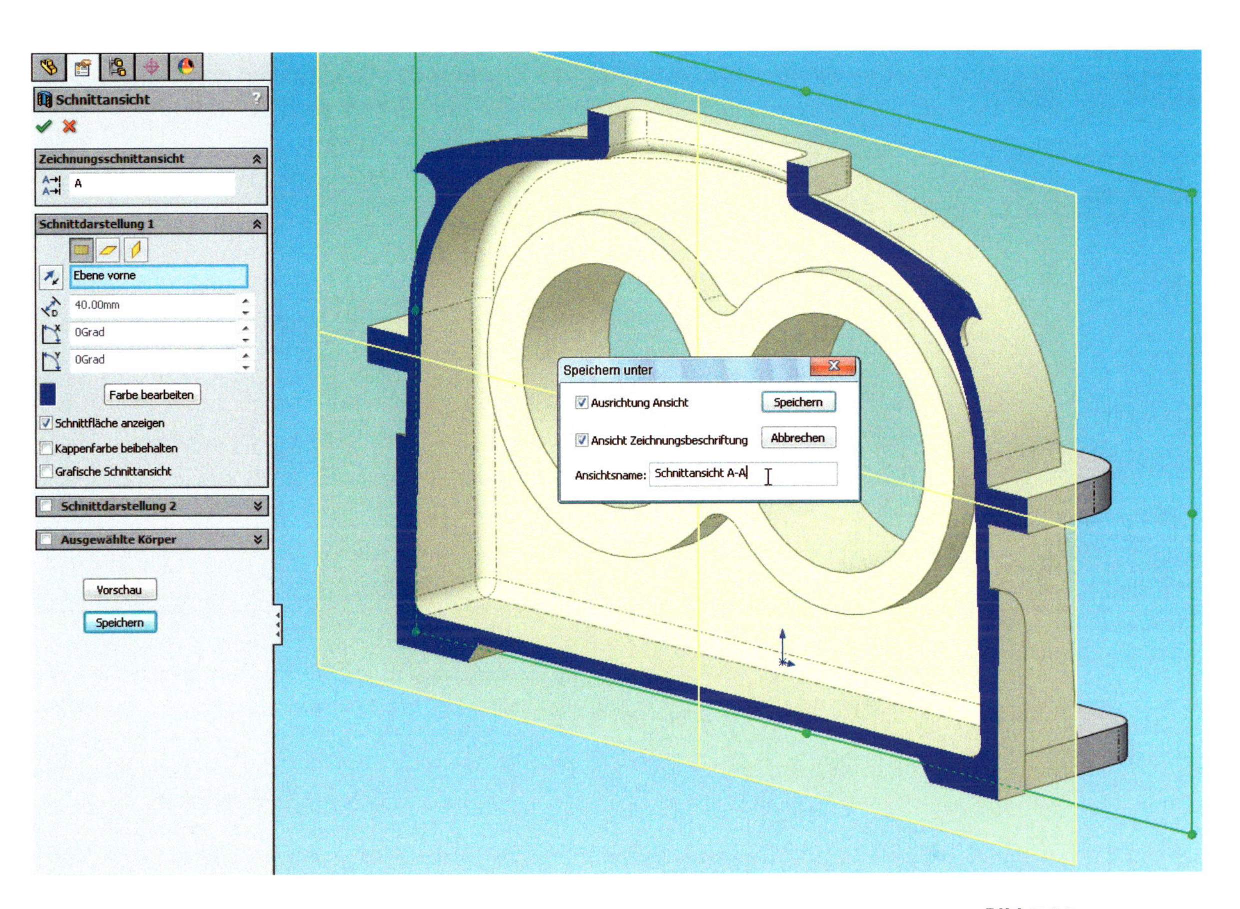

- Wählen Sie *Speichern,* so erscheint ein Dialogfeld mit den Zusatzoptionen, mit denen Sie einerseits die *Ausrichtung* der aktuellen *Ansicht* speichern können, andererseits aber auch die Ansicht zur Zeichnungsableitung verwenden können. Dann aktivieren Sie *Ansicht Zeichnungsbeschriftung.*

Die Ansicht wird in dem wohlbekannten Dialogfeld *Ausrichtung* aufgeführt, das Sie mit der Leertaste aufrufen können. Dieses lässt sich jetzt endlich verbreitern – künftig dürfen Sie auch längere Namen eingeben!

- Sie können mehrere Schnittansichten speichern, indem Sie die *Schnittansicht* aufrufen. Über *Ansicht, Modifizieren, Schnittansicht* können Sie die Einstellungen ändern.

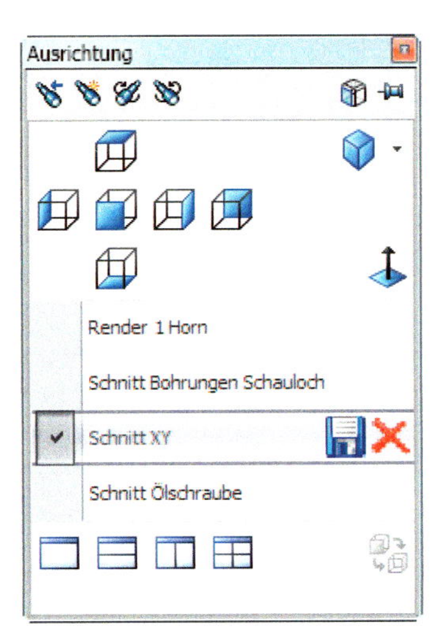

Bild 6.14: Innenarbeiten lassen sich leichter ausführen, wenn man das Gehäuse aufschneidet. Dabei lassen sich die Schnittkonfigurationen als benannte Ansicht speichern.

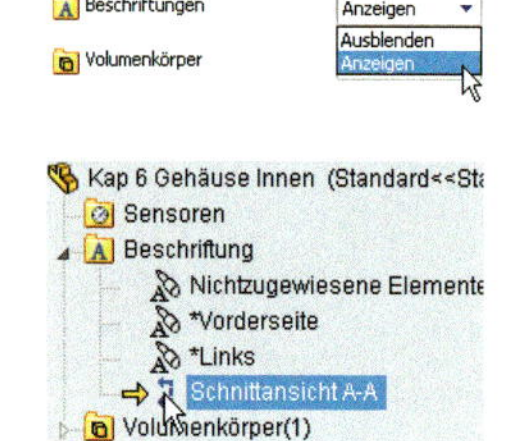

- Wenn Sie über *Optionen, Systemoptionen, FeatureManager* die *Beschriftungen anzeigen,* so können Sie gespeicherte Schnittansichten auch über den FeatureManager aufrufen.
- Hierzu führen Sie einfach einen Doppelklick auf den Eintrag in der Rubrik *Beschriftung* aus.

6.3.10 Skizzen mehrfach verwenden

Im Inneren des Gehäuses wird noch ein Stück Lagerschale benötigt. Schließlich wollen wir die Lagerstellen so nah wie möglich ans Geschehen – sprich den Kraftfluss durch das Getriebe – bringen. Wir brauchen also noch eine Extrusion nach innen, gefolgt von einem Freischnitt für die Zahnräder...

Doch halt! Es gibt elegantere Methoden, auch wenn sie nicht immer ungefährlich sind. Wir verwenden die Skizze der Lagerschale für ein zweites Feature. Vorher aber rücken wir es unter die Gehäuse-Differenz:

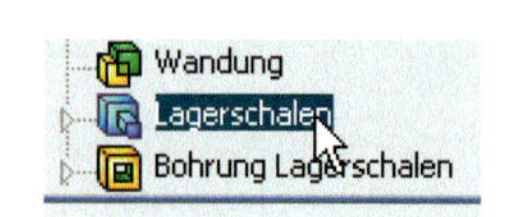

Bild 6.15:
System spart Arbeit: Mit einem Schnitt von derselben Skizze wird die Austragung einfach in der Mitte unterbrochen. Alle Arbeiten sind auch in der Schnittdarstellung möglich.

- Ziehen Sie das Feature *Lagerschalen* unter das Feature *Wandung,* aber noch über die *Bohrung Lagerschalen.* In der Schnittansicht verlaufen die Lagerschalen und ihre Bohrungen nun mitten durch den sonst leeren Innenraum (Abb. 6.15 links).
- Markieren Sie die *Skizze Lagerschalen* im FeatureManager und wählen Sie *Linear ausgetragener Schnitt.* Stellen die Endbedingung auf *mittig* ein und die *Tiefe* auf **42 mm** (Mitte).
- In der Vorschau sollten Sie jetzt sehen, wie der Mittelteil der Lagerhülse gelb eingefärbt wird. Bestätigen Sie dann. Die Lagerschalen sind korrekt eingekürzt, wie rechts im Bild 6.15 zu sehen ist. Nennen Sie das Feature **Schnitt Lagerschalen**.

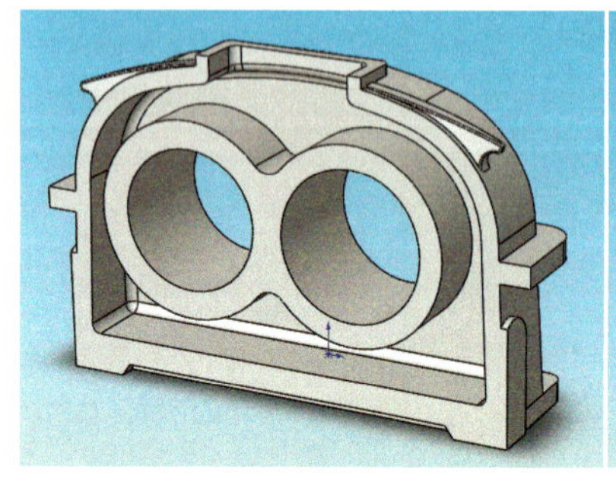

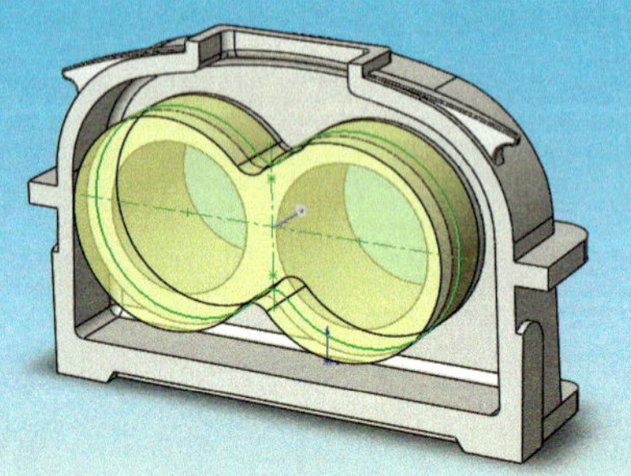

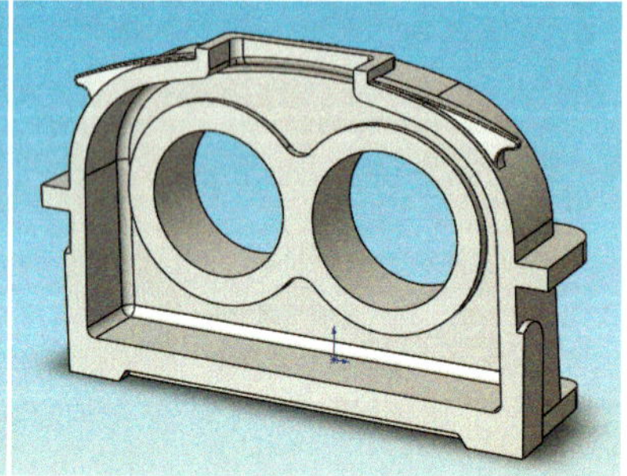

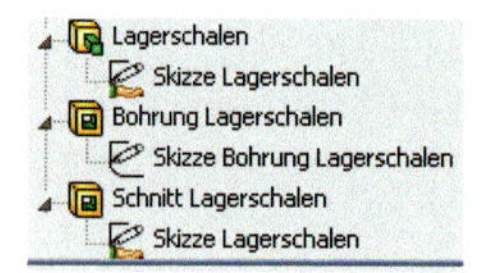

Wenn Sie sich nun noch einmal den FeatureManager ansehen, fällt Ihnen etwas Neues auf: Die Skizzen der beiden Features *Lagerschalen* und *Schnitt Lagerschalen* tragen den gleichen Namen und sind überdies mit einer Hand versehen, wie man sie sonst aus dem Netzwerk kennt. Dort symbolisieren sie ein freigegebenes Objekt, im Englischen auch als **shared object** bezeichnet. Und so handelt es sich auch hier um zwei Features, die sich ein und dieselbe Skizze teilen. Wir haben sie dazu verwendet, die Lagerschalen von der Mitte her zu extrudieren und zugleich dazu, sie in der Mitte auseinander zu schneiden. Kompakter geht's nimmer!

6.3.11 Angleichen der Wandstärken

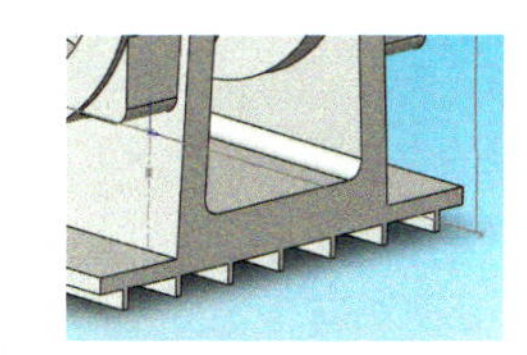

Die Wandstärken unseres Gehäuses sind insgesamt noch etwas fett. Außerdem macht sich die Bodenplatte unschön bemerkbar, denn sie trägt an der Unterseite noch zwölf Millimeter mehr auf. Unterschiedliche Wandstärken und insbesondere Stärkensprünge sind bei Gussteilen allerdings problematisch, weil sie zu inneren Spannungen beim Gießen führen.

Eine Lösung des Problems wäre, dass wir die Dicke des Bodens allein der Bodenplatte überlassen und den Abstand der beiden *Wandungs*-Skizzen an dieser Stelle auf null herunterfahren:

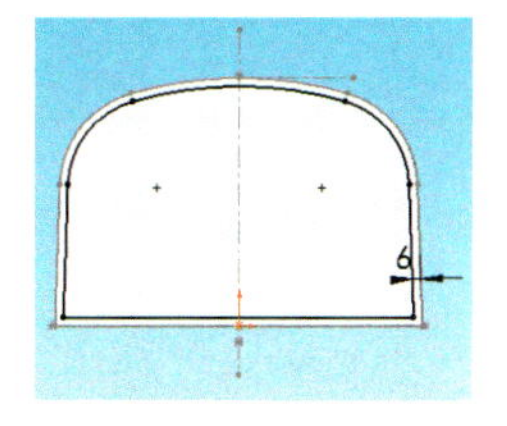

- Blenden Sie die *Skizze Grundkörper* ein und öffnen Sie die Skizze *Wand Grundkörper.*
- Verringern Sie den Abstand *10mm* auf **6 mm**. Die Skizze reagiert sofort.
- Löschen Sie die untere Linie und zeichnen Sie eine neue Waagerechte über die Grundlinie der Mutterskizze. Achten Sie wegen des folgenden Schritts darauf, dass sie über die Endknoten der Restkontur hinausreicht und verknüpfen Sie die Linien *kollinear.*
- Rufen Sie das Werkzeug *Trimmen* auf und aktivieren Sie über das Kontextmenü dieser Funktion *Elemente verlängern.* Sie finden die Funktion auch unter *Extras, Skizzieren, Verlängern* (Abb. 6.16).

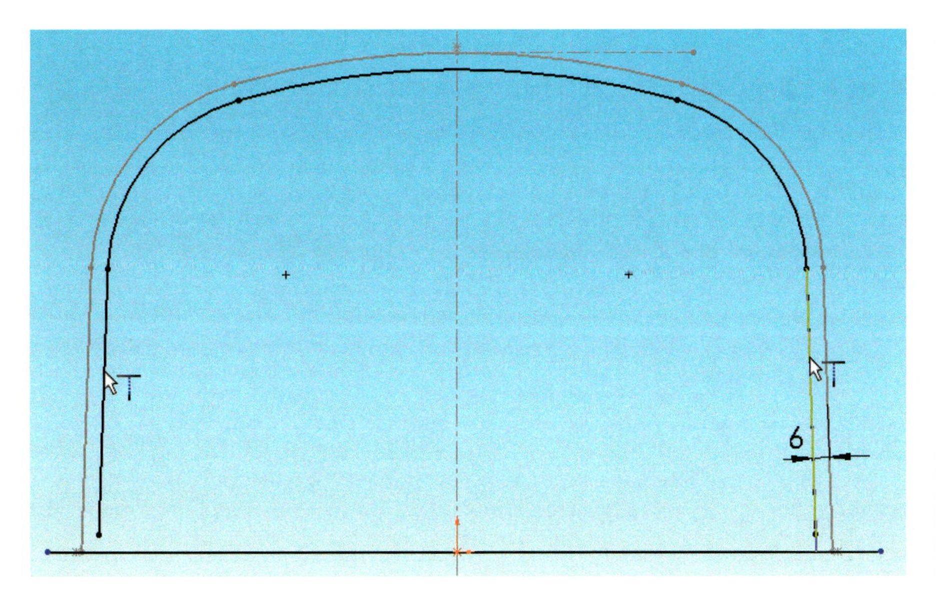

Bild 6.16:
Teil-Offset: Die Grundlinie des Innenkörpers wird aufs Niveau des Originals heruntergezogen. Der Rest der Skizze gehorcht weiterhin dem einzelnen Maßwert.

- Zeigen Sie auf die schrägen Endstücke der Kontur, so dass SolidWorks Ihnen anbietet, sie auf die neue Grundlinie hinab zu führen. *Trimmen* Sie dann die zu langen Enden der Waagerechten, so dass wieder eine geschlossene, voll definierte Kontur entsteht.

- Schließen Sie die Skizze und ignorieren Sie einstweilen die Fehlermeldung über die fehlenden Kanten der Verrundung, wir werden uns im Anschluss darum kümmern. Alternativ dazu können Sie die Verrundung unterdrücken, bis Sie fertig sind.
- Blenden Sie die beiden Grundkörperskizzen wieder aus und dafür die beiden *Rechts*-Schnitte ein.
- Führen Sie genau die gleiche Operation mit der *Skizze Wand Schnitt rechts* durch. Am Ende sollte auch diese Skizze wieder voll bestimmt sein.

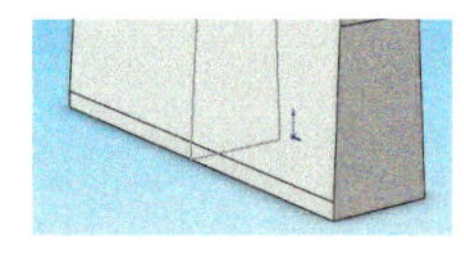

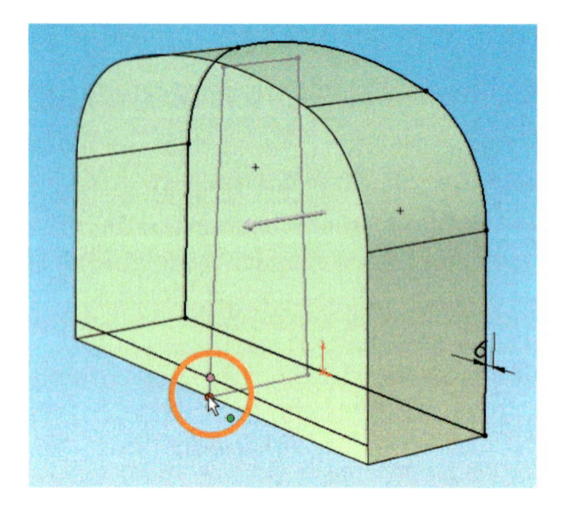

Bild 6.17:
Lehrreich: Ein Beispiel für die unzureichende Überdeckung zur Bildung einer Boole'schen Schnittmenge. Wie schon gesagt, führt sie zu unvollständigen Körpern.

Wenn Sie jetzt den Innenkörper regenerieren, wird Ihnen eine zweite Kante an der Unterkante auffallen. Sie entsteht, weil hier noch die alte Definition für die Austragung des Grundkörpers gilt. Die zugehörige Ecke existiert aber nicht mehr, Sie haben sie gerade durch eine neue ersetzt. Eine kleine Korrektur behebt das Problem:

- Öffnen Sie das Feature *Wand Grundkörper* zur Bearbeitung. Aktivieren Sie die Auswahlliste für *Endpunkte* und klicken Sie auf den neuen Endpunkt der *Skizze Wand Schnitt rechts* (Abb. 6.17).

6.3.12 Ungültige Features: Ein Problem dialektischer Art

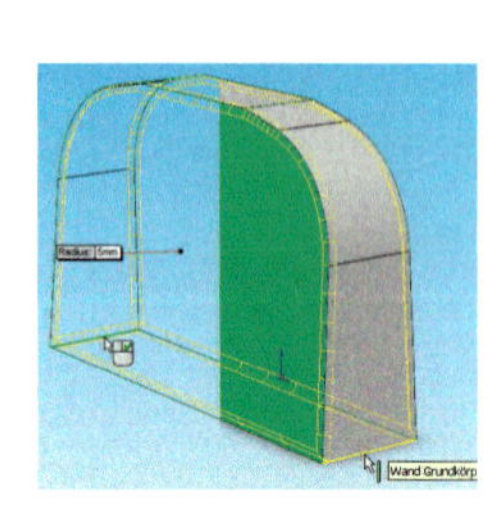

Nun können Sie auch die Verrundung reparieren. Sie hat das gleiche Problem wie eben schon die Extrusion: ihre Bezugsgeometrie existiert nicht mehr. Das klingt verrückt, denn der Innenkörper hat sich kaum verändert, er existiert ja sogar in genau der gleichen Form wie vorher. Offenbar aber kennen die Features ihre Erzeugenden beim Namen, andernfalls dürfte das Austauschen von Linien nicht stören.

- Öffnen Sie die *Verrundung Innenkörper* zur Bearbeitung. Löschen Sie falls nötig die fehlerhaften Kanten aus der Auswahlliste – es gibt nur zwei, die anderen beiden sind *Flächen* – und klicken Sie dann die beiden neuen Körperkanten am Modell an. Bestätigen Sie.

In der *Drahtdarstellung* können Sie auch abgewandte Kanten wählen, müssen das Modell also nicht drehen. Diese Eigenschaft auch für schattierte Darstellung einzuschalten, führt dagegen leicht zu Verwirrung. Sie können dies in den Systemoptionen unter *Anzeige/Auswahl*, Gruppenfeld *Auswahl von verdeckten Kanten* konfigurieren.

Die Wandstärken des korrigierten Modells sehen schon ganz gut aus. Was nun noch fehlt, sind die Verrundungen, die das Gehäuse gussfreundlich machen und seine Stabilität gegenüber Dauerbruch erhöhen. Doch zuvor wird das Gehäuse noch gebohrt (Abb. 6.18).

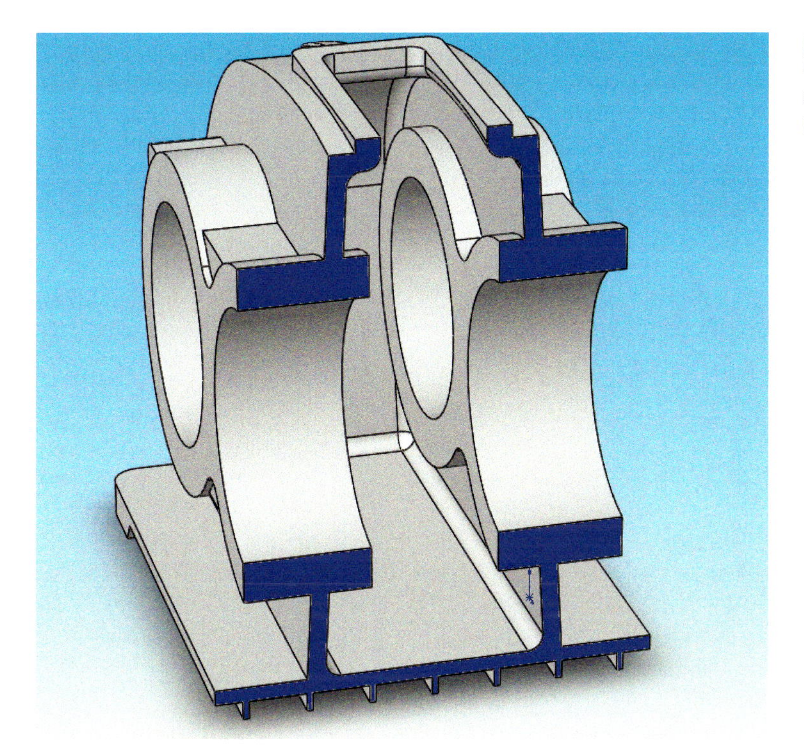

Bild 6.18: Wandstärke 6 mm, auch am Boden: Der Innenkörper leistet ganze Arbeit.

6.4 Ausblick auf kommende Ereignisse

Sie kennen das aus dem Praktikum: Wenn Sie ein Gussteil geputzt und gereinigt haben, folgen das Abfräsen von Bezugsflächen und das Bohren. Ebenso verfahren Sie auch in virtuellen Urform-Verfahren. Da jedoch beim Volumenkörper schon alle Flächen perfekt sind, können wir im folgenden Kapitel direkt mit Bohrungen und Gewinden fortfahren.

Und genau wie an der Ständerbohrmaschine werden Sie auch hier viel Fingerspitzengefühl beweisen müssen.

6.5 Dateien auf der DVD

Das Bauteil zu diesem Kapitel finden Sie auf der DVD unter dem Namen KAP 6 GEHÄUSE INNEN.SLDPRT im Verzeichnis \GETRIEBE.

7 Bohrungen und Gewinde

Das täglich Brot des Ingenieurs . . .

... ist das Bohren von Extérieurs. Bohrungen bedeuten eine Menge von Einzelmaßen und sind aufwendig zu verwalten. Um diese Aufgabe möglichst rationell und übersichtlich zu erledigen, helfen einige Tricks – und natürlich auch die Software.

Als nächstes stehen die Bohrungen und Innengewinde an, und es sind wahrhaftig nicht wenige: Wir benötigen insgesamt **45** davon! Also brauchen wir ein System, wenn wir uns nicht zu Tode bemaßen wollen. Und natürlich werden wir den Bohrungsassistenten von SolidWorks zu Hilfe nehmen.

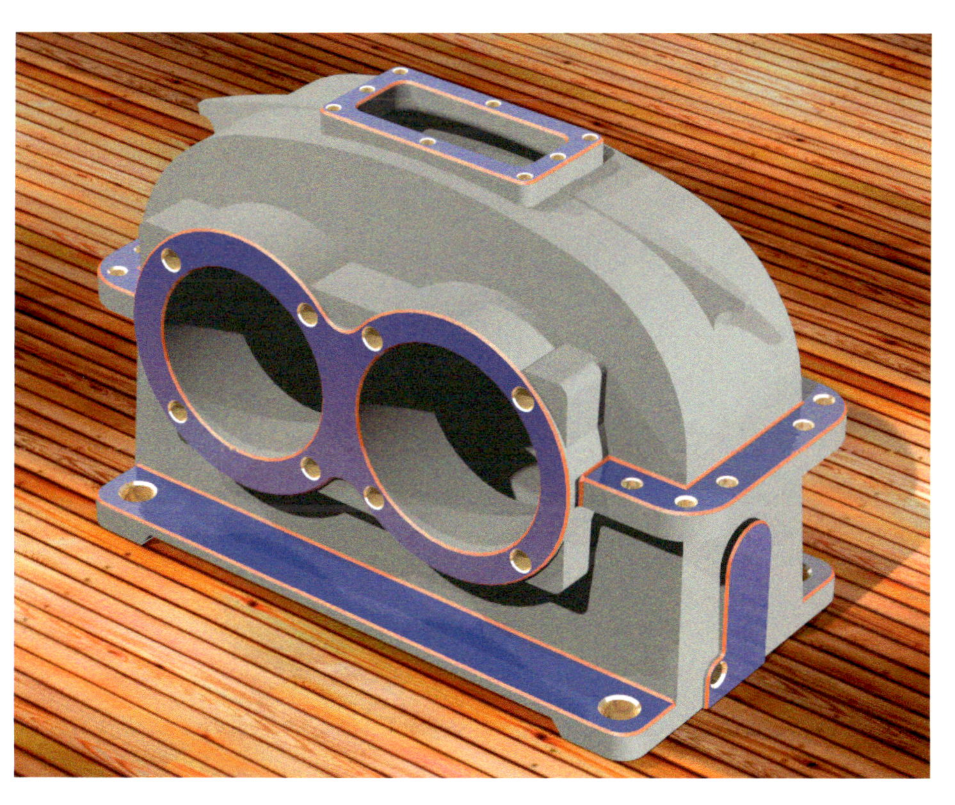

Die Auflistung ist trotz des einfachen Bauteils beeindruckend:

- Rund um die Dichtfläche benötigen wir zehn Durchgangsbohrungen für Bolzen und Kegelstifte,

- dazu kommen auf dem Lagersattel sechs Gewinde für die Einspannung, was aber erst im Kapitel 11 erfolgt. Denn zunächst müssen wir das Gehäuse teilen.
- Vier Durchgangsbohrungen werden für die Montage benötigt,
- sechzehn Gewinde müssen wir für die vier Verschlussdeckel der Lager vorsehen,
- acht Gewinde benötigt der Schaulochdeckel und
- eines die Verschlußschraube für den Ölablass.

7.1 Die Systematik der Bohrskizze

Bohrungen treten oft in Gruppen auf, wie die obige Liste andeutet: Wir brauchen zum Beispiel acht gleichartige Gewindebohrungen, um das Schauloch mit dem zugehörigen Deckel zu verbinden. Ist solch eine Gruppierung zu erkennen, so empfiehlt es sich stets, eine Bohrskizze anzufertigen. Ein klein wenig Mehraufwand wird uns bei der Verwaltung des Bauteils mehr als entschädigen:

- Öffnen Sie die Datei GEHÄUSE INNEN und speichern Sie sie unter GEHÄUSE BOHRUNGEN.
- Blenden Sie den Volumenkörper und alle Skizzen aus.
- Blenden Sie die *Skizze Schauloch* und *Skizze Wand Schauloch* ein. Diese Skizzen markieren die Grenzen für unsere Bohrloch-Skizze. Erstellen Sie dann auf der *Ebene Schauloch* eine neue Skizze und wechseln Sie in die Draufsicht.

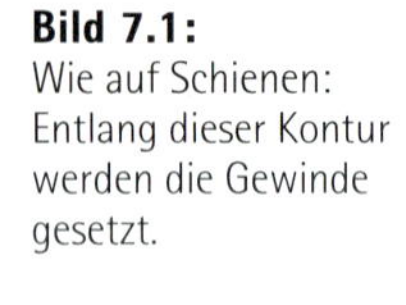

Bild 7.1:
Wie auf Schienen: Entlang dieser Kontur werden die Gewinde gesetzt.

- Markieren Sie über Kettenauswahl die Kontur der *Skizze Schauloch* und rufen Sie *Offset Elemente* auf. Definieren Sie einen *Offset-Abstand* von **4 mm** nebst *Bemaßung* und lassen Sie die Erstellungsrichtung *umkehren* (Abb. 7.1).

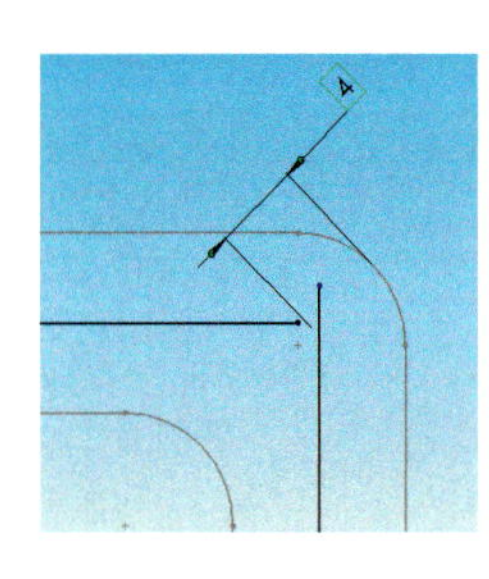

- Sie benötigen die *Ecken* dieses Rechtecks, also löschen Sie die vier Radien. Die Offset-Eigenschaft wird dadurch nicht beeinträchtigt – selbst wenn sich die Bemaßung auf einem Radius befunden haben sollte.
- Ziehen Sie nun ein Linienende über das andere hinaus. Führen Sie dann das kürzere Ende mit *Elemente verlängern* bis zur angrenzenden Linie und *trimmen* Sie anschließend, so dass eine saubere Ecke entsteht. Korrigieren Sie dann auch die anderen drei Ecken.
- Markieren Sie alle vier Linien als *für Konstruktion*.
- Schließen Sie die Skizze und nennen Sie sie **Bohrskizze Schauloch**. Blenden Sie sie ein, ebenso den Volumenkörper.

7.1.1 Der Bohrungs-Assistent

Weil Bohrungen das tägliche Brot des Konstrukteurs sind, gibt es in den meisten MCAD-Anwendungen eine Hilfsroutine zu ihrer Definition. So auch in SolidWorks. Es handelt sich um den *Bohrungsassistenten,* den Sie in der Symbolleiste *Features* finden:

- Wechseln Sie in eine räumliche Ansicht und zoomen Sie die Bohrskizze heran. **Markieren** Sie die Stirnfläche des Schaulochs.

Das Markieren einer Bezugsfläche ist Voraussetzung für die 2D-Bohrlochdefinition. Wenn Sie den Bohrungsassistenten ohne markierte Fläche aufrufen, wird er Sie spätestens beim Abschluss zur Ebenendefinition auffordern – in 3D! Einfacher ist, Sie klicken die Bezugsfläche an, bevor Sie den Assistenten aufrufen.

- Rufen Sie *Einfügen, Features, Bohrung, Assistent* auf. Der PropertyManager erscheint mit der *Bohrungsspezifikation* (Abb. 7.2).

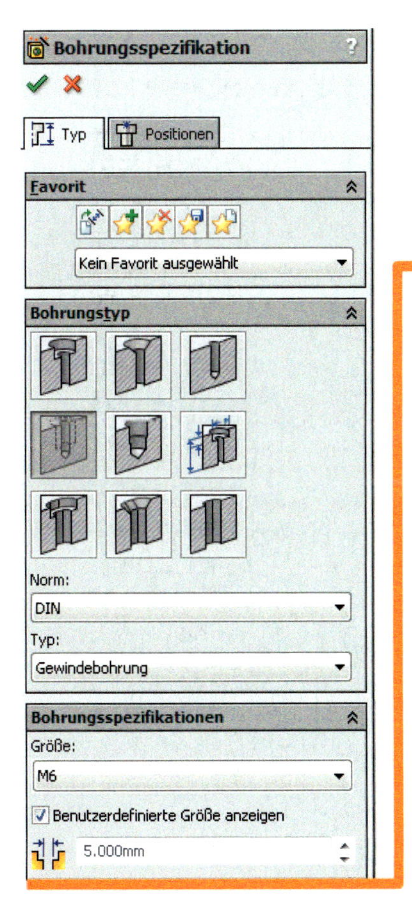

Bild 7.2:
Schaltzentrale:
Der Bohrungsassistent, hier in zwei Spalten dargestellt, verwaltet eine Vielzahl von Bohrungsarten. Sinnvoll ist daher die Definition ständig benutzter Größen als Favoriten (links oben).

Der Bohrungsassistent ist hierarchisch von oben nach unten gegliedert: Vom *Bohrungstyp* ausgehend konfigurieren Sie zunächst die *Norm* und den *Typ*. Dann spezifizieren Sie die Bohrung innerhalb jener gewählten Grenzen, stellen den *Gewindedurchmesser* und die *Endbedingung* ein. Dabei können Sie die automatischen Werte jederzeit überschreiben. In den *Optionen* schließlich steuern Sie die Darstellung im Modell und der Zeichnung.

- Wählen Sie unter *Bohrungstyp* die Schaltfläche *Gerade Gewindebohrung*. Stellen Sie als *Norm* DIN ein, der *Typ* ist *Gewindebohrung* und die *Größe M6*.

Die normative Bohrtiefe ist zu groß: Besonders in der Mitte der Längsseite steht zu wenig Material, als dass wir ein Sackloch mit nennenswerter Gewindetiefe realisieren könnten. Weil sich unter den Gewindelöchern aber auch noch Verrundungen befinden, kommen wir mit der Endbedingung *Bis nächste* auch nicht weiter. Wir müssen also mit einer festen Endbedingung arbeiten:

- Definieren Sie als Endbedingung *Blind* und stellen Sie eine *Blindbohrungstiefe* von **10 mm** ein. Unter *Gewindetyp* wählen Sie *Blind (2*DIA)* und tragen **5 mm** ein. Sie bemerken, dass dieser Wert an die Tiefe des Bohrlochs gekoppelt ist – wenn Sie hier einen größeren Wert eintragen, wächst auch die Bohrlochtiefe wieder an und umgekehrt.

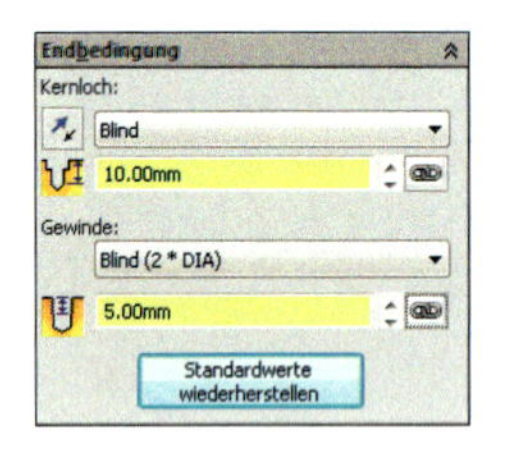

SolidWorks protestiert gegen diese Einstellungen mit gelb unterlegten Editierfeldern – aus gutem Grund: Sie entsprechen nicht der Norm. Bei dieser Überzahl an Schrauben sollte das jedoch kein Problem darstellen. Über die Schaltfläche *Standardwerte wiederherstellen* können Sie auf den normgerechten Vorschlag zurückgreifen.

- Aktivieren Sie unter *Optionen* die Schaltfläche *Gewindedarstellung*. So wird das Gewinde im Modell stilisiert dargestellt. Bei der Einstellung *Mit Gewindebeschreibung* erscheint darüber hinaus ein Vermerk in der abgeleiteten Zeichnung.
- Aktivieren Sie auch *Formsenkung oben*. Der *Formsenkdurchmesser oben* sollte gleich oder etwas größer sein als der Gewindenenndurchmesser, um das Gewindebohren zu erleichtern. Stellen Sie hier **6 mm** ein. Der Winkel des Senkkegels soll **90°** betragen.

Wie Sie sehen, ist beim Bohren allerhand einzustellen:

- Sichern Sie diese Einstellung, indem Sie im Feld *Favorit* auf die Schaltfläche *Favoriten hinzufügen oder aktualisieren* klicken. Im gleichnamigen Dialogfeld können Sie den Namen um die Bohrlochtiefe erweitern und abspeichern. Künftig wird er im Listenfeld *Favoriten* verfügbar sein.
- Klicken Sie oben im PropertyManager auf die Registerkarte *Positionen*. Sie befinden sich nun im Modus *Bohrungsposition*, der im PropertyManager zwar nur einen Hinweis anzeigt, dafür aber mit dem Skizziermodus identisch ist. *Punkt* ist bereits aktiviert, und so können Sie acht Punkte jeweils auf die Ecken und auf die Linienmittelpunkte der Bohrskizze setzen. Löschen Sie auch das Bohrloch (bzw. dessen Punkt), das durch Anklicken der Stirnfläche entstand (Abb. 7.3).

Achten Sie darauf, dass die Punkte voll definiert sind. Die automatischen Beziehungen werden Mittelpunkte und Ecken erkennen. Wenn es jedoch nicht klappen sollte, können Sie sie wie in einer normalen Skizze nachträglich definieren. Auch Bemaßungen und alle anderen Skizzenfunktionen sind erlaubt.

- Klicken Sie dann auf *OK*. Nennen Sie das Feature **Gewindebohrungen Schauloch**. Wenn Sie das fertige Bohrfeature aufklappen, erkennen Sie nicht nur die *Skizze11* mit den Bohrpunkten und *Skizze10 (Namen nicht authentisch)* mit dem Bohrquerschnitt, sondern auch die acht *Gewindedarstellungen*. Blenden Sie diese über die Kontextleiste ein, so werden sie im Editor angezeigt.

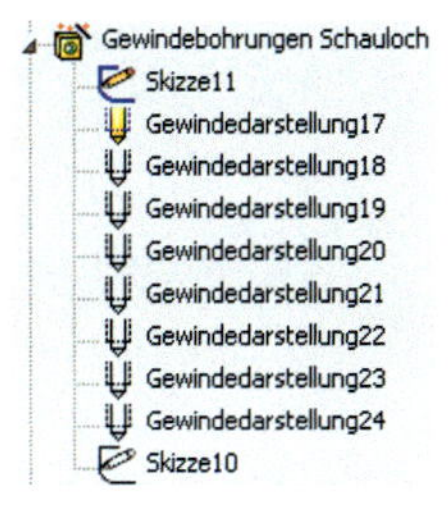

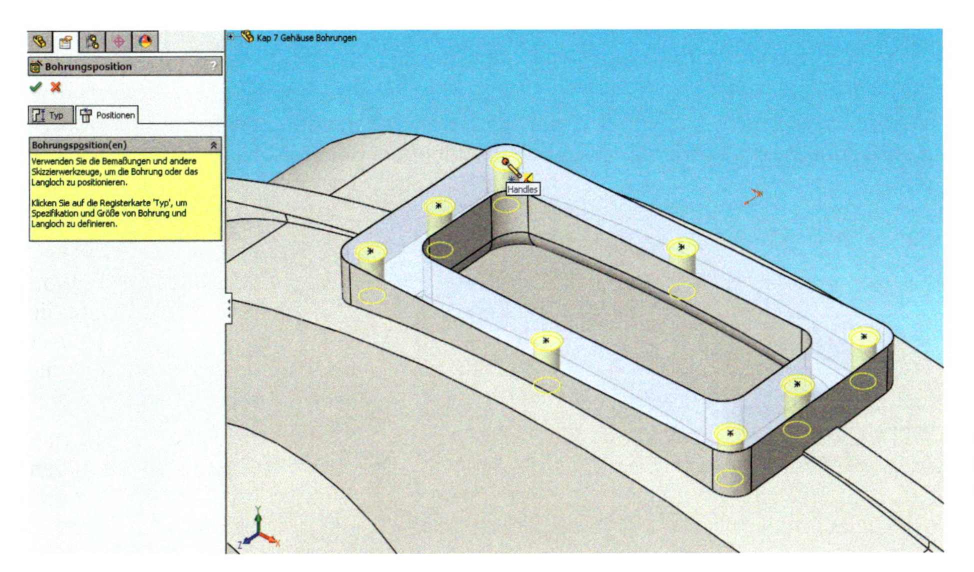

Bild 7.3:
Bohrschablone:
Die *Bohrungsposition(en)* werden im mächtigen Skizziermodus gesetzt.

Die acht Bohrlöcher sind angelegt. Wenn Sie das Ergebnis mit der Schnittansicht unter die Lupe nehmen, fallen allerdings gleich einige Mängel auf: Wie erwartet sind die Bohrlöcher jeweils in der Stegmitte durchgebrochen oder zumindest nicht weit davon entfernt. Für optimale Abdichtung sollten die Gewinde jedoch nicht dem Öl ausgesetzt sein, denn dieses wird durch Kapillarkräfte nach oben kriechen und über die dünne Restdichtung nach außen dringen. Außerdem steht seitlich der Bohrungen nur sehr wenig Material (Abb. 7.4).

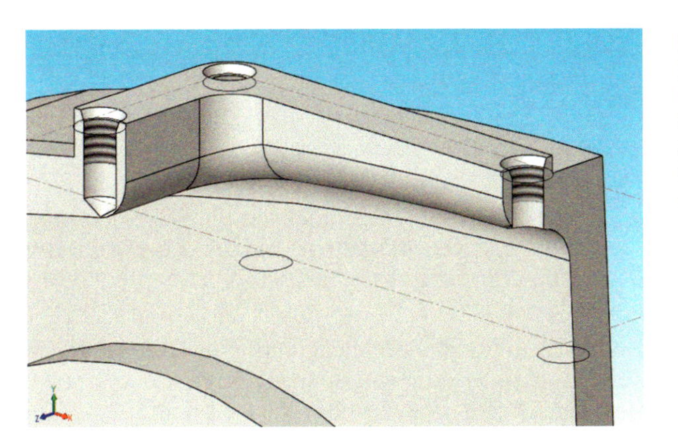

Bild 7.4:
Lizenz zum Ölen:
Die Gewinde müssen als Sacklöcher ausgebildet sein, sonst könnte Öl in ihnen aufsteigen und an der Dichtfläche austreten.

Da wir die Gewinde nicht weiter kürzen können, ohne die Stabilität der Verschraubung zu gefährden, ziehen wir einfach das Schauloch etwas weiter nach oben, was aufgrund seiner Definition kaum Arbeit bedeutet:

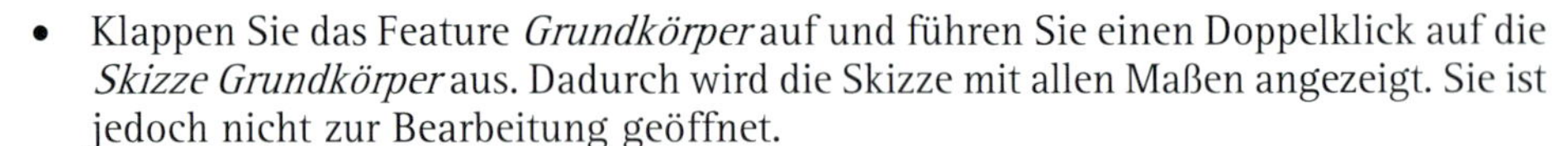

- Klappen Sie das Feature *Grundkörper* auf und führen Sie einen Doppelklick auf die *Skizze Grundkörper* aus. Dadurch wird die Skizze mit allen Maßen angezeigt. Sie ist jedoch nicht zur Bearbeitung geöffnet.

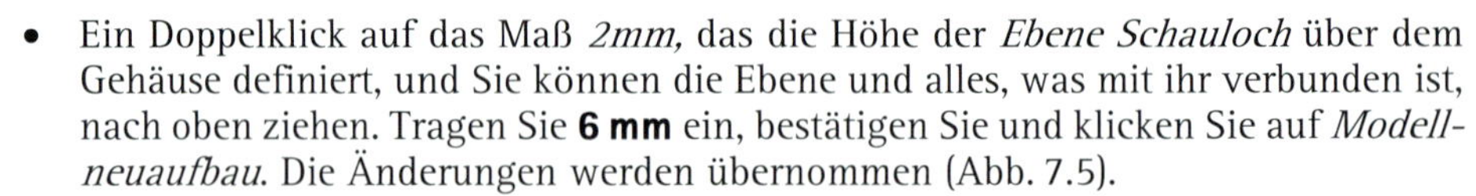

- Ein Doppelklick auf das Maß *2mm,* das die Höhe der *Ebene Schauloch* über dem Gehäuse definiert, und Sie können die Ebene und alles, was mit ihr verbunden ist, nach oben ziehen. Tragen Sie **6 mm** ein, bestätigen Sie und klicken Sie auf *Modellneuaufbau.* Die Änderungen werden übernommen (Abb. 7.5).

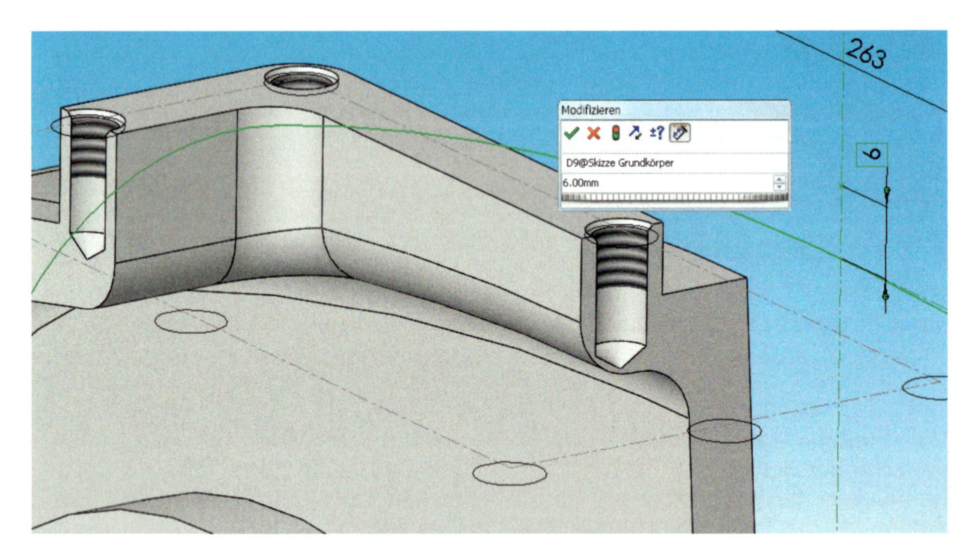

Bild 7.5:
Schon besser: Das Schauloch ist nun hoch genug, um die Gewinde komplett zu umschließen.

Im Bild sehen Sie auch, warum die Höhe der *Ebene Schauloch* ausgerechnet vom Scheitelpunkt der Grundskizze aus definiert wurde: Wenn die Krümmung verändert wird, geht diese Höhe automatisch mit.

Auch das Problem mit der Wandstärke ist rasch zu lösen: Da sie durch die Differenz aus der *Skizze Schauloch* und der *Skizze Wand Schauloch* entsteht, brauchen wir wiederum nur die Wandung anzupassen:

- Führen Sie einen Doppelklick auf die *Skizze Wand Schauloch* aus. Sie ist als Offsetkontur definiert, weshalb Sie nur den Offset von *8mm* auf **10 mm** erhöhen müssen, um die Wandung am Schauloch zu verbreitern. Führen Sie dann einen *Modellneuaufbau* durch.

Die Wandung wird plangemäß verbreitert. Sie erkennen langsam Sinn und Zweck ordentlich definierter Features: Gute Vorplanung erspart allzu großen Aufwand bei den Korrekturen (Abb. 7.6).

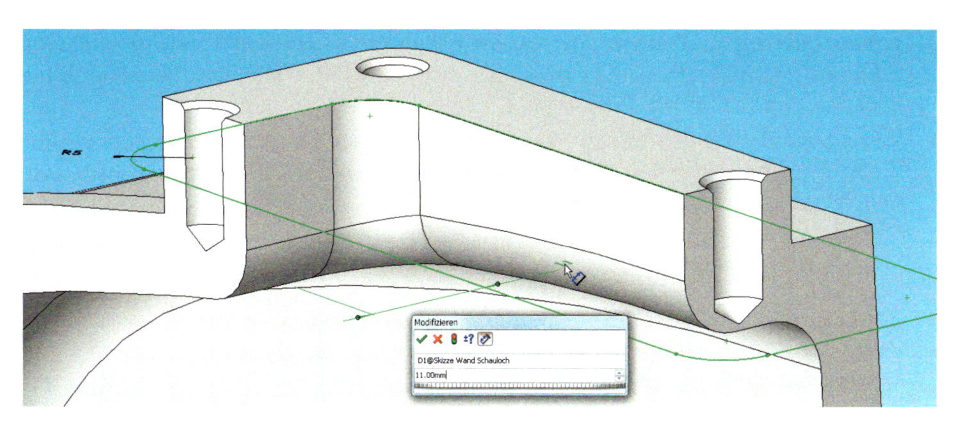

Bild 7.6: Korrektur per Mausklick: Auch die Wandstärke des Schaulochs ist durch ein einziges Maß definiert. Allerdings muss die Bohrlochskizze noch angepasst werden.

7.1.2 Und wieder eine kleine Formel

Die Bohrlöcher haben nun genügend Platz – allerdings drücken sie sich immer noch am Rand herum. Sie erkennen schon, worauf es bei dem Rechteck der Bohrskizze ankommt: Es soll die Breite des Steges mittig aufteilen, so dass die Bohrungen in der Mitte des zur Verfügung stehenden Materialquerschnitts liegen. Wenn Sie also die Wandskizze des Schaulochs ändern, werden Sie jedes Mal die Bohrungen anpassen müssen. Das können Sie wieder mit einer kleinen Formel verhindern (vgl. Abb. 7.7, es sind mehrere Stadien zugleich zu sehen):

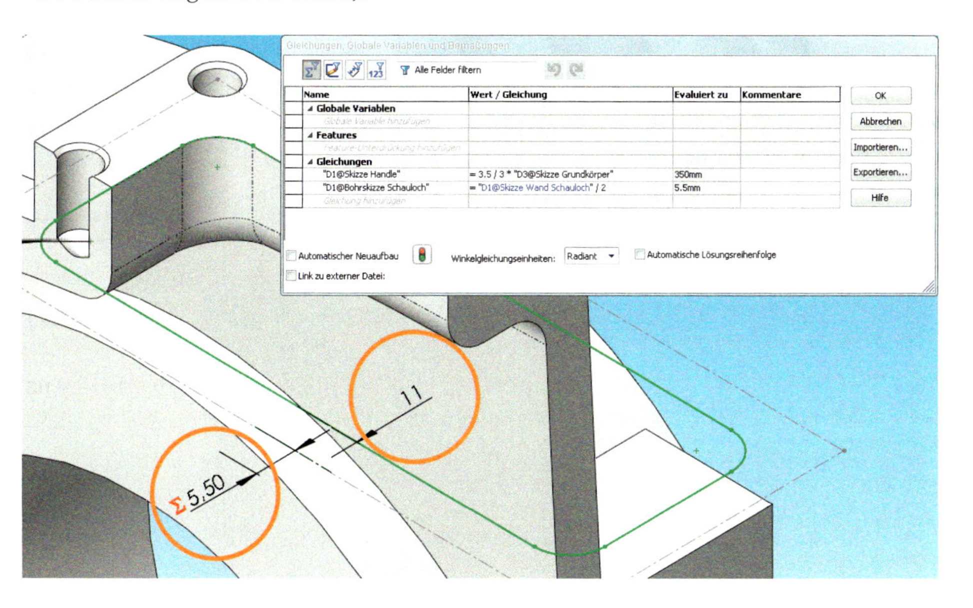

Bild 7.7: Bohr-Automat: die Bohrskizze ist an die Wandskizze gekoppelt und agiert nun völlig selbständig.

- Blenden Sie die Skizzen von *Wand Schauloch* und *Bohrung Schauloch* ein. Rufen Sie *Extras, Gleichungen* auf. Klicken Sie auf *Hinzufügen*.

- Ein Doppelklick auf den Eintrag der Skizze *Bohrungen Schauloch,* und das einzelne Maß wird sichtbar (Kreis). Klicken Sie **einmal** darauf. Der Eintrag wird übernommen. Setzen Sie ein Gleichheitszeichen dahinter.
- Rufen Sie auf gleiche Weise die Offset-Bemaßung der *Skizze Wand Schauloch* auf. Ein Klick auf diese Variable, und auch sie wird ins Editierfeld aufgenommen. Tragen Sie dahinter nun noch **/2** ein, und die Gleichung ist vollständig. Hier noch einmal der Text:

```
"D1@Bohrungen Schauloch" = "D1@Skizze Wand Schauloch"/2
```

- Bestätigen Sie die Formel. Im Listenfeld ist nun die Gleichung und das aktuelle Ergebnis – **5 mm** – eingetragen. Bestätigen Sie nochmals und klicken Sie auf **Modellneuaufbau**. Die Bohrungen des Schaulochs sind damit fertig gestellt (Abb. 7.7).

7.2 Skizzen auf Features: Die Lagerschalen

Die Bohrungen zur Befestigung der Lagerdeckel lassen sich allerdings nicht so schön zentral verwalten wie die des Schaulochs, denn sie sind von der aktuellen Lage der Endflächen abhängig. Hier sind wir also tatsächlich gezwungen, die Bohrskizze auf einem Feature anzulegen:

- Klicken Sie auf eine Stirnfläche der Lagerschalen und auf *Skizze einfügen.* Die Stirnflächen bilden nun zugleich die Skizzierebene. Wechseln Sie in die Normalansicht.
- Blenden Sie den Volumenkörper der Übersicht halber aus und dafür die beiden maßgeblichen Skizzen ein: *Skizze Lagerschalen* und *Skizze Bohrung Lagerschalen.*

Hier sind vier Gewindebohrungen pro Lager anzubringen. Natürlich sind sie kreisförmig angeordnet, und so besteht unsere Bohrlochskizze aus zwei Kreisen, die mittig zwischen Innen- und Außenkante angeordnet sind:

- Zeichnen Sie zwei Kreise, deren Zentren Sie *deckungsgleich* mit den Kreisen aus der *Skizze Lagerschalen* verknüpfen. Die Durchmesser entnehmen Sie Abb. 7.8.

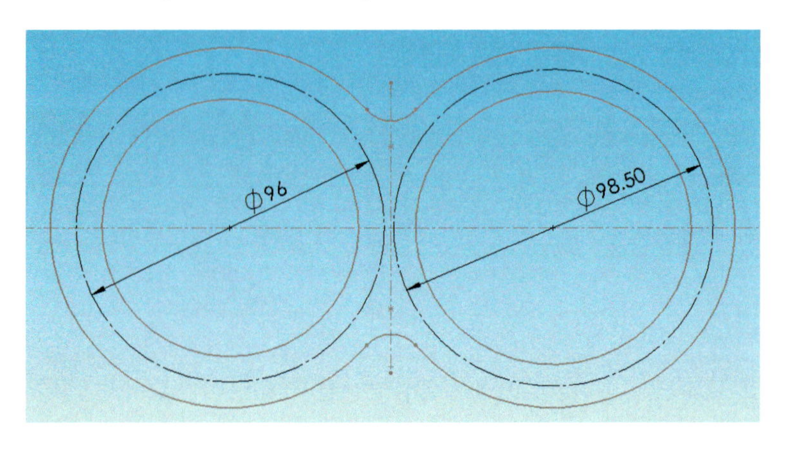

Bild 7.8: Schnellbau für Formelmüde: Dies sind die Teilkreise für die Gewindelöcher der Lagerschalen.

7.2.1 Alternative: Die Gleichungs-Lösung

Messen

Wenn Sie jedoch auch diese Skizzen gerne durch **Gleichungen** automatisieren möchten, so folgt hier die Anleitung. Als Hilfsmittel zum Ausmessen können Sie die Funktion *Extras, Messen* verwenden. Sie ist in der Anwendung handlicher als das dauernde Öffnen von Skizzen:

Der gesuchte Durchmesser liegt jeweils zwischen dem Außenmaß der Lagerschale – 112 mm – und dem Durchmesser der jeweiligen Bohrung. Da die beiden Bohrungen unterschiedlich sind, nämlich 80 und 85 mm, definieren wir eine Gleichung für jede. Ich demonstriere es für die linke Seite:

Wir rechnen die Differenz zwischen Außen- und Innendurchmesser aus, also

```
112mm - 80mm = 32mm.
```

Wir suchen den Durchmesser, der genau zwischen diesen Kreisen liegt, halbieren also auch die Differenz:

```
32mm / 2 = 16mm
```

Jetzt addieren wir diese 16 mm zum Innendurchmesser und erhalten

```
80mm + 16mm = 96mm
```

- Für den Durchmesser des linken Bohrkreises ergibt sich demnach die folgende Gleichung:

```
"D1@Bohrung Lagerschalen" = "D1@Skizze Bohrung Lagerscha-
len" + ("D2@Skizze Lagerschalen" - "D1@Skizze Bohrung La-
gerschalen") / 2
```

- Rechts setzen wir den Parameter für die rechte Bohrung ein und erhalten

```
"D2@Bohrung Lagerschalen" = "D2@Skizze Bohrung Lagerscha-
len" ı ("D2@Skizzc Lagcrschalcn" - "D2@Skizzc Bohrung La-
gerschalen") / 2
```

Der Unterschied zwischen den beiden Gleichungen ist jeweils fett gedruckt.

- Sie können die zweite Gleichung also viel schneller kopieren und wieder einfügen. Durch Änderung eines einzigen Zeichens ersparen Sie sich die ganze lästige Klickerei (Abb. 7.9).

Name	Wert / Gleichung	Evaluiert
◢ Globale Variablen		
Globale Variable hinzufügen		
◢ Features		
Feature-Unterdrückung hinzufügen		
◢ Gleichungen		
"D1@Skizze Handle"	= 3.5 / 3 * "D3@Skizze Grundkörper"	350mm
"D1@Bohrskizze Schauloch"	= "D1@Skizze Wand Schauloch" / 2	5.5mm
"D1@Lochkreise Lagerschalen"	= "D1@Skizze Bohrung Lagerschalen" + ("D2@Skizze Lagerschalen" - "D1@Skizze Bohrung Lagerschalen") / 2	96mm
"D2@Lochkreise Lagerschalen"	= "D2@Skizze Bohrung Lagerschalen" + ("D2@Skizze Lagerschalen" - "D2@Skizze Bohrung Lagerschalen") / 2	98.5mm
Gleichung hinzufügen		

Bild 7.9: Fabrikarbeit: Gleichungen lassen sich leicht über die Zwischenablage kopieren.

7.2.2 Kreismuster

Was nun noch fehlt, sind die Bohrungspunkte. Sie müssen gleichmäßig in den Kreisen verteilt werden. Dies erledigen wir mit einem sogenannten *Kreismuster,* gelegentlich auch als *Kreisförmige Reihe* oder *Zyklischer Array* bezeichnet. Der Bohrungsassistent ermöglicht dies zwar ebenfalls und auf exakt die gleiche Art, aber ich glaube, es ist ein wenig übersichtlicher, wenn wir die Arbeitsgänge trennen. Sehen Sie dazu jedoch den Hinweis auf Seite 211.

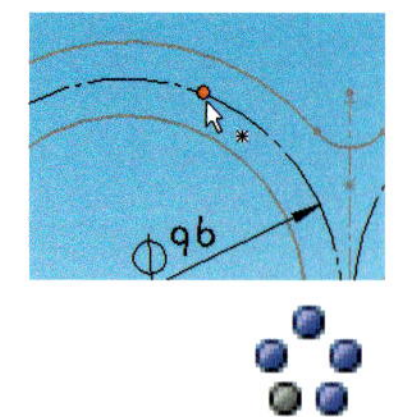

- Öffnen Sie die Skizze *Bohrung Lagerschalen* zur Bearbeitung. Setzen Sie einen einzelnen Punkt *deckungsgleich* auf den linken Kreis. Achten Sie jedoch darauf, keine sonstigen Beziehungen zu knüpfen, denn das wird die nachträgliche Ausrichtung des fertigen Arrays erschweren.
- Markieren Sie diesen Punkt und rufen Sie *Extras, Skizzieren, Kreismuster* auf. Der PropertyManager zeigt die zugehörigen Funktionen an (Abb. 7.10).

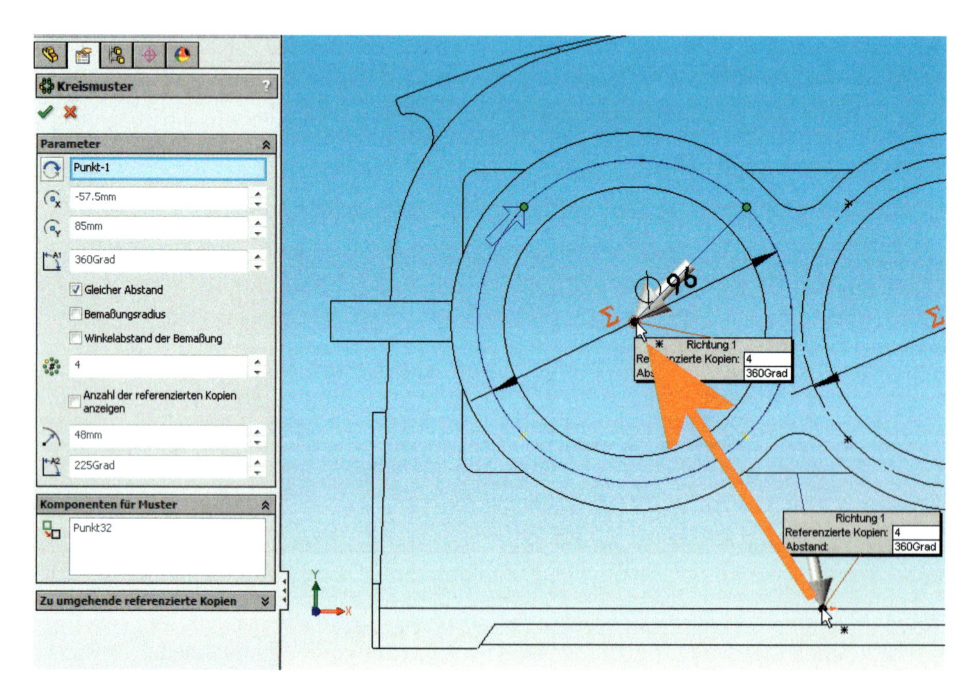

Bild 7.10:
Kreismuster: Zum Glück hat sich seit der letzten Version nicht nur der Name geändert . . .

- Die Funktion nimmt die *Mitte* – also den Rotationsmittelpunkt – grundsätzlich im Bauteil-Nullpunkt an, wie die Grafik im Editor zeigt. Ziehen Sie diesen Mittelpunkt also zunächst einmal ins Zentrum des linken Kreises, so dass er *deckungsgleich* mit diesem verknüpft wird.

Hierdurch werden die Editierfelder korrekt eingestellt. Mit **Drag&Drop** geht es also allemal schneller.

- Stellen Sie die *Anzahl* der Objekte auf **4** ein. Der Gesamtwinkel – hier als *Abstand* bezeichnet –, über den sie verteilt werden, lautet **360°**, wie vorgegeben. Im Editor sollten nun vier Punkte gleichmäßig über den Lochkreis verteilt sein. Bestätigen Sie.

Diese vier Punkte können Sie nun mit der Maus im Kreise drehen, sie sind also noch nicht voll definiert. Doch das ist rasch erledigt:

- Markieren Sie zwei benachbarte Punkte und verknüpfen Sie sie *horizontal*. Damit ist die Anordnung festgelegt.
- Führen Sie die Reihenoperation nun auch für die rechte Seite durch. Es entsteht die Skizze nach Abbildung 7.11.

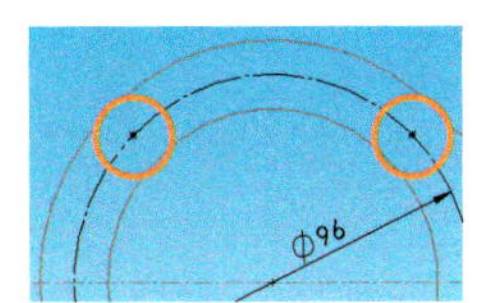

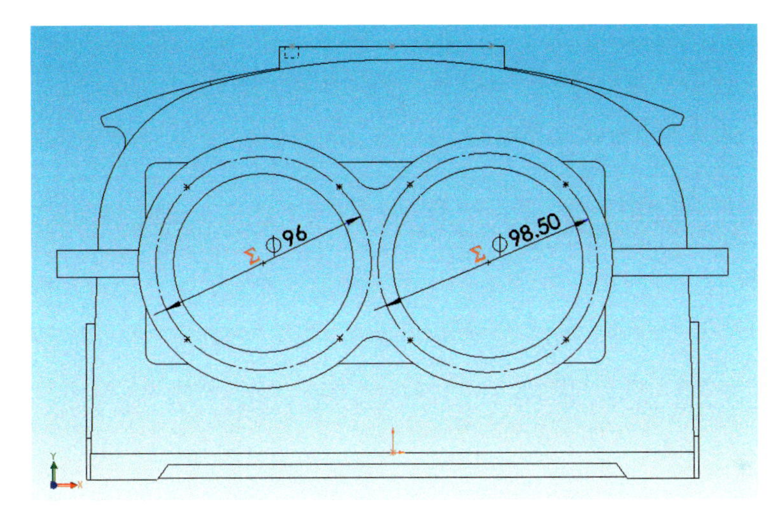

Bild 7.11: Wieder ein Stück Automatik: Die fertige Skizze für die Lagerdeckel-Gewinde.

- Schließen Sie die Skizze und nennen Sie sie **Lochkreise Lagerschalen**.
- Blenden Sie alle Skizzen außer dieser letzten aus und den Volumenkörper wieder ein.
- Markieren Sie nochmals die Stirnseite der Lagerschalen und rufen Sie den Bohrungsassistenten auf. Definieren Sie eine *DIN-Gewindebohrung M10,* Endbedingung *Blind,* Tiefe **32.5 mm**, Gewindetiefe **25 mm**. Der Senkdurchmesser beträgt **10 mm**, der Winkel **90** Grad.
- Klicken Sie auf *Positionen,* wählen Sie im vorgegebenen Punktmodus die acht Punkte der Skizze und stellen Sie das Feature fertig. Nennen Sie es **Gewindebohrungen Lagerschalen**.

Sie bemerken, dass nun abermals acht Punkte definiert wurden, die auf die bereits vorhandenen der Lochkreise aufgesetzt werden. Dies ist nicht weiter tragisch, aber doch zusätzlicher Aufwand. Mit etwas Übung können Sie die komplette Definition der Lochkreise auch direkt **vom Bohrungsassistenten aus** vornehmen.

Die andere Seite des Lagersattels können wir nun getrost durch Spiegeln bearbeiten, denn es handelt sich um eher einfache Features:

- Rufen Sie *Spiegeln* aus der Symbolleiste *Features* auf. Wählen Sie als *Spiegelfläche/-Ebene* die *Mittelebene*. Diese muss nicht eingeblendet sein, Sie können sie auch über den aufschwingenden FeatureManager auswählen. Als *Features* wählen Sie *Gewindebohrungen Lagerschalen*. Bestätigen Sie.

Die Schnittansicht zeigt, dass rund um die Bohrungen noch genügend Material steht. Leider zeigt das gespiegelte Feature keine Gewindegänge an, allerdings deuten die Kreise auf den Bohrungen an, dass die Gewinde-Eigenschaft sehr wohl übernommen wurde (Abb. 7.12).

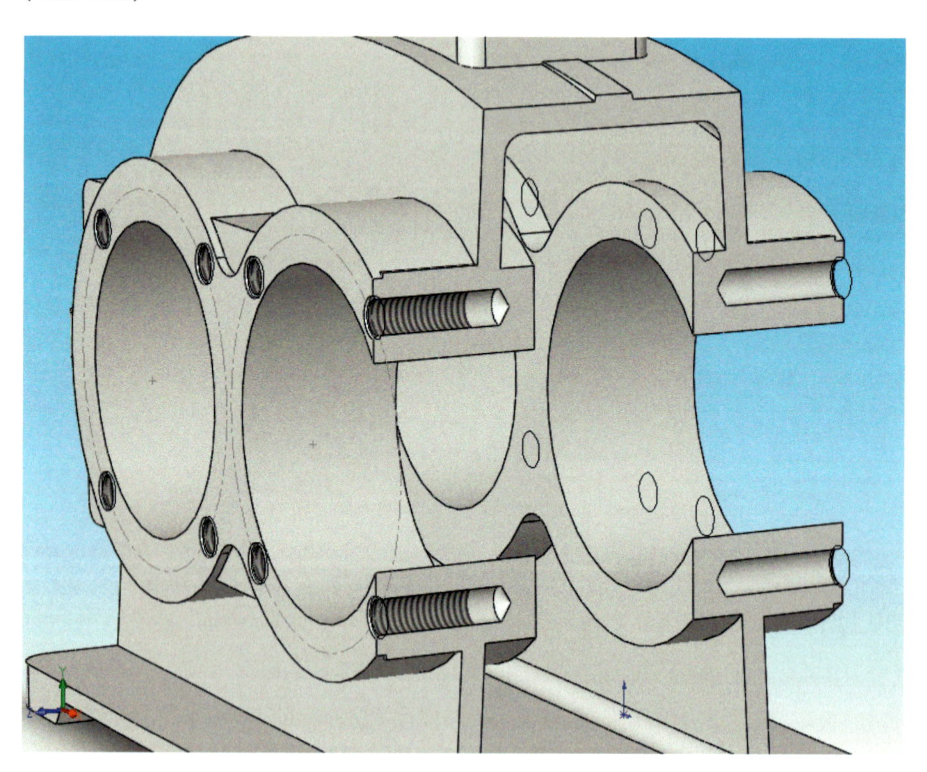

Bild 7.12: Loch an Loch: Durch Spiegeln werden auch die Lagerschalen der anderen Seite gebohrt.

7.2.3 Anatomie einer Bohrung

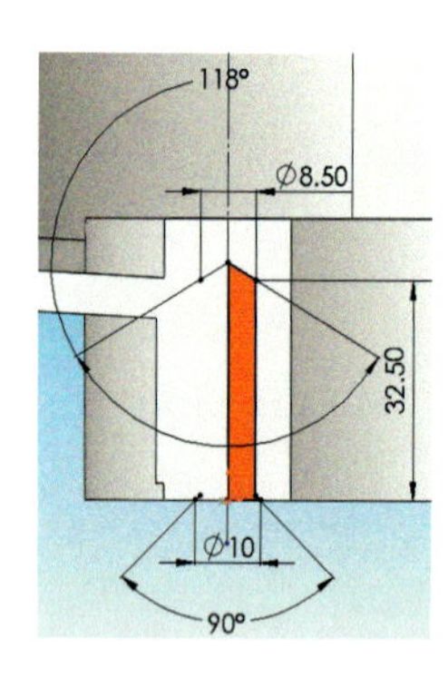

Klappen Sie einmal das letzte Bohrungsfeature auf. Dort befinden sich außer den Gewindedarstellungen mehrere Skizzen. Blenden Sie sie ein, so wird Ihnen eine davon offenbaren, wie die Bohrungen funktionieren: Es handelt sich um eine rotierte Skizze, deren Maße dem halben Lochdurchmesser und der vollen Tiefe entspricht. Die Parameter bis hinunter zum Kegel der Bohrspitze stammen von den Einstellungen, die Sie im Bohrungsassistenten festgelegt haben. Es handelt sich bei einer Bohrung also um ein Feature, das mit elementaren SolidWorks-Funktionen arbeitet.

7.3 Skizzen-Lektion: Die Montagebohrungen

Die vier Durchgangslöcher der Montageplatte sind nach den vorherigen Aufgaben nun kein Problem mehr:

- Öffnen Sie die *Skizze Montageplatte*. Setzen Sie vier Punkte in die Nähe der Ecken. Verknüpfen Sie sie paarweise symmetrisch über die Mittellinien miteinander, was insgesamt vier Beziehungen ergibt. Bemaßen Sie nach Bild 7.13.

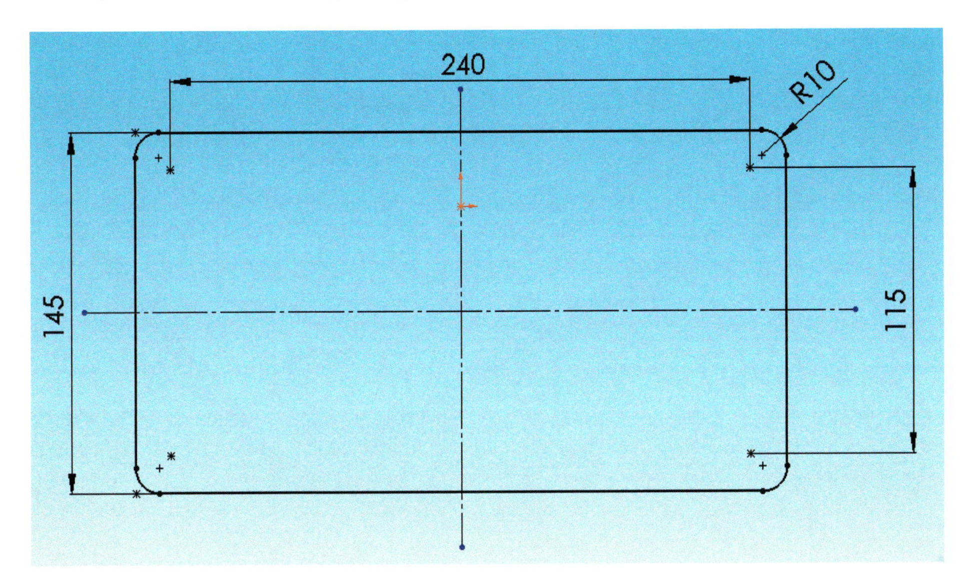

Bild 7.13: Eine einfache Skizze aus vier Punkten ist ja leicht festzulegen, sollte man meinen...

Die Punkte sind eindeutig schwarz, also voll definiert. Wenn Sie nun jedoch probehalber einen der Punkte auf den benachbarten Radiusmittelpunkt ziehen, so wird der Punkt auf diesem Radius fixiert, und Sie erhalten die Fehlermeldung, dass für diese Skizze keine Lösung gefunden werden könne.

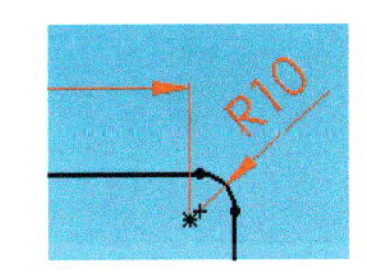

Voll definiert bedeutet nicht voll **betoniert**, wie wir früher schon festgestellt hatten. Die Punkte müssen zusätzlich horizontal und vertikal aufeinander bezogen werden, um wirklich definiert zu sein.

- Verknüpfen Sie jeden Punkt mit seinen beiden Pendants zusätzlich *horizontal* und *vertikal*. Jeder der vier Punkte muss **mindestens** die vier nebenstehenden Beziehungen aufweisen.

Bestehende Beziehungen

Horizontal40
Vertikal43
Symmetrisch12
Symmetrisch15
Abstand28

Voll definiert

- Aktivieren Sie dann eine der Oberflächen der Montageplatte und rufen Sie den Bohrungsassistent auf. Wählen Sie die Schaltfläche *Bohrung* und als *Typ* ein *Durchgangsloch* nach *DIN*, Größe M12, Anpassen *Locker*, Endbedingung *Durch alles*. Der *obere* und der *untere* Senkdurchmesser sollen **16 mm** bei **90** Grad Kegelwinkel betragen.

- Markieren Sie die vier Punkte und bestätigen Sie. Nennen Sie das Feature **Durchgangsloch Montageplatte** (Abb. 7.14).

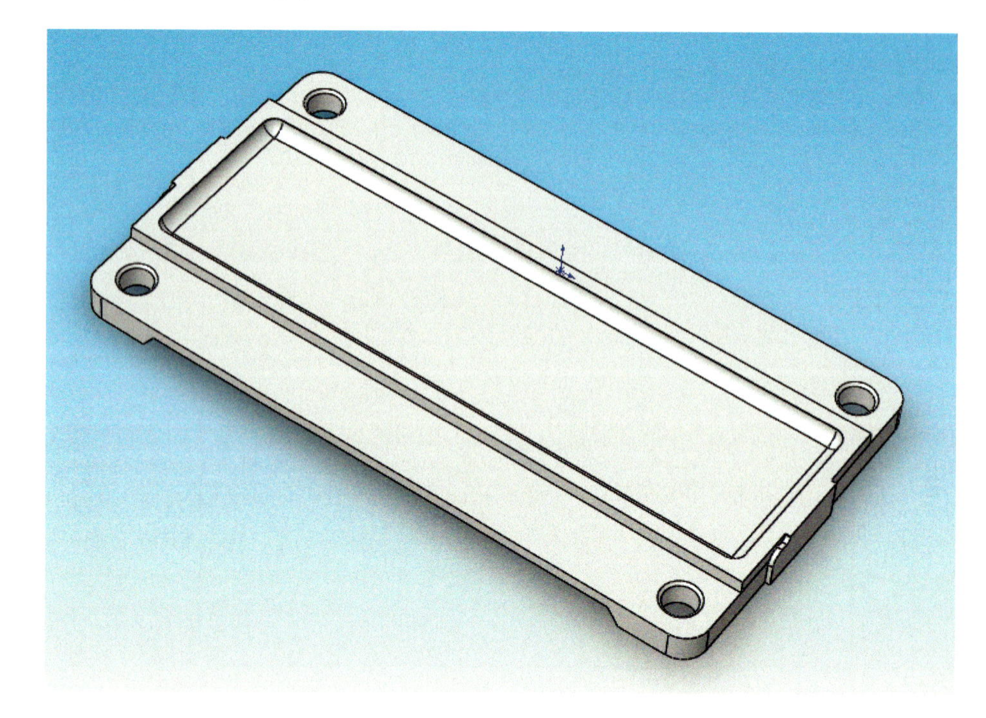

Bild 7.14: Die Montageplatte mit den Durchgangsbohrungen für M12-Gewinde.

7.4 Die Bohrungen der Dichtfläche

Das Gehäuse, wie wir es bis hierher gebaut haben, ist so nicht verwendbar. Es wird am Schluss dieses Kapitels an der Dichtfläche geteilt, um die wahren Bauteile zu liefern, nämlich ein Ober- und ein Unterteil. Diese unterscheiden sich teilweise in der Verschraubung: Der Lagersattel weist im Oberteil eine Durchgangsbohrung auf, die mit dem Gewinde im Unterteil verschraubt wird. Daher ist in diesem Stadium auch nur die Definition der Durchgangsbohrungen sinnvoll. Die Bohrungen des Lagersattels werden wir mit Hilfe einer *Bohrungsserie* in der Baugruppe definieren.

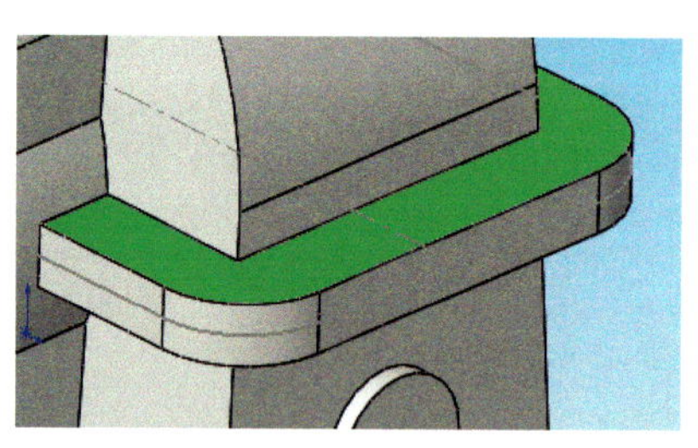

Da kein Bohrungstyp *mittig* angeboten wird, müssen wir wieder ein Feature als Skizzierebene verwenden:

- Blenden Sie *Skizze Dichtfläche* und *Skizze Lagersattel* ein. Klicken Sie auf die Oberseite des Features *Dichtfläche* und fügen Sie eine neue Skizze ein. Markieren Sie dann die beiden Mittellinien der *Skizze Dichtfläche* und wählen Sie *Elemente übernehmen*.

- Zeichnen Sie drei Vertikale ein, wobei die beiden äußeren *symmetrisch* zur Mittellinie liegen. Markieren Sie dann alle *für Konstruktion* und bemaßen Sie sie nach Bild 7.15. Die einzelne Linie liegt auf der langgestreckten Seite, die durch die Asymmetrie des Lagersattels entsteht. In der Abbildung ist dessen Skizze durch ein orangefarbenes Rechteck hervorgehoben.

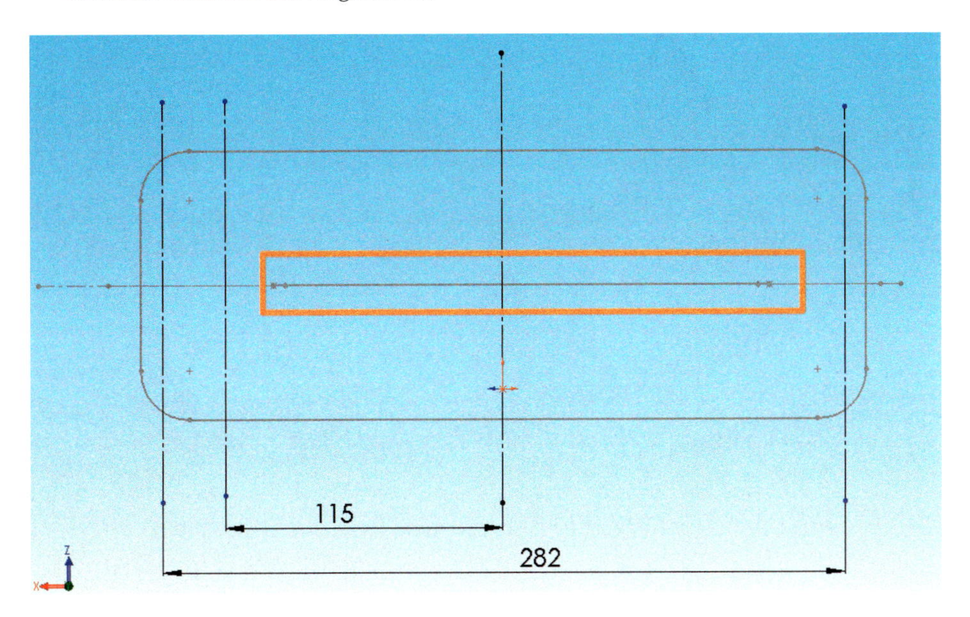

Bild 7.15:
Das Beispiel der Montageplatte hat gezeigt: Selbst bloße Punktobjekte lassen sich mit einer Hilfskonstruktion leichter – und sicherer – definieren.

Achtung: Die nebenstehende Skizze ist verkürzt dargestellt.

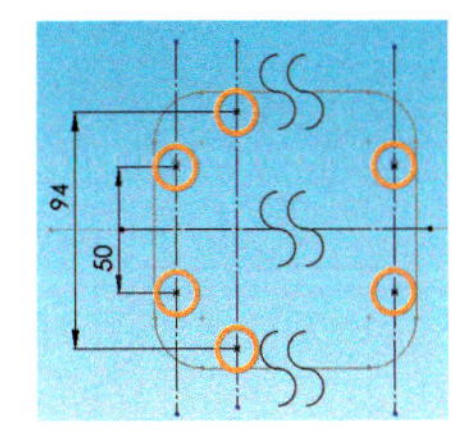

- Bringen Sie je zwei Punkte *deckungsgleich* auf den drei Linien an.
- Die Punkte liegen paarweise *symmetrisch* zur waagerechten Mittelinie.
- Die äußeren vier sind zusätzlich jeweils *horizontal* miteinander verknüpft.
- Bemaßen Sie dann nach der nebenstehenden Vorlage.

Vergleichen Sie diesen Arbeitsgang mit dem der Bohrskizze für die Montageplatte. Die Hilfslinien ersparen Ihnen hinsichtlich der Beziehungen eine Menge Kopfzerbrechen, obwohl Sie hier noch zwei Punkte mehr zu verwalten haben. Immer dann, wenn viele Beziehungen nach dem Motto **Jeder mit Jedem** zu knüpfen sind, können Sie auf diese Weise den Überblick bewahren.

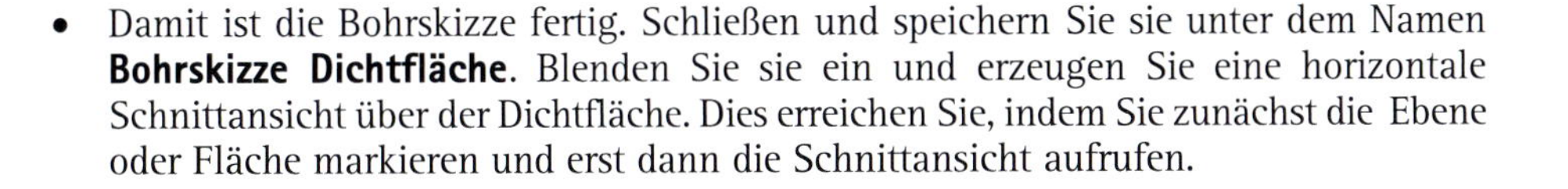

- Damit ist die Bohrskizze fertig. Schließen und speichern Sie sie unter dem Namen **Bohrskizze Dichtfläche**. Blenden Sie sie ein und erzeugen Sie eine horizontale Schnittansicht über der Dichtfläche. Dies erreichen Sie, indem Sie zunächst die Ebene oder Fläche markieren und erst dann die Schnittansicht aufrufen.

- Definieren Sie im Bohrungsassistenten ein *Durchgangsloch* nach *DIN* für *M6,* Endbedingung *Bis nächste, Senkdurchmesser* beidseitig **8 mm** bei einem *Winkel* von **90** Grad. Setzen Sie diese Bohrung auf die sechs Punkte (Abb. 7.16).

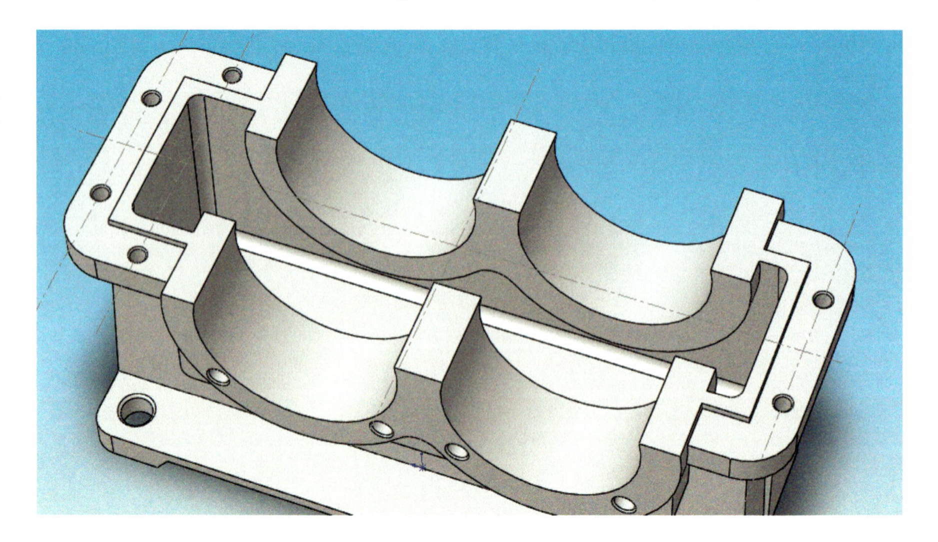

Bild 7.16:
Nummer Sicher: Die Dichtleiste weist an ihrem langen Ende eine zusätzliche Verschraubung auf.

7.4.1 Kegelbohrung: Was der Bohrungsassistent nicht leistet

Was nun noch fehlt, sind vier konische Bohrungen für die Kegelstifte, die die Gehäusehälften in der korrekten Position aneinander fixieren. Leider verfügt der Bohrungsassistent nicht über Kegelbohrungen, und die Definition über den Senkkegel ist reichlich mühsam und unflexibel. Es gibt jedoch einen Ausweg: Wir definieren die Bohrung selbst. Zunächst jedoch folgt wieder die Bohrskizze:

- Erzeugen Sie auf der Oberfläche der Trennebene eine neue Skizze. Markieren Sie die beiden Mittellinien der *Skizze Dichtfläche* und *übernehmen* Sie die Elemente in die Skizze.

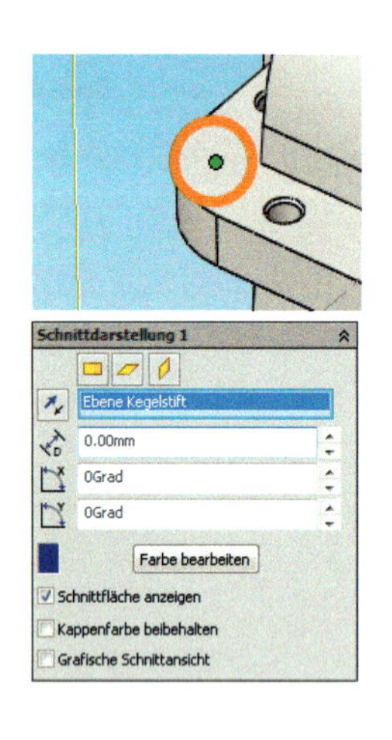

- Fügen Sie einen freien Punkt in der Nähe einer Ecke ein und bemaßen Sie ihn mit **137 mm** horizontal und **45 mm** vertikal, jeweils gemessen von den Mittellinien (Abb. 7.17).
- *Spiegeln* Sie diesen Punkt an der vertikalen Mittellinie. *Spiegeln* Sie **diese beiden** Punkte dann nochmals an der Horizontalen. Nun sollten vier Punkte gleichmäßig und *voll definiert* auf die vier Ecken verteilt sein. Schließen Sie die **Bohrskizze Kegelstift** und blenden Sie sie ein.
- Für den Querschnitt der Bohrung brauchen wir nun eine Skizze in Schnittrichtung. Erzeugen Sie zunächst eine Ebene mit *Ebene rechts* als *Erster Referenz* und einem Punkt der *Bohrskizze Kegelstift* als *Zweiter Referenz.*
- Legen Sie eine *Schnittansicht* durch diese Ebene, indem Sie diese zuvor markieren. Die Ebene wird dann direkt in die Auswahlliste *Referenzschnittebene* übernommen. Achten Sie darauf, dass *Offset-Abstand* und beide *Winkel* auf **0** stehen.

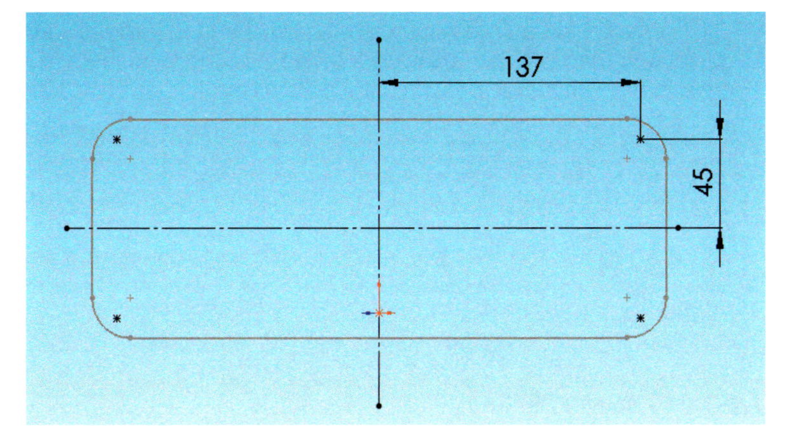

Bild 7.17:
Doppelt gespiegelt: Die vier Punkte für die Bohrungen der Kegelstifte.

Wenn Ihnen der Volumenkörper im Wege ist, können Sie die *Schnittrichtung umkehren* und die Ansicht mit **Strg + 8** um 180° drehen.

- Fügen Sie auf dieser Ebene eine neue Skizze ein. Zeichnen Sie dann eine vertikale Mittellinie *deckungsgleich* auf den Punkt der Bohrskizze (Abb. 7.18, Kreis).

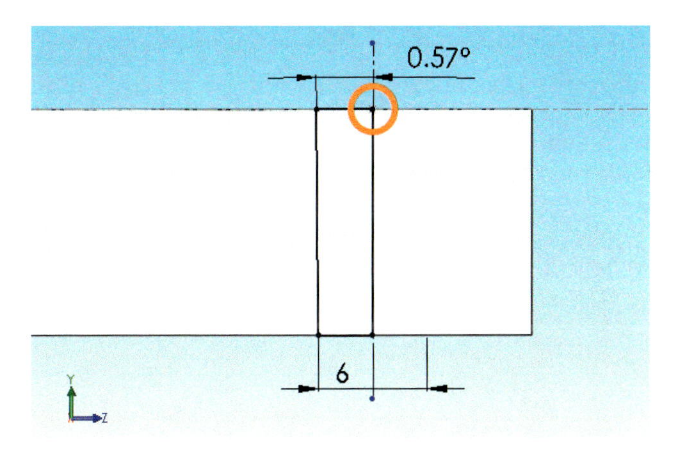

Bild 7.18:
Die Kegelbohrung von der Seite. Da die Bohrung am unteren Ende den Nenndurchmesser aufweist und dort keine Skizzengeometrie besteht, wird die Skizze wieder auf den Volumenkörper bezogen.

- Zeichnen Sie den geschlossenen trapezförmigen Halbquerschnitt nach der Abbildung 7.18. Der Durchmesser unten stellt wieder einen doppelten Abstand dar.

Der Kegelstift verbreitert sich vom Nennmaß aus nach oben, das bedeutet, der Durchmesser **6 mm** muss an der Unterseite der Dichtfläche gewährleistet sein. Da sich dort keine Skizzengeometrie befindet, machen Sie diese Skizze vom Volumenkörper abhängig:

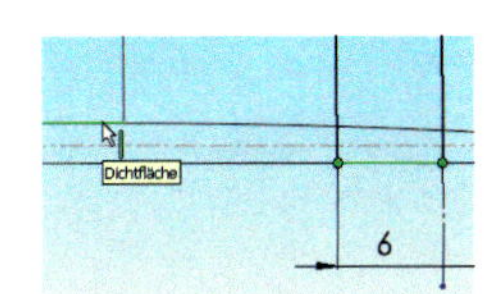

- Verknüpfen Sie die obere Linie *kollinear* mit der Mittellinie der *Bohrskizze Kegelstift*. Verknüpfen Sie gleichfalls die untere Linie *kollinear* mit der Kante der Dichtfläche. Da Sie keine Verknüpfungen zu den Kanten einer Schnittansicht erzeugen können, müssen Sie die Ansicht vielleicht etwas drehen und zur *Drahtdarstellung* umschalten. So können Sie eine der echten Kanten der Dichtfläche wählen.

- Schließen Sie die Skizze und nennen Sie sie **Skizze QS Kegelstift**.

N. B.: Natürlich verfügt der Bohrungsassistent über eine Rubrik *Übertragungsbohrung*, in der auch Kegelbohrungen verfügbar sind. Allerdings müssen alle Maße von Hand eingetragen werden, Sie können also keine Skizzenbeziehungen anbringen. Zudem können Sie keinen Kegelwinkel definieren. Dies ist mit Sicherheit die aufwendigere Variante!

7.4.2 Rotierter Schnitt

- Wählen Sie die Skizze und rufen Sie *Einfügen, Schnitt, Rotieren* auf. Der Schnitt wird 360° um die Mittelachse ausgeführt. Auf genau diese Art entstehen auch die Bohrungen aus dem Bohrungsassistenten. Nennen Sie das Feature **Bohrung Kegelstift** (Abb. 7.19).

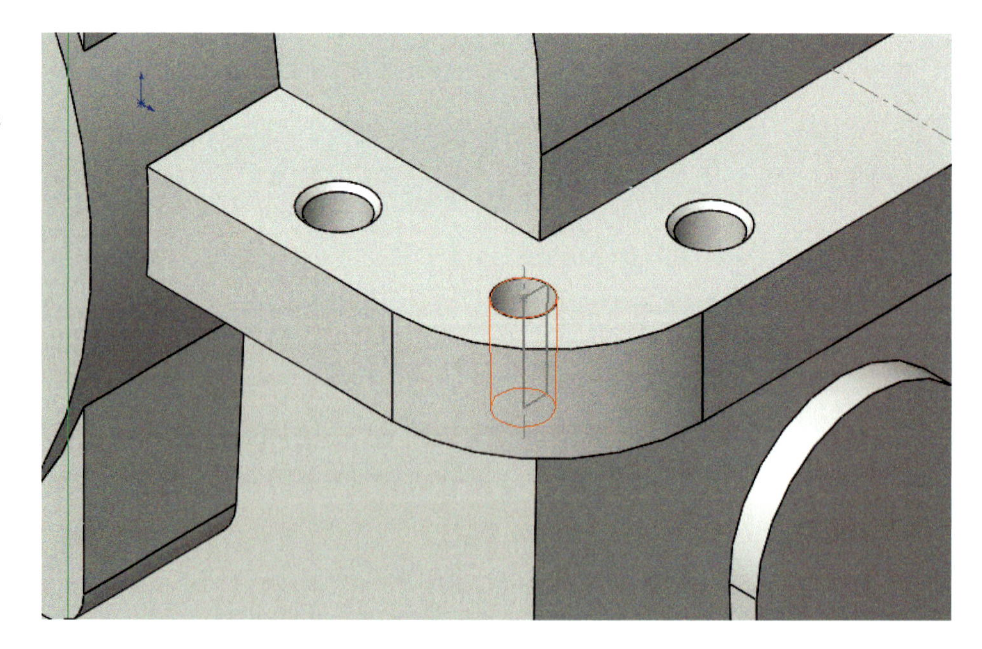

Bild 7.19:
Sauberer Schnitt: Die Kegelbohrung ist fertig. Nach dem Muster des rotierten Schnittes entstehen auch die Features des Bohrungsassistenten.

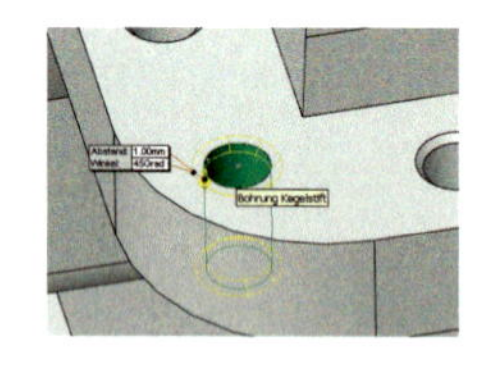

- Fügen Sie nun noch beidseitig eine *Fase* **1x45°** an.

Wenn Sie statt der Lochkante das Innere der Bohrung anklicken, wird das gesamte Feature angefast, Sie brauchen die Unterseite also nicht eigens zu markieren.

- Nennen Sie dieses Feature **Fase Kegelstift**.

7.4.3 Skizzengesteuerte Muster

Eine Kegelbohrung haben wir, aber wir benötigen insgesamt vier. Hierzu verwenden wir ein Feature namens *Skizzengesteuertes Muster*. Dabei wird das Feature vervielfacht, indem man es mit einer Punktskizze verknüpft – in diesem Fall mit unserer *Bohrskizze Kegelstift:*

- Rufen Sie *Einfügen, Muster/Spiegeln, Skizzengesteuertes Muster* auf.
- Wählen Sie als *Referenzskizze* die *Bohrskizze Kegelstift*. Alle auf dieser Skizze befindlichen Punkte erzeugen jeweils eine Kopie des Features, aus diesem Grunde mussten wir auch die Bohrskizzen für die Durchgangslöcher separat erstellen.
- Unter der Rubrik *Features und Flächen* wählen Sie die *Bohrung Kegelstift* aus dem aufschwingenden FeatureManager in die Liste *Features*. Leider können Sie die Fase nicht zu dieser Auswahl hinzufügen, dies führt zu mehrfachen Fehlermeldungen. Nach Bestätigung werden die vier Bohrungen angezeigt (Abb. 7.20).

Bild 7.20:
Skizzengesteuerte Features erlauben im Gegensatz zu den linearen und rotierten Mustern jede beliebige Anordnung.

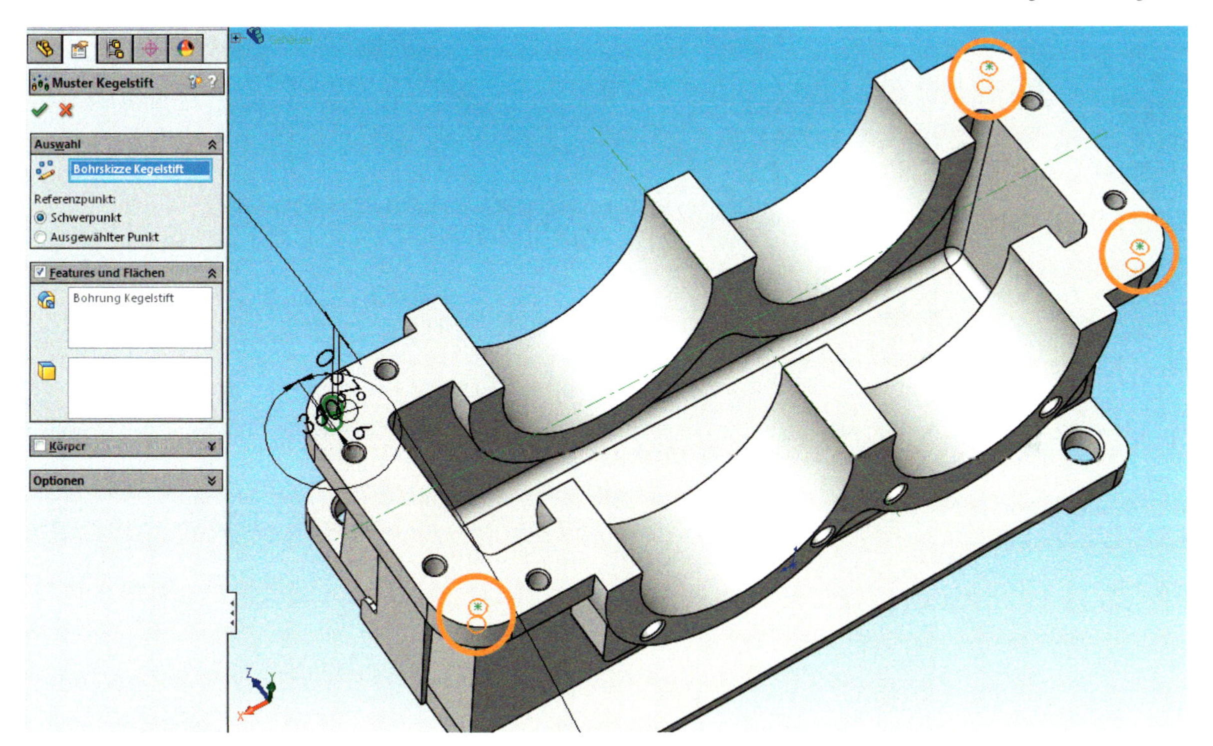

- Um die Fasendefinition auf **alle** Bohrungen des Musters erweitern zu können, muss sie dem Muster hierarchisch untergeordnet sein. Ziehen Sie den Eintrag im FeatureManager unter *Muster Kegelstift*. In der nebenstehenden Abbildung ist nebenbei die komplette Anordnung zum Thema Kegelstift zu erkennen.

- Öffnen Sie *Fase Kegelstift* zur Bearbeitung und fügen Sie die restlichen drei Kegelbohrungen hinzu.

Damit ist auch die Dichtfläche fertig (Abb. 7.21).

Bild 7.21:
Endlich:
Die Dichtfläche ist fertig gebohrt.

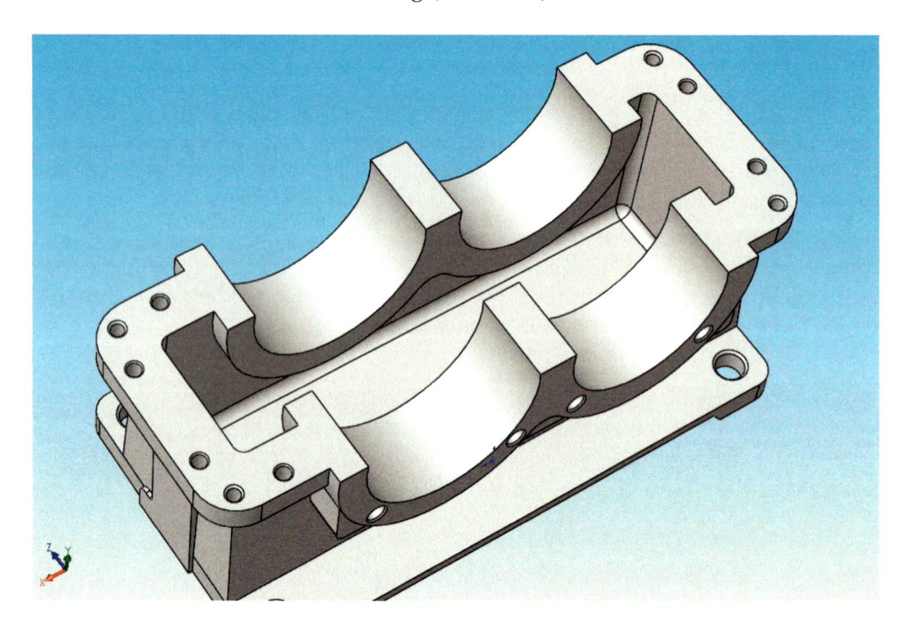

7.5 Die Bohrung für den Ölablass

Nun fehlt nur noch das Gewinde für die Verschlussschraube:

- Blenden Sie die *Skizze Ölablass* ein. Fügen Sie dann auf der Endfläche des Features – also auf der anderen Seite des Getriebes – eine neue Skizze ein.
- Markieren Sie den 5mm-Bogen der Skizze und *übernehmen* Sie das *Element*. Platzieren Sie *deckungsgleich* einen Punkt im Zentrum des Bogens (Kreis, Abb. 7.22).

Bild 7.22:
Ein Bogenstück genügt, um die Gewindebohrung zu zentrieren.

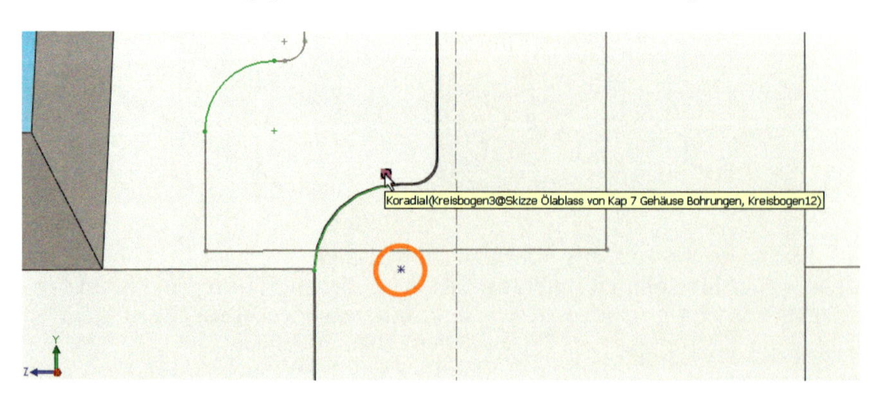

- Schließen Sie die Skizze und nennen Sie sie **Bohrskizze Ölablass**. Blenden Sie sie ein.
- Rufen Sie den Bohrungsassistenten auf und definieren Sie eine *Gewindebohrung* nach *DIN*, Größe *M10*, Gewindetiefe **10 mm**, Senkdurchmesser **11 mm**. Platzieren Sie sie auf dem neuen Punkt der Bohrskizze und nennen Sie das Feature **Gewindebohrung Ölablass**.

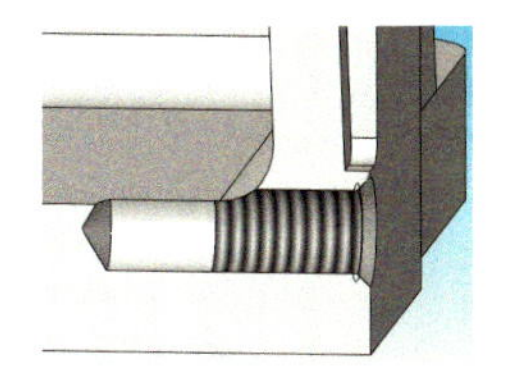

Wenn Sie das Feature fertig stellen und eine Schnittansicht erzeugen, so zeigt sich, dass die Bohrung nicht optimal liegt. Ihre Mittelachse sollte den Boden schneiden, in Wirklichkeit jedoch liegt sie **darunter**. Hierdurch wird der Schlitzquerschnitt kleiner, und das Öl wird schlechter abfließen. Koppeln wir also das Gewinde an den Gehäuseboden:

- Blenden Sie die *Skizze Grundkörper* ein.
- Öffnen Sie die *Skizze Ölablass*. Löschen Sie das Höhenmaß *15mm* und verknüpfen Sie stattdessen den Mittelpunkt des 5mm-Bogens *horizontal* mit dem Nullpunkt (Abb. 7.23).

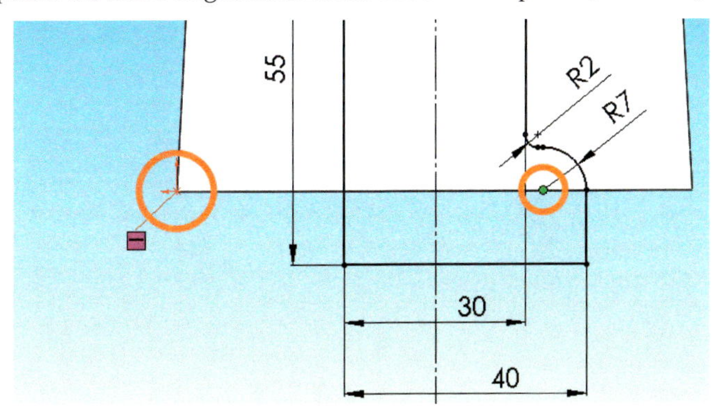

Bild 7.23:
Die Ablassschraube wird sich nun immer auf dem Niveau des Gehäusebodens befinden.

- Schließen Sie die Skizze, lassen Sie das Modell neu aufbauen und betrachten Sie dann noch einmal die Schnittansicht. Die Bohrung liegt nun exakt auf dem Gehäuseboden (Abb. 7.24).

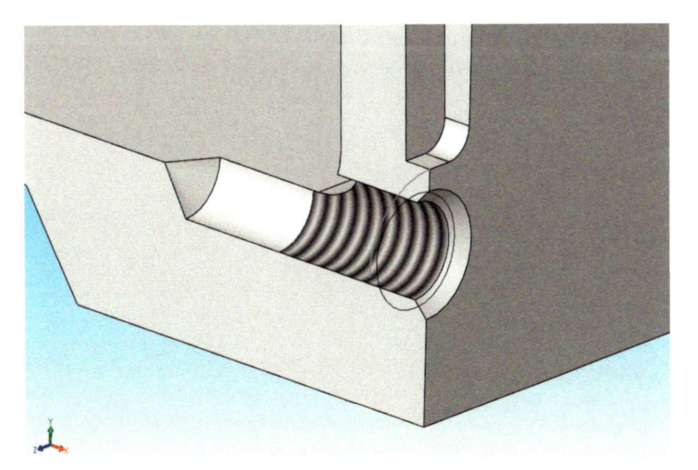

Bild 7.24:
Ende gut:
Die letzte Bohrung ist fertig gestellt.

7.6 Ausblick auf kommende Ereignisse

Unser Gehäuse ist beinahe fertig gestellt. Was noch fehlt, sind die Versteifungsrippen und die Verrundungen. Grund genug, uns mit den *Oberflächen* vertraut zu machen, dem **alter ego** von SolidWorks.

7.7 Dateien auf der DVD

Das Gehäuse im Endzustand dieses Kapitels finden Sie auf der DVD unter KAP 7 GEHÄUSE BOHRUNGEN im Verzeichnis \GETRIEBE.

8 Arbeiten mit Oberflächen

Verstärkungsrippen Marke Eigenbau

Das Rippenfeature in SolidWorks ist dermaßen unflexibel, dass es nicht einmal in den Beispieldateien verwendet wird. Rippen sind allerdings auch so vielgestaltig, dass sie dem beherzten Modellierer ein interessantes Feld bieten. Doch zunächst räumen wir den FeatureManager auf.

Kühl- und Verstärkungsrippen sind ein wichtiger Bestandteil des Gehäusebaus. Auch bei unserem Getriebe sind Aussteifungen wünschenswert: Besonders an den Lagerstellen und den schroffen Übergängen ins dünnwandige Gehäuse können sich Spannungsspitzen ausbilden und zu Dauerbruch führen.

8.1 Ordnung im Bauteil, Ordnung im Kopf

Bevor Sie zu weiteren Taten schreiten, werfen Sie einmal einen Blick in den FeatureManager: Inzwischen ist er zu einem eher gestressten Manager geworden, vom Infarkt nicht mehr weit entfernt. Durch die zahlreichen Bohrungsfeatures ist die Liste derart

lang geworden, dass Sie auf der Suche nach Einträgen auf und ab scrollen müssen. Das ist nicht nur umständlich und auf die Dauer enervierend: Hier den Überblick zu behalten, wird zunehmend schwierig – und Fehler zu vermeiden, auch.

8.1.1 Ordner im FeatureManager

Aus diesem Grund bietet SolidWorks die Möglichkeit, Features in Ordnern abzulegen. Es ist eigentlich wie im Büro: Wenn alles schön ordentlich ist, „kennt man sich gleich", wie die Aachener sagen. Räumen wir also den FeatureManager auf:

- Öffnen Sie das GEHÄUSE BOHRUNGEN und speichern Sie es unter GEHÄUSE ORDNER. Speichern Sie nicht *als Kopie*.
- Markieren Sie das Feature *Montageplatte*. Über dessen Kontextmenü wählen Sie *Neuen Ordner erstellen*. Der Ordner erscheint über dem Feature, und Sie können ihn sofort mit **Ordner Montageplatte** benennen (Abb. 8.1 links).

Bild 8.1: Drei Stufen zur Ordnung: Alle Features der Montageplatte werden in einem Ordner gesammelt.

Ordner und Features sind gleichberechtigt, daher können Sie Ordner und Features nicht identisch benennen. Solange ein Ordner nichts enthält, können Sie ihn beliebig verschieben und an den richtigen Platz befördern.

- Danach ziehen Sie das erste Feature in der Hierarchiekette, hier also *Montageplatte*, auf den Ordner. Hierbei zeigt der Winkelcursor wieder an, ob dies zulässig ist – auch in den Ordnern müssen die Eltern-Kind-Beziehungen gewahrt bleiben (Abb. 8.1 Mitte).
- Öffnen Sie den Ordner, um dessen Inhalt sehen zu können. Ziehen Sie dann das nächste Feature unter dem Ordner dort hinein, hier also *Durchgangsloch Montageplatte* (Abb. 8.1 rechts).

Wenn Sie einmal ein falsches Feature in den Ordner befördert haben, ziehen Sie es nach oben links über den Ordner hinaus. Der Cursor verwandelt sich in einen Wendepfeil. Trotzdem landet das Feature wieder **unter** dem Ordner.

- Ziehen Sie dann die beiden restlichen Features in den Ordner. Schließlich sind dort die *Montageplatte*, das *Durchgangsloch Montageplatte*, der *Schnitt Montageplatte* und die *Rippen Montageplatte* vereinigt.

- Die *Durchgangslöcher* sollten sich ganz am Schluss der Kette befinden, damit auch wirklich alles durchbohrt wird. Ziehen Sie sie einfach ans untere Ende des Ordners.

Wenn Sie nun den Ordner markieren, so werden alle enthaltenen Features im Editor hervorgehoben. Sie können jetzt also elementweise arbeiten: Unterdrücken Sie den Ordner, so verschwinden alle darin enthaltenen Features (Abb. 8.2).

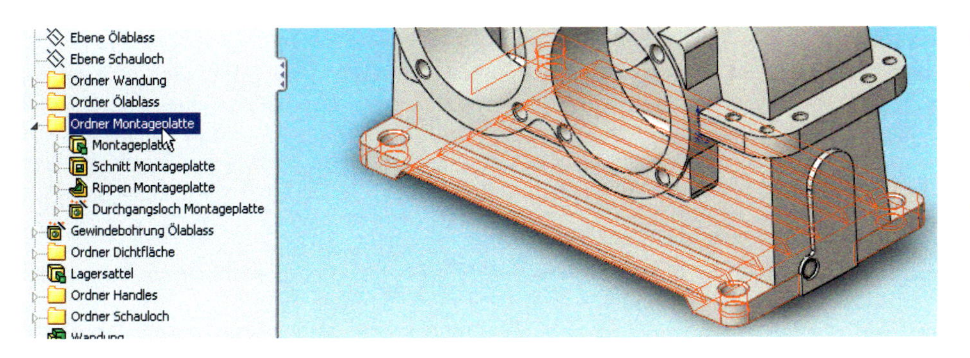

Bild 8.2: Sammelauftrag: Ordner ermöglichen nicht nur eine feature-, sondern auch eine objektorientierte Verwaltung. Hier ist bereits die endgültige Anordnung zu sehen.

8.1.2 Kärrner-Arbeit

Verfahren Sie so auch mit den restlichen Feature-Gruppen. Die beiden obersten Features *Grundkörper* und *Schnitt rechts* sowie die fünf Referenzebenen sollten Sie nicht einordnen, da Sie immer wieder darauf zugreifen müssen.

Ansonsten platzieren Sie die Ordner so, dass **Hauptfeatures** wie die *Dichtfläche* ihren Rang im Hierarchiebaum beibehalten, **untergeordnete Features** wie die Bohrungen jedoch zu ihnen in den Ordner gelangen:

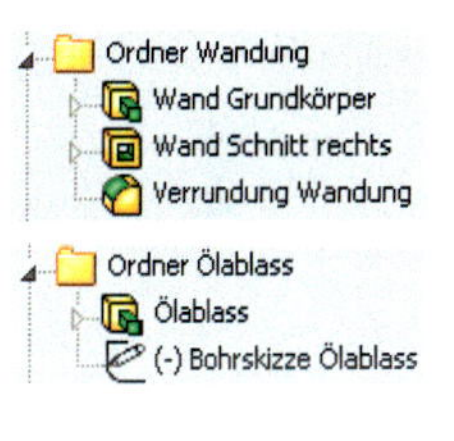

- Der **Ordner Wandung** wird oberhalb des Features *Wand Grundkörper* platziert. Er enthält den kompletten Innenkörper, also die Features *Wand Grundkörper, Wand Schnitt rechts* sowie *Verrundung Wandung.*
- Der **Ordner Ölablass** enthält die Features *Ölablass,* die *Bohrskizze Ölablass* und – **leider nicht** die *Gewindebohrung Ölablass.* Denn hierdurch rutscht sie in der Hierarchie über die *Montageplatte,* welche dann das frisch gebohrte Gewinde teilweise wieder auffüllt. Andererseits darf der Ölablass auch nicht unter der Montageplatte stehen, da er sonst wiederum deren *Schnitt* auffüllt. Ziehen Sie die Gewindebohrung also unter den *Ordner Montageplatte.*

Bei jeder dieser Operationen berechnet SolidWorks das Modell neu. Sie bemerken bei dieser Arbeit, wie es sich auszahlen kann, die einzelnen Features systematisch zu benennen.

Als elegante Alternative können Sie auf auch den Trick mit den *Lagerschalen* zurückgreifen: Verlegen Sie die *Skizze Ölablass* auf die *Ebene rechts,* tragen Sie sie in der *2. Richtung* ebenfalls *bis Eckpunkt* aus und nutzen Sie sie dann ein zweites Mal, um einen Schnitt von der linken **Innenwand** bis zur rechten zu legen. So kann dann der gesamte *Ordner Ölablass* unter den der Montageplatte verschoben werden.

8.1.3 Abhängigkeit im Verborgenen

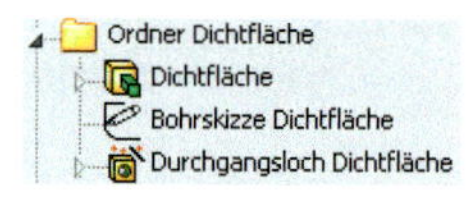

- In den **Ordner Dichtfläche** verschieben Sie die Features *Dichtfläche, Bohrskizze Dichtfläche* und *Durchgangsloch Dichtfläche*.
- Ziehen Sie dann auch die Features der Kegelbohrung in diesen Ordner, also die *Bohrskizze Kegelstift,* die *Ebene Kegelstift*. . .

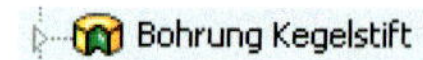

Da verlässt uns das Glück: Die ja ebenfalls zur Dichtfläche gehörende *Bohrung Kegelstift* lässt sich nicht über das Feature *Wandung* hinauf in den Ordner ziehen. Eine rasche Prüfung der *Skizze Bohrung Kegelstift* ergibt zwar, dass sie von einer Körperkante abhängt, doch die gehört ebenfalls zum Feature *Dichtfläche* – und das liegt ja noch weit **über** der Wandung. Daran kann es also nicht liegen, und es lassen sich auch keinerlei Abhängigkeiten von der *Wandung* feststellen, die diese Sperre rechtfertigen würden.

Wir müssen also wieder experimentieren.

Ein probeweises Löschen des Features *Bohrung Kegelstift* bewirkt leider, dass auch das darunter liegende Skizzenmuster samt Fase verschwindet. Doch die Skizze lässt sich nun problemlos in den *Ordner Dichtfläche* bugsieren. Es bleibt nichts anderes übrig, als Bohrung und Skizzenmuster rasch neu zu definieren:

- Löschen Sie das Feature *Bohrung Kegelstift* und ziehen Sie die *Skizze QS Kegelstift* an die unterste Stelle im *Ordner Dichtfläche*. Blenden Sie sie ein, ebenso wie die *Bohrskizze Kegelstift*.

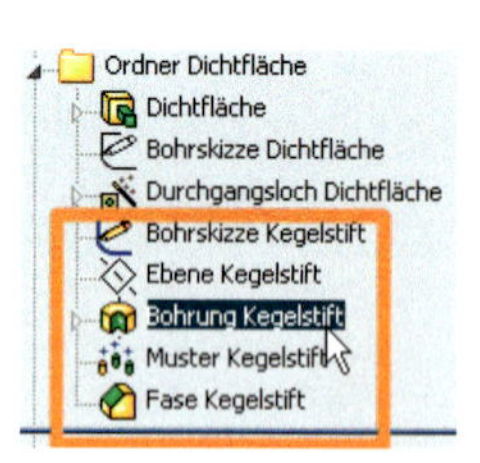

- Ziehen Sie den Einfügebalken bis unter den *Ordner Dichtfläche*. Falls die *Dichtfläche* nun verschwinden sollte, blenden Sie sie über das Kontextmenü des Features wieder ein.
- Definieren Sie den *Rotierten Schnitt,* das *Skizzengesteuerte Muster* und die *Fase* **0.5 mm** für alle vier Bohrungen neu. Benennen Sie sie, wie gehabt, nach der nebenstehenden Abbildung. Ziehen Sie diese neuen Features dann in den *Ordner Dichtfläche,* so dass sich die abgebildete Reihenfolge ergibt. Ziehen Sie schließlich den Einfügebalken wieder nach unten.

8.1.4 Ein kleiner Nachtrag

Die plötzliche Nähe des Features *Dichtfläche* und der Skizze des Kegelstiftes bringt uns auf eine Idee: Wir können die unselige Beziehung der Skizze mit der Körperkante eliminieren, indem wir die Feature-Bemaßung und die Trennfläche zu Hilfe nehmen:

- Blenden Sie den Volumenkörper aus und die *Trennebene* ein. Öffnen Sie die *Skizze QS Kegelstift* zur Bearbeitung und zoomen Sie formatfüllend.
- Löschen Sie die Beziehungen der beiden waagerechten Seiten mit den Körperkanten der Dichtfläche. Zeichnen Sie eine waagerechte Mittellinie auf die Trennebene und verknüpfen Sie die beiden *kollinear*. Verknüpfen Sie dann die beiden Waagerechten und die horizontale Mittellinie *symmetrisch*.

Nun brauchen wir nur noch ein einziges Maß, das der Dicke der *Dichtfläche* allerdings automatisch folgen soll. Doch dieses Maß haben wir bereits – es ist die Dicke des **Features** *Dichtfläche:*

- Bemaßen Sie die Höhe der gesamten Kontur, was die Skizze voll definiert. Markieren Sie das Maß und fügen Sie eine neue *Gleichung* ein (Abb. 8.3, linker Kreis).

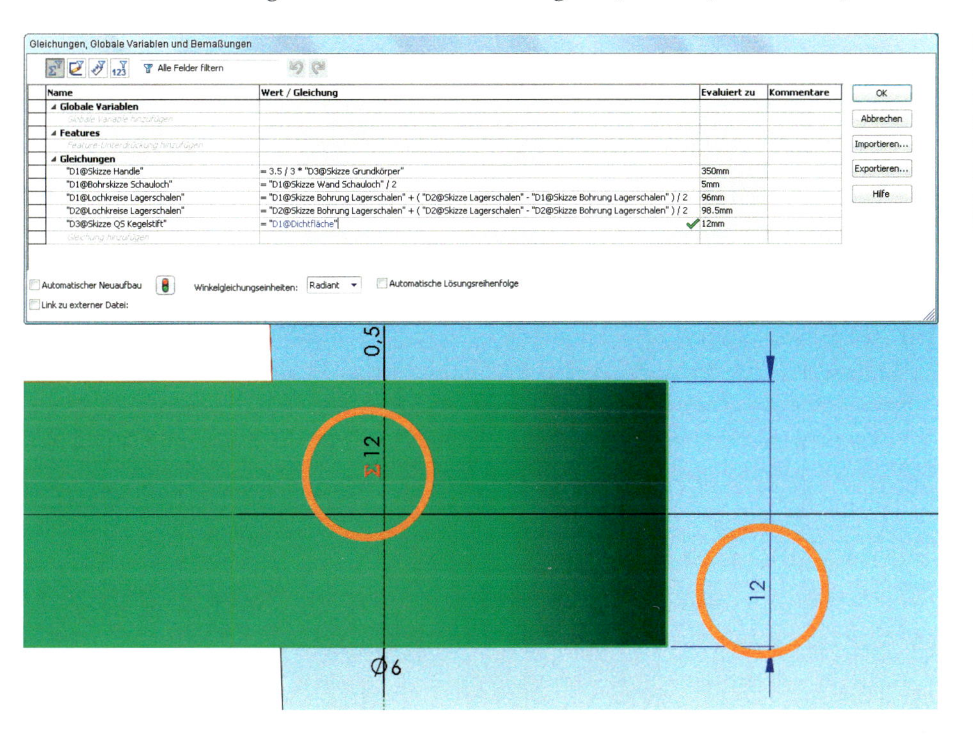

Bild 8.3: Fingerübung: Die Skizze der Kegelbohrung wird durch eine Gleichung vom Volumenkörper abhängig. Blaue Maßzahlen stehen für Feature-Bemaßungen.

- SolidWorks fügt ein Gleichheitszeichen ein. Doppelklicken Sie im aufschwingenden FeatureManager auf den Eintrag des Features *Dichtfläche*, um dessen Höhenmaß anzuzeigen.

Dadurch verschwindet der PropertyManager, so dass Sie den Doppelklick im „richtigen" FeatureManager wiederholen müssen. Klicken Sie dann auf die blaue Maßzahl. Am Ende soll im Gleichungseditor die folgende Beziehung stehen:

```
"D3@Skizze QS Kegelstift" = "D1@Dichtfläche"
```

- Bestätigen Sie die Gleichung und schließen Sie die Skizze.

Damit haben Sie – mit Ausnahme der *Ebene Handles* – die letzte Abhängigkeit einer Skizze vom Volumenkörper ausgemerzt. Weiter geht's:

- Der *Lagersattel* besteht aus einem Stück und benötigt keinen Ordner.
- Im **Ordner Handles** fassen Sie das Feature *Handles*, die *Ebene Schnitt Handle* sowie den *Schnitt Handle* zusammen.
- Der **Ordner Schauloch** enthält das Feature *Schauloch*, die *Wand Schauloch* nebst ihrer *Verrundung Wand Schauloch*, ferner die *Bohrskizze Schauloch* und schließlich die *Gewindebohrungen Schauloch*.

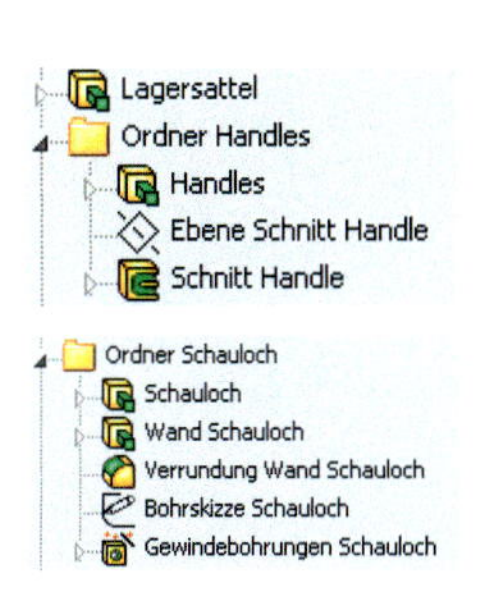

Die *Wandung* erhält wiederum keinen Ordner, da sie alleine steht. Außerdem ist es bei einem Feature von solch zentraler Stellung besser, dass es frei zugänglich und vor allem auf den ersten Blick zu sehen ist.

- Das Schlusslicht bildet der **Ordner Lagerschalen**, der die restlichen Features aufnimmt: *Lagerschalen, Bohrung Lagerschalen, Schnitt Lagerschalen,* ferner die *Lochkreise,* die *Gewindebohrungen* und deren *Spiegelung.*
- Speichern Sie nun das Bauteil GEHÄUSE ORDNER.

Damit ist der FeatureManager ein gewaltiges Stück kürzer und übersichtlicher geworden: Die Struktur des Gehäuses tritt nun viel deutlicher zutage, als der Wust an Features zuvor vermuten ließ: Ausgehend vom *Grundkörper* und dem *Schnitt Rechts* werden sieben Baueinheiten angebracht, bevor das Konglomerat mit dem Innenkörper geschnitten wird. Keines der Features kann aus diesem Grund die Innenform stören, mit Ausnahme der Bohrungen natürlich. Die Lagerschalen ragen ins Gehäuse hinein, deshalb müssen sie hierarchisch unter der Wandung stehen.

Äußerlich hat sich das Modell nicht verändert – trotzdem: Eine Nachprüfung mit der *Schnittansicht* **in allen drei Ebenen** ist nach solch schwerwiegenden Arbeiten an der Bauteilhierarchie unerlässlich (Abb. 8.4)!

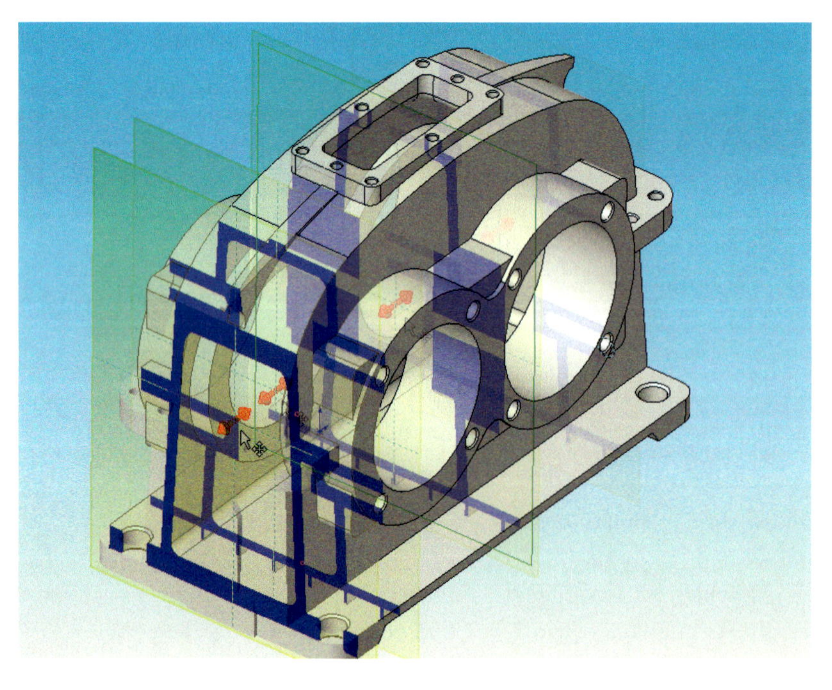

Bild 8.4: Dreimal durchgezogen: Nach der Arbeit am FeatureManager muss die Geometrie in jeder Raumebene überprüft werden. Die interaktive Schnittansicht ist hierzu bestens geeignet.

Wenn Sie nun den Einfügebalken Ordner für Ordner nach oben ziehen, so erkennen Sie einen weiteren Vorteil der Ordner: Nun lassen sich ganze Bauabschnitte auf einmal ausblenden. Trotzdem können Sie wie bisher die Sichtbarkeit **einzelner** Features sowie deren Unterdrückung steuern. Dazu öffnen Sie einfach den Ordner.

8.1.5 Mehr Leistung durch die Einfrieren-Leiste

Wenn Sie die Performance eines derart komplexen Modells steigern wollen, können Sie dies erreichen, indem Sie bereits fertige Features vor der Aktualisierung bewahren:

- Aktivieren Sie in den *System-Optionen, Allgemein* die Option *Einfrieren-Leiste aktivieren.*

Dadurch erscheint am Kopfende des FeatureManagers ein zweiter, gelber Balken. Ziehen Sie diesen nach unten, so werden die darüberliegenden Features vom Neuaufbau ausgeschlossen – das Modell wird rascher aktualisiert, und auch versehentliche Änderungen sind ausgeschlossen. Zusammen mit dem Einfügebalken können Sie somit gleichsam chirurgische Eingriffe an einzelnen Features vornehmen. Durch Einfrieren gesperrte Features sind mit einem Vorhängeschloss versehen.

Wenn dabei irgendwann das gesamte Modell verschwinden sollte, so ist das letzte **aktive** Feature ausgeblendet. Über dessen Kontextmenü – in der Rubrik *Körper* – blenden Sie den Volumenkörper wieder ein.

8.2 Verstärkungsrippen: ein Experiment

Bevor wir zur freien Definition von Kühlrippen kommen, möchte ich Sie bitten, folgendes Problem mit dem Feature *Verstärkungsrippe* anzugehen. Danach werden Sie verstehen, weshalb ich mir – und Ihnen – mehr Arbeit mache, als angesichts eines derart einfachen Features nötig zu sein scheint:

- Speichern Sie GEHÄUSE ORDNER. Speichern Sie die Datei dann noch unter dem Namen GEHÄUSE RIPPEN.
- Ziehen Sie den Einfügebalken unter den *Ordner Montageplatten.*
- Fügen Sie auf der *Ebene rechts* eine neue Skizze ein. Blenden Sie den Volumenkörper aus und die *Skizze Schnitt Rechts* sowie die *Skizze Montageplatte* ein. Gehen Sie zur Normalansicht über.
- Zeichnen Sie dann die Kontur aus einer Linie und einem tangentialen Bogen nach (Abb. 8.5).
- Verknüpfen Sie den Bogen *tangential* mit der Waagerechten aus der *Skizze Schnitt rechts.* Die Längsseite ist *parallel* mit ihrem Pendant verbunden. Das untere Ende liegt *deckungsgleich* auf der *Skizze Montageplatte.* Bemaßen Sie den Abstand mit **7 mm**.
- Damit ist die Skizze voll definiert. Sie können sie schließen und den Volumenkörper wieder einblenden.

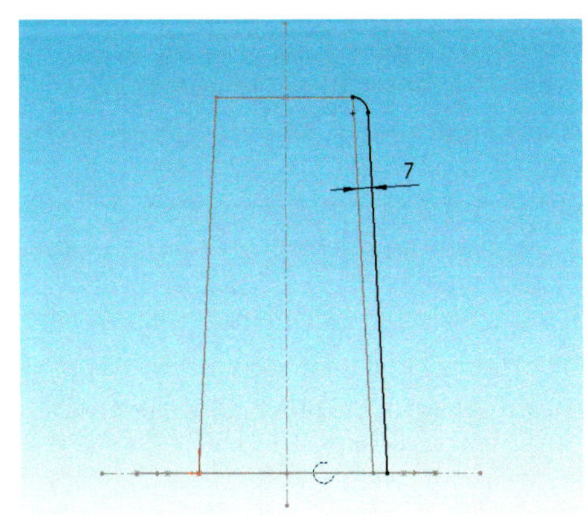

Bild 8.5:
Futter für das Rippen-Feature: Die Kontur muss nicht geschlossen sein, wenn sie wie hier vom Körper begrenzt wird.

- Markieren Sie die Skizze und rufen Sie das Feature *Verstärkungsrippe* auf. Stellen Sie die Dicke auf **30 mm** und wählen Sie die Option *Parallel zu Skizze*. Wählen Sie als *Volumenkörper* den *Hauptkörper*. . .

Um es kurz zu machen: Es ist gleichgültig, was Sie hier einstellen, die Rippe wird nicht gebaut. Entweder kommt die Meldung, die resultierende Rippe schneide das Modell nicht, oder SolidWorks beschwert sich über eine nicht korrekte Begrenzung (Abb. 8.6).

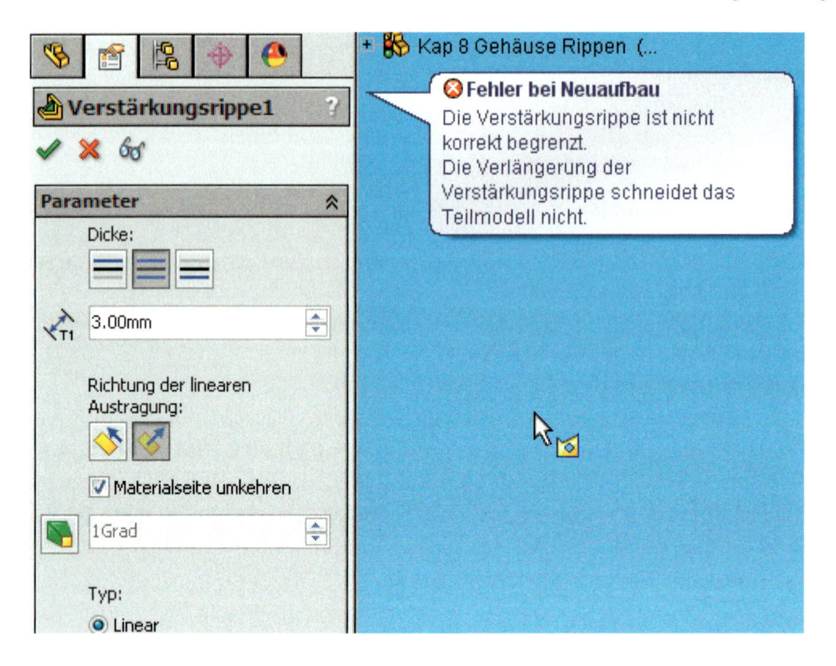

Bild 8.6:
Fehler, so weit das Auge reicht: Die Rippenfunktion erwartet überall Materialberührung.

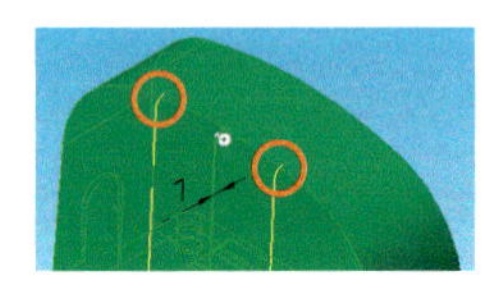

- Um dies zu verstehen, stellen Sie die Dicke der Rippe auf einen hohen Wert ein, **100 mm** oder mehr.

Die Vorschau zeigt mit gelben Linien die avisierte Breite der Rippe an. So zeigt sich, was die Fehlermeldungen bedeuten: Die Konturen der Rippe würden die beidseitig abfallende Körperkante überragen.

Nun können Sie die Skizze natürlich ein wenig nach rechts versetzen und es mit der Option *Links von der Skizze* versuchen. Dazu jedoch müssen Sie eine neue Skizzierebene erstellen und die Skizze angleichen. Und am Ende wird die Rippe nicht tangential aus dem Hauptkörper „wachsen“, sondern einen kleinen Absatz aufweisen, mal ganz abgesehen davon, dass Sie, um die Rippenstärke ändern zu können, auch jedes Mal die Skizzierebene verschieben müssten.

Mit Not und Mühen hätten Sie dann eine Verstärkungsrippe geschaffen. Doch wir brauchen ja noch fünf weitere. Sie müssten dann für jede Rippe eine Ebene schaffen, die Skizze anpassen und die Prozedur wiederholen, denn wegen der Biegung der Oberseite sind die Skizzen alle verschieden voneinander. Rippenfeatures können Sie außerdem nicht spiegeln: **Jede einzelne** wäre damit ein Unikat.

Wir lernen daraus: Das Feature *Verstärkungsrippe* ist für Innenformen gedacht, von denen es bis auf eine Seite vollständig eingegrenzt wird, z. B. für Spritzgussteile. Dies können Sie am Beispiel der Montageplatte sehen. Außenformen wie unsere dagegen sind für diese Funktion nur in Ausnahmen zu bewältigen.

Sicher können Sie ein lineares Muster definieren, und sicher gibt es irgendeinen obskuren Trick, um die Kopien des Musters der Kurvatur des Gehäuses anzupassen.

Ich an Ihrer Stelle hätte dazu keine Lust. *Es muss doch eleganter gehen ... ?*

Geht es auch!

8.3 Oberflächen: Rippchen à la carte

Verstärkungsrippen können wir natürlich durch eine lineare Austragung erzeugen. Das Problem besteht nur darin, die Endbedingung in Extrusionsrichtung so zu definieren, dass die Rippen tangential und mit einer schönen großen Rundung aus dem Gehäuse hervortreten. Dazu führen wir den folgenden Trick ein: Wir erstellen eine Oberfläche, mit der wir die Rippen begrenzen.

- Löschen Sie die Skizze aus unserem Verstärkungsrippen-Experiment. Blenden Sie den Volumenkörper aus und die *Skizze Grundkörper* sowie die *Skizze Lagersattel* ein. Ziehen Sie den Einfügebalken dann bis unter das Feature *Lagersattel*.
- Erstellen Sie auf der *Mittelebene* eine neue Skizze. Markieren Sie die Kontur der *Skizze Grundkörper* mit einer Kettenauswahl und *übernehmen* Sie die *Elemente*.
- Zeichnen Sie zwei parallele Vertikale nach Bild 8.7 ein. Verknüpfen Sie deren untere Enden *deckungsgleich* mit der Gehäusekontur. Bemaßen Sie sie mit einem Abstand von **3 mm** voneinander und mit einer lichten Entfernung **20 mm** vom linken Ende der Kontur des Lagersattels.

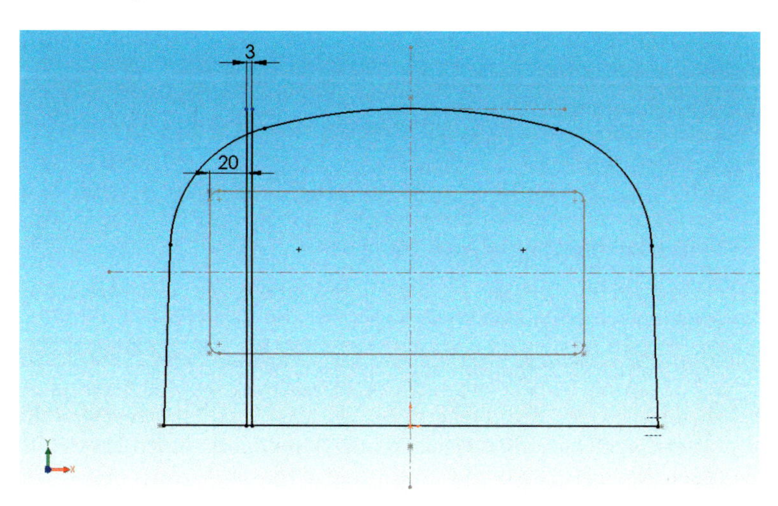

Bild 8.7:
Anprobe:
Die Verstärkungsrippen richten sich sowohl nach der Form der Grundskizze als auch nach der Dimensionierung des Lagersattels.

- Rufen Sie das *Lineare Skizzenmuster* auf. Klicken Sie in die Auswahlliste *Elemente für Wiederholung* und wählen Sie die beiden Linien.
- Stellen Sie für die *Anzahl* **6** und den *Abstand* **35 mm** ein. Alternativ dazu können Sie den Endpunkt der Anordnung mit der Maus in Position ziehen. Bestätigen Sie dann (Abb. 8.8).

Bild 8.8: Lineare Reihen werden mit Endpunkten dargestellt. Diese lassen sich interaktiv mit der Maus platzieren, auch unter Verwendung von Beziehungen.

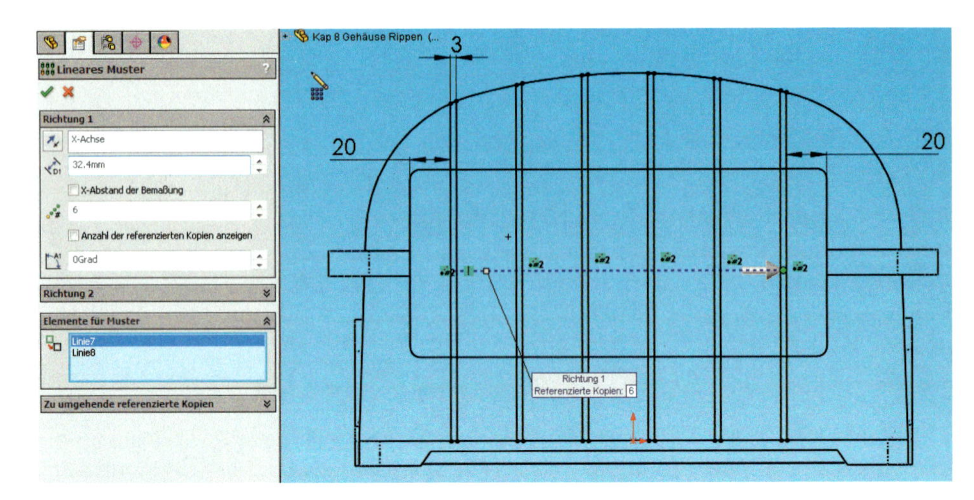

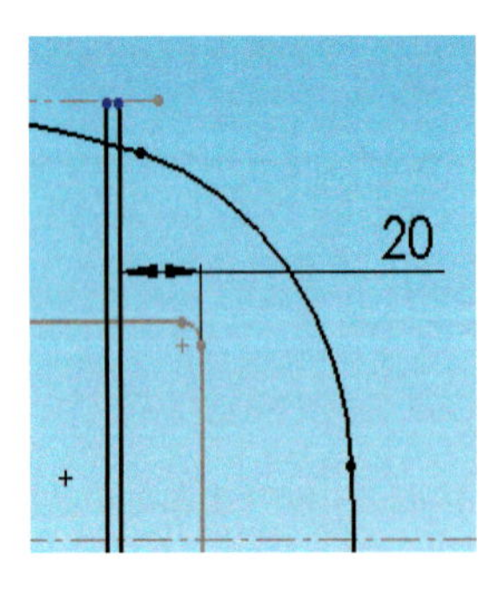

- Bemaßen Sie die Linie rechts außen mit einem Abstand von **20 mm** vom Rand des Lagersattels.

Damit sind die Linien definiert, nun bringen wir noch die Endpunkte in Form. Sie bemerken, dass auch die Punkte der Unterseite nicht definiert sind, obwohl sie die Kontur berühren. Ändern Sie daran nichts, dieses Problem wird sich gleich von selbst beheben:

- Trimmen Sie die überstehenden Linienenden gegen die Kontur. Dadurch werden sie auch *deckungsgleich* mit der Kante verknüpft und sind damit voll definiert.

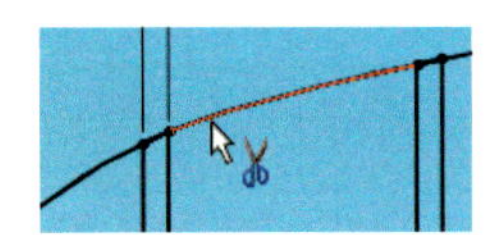

- Trimmen Sie nun alle Konturstücke, die **zwischen** den vertikalen Linienpaaren stehen. Vergessen Sie dabei nicht die kurzen Endstücke des großen Bogens. Es dürfen sich keine offenen Konturen mehr in der Skizze befinden. Benennen Sie diese mit **Skizze Verstärkungsrippen** (Abb. 8.9).

Die Skizze bleibt trotz der Brüche voll definiert. Die kurzen Bogenstücke, die die Linienpaare nach oben abschließen, bleiben durch die Verknüpfung *Auf Kante* mit der Skizze des Grundkörpers verbunden, ebenso wie die geraden Unterseiten. Sie folgen automatisch jeder Änderung der Grundskizze.

- Blenden Sie den Volumenkörper wieder ein. Erstellen Sie mit der Skizze eine *lineare Austragung* von **50 mm** Tiefe. Aktivieren Sie dabei die Option *Verschmelzen* (Abb. 8.10).

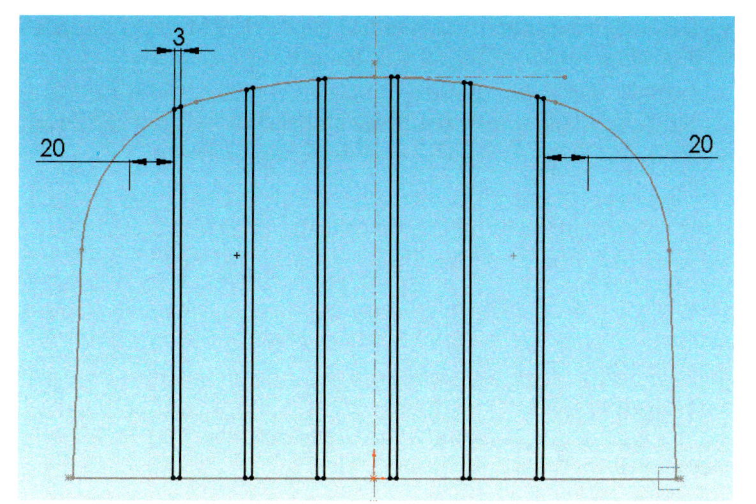

Bild 8.9:
Fertig: Die Skizze der Rippen. Die kurzen Endseiten liegen *auf Kante* mit der Grundskizze und folgen dieser bei jeder Änderung.

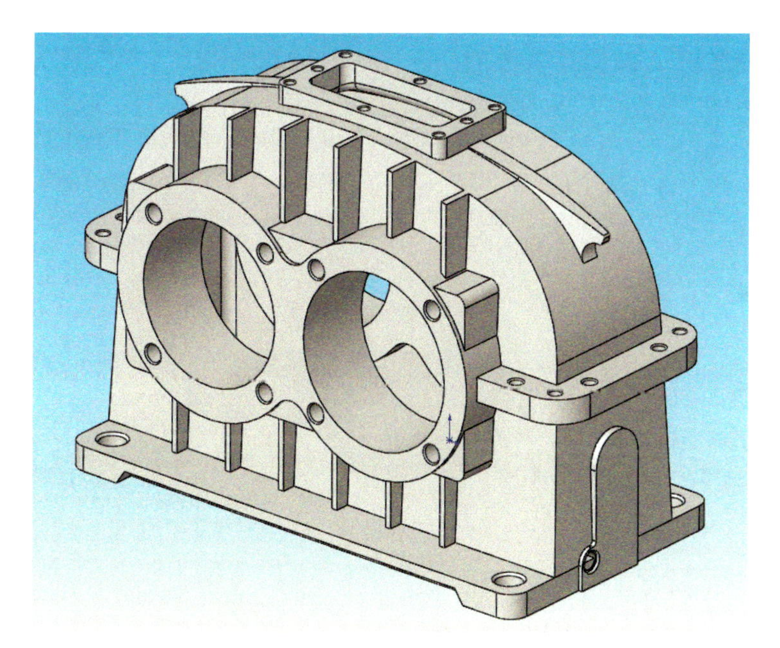

Bild 8.10:
Der Teufel steckt im Detail: Weil die Mittelebene und die Vorderwand gegeneinander geneigt sind, stehen die Rippen oben weiter vor als unten.

8.3.1 Feature-Bereich: Achtung bei Mehrkörper-Bauteilen!

Bei einem einzigen Volumenkörper im Bauteil gibt es keine Zweideutigkeit, und Sie können SolidWorks getrost die Wahl des Bezugskörpers überlassen. Wenn Sie das bei dieser Austragung tun, wird der *Innenkörper* über die aktuelle Extrusion mit dem *Hauptkörper* verschmolzen, so dass die Kombination *Wandung* nicht mehr greifen kann. Das muss verhindert werden:

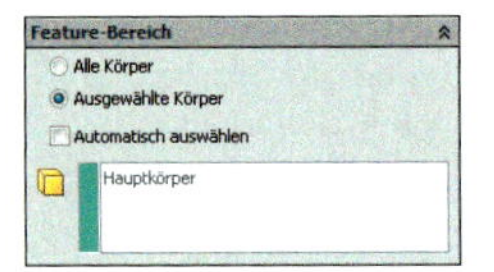

- Öffnen Sie das unterste Bedienfeld im PropertyManager, *Feature-Bereich*. Klicken Sie auf *Ausgewählte Körper* und deaktivieren Sie die Option *Automatisch auswählen*. Ein Auswahlfeld wird eingeblendet. Wählen Sie im Aufschwingenden FeatureManager unter *Volumenkörper* den *Hauptkörper*.
- Nennen Sie das Feature dann **Verstärkungsrippen**.

Erfreulich am Ergebnis ist, dass die Rippen perfekt tangential mit der Oberkante des Gehäuses abschließen. Von innen her sind sie sauber geschnitten, da sie in der Hierarchie oberhalb der *Wandung* liegen. Und die Bohrungen im Schauloch und in den Lagerschalen können sie nicht verstopfen, weil diese Features erst **hinterher** angebracht werden. Weniger erfreulich ist, dass die Rippen nach unten zu immer schmaler werden, da die Frontwand gegen die Mittelebene geneigt ist (vgl. Abb. 8.10).

Eine Idee wäre es, die Skizzierebene zu kopieren und die Kopie parallel zur Frontwand auszurichten. Doch das würde neue Probleme hervorbringen: Die Extrusion stünde dann rechtwinklig zur Frontwand, und man hätte alle Hände voll zu tun, die oberen Endflächen wieder tangential auszurichten und die unteren Enden sauber mit der Montageplatte zu verschmelzen.

8.3.2 Offset-Oberfläche: Flächen kopieren

Es bietet sich an, die Extrusion gegen eine Grenzfläche laufen zu lassen. Diese Grenze soll *parallel* zur Frontwand stehen. Eine Aufgabe für die Oberflächen:

- Öffnen Sie über *Ansicht, Symbolleisten* die Symbolleiste *Oberflächen*.

- Ziehen Sie den Einfügebalken bis unter die *Gewindebohrung Ölablass*, so dass nur der Grundkörper mit Seitenschnitt zu sehen ist. Wählen Sie dann *Einfügen, Oberfläche, Offset* und klicken Sie auf die Frontfläche des Grundkörpers. Eine zweite Fläche erscheint in transparentem Gelb – oder auch in Gelb-Grün (Abb. 8.11).

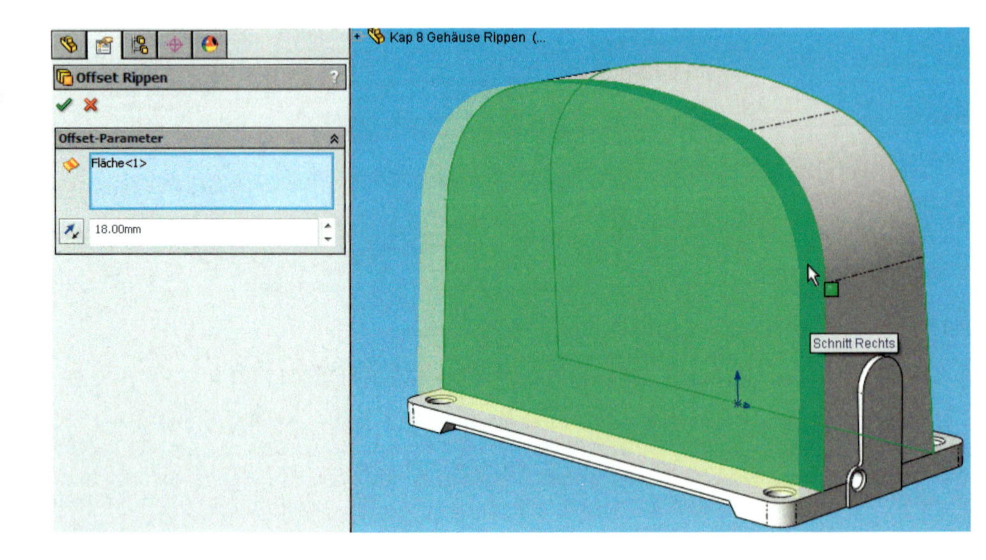

Bild 8.11: Die Offset-Oberfläche bleibt an die Erzeugende gebunden.

- Stellen Sie einen *Offset-Abstand* von **20 mm** ein und bestätigen Sie. Nennen Sie die Fläche **Offset Rippen**.

Dieses Feature ist im Folgenden zur Verdeutlichung rot gefärbt. Sie können die Farben für Kanten, Linien, Flächen, Körper, Features und ansonsten beliebige Auswahlgruppen definieren: Markieren Sie die Elemente und öffnen Sie über deren Kontextleiste die Erscheinungsbilder. Auch im Menü gibt es diese Optionen, Sie finden sie unter Bearbeiten, Erscheinungsbild als Erscheinungsbild, Material und Skizzen-/Kurvenfarbe.

Es wird eine **Oberfläche** gebildet, ein Objekt also, das eine Fläche, doch keine Dicke besitzt. Dies ist der Hauptunterschied zwischen Flächen und Volumenkörpern. Ansonsten lassen sich die Oberflächen genauso gut bearbeiten wie die Körper, in SolidWorks existiert sogar eine eigene Feature-Palette dafür. Die Werkzeuge zur Oberflächen-Bearbeitung sind noch reichhaltiger als die für Volumenkörper. Deshalb können Sie auf die Oberflächen umschwenken, wenn Sie die Körper-Features ausgereizt haben.

Probieren Sie nun, ob die Fläche ihren Zweck erfüllt:

- Ziehen Sie den Einfügebalken wieder unter das Feature *Verstärkungsrippen* und öffnen Sie dieses zur Bearbeitung. Ändern Sie die Endbedingung von *blind* in *Bis Oberfläche* und wählen Sie im nun erscheinenden Auswahlfeld die Fläche *Offset Rippen*.

Nachdem Sie bestätigt haben, sehen Sie zunächst nur die Fläche, die von den Endflächen der Rippen unterbrochen wird. Blenden Sie die Ebene aus, so erkennen Sie, dass die Rippen nunmehr parallel zur Frontwand verlaufen.

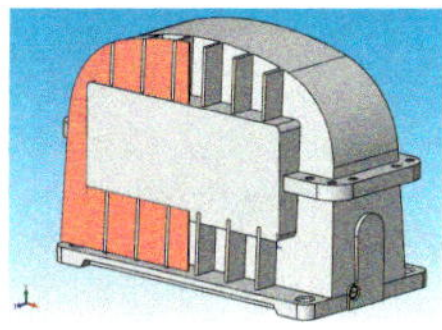

- Allerdings durchstoßen die Rippen auf der unteren Hälfte den Lagersattel. Ändern Sie dies, indem Sie *Offset Rippen* öffnen und den Offset auf **18 mm** korrigieren.
- Ziehen Sie den Einfügebalken dann wieder unter das Feature *Offset Rippen*.

8.3.3 Äquidistanz: Die Theorie der Offset-Fläche

Obwohl die Offsetfunktion im obigen Fall eine genaue Kopie des Originals erzeugte, ist dies nicht der eigentliche Charakter des Features. Das erweist sich, wenn Sie probehalber von einer gekrümmten Fläche – etwa der Umfangsfläche des Gehäuses – einen Offset erzeugen: Die Fläche wird **äquidistant** kopiert, das bedeutet, alle Punkte von Original und Kopie besitzen jeweils den gleichen Abstand voneinander. Äquidistanz ist indes nicht gleichbedeutend mit **Skalierung**:

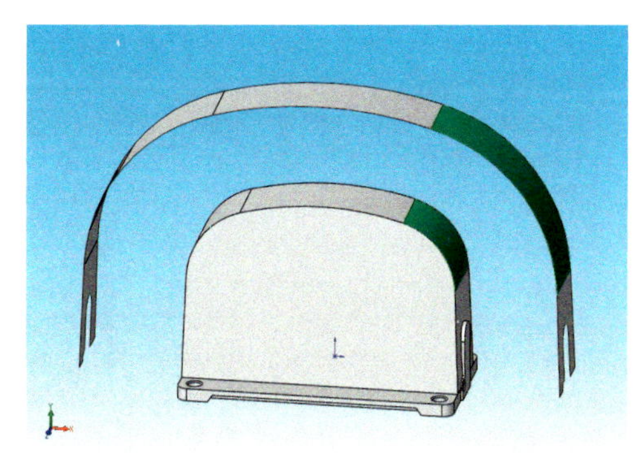

Bild 8.12:
Äquidistanz: Die Offset-Fläche stellt keineswegs nur eine skalierte Kopie dar. Die grünen Flächen besitzen einen gemeinsamen Krümmungsmittelpunkt, und während Höhe und Breite sich ändern, bleibt die Tiefe beider Flächen identisch. Ebene Flächen werden demnach ebenfalls verzerrt.

Jeder kopierte Punkt liegt mit seinem Original auf einer Geraden, die das Krümmungszentrum schneidet. Original und Kopie sind also unterschiedlich, wie Sie an den grün hervorgehobenen Flächen in Bild 8.12 deutlich erkennen.

8.3.4 Linear ausgetragene Oberfläche

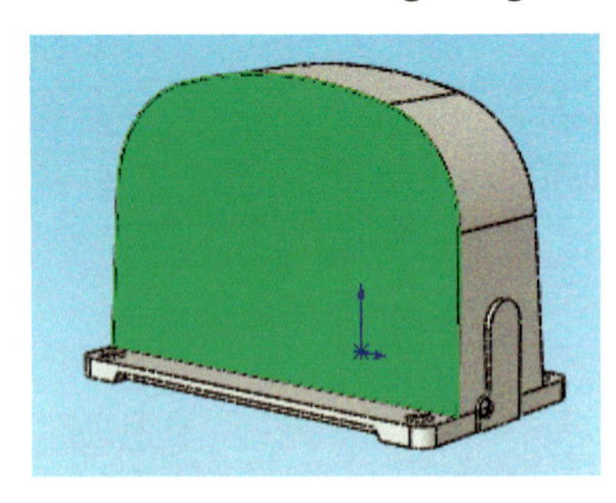

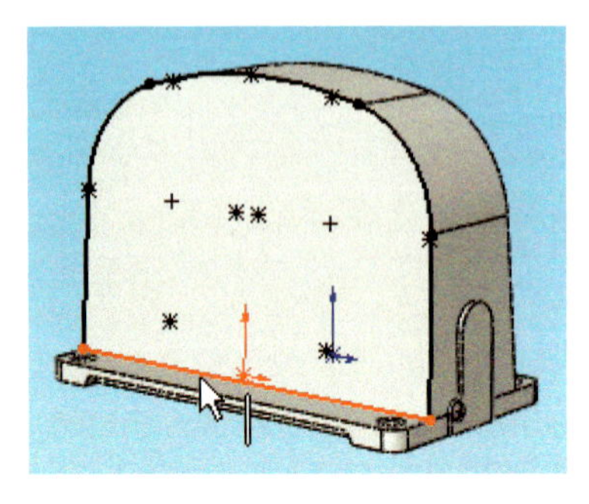

Wenn die Rippen oben mit einer tangentialen Rundung geschnitten werden sollen, so muss auch die Offsetfläche abgerundet sein. Um jedoch eine Verrundung definieren zu können, brauchen wir zumindest zwei Flächen, die in einem Winkel ungleich null aufeinander treffen, denn Oberflächen besitzen keine Dicke und also auch keine Volumenkanten, die sich verrunden ließen. Also müssen wir eine Kante bauen, indem wir das Gehäuse und die Offsetfläche miteinander verbinden:

- Klicken Sie auf die Frontfläche des Grundkörpers und fügen Sie – unterhalb des *Offset Rippen* – eine neue Skizze ein. Wechseln Sie in die Normalansicht. Sie erkennen, dass die Skizzierebene diesmal gegen die Hauptrichtungen des Koordinatensystems geneigt ist.
- Klicken Sie bei markierter Frontfläche auf *Elemente übernehmen*. Löschen Sie dann die Unterseite der erzeugten Kontur. Schließen Sie die Skizze und nennen Sie sie **Skizze Verbindung**.

Diese Kontur kann als Extrusionsskizze dienen, denn da Oberflächen kein Volumen besitzen, brauchen die zu extrudierenden Konturen auch keine Fläche einzuschließen – kurz: Bei Oberflächen sind **offene** wie **geschlossene** Konturen erlaubt.

- Blenden Sie den *Offset Rippen* ein.

- Markieren Sie die *Skizze Verbindung* und rufen Sie *Einfügen, Oberfläche, Linear austragen* auf. Stellen Sie als Endbedingung *Bis Oberfläche* ein und wählen Sie als Grenzfläche den *Offset Rippen*. Bestätigen Sie das Feature und benennen Sie es **Verbindung Rippen.** Färben Sie es dann blau ein (Abb. 8.13).

Wenn Sie sich die Verbindungsfläche nun genau ansehen, bemerken Sie, dass sie ebenso rechtwinklig von der schrägen Frontfläche absteht wie der *Offset Rippen*. Am besten erkennen Sie das am unteren Rand: Die Kante bildet einen Winkel mit der Montageplatte. Auch oben herum ist die Übergangsfläche nicht stetig. Glücklicherweise kann die Extrusionsrichtung bei Oberflächen eingestellt werden:

- Öffnen Sie das Feature *Verbindung Rippen* nochmals zur Bearbeitung. Im PropertyManager der Oberflächenextrusion existiert noch eine weitere Auswahlliste namens *Richtung der linearen Austragung*. Aktivieren Sie diese und klicken Sie auf eine beliebige gerade Kante oder Linie, die in die gewünschte Richtung weist. Es kann sich dabei sogar um den in Bild 8.14 grün hervorgehobenen Übergang der Grundkörperradien handeln.

- Der Vektor der Austragung richtet sich entlang der Z-Achse aus. Die gelbe Vorschaufläche verschwindet zwar dabei, doch bestätigen Sie einfach trotzdem. Die Fläche wird korrigiert.

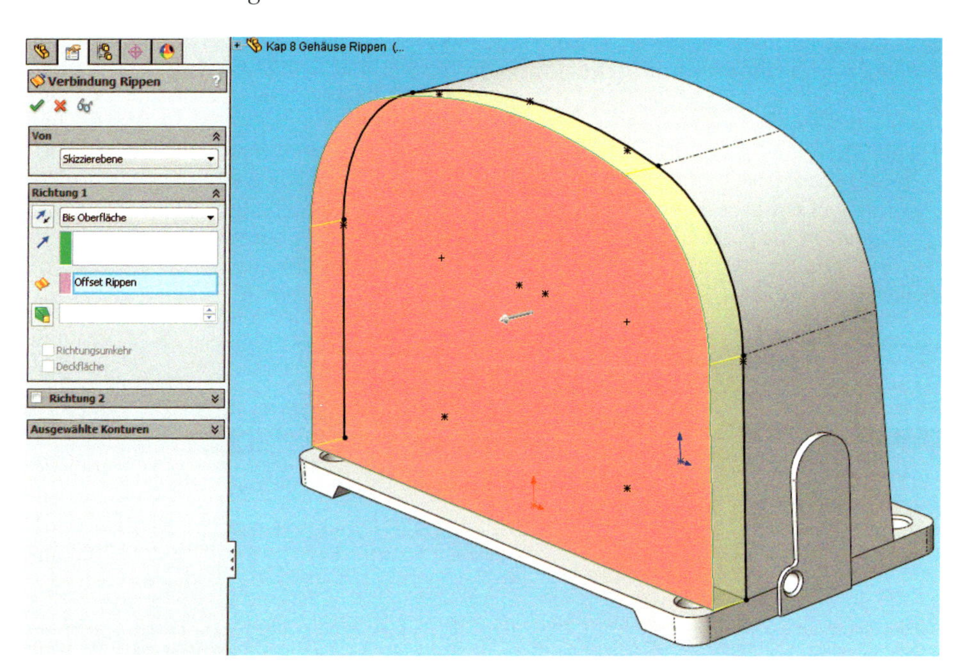

Bild 8.13: Die ausgetragene Oberfläche wird von dem Offset begrenzt, eine Art Haube ist entstanden.

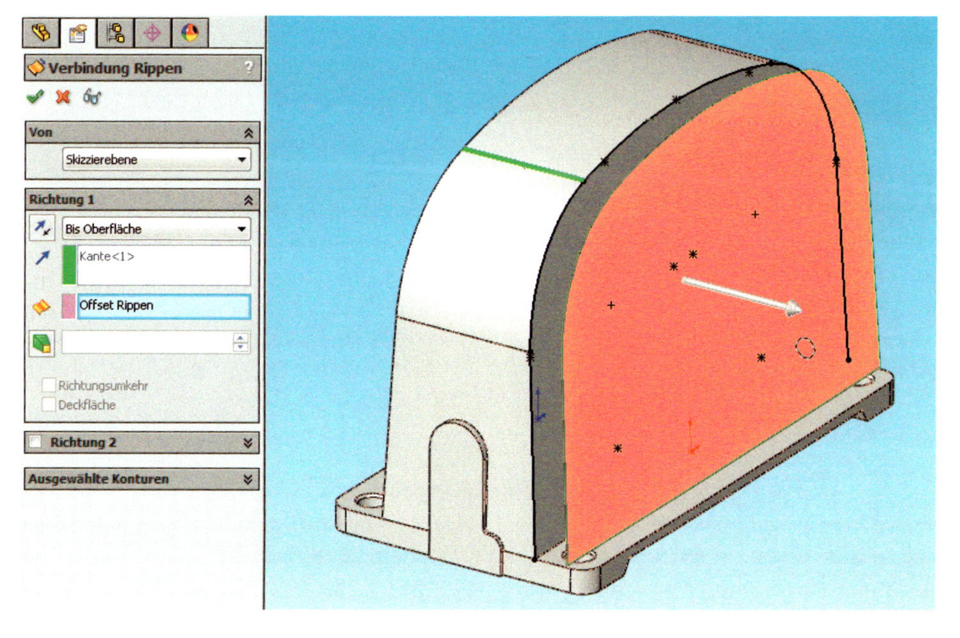

Bild 8.14: Oberflächenextrusionen lassen sich wie die Festkörper-Features beliebig ausrichten, sind aber noch flexibler.

8.3.5 Oberflächen trimmen

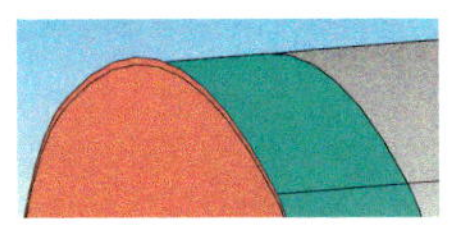

Wenn Sie an die neue Oberkante heranzoomen, sehen Sie, dass zwar die Verbindungsfläche nun stetig über die Kante des Volumenkörpers hinaus reicht, der Offset jedoch nun etwas darüber ragt. Das Offset-Feature verfügt über keine Ausrichtung, daher können wir dies nur mit der Trimmfunktion für Oberflächen korrigieren:

- Rufen Sie *Einfügen, Oberfläche, Trimmen* auf.

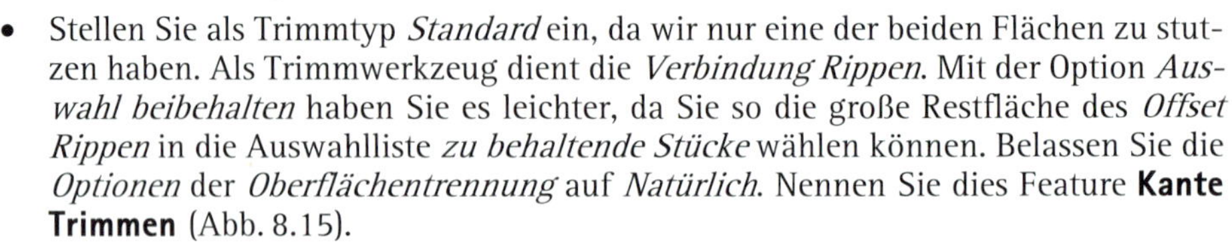

- Stellen Sie als Trimmtyp *Standard* ein, da wir nur eine der beiden Flächen zu stutzen haben. Als Trimmwerkzeug dient die *Verbindung Rippen*. Mit der Option *Auswahl beibehalten* haben Sie es leichter, da Sie so die große Restfläche des *Offset Rippen* in die Auswahlliste *zu behaltende Stücke* wählen können. Belassen Sie die *Optionen* der *Oberflächentrennung* auf *Natürlich*. Nennen Sie dies Feature **Kante Trimmen** (Abb. 8.15).

Bild 8.15: Die gute Nachricht: Auch Oberflächen können gestutzt werden.

Am Ende der Operation ist die Oberflächen-Haube genau so wie sie sein soll: Die Verbindungsfläche liegt tangential am Volumenkörper und bildet mit dem Offset eine saubere Kante.

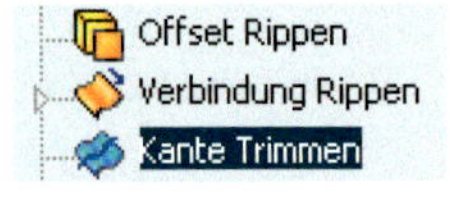

Sie bemerken übrigens, dass das Flächenstutzen ebenfalls ein Feature darstellt. Das bedeutet, die gestutzte Fläche ist nicht verloren, Sie können den Schnitt jederzeit ändern, unterdrücken oder auch ganz beseitigen.

8.3.6 Oberflächen zusammenfügen

Was getrennt werden kann, das kann man auch zusammenfügen. In diesem Fall **müssen** wir das sogar, denn sonst greift das Verrundungsfeature nicht:

- Rufen Sie *Einfügen, Oberfläche, Zusammenfügen* auf.

- Wählen Sie den Offset und die Verbindungsfläche. Dies können Sie über den FeatureManager oder über direkte Anwahl im Editor tun. Bestätigen Sie dann und nennen Sie das Feature **Flächen zusammenfügen** (Abb. 8.16).

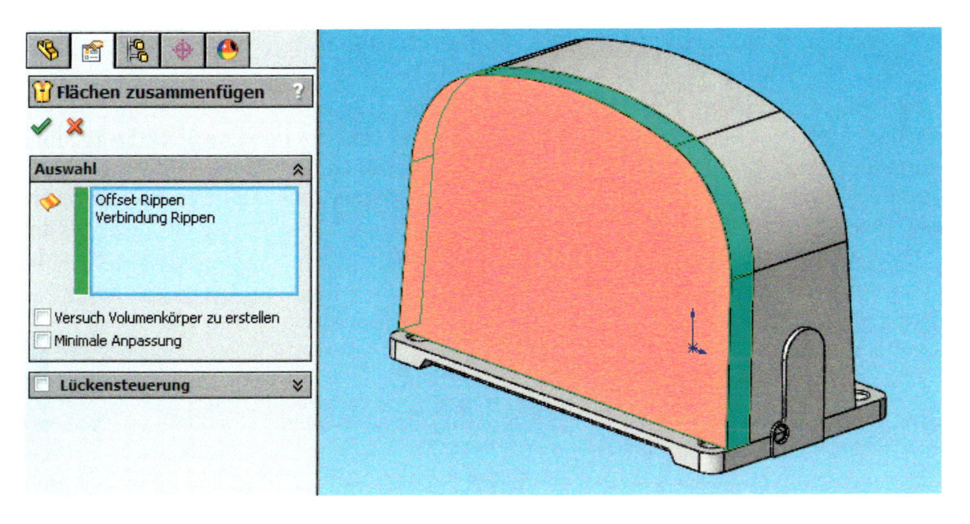

Bild 8.16:
Recht unspektakulär verläuft das Zusammenfügen von Oberflächen. Die Elemente bleiben weiterhin einzeln wählbar.

8.3.7 Verrundungen an Oberflächen

Nun können wir die Verrundung anbringen:

- Rufen Sie *Einfügen, Oberfläche, Verrundung/Rundung* auf. Klicken Sie die Kante der beiden Oberflächen an und stellen Sie einen Radius von **18 mm** ein. Dies ist der gleiche Wert, auf den wir den Offset gesetzt hatten. Bestätigen Sie und nennen Sie das Feature **Verrundung Rippen**.

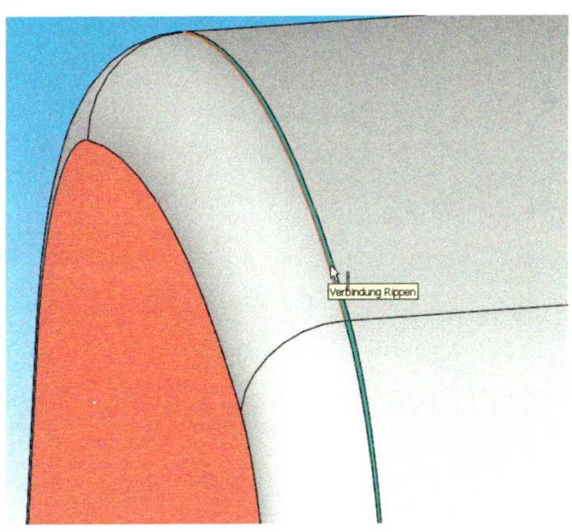

Das Ergebnis ist, obgleich es perfekt sein sollte, enttäuschend. Wenn Sie näher heran zoomen, stellen Sie fest, dass der Radius an den Seiten zwar korrekt ans Gehäuse anschließt, dass an der Oberkante jedoch noch etwas von der blauen Verbindungsfläche zu sehen ist. Der Übergang ist zwar tangential, doch die Rippen werden um diese kleine Distanz **gerade** aus dem Gehäusekörper hervortreten (Abb. 8.17).

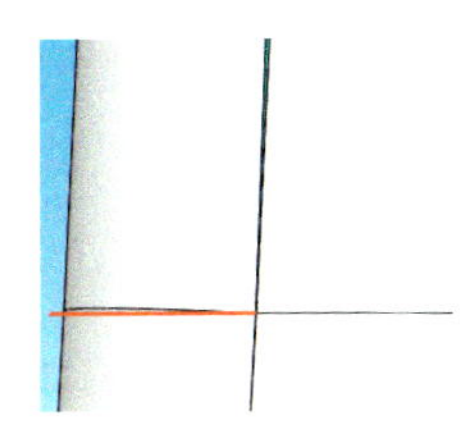

Bild 8.17:
Mängelrüge:
Am Scheitelpunkt der „Haube" scheint der Verbindungsradius nicht groß genug zu sein.

8.3.8 Der Unterschied zwischen tangential und tangential

Genauere Überlegung zeigt, warum dies auch so sein muss: Wir hatten die Extrusion der Verbindungsfläche tangential zum Gehäusedeckel ausgerichtet. Normalerweise steigt sie ja **senkrecht** zur Erzeugenden auf, was angesichts der leichten Schrägung der Vorderfront nicht zum selben Ergebnis führt. Durch die Tangentialbedingung wurde die Strecke vom Gehäuse zum Offset an der Oberseite länger, nämlich genau 18,91 mm, wie ein Nachmessen ergibt. Und diese 0,91 Millimeter fehlen uns jetzt am Radius.

Nun gibt es im Verrundungsfeature die Option *Variabler Radius*. Damit können Sie die Verrundung über die Kante hinweg beliebig verändern, können Knotenpunkte verschieben, einfügen, löschen und so lange daran basteln, bis Sie den Radius an der Oberseite **halbwegs** korrigiert haben – perfekt geht es ohnehin nicht, weil die Endbedingung *auf Oberfläche*, mit der wir die Extrusion der Rippen betreiben wollen, nur endliche Rechengenauigkeit besitzt: Kommt die Verrundungskante dem Gehäuse zu nahe, gibt es eine Fehlermeldung.

SolidWorks hat leider auch kein Hilfsmittel, das solche Flächen automatisch verrundet – sozusagen „Auf Ende": Variable Radien sind pure Handarbeit. Deswegen zeige ich Ihnen diese Technik an einem einfacheren Beispiel – im Kapitel 9, wo wir das Gehäuse komplett verrunden.

Wenn Sie sich die Lösung mit variablem Radius trotzdem einmal ansehen wollen, er ist in der Beispieldatei Kap 8 Gehäuse Rippen als unterdrücktes Feature vorhanden. Der Name lautet *Variabler Radius 18-18.9mm*. Vergessen Sie jedoch nicht, vorher den konstanten Radius zu unterdrücken und die Tangentialbedingung der Verbindungsfläche wiederherzustellen.

8.3.9 Logik gegen Handarbeit

Wir können dieses Problem nämlich sehr viel eleganter lösen: Wir hatten Tangentialität der Verbindungsfläche gefordert, um einen sauberen Übergang zu erreichen. Doch da diese Fläche **vollständig** durch die Verrundung ersetzt wird, sollte ihre Ausrichtung vollkommen gleichgültig sein. Wir lassen einfach die schräg abstehende Fläche zu und gewinnen dadurch identische 18 Millimeter über die gesamte Verbindungsfläche:

- Öffnen Sie die *Verbindung Rippe* zur Bearbeitung und entfernen Sie die Kante aus der Auswahlliste *Richtung der linearen Austragung*. Der Vektor und die Austragung zeigen schräg nach oben und schließen mit dem Offset ab.
- Bestätigen Sie.
- Nun werden Sie eine Fehlermeldung des nachfolgenden Features *Kante Trimmen* erhalten, da es nun nichts mehr zu trimmen gibt. *Unterdrücken* oder löschen Sie das Feature.

Die Verrundung liegt nun perfekt am Gehäuse an, die Verbindungsfläche ist verschwunden (Abb. 8.18).

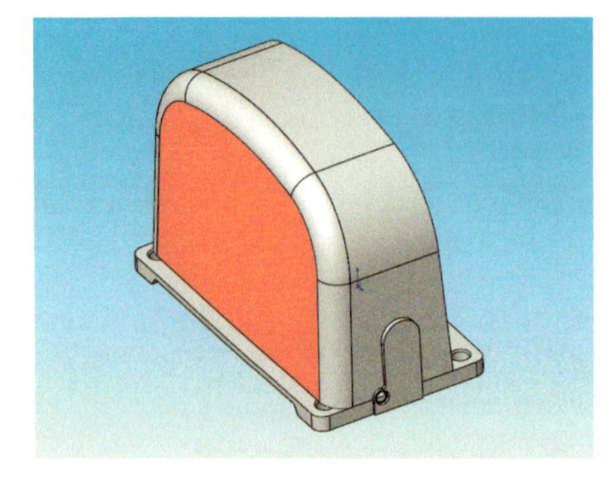

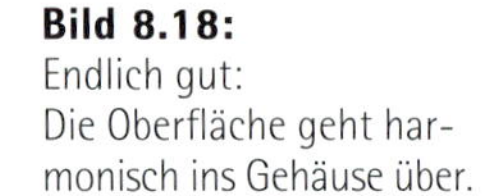

Bild 8.18: Endlich gut: Die Oberfläche geht harmonisch ins Gehäuse über.

8.3.10 Oberflächen verlängern: Pingeligkeiten Marke MCAD

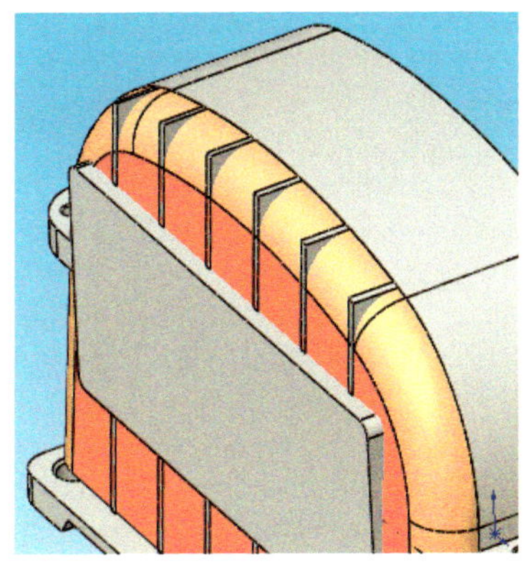

- Ziehen Sie nun den Einfügebalken unter das Feature *Verstärkungsrippen*.

Das Ergebnis enttäuscht schon wieder: Die Rippen stoßen zwar wie gewünscht an die Offsetfläche, jedoch werden sie von der Verrundung nicht abgeschnitten – sie ragen einfach darüber hinaus!

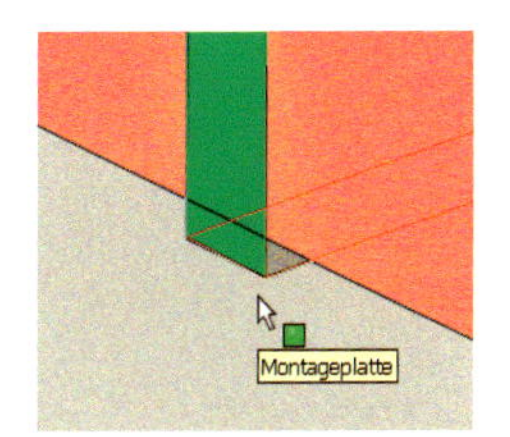

Der Grund für diese Verweigerung liegt diesmal nicht in der Oberseite, sondern im **unteren** Abschluss der Fläche. Da sie als Offset senkrecht über der Vorderfront steht, entsteht eine kleine Spalte zwischen Montageplatte und dem Ende des Offsets – Sie können die Rippen darunter hervorlugen sehen.

Wenn Sie eine Oberfläche zum Beschneiden verwenden, ist die vollkommene Überdeckung Voraussetzung für den Erfolg. Wir müssen also den Offset bis zur Montageplatte verlängern. Auch hierfür existiert ein Oberflächen-Feature, das in der Anwendung recht einfach ist:

- Ziehen Sie den Einfügebalken wieder unter das Feature *Verrundung Rippen*. Zoomen Sie nahe an die untere Ecke des Gehäuses heran und wählen Sie *Einfügen, Oberfläche, Verlängern* (Abb. 8.19).

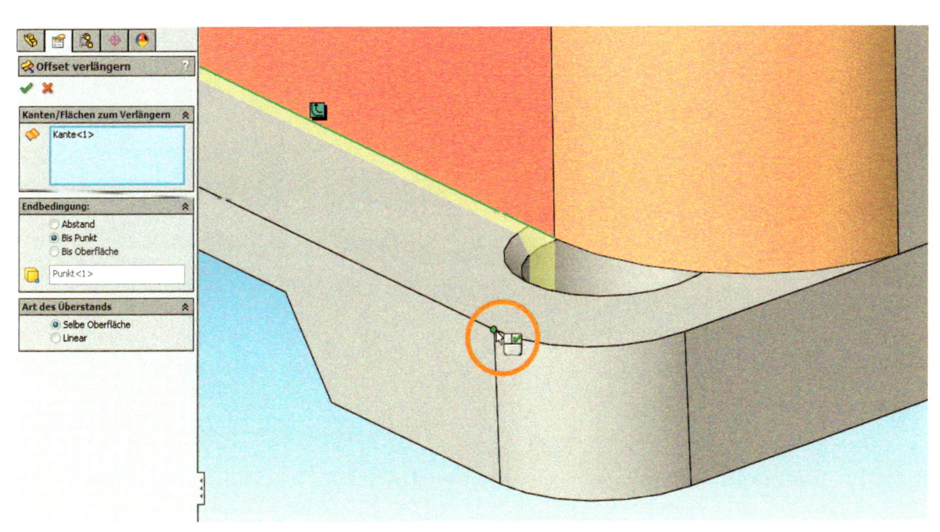

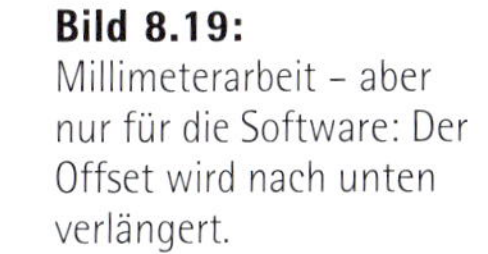

Bild 8.19:
Millimeterarbeit – aber nur für die Software: Der Offset wird nach unten verlängert.

- Klicken Sie die Kante des Offsets an. Die Vorschaufläche wird angezeigt. Definieren Sie als Endbedingung *Bis Punkt* und klicken Sie auf einen Eckpunkt der Montageplatte. Bestätigen Sie und nennen Sie das Feature **Offset verlängern**. Ziehen Sie den Einfügebalken dann wieder unter das Feature *Verstärkungsrippen*.

Es hat geklappt: Die Rippen sind vollständig von der Oberfläche beschnitten.

- Blenden Sie nun die gesamte Oberflächenkonstruktion aus, indem Sie das **letzte** Feature der Kette, *Offset verlängern,* ausblenden.

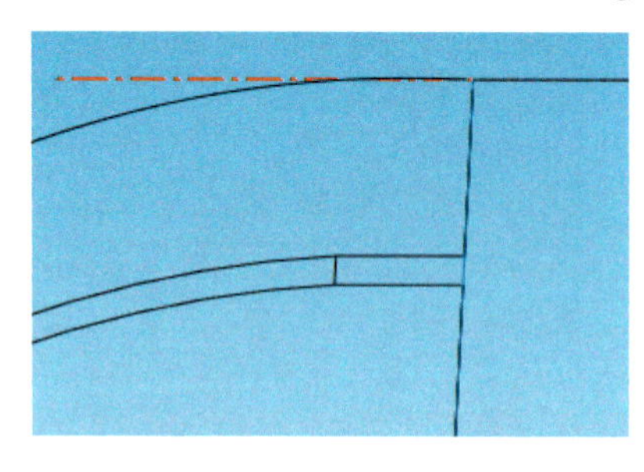

Das Ergebnis ist nicht perfekt, kann sich aber sehen lassen. Die Verrundung der Rippen beginnt noch immer nicht tangential am Gehäuserand. Dies liegt daran, dass die Verrundung wegen der Neigung der *Verbindungsfläche* ebenfalls nicht tangential anliegt, sondern sich ein wenig nach oben über die eingezeichnete Tangente im Bild hinauswölbt. Dies ist in der Tat nur mit einem *variablen Radius* in den Griff zu bekommen. Wir können aber sagen, die Ausführung mit schlichter Verrundung erfüllt ihren Zweck. Zudem wird auch die Gehäusekante noch verrundet (Abb. 8.20).

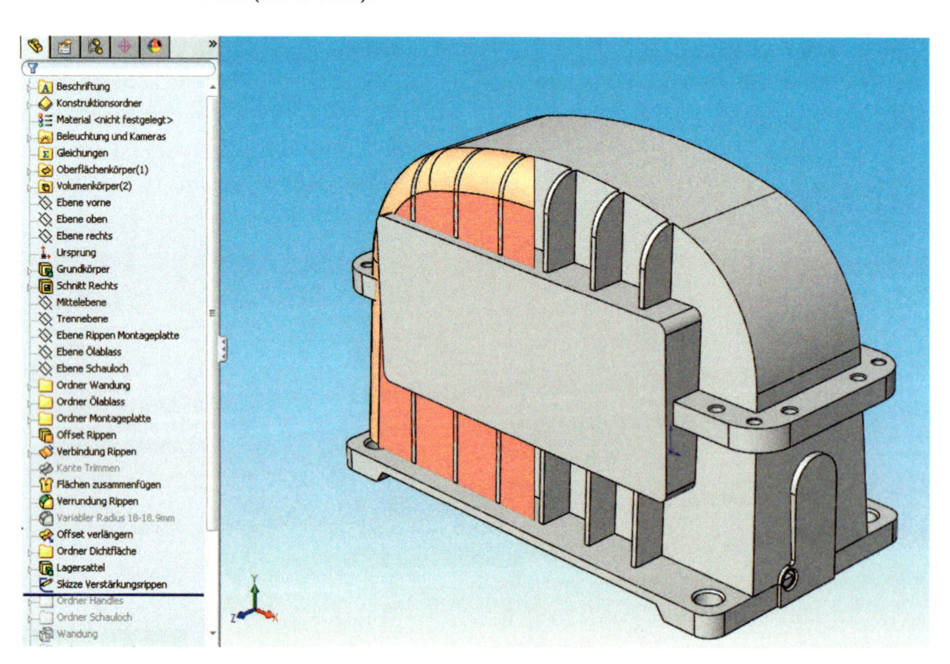

Bild 8.20: Die Verstärkungsrippen mit ausreichender Abrundung.

8.3.11 Spiegeln zusammengesetzter Features

Um die Verstärkungsrippen nun auf die andere Seite des Gehäuses zu spiegeln, müssen wir berücksichtigen, dass die Form der Extrusion durch weitere Features gebildet wird, in diesem Fall die Oberflächen. Wenn Sie nun einfach versuchen, das Feature *Verstärkungsrippen* über die *Mittelebene* zu spiegeln, so werden Sie die kuriose Information erhalten, die „Endfläche könne nicht das Ende sein". Die Informationen über die Endbedingung werden also *in situ* aus der vorhandenen Geometrie abgeleitet. Daher müssen wir statt der Rippen die Oberflächen spiegeln:

- Ziehen Sie den Einfügebalken unter das Feature *Offset verlängern*. Wählen Sie *Einfügen, Muster/Spiegeln, Spiegeln*. Definieren Sie als *Spiegelfläche* die Mittelebene und als *zu spiegelnden Körper* wiederum das letzte Feature der Oberflächen-Hierarchie, *Offset verlängern*. Nennen Sie dies Feature **Spiegeln Oberflächen**. Blenden Sie es dann ein.
- Öffnen Sie das Feature *Verstärkungsrippen* und erweitern Sie es, indem Sie *Richtung 2* aktivieren (Abb. 8.21, s. S. 243). Wählen Sie als Endbedingung *Bis Oberfläche* und klicken Sie im Editor auf die neue Fläche *Spiegeln Oberflächen*. Bestätigen Sie.

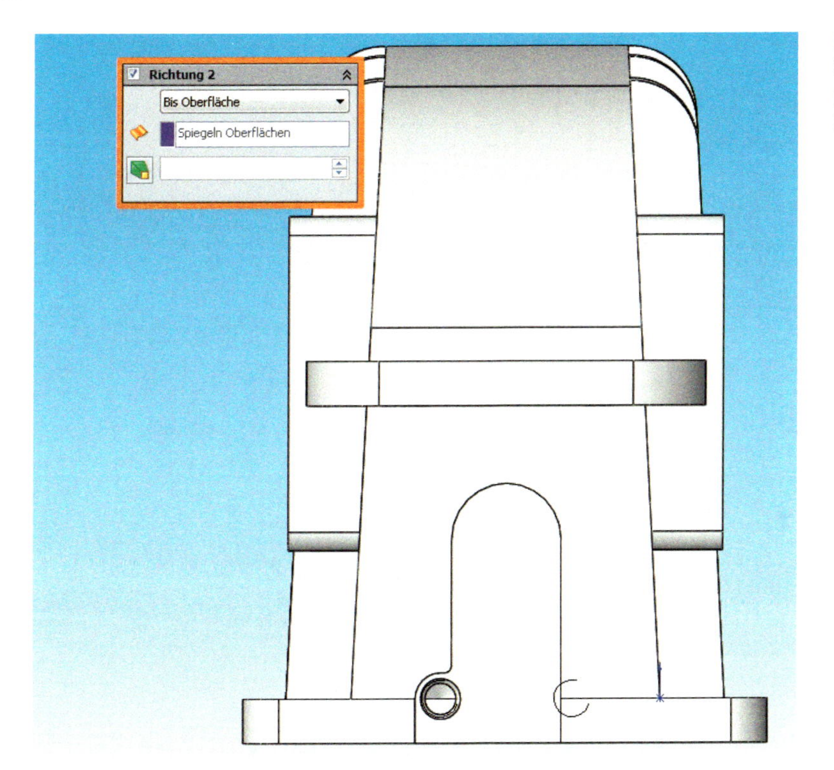

Bild 8.21:
Geschafft:
Die Rippen verstärken beidseitig das Gehäuse.

8.3.12 Die Grenzen der Ordnung

Nun wäre es schön, wenn wir die Oberflächen zusammen mit den Verstärkungsrippen in einen Ordner packen könnten. Doch wenn Sie die Offsetfläche unterhalb des Lagersattels und der Dichtfläche einordnen, so findet sie in diesen Features auch ihre neue Begrenzung – *Offset verlängern* wird nicht mehr funktionieren. Die *Verstärkungsrippen* hängen ihrerseits vom *Lagersattel* ab, Sie können sie also auch nicht zu den Oberflächen hinauf ziehen. Sie müssten die Hierarchie schon in großen Teilen umstellen, um das Ziel des **einen** Ordners zu verwirklichen – kurz gesagt: der Aufwand lohnt nicht.

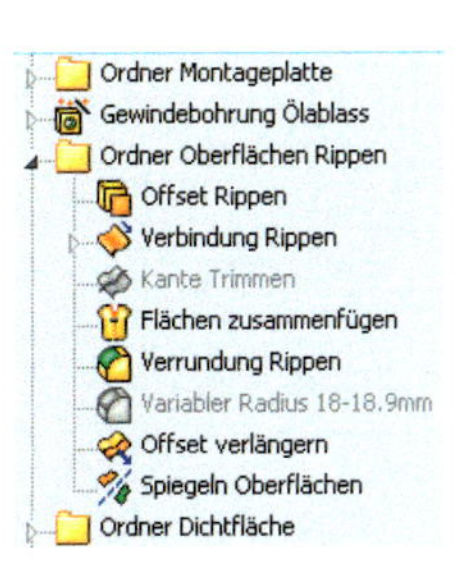

- Erstellen Sie einen neuen **Ordner Oberflächen Rippen** oberhalb von *Offset Rippen* und verschieben Sie die Oberflächenfeatures nacheinander hinein.
- Speichern Sie dann die Datei.

8.4 Ausblick auf kommende Ereignisse

Es ist beinahe geschafft. Nun fehlen nur noch die Verrundungen, um das Gehäuse fertig zu stellen. Dann noch rasch ein paar Einzelteile, und wir können endlich mit der Baugruppe anfangen.

8.5 Dateien auf der DVD

Die Dateien zu diesem Kapitel finden Sie auf der DVD unter den Namen

- KAP 8 GEHÄUSE ORDNER.SLDPRT
- KAP 8 GEHÄUSE RIPPEN.SLDPRT

im Verzeichnis \GETRIEBE.

9 Verrundungen und Fasen

Das Gehäuse wird endlich fertig

Wenn Sie die vier letzten Kapitel durchgearbeitet haben, fragen Sie sich sicher längst, ob die Schufterei noch einmal ein Ende nehmen wird. Seien Sie getrost, das wird sie, wir sind beinahe fertig. Doch auch hier, bei den harmlosen Verrundungen, steckt der Teufel im Detail.

Am Ende des Konstruktionsprozesses stehen eher kosmetische Arbeiten wie Verrundungen und Fasen. Diese Reihenfolge hat auch im MCAD guten Grund: Sie sahen bereits, wie schnell eine Verrundung ungültig wird. Diese Features sind von Körpergeometrie abhängig. Deshalb, und weil Verrundungen eine Menge Rechenpower schlucken, verlegen Sie dieses diffizile Thema ganz an den Schluss – wenn Sie sicher sind, dass Sie das Modell ansonsten nicht mehr verändern wollen.

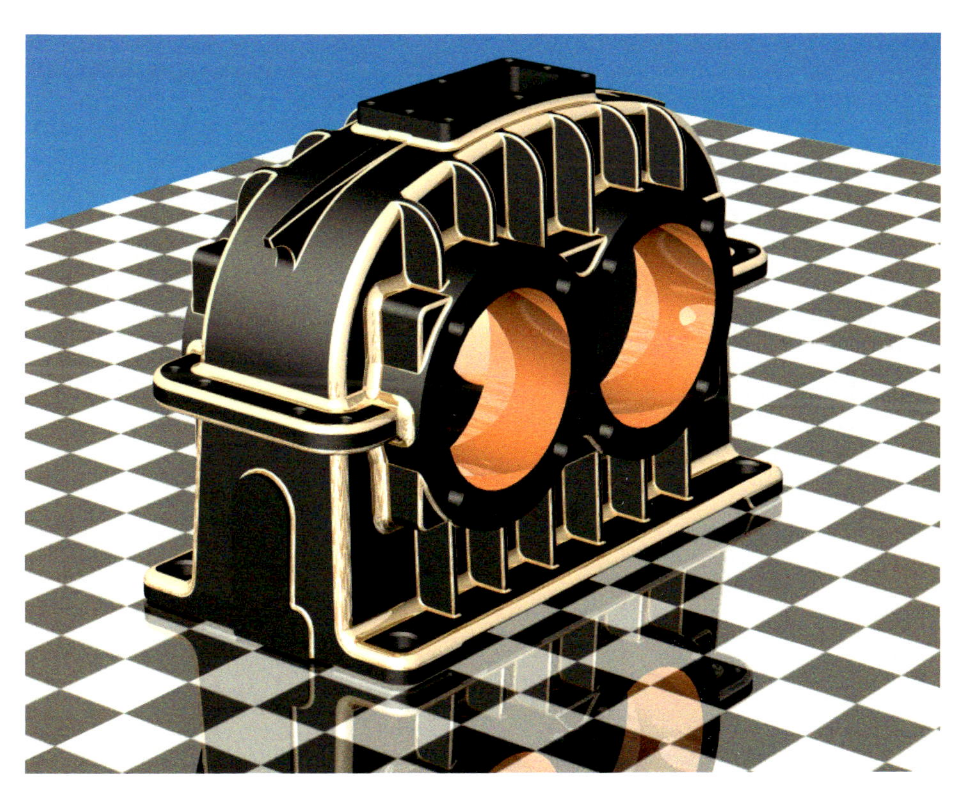

9.1 Die Regeln der Verrundung

Eine Verrundung anzubringen, ist überhaupt kein Problem. Das heißt, fast.

Verrundungen kommen sich oft gegenseitig ins Gehege. Wenn Sie Features verändern, können die abhängigen Verrundungen ungültig werden. Unterdrücken Sie Features, die durch Verrundungen führen, so werden diese sicher ungültig, wenn nicht, dann spätestens, wenn Sie die Unterdrückung wieder aufheben. Verrundungen können selbst bei absoluter Symmetrie der zu verrundenden Features nicht immer gespiegelt werden – warum? Niemand weiß es.

Um erfolgreich zu verrunden, müssen wir uns vom Feature-Gedanken verabschieden, oder ihn zumindest erweitern. Meist verrunden wir nämlich keine Features, keine Prismen, Würfel, Wellen oder ähnliches, sondern wir verrunden Ecken, Kanten und Kehlen – Elemente also, die mehrheitlich **zwischen** Features liegen. Und genau hier liegt auch das Problem.

Vieles von dem Komfort, den Sie von den Features her gewohnt sind, werden Sie bei den Verrundungen vermissen: Es gibt keine „beste Methode“. Jedes Bauteil hat eine ideale Verrundungs-Strategie, die weniger Probleme verursacht als alle anderen. Welche der Strategien man zuerst versucht, dazu bedarf es der Erfahrung. Aber zum Glück gibt es auch ein paar Regeln.

9.1.1 Die Großen zuerst

Eine dieser Regeln lautet: **Von groß nach klein**. Gemeint ist der Radius. Wenn Sie Ihr Bauteil verrunden, fangen Sie mit den größten Radien an und arbeiten sich zu den kleineren vor – genau entgegengesetzt zur Skizzenbestimmung:

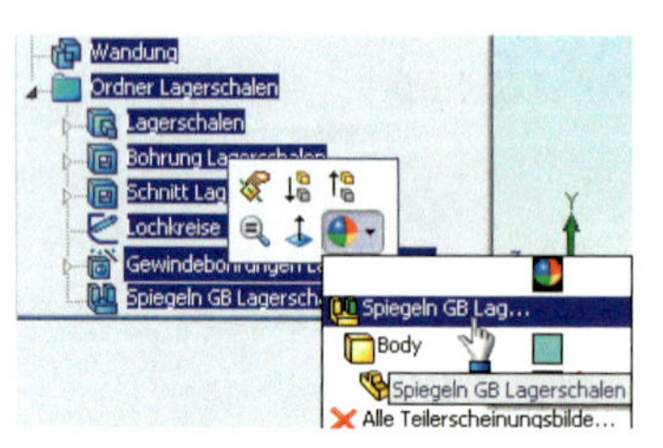

- Speichern Sie das GEHÄUSE RIPPEN, und speichern Sie es noch einmal unter dem Namen GEHÄUSE VERRUNDUNGEN. Ein Backup ist immer sinnvoll, wenn Sie mit Verrundungen anfangen. (Speichern bei jeder erfolgreichen Verrundung ebenso!)
- Öffnen Sie nun sämtliche Ordner des FeatureManagers und wählen Sie mit **Shift** + Klick den gesamten Baum, und zwar vom *Grundkörper* bis hinunter zu *Spiegeln GB Lagerschalen*. Verleihen sie dieser Auswahl über die Kontext-Symbolleiste *Erscheinungsbilder, Spiegeln GB Lagerschalen* eine besondere Farbe, etwa Blau.

Da die Features nun alle eingefärbt sind, der *Volumenkörper* jedoch seine graue Farbe beibehält, werden auch alle noch kommenden Features grau sein: Sie haben eine Sichtkontrolle, ob Sie irgendwo eine Verrundung vergessen haben.

Sie können sich die Arbeit leichter machen, indem Sie *Auswahlfilter* auf die zu markierenden Elemente beschränken. Im Folgenden ist die Einstellung *Nur Kanten* sinnvoll, um die Auswahl ganzer Flächen zu verhindern.

- Rufen Sie *Einfügen, Features, Verrundung/Rundung* auf. Schalten Sie auf *Manuell,* denn der „Abrundungsfachmann“ kann uns bei diesem Extremfall nicht helfen.
- Wählen Sie den Verrundungstyp *Verrundung mit konstanter Größe.* Stellen Sie unter den *Verrundungsparametern* den Radius auf **5 mm** ein und aktivieren Sie die *Tangentenfortsetzung* – so können Sie mehrere zusammenhängende Elemente auf einmal wählen. Wählen Sie die *vollständige Vorschau,* um den Erfolg eines jeden Klicks in Form von gelben Vorschau-Flächen beurteilen zu können (Abb. 9.1).
- Beginnen Sie mit der Verrundung der Lagerschalen und des Lagersattels gegen die Vorderfront. Klicken Sie nacheinander die mit Kreisen markierten Kehlabschnitte an – die Tangentenfortsetzung findet leider nur tangential angrenzende Kanten. Vergessen Sie nicht das winzig kleine Stück vor der ersten Rippe (letzter Kreis).

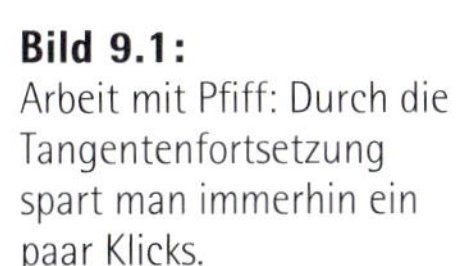

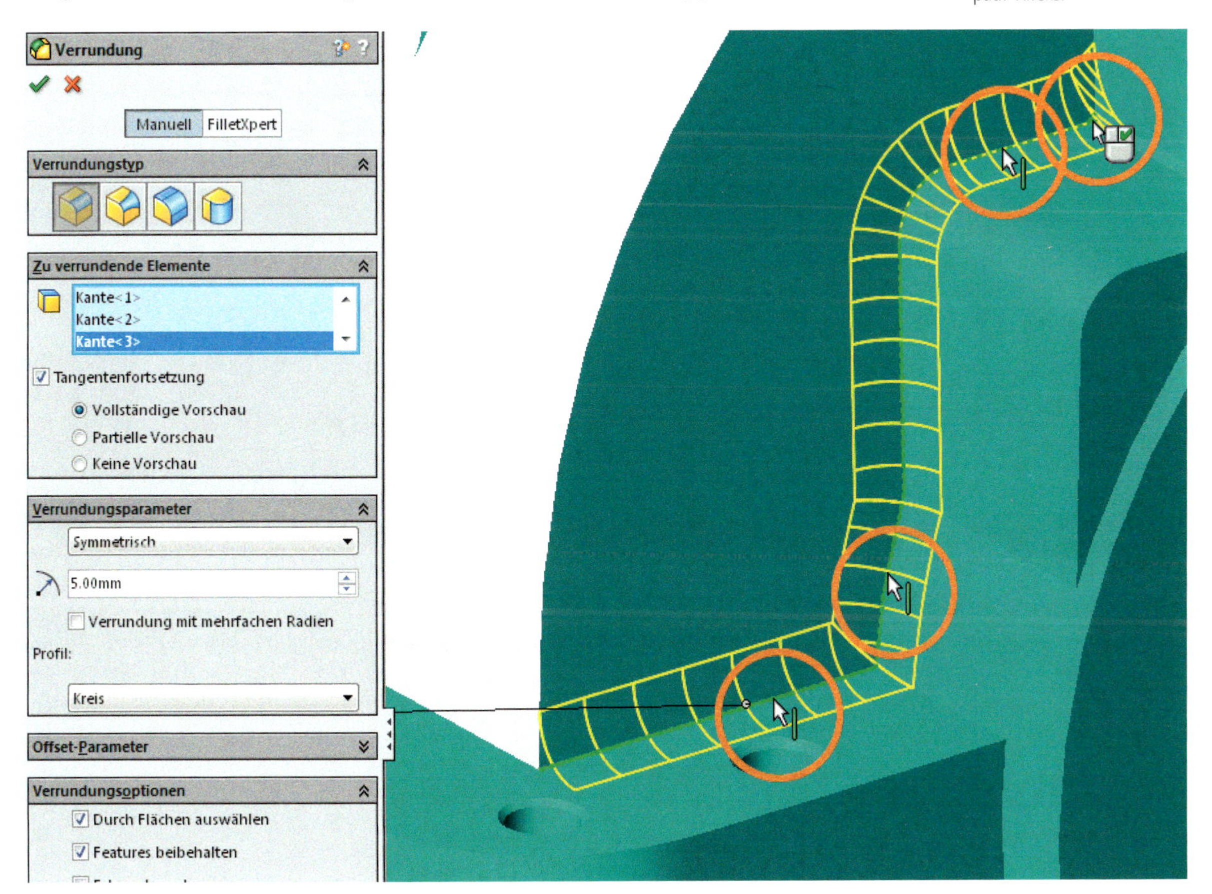

Bild 9.1:
Arbeit mit Pfiff: Durch die Tangentenfortsetzung spart man immerhin ein paar Klicks.

- Das nächste Stück liegt zwischen der ersten und der zweiten Verstärkungsrippe. Ignorieren Sie also die Rippen und folgen Sie immer nur der **Kehle** zwischen Lagersattel/-schalen und der Vorderfront.

Fälschlich markierte Kanten, Flächen, Features oder Körper entfernen Sie mit **Entf** aus der blauen Auswahlliste oder, indem Sie im Editor nochmals darauf klicken.

- Arbeiten Sie sich im Uhrzeigersinn voran. Auf der anderen Seite angekommen, umrunden Sie die Kehle, die zwischen der Dichtfläche und den Lagerschalen entsteht (Abb. 9.2).
- Schließlich kommen Sie wieder bei der ersten Kante an, so dass die gesamte Kehle nun gleichmäßig verrundet ist.
- Schließen Sie das Feature ab und benennen Sie es mit **Verrundung 5mm Lagerschalen vorne**.

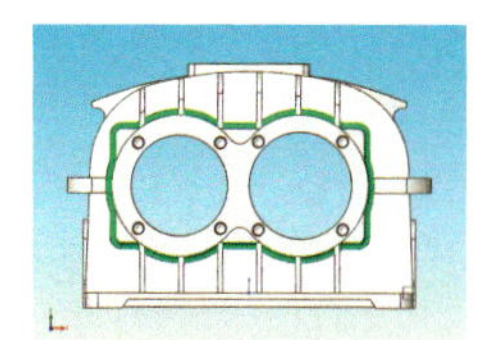

Bild 9.2:
Im Uhrzeigersinn wird die Kette der Radien fortgesetzt.

Wenn Sie im PropertyManager der Verrundung die *vollständige Vorschau* einschalten, so werden die Verrundungen in gelben Linien angedeutet. Verschwindet diese Vorschau nach einer Auswahl, so führte diese zu einer ungültigen Definition des Features – wenn Sie bestätigen, erhalten Sie eine Fehlermeldung. Entfernen Sie das fragliche Element aus der Auswahl und bringen Sie es in einer anderen – notfalls einer separaten – Verrundung unter.

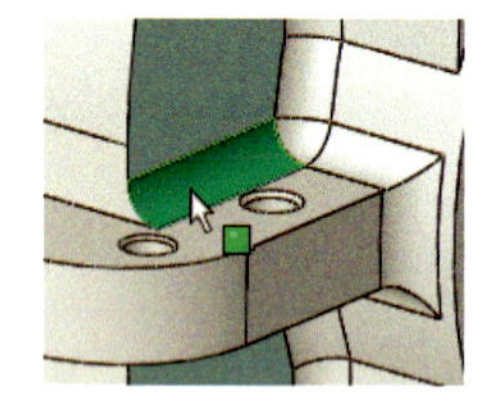

9.1.2 So viele wie möglich

Eine andere Regel lautet, so viele gleichartige Radien wie möglich in ein Feature hineinzupacken. Das erhöht natürlich nicht nur die Übersicht im FeatureManager, es minimiert auch den Verwaltungsaufwand für ein Bauteil, denn so lassen sich die Kanten mit nur einem Parameter steuern. Und schließlich steigt mit einem Minimum an Features auch die Performance.

- Öffnen Sie das Verrundungsfeature nochmals und nehmen Sie in die Auswahl die vier Kehlen zwischen der Dichtfläche und der Vorderfront hinein, falls dies nicht bereits der Fall ist. Vergessen Sie nicht die Kehlen **unter** der Dichtfläche.

Beim Verrunden müssen Sie das Bauteil sehr oft drehen, um an alle Kehlen und Kanten heranzukommen. An dieser Stelle nochmals mein Rat für den Fall, dass Ihr Maustreiber keine interaktive Ansichtssteuerung gestattet: Belegen Sie die Funktionen *Verschieben, Vergrößern/Verkleinern* und *Ansicht Drehen* mit **Shortcuts**. Oder legen Sie sich einen 3D-Navigator zu.

- Wiederholen Sie den Arbeitsgang auf der Rückseite des Gehäuses und nennen Sie das Feature **Verrundung 5mm Lagerschalen hinten**.
- Verrunden Sie die verbliebenen vier Kehlen zwischen der *Dichtfläche* und dem Gehäuse mit **4 mm** und nennen Sie das Feature **Verrundung 4mm Dichtflächen**.
- Verrunden Sie die beiden Kehlen zwischen der Montageplatte und dem Gehäuse mit **5 mm**. Hier ist es wieder erforderlich, alle Stücke einzeln anzuklicken. Dieses Feature benennen Sie mit **Verrundung 5mm Montageplatte**.

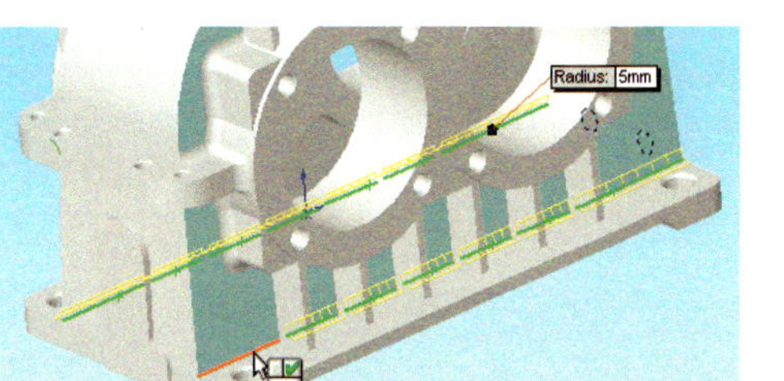

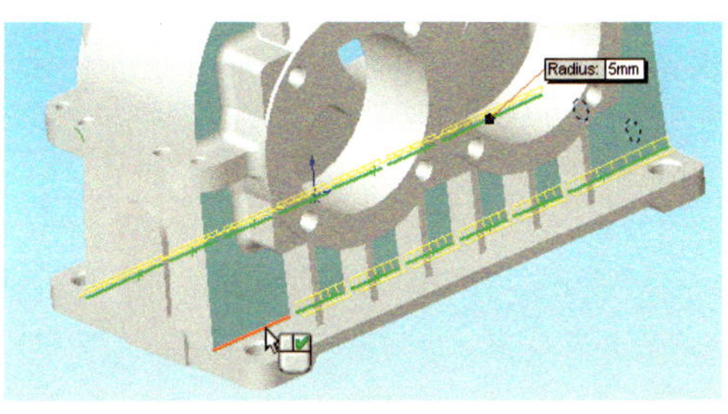

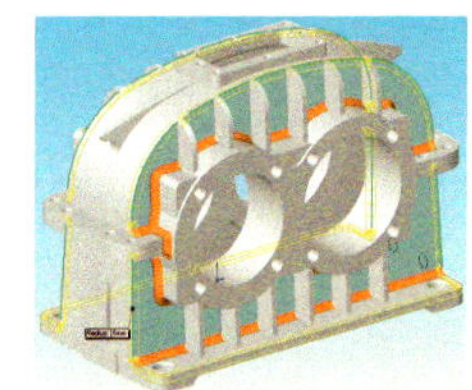

- Die **Verrundung 5mm Grundkörper** fügen Sie dann ausgehend von der linken Kante der Vorderfront hinzu. Dabei bezieht die Tangentenfortsetzung die gesamte Oberseite der Montageplatte mit ein, so dass Sie nur noch die Kante auf der rechten Seite zu wählen brauchen (Abb. 9.3).

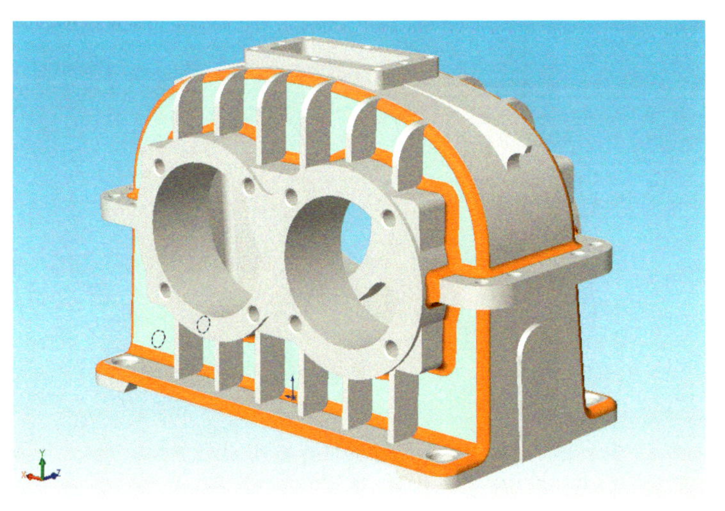

Bild 9.3:
Klick-O-Mania:
Die großen Radien sind fertig. Das Einfärben hilft, vergessene Kanten aufzufinden.

- Setzen Sie die Kantenauswahl des Grundkörpers auf der Oberseite fort und führen Sie sie wieder hinunter bis zum Anfang der Auswahl. Fügen Sie dann auch die Pendants auf der Rückseite hinzu. Aktivieren Sie hier die Option *Ecken abrunden*.

Mit Hilfe der Abbildung 9.3 können Sie Ihr Ergebnis überprüfen. Zur Kenntlichkeit sind die Radien orange eingefärbt.

Ecken abrunden führt dazu, dass Radien, die um eine Außenecke geführt werden, selbst keine Kanten aufweisen. Bei Innenecken ist dies nicht nötig.

9.1.3 Verrunden ganzer Flächen

Mit dem Lagersattel haben Sie nicht so viel Mühe wie mit dem Gehäuse:

- Schalten Sie die *Auswahlfilter* aus und verrunden Sie den Lagersattel mit **1,5 mm**. Klicken Sie dazu jeweils auf die sechs kleinen Flächen, die in der Vorderansicht zu sehen sind. Nennen Sie das Feature **Verrundung 1.5mm Lagersattel**.

Hierbei können Sie die Tangentenfortsetzung in Aktion erleben: Sie bildet nicht nur alle an die Flächen angrenzenden Radien, sondern setzt sich auch in Tiefenrichtung fort – selbst die Kanten, die zwischen den großen Radien entstanden sind, werden mitverrundet (Abb. 9.4).

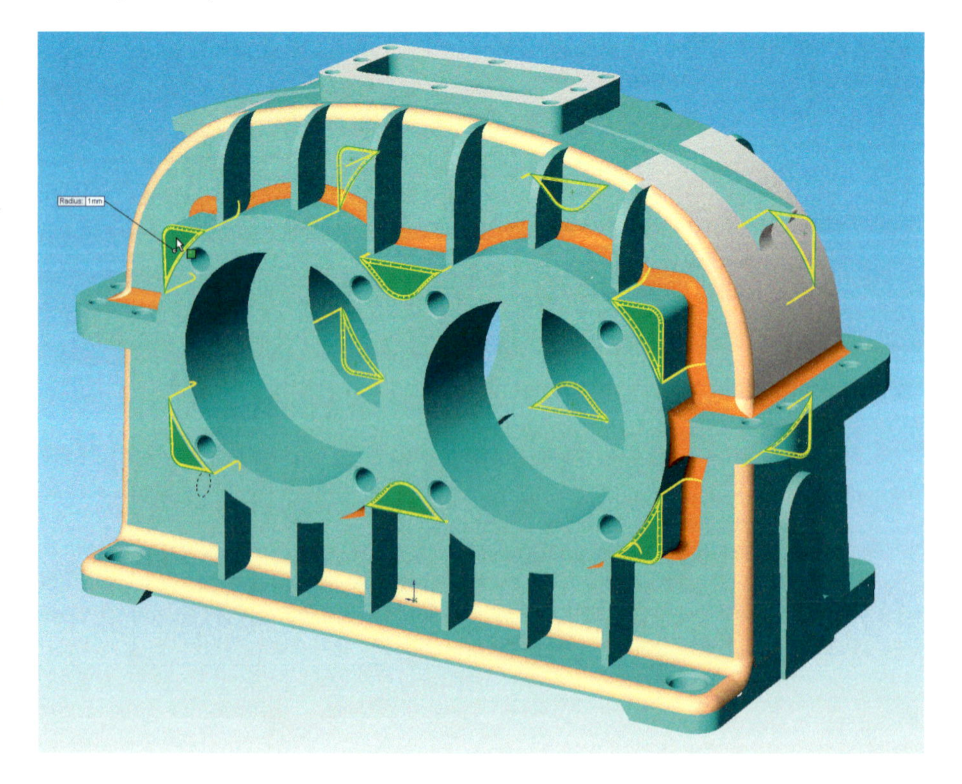

Bild 9.4: Entschädigung: Die Tangentenfortsetzung findet alle Kanten, die auch nur entfernt mit den kleinen Flächen des Lagersattels zu tun haben. Hier sind die Radien für Vorder- und Rückseite zu sehen.

9.1.4 Verrundung der Verstärkungsrippen

Die Auswahl ganzer Flächen kommt uns auch bei den Rippen sehr gelegen:

- Definieren Sie eine Verrundung **1 mm**, in der Sie alle Rippen einer Gehäuseseite unterbringen. Wählen Sie bei jeder Rippe beide Seitenflächen...

Das geht so lange gut, bis Sie auf die beiden mittleren Rippen unter dem Lagersattel stoßen. Die Voransicht verschwindet. Nur eine Abwahl führt zu einer gültigen Verrundung. Genau genommen sind es sogar nur die einander **zugewandten** Seiten dieser beiden Rippen, die jeweils andere Seitenfläche lässt sich problemlos wählen (Abb. 9.5).

- Schließen Sie das Feature vorerst ab und nennen Sie es **Verrundung 1mm Rippen**.

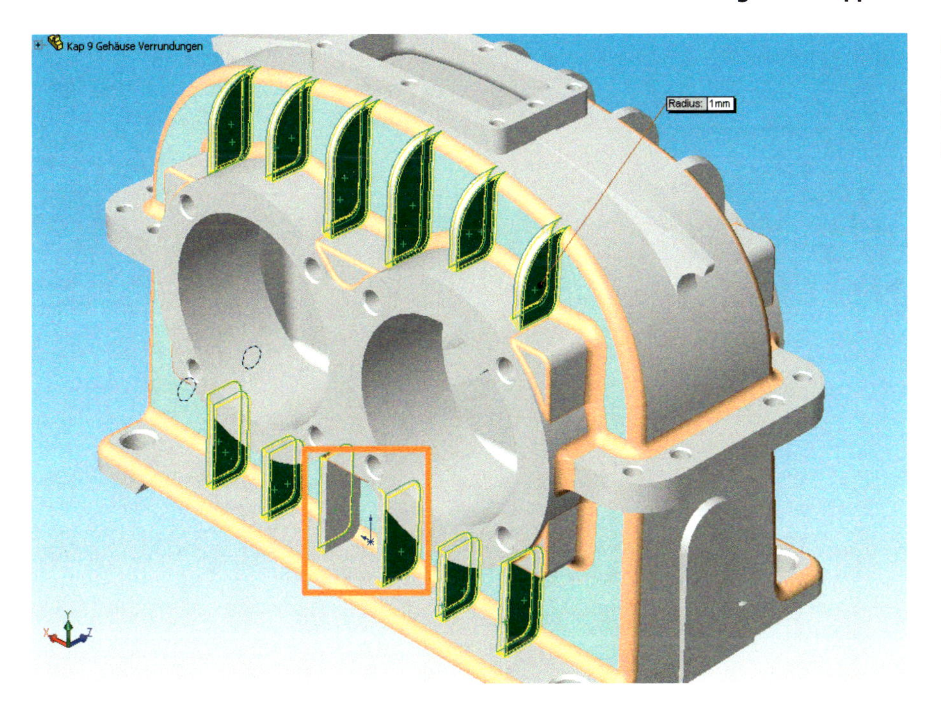

Bild 9.5: Rätselhaft: In der Mitte unter dem Lagersattel lassen sich die Flächen nicht verrunden.

9.1.5 Kampf der Radien

Es kommt öfter vor, dass SolidWorks eine bestimmte Kombination von Elementen nicht gemeinsam verrunden kann. Dann definiert man ein zweites Feature gleicher Art und sortiert die Elemente nach Verträglichkeit. Doch selbst mit einem eigenen Verrundungsfeature reagieren diese beiden Flächen merkwürdig: Keine von ihnen lässt sich erfolgreich verrunden, nicht einmal die **Kanten** einer Fläche gehen zusammen. Mit dieser Stelle scheint etwas nicht zu stimmen. Dr. House würde jetzt wohl sagen: „Legen Sie das mal unters Mikroskop..."

- Drehen Sie die Ansicht so, dass Sie schräg von unten zum Lagersattel empor sehen. Zoomen Sie nah heran. Näher.

Der Radius des Lagersattels ist so weit in die Grenzfläche der Rippen hinein gezogen, dass hier einfach kein Platz für Verrundungen mehr übrig ist. SolidWorks kann zwar einen Radius mit einem anderen verschmelzen, doch an dieser Stelle ist die Geometrie offenbar zu komplex (Abb. 9.6).

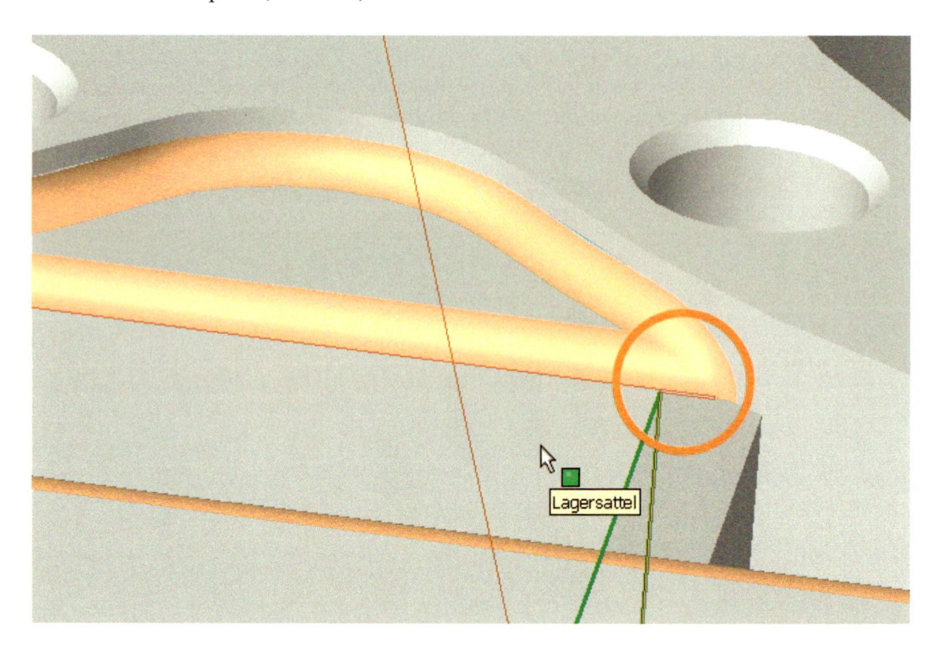

Bild 9.6:
Des Rätsels Lösung: Der Radius des Lagersattels lässt nicht genug Platz für weitere Verrundungen.

- Ziehen Sie die *Verrundung Lagersattel* unter diejenige der Rippen. Öffnen Sie das Feature zur Bearbeitung.

- Entfernen Sie die zu dieser Stelle gehörende **Fläche** aus der Auswahl – Sie können sie dazu einfach im Editor anklicken. Schalten Sie die *Tangentenfortsetzung* ab. Wählen Sie dann die **drei einzelnen Bogen** in der Kehle zwischen Lagersattel und Lagerschalen.
- Führen Sie die Prozedur dann auch für die andere Seite durch und schließen Sie das Feature. Benennen Sie es um in **Verrundung 1.5mm Lagersattel Master**.

Damit bleibt unsere gefährliche Kante zunächst unverrundet. Wir verarzten sie gleich in einem Extra-Feature. Doch zunächst zu den Rippen:

- Öffnen Sie die *Verrundung 1mm Rippen* und fügen Sie die beiden verbliebenen Flächen zur Auswahl hinzu. Schließen Sie das Feature dann wieder.
- *Spiegeln* Sie die *Verrundung 1mm Rippen* an der *Mittelebene* auf die andere Seite (Abb. 9.7).

- Fügen Sie – wieder ohne *Tangentenfortsetzung* – eine weitere Verrundung **1,5 mm** ein, in die Sie die beiden verbliebenen Lagersattel-Kanten zu beiden Seiten des Gehäuses wählen. Nennen Sie dieses Feature **Verrundung 1.5mm Lagersattel Slave**.

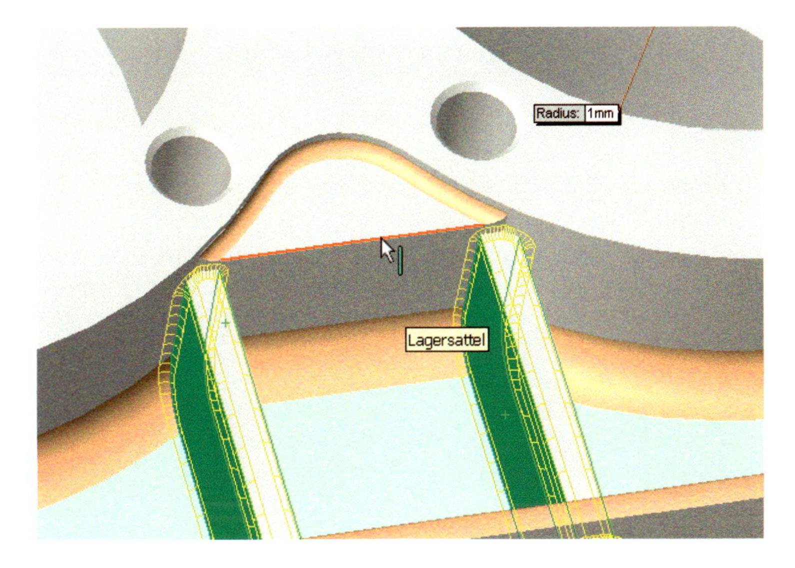

Bild 9.7:
Es geht doch:
Nachdem die Querkante aus der Verrundung entfernt ist, können auch die beiden darunter befindlichen Flächen gewählt werden.

- Fügen Sie eine neue *Gleichung* ein: Setzen Sie den Radius des **Slave**-Features gleich dem des **Master**-Features. Dadurch erhalten beide Features stets den gleichen Radius. Die Variablennamen übernehmen Sie wieder ganz einfach durch Doppelklick auf das Feature und Klick auf die Maßzahl.

Der Lagersattel kommt nach den Rippen – der größere Radius nach dem kleineren: Sie sehen, die Regeln des Verrundens sind eher Faustregeln als Gesetze. In Abbildung 9.8 sind die beiden verknüpften Verrundungen des Lagersattels blau, die der Rippen dagegen braun hervorgehoben.

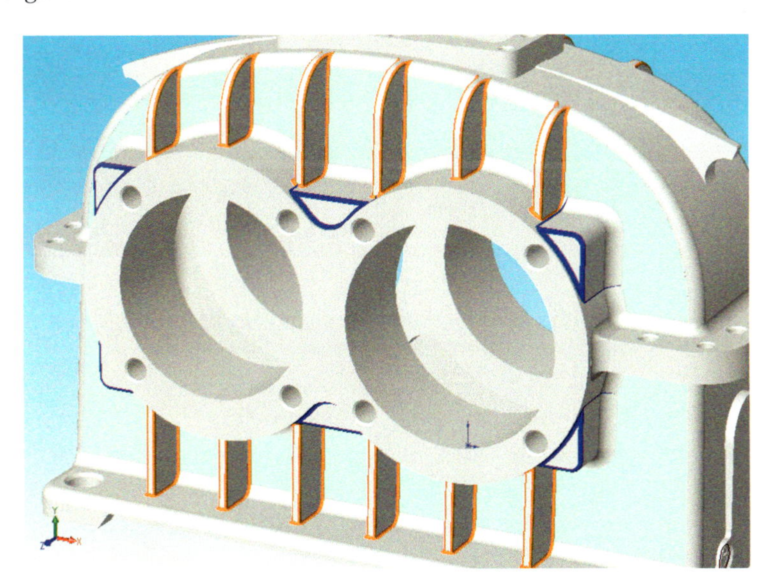

Bild 9.8:
Der Stand der Dinge: Die Radien des Lagersattels (Blau) und der Rippen (Braun).

9.2 Verrundungen mit mehrfachen Radien

Verrunden wir nun noch die Außenkante der Dichtfläche. Das dürfte ja kein Problem darstellen:

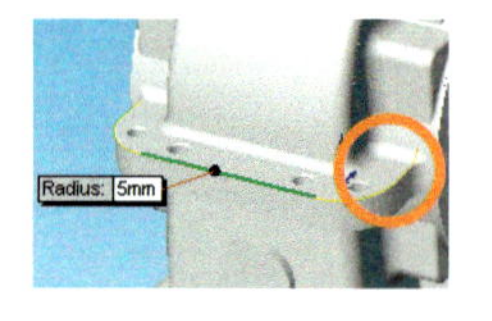

- Fügen Sie eine Verrundung mit **3 mm** ein und wählen Sie die Außenkanten der Dichtfläche...

Dies wird jedoch kaum zum gewünschten Ergebnis führen. Das Problem ist der Übergang von der Kante auf den Radius, den wir in der *Verrundung Lagerschalen vorne* und ... *hinten* eingefügt hatten – in der Abbildung durch einen Kreis markiert. Diese Kanten müssen von der aktuellen Verrundung übernommen werden:

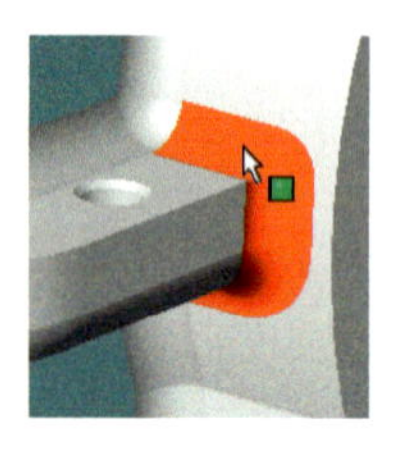

- Öffnen Sie die *Verrundung Lagerschalen vorne*. Löschen Sie die drei Kanten zwischen Dichtfläche und Lagerschalen (Rot) jeweils auf **beiden** Seiten aus der Auswahlliste. Führen Sie dies dann auch für die *Verrundung Lagerschalen hinten* durch.
- Fügen Sie dann nochmals die Verrundung **3 mm** ein und wählen Sie nun die obere und untere Kante der Dichtfläche sowie die je drei angrenzenden Kehlen links und rechts, wie es in Bild 9.9 dargestellt ist. Fügen Sie dieser Auswahl die entsprechenden Elemente auf der anderen Seite des Gehäuses hinzu.

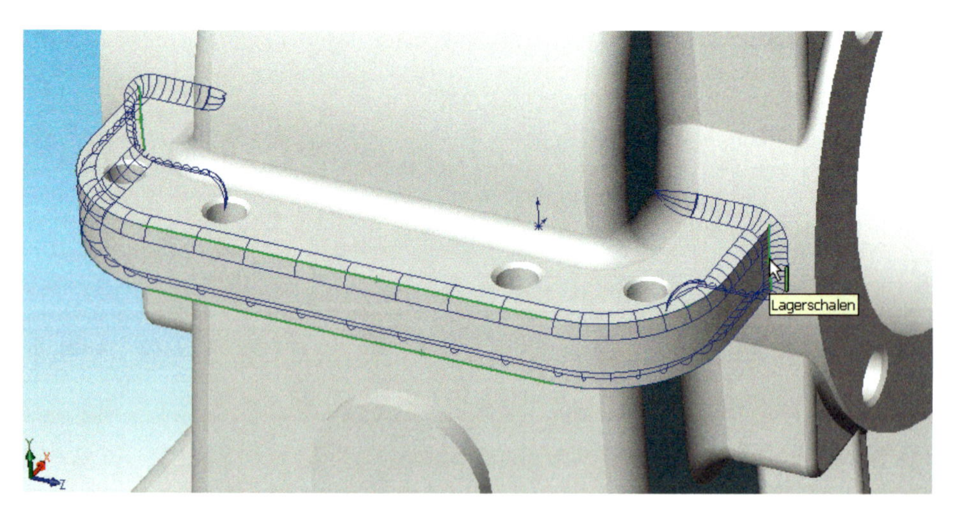

Bild 9.9:
Leichter als es aussieht: Die drei Kehlen können bequem mit der Tangentenfortsetzung gewählt werden, wenn man die mittlere anklickt.
In den folgenden Bildern wurde zur besseren Unterscheidung Blau statt Gelb als Vorschaufarbe gewählt.

Nun hatten wir für die Kehlen ursprünglich eine Verrundung von *5mm* definiert. Um dies für das aktuelle Feature nachzuholen,

- aktivieren Sie im PropertyManager das Optionskästchen *Verrundung mit mehrfachen Radien* (Abb. 9.10, untere Markierung).

Daraufhin erscheint für jede Eintragung der Auswahlliste ein Fähnchen mit Radiusbezeichnung und -Wert im Editor.

- Klicken Sie auf die Zahlenfelder eines Fähnchens, können Sie die Werte direkt eintippen.

- Die Auswahlliste *Zu verrundende Elemente* dagegen hilft Ihnen herauszufinden, **welche** Kanten geändert werden müssen: Wenn Sie dort einen Eintrag markieren, wird die zugehörige Kante durch eine dicke, gestrichelte Linie hervorgehoben (Abb. 9.10, obere Markierung).

In dieser Auswahlliste können Sie wie im Windows-Explorer mit **Strg** bzw. **Shift** und Klick mehrere Einträge zugleich auswählen.

- Ändern Sie die Radien im Editierfeld und setzen Sie sie jeweils mit der Eingabetaste fest (Abb. 9.10).

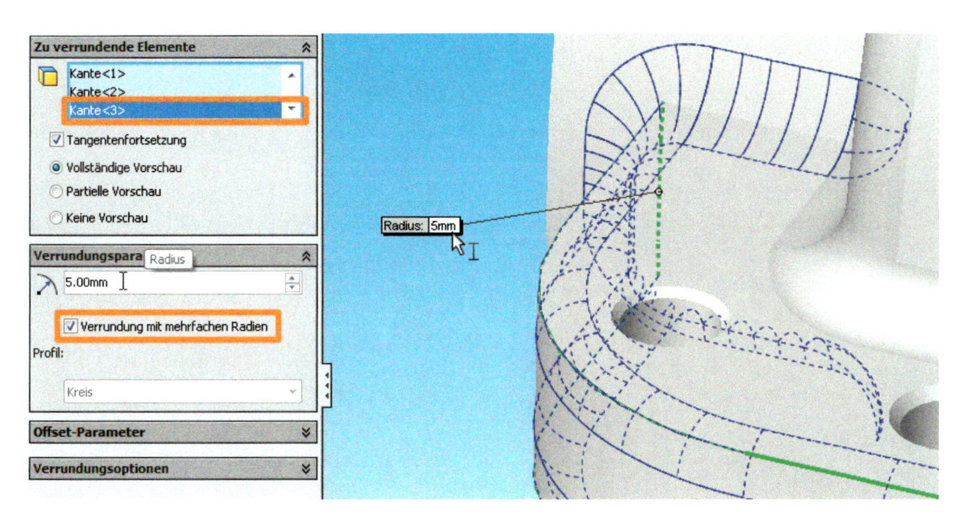

Bild 9.10:
Interaktiv:
Der im Auswahlfeld markierte Eintrag wird im Modell grün hervorgehoben.

- Korrigieren Sie die ehemals mit 5 mm verrundeten Kehlen wieder auf **5 mm**. Führen Sie dies für alle vier Ecken des Gehäuses durch. Schließen Sie dann die **Verrundung 3-5mm Dichtfläche**.

Schließlich haben Sie die Dichtfläche sauber verrundet. Auch der Übergang der verschieden großen Radien ist offenbar kein Problem (Abb. 9.11).

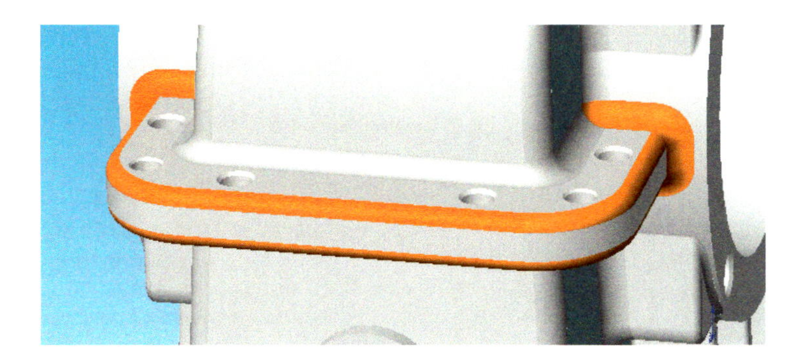

Bild 9.11:
Mehrfache Radien:
Die drei Kehlradien auf jeder Seite gehen nahtlos in die Gehäuseverrundung und den kleineren Kantenradius über.

9.2.1 Verrundung Ölablass

- Die Plateaus des Ölablasses zu beiden Seiten des Gehäuses werden an der Kehle mit **1,5 mm** verrundet. Nennen Sie das Feature **Verrundung 1.5mm Ölablass**.

Achten Sie darauf, dass die Tangentenfortsetzung nicht zwischen dem Stück auf der Montageplatte und dem auf dem Grundkörper vermitteln kann, denn diese Flächen sind nicht koplanar (Abb. 9.12, Kreis). Beginnen Sie daher mit der Wahl auf dem Grundkörper und fügen Sie dann die unteren beiden Stücke hinzu. Möglicherweise brauchen Sie mehrere Versuche, um eine gültige Verrundung zu erreichen.

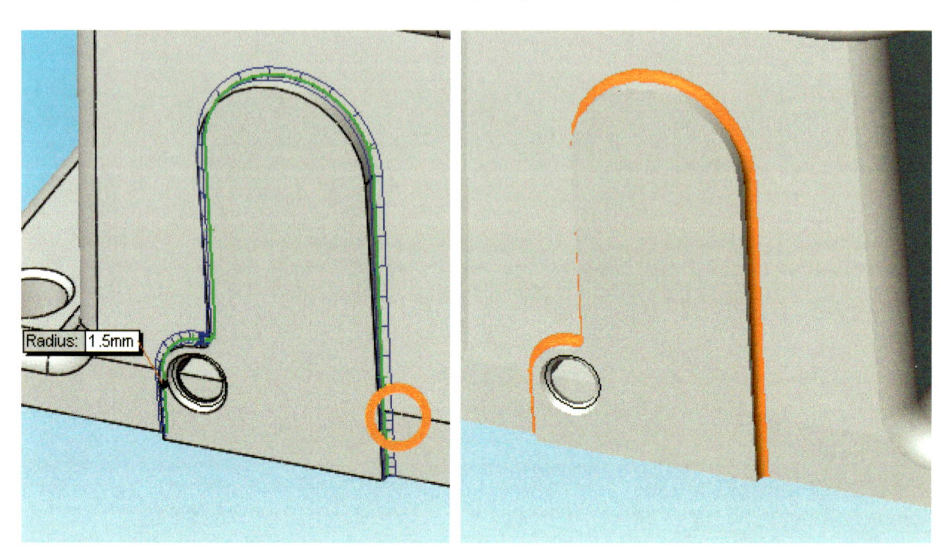

Bild 9.12:
Etwas störrisch könnte sich der Ölablass gebärden.

9.2.2 Die Handles: Reise in die Urzeit

Um diese komplex geformten Features zu verrunden, müssen wir das Gehäuse in ein Stadium zurückversetzen, in dem das *Schauloch* noch nicht existierte. Denn die Unterbrechung der Handles durch dieses Feature verhindert eine plangemäße Verrundung:

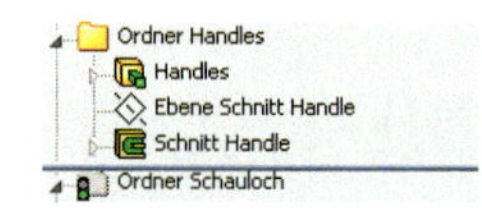

- Öffnen Sie den *Ordner Handles*. Ziehen Sie den Einfügebalken bis unter das letzte Feature dieses Ordners, *Schnitt Handle*.

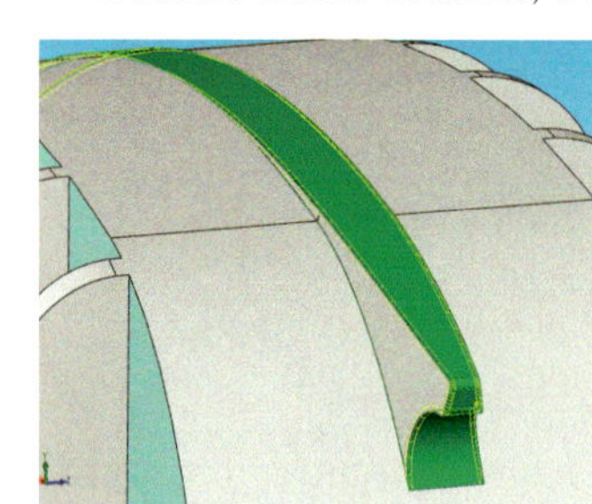

Das Schauloch und die Mehrzahl der Features verschwinden. Dafür liegen die Handles nun vollständig vor.

- Markieren Sie das Feature *Handles* im Feature-Manager und rufen Sie die Verrundung auf. Die *Handles* sind bereits in die Auswahlliste eingetragen und die Vorschau wird angezeigt. Stellen Sie den Radius auf **0.7 mm**. Nennen Sie das Feature **Verrundung 0.7mm Handles**.

Nun fehlen noch die Verrundungen der Kehlen zu beiden Seiten:

- Rufen Sie die Verrundung auf und definieren Sie einen Radius von **1 mm**. Schalten Sie die *Tangentenfortsetzung* ein und klicken Sie an den Beginn der Kehle, die in der Vorderansicht zu sehen wäre. Die Vorschau zeigt einen Kehlradius über die **gesamte** Länge der beiden Handles.

Zeigt die Vorschau keinen Radius an, so haben Sie an der **falschen Seite** angefangen. Löschen Sie die Auswahl und klicken Sie ans entgegengesetzte Ende der Kette.

- Wählen Sie dann auch die hintere Kehle. Achten Sie darauf, dass das anzuklickende Ende hier entgegengesetzt zum vorigen liegt (Abb. 9.13, Ellipsen).

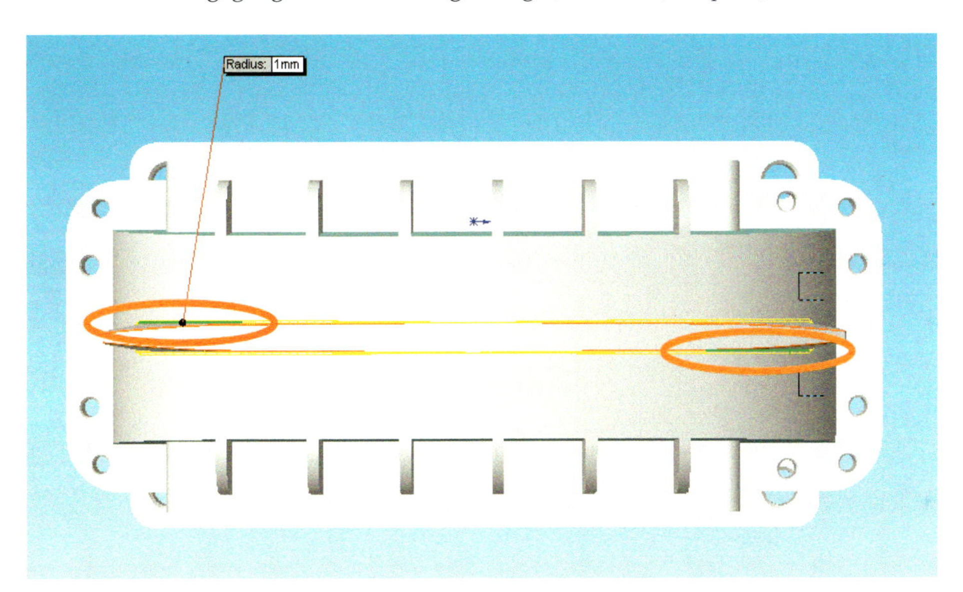

Bild 9.13:
Wahl-Verbrechen:
Die beiden anzuklickenden Enden liegen entgegengesetzt – offenbar macht die Tangentenfortsetzung Unterschiede.

- Schließen Sie die Verrundung ab und nennen Sie sie **Verrundung 1mm Kehle**. Verschieben Sie beide Verrundungsfeatures nun an den Schluss von *Ordner Handles*. Diesen können Sie dann wieder schließen und den Einfügebalken nach unten ziehen.

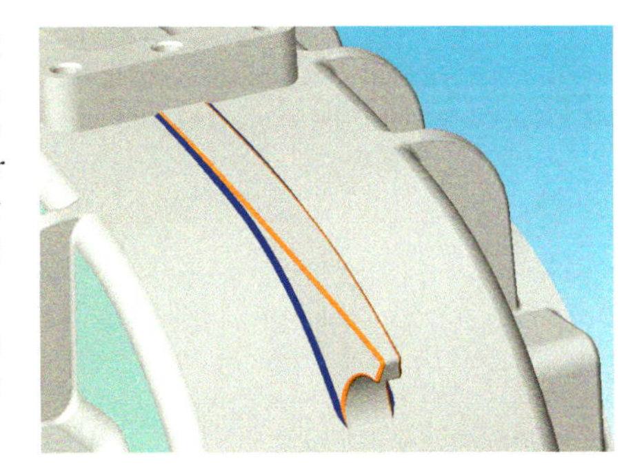

In der nebenstehenden Abbildung ist die Verrundung der Handles in Braun und die der Kehlen in Blau dargestellt.

9.2.3 Verrundung Schauloch

Das Schauloch zu verrunden, ist trotz des durchlaufenden Handles mit seinen Radien kein Problem:

- Definieren Sie die **Verrundung 3mm Schauloch**, indem Sie an der Längsseite der Kehle zwischen Schauloch und Gehäuse klicken.

Der Radius der Handles wird mitverrundet, so dass ein schöner Übergang entsteht (Abb. 9.14).

Bild 9.14:
Vorher - nachher:
Trotz komplexer Radienübergänge stellt die Verrundung des Schaulochs kein Problem dar.

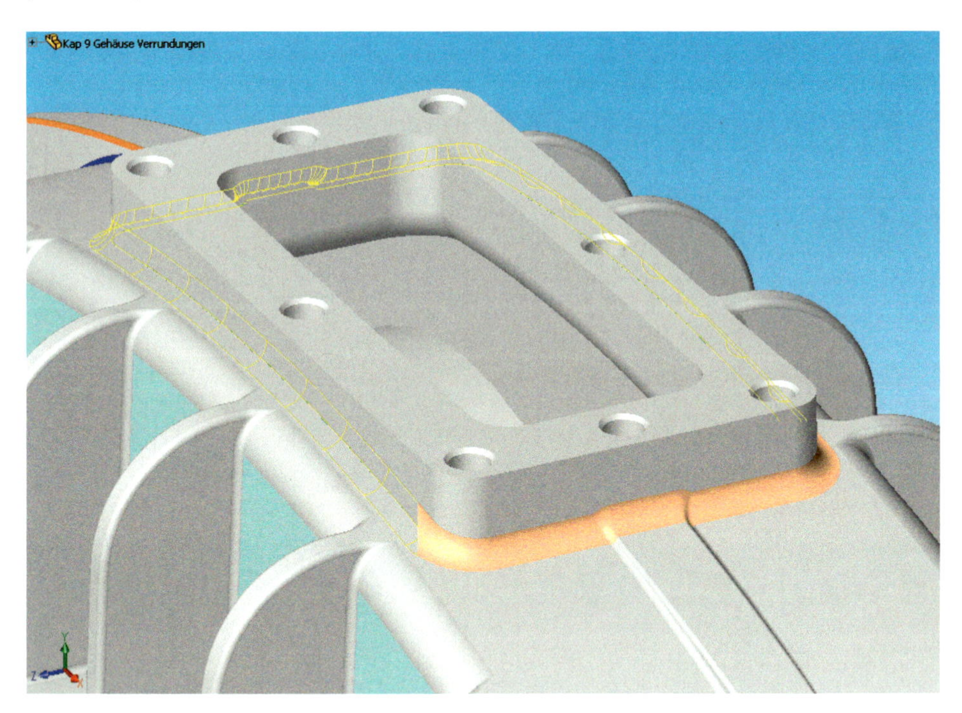

9.2.4 Ein Ordner und Performance-Fragen

Dieser Abschnitt kommt mit Absicht erst gegen Schluss des Kapitels: **er ist gefährlich**.

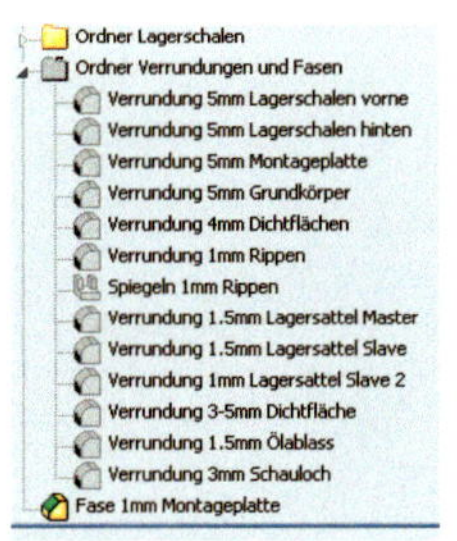

Wenn Sie für SolidWorks einen schon seit längerem neuen Computer benutzen, so wird die Performance durch die vielen Verrundungen zusehends ins Bodenlose absacken. Oben wurde gesagt, dass Verrundungen durch das bloße Unterdrücken von Elementen ungültig werden können – und das ist auch der Fall. Wenn Sie aber sicher sind, dass eine neu zu definierende Verrundung **nicht in Berührung** mit den bereits vorhandenen kommt, so können Sie sie getrost unterdrücken. Beim gegenwärtigen Stand können Sie so die Geschwindigkeit des Neuaufbaus verdreifachen:

- Speichern Sie das Bauteil.
- Erstellen Sie unter dem *Ordner Lagerschalen* einen neuen **Ordner Verrundungen und Fasen**. Ziehen Sie nacheinander alle Verrundungen hinein, die sich dort angesammelt haben. Achten Sie jedoch **peinlich genau** auf die Reihenfolge ihrer Erstellung!

- *Unterdrücken* Sie dann den ganzen Ordner.

Nun haben Sie nicht nur Zeit, sondern auch Platz im FeatureManager gewonnen.

9.2.5 Die Montageplatte: Features und Reihenfolge

Auch die Montageplatte mit ihren Rippen muss verrundet werden. Wir machen es uns diesmal leicht, auch wenn es nicht ganz risikolos ist:

- Stellen Sie das Gehäuse auf den Kopf. Öffnen Sie den *Ordner Montageplatte* und ziehen Sie den Einfügebalken bis unter das Feature *Schnitt Montageplatte*. Die Rippen verschwinden.
- Fügen Sie an den vier Schnittkanten eine Verrundung mit **5 mm** Radius ein, die Sie **Verrundung 5mm Schnitt MP** nennen (vgl. Abb. 9.15, orange).
- Ziehen Sie den Einfügebalken nun unter das Feature *Rippen Montageplatte*. Markieren Sie das gesamte Feature und rufen Sie *Verrunden* auf. Stellen Sie einen Radius von **0.5 mm** ein, aktivieren Sie *Ecken abrunden* und nennen Sie das Feature **Verrundung 0.5mm Rippen MP**.

In Bild 9.15 sehen Sie die beiden neuen Features: Die Verrundung des Schnitts ist braun, die der Rippen blau eingefärbt. Dabei sind nicht nur die Rippen selbst, sondern auch ihre Kehlungen zur Montageplatte verrundet worden. Im nebenstehenden Bild sehen Sie die neue Hierarchie im *Ordner Montageplatte*.

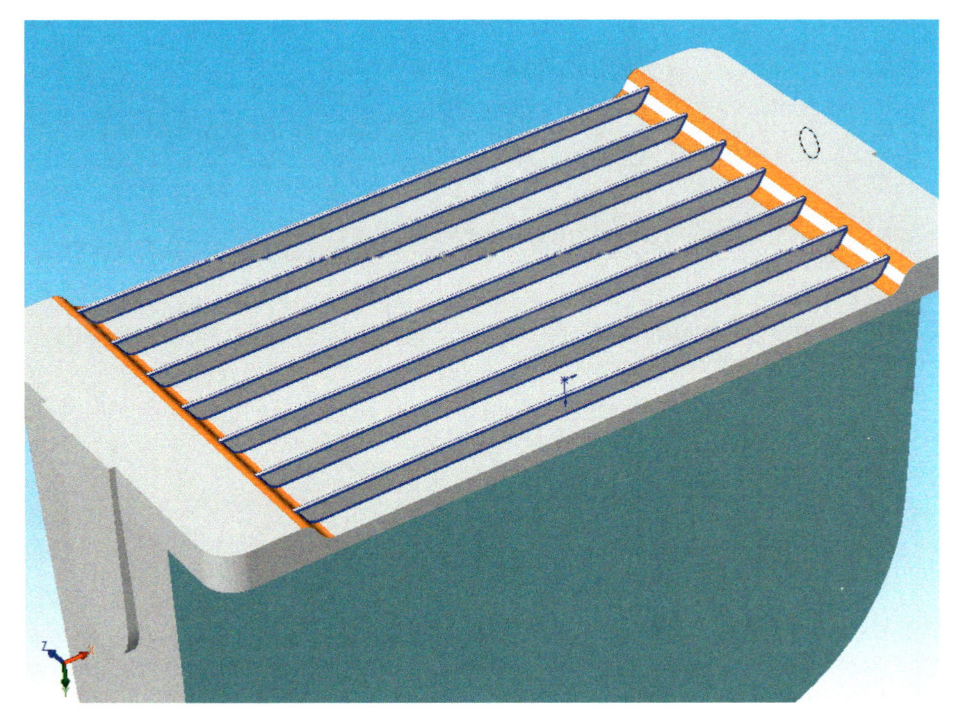

Bild 9.15:
Im Handstreich:
Die Montageplatte ist samt Schnitt und Rippen verrundet. Nur der Rand ist noch zu bearbeiten.

9.2.6 Eine Fase an der Montageplatte

Nun fehlt noch ein Abschluss für die Peripherie der Montageplatte. Wir setzen hier eine Fase ein, und da die zu brechende Kante nirgends unterbrochen ist, können wir das Feature getrost ans Ende stellen:

- Ziehen Sie den Einfügebalken ganz nach unten.

- Rufen Sie *Einfügen, Features, Fase* auf. Übernehmen Sie die Defaulteinstellung *Winkel-Abstand* sowie *Tangentenfortsetzung*. Aktivieren Sie außerdem *Features beibehalten*. Andernfalls werden Features oder Bestandteile von Mustern, die die Fase kreuzen, entfernt. Bei der *Fase* **müssen** Sie die *Vollständige Vorschau* einschalten, um die gelben Markierungen zu sehen.
- Stellen Sie die Fase auf **1 mm** bei **45°** Neigung ein. Wählen Sie dann durch Anklicken die beiden Kantenzüge nach Bild 9.16. Lassen Sie die Unterkanten der beiden Ölablass-Plateaus weg.
- Schließen Sie das Feature und nennen Sie es **Fase 1mm Montageplatte**.

Bild 9.16: Die Fase schließt die Außenbearbeitung des Gehäuses ab. Im Vordergrund ist das fertige Feature in Braun dargestellt.

Damit sind die Außenverrundungen so weit fertig. Was noch fehlt, sind zwei Verrundungen im Inneren des Gehäuses.

9.3 Sonderformen der Verrundung

Die einzigen Kanten, die wir jetzt noch abzurunden haben, befinden sich nicht an, sondern **im** Gehäuse: Dort ragen die Lagerschalen ins Innere. Die Verrundungen stellen hier wegen der Belastung durch die Lager eine konstruktive Absicherung gegen Dauerbruch dar.

Ich stelle für jede Seite eine Sonderform der Verrundung vor: die Flächenverrundung mit Haltelinie und den variablen Radius, wie ich es bei den Oberflächen versprochen habe. Doch zunächst stellen Sie eine geeignete Ansicht her, denn wir arbeiten immerhin im Inneren eines Hohlkörpers:

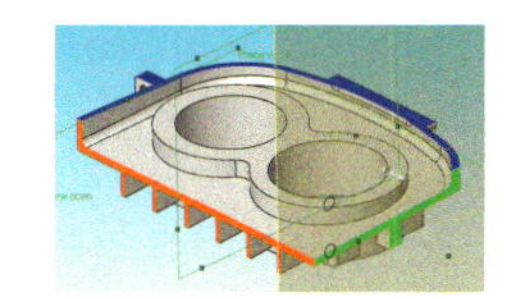

- Schalten Sie die Schnittansicht parallel zur *Ebene vorne* ein und schneiden Sie so viel wie möglich von dem Gehäuse weg, so dass die Lagerschalen gerade nicht geschnitten werden. Mit den *Schnittdarstellungen 2* und *3* schneiden Sie dann noch die rechte Wand und den Boden weg.
- *Speichern* Sie diese Darstellung unter **Schnittansicht innen**. Sie können sie dann in der Dialogbox *Ausrichtung* (**Leertaste**) jederzeit wieder aufrufen.

So gewinnen Sie den maximalen Überblick für die kommenden Schritte.

9.3.1 Flächenverrundung mit Haltelinie

Flächenverrundung bedeutet nichts, außer dass Sie statt einer Kante die beteiligten Flächen oder Flächensätze auswählen. Gleichwohl ist diese Wahlform Bedingung für die Verwendung einer **Haltelinie**. Denn wenn Sie sich die nach innen ragenden Lagerschalen genau betrachten, so stellen Sie fest, dass sie unten höher sind als oben. Mit einem konstanten Radius können wir die Zylinderflächen nicht sauber abrunden. Wir können jedoch eine Trennlinie durch die Lagerschalen legen, von der die Verrundung nach unten gezogen wird. Der Radius wird sich beständig ändern, doch der Anschluss an die Lagerschalen wird parallel zu deren Endflächen sein:

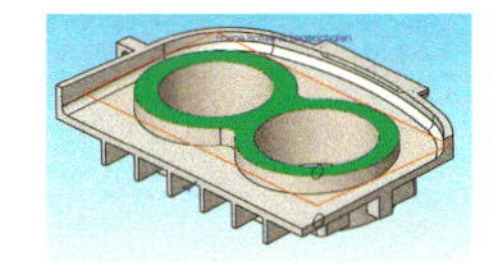

- Konstruieren Sie parallel zu den Endflächen der Lagerschalen eine **Ebene Haltelinie Lagerschalen**. Senken Sie sie um **6 mm** in Richtung der Innenwand.
- Fügen Sie auf der *Ebene oben* (!) eine neue Skizze ein und wechseln Sie in die Normalansicht, so dass Sie die Lagerschalen sehen können. Zeichnen Sie eine Horizontale *deckungsgleich* mit der *Ebene Haltelinie Lagerschalen,* die Sie nun als orangefarbige Linie erkennen können. Die Linie ist damit **genügend** definiert. Lassen Sie sie vorsichtshalber über die Silhouette der beiden Lagerschalen hinausragen (Abb. 9.17).

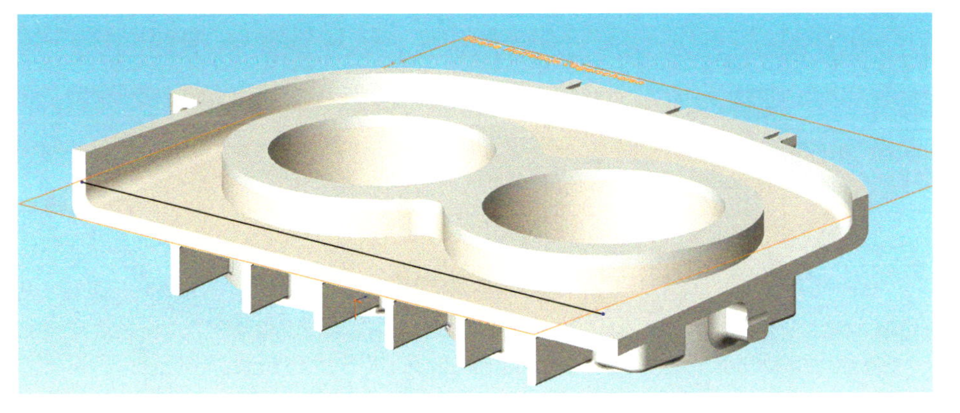

Bild 9.17:
Mit dieser Linie wird die Höhe der Verrundung bestimmt. Mit Hilfe der Ebene lässt sie sich auf und ab bewegen.

- Schließen Sie die Skizze und nennen Sie sie **Skizze Haltelinie**.
- Rufen Sie *Einfügen, Kurve, Trennlinie* auf. Wählen Sie die Trennungsart *Projektion.*

- Wählen Sie als *zu projizierende Skizze* (pink) die *Skizze Haltelinie*. Klicken Sie in der Auswahlliste *Zu trennende Flächen* (grün) die vier zylindrischen Teilflächen der Lagerschalen an. Hierzu müssen Sie das Modell drehen.
- Bestätigen Sie und nennen Sie das Feature **Trennlinie** (Abb. 9.18).

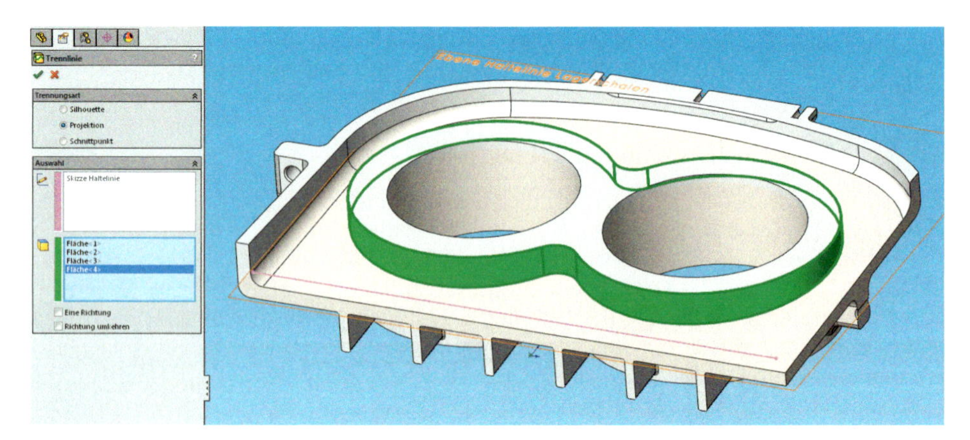

Bild 9.18:
Trennlinie:
Auch die Flächen eines Volumenkörpers lassen sich damit aufteilen.

Wenn Sie nun die Ansicht auf *Schattiert mit Kanten* umstellen, können Sie die Trennlinie der Lagerschalen sehen. Deren Flächen sind nun aufgeteilt, Sie können sie einzeln anklicken.

Rufen Sie nun die Verrundung auf. Wählen Sie als Verrundungstyp die *Flächenverrundung*. Der PropertyManager wird umgestellt.

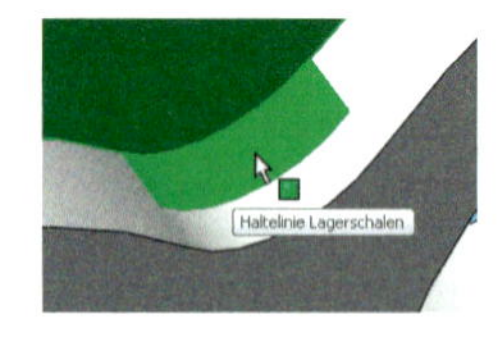

- Wählen Sie unter *Flächen-Satz 1* die vier Teilflächen **unterhalb** der Haltelinie (in Abb. 9.19 grün hervorgehoben). Als *Flächen-Satz 2* definieren Sie die Innenfläche der Gehäusewand (pink).

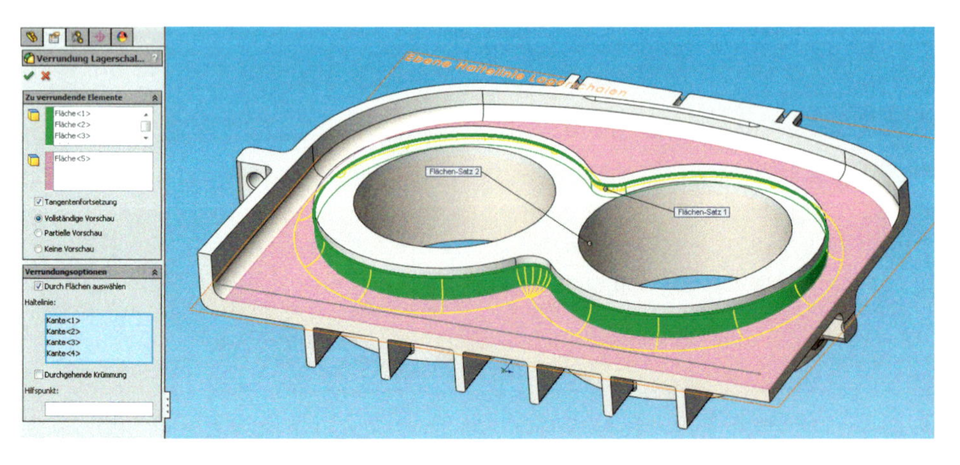

Bild 9.19:
Verrundung mit Haken und Ösen: Die Haltelinie bringt zwar etwas mehr Arbeit, doch das Ergebnis ist an Sauberkeit nicht zu schlagen.

Den folgenden Schritt benötigen Sie nur dann, wenn die gelben Vorschau-Linien der Verrundung **nicht** erscheinen:

- Klappen Sie die *Verrundungsoptionen* auf, so können Sie hier die Bestandteile der *Haltelinie* eingeben. Es handelt sich um die vier Bogen, die durch die Trennlinie auf die Lagerschalen projiziert wurden. Jetzt wird eine Vorschau der Verrundung eingeblendet.
- Schließen Sie die Verrundung und nennen Sie sie **Verrundung Lagerschalen innen**.

Das Ergebnis überzeugt: Der Radius läuft von der Haltelinie aus gleichmäßig ins Gehäuse. Durch unsere Ebenenkonstruktion können wir ihn sehr leicht ändern:

- Öffnen Sie die *Ebene Haltelinie Lagerschalen* und stellen Sie den *Abstand* auf **4 mm** ein. Bestätigen Sie dann.

Durch die Änderung werden die Skizze und mit ihr die Haltelinie hochgezogen. Der Radius vergrößert sich mit der Höhe, um die er an den Lagerschalen empor steigen muss (Abb. 9.20).

Bild 9.20:
Saubere Sache:
Der Verrundungsradius ändert sich, um die Bedingung der Haltelinie erfüllen zu können. Links berührt er fast den Radius der Innenwand.

- Heben Sie nun die Ebene auf **3 mm** an. Sie erhalten eine Fehlermeldung. Machen Sie diese Aktion dann rückgängig.

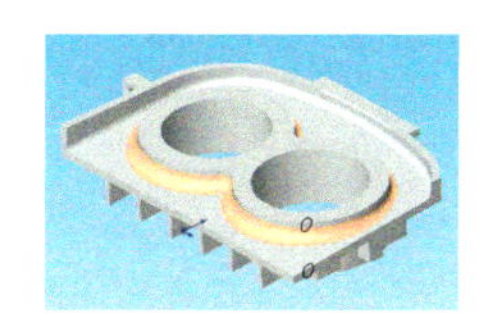

Klar, dass gerade **diese** beiden Radien nicht verschnitten werden können, denn sie gehören zu verschiedenen Volumenkörpern: Der Radius der Innenkante wird vom *Innenkörper* gebildet, dem Subtrahenden unserer *Wand*-Kombination.

9.3.2 Variable Radien: Vollkommene Freiheit, vollkommenes Chaos

Wenn Sie sich nicht von derlei Einschränkungen behindern lassen wollen, können Sie einen variablen Radius definieren. Diese Option birgt allerdings auch die meiste Arbeit, wie Sie noch sehen werden.

- Wenden Sie sich mit Hilfe der Schnittansicht nun der anderen Lagerschale zu, indem Sie die *Schnittdarstellung 1* auf deren Endfläche legen oder sie einfach *umkehren*. Die anderen Einstellungen können Sie auf ihrem gegenwärtigen Status belassen. Speichern Sie auch diese Ansicht.
- Färben Sie die Innenwand des Gehäuses und die Endfläche der Lagerschalen in dunklem Grau, so dass die Voransicht besser zu erkennen ist.
- Definieren Sie eine Verrundung mit dem Verrundungstyp *Variabler Radius*. Setzen Sie als Radius **5 mm** fest. Schalten Sie die *Tangentenfortsetzung* aus und klicken Sie rundum die vier Teilkanten der Lagerschalen an (Abb. 9.21).

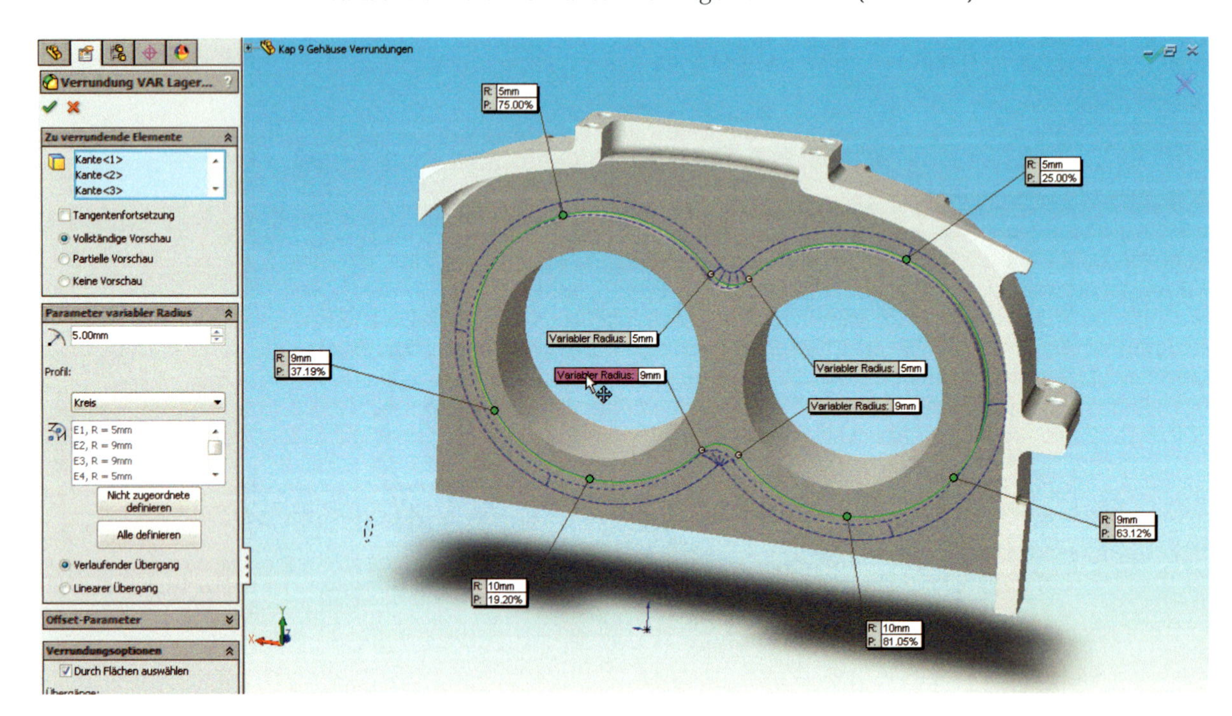

Bild 9.21:
An dieser Stelle macht der variable Radius Sinn, da auch die beteiligten Elemente variabel sind.

- Es wird noch keine Vorschau eingeblendet, da die Kanten im Fenster *Parameter variabler Radius* noch nicht festgelegt sind. Ändern Sie dies, indem Sie auf die Schaltfläche *Nicht zugeordnete definieren* klicken.

9.3.2.1 Die Werkzeuge

- Klicken Sie auf die einzelnen *Parameter* des *variablen Radius* im Auswahlfeld *Angefügte Radien* (Abb. 9.22).

Im Editor wird das Fähnchen des betreffenden *Eckpunktes* in Pink angezeigt. In diesem Auswahlfeld sehen Sie stets **alle** Eckpunkte des variablen Radius. Jeder dieser mit *E<n>* benannten Punkte definiert ebenso das **Ende** der einen wie auch den Anfang der nächsten Kante.

- Klicken Sie nun im obersten Auswahlfeld, *Zu verrundende Elemente*, auf eine der *Kanten*.

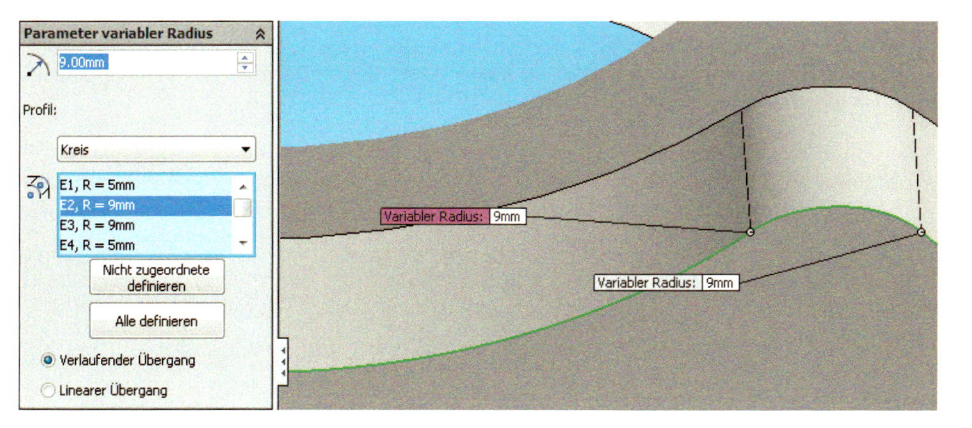

Bild 9.22:
Die Eckpunkte *E* kennzeichnen die Bogenstücke des variablen Radius.

Daraufhin wird einer der vier **Bogen** mit der bekannten dicken grünen Linie hervorgehoben. Sie erkennen außerdem drei kleine rosa Punkte auf der Linie. Dies sind die *Steuerpunkte*, mit der die Linie weiter in Radienbereiche unterteilt wird. Defaulteinstellung ist, dass sie auf *25%, 50%* und *75%* der Bogenlänge verteilt sind. Die Punkte lassen sich sowohl verschieben als auch in ihrem Wert ändern. Ein derart geänderter **Punkt** wird als *P<n>* in die Liste der *Parameter variabler Radius* übernommen. Dort gibt es nun also sowohl die *Eckpunkte E<n>* als auch die *Parameter P<n>* (Abb. 9.23)

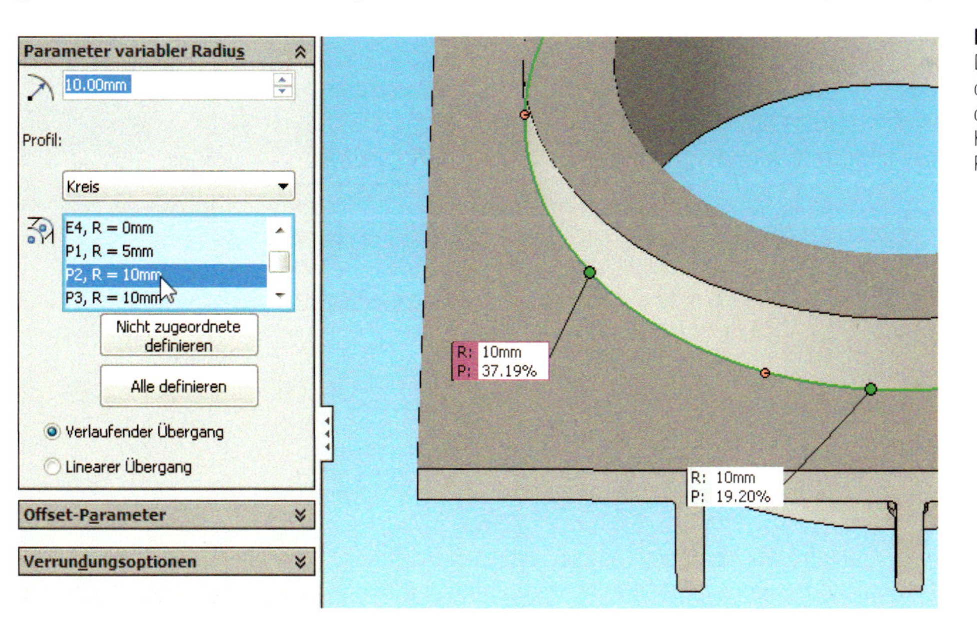

Bild 9.23:
Die Parameter *P* steuern die Verteilung und Größe der Radienwerte auf dem Kurvenzug des variablen Radius.

9.3.2.2 Der Radius der Lagerschalen

Die folgende Anleitung geht davon aus, dass Sie in der Frontalansicht gesehen zunächst den linken Bogen wählen und sich von dort gegen den Uhrzeigersinn voran arbeiten. So sind die großen Bogen als *Kante 1* und *Kante 3* definiert, die beiden kleinen als *Kante 2* und *Kante 4*.

- Wählen Sie nun mit der **Strg**-Taste die Parameter *E2* und *E3* aus und stellen Sie einen Radius von **10 mm** ein. Bestätigen Sie mit der Eingabetaste. Die untere Hälfte des Radius steigt merklich an.

Nun ist der Bogen des Radius auf der Lagerschale verzerrt. Wir müssen also die Steuerpunkte editieren:

- Klicken Sie auf *Kante 1* im oberen Auswahlfeld. Die drei Steuerpunkte werden eingeblendet.
- Klicken Sie auf *P1* bei *75%* und geben Sie **5 mm** als Radius ein.
- Ziehen Sie *P2*, den Punkt auf *50%*, am Bogen entlang auf **37%** und definieren Sie einen Radius von **9 mm**.
- *P3* auf *25%* ziehen Sie auf **19%** und verleihen ihm einen Radius von **10 mm**.
- Markieren Sie *E2* und *E3* und senken Sie sie auf **9 mm** (Abb. 9.24, linke Hälfte).

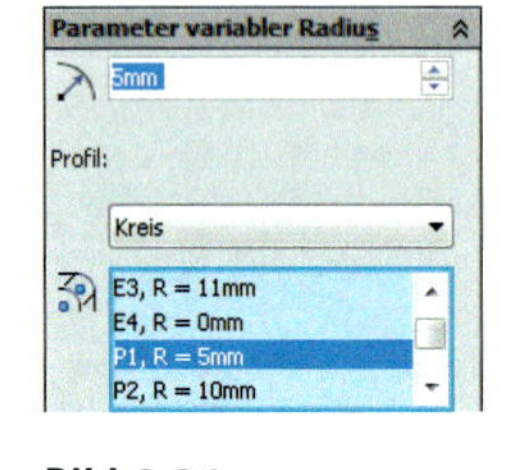

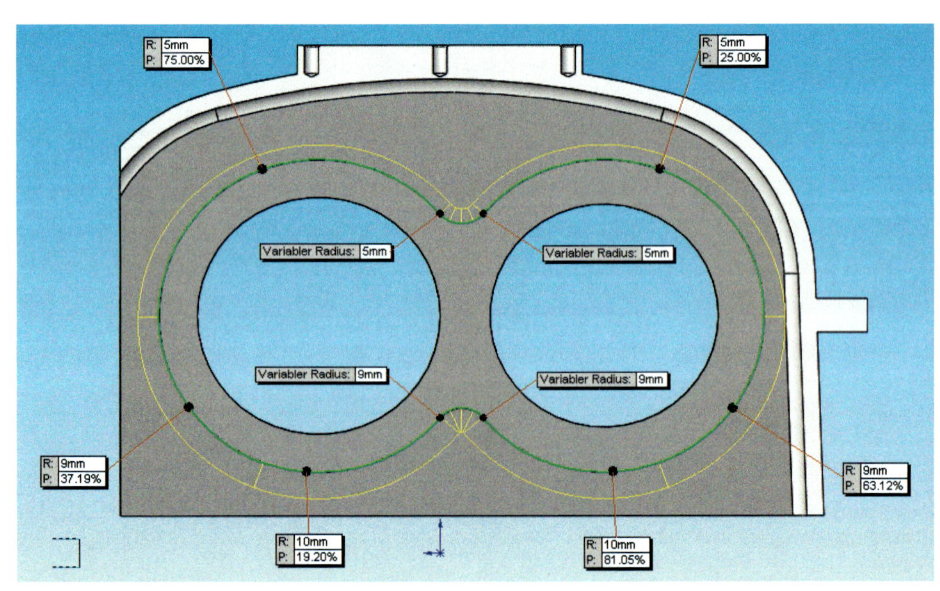

Bild 9.24: Chronik eines angekündigten Schattens: Mit insgesamt zehn Punkten wird der Radius in Form gebracht.

Nun sind noch die drei Steuerpunkte auf der rechten Seite zu editieren. Doch auf diesem Bogen sind sie entgegengesetzt verteilt, und das bedeutet, um Symmetrie zu erreichen, müssen Sie die Prozentzahlen umrechnen:

- Klicken Sie auf *Kante 3* im oberen Auswahlfeld. Die Steuerpunkte des rechten Bogens werden eingeblendet.
- Aktivieren Sie *P4,* den oberen der drei Punkte auf *25%* und bemessen Sie ihn mit **5 mm**.
- *P5* liegt zwar auf *50%* wie P2, doch ihn verschieben Sie nun auf **63%**. Der Wert ist derselbe wie der des Pendants, **9 mm**.
- P6 verschieben Sie von *75%* auf **81%** und verleihen ihm einen Wert von **10 mm**.

Sie sehen an diesem einfachen Beispiel bereits, wie aufwändig die Gestaltung variabler Radien ist. Deshalb sollten Sie sie nur dann einsetzen, wenn es keine andere Möglichkeit mehr gibt.

- Bestätigen Sie das Feature und nennen Sie es **Verrundung VAR Lagerschale innen** (Abb. 9.25).

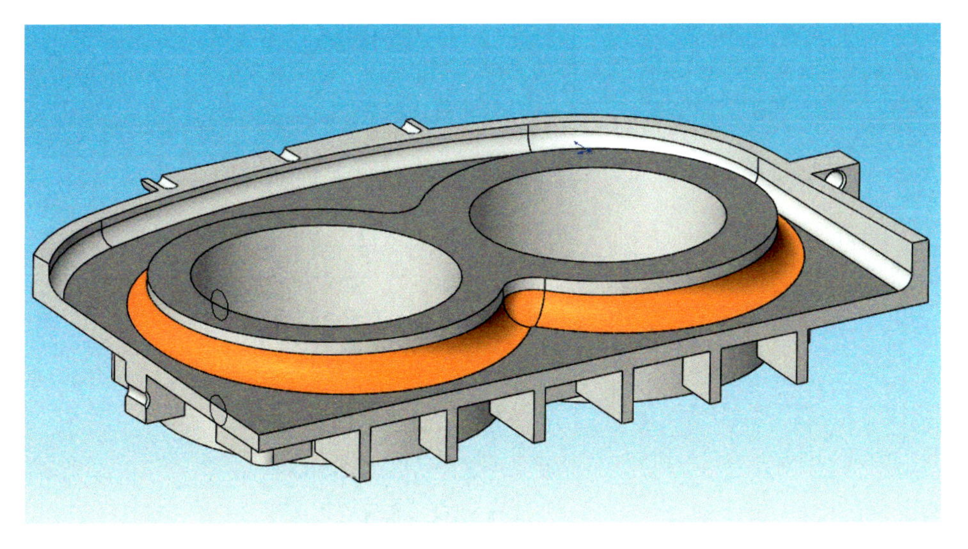

Bild 9.25:
Leidlich sauber:
Der fertige variable Radius.

9.3.2.3 Zusätzliche Probleme

Die Anzahl der Steuerpunkte können Sie auch erhöhen – aber **nur bei Erstellung** eines variablen Radius. Nur dann nämlich weist das Fenster *Parameter variabler Radius* ein weiteres, etwas unglücklich benanntes Editierfeld namens *Anzahl der referenzierten Kopien* auf.

Wenn Sie das Feature ein zweites Mal öffnen, ist dieses Feld verschwunden: Benötigen Sie mehr Steuerpunkte als Sie haben, müssen Sie den Radius wohl oder übel neu erstellen.

Die Auswahlmöglichkeit des *Erstellungstyps* haben Sie ebenfalls nur bei Erstellung einer Verrundung. Dies betrifft jedoch nicht nur den variablen Radius, sondern alle Typen. Auch hier müssen Sie im Zweifelsfall von vorne anfangen.

9.4 Abschlussarbeiten

Damit sind wir mit dem Gehäuse soweit fertig. Wir müssen es noch teilen und die Bohrungen des Lagersattels anbringen, doch das wird wenig Zeit in Anspruch nehmen. Stellen Sie nun die Ausgangsansicht wieder her:

- Beenden Sie die Schnittansicht.
- Heben Sie die Unterdrückung des Ordners *Verrundungen und Fasen* wieder auf und verschieben Sie noch die restlichen Radien dort hinein.
- Blenden Sie alle Skizzen und Ebenen aus. Damit erhalten Sie den Anblick nach Abb. 9.26.

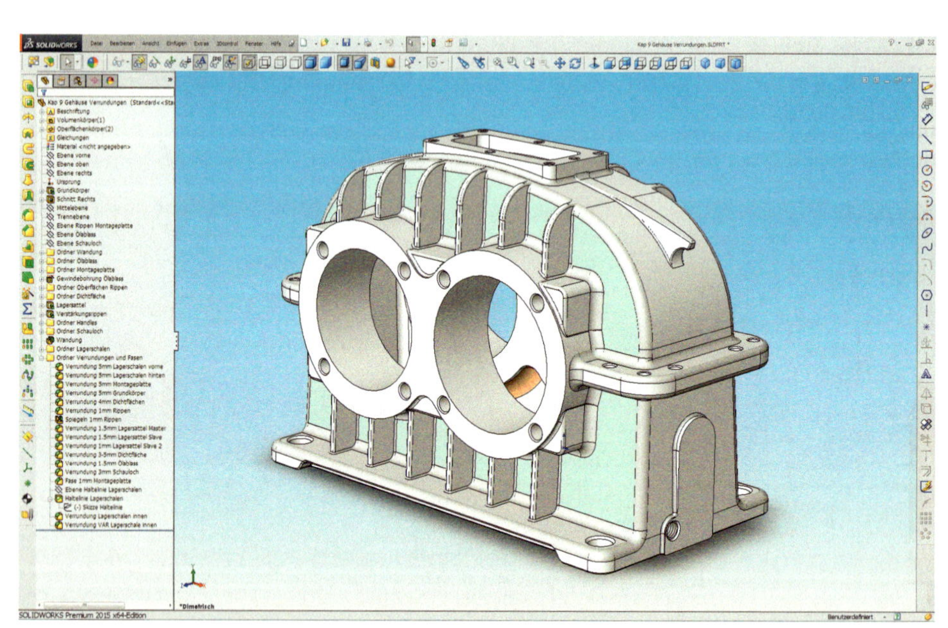

Bild 9.26: Der Prototyp: Bis auf die Teilung ist das Gehäuse fertig. Der FeatureManager wirkt aufgeräumt, trotz der Vielzahl an Einträgen.

9.5 Ausblick auf kommende Ereignisse

Das Schlimmste ist überstanden. Die noch fehlenden Einbauteile wie Wellen, Zahnräder, Lager und Schrauben sowie die Anbauteile Schaulochdeckel und die vier Lagerdeckel sind im Vergleich zu diesem Monstrum im Nu erstellt. Danach können wir uns dem Zusammenbau widmen – und natürlich der Darstellung einer technischen Zeichnung.

9.6 Dateien auf der DVD

Die Datei zu diesem Kapitel finden Sie auf der DVD unter dem Namen KAP 9 GEHÄUSE VERRUNDUNGEN.SLDPRT im Verzeichnis \GETRIEBE.

10 Lager, Welle, Schaulochdeckel

Das reiche Innenleben eines Getriebes

Nach fünf Kapiteln Gehäusebau fragen Sie sich bestimmt, ob denn auch noch etwas in das Getriebe ***hinein*** *kommt. Dieses Kapitel gibt die Antwort: Wir bauen Wellen, Zahnräder, Verschlussdeckel. Und wir teilen endlich das Gehäuse.*

Zu einem Getriebe gehören außer Zahnrädern auch Wellen, Lager, Abstandbuchsen und Reduzierhülsen, Blinddeckel an den Wellenenden, Deckel mit Durchführung für die Wellen und mit Aufnahmen für die Wellendichtringe, ein Deckel auf das Schauloch und eine Menge Schrauben, Muttern und Stifte. Es gibt also noch viel zu tun, bis wir den virtuellen Schraubenschlüssel zur Hand nehmen.

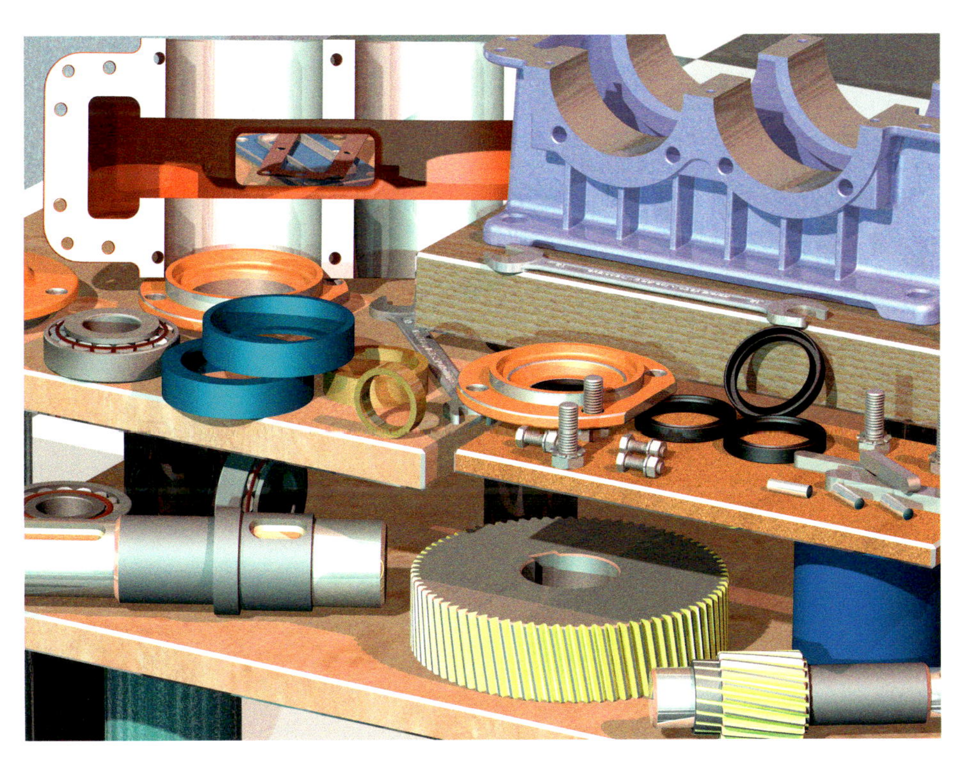

Doch *eine* der beiden Wellen haben Sie ja schon am Anfang des vierten Kapitels gefertigt. Diese definierten Sie durch einen **Rotationsquerschnitt** und gewannen nun den Vorteil, dass Sie mit einer einzigen Skizze auskamen.

10.1 Die Welle

Es gibt allerdings noch andere Methoden, eine Welle zu erzeugen. Im Folgenden werden wir eine Schrägverzahnung, die mit Getriebe-Software erzeugt wurde, zur fertigen Stirnradwelle erweitern. Hierbei wenden wir die **Stapeltechnik** an, wir fassen also die Welle als Stapel von Zylindern auf.

10.1.1 Stapeltechnik: Die Schrägstirnradwelle

Die Verzahnung der Stirnradwelle liegt als SolidWorks-Bauteil vor:

- Laden Sie die Datei KAP 10 STIRNRADWELLE 19Z 10° RECHTS von der DVD. Aus Performance-Gründen ist das *Kreismuster Zahnrad* unterdrückt, nur eine Einfräsung ist zu sehen. Dies genügt jedoch für alle Arbeitsschritte bis zum Zusammenbau. Speichern Sie die Datei im gleichen Verzeichnis wie Ihr Gehäuse unter STIRNRADWELLE 19Z 10° RECHTS FERTIG.

10.1.1.1 Die Verzahnung

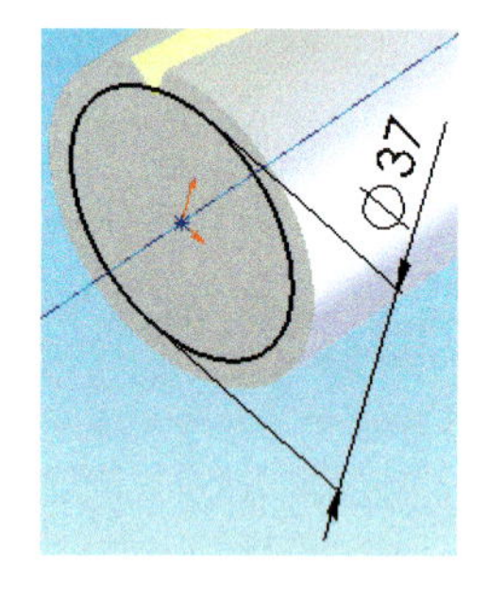

Die Austragung ist 57 mm hoch, doch die Verzahnung wird eine nutzbare Länge von nur 42 mm besitzen. Das bedeutet, wir schneiden den Grundkörper von beiden Seiten ein und berücksichtigen damit den Herstellungsprozess: Die Verzahnung wird direkt in die Welle gefräst, also müssen Ein- und Auslauf für den Fräser vorgesehen werden.

- Klicken Sie auf die linke Endfläche und fügen Sie eine Skizze ein.
- Zeichnen Sie einen Kreis *deckungsgleich* mit dem Ursprung und bemaßen Sie ihn mit **37 mm**. Nennen Sie das Ganze **Skizze Anschnitt**.
- Mit einem *Linear ausgetragenen Schnitt* und der Endbedingung *Blind* schneiden Sie diese Skizze dann **13 mm** tief in den Zahnkranz hinein. *Kehren* Sie die *Schnittseite um,* damit statt des Mantels der Kern erhalten bleibt (Abb. 10.1).

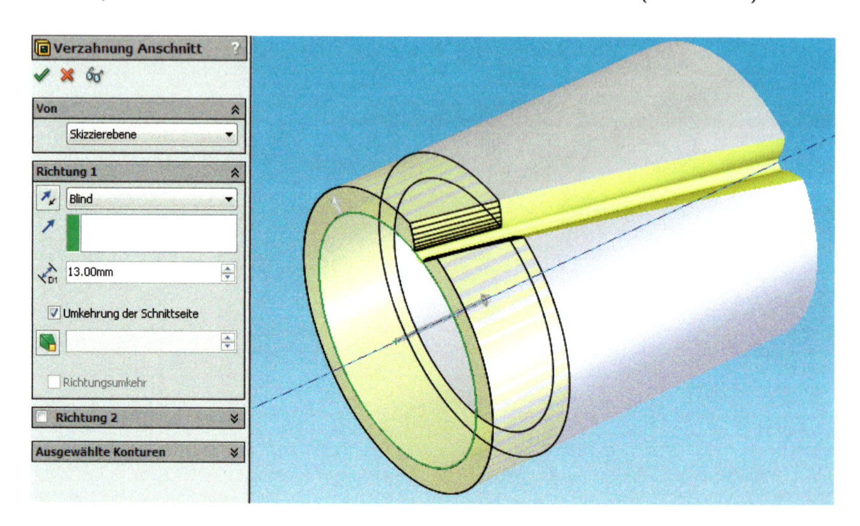

Bild 10.1: Stapeltechnik: Auch durch Schichten und Schneiden kann man eine Welle erzeugen.

Die *Umkehrung der Schnittseite* bei allen Schnitt-Features entspricht der **Boole'schen Intersektion** oder **Überschneidung**.

- Nennen Sie das Feature **Verzahnung Anschnitt**. Blenden Sie die Skizze ein.
- Fügen Sie dann auch auf der anderen Stirnseite eine Skizze ein. *Übernehmen* Sie die *Elemente* von *Skizze Anschnitt,* also den Kreis. Damit ist auch diese Skizze fertig gestellt, Sie können sie schließen und mit **Skizze Auslauf** benennen.
- Schneiden Sie sie mit einem weiteren *ausgetragenen Schnitt* um **2 mm** in den Zahnkranz ein. Nennen Sie das Feature **Verzahnung Auslauf**.

10.1.1.2 Der Lagerzapfen

Setzen wir den Lagerzapfen an der Blindseite an. Es handelt sich wieder um einen Zylinder:

- Fügen Sie auf der Stirnfläche des *Anschnitts* eine weitere Skizze ein. Zeichnen Sie einen Kreis *deckungsgleich* auf den Nullpunkt und bemaßen Sie ihn mit **30 mm**. Beenden Sie die Skizze und benennen Sie sie **Skizze Lagerzapfen**.
- Extrudieren Sie die Skizze als **Lagerzapfen** um **21 mm** (Abb. 10.2).

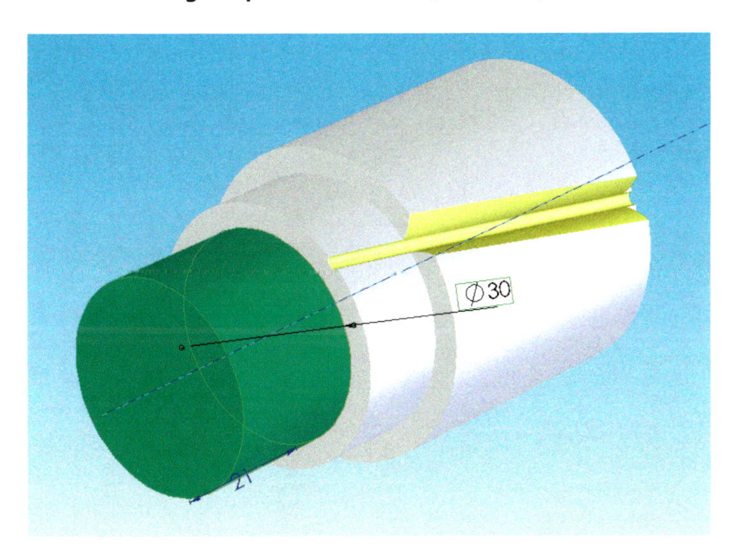

Bild 10.2: Der Lagerzapfen wird angesetzt.

10.1.1.3 Der Antriebszapfen

- Fügen Sie auf der Stirnfläche des *Auslaufs* eine Skizze ein. Zeichnen Sie einen Kreis von **30 mm** Durchmesser *deckungsgleich* auf den Nullpunkt. Nennen Sie ihn **Skizze Lager Antrieb** und extrudieren Sie ihn *blind* um **122 mm**. Geben Sie der Extrusion den Namen **Lager Antrieb**.

Nun bleibt noch ein letzter Schnitt: Wir setzen die eben erzeugte Extrusion um die Länge des Antriebszapfens ab:

- Fügen Sie auf der Stirnfläche von *Lager Antrieb* eine Skizze ein. Zeichnen Sie einen Kreis von **25 mm** *deckungsgleich* auf den Nullpunkt. Nennen Sie ihn **Skizze Antriebszapfen**.

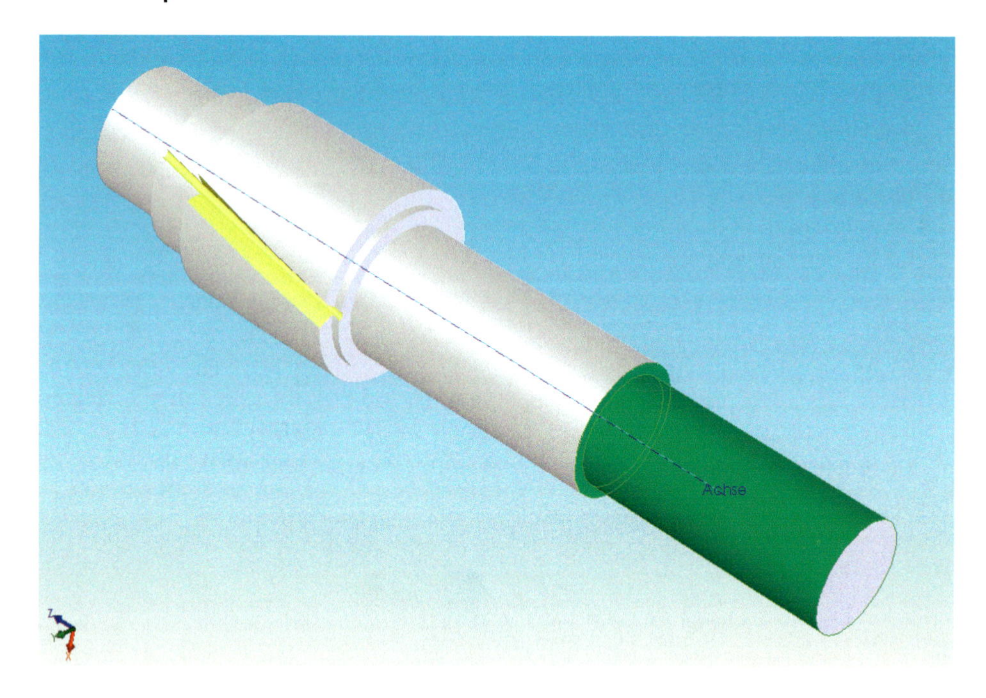

Bild 10.3:
Der letzte Absatz:
Die Welle besitzt alle Außenmaße.

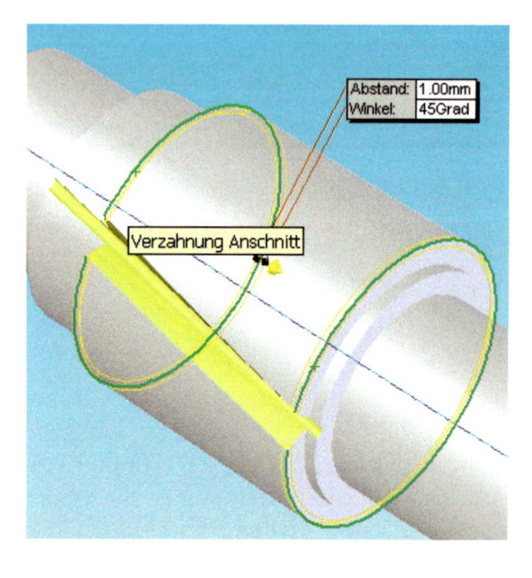

- Mit einem *linear ausgetragenen Schnitt* setzen Sie die Welle **60 mm** tief ab. Geben Sie dem Feature den Namen **Schnitt Antriebszapfen** (Abb. 10.3).

Damit besitzt die Welle alle Durchmesser und Absätze, es fehlen nur noch die Fasen:

- Fasen Sie die Kanten der Verzahnung mit **1 mm** und **45°** an. Nennen Sie das Feature **Fase 1x45 Verzahnung**.
- Fasen Sie mit einem zweiten Feature die Wellenenden und den Schnitt Antriebszapfen mit **2 mm** und **45°**. Dieses Feature heißt **Fase 2x45 Wellenenden**. Aktivieren Sie dann das *Kreismuster Zahnrad*.

10.1.1.4 Feature-Magie

Sie stellen fest, das die Fase nur an einem der Zähne angebracht wird. Durch das nachfolgende Muster-Feature ist die Kante der Fase bis auf diese Breite gekürzt worden – 18 Zähne wären also doppelt anzufasen! Doch wieder gibt es einen eleganten Ausweg: Wir verschieben die Fasen **über** die Schnitte. Dazu sind allerdings noch weitere Umstellungen nötig:

- Löschen Sie die *Fase 1x45 Verzahnung*, um die Fehlermeldungen zu umgehen. Ziehen Sie dann die Features *Verzahnung Anschnitt* und *Verzahnung Auslauf* unter den Grundkörper (vgl. Abb. 10.6).

Das Aussehen der Welle ändert sich dadurch nicht. Doch nun haben wir die Möglichkeit, die Fasen vor den Schnitten anzubringen – und sie damit gemeinsam für alle Zahnflanken zu definieren:

- Ziehen Sie den Einfügebalken unter *Verzahnung Auslauf*. Definieren Sie dann wieder die Fasen **1 mm x 45°** für die Verzahnung und nennen Sie sie **Fase 1x45 Verzahnung**. Ziehen Sie den Einfügebalken wieder nach unten.

Ergebnis: Der Zahnschnitt und das Kreismuster werden erst eingefügt, wenn die Fase erstellt ist. Damit ist die Außenform soweit fertig (Abb. 10.4).

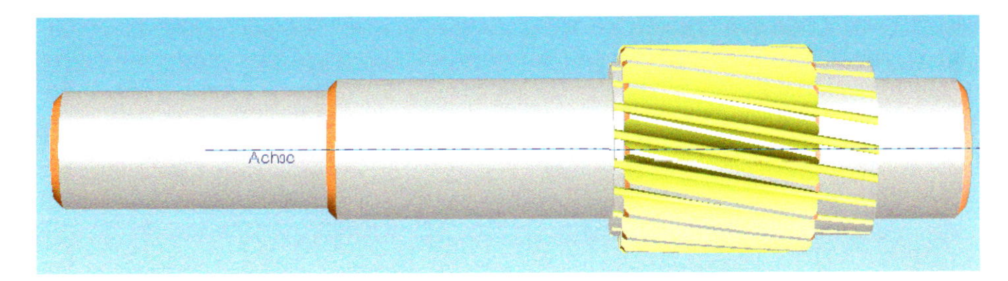

Bild 10.4:
Fertig angefast, fehlt der Welle nur noch die Passfedernut.

10.1.1.5 Die Passfedernut

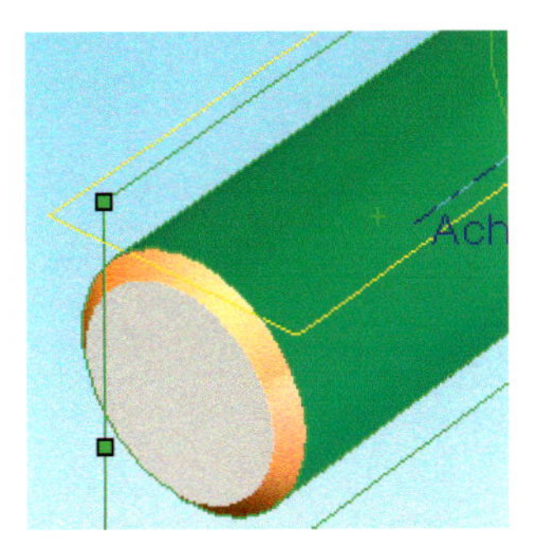

Wir brauchen allerdings noch die Passfedernut für den Antrieb:

- Legen Sie mit Hilfe der Zylinderfläche des *Antriebszapfens* und der *Ebene rechts* eine tangentiale Ebene an die Welle an.

- Erstellen Sie darauf nach altem Muster die **Skizze Passfeder** mit den Abmaßen **50 x 8 mm.** Dann schneiden Sie sie **4 mm** tief ein und nennen das Feature **Schnitt Passfeder 50x8x4** (Abb. 10.5).

Bild 10.5:
Achsensymmetrisch: Die Skizze der Passfedernut.

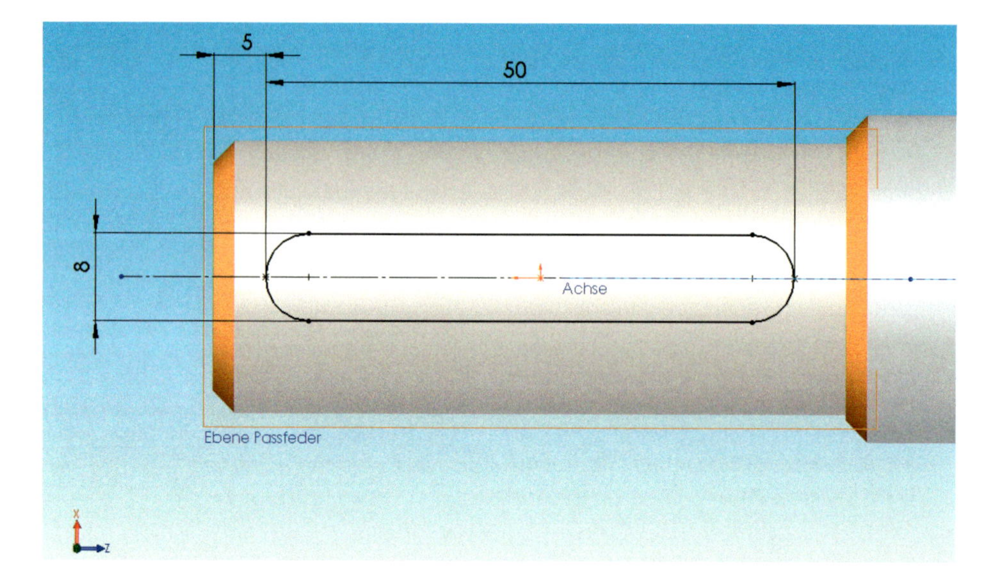

Wenn Sie sich nun den FeatureManager dieser gestapelten Welle ansehen, so sind wesentlich mehr Features darin verzeichnet als bei der Querschnitt-Methode in KAP 4 WELLE. Es wird von manchen als Vorteil angesehen, dass die Zylinder aufeinander aufbauen. Doch wenn Sie beispielsweise die Höhe von *Lager Antrieb* verändern wollen und die Gesamtlänge der Welle gleich bleiben soll, so müssen Sie **auch** *Schnitt Antriebszapfen* anpassen (Abb. 10.6).

Bild 10.6:
Pro und Contra: Die gestapelte Welle erfordert mehr Features als die skizzierte. Dafür sind die Höhen bequem über die Features einzustellen.

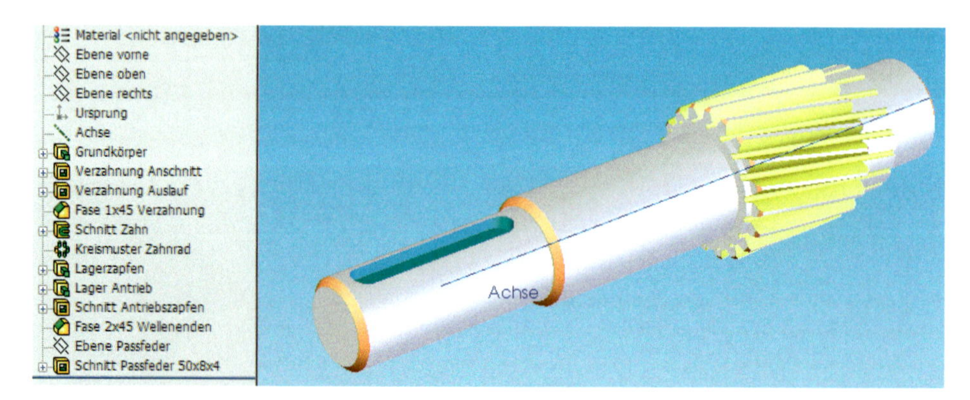

- Um das Einfügen in die Baugruppe zu beschleunigen, unterdrücken Sie das *Kreismuster Zahnrad.* Speichern Sie das Bauteil.

10.1.2 Das Schrägstirnrad

Das erste Bauteil für unser Getriebe haben wir – die zweite Welle nehmen wir einfach aus Kapitel 4. Auf dieser Welle soll später ein Stirnrad mit Schrägverzahnung befestigt werden. Dieses Zahnrad liegt ebenfalls als Fertigteil vor, wir müssen nur noch die Wellenbohrung und die Fasen anbringen.

Auch im Alltag bauen Sie Verzahnungen nicht selbst auf, sondern erstellen sie mit Hilfe einer speziellen Getriebesoftware wie *KISSSoft* oder *GearTrax*. Verfügt das Programm über kein SolidWorks-Interface, so laden Sie die Volumenkörper über die STEP-Schnittstelle.

- Laden Sie von der DVD die Datei KAP 10 STIRNRAD 77Z 10° LINKS. Sie sehen wieder nur den Grundkörper mit einem einzelnen Zahnschnitt. Das *Kreismuster Zahnrad* ist zur besseren Performance auch hier unterdrückt. Speichern Sie die Datei unter KAP 10 STIRNRAD 77Z 10° LINKS FERTIG im Verzeichnis des Getriebes.
- Ziehen Sie den Einfügebalken unter den *Grundkörper* und fügen Sie auf der *Ebene vorne* eine neue Skizze ein. Zeichnen Sie einen Kreis *deckungsgleich* auf den Ursprung und bemaßen Sie ihn mit **50 mm**.
- Zeichnen Sie eine vertikale Mittellinie auf den Ursprung und fügen Sie die symmetrische Kontur der Passfedernut nach Bild 10.7 ein. Trimmen Sie dann die beiden Kreissegmente heraus.
- Fügen Sie zur Bemaßung der Gesamthöhe je einen Punkt auf den Schnittpunkten zwischen Figur und Mittellinie ein. Bemaßen Sie die Punkte sowie die Breite der Nut, um die Skizze voll zu definieren.
- Beenden Sie die Skizze, nennen Sie sie **Skizze Wellenbohrung** und schneiden Sie sie mit einem *linear ausgetragenen Schnitt* und der Endbedingung *durch Alles* in den Grundkörper hinein.
- Fügen Sie eine weitere **Fase 45°x1 mm** an beiden Außenkanten und beiden Innenkanten des Grundkörpers ein. Nun können Sie den Einfügebalken wieder nach unten ziehen. Wenn Sie einen **leistungsstarken** Rechner benutzen, können Sie die Unterdrückung des *Kreismusters Zahnrad* aufheben. Wenn nicht, empfiehlt es sich, die Unterdrückung für das Muster beizubehalten, um die Performance der künftigen Baugruppe zu verbessern.

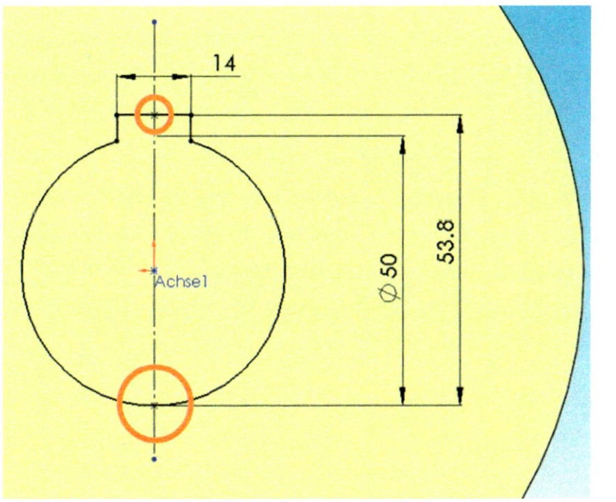

Bild 10.7:
Leichte Übung: Die Skizze der Wellenbohrung.

- Blenden Sie noch die *Skizze Helix* aus und speichern Sie die Datei (Abb. 10.8).

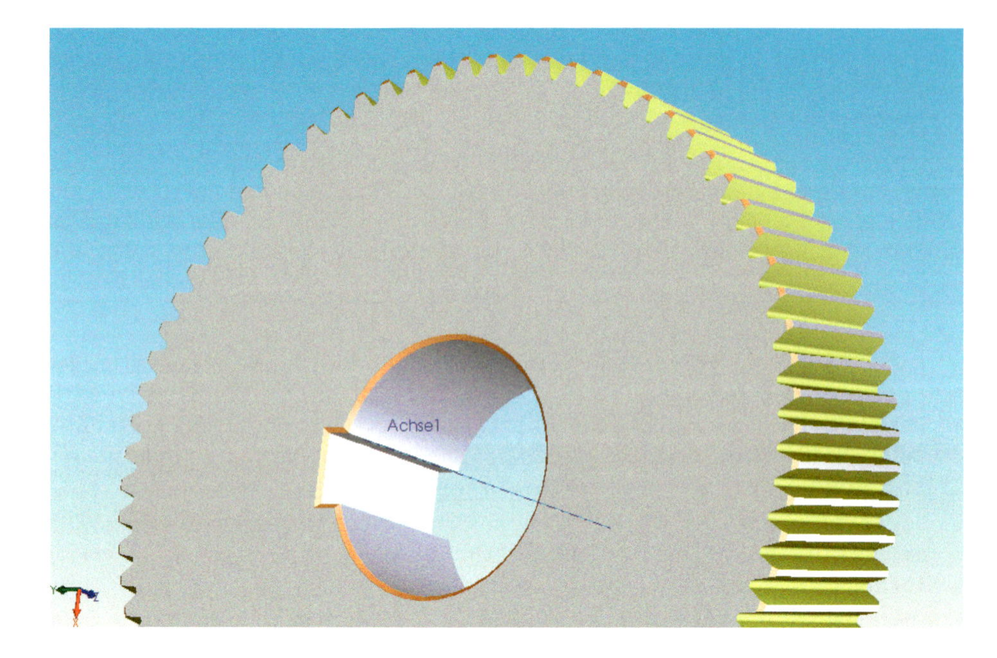

Bild 10.8: Das fertige Stirnrad mit der Aufnahme für die Welle.

Sie sehen übrigens im PropertyManager, dass die Kreismuster der Verzahnungen als **Geometriemuster** definiert sind. Diese Option ist nicht immer anwendbar, vergrößert jedoch die Geschwindigkeit des Musters und kann sie sogar vervielfachen – ein Versuch lohnt also immer.

10.1.3 Variantenkonstruktion: Die Passfedern

Für die beiden Wellen benötigen wir noch drei Passfedern. Dies sind eigentlich Normteile aus 3D-Bauteilkatalogen, aber wir können uns hier noch einmal in der Variantenkonstruktion üben, wobei wir uns an die DIN 6885 halten. Wir fertigen nur **eine** Feder an und leiten sie dann mit einer Tabelle zweimal ab:

- Öffnen Sie ein neues Bauteil und speichern Sie es im Verzeichnis des Getriebes unter dem Namen PASSFEDER.
- Zeichnen Sie auf der *Ebene vorne* die Kontur nach Bild 10.9. Wieder sollen Tangentialität und Symmetrie ausgenutzt werden – genau wie schon beim Zeichnen der Passfedernuten.

- *Modifizieren* Sie das Längenmaß und ersetzen Sie den Namen *D<n>* durch **Gesamtlänge**. Führen Sie dasselbe dann für das Breitenmaß durch und nennen Sie es **Breite**.
- Schließen Sie die Skizze und nennen Sie sie **Skizze Passfeder**. Extrudieren Sie sie dann *blind* um **5 mm** und nennen Sie das Feature **Passfeder**.

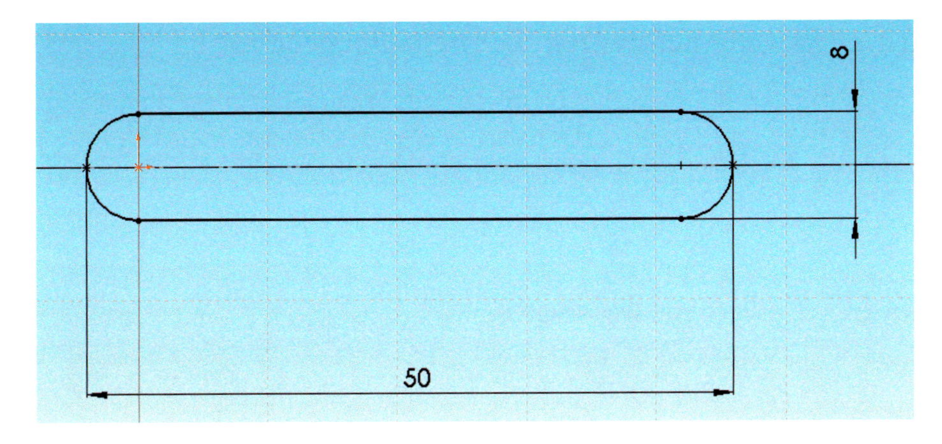

Bild 10.9: Fingerübung: Der Grundriss der Passfeder.

- Führen Sie einen Doppelklick auf das Feature aus, dadurch wird die blaue Feature-Bemaßung angezeigt. Ein Doppelklick auf diese, und Sie können sie in **Höhe** umbenennen.
- Fügen Sie nun über *Einfügen, Tabellen* eine *Tabelle* ein. Im PropertyManager wird das Feature zur Bearbeitung angeboten. Schalten Sie *Modelländerungen... erlauben* ein und deaktivieren Sie die beiden *Optionen Neue Parameter* und *Neue Konfigurationen,* denn wir benötigen nur *Gesamtlänge, Breite* und *Höhe.*

Die Tabelle wird in der *Standard*-Konfiguration eingeblendet. Ergänzen Sie sie dann um die drei neuen nach Abbildung 10.10. Die Stellung der Konfigurationen spielt dabei keine Rolle. Probieren Sie dann die Konfigurationen der Reihe nach durch.

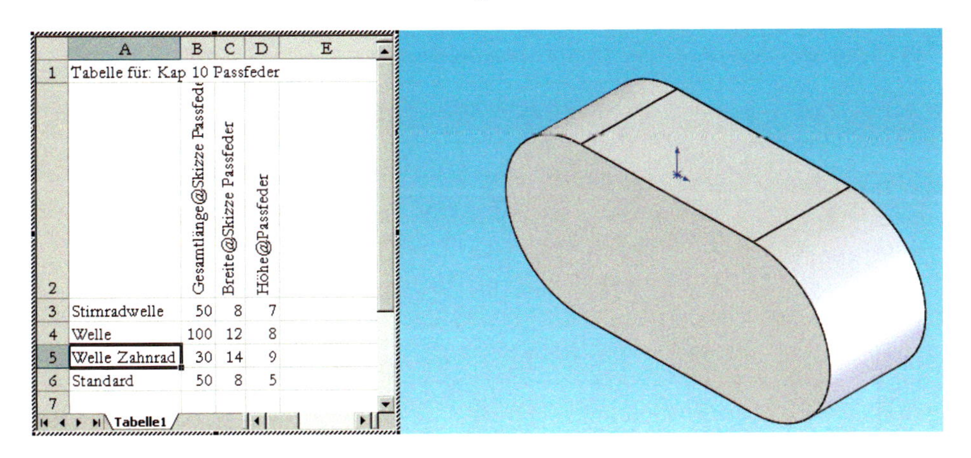

	A	B	C	D	E
1	Tabelle für: Kap 10 Passfeder				
2		Gesamtlänge@Skizze Passfede	Breite@Skizze Passfeder	Höhe@Passfeder	
3	Stirnradwelle	50	8	7	
4	Welle	100	12	8	
5	Welle Zahnrad	30	14	9	
6	Standard	50	8	5	
7					

Bild 10.10: Drei neue Konfigurationen machen dieses Bauteil universell verwendbar.

Wenn Sie dieses Bauteil später in die Baugruppe importieren, können Sie bestimmen, in welcher Konfiguration es eingefügt werden soll: Als Wellen-, als Zahnrad- oder als Stirnradwellenpassfeder.

- Speichern und schließen Sie das Bauteil und die Tabelle.

10.2 Externe Referenzen: Der Schaulochdeckel

Im Betrieb muss das Schauloch abgedichtet sein. Wir definieren einen einfachen Deckel, den wir vom Schauloch des Gehäuses ableiten. Auf diese Weise wird sich jede Änderung des Gehäuses automatisch auf den Deckel vererben:

- Öffnen Sie ein neues Bauteil und speichern Sie es unter dem Namen SCHAULOCH-DECKEL.

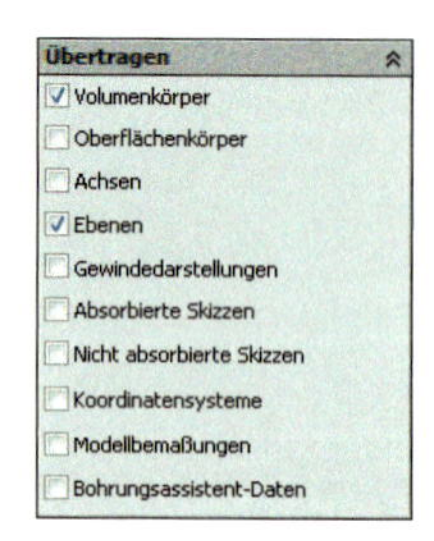

10.2.1 Einfügen des Referenzteils

Zunächst benötigen wir das **Referenzteil** selbst, in diesem Fall unser Gehäuse:

- Wählen sie *Einfügen, Teil.* Es erscheint das Dialogfeld *Öffnen.* Wählen Sie Ihr verrundetes Gehäuse oder KAP 9 GEHÄUSE VERRUNDUNGEN auf der DVD.

Zunächst wird Ihnen der PropertyManager eine Auswahl anbieten, **was alles** mit dem Modell *übertragen* werden soll, also dessen Achsen, Ebenen, Gewinde usw.

- Markieren Sie *Volumenkörper* und *Ebenen* und bestätigen Sie.

An dieser Liste erkennen Sie, dass Sie mit dem Referenzteil auch Teile seiner Historie und Parametrik übertragen können.

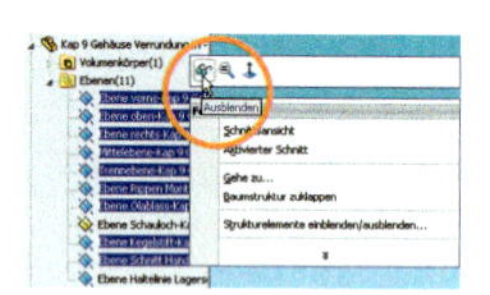

Hierauf wird das Gehäuse mit sämtlichen Ebenen eingefügt. Diese Auswahl können Sie später ändern, indem Sie aus dem Kontextmenü der externen Referenz *Feature bearbeiten* aufrufen.

- Im FeatureManager können Sie nun den Baum des Gehäuses aufklappen und alle Ebenen mit Ausnahme der *Ebene Schauloch* ausblenden (Abb. 10.11).

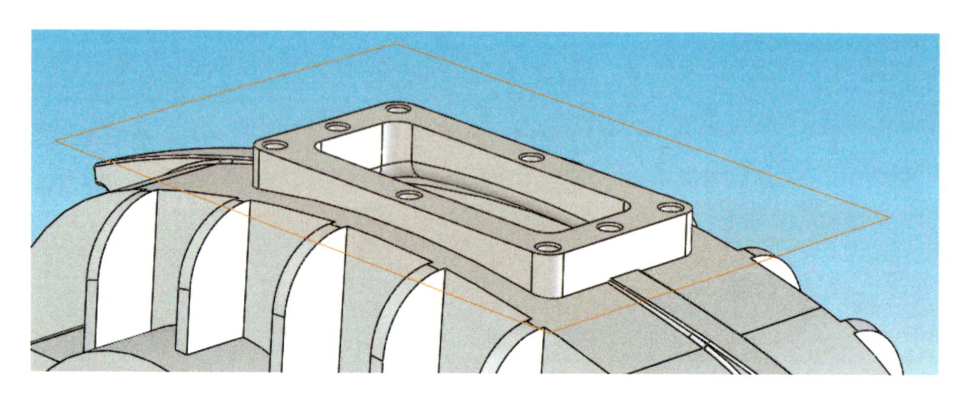

Bild 10.11:
Kaum weg, schon wieder da: Das Gehäuse, diesmal jedoch nur als externe Referenz.

Dabei handelt es sich nicht um den kompletten Hierarchiebaum, sondern nur um den *Volumenkörper* als Ganzes und die in dieser Datei enthaltenen Ebenen. Auch deren Namen wurden übernommen, erweitert um den Dateinamen. Der Baum selbst führt die Zeichen **->** im Namen, um die externe Referenz zu kennzeichnen.

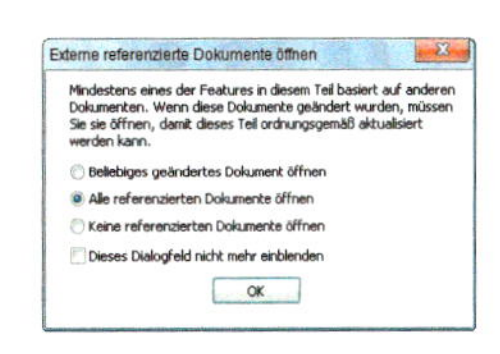

Sie haben damit eine **externe Referenz** geschaffen. Mit dem referenzierten Bauteil können Sie das aktuelle Bauteil definieren. Wenn Sie nun speichern, schließen und die Datei erneut öffnen, so erhalten Sie eine Anfrage, ob die *externen referenzierten Dokumente* ebenfalls geöffnet werden sollen. Die Einstellung *Alle* empfiehlt sich dann, wenn Sie auch am Referenzbauteil arbeiten, denn nur wenn dieses geöffnet ist, werden die Änderungen ans aktuelle Teil übertragen. Andernfalls müssen Sie das Referenzteil zur Aktualisierung laden.

Wenn Sie die Anfrage nicht wünschen, aktivieren Sie *Dieses Dialogfeld nicht mehr einblenden.* Alle abgeschalteten Dialogboxen können Sie via *Extras, Optionen, Systemoptionen,* Rubrik *Meldungen/Fehler/Warnungen* wieder aktivieren.
Einige Rubriken darüber, unter *Externe Referenzen,* können Sie die Handhabung derselben im Detail konfigurieren.

- Über das Kontextmenü der externen Referenz wählen Sie nun *In Kontext bearbeiten.* Das Bauteil wird geöffnet. Unterdrücken Sie den *Ordner Verrundungen und Fasen,* um die Performance zu erhöhen. **Speichern und schließen** Sie das Gehäuse.

10.2.2 Zeichnen der Grundskizze

- Fügen Sie auf der *Ebene Schauloch* eine Skizze ein. Markieren Sie die Außenkante des Schaulochs – Kontextmenü, *Kurvenzug auswählen* – und klicken Sie auf *Elemente übernehmen.*
- Markieren Sie die neue Kontur mit *Kettenauswahl.* Rufen Sie *Offset Elemente* auf und stellen Sie einen Offset von **1 mm** nach außen ein. Markieren Sie die Originalkontur dann *für Konstruktion* und schließen Sie die **Skizze Schaulochdeckel**.

- Extrudieren Sie diese Skizze dann um **6 mm** und **deaktivieren** Sie *Ergebnis verschmelzen.* Nennen Sie das Feature **Schaulochdeckel** (Abb. 10.12).

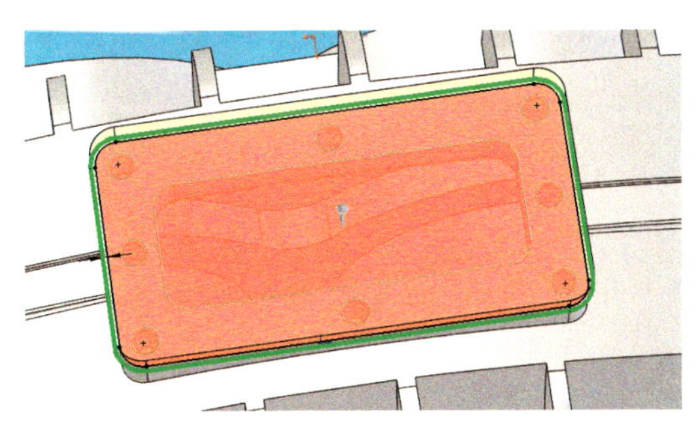

Bild 10.12:
Deckel drauf:
Der Schaulochdeckel wird direkt ans Gehäuse angepasst.

- Fügen Sie auf der Oberseite des Deckels eine Skizze ein. Blenden Sie dann über das Kontextmenü *Volumenkörper* den Schaulochdeckel aus. Nun haben Sie freie Sicht auf die Gewindebohrungen im Schauloch.

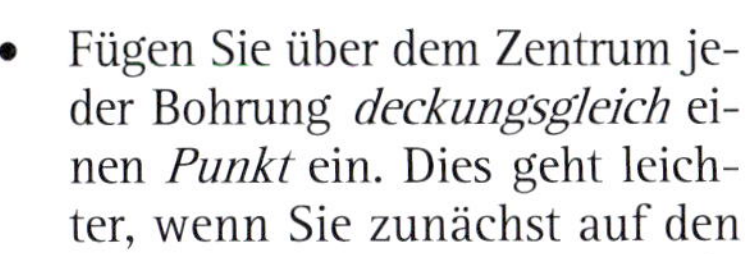

- Fügen Sie über dem Zentrum jeder Bohrung *deckungsgleich* einen *Punkt* ein. Dies geht leichter, wenn Sie zunächst auf den Lochrand zeigen, denn dadurch wird zusätzlich die Zentrumsmarkierung eingeblendet. Dann schließen Sie die Skizze, nennen sie **Bohrskizze** und blenden sie ein, ebenso wie den Schaulochdeckel.

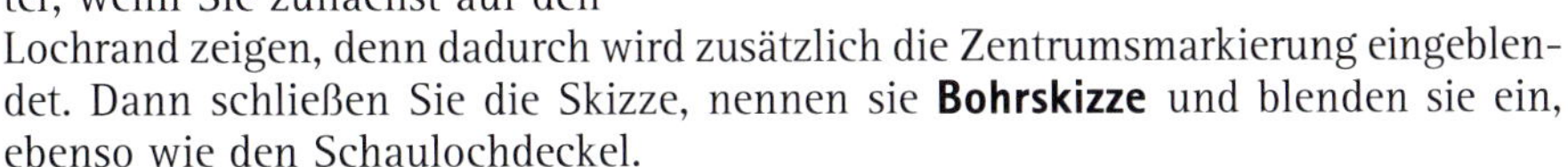

- Markieren Sie die Oberseite des Deckels und rufen Sie den *Bohrungsassistent* auf. Konfigurieren Sie eine *Bohrung,* und zwar ein *Durchgangsloch* für *M6* nach *DIN,*

Anpassung *Normal*. Als *Endbedingung* stellen Sie *Bis nächste* ein, für die *obere* bzw. *untere Formsenkung* setzen Sie **8 mm** Durchmesser bei einem Winkel von **90°** (Abb. 10.13).

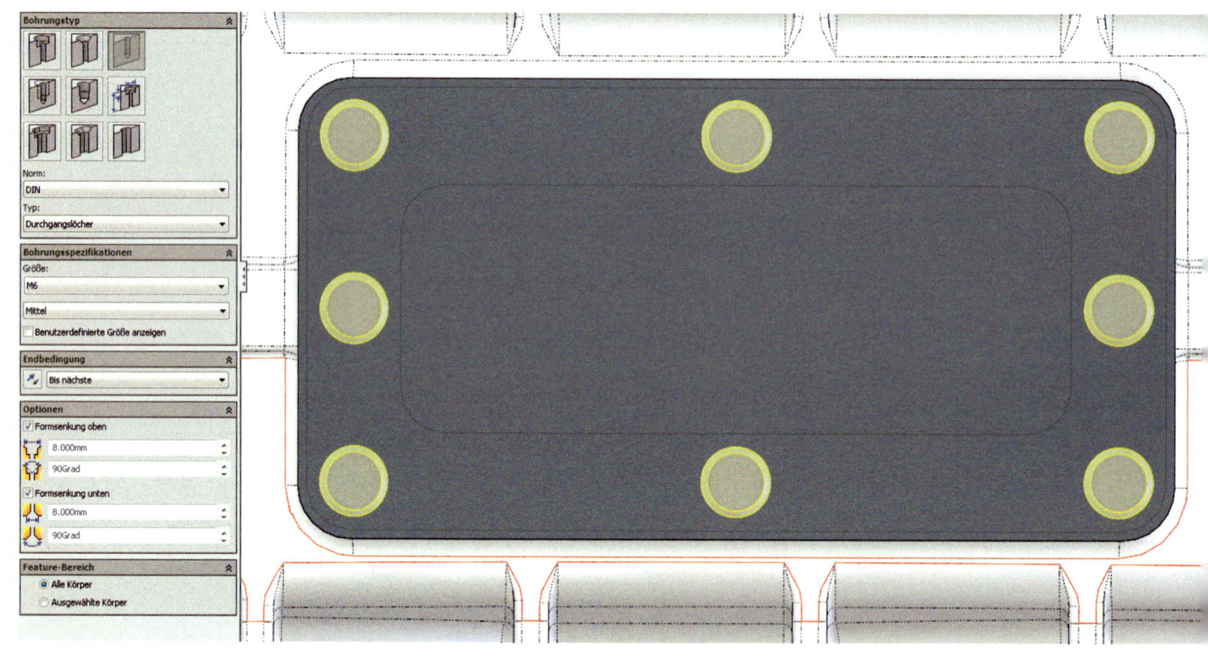

Bild 10.13:
Der Deckel wird mit Durchgangslöchern für M6 gebohrt.

- Wählen Sie die Registerkarte *Positionen*. Dann klicken Sie nacheinander auf die acht Punkte der Bohrskizze und **löschen** den einen Punkt, der durch das Anklicken der Fläche entstand. Bestätigen Sie.

Die Bohrungen werden erstellt. Da sie auf den Gewindebohrungen im Gehäuse beruhen, bleiben sie mit diesen verbunden – um die Bohrungen des Schaulochdeckels brauchen Sie sich also keine Sorgen mehr zu machen.

10.2.3 Ein Zentrierabsatz

Wenn der Deckel auf das Schauloch gesetzt wird, soll er im Idealfall zentriert werden. Allein mit den Durchgangslöchern ist dies nicht möglich, also setzen wir einen Absatz an, der genau in die Öffnung des Schaulochs passt:

- Fügen Sie auf der *Ebene Schauloch* eine Skizze ein.

Wir könnten verfahren wie bei den Durchgangslöchern vorhin, doch es gibt noch eine andere Möglichkeit:

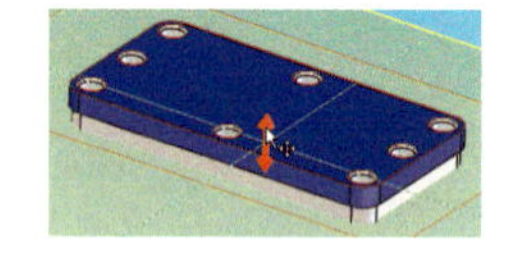

- Schneiden Sie mit Hilfe der *Schnittansicht* das Gehäuse bis knapp unter den Deckel ab. Drehen Sie die *Schnittseite* und die Ansicht, so dass Sie von unten durch das Schauloch auf den Deckelboden blicken.

- Schalten Sie den Auswahlfilter *Kanten* ein. Wählen Sie dann rundum die **Innenkanten** des Schaulochs, die durch die Aushöhlung in *Wand Schauloch* entstehen. *Übernehmen* Sie die *Elemente* (Abb. 10.14).

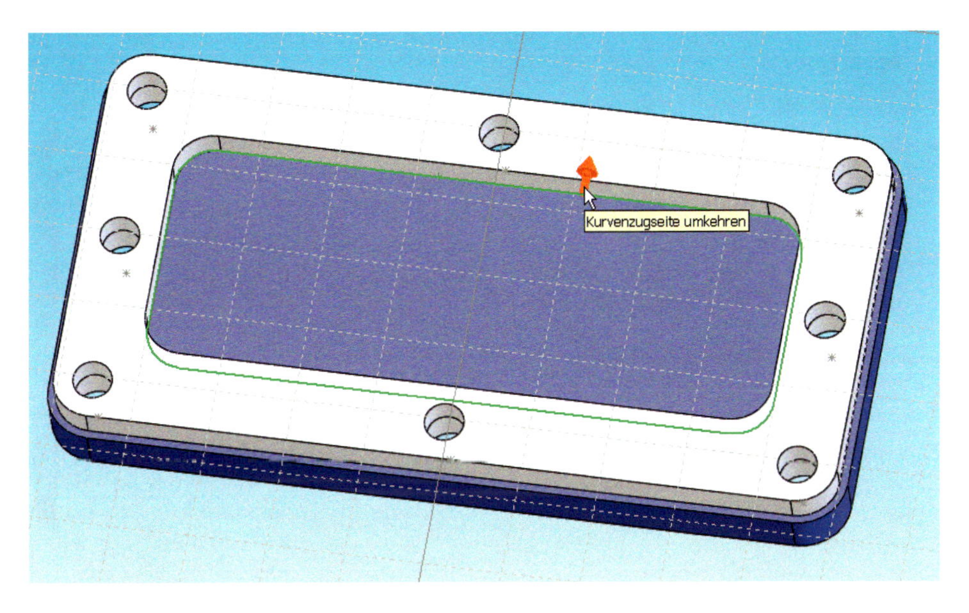

Bild 10.14:
Der Absatz wird aus der lichten Weite des Schaulochs abgeleitet. Die gesamte Kante wird durch die Option *Kurvenzug* ausgewählt.
Wenn mehrere mögliche *Kurvenzüge* existieren, wählen Sie den gewünschten über den Richtungspfeil *Kurvenzugseite umkehren* aus.

- Fügen Sie ein *Offset Elemente* von **0.5 mm** ein, wobei Sie die Richtung *umkehren,* so dass der Offset nach innen geht.
- Fügen Sie einen weiteren **Offset** mit einem Abstand von **2 mm** nach innen ein. Ausgangskontur ist bei beiden die übernommene Kante des Schaulochs (Abb. 10.15).

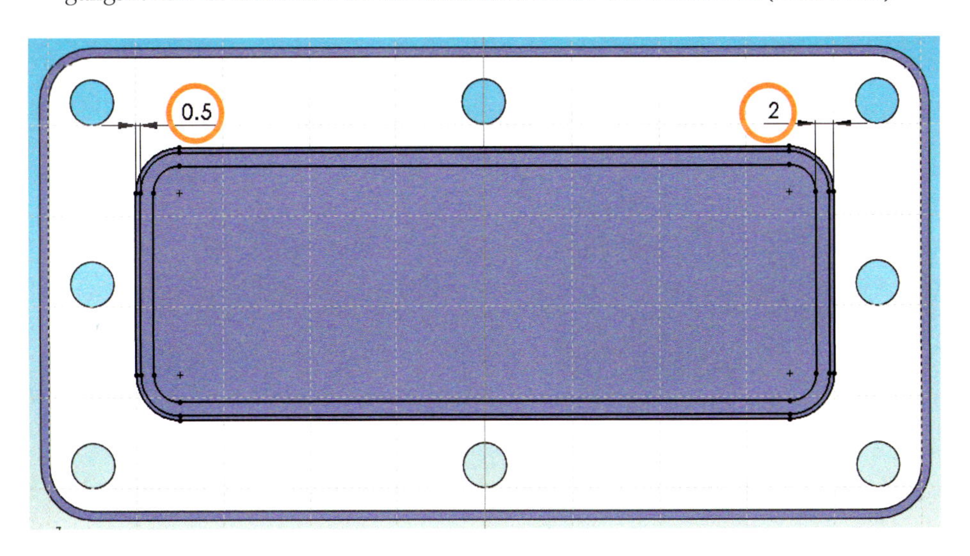

Bild 10.15:
Gleich zwei Offsetkonturen werden vom Schauloch abgenommen.

- Schließen Sie die Skizze und nennen Sie sie **Skizze Absatz**.
- Extrudieren Sie die *Kontur* **zwischen** den beiden Offsets um **3 mm** *blind* nach oben, so dass ein dünner Rand entsteht. *Verschmelzen* Sie das Feature und nennen Sie es **Absatz**.

Dieser Rand wird nun mit einer Haltelinie verrundet:

- Rufen Sie die Verrundung auf und wählen Sie den Verrundungstyp *Flächenverrundung*. Wählen Sie mit *Tagentenfortsetzung* als *Fläche 1* eine der senkrechten Wandebenen des *Absatzes* und als *Fläche 2* den von der Kontur eingeschlossenen Deckelboden.
- Öffnen Sie das Gruppenfeld *Verrundungsoptionen*. Als *Haltelinie* definieren Sie den oberen Rand des Absatzes (**Pfeil** in Abb. 10.16).

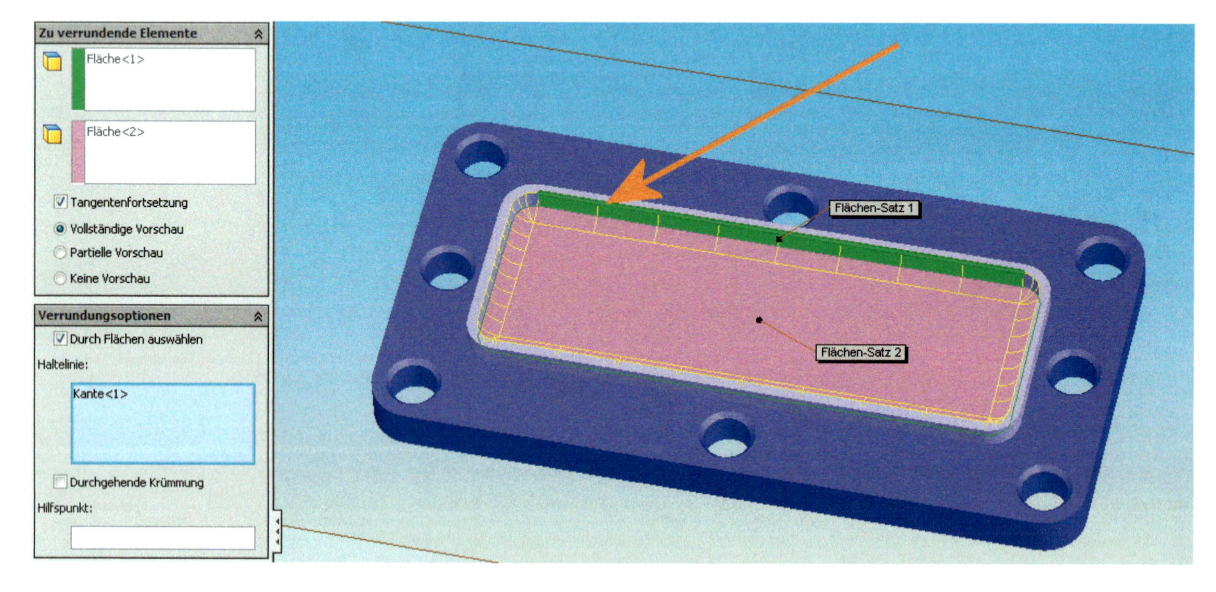

Bild 10.16: Der Absatz wird nach innen komplett verrundet. Die Haltelinie sorgt für einen perfekten Abschluss.

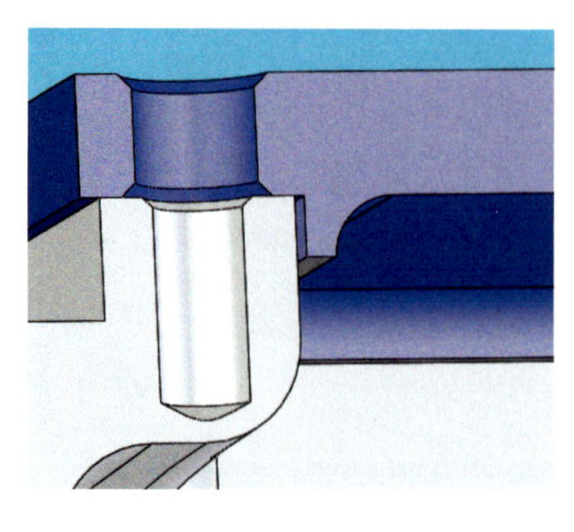

- Schließen Sie die Verrundung und nennen Sie sie **Verrundung Absatz**.

Nun prüfen Sie das Ergebnis, indem Sie das *Gehäuse* wieder einblenden und eine Schnittansicht durch den Absatz legen. Der Absatz sollte rundherum ein wenig Spiel im Schauloch haben. Verringern Sie den Offset *0,5mm* dann auf **0,25 mm**.

- Verrunden Sie die Unterkante des Deckelrandes mit **1 mm** und die Oberkante mit **1,5 mm**.

Schließlich erhalten Sie den fertigen Deckel nach Bild 10.17. Der Querschnitt durch die Längsebene ist eingeblendet.

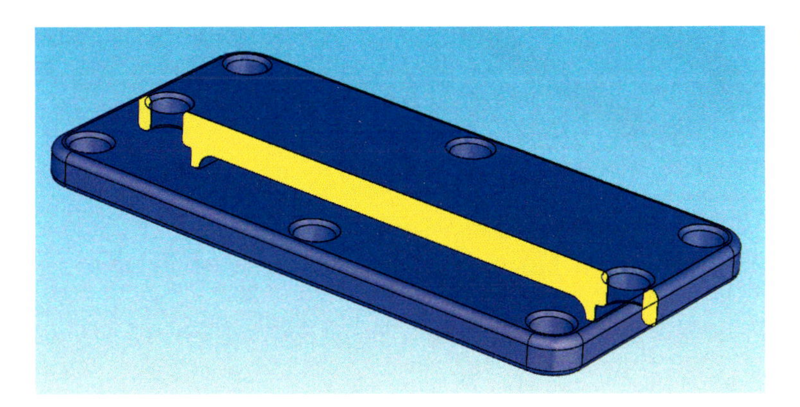

Bild 10.17: Der Schaulochdeckel. Der Querschnitt zeigt, wie die Kanten verrundet werden.

10.2.4 Die Dichtung des Schaulochdeckels

Zu diesem Deckel gehört eine Flachdichtung, die auf der Dichtfläche aufliegt. Wir leiten ihre Form vom Schaulochdeckel ab:

- Erstellen Sie ein neues Bauteil und speichern Sie es unter DICHTUNG SCHAULOCHDECKEL ab.
- Wählen Sie *Einfügen, Teil.* Als Referenzdatei bestimmen Sie diesmal SCHAULOCHDECKEL. Deaktivieren Sie im PropertyManager *Übertragen* alle Optionen bis auf *Volumenkörper* und bestätigen Sie. Gehäuse und Deckel werden als Referenzen eingefügt. Blenden Sie schließlich noch das *Gehäuse* aus.
- Fügen Sie auf der Dichtfläche des Deckels eine neue Skizze ein. *Übernehmen* Sie in der **Draufsicht** die Konturen der Dichtung **ohne** den Radius, die Kehle des Absatzes sowie sämtliche Bohrungen **mit** Fase (Abb. 10.18).

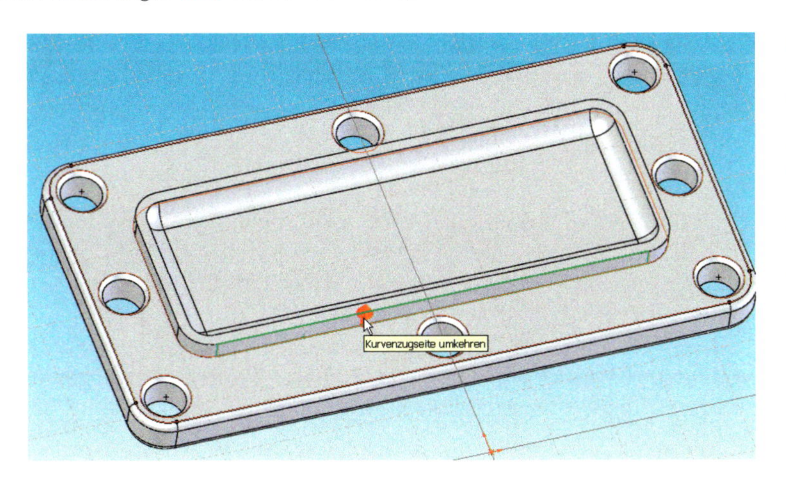

Bild 10.18: Allein die Dichtfläche bestimmt die Form der Dichtung. Fasen und Radien nehmen keinen Druck auf, also brauchen sie auch nicht abgedichtet zu werden. Im Bild ist die falsche Kurvenzugseite ausgewählt.

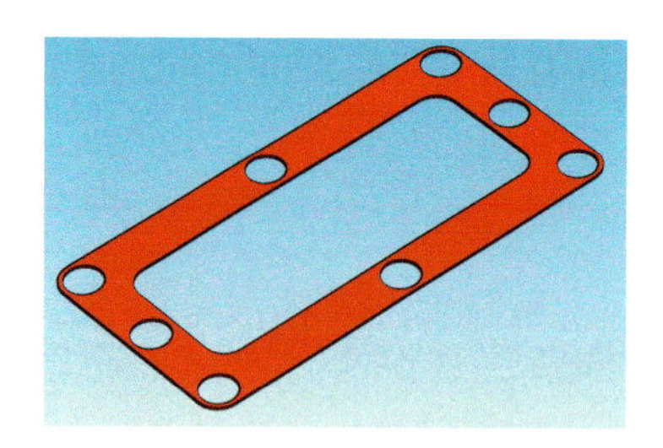

Bild 10.19:
Die fertige Dichtung. Sie ist stellenweise sehr dünn.

- Speichern Sie diese Skizze unter **Skizze Dichtung** und extrudieren Sie sie um **0,5 mm**. **Deaktivieren** Sie das Kästchen *Verschmelzen* und nennen Sie das Feature **Dichtung**.
- Blenden Sie den Deckel aus und speichern Sie die Datei (Abb. 10.19).

10.2.5 Der Vorteil der externen Referenzen

Die Dichtung ist stellenweise sehr dünn. Wir können dem abhelfen, indem wir die Breite des Dichtsaums vergrößern:

- Öffnen Sie das in Deckel und Dichtung referenzierte Gehäuse. Ändern Sie die *Skizze Wand Schauloch,* indem Sie den Abstand des Offsets von *10mm* auf **12 mm** erhöhen (Kreis in Abb. 10.20). Schließen Sie die Skizze.

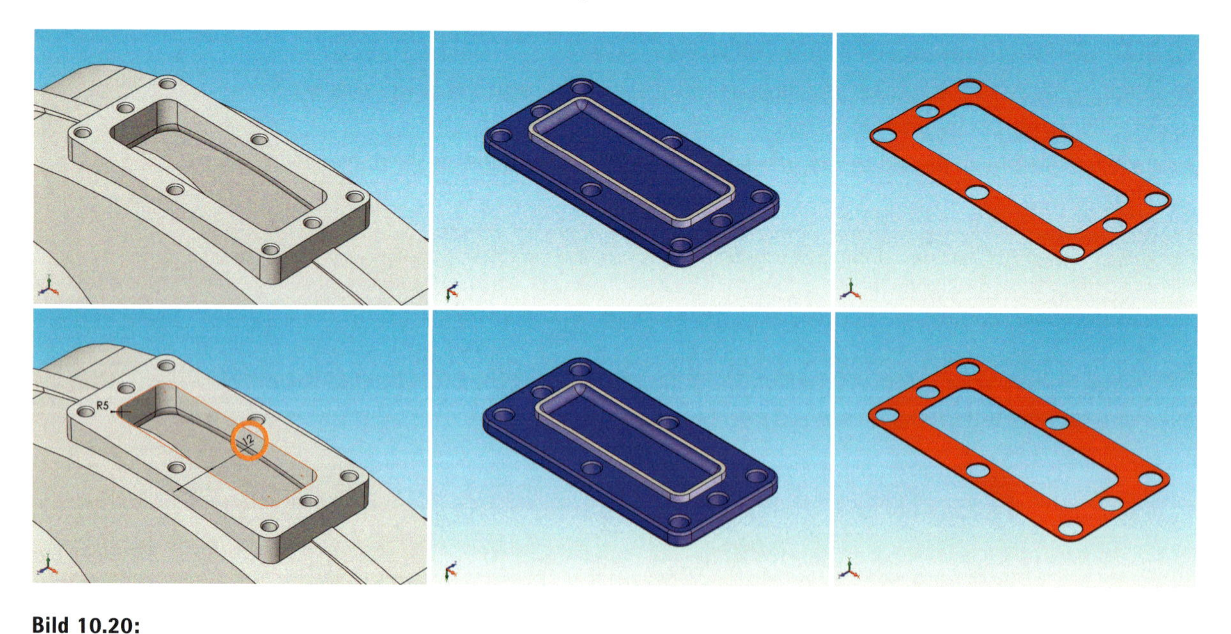

Bild 10.20:
On the fly: Sind die Elemente korrekt miteinander verknüpft, können sich Modifikationen über mehrere Dateien fortsetzen.

Wechseln Sie nun wieder zum SCHAULOCHDECKEL. Nach einer Anfrage zur Aktualisierung, die Sie bejahen, ist der Absatz kleiner geworden, dafür sind die Löcher um einen Millimeter weiter vom Rand entfernt. Ebenso die DICHTUNG SCHAULOCHDECKEL, die nun überall ausreichend Material besitzt (Abb. 10.20, untere Reihe).

Sie bemerken übrigens, dass Sie nicht speichern müssen, um eine Aktualisierung herbeizuführen. Wenn Sie die beteiligten Dateien geöffnet haben, genügt ein Umschalten zu deren Dokumentfenstern, um dies zu bewirken.

- Speichern Sie nun alle drei Dateien und schließen Sie sie.

Wenn nun einige der Bohrungen in der DICHTUNG SCHAULOCHDECKEL verrutscht sein sollten, öffnen Sie nochmals deren Skizze und ersetzen Sie die fehlerhaften Kreise durch neue *Elemente,* die Sie nun **einzeln** vom Deckel *übernehmen.*

10.3 Tabellengesteuerte Features: Die vier Lagerdeckel

Auch die Deckel der Lagerschalen können wir vom Gehäuse ableiten: Hier benötigen wir die Durchmesser der Bohrungen und die Außenabmessungen der Lagerschalen. Dabei haben wir die Aufgabe, vier verschiedene Deckel zu generieren: Zwei **geschlossene** Deckel für die unterschiedlichen Bohrungsdurchmesser sowie zwei **offene** für die unterschiedlichen Wellendurchmesser.

10.3.1 Der Rotationskörper

Wir aber sind faul und erstellen alle vier Bauteile auf einen Streich:

- Öffnen Sie ein neues Bauteil und speichern Sie es unter dem Namen LAGERDECKEL.
- Fügen Sie über *Einfügen, Teil* wieder das GEHÄUSE VERRUNDUNGEN ein. Sie brauchen diesmal keine *Ebenen* zu übernehmen, nur den *Volumenkörper.*
- Aktivieren Sie *Ansicht, Temporäre Achsen.* Hierdurch werden alle Achsen des Gehäuses in blauen Strichlinien eingeblendet – Sie erkennen nun den Sinn der Verwendung von Referenzachsen.
- Fügen Sie eine Ebene ein, die als *Referenzelemente* die *Ebene rechts* sowie die Achse der in der Vorderansicht **linken** Lagerschale besitzt – drehen Sie die Ansicht, um die Achse leichter zu identifizieren. Nennen Sie sie **Ebene Rotationsachse** (Abb. 10.21).

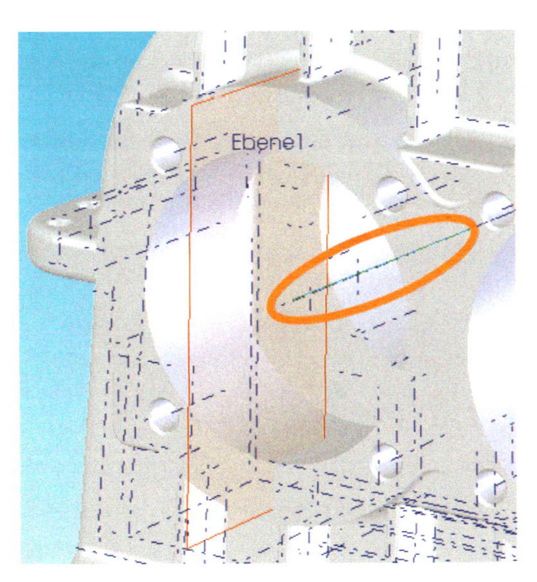

Bild 10.21:
Qual der Wahl:
Die Temporärachsen des Gehäuses sind extrem zahlreich. Zur räumlichen Zuordnung hilft es, die Ansicht etwas hin und her zu drehen.

- Fügen Sie auf dieser Ebene eine Schnittansicht und eine Skizze ein.
- Zeichnen Sie die obere der beiden Konturen in Bild 10.22. Erzeugen Sie die untere dann durch *Offset Elemente,* wobei Sie den Offset auf **6 mm** einstellen. Die untere Kontur soll die Kante der Lagerschale nicht berühren.

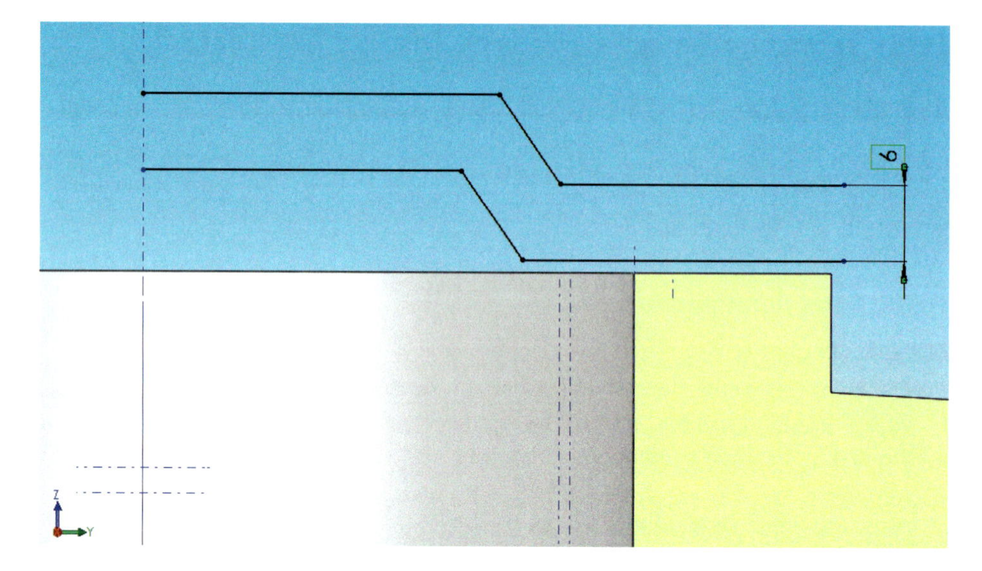

Bild 10.22:
Der Rotationsquerschnitt des Deckels entsteht.

- *Übernehmen* Sie die Kante der Lagerschale, indem Sie die Ansicht leicht nach unten drehen und den Radius anklicken.

Es ist nicht möglich oder **führt zum Absturz**, wenn Sie versuchen, eine Kante zu übernehmen, die durch die *Schnittansicht* entsteht.

- Schließen Sie die Kontur rechts und links mit Linien und erweitern Sie sie nach unten, wie es in Bild 10.23 zu sehen ist. Die senkrechte Kante in der Bohrung soll dabei nur gezeichnet, **nicht** übernommen werden.

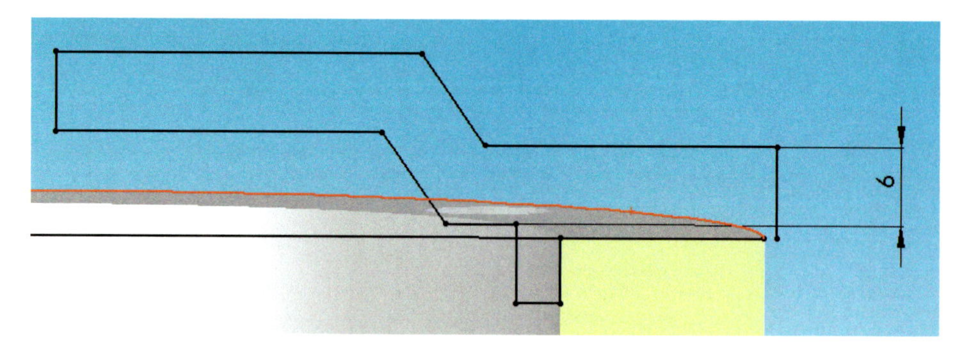

Bild 10.23:
Die Kontur wird um die Lagerhülse erweitert.

- *Trimmen* und *Verlängern* Sie dann die übernommene Kante bis auf das kurze Stück, das die Kontur begrenzt, und bringen Sie drei Radien von **2 mm** an der unteren Hälfte sowie einen an der rechten oberen Ecke an. Verrunden Sie die obere Schräge zu beiden Seiten mit **4 mm** (Abb. 10.24).

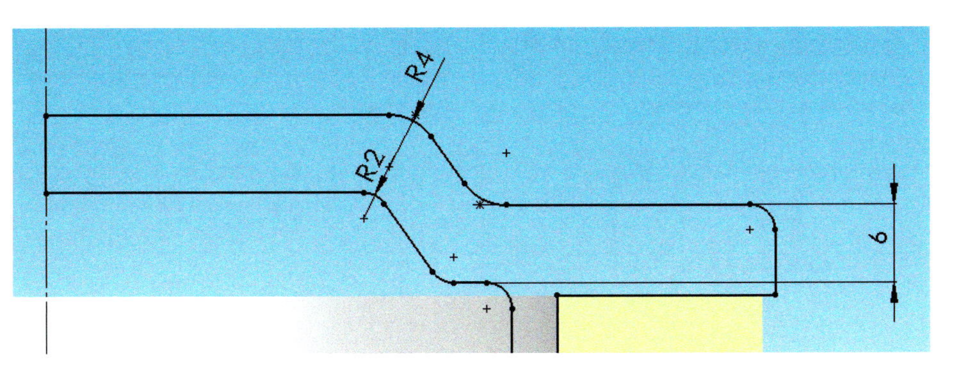

Bild 10.24:
Fünf Radien, die durch zwei Maße gesteuert werden.

- Bemaßen Sie dann die ganze Kontur wie in Abbildung 10.25 dargestellt. Arbeiten Sie sich wieder vom kleinsten bis zum größten Maß vor. Definieren Sie die Durchmesser als *doppelten Abstand*.

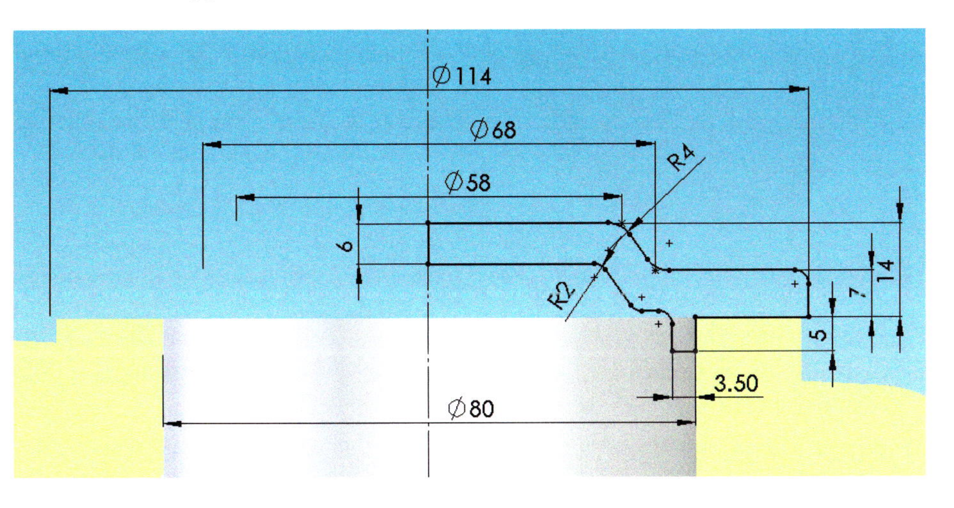

Bild 10.25:
Aufwendig gestaltet sich die Bemaßung dieses unscheinbaren Teils. Der Durchmesser *80* ist der Außenkante des Bundquerschnitts zugeordnet.

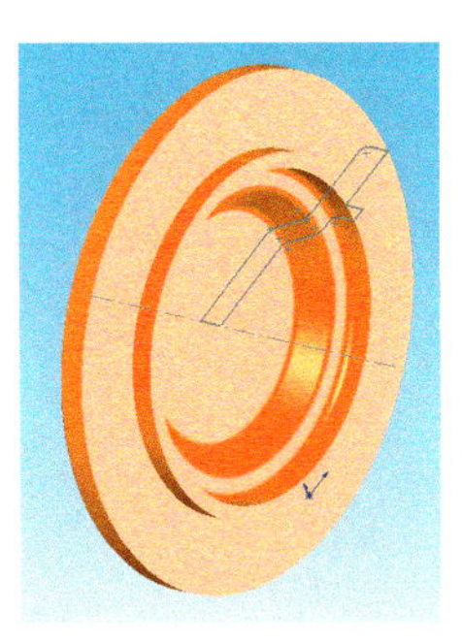

Da wir einige dieser Maße über Tabelle steuern wollen, müssen wir sie noch eindeutig benennen:

- Klicken Sie auf das Maß *80 mm,* das den Durchmesser des Bundes – und damit zugleich den der Bohrung – angibt, und benennen Sie es von *D<n>* in **D Lagerbohrung** um. Der Offset-Wert *6 mm* erhält den Namen **Dicke**. Der Durchmesser *58 mm* heißt ab sofort **Kuppe innen**, der benachbarte mit *68 mm* dagegen **Kuppe außen**. Das Tiefenmaß *5 mm,* um das der Absatz in die Lagerschalen hineinragt, nennen Sie **Tiefe Lager**.

- Schließen Sie die Skizze und nennen Sie sie **Skizze Lagerdeckel**. Rotieren Sie sie mit einem *Rotierten Aufsatz* und nennen Sie diesen **Lagerdeckel**.

10.3.2 Der Lochkreis

Den Lochkreis werden wir diesmal nicht vom Gehäuse ableiten, denn wir streben eine Tabellensteuerung an, und durch Definition einzelner Punkte können wir diese nicht nutzen. Zunächst setzen wir eine Referenzachse ein:

- Aktivieren Sie *Ansicht, Achsen*. Wählen Sie dann *Einfügen, Referenzgeometrie, Achse*. Markieren Sie den Deckel an seinem Zylinderumfang (Fläche), um die Achse als Rotationsachse dieses Zylinders zu definieren. Nennen Sie sie **Achse Deckel**.

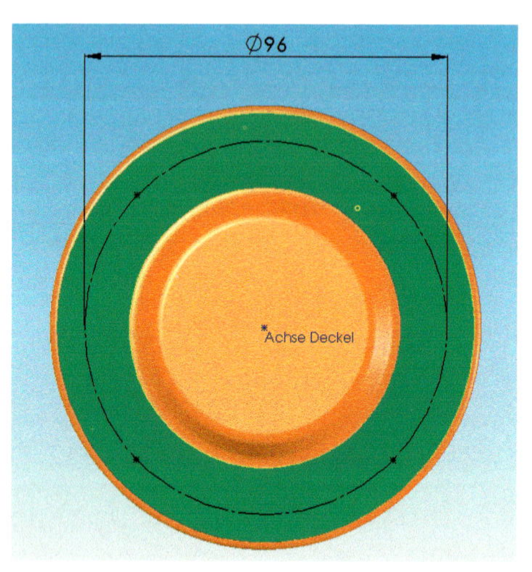

- Legen Sie auf dem Rand des Deckels auf der dem Absatz abgewandten Seite eine neue Skizze an und wechseln Sie in die Normalansicht. An der Stelle, an der die Achse die Skizzenebene durchstößt, ziehen Sie nun einen Kreis *deckungsgleich* von diesem scheinbaren Punkt auf und bemaßen den Kreis mit **96 mm**. Falls Sie das Kreiszentrum nicht an die Achse anheften können, markieren Sie sie und klicken auf *Elemente übernehmen.*
- Dieser Wert entspricht dem Durchmesser des Lochkreises auf dieser Seite. Da er also wichtig ist, benennen Sie dieses Maß mit **Lochkreis**.
- Fügen Sie auf dem Kreisumfang einen einzelnen Punkt ein. Rufen Sie das *Kreismuster* auf und definieren Sie eine *Anzahl* von **4**. Ziehen Sie die *Mitte* der Rotation auf das Zentrum des Lochkreises, falls nötig.
- Verknüpfen Sie zwei benachbarte Punkte *horizontal*. Damit ist die Skizze fertig, Sie können sie schließen und **Bohrskizze** nennen. Blenden Sie sie ein.

- Rufen Sie den *Bohrungsassistent* auf und definieren Sie über die Schaltfläche *Bohrung* ein *Durchgangsloch für M10* nach *DIN*. *Endbedingung* ist *Bis nächste*, die *Formsenkungen* messen **12 mm** bei einem *Winkel* von **90°**. Geben Sie als Positionen die vier Punkte der Skizze an (Abb. 10.26).
- Blenden Sie das Gehäuse ein, um die korrekte Lage der Bohrungen zu überprüfen (Abb. 10.27).
- Rodieren Sie den scharfen Rand des Deckels mit einer *Fase* von **1 mm x45°**.

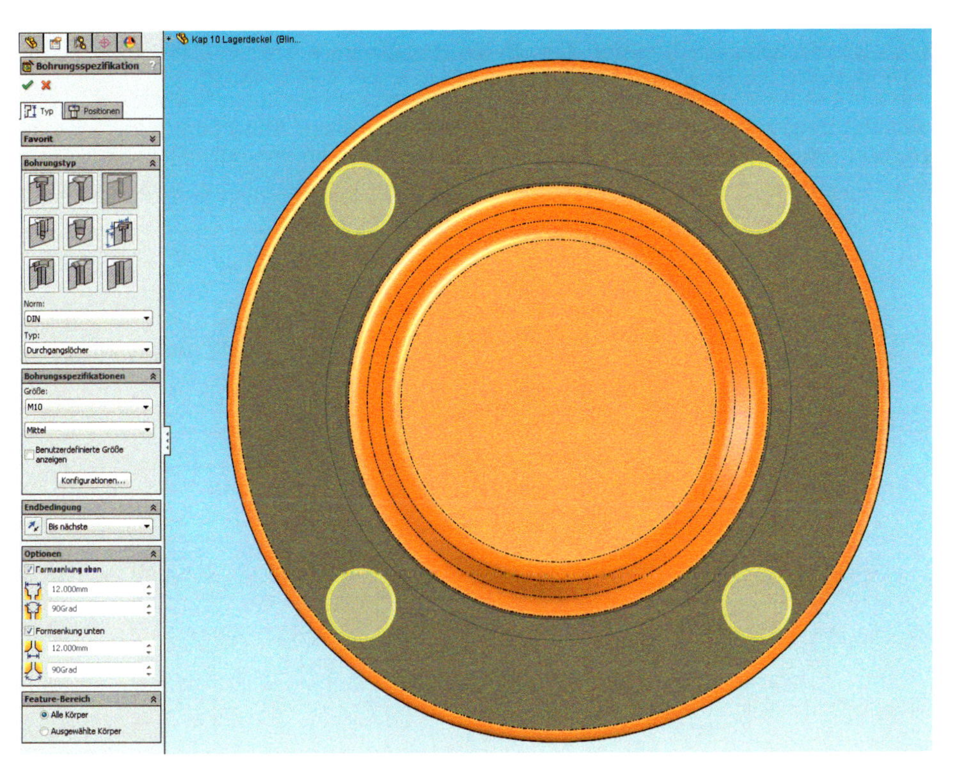

Bild 10.26:
Unterbau:
Die vier Bohrungen werden diesmal mit Hilfe eines Kreismusters erzeugt.

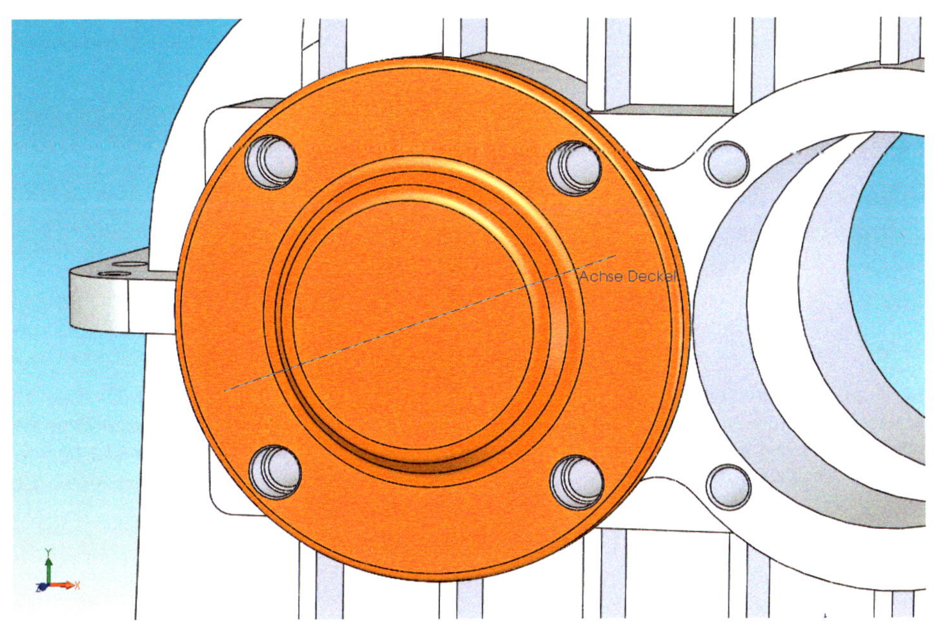

Bild 10.27:
Die Rechnung geht auf: Die Bohrungen liegen genau über den Gewinden der Lagerschalen. An der rechten Seite muss der Deckel allerdings gekappt werden, soll ein zweiter Deckel hier Platz finden.

10.3.3 Trennender Schnitt: Einkürzen des Deckels

Aus der vorigen Abbildung geht hervor, dass der Deckel weit über die Mitte der Lagerschalen hinausragt. Um auf der rechten Seite eine weitere Abdeckung platzieren zu können, müssen wir den Deckel einseitig kappen. Dies können wir leicht mit einem ausgetragenen Schnitt erreichen, der wiederum von Lage und Dimension des Lagersattels abhängig gemacht wird:

- Blenden Sie den *Lagerdeckel* aus und fügen Sie auf der Stirnseite der *Lagerschalen* eine neue Skizze ein.
- *Übernehmen* Sie die beiden kurzen Bogen der Lagerschalen *für Konstruktion* (Abb. 10.28, gelb). Fügen Sie je eine vertikale und eine horizontale *Mittellinie* ein, die Sie *symmetrisch* zwischen den Endpunkten bzw. den Bogenelementen festlegen.

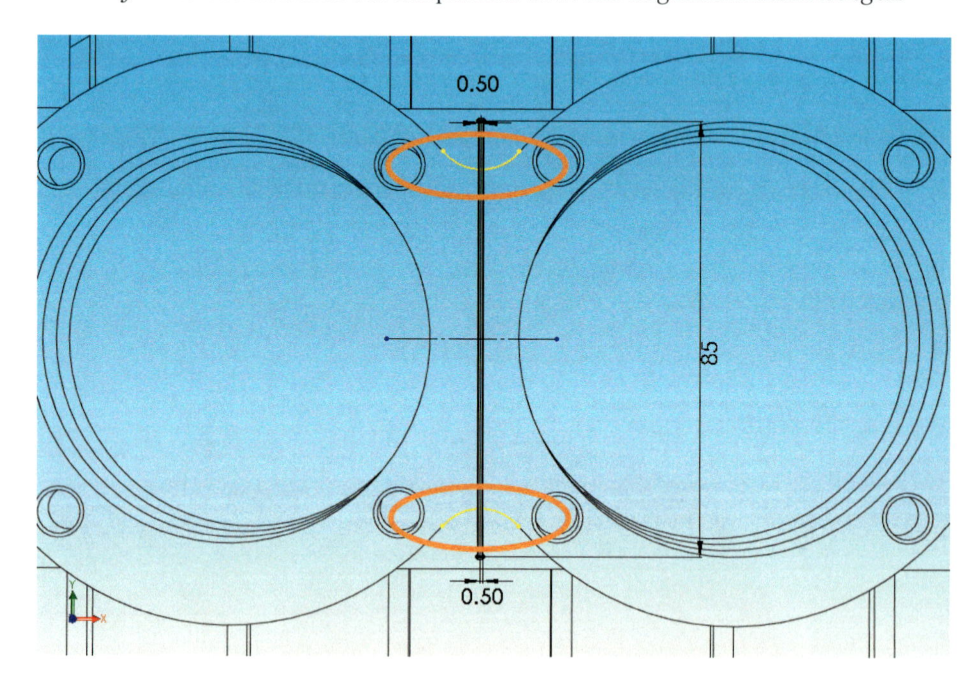

Bild 10.28:
Filigran nimmt sich der Querschnitt des ausgetragenen Schnittes in der Mitte der Lagerschalen aus.

- Erzeugen Sie einen beidseitigen *Offset* der vertikalen Mittellinie im Abstand von **0.5 mm**. Dies ist die Spaltenbreite zwischen den Deckeln.

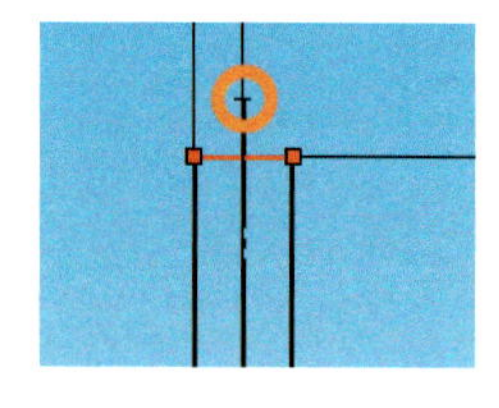

- Schließen Sie die beiden Längsseiten mit zwei kurzen Linien oben und unten ab und verknüpfen Sie sie symmetrisch mit der horizontalen Mittellinie. Bemaßen Sie die Gesamthöhe dann mit **85 mm** oder verknüpfen Sie die Horizontalen *deckungsgleich* mit den Bogenmittelpunkten. Schließen Sie die Skizze und nennen Sie sie **Skizze Schnitt Lagerdeckel**.
- Blenden Sie den Deckel wieder ein. Definieren Sie aufgrund der Skizze einen *linear ausgetragenen Schnitt* mit der Endbedingung *Bis Körper* und klicken Sie als *Volumenkörper* den Lagerdeckel an.

- Der Schnitt wird als tiefe Rille angezeigt, die durch den Lagerdeckel verläuft. Bestätigen Sie. Da Sie durch diesen Schnitt den Deckel in zwei Körper gespalten haben, müssen Sie noch wählen, welche Sie *behalten* wollen. Wählen Sie das größere Stück, damit die gesamte rechte Seite wegfällt (Abb. 10.29).

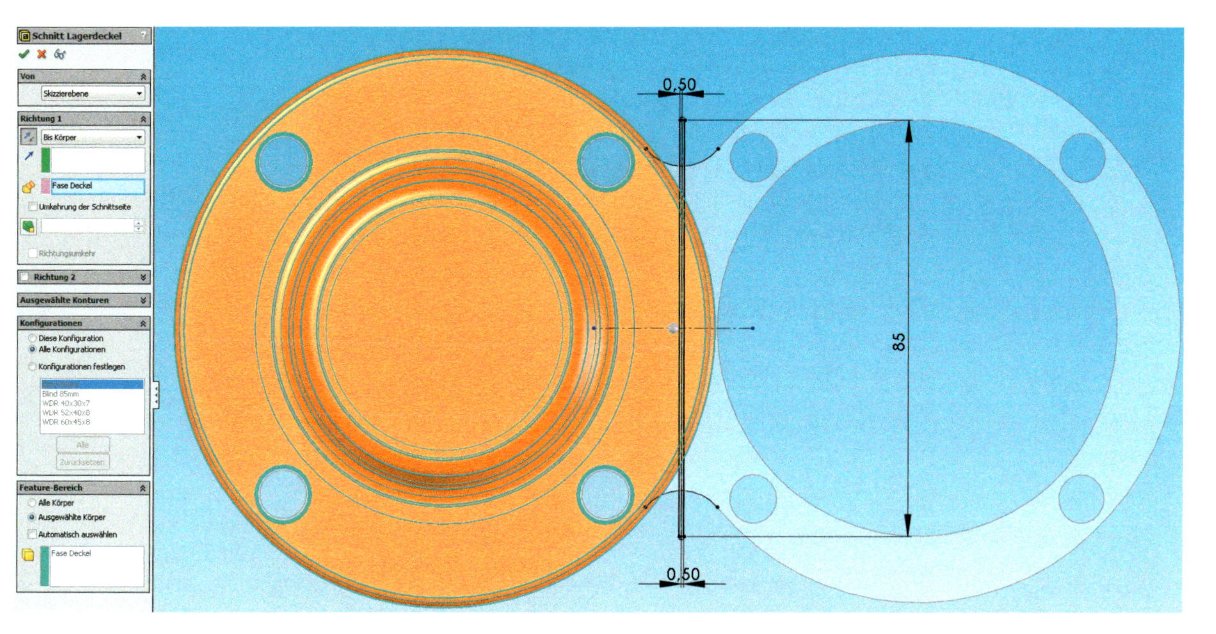

Bild 10.29:
Guter Schnitt: Durch die Rille entstehen zwei Körper, die man aber nicht zwangsläufig behalten muss.

- Bringen Sie zu guter Letzt noch eine **Verrundung Schnitt** auf der neuen Kante an, die einen Radius von **2 mm** aufweist – genau wie die Abrundung der Kante in der Skizze. Die Gegenseite soll nicht angefast werden, weil so zusätzlich Dichtfläche verloren gehen würde.

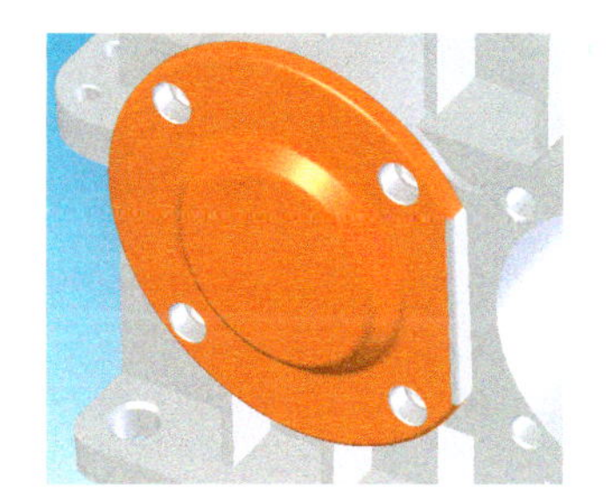

Das Besondere an diesem Schnitt: Er wird stets vom **Referenzteil**, von der Mitte des Lagersattels aus definiert. Und ganz gleich wie der Deckel geformt ist: alles was über den Schnitt hinausragt, wird abgeschnitten.

10.3.4 Feature auf Abruf: Die Bohrungen der Wellendichtringe

Damit ist der Deckel in seiner Grundkonfiguration fertig. Was wir jetzt noch brauchen, ist die Aufnahme für die Wellendichtringe. Um diese je nach Variante zu- und abschalten zu können, dürfen wir sie nicht in die Deckelskizze integrieren, sondern müssen sie als Extra-Schnittfeature definieren:

- Blenden Sie beide Volumenkörper aus und die *Skizze Lagerdeckel* ein. Fügen Sie auf der *Ebene Rotationsachse* eine neue Skizze ein.

- Fügen Sie eine horizontale Mittellinie *kollinear* zur Mittellinie des Deckelquerschnitts ein. Zeichnen und bemaßen Sie dann den Querschnitt nach Bild 10.30. Die beiden gelben Vertikalen sind *kollinear* mit den rot markierten Linien verknüpft.

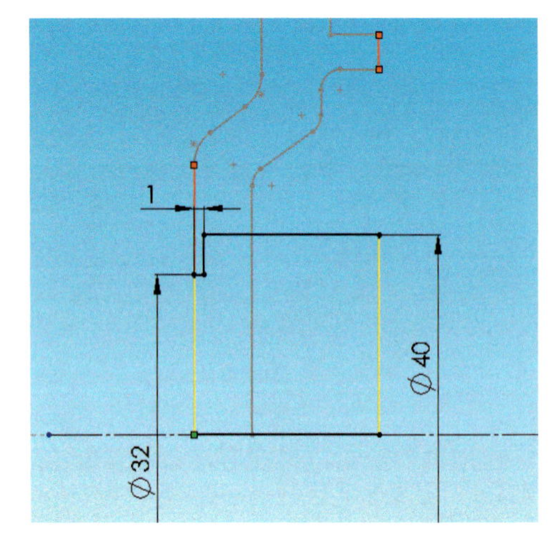

Bild 10.30: Der Querschnitt der Bohrung für die Wellendichtringe verläuft über die gesamte Höhe des Deckels.

- Für die Tabelle benötigen wir Namen: Benennen Sie den kleinen Durchmesser mit **Durchführung**, den großen mit **Durchmesser**.
- Schließen Sie die Skizze, nennen Sie sie **Skizze Schnitt Wellendichtring** und schneiden Sie sie mit einem *Rotierten Schnitt* aus dem Deckel heraus. Nennen Sie dieses Feature **Schnitt Wellendichtring**.
- Bringen Sie auf der Innenseite noch eine *Fase* **1 x 45°** an. Benennen Sie sie mit **Fase Wellendichtring**.

10.3.5 Varianten: Einfügen der Tabelle

Sehen Sie dazu auch die Tabellenkonfiguration in Abschnitt 4.4.3.2 auf S. 110.

Nach all diesen Vorarbeiten kommen wir nun zum Kernstück: Wir fügen eine Tabelle ein, die nur die modifizierenden Daten der vier Varianten enthalten wird:

- Klicken Sie auf *Einfügen, Tabelle*. Im FeatureManager schalten Sie die Optionen *Neue Parameter* und *Neue Konfigurationen* ein. Auch die *Modelländerungen zur Aktualisierung der Tabelle* passen zu unserem Ziel.
- Bestätigen Sie. Nun werden Sie vor die Wahl der *Zeilen und Spalten* gestellt. Wählen Sie nur die acht Maße aus, die Sie benannt haben. Um neue Parameter später wieder zur Auswahl angeboten zu bekommen, aktivieren Sie die Option *Nicht ausgewählte Elemente erneut anzeigen*.
- Die Tabelle wird als Konfiguration *Standard* mit den aktuellen Werten eingefügt. Benennen Sie diese Konfiguration über die linke Spalte der Tabelle in **Blind 80 mm** um. Kopieren Sie die ganze Zeile in vier neue Zeilen, die Sie dann **Blind 85 mm**, **WDR 40x30x7**, **WDR 52x40x8** und **WDR 60x45x8** benennen. Übertragen Sie dann die Werte nach Abb. 10.31, **mit Ausnahme** der orangefarbigen Spalten, über die Sie ja noch nicht verfügen.

Diese Tabelle befindet sich auf der DVD unter KAP 10 LAGERDECKEL.XLS.

10.3.6 Einfügen von Features in eine Tabelle

Auf der Abbildung ist mehr zu sehen als auf Ihrer Tabelle: Die beiden rechten Spalten *$STATUS...* fehlen noch.

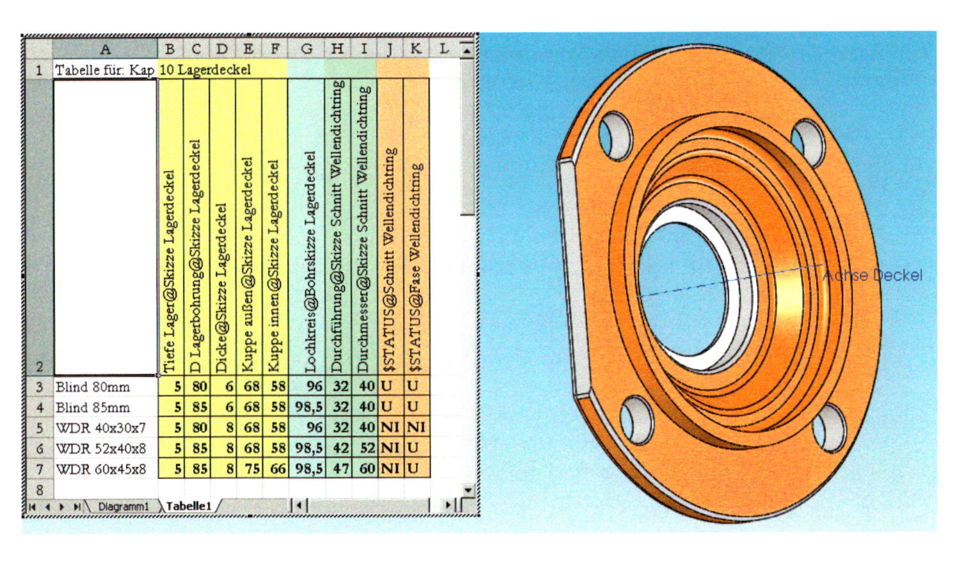

	A	B	C	D	E	F	G	H	I	J	K
1	Tabelle für: Kap	10 Lagerdeckel									
2		Tiefe Lager@Skizze Lagerdeckel	D Lagerbohrung@Skizze Lagerdeckel	Dicke@Skizze Lagerdeckel	Kuppe außen@Skizze Lagerdeckel	Kuppe innen@Skizze Lagerdeckel	Lochkreis@Bohrskizze Lagerdeckel	Durchführung@Skizze Schnitt Wellendichtring	Durchmesser@Skizze Schnitt Wellendichtring	$STATUS@Schnitt Wellendichtring	$STATUS@Fase Wellendichtring
3	Blind 80mm	5	80	6	68	58	96	32	40	U	U
4	Blind 85mm	5	85	6	68	58	98,5	32	40	U	U
5	WDR 40x30x7	5	80	8	68	58	96	32	40	NI	NI
6	WDR 52x40x8	5	85	8	68	58	98,5	42	52	NI	U
7	WDR 60x45x8	5	85	8	75	66	98,5	47	60	NI	U
8											

Bild 10.31: Die Endfassung vorab: Durch farbige Markierungen können Sie Tabellen übersichtlich gestalten.

- Schließen Sie die Tabelle. Daraufhin erhalten Sie eine Meldung über die neuen Konfigurationen.
- Rufen Sie über das Kontextmenü die *Eigenschaften* des **Features** *Schnitt Wellendichtring* auf. Aktivieren Sie die Option *Unterdrückt* und wählen Sie im Listenfeld daneben *Diese Konfiguration*. Bestätigen Sie (Abb. 10.32).

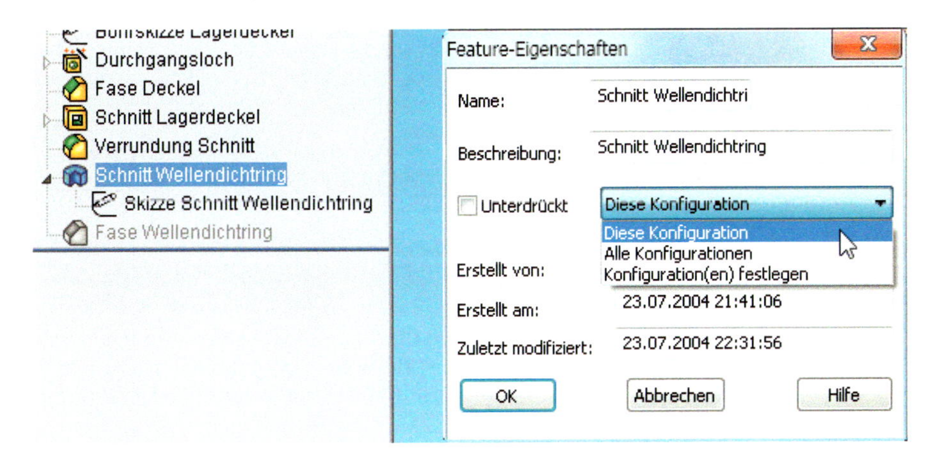

Bild 10.32: Wie man das Feature in die Tabelle bugsiert? Man sorgt für unterschiedliche Konfigurationen!

- Prüfen Sie dann bei *Fase Wellendichtring* nach, ob sie in derselben Weise konfiguriert ist. Sollte der Deckel nun verschwinden, blenden Sie ihn über das Feature *Verrundung Schnitt* wieder ein.
- Rufen Sie nun erneut die Tabelle zur Bearbeitung auf. Nun werden zwei neue Parameter namens *$STATUS...* angeboten. Wählen Sie sie, um sie in die Tabelle zu übertragen.

Der Statusparameter beinhaltet keine Maßzahl, sondern steuert den Zustand des betreffenden Elements. Er kennt zwei Schaltzustände, nämlich *U* für **unterdrückt** und *NI* für **nicht unterdrückt**. Über diese Spalten können wir nun also vorgeben, ob die Deckel geschlossen werden (**U**) oder eine Bohrung für einen der drei Wellendichtringe erhalten (**NI**). Welche Bohrung genau, das wird im Folgenden spezifiziert.

Wenn Sie alle Tricks zur Tabellensteuerung kennen lernen möchten, *suchen* Sie in der SolidWorks-Hilfe nach dem String **Übersicht über die Tabellenparameter.**

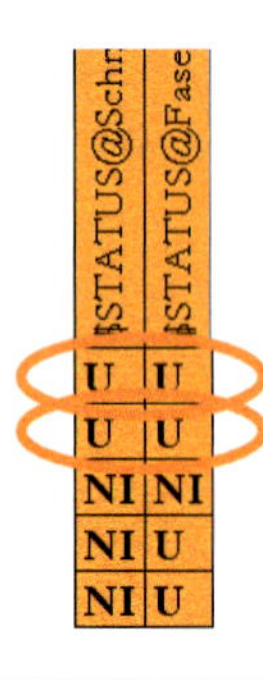

$STATUS@Schr	$STATUS@Fase
U	U
U	U
NI	NI
NI	U
NI	U

- Übertragen Sie die restlichen Einstellungen aus der nebenstehenden „Status"-Tabelle in die beiden rechten Spalten. Vergessen Sie nicht, Fase und Schnitt der Konfigurationen *Blind 80mm* – der ursprünglichen Konfiguration *Standard* – und *Blind 85mm* zu unterdrücken (Ellipsen).

Nun wird es Zeit, die fünf Konfigurationen durchzuprobieren:

- Wechseln Sie zum ConfigurationManager und doppelklicken Sie der Reihe nach auf die Einträge in der Liste. Das Bauteil verändert sich entsprechend (Abb. 10.33).

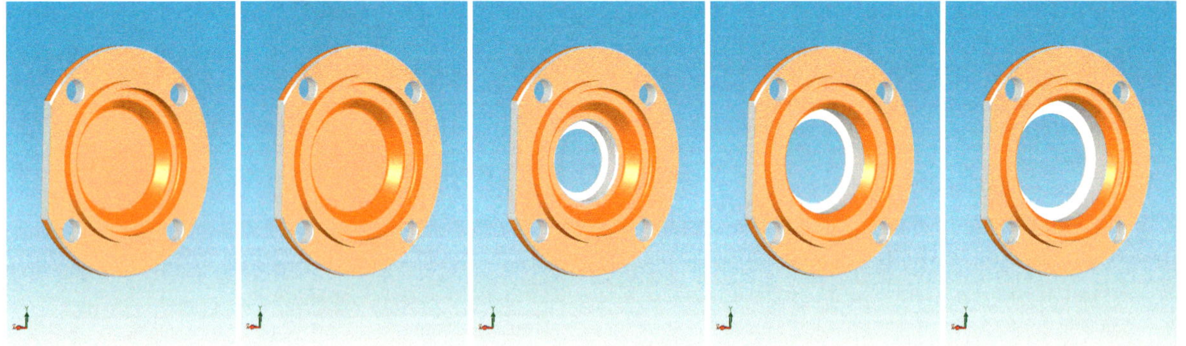

Bild 10.33:
Thema mit Variationen: Mit ein wenig Mehraufwand erhalten Sie fünf Bauteile in Serie. Für die größte Bohrung verbreitert sich die Kuppe auf der Rückseite.

Mit dieser Technik können Sie sämtliche Lagerdeckel, die Sie jemals brauchen werden, in einem einzigen Bauteil zusammenfassen – ähnliches gilt natürlich für alle anderen Wiederholteile. Der Vorteil ist klar: Alle Varianten, Erweiterungen und Sonderformen können damit zentral verwaltet werden.

Wenn Sie einen Schritt weitergehen möchten, so speichern und verknüpfen Sie diese Tabelle als **externe** Excel-Datei. So können Sie auch vom Gehäusebauteil aus darauf zugreifen und etwa Lochkreis und Durchmesser des Lagerdeckels mit den Maßen der *Lagerschalen* verknüpfen. Auch eine Verbindung zwischen den Wellen, den Wellendichtringen (s. u.) und den Lagerdeckeln könnten Sie austüfteln . . .

10.3.7 Die Wellendichtringe: Dateien importieren

Die Wellendichtringe werden wir nicht fertigen, sondern importieren. Um sie nachher rasch einbauen zu können, wandeln wir sie schlicht in SolidWorks-Bauteile um:

Im Verzeichnis \GETRIEBE der DVD befinden sich drei Dateien namens WELLENDICHTRING 30X40X7.STP, WELLENDICHTRING 40X52X8.STP und WELLENDICHTRING 45X60X8.STP.

- *Öffnen* Sie sie nacheinander, indem Sie als *Dateityp STEP AP203/214 (*.step; *.stp)* einstellen. Verneinen Sie *Analyse* und *Feature-Erkennung*.
- Die Dateien werden geladen und konvertiert. Nun können Sie sie schwarz einfärben und als SolidWorks-Bauteile gleichen Namens abspeichern.

10.4 Zum Thema Lagerung

Keine Sorge, die Kegelrollenlager brauchen Sie nicht zu bauen – und werden es auch nie müssen, es sei denn, Sie arbeiten für die FAG. Wir werden sie aus dem SolidWorks-Normteilkatalog übernehmen, wenn wir die Baugruppe zusammenfügen.

Zu den Lagern gehören jedoch auch die Reduzierhülsen und die Abstandbuchsen, die zwischen Achse und Lager bzw. Lager und Lagerschalen eingebaut werden. Wir konstruieren sie jetzt nur pro forma und passen sie dann während des Zusammenbaus nach dem **Top-Down**-Verfahren an.

10.4.1 Die Abstandbuchsen

Die Abstandbuchsen bestehen aus zylindrischen Röhren, die zwischen Lager und Wellenabsatz geschoben werden und so die Lager auf der Welle fixieren:

- Erstellen Sie ein neues Bauteil und speichern Sie es unter dem Namen ABSTANDBUCHSE.
- Fügen Sie auf der *Ebene vorne* eine Skizze ein. Zeichnen Sie zwei konzentrische Kreise mit den Durchmessern **50** und **55 mm**. Nennen Sie diese Maße **Innen** bzw. **Außen**. Nennen Sie die Skizze **Skizze Abstandbuchse**.
- Extrudieren Sie sie mit einem *Linear ausgetragenen Schnitt* um **25 mm**. Benennen Sie dieses Maß mit **Länge**, die Extrusion mit **Abstandbuchse**.

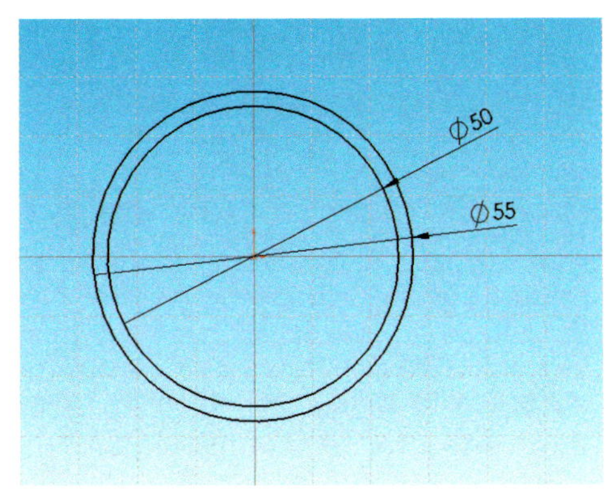

- Fügen Sie eine Tabelle ein und editieren Sie sie nach Abbildung 10.34.

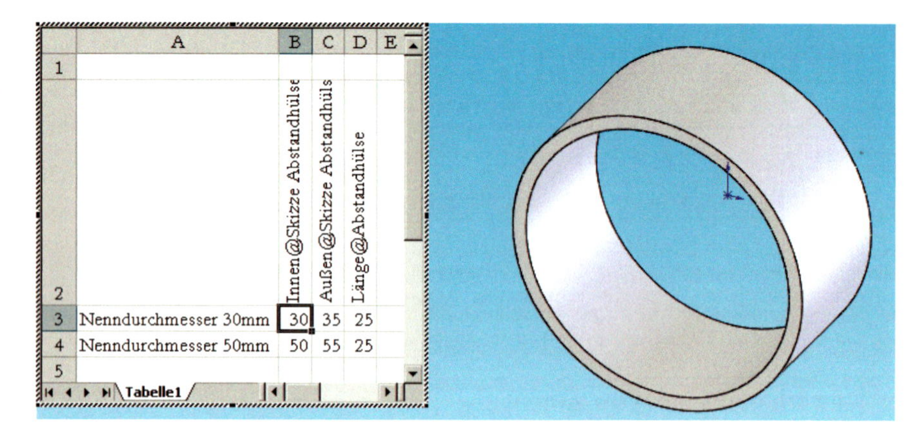

Bild 10.34:
Kleinmaterial: Diese beiden Hülsen werden als Abstandhalter genutzt.

10.4.2 Reduzierhülsen

Da das Gehäuse für unterschiedliche Getriebekonfigurationen ausgelegt ist, macht man sich nicht die Mühe, jede Bohrung individuell auszuspindeln. Man bohrt vielmehr auf das größte Maß und baut Reduzierhülsen ein. Diese besitzen einen L-förmigen Querschnitt und werden zwischen Lager und Bohrung eingefügt:

- Erstellen Sie ein neues Bauteil und speichern sie es unter dem Namen REDUZIERHÜLSE.
- Fügen Sie auf der *Ebene vorne* eine neue Skizze ein und zeichnen Sie eine vertikale Mittellinie.
- Zeichnen und bemaßen Sie den Querschnitt nach Bild 10.35. Nennen Sie ihn dann **Skizze Reduzierhülse**.

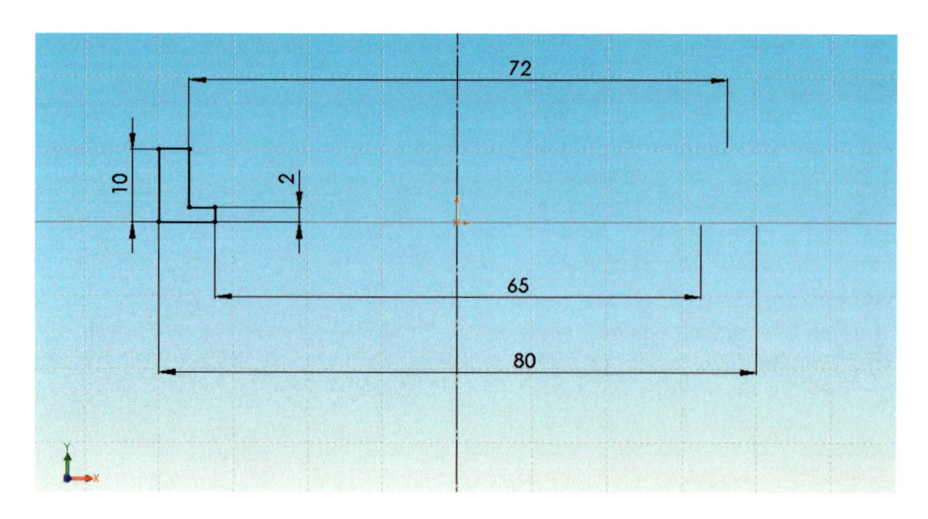

Bild 10.35:
Der Querschnitt der Reduzierhülse weist das Innenmaß der linken Lagerschale auf.

- Rotieren Sie die Skizze um 360° und nennen Sie sie **Reduzierhülse**.

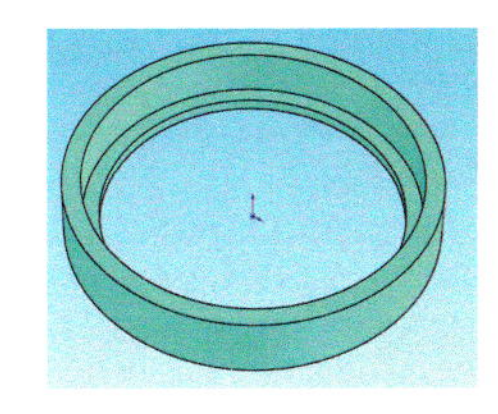

Auch hier können Sie Ihre Bauteile mit Farben kodieren. Dies funktioniert sogar konfigurationsweise – Sie können jeder der beiden Abstandbuchsen und natürlich auch den fünf Lagerdeckel-Variationen eine eigene Farbe zuweisen.

10.5 Abspalten: Die Gehäusehälften

Am Schluss des Kapitels kommen wir zu den beiden Einzelteilen, die Sie bereits haben, wenn auch nur implizit: Es sind die beiden Gehäusehälften, die durch Teilung des Gehäuses entstehen.

10.5.1 Eltern- und Kind-Dokumente

- Öffnen Sie das Bauteil GEHÄUSE VERRUNDUNGEN und speichern Sie es unter dem Namen GEHÄUSE TEILUNG. Heben Sie in dieser letzten Version die Unterdrückung des *Ordners Verrundungen und Fasen* auf.
- Blenden Sie die *Trennebene* ein und wählen Sie sie. Aktivieren Sie dann den Befehl *Einfügen, Features, Abspalten*. Die Trennebene ist bereits als *Trimmwerkzeug* eingetragen. Klicken Sie auf *Teil Schneiden* unterhalb dieses Auswahlfeldes (Abb. 10.36).

Nun wird im Editor die Trennfläche eingeblendet. Sie verläuft genau durch die Mitte des Features *Dichtfläche*.

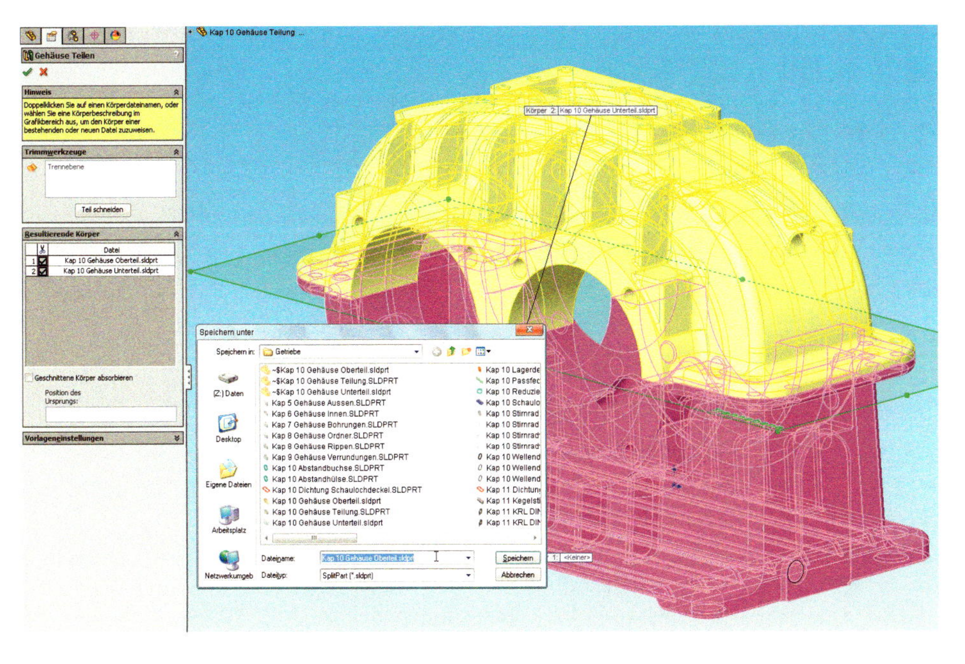

Bild 10.36: Hexenküche: Teilen des Gehäuses und Abspeichern der Hälften.

- Aktivieren Sie die beiden *Resultierenden Körper* durch die Checkboxen. Führen Sie dann einen Doppelklick auf das obere Feld, *<1> Keiner,* aus und geben Sie der Teildatei im *Speichern*-Dialogfeld den Namen GEHÄUSE OBERTEIL.
- Führen Sie dies auch mit *<2> Keiner* bzw. dem GEHÄUSE UNTERTEIL durch. Bestätigen Sie dann.

Die beiden neuen Teildokumente werden unter dem angegebenen Namen in *Split-Part*-Dateien gespeichert und angezeigt. Die Eltern-Datei ist für diese Kind-Dateien mit einer externen Referenz vergleichbar – eine Änderung an jener überträgt sich sofort auf diese (Abb. 10.37). In der Mutterdatei sind indessen die abgespalteten Teile – und damit **alles** – von der Bildfläche verschwunden.

Wenn Sie in der Eltern-Datei etwas ändern wollen, ziehen Sie den Einfügebalken vorübergehend **über** das Abspaltungs-Feature, um das Bauteil sehen zu können, oder Sie aktivieren dort unter *Resultierende Körper* die Option *Körper einblenden.*
Alles, was Sie im FeatureManager **unterhalb** der Abspaltung sehen, wird nicht auf die Kind-Dateien übertragen.

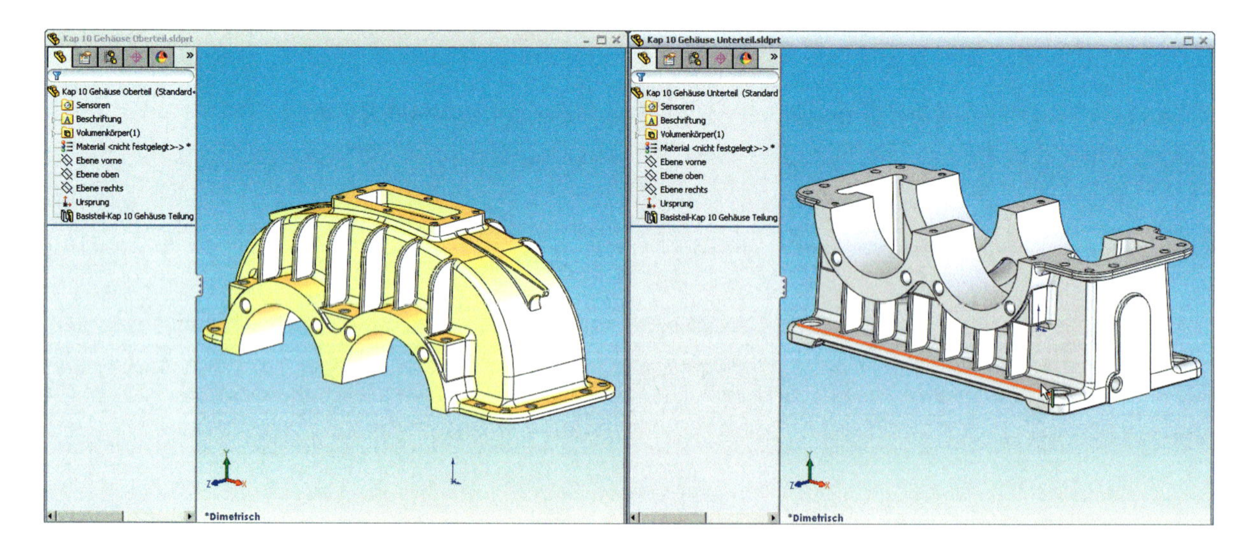

Bild 10.37: Ungewohnter Anblick: Das Gehäuse besteht tatsächlich aus zwei montagefreundlichen Hälften.

10.5.2 Kind-Dokumente bearbeiten: Anfasen der Dichtflächen

Die resultierenden Teile sind genau so gut zu bearbeiten wie das ehemalige Gehäuse:

- Öffnen Sie die Datei GEHÄUSE OBERTEIL. Drehen Sie das Oberteil auf den Kopf, um die neue Dichtfläche sehen zu können.
- Fasen Sie dann mit zwei getrennten Features alle **Bohrungskanten** mit **0.3 mm** und die äußeren Kanten der Dichtfläche ohne Lagerschalen mit **0.5 mm** an. Nennen Sie die Features **Fase Bohrungen** bzw. **Fase Dichtflächen** (Abb. 10.38).

- Führen Sie die Arbeit dann auch für das GEHÄUSE UNTERTEIL durch.
- Speichern Sie die beiden abgespaltenen Teile sowie das Eltern-Teil.

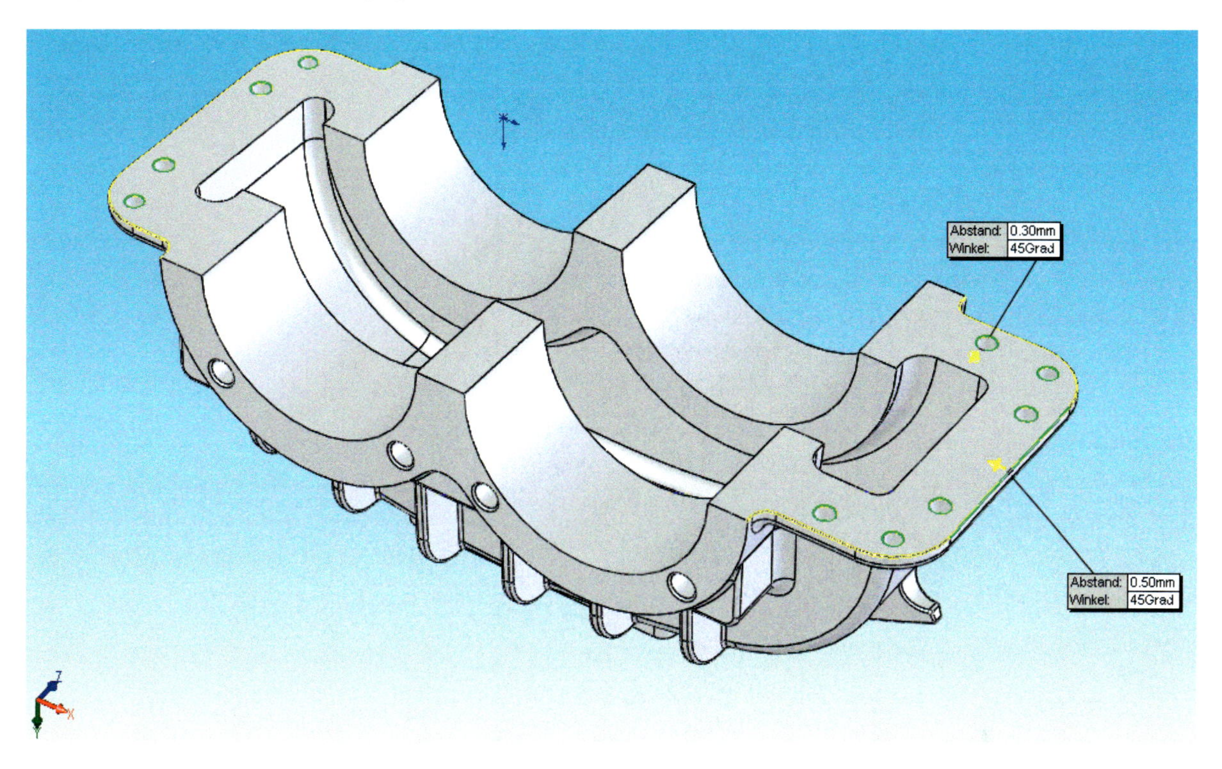

Bild 10.38: Details wie das Anfasen der Endkanten und der Bohrungen lassen sich erst nach der Teilung vornehmen.

10.6 Ausblick auf kommende Ereignisse

Unser Ersatzteillager ist beinahe komplett, lieber Leser, es fehlen nur noch ein paar Schrauben und Stifte. Im folgenden Kapitel werden Sie das Standgetriebe zusammenbauen und sich dabei wie ein Schlosser in der virtuellen Werkstatt fühlen.

10.7 Dateien auf der DVD

Die Dateien zu diesem Kapitel finden Sie im Verzeichnis \GETRIEBE auf der DVD-ROM:

KAP 10 ABSTANDBUCHSE.SLDPRT

KAP 10 ABSTANDHÜLSE.SLDPRT

KAP 10 DICHTUNG SCHAULOCHDECKEL.SLDPRT

Drei Gehäuseteile **ohne** Bohrungsskizzen nach Abschnitt 11.1.2 auf S. 298:

KAP 10 GEHÄUSE OBERTEIL.SLDPRT

KAP 10 GEHÄUSE TEILUNG.SLDPRT
KAP 10 GEHÄUSE UNTERTEIL.SLDPRT
Drei Gehäuseteile **mit** Bohrungsskizzen nach Abschnitt 11.2 auf S. 307:
KAP 10 GEHÄUSE OBERTEIL O. BOHRUNGSSKIZZE.SLDPRT
KAP 10 GEHÄUSE TEILUNG O. BOHRUNGSSKIZZE.SLDPRT
KAP 10 GEHÄUSE UNTERTEIL O. BOHRUNGSSKIZZE.SLDPRT

KAP 10 GEHÄUSE TEILUNG.XLS
KAP 10 LAGERDECKEL.SLDPRT
KAP 10 LAGERDECKEL.XLS
KAP 10 PASSFEDER.SLDPRT
KAP 10 REDUZIERHÜLSE.SLDPRT
KAP 10 SCHAULOCHDECKEL.SLDPRT
KAP 10 STIRNRAD 77Z 10° LINKS.SLDPRT
KAP 10 STIRNRAD 77Z 10° LINKS FERTIG.SLDPRT
KAP 10 STIRNRADWELLE 19Z 10° RECHTS.SLDPRT
KAP 10 STIRNRADWELLE 19Z 10° RECHTS FERTIG.SLDPRT
KAP 10 WELLENDICHTRING 40X30X7.SLDPRT
KAP 10 WELLENDICHTRING 52X40X8.SLDPRT
KAP 10 WELLENDICHTRING 60X45X8.SLDPRT

KAP 9 GEHÄUSE VERRUNDUNGEN.SLDPRT

WELLENDICHTRING 30X40X7.STP
WELLENDICHTRING 40X52X8.STP
WELLENDICHTRING 45X60X8.STP

11 Die Kunst des Fügens: Baugruppen

Das Getriebe wird zusammengesetzt

Endlich ist es soweit: Wir fügen die Teile der letzten sechs Kapitel zum Standgetriebe zusammen. Natürlich setzen wir dieses dann auch in Bewegung!

Die zweite Dokumentform in SolidWorks ist die **Baugruppe**: Hier fügen Sie Ihre Bauteile zur Maschine zusammen.

Eine Baugruppendatei verhält sich anders als eine Teildatei. Sie können hier beliebig viele Teile einfügen, sie frei verschieben und drehen und in Bewegung versetzen, sofern die Hardware mitspielt. Auch die Zielsetzung ist eine andere: In einer Baugruppe geht es nicht ums Konstruieren, sondern um die Beseitigung unerwünschter Freiheitsgrade.

Falls Sie ab hier mit den **Beispieldateien** von der DVD arbeiten wollen, beachten Sie bitte: Für die Arbeiten in Abschnitt 11.1, *Gruppen-Arbeit*, ab S. 302 fahren Sie mit den Dateien KAP 10 GEHÄUSE TEILUNG, KAP 10 GEHÄUSE OBERTEIL und KAP 10 GEHÄUSE UNTERTEIL, **jeweils mit dem Zusatz** O. BOHRUNGSSKIZZE fort.
Die entsprechenden Pendants **ohne** diesen Zusatz enthalten sowohl die Bohrungsskizzen als auch die Serienbohrung. In diesem Fall arbeiten Sie bitte mit Abschnitt 11.2, *Der Zusammenbau*, ab S. 310 weiter.

11.1 Gruppen-Arbeit

Der übliche Weg, eine Baugruppe zu erstellen, führt über *Datei, Neu* und die Schaltfläche *Baugruppe*. Dadurch wird eine neue Baugruppendatei angelegt, in die Sie dann die Bauteile einfügen. Doch in unserem Fall kommen wir mit einer anderen Methode schneller zum Ziel.

11.1.1 Eine Baugruppe aus abgespaltenen Teilen

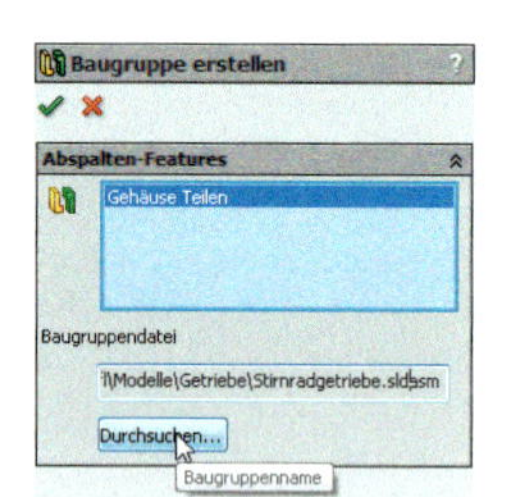

Da wir bereits über eine *Abspaltung* mit zwei Bauteilen verfügen, bietet uns die Datei GEHÄUSE TEILUNG die Gelegenheit, direkt aus diesen beiden Hälften eine Baugruppe zu erstellen:

- Öffnen Sie GEHÄUSE TEILUNG. Klicken Sie rechts über dem Feature *Gehäuse teilen* und aktivieren Sie die Option *Baugruppe erstellen*. Geben Sie unter *Baugruppendatei*, Schaltfläche *Durchsuchen* einen neuen Dateinamen ein, hier **Stirnradgetriebe**. Die Erweiterung SLDASM für **SolidWorks Assembly** wird wie immer automatisch hinzugefügt. Bestätigen Sie, bejahen Sie die eventuelle Frage nach dem *Neuaufbau*, und die neue Datei wird erstellt und geladen.

Die beiden Komponenten sind unzweifelhaft *Gehäuse Oberteil* bzw. *Gehäuse Unterteil*, also jene beiden Dateien, die Sie im letzten Kapitel definiert hatten.

Für die Erstellung von Baugruppen existiert wie erwähnt auch ein Extra-Feature: Sie finden es unter *Einfügen, Features, Baugruppe erstellen*.

11.1.2 Tricksen mit SolidWorks: Skizzendaten in abgespaltenen Teilen

Bevor wir alles zusammenbauen können, benötigt das Gehäuse noch einen letzten Nachtrag: Es fehlen die sechs kombinierten Durchgangs-/Gewindebohrungen, über die die beiden Hälften des Lagersattels miteinander verschraubt werden. Dieser Arbeitsschritt ist erst möglich, wenn die Gehäusehälften **existieren** – wir mussten also bis zum Abspalten der Teile damit warten. Der Bohrungsassistent bietet zu diesem Zweck ein spezielles Baugruppen-Feature namens *Serienbohrung*. Zunächst brauchen wir wieder eine Bohrskizze . . .

Das Problem liegt darin, dass in abgespaltenen Teilen und externen Referenzen keinerlei Maße und Skizzen zur Verfügung stehen – die sind beim Eltern-Teil geblieben. Es ist unklar, warum das so sein muss: Man könnte die Skizzen ja wenigstens **zur Anzeige** übernehmen, um weitere Skizzen darauf beziehen zu können, ähnlich wie es ja auch innerhalb des Bauteils möglich ist. Doch in SolidWorks leiden abgespaltene Teile an Amnesie: Sie hängen vom Eltern-Teil ab, wissen aber nicht, wie und warum. Also:

Entweder wir befestigen unsere Bohrskizze zähneknirschend am Volumenkörper, was zur Ungültigkeit der Skizze führen wird, sobald wir auch nur ein Jota am Elternteil verändern. Denn Skizzen auf Volumenkörpern sind – auf die Gefahr hin, mich zu wiederholen – ein virtueller Eiertanz. Abgespaltene Teile entsprechen *rohen* Eiern.

Oder wir karren die Informationen sozusagen um SolidWorks herum vom Eltern-Teil zum Kind-Teil – denn es bleiben uns ja noch die Excel-Tabellen!

11.1.2.1 Familientherapie: Die Eltern-/Kind-Beziehung II

Es gibt nämlich sehr wohl einen Punkt, den wir beim Abspalten herüberretten, und das ist der **Ursprung** des Eltern-Teils, der von den abgespaltenen Teilen übernommen wird. Denn die neuen Ursprungspunkte sind deckungsgleich miteinander, mit dem Ursprung der Baugruppe und vor allem mit dem des Elternteils – es sei denn, Sie haben im PropertyManager *Abspalten* einen anderen *Punkt für Ursprung* eingegeben. Der Ursprung ist nun zum Referenzpunkt geworden.

Mit dieser Information können Sie die Bohrskizze bereits festlegen und zu den *Serienbohrungen* weiterblättern. Oder Sie erfahren, wie Sie die Bohrungen **doch** mit den Skizzen und Features des Eltern-Teils steuern und automatisieren können.

Wie beziehen wir nun die Bohrskizze des abgespaltenen Teils auf die *Skizze Lagersattel* im Eltern-Teil?

Die Idee ist folgende: Wir definieren im Elternteil eine kleine Skizze, die die Entfernung eines Bohrpunktes zum Nullpunkt sowie die Extrusionshöhe des Lagersattels enthält, in Summa eine 3D-Referenz. Diese Daten übernehmen wir in eine Tabelle. Die lesen wir sodann in die Baugruppe ein und steuern damit den entsprechenden Punkt der dortigen Bohrskizze. Aus der Breite des Lagersattels leiten wir die Entfernung der zweiten Reihe ab. So verknüpfen wir die Bohrungen des Lagersattels trotz Referenz und Abspaltung mit der **Skizze des Lagersattels**.

11.1.2.2 Das Eltern-Teil: Messpunkte

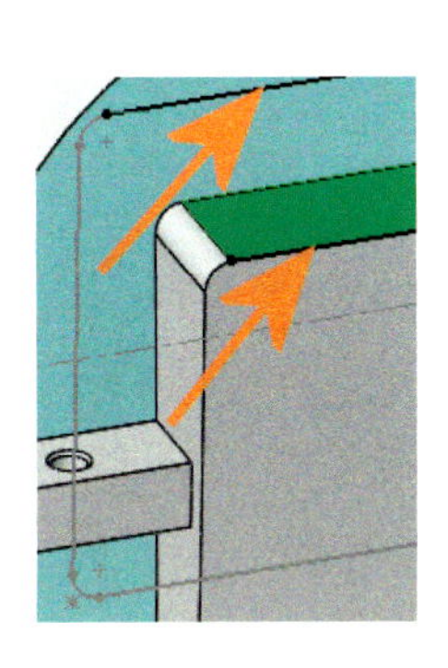

- Blenden Sie das Eltern-Teil ein, GEHÄUSE TEILUNG. Es befindet sich in einem Fenster im Hintergrund (erreichbar übers Menü *Fenster)*. Lassen Sie es wegen der Aktualisierung geöffnet, bis Sie mit allen Änderungen fertig sind.
- Für die folgenden Beschreibungen wechseln Sie zur *Ansicht Oben*.
- Blenden Sie die *Skizze Lagersattel* ein und ziehen Sie den Einfügebalken unter dieses Feature. Klicken Sie auf die obere Fläche des Lagersattels (grün) und fügen Sie eine neue Skizze ein. Der Grund: Auf dieser Ebene erstellen wir später die Skizze für die Serienbohrungen.

- *Übernehmen* Sie die obere, äußere Längskante des Lagersattels und in der Isometrischen Ansicht die obere Linie der *Skizze Lagersattel* (Pfeile). Wählen Sie in der Konturauswahl *einzelne Linie.*

Damit verfügen Sie über Mittelebene und halbe Breite des Lagersattels. In der Ansicht *Normal auf* ist die obere Linie die Körperkante, die untere das Skizzensegment. Der Ursprung befindet sich zwischen ihnen.

- Blenden Sie beide Volumenkörper aus. Fügen Sie zwischen den *Mittelpunkten* der Linien eine vertikale *Mittellinie* ein und zeichnen Sie *deckungsgleich* einen Punkt auf diese Linie – doch nicht auf deren *Mittelpunkt* (Abb. 11.1)!
- Bemaßen Sie diesen Punkt mit **8 mm** gegen die Kante des Lagersattels.
- Vermaßen Sie den Punkt dann horizontal und vertikal gegen den Nullpunkt und gegen die Mittellinie. Definieren Sie diese drei Maße über das Kontextmenü als *gesteuerte* Maße, falls SolidWorks Sie nicht ohnehin dazu auffordert. Dies sind unsere Messgeräte.

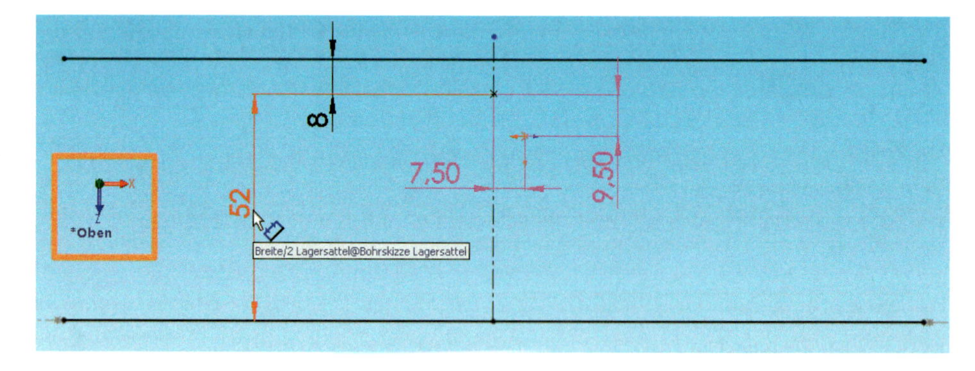

Bild 11.1:
Auf Felsen gebaut: Die Ankerskizze für die Baugruppe basiert auf Skizzengeometrie. Unten ist die übernommene Mittellinie zu sehen, oben die Kante des Lagersattels. Die pinkfarbenen Maße werden durch die Form des Lagersattels gesteuert.

	A	B	C	D	E
1	Tabelle für: Kap 10 Gehäuse				
2		X Ursprung@Bohrskizze Lagersattel	Y Ursprung@Bohrskizze Lagersattel	Breite/2 Lagersattel@Bohrskizze Lagersattel	
3	Standard	7,5	9,5	52	
4					

Tabelle1

- Benennen Sie die drei gesteuerten Maße mit **X Ursprung**, **Y Ursprung** und **Breite/2 Lagersattel**. Schließen Sie die Skizze und benennen Sie sie mit **Bohrskizze Lagersattel**.
- Fügen Sie nun eine neue Tabelle ein und übernehmen Sie nur die drei gesteuerten Maße. Speichern Sie die Tabelle **extern** unter dem Namen GEHÄUSE TEILUNG.XLS.
- Rufen Sie *Feature bearbeiten* auf und *verknüpfen* Sie die Tabelle *mit der Datei. Erlauben* Sie *Modelländerungen* und deaktivieren Sie die Optionen *Neue Parameter* und *Neue Konfigurationen.* Bestätigen Sie dann. Ziehen Sie nun den Einfügebalken unter das Feature *Gehäuse teilen* und speichern Sie das Eltern-Teil.

11.1.2.3 Das Kind-Teil: Steuerpunkte

- Wechseln Sie nun zur Baugruppe.
- Fügen Sie auf einer der sechs koplanaren Flächen des Lagersattels eine Skizze ein, genau wie beim Eltern-Teil (s. Bild). Wechseln Sie in die Draufsicht und blenden Sie die Volumenkörper aus.

- Zeichnen Sie eine ähnliche Konfiguration wie beim Eltern-Teil, nur dass die Maße diesmal **nicht gesteuert** sind. Erweitern Sie die Skizze um die fünf restlichen Punkte, die Sie durch zweifaches Spiegeln erzeugen (Kreise in Abb. 11.2).

Beachten Sie die Orientierung dieser Skizze!

Da wir gleich die Tabelle importieren, ist es wichtig, dass die beteiligten Skizzen und Variablen **identisch benannt** sind:

- Benennen Sie die beiden Koordinaten mit **X Ursprung** und **Y Ursprung**, den Abstand von der Mittellinie mit **Breite/2 Lagersattel**. Schließen Sie die Skizze und nennen Sie sie **Bohrskizze Lagersattel**.

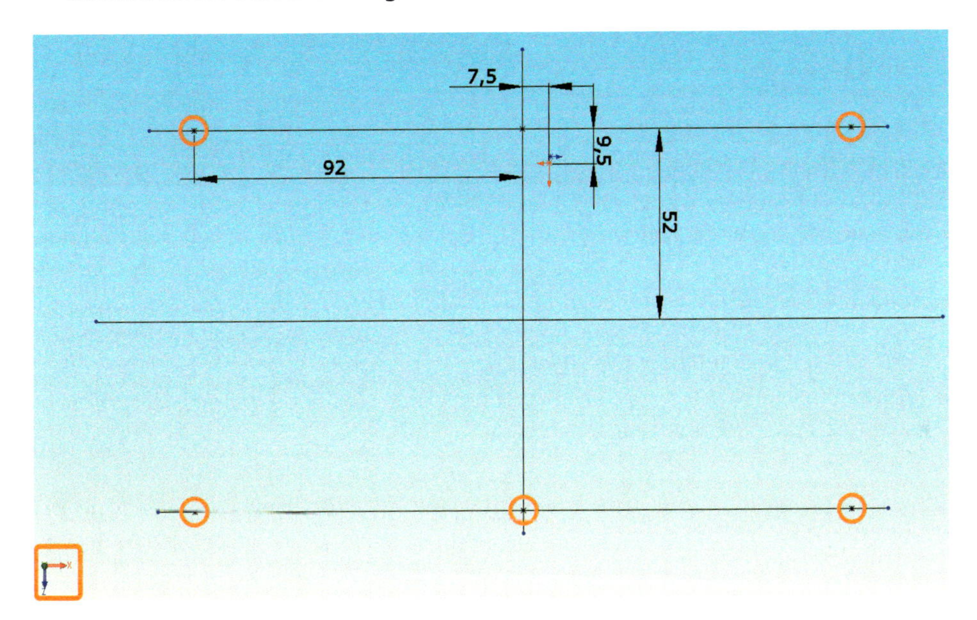

Bild 11.2: Zwillingsschwester: Die Bohrskizze in der Baugruppe. Wichtig sind hier Schnittpunkte und Symmetrie.

- Fügen Sie eine Tabelle ein. Wählen Sie die Option *Aus Datei*, öffnen Sie die Tabelle GEHÄUSE TEILUNG.XLS und *verknüpfen* Sie sie *mit der Datei*. *Verhindern* Sie diesmal die *Modelländerungen*, denn das Modell soll der Tabelle gehorchen, nicht umgekehrt. Deaktivieren Sie auch die *Optionen* bis auf *Warnen, falls Tabelle geändert wird*. Bestätigen Sie.

Wenn nun Fehlermeldungen über ungültige Bezeichnungen kommen, haben Sie die Variablen und/oder die Skizzen nicht konsistent benannt. Möglicherweise hat sich ein Leerzeichen eingenistet. Korrigieren Sie dies, sonst funktioniert das Ganze nicht.

- Speichern Sie die Datei.

Zu dieser Fernsteuerung gehört allerdings noch eine kleine Gebrauchsanleitung:

Wenn Sie die **gesamte Bohrmatrix** verschieben möchten, ändern Sie im Eltern-Teil die *Skizze Lagersattel* oder die Höhe der Extrusion. Daraus resultieren dann die drei gesteuerten Maße der Nullpunktverschiebung – also der Asymmetrie – des Lagersattels und dessen Breitenmaß. **Speichern** Sie dann entweder die gesamte Datei mit der Tabelle oder nur die Tabelle über deren Kontextmenü.

Um die zwei **Bohrungsreihen** nach oben und unten zu verschieben, ändern Sie das Maß *8 mm* in der Bohrskizze des Eltern-Teils (vgl. Abb. 11.1).

Um die vier **Eckpunkte** nach innen oder außen zu verschieben, ändern Sie das Maß *92 mm* in der Baugruppenskizze und berechnen sie zweimal neu (vgl. Abb. 11.2).

In der Baugruppe müssen Sie das Modell nun **zweimal** *Neu berechnen,* einmal für die Baugruppe und einmal für die Dateien des Ober- und Unterteils.

11.1.3 Serienbohrungen

Nach diesen Vorarbeiten kommen wir nun zum Bohren selbst. Glücklicherweise verfügt SolidWorks über eine zusätzliche Baugruppen-Routine zum gemeinsamen Bohren beliebig vieler Teile: die Serienbohrungen. Die Definitionen werden in den Bauteilen abgelegt und können im Verbund geändert und verschoben werden:

- Blenden Sie nun alle Volumenkörper der Baugruppe sowie die *Bohrskizze Lagersattel* ein. Wählen Sie eine Ansicht, in der Sie von oben auf den Lagersattel sehen und alle sechs Punkte erreichen können.
- Klicken Sie auf die Oberseite des Lagersattels und rufen Sie *Einfügen, Baugruppen-Feature, Bohrung, Bohrungsserie* auf.

Dieses Feature ist auf fünf Registerkarten aufgeteilt, die neben dem *Positionsmodus* das obere oder *Erste Teil,* die *mittleren Teile* und das untere oder *Letzte Teil* vertreten. Schließlich können Sie noch ein *Verbindungselement* wählen. Und in dieser Reihenfolge gehen Sie auch vor:

- Schalten Sie auf die erste Registerkarte, *Bohrungsposition.* Wählen Sie die Option *Neue Bohrung erstellen.* Wie bei den Bauteil-Bohrungen ist der Punktmodus bereits eingeschaltet.
- Wählen Sie *deckungsgleich* die sechs Punkte der *Bohrskizze.* Löschen Sie den Punkt, der evtl. durch das Anklicken der Fläche entstand.

Keine Sorge: Sie können jederzeit zu diesem Feature und dem Positionsstadium zurückkehren, Bohrungen via *Bestehende Bohrung(en) verwenden* verschieben, hinzufügen und entfernen, ohne dabei die restlichen Einstellungen zu verlieren.

- Wechseln Sie dann zur Registerkarte *Erstes Teil* (Abb. 11.3, links).

- Hier definieren Sie die Bohrung, die von der Definitionsfläche aus ins Innere führt, hier also die Gehäuse-Oberhälfte. Stellen Sie ein *Durchgangsloch M6* nach *DIN* ein. Die *Formsenkung oben* beträgt **8 mm** bei einem Kegelwinkel von **90°**.
- *Mittlere Teile* haben wir hier nicht, lassen Sie die Registerkarte unberührt (Abb. 11.3, Mitte).
- Das *letzte Teil* (Abb. 11.3, rechts) steht hier für die Gehäuse-Unterhälfte. Definieren Sie ein *Gewindekernloch M6*. Die Endbedingung darf hier nur *Bis Oberfläche* lauten, sonst durchbohren Sie auch die Montageplatte. Wählen Sie als *Oberfläche* für das Auswahlfeld die Unterseite des Lagersattels (Pfeil, Ansicht *Links)*. Hierzu müssen Sie die Ansicht drehen.

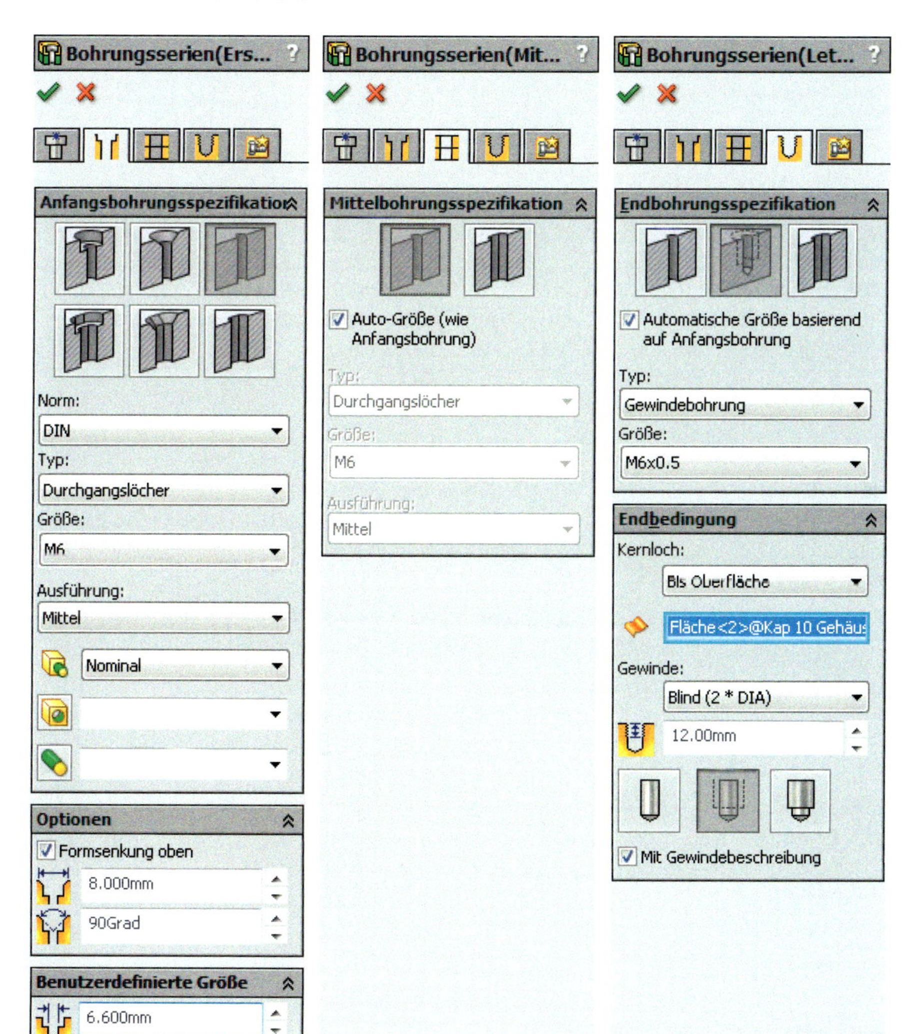

Bild 11.3:
Der Bohrungsassistent für Serien. Bis zu drei Gruppen von Bauteilen lassen sich hier unabhängig konfigurieren.

- Fügen Sie eine *Gewindedarstellung – Ohne Gewindebeschreibung* – hinzu. Nennen Sie das Feature **Bohrungsserie Lagersattel**. Klicken Sie auf *OK* (Abb. 11.4).

Bild 11.4:
Angeknabbert:
Durch die Bohrungen werden die Lagerschalen beschädigt, wie links unten zu sehen ist.

Das fünfte Element des Assistenten für die Serienbohrung, die intelligenten Verbindungselemente, lernen Sie aus strategischen Gründen erst im Abschnitt 11.5.1, *Intelligente Verbindungselemente*, ab S. 341 kennen.

11.1.4 Korrekturen im Baugruppenkontext

Die Bohrungen und Gewinde werden wunschgemäß durch die beiden Gehäusehälften geführt. Dabei stellt sich ein Fehler heraus: Die Lagerschalen werden beidseitig angeschnitten, was inakzeptabel ist. Wir müssen also die Eckpunkte nach außen verschieben:

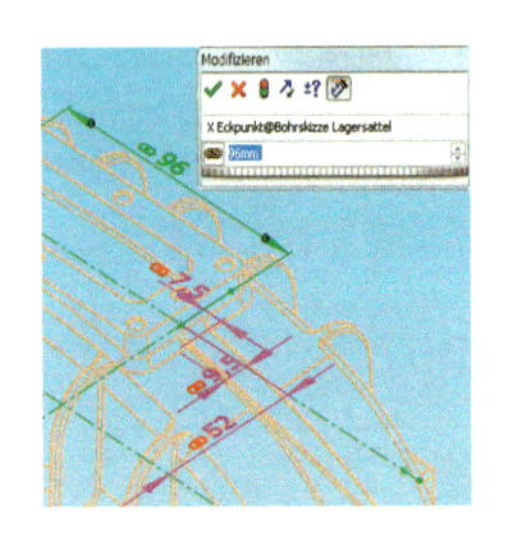

- Doppelklicken Sie in der Baugruppe auf die *Bohrskizze Lagersattel* (vgl. Abb. 11.2). Vergrößern Sie das Maß *92 mm* auf **96 mm**. Berechnen Sie zweimal neu.

Die Bohrung wandert nach außen, bis der Anschnitt der Lagerschalen verschwindet. Dafür liegen die Senkkegel nun mitten in den Verrundungen des Lagersattels. Bevor wir nun den Lagersattel verlängern, um eine ebene Auflagefläche für die Schrauben zu schaffen, verkleinern wir erst einmal dessen Radien – dies aber muss in der Elterndatei von *Gehäuse Oberteil* geschehen, in der Datei GEHÄUSE TEILUNG:

- Öffnen Sie GEHÄUSE TEILUNG und editieren Sie die *Skizze Lagersattel*. Ändern Sie den Radius *5 mm* auf **1.5 mm**. Dieser Radius ist mit den angrenzenden Verrundungen identisch, so dass nicht einmal ein Bruch im Design entsteht. Speichern und schließen Sie das Bauteil. Berechnen Sie das STIRNRADGETRIEBE dann zweimal neu.

Radius und Fase sind nun voneinander getrennt. Wir können nun endlich mit dem Zusammenbau beginnen (Abb. 11.5).

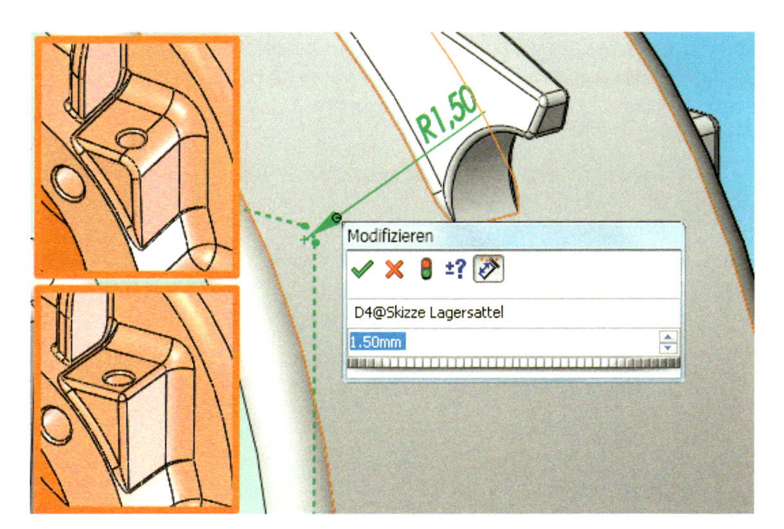

Bild 11.5:
Vorher - Nachher:
Durch die Korrektur des Radius bleiben uns größere Umbauten erspart.

- Zu guter Letzt können Sie alles Bohrungsrelevante in der Baugruppe in einen neuen **Ordner Bohrung Lagersattel** verschieben. Der FeatureManager wird nämlich bald ziemlich voll werden.

11.1.5 Eigenarten der Bohrungsserien

So lange die beiden Gehäusehälften fest aneinander gefügt oder wie hier *fixiert* sind, liegen alle Bohrungen am richtigen Platz. Hebt man die *Fixierung* der oberen Gehäusehälfte über deren Kontextmenü auf, so kann man sie mit *Komponente verschieben* bzw. *drehen* aus der Symbolleiste *Baugruppe* frei bewegen. Dummerweise nimmt sie dabei die Bohrungsserie mit, denn deren Skizze ist ja auf einer Fläche der Oberhälfte definiert. Die Folge ist, dass die Gewindebohrungen relativ zu den Durchgangslöchern an Ort und Stelle bleiben, während die untere Gehäusehälfte immer gerade da durchbohrt wird, wo sie von der Verlängerung der Bohrachsen getroffen wird (Abb. 11.6).

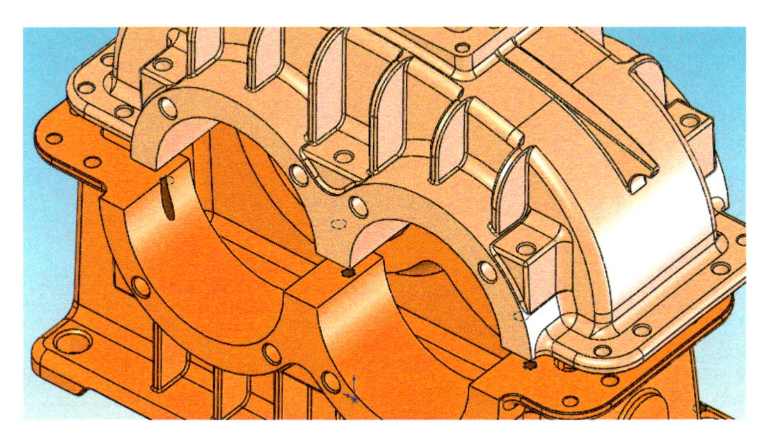

Bild 11.6:
Verbohrt:
Bohrungsserien eignen sich nur für unbewegte Objektpaarungen.

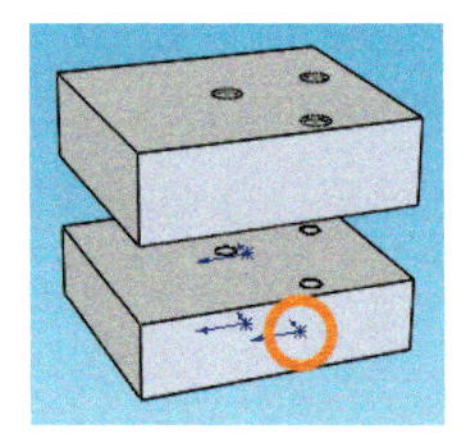

Nun können wir beim Getriebe davon ausgehen, dass die beiden Hälften immer zusammengebaut bleiben. Wenn wir ans Innere heran wollen, blenden wir die Oberseite einfach aus, statt sie zur Seite zu schieben. Für unseren Fall war die Bohrungsserie also die richtige Wahl.

In der nebenstehenden Abbildung sehen Sie zwei Teile und drei Nullpunkte in einer Baugruppe. Die beiden linken Nullpunkte von Ober- und Unterteil liegen genau untereinander. Die Bohrskizze, die die Bohrungsserie mit je drei Durchgangslöchern und drei Gewinden erzeugt, ist jedoch am Nullpunkt der **Baugruppe** orientiert (Kreis). Man kann die beiden Teile also gleichsam unter den Bohrungen durchziehen.

Wenn Sie dieses Experiment nachvollziehen wollen, achten Sie darauf, **verschiedene Bauteildateien** zu verwenden, andernfalls funktioniert die Bohrungsserie nicht.

Wenn Sie bewegliche Objektpaarungen haben, so ist es ratsam, die Bohrskizze eigens auf die Partnerobjekte zu kopieren und an **deren** Ursprungspunkten auszurichten. Dann müssen Sie Durchgangs- und Gewindebohrungen getrennt über den „normalen" Bohrungsassistenten definieren.

11.2 Der Zusammenbau

Im Gehäuse wird es am Ende recht eng zugehen, also stecken wir die Welleneinheiten – Lager, Hülsen, Buchsen, Federn – genau wie ein richtiger Mechaniker erst einmal zu **Unterbaugruppen** zusammen und setzen sie dann als Ganze in die Lagerschalen ein.

11.2.1 Bauteile einfügen

- **Speichern** Sie die Baugruppe *als Kopie* **unter** dem Namen BAUGRUPPE SERIENBOHRUNG. Das STIRNRADGETRIEBE bleibt also geöffnet, die Kopie dient als Momentaufnahme. Das gegenwärtige Stadium finden Sie auch auf der DVD: KAP 11 BAUGRUPPE SERIENBOHRUNG.
- *Blenden* Sie die obere Gehäusehälfte aus, um Objekte ins Gehäuse einfügen zu können. Wenn Sie zusätzlich die Aufbauzeit verkürzen wollen, *unterdrücken* Sie das Bauteil.

- Rufen Sie *Einfügen, Komponenten, Bestehendes Teil/Baugruppe* auf. Im PropertyManager erscheint das Dialogfeld *Komponente einfügen.* Mit der *Stecknadel* halten Sie es für weitere „Einfügungen" offen. Wechseln Sie in das Verzeichnis mit Ihren Bauteilen.

Schneller geht all dies, wenn Sie auch die Symbolleiste *Baugruppen* öffnen.

- Wenn Sie noch andere Bauteile und Baugruppen geöffnet haben, so werden sie in dem großen Listenfeld angezeigt und können von dort einfach in den Editor gezogen werden. Alternativ dazu klicken Sie auf *Durchsuchen* und öffnen die STIRNRADWELLE 19Z 10° RECHTS FERTIG.

- Das Bauteil erscheint transparent im Editor. Durch einen Klick legen Sie es an der betreffenden Stelle ab (Abb. 11.7).

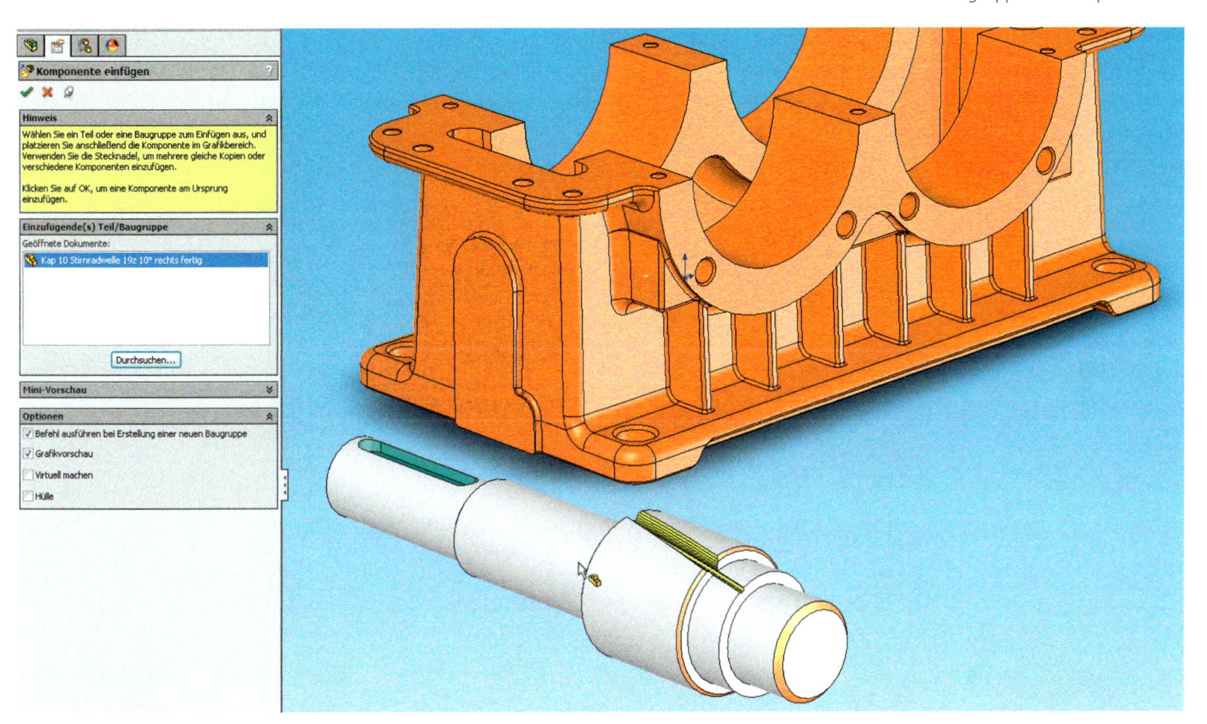

Bild 11.7:
Komponente einfügen: Durch einen einfachen Klick werden Bauteile in die Baugruppendatei importiert.

- Öffnen Sie dann auf gleiche Weise die ABSTANDBUCHSE. Da wir mehrere *Konfigurationen* davon haben, besteht im *Öffnen*-Dialog die Möglichkeit, unterhalb des Listenfeldes die gewünschte *Konfiguration* auszuwählen. Aktivieren Sie *Nenndurchmesser 30mm* und bestätigen Sie. Platzieren Sie die Buchse neben der Welle.

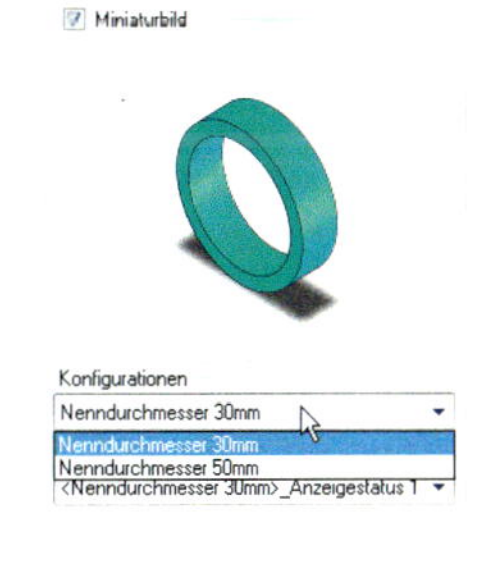

11.2.2 Baugruppenverknüpfungen

Diese beiden Bauteile stehen geometrisch in einer bestimmten Beziehung zueinander: Die Buchse wird auf das längere Ende der Welle geschoben, bis sie auf den Absatz der Verzahnung stößt. Das bedeutet, die Buchse liegt zum einen konzentrisch auf der Welle und zum anderen berühren sich die Bauteile an zwei Flächen, sind dort also deckungsgleich zu verknüpfen. In der virtuellen Praxis sieht das so aus:

- *Fixieren* Sie die Welle vorübergehend über ihr Kontextmenü im FeatureManager. So ist es leichter, die anderen Bauteile daran auszurichten.
- Rufen Sie *Einfügen, Verknüpfung* auf.

- Klicken Sie auf den Innenzylinder der Buchse und auf die Zylinderfläche des zweiten Absatzes auf der Welle. Die Flächen werden grün hervorgehoben und im Auswahlfeld angezeigt, SolidWorks errät eine *konzentrische* Verknüpfung und positioniert schon mal die Bauteile (Abb. 11.8).

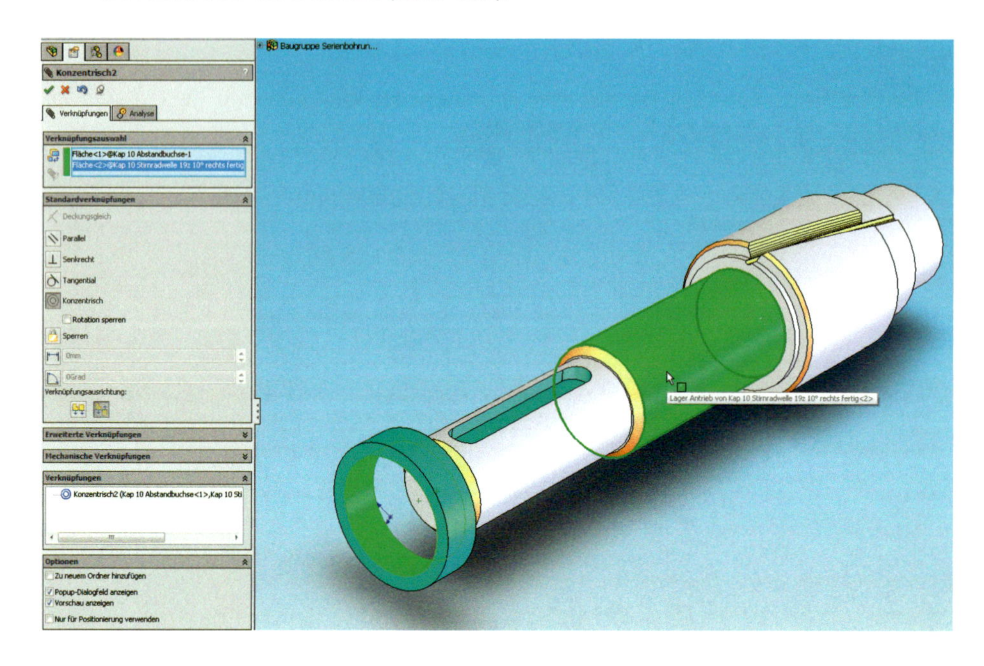

Bild 11.8: Guter Rat: Anhand der angeklickten Elemente errät SolidWorks die angestrebte Verknüpfung.

Etwas verwirrend ist die doppelte Anzeige von Bedienelementen: Im Editor erscheint eine kleine Symbolleiste mit den möglichen Verknüpfungen. Eine ähnliche Liste mit Symbolen erscheint im PropertyManager unter *Standardverknüpfungen*.

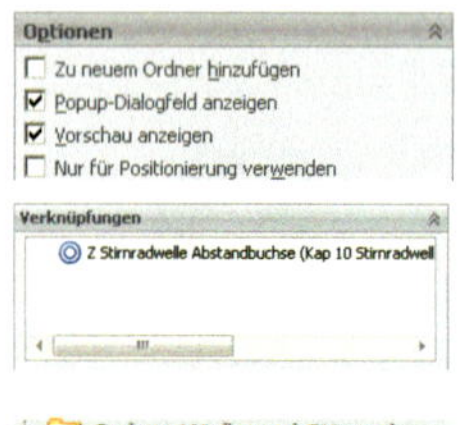

Ich arbeite gerne mit diesem praktischen Tool. Doch wenn Sie das Doppel nicht haben wollen, deaktivieren Sie unten im PropertyManager im Gruppenfeld *Optionen* die Checkbox *Popup-Dialogfeld anzeigen*.

- Bestätigen Sie die Verknüpfung *Konzentrisch* durch einen Klick auf die *OK*-Schaltfläche.

Sie erscheint daraufhin in der Liste *Verknüpfungen* des FeatureManagers.

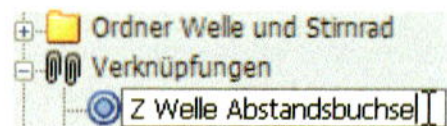

- Benennen Sie sie nach System, etwa **Konzentrisch...** oder kürzer **Z Welle Abstandbuchse**, solange das Namensfeld noch offen ist. Notfalls können Sie zweimal hintereinander auf den Eintrag klicken, um ihn zu editieren. Sie können das aber später nachholen (s. S. 313).

Da noch sehr viele Verknüpfungen folgen werden, ist auch hier eine eindeutige Benennung sinnvoll. Allerdings können Sie im FeatureManager auch die Verknüpfungen jeder einzelnen Komponente einsehen.

Der PropertyManager mit den Verknüpfungsoptionen bleibt indessen geöffnet. Erst wenn Sie ein zweites Mal auf *OK* oder *Abbrechen* klicken, wird er geschlossen. Aber das sollen Sie jetzt noch nicht tun.

Die nächste Auswahl ist schon ein wenig komplizierter, denn hier müssen Sie die Ansicht drehen, um beide Flächen wählen zu können:

- Sollte die Buchse jetzt „in" der Welle stecken, ziehen Sie sie einfach wieder heraus, so dass Sie an sämtliche Stirnflächen herankommen. Sie bemerken, dass ihre Bewegungsfreiheit merklich abgenommen hat.

Auch im Verknüpfungsmodus können Sie Bauteile in Position **ziehen**. Die betreffende Fläche, Kante oder der Punkt werden dann nicht als Verknüpfungspartner eingetragen. So brauchen Sie die Verknüpfungen nicht erst eigens abzuschließen.

- Klicken Sie auf die Fläche des Absatzes, an den die Buchse anschlagen soll. Drehen Sie dann die Ansicht und wählen Sie die gegenüberliegende Fläche auf der Buchse. SolidWorks errät eine *deckungsgleiche* Verknüpfung, und dies ist auch korrekt. Nennen Sie die Verknüpfung **D Welle Abstandbuchse** und bestätigen Sie (Abb. 11.9).

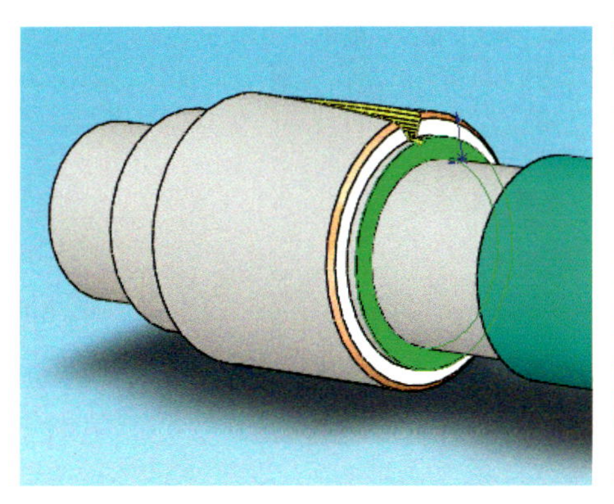
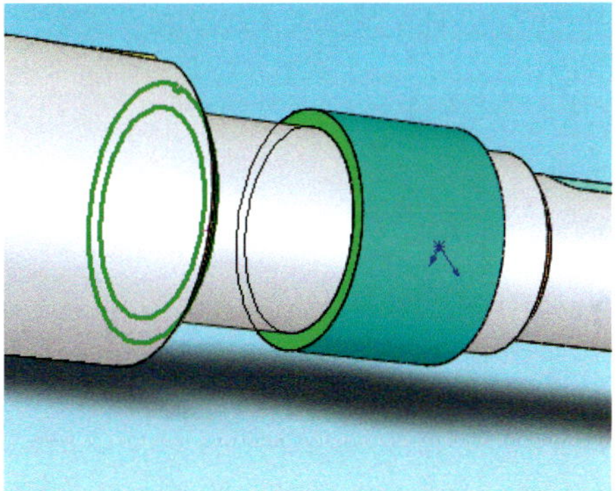

Bild 11.9:
Der erste Kontakt: Die Flächen der beiden Bauteile berühren sich. Die Buchse kann jetzt nur noch auf der Welle gedreht werden.

Die Abstandbuchse hat somit fünf von sechs **Freiheitsgraden** verloren: durch die konzentrische Verknüpfung zwei **translatorische** normal zur Wellenachse sowie zwei **rotatorische**, nämlich die, die nicht auf der Wellenachse liegen, und schließlich durch die Deckungsgleichheit noch einen **translatorischen** – die Längsverschiebung. Es bleibt nur ein rotatorischer Freiheitsgrad: Wir können die Buchse auf der Welle drehen. Das genügt uns.

- Bestätigen Sie den PropertyManager, bis die Funktion beendet wird. Im FeatureManager finden Sie unter *Verknüpfungen* zwei Einträge, die für die eben definierten Verknüpfungen stehen. Dort können Sie sie auch **umbenennen**.

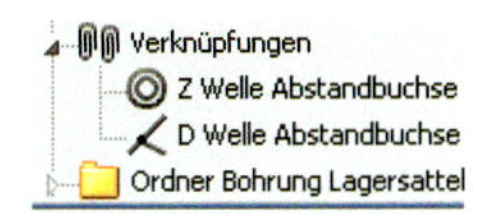

Dann setzen Sie die Passfeder in die Nut ein:

- Fügen Sie die Komponente PASSFEDER ein. Wählen Sie die Konfiguration *Stirnradwelle*. Legen Sie die Passfeder neben der Nut ab.

- Über *Extras, Komponente, verschieben* und *drehen* manipulieren Sie Bauteile so, dass sie in etwa die richtige Lage zueinander einnehmen. Richten Sie die Passfeder längs der Nut aus.

Die nächsten Verknüpfungen definieren wir mit Hilfe von Kanten:

- Rufen Sie wieder *Verknüpfen* auf. Klicken Sie auf eine der Längskanten der Feder und die entsprechende Kante in der Passfedernut. Definieren Sie die Verknüpfung *Deckungsgleich*. Wenn sie dadurch in die falsche Richtung gedreht wird, klicken Sie auf *Verknüpfungsrichtung umkehren*. Nennen Sie die Verknüpfung **D Passfeder Stirnradwelle** (Abb. 11.10).

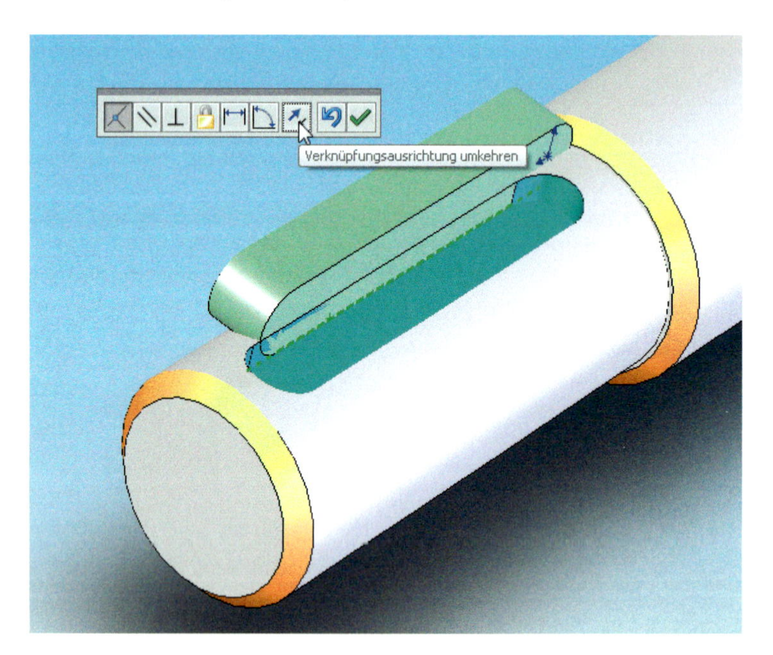

Bild 11.10:
Die Passfeder soll im nächsten Arbeitsgang in die Nut gedreht werden. Ist dies unmöglich, kann man die *Verknüfungsausrichtung umkehren*.

Die Feder lässt sich noch um die Kante drehen und daran entlang schieben – die Einschränkung der Freiheitsgrade erreicht im MCAD hochschulnahes Niveau.

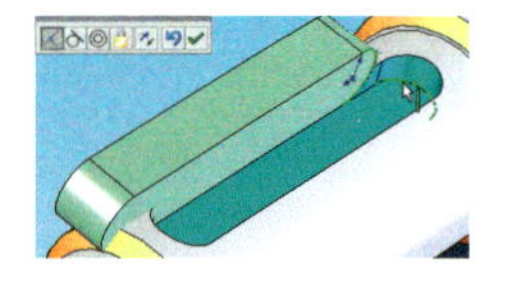

- Um die Passfeder völlig festzulegen, definieren Sie nun noch *Deckungsgleichheit* zwischen den korrespondierenden **runden Kanten** an Feder und Nut. Nennen Sie die Verknüpfung **D2 Passfeder Stirnradwelle**.

Damit sind sämtliche Freiheitsgrade der Feder beseitigt. Sie lässt sich nicht mehr bewegen.

11.2.3 Wiederholteile: Einfügen aus der Toolbox

Ich hatte Ihnen versprochen, dass Sie keine Wälzlager konstruieren müssen. Genormte Teile wie Schrauben, Muttern oder eben auch Lager befinden sich in großer Zahl in der *SolidWorks Toolbox*.

Wenn Sie diese Zusatzapplikation nicht besitzen, können Sie das Lager aus der Datei KRL DIN 720 - 30306.SLDPRT von der DVD einfügen. Die Ausrichtung geschieht genau wie nachfolgend beschrieben.

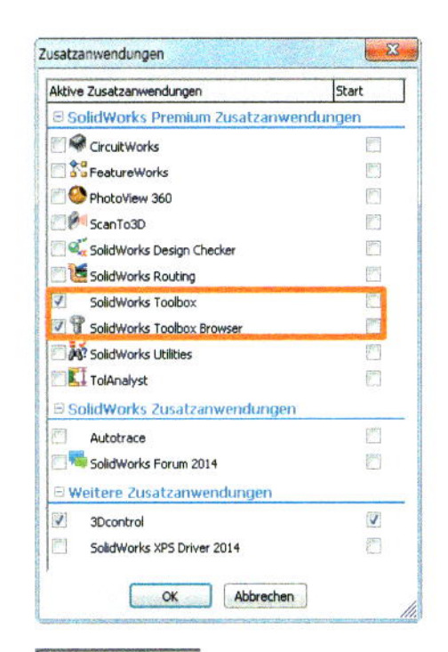

- Sie starten diese Anwendung, indem Sie *Extras, Zusatzanwendungen* wählen und in der gleichnamigen Dialogbox den Eintrag *SolidWorks Toolbox Browser* aktivieren. Wenn Sie Berechnungsfunktionen wie etwa zur Auslegung von Lagern oder von Stahlträgern wünschen, aktivieren Sie auch den Eintrag darüber, *SolidWorks Toolbox.*
- Aktivieren Sie *Ansicht, Symbolleisten, Task-Fensterbereich.* Am rechten Rand des Editors erscheint die schmale Katalogleiste. Klicken Sie die *Konstruktionsbibliothek* (Bücher) an, und die Normteilkataloge erscheinen.

Falls nicht,

- ziehen Sie den Fensterteiler nach unten. Die Baumansicht mit den Einträgen *Design Library, Toolbox,* dem Web-Portal *3D ContentCentral* und *SolidWorks Content* kommt zum Vorschein.
- Klicken Sie auf die *Toolbox,* so erscheint ihr Inhalt im unteren Fensterabschnitt.
- Die Toolbox ist in drei Ebenen aufgeteilt: Wählen Sie als Norm *DIN,* als Untergruppe *Lager* und als zweite Gruppe *Rollenlager.* Diese erscheinen nun in der unteren Liste des Task-Fensterbereichs.
- Ziehen Sie das *Kegelrollenlager* aus der Konstruktionsbibliothek in den Editor (Abb. 11.11).

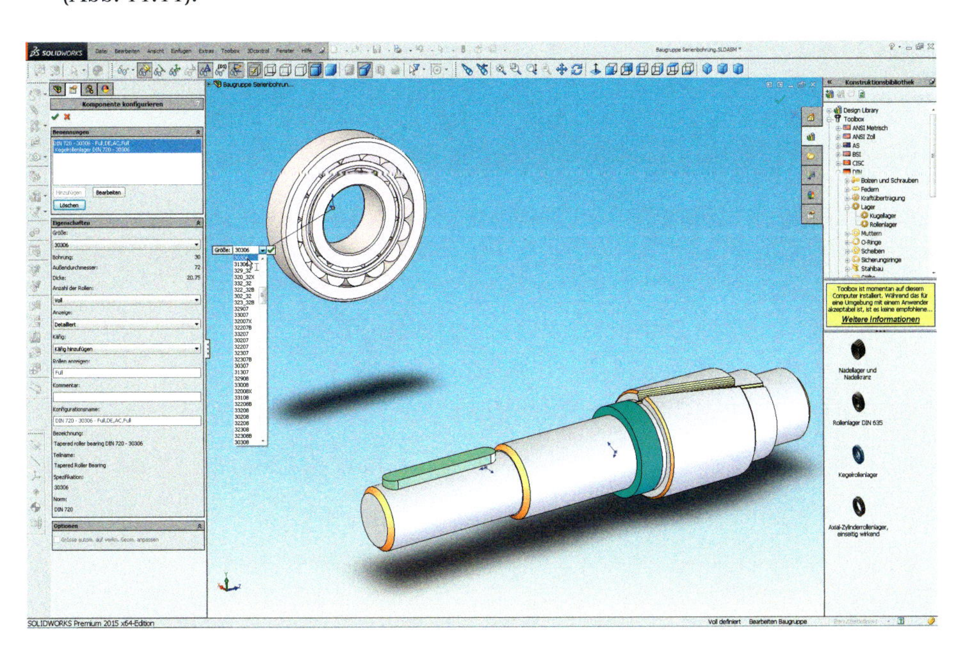

Bild 11.11: Werkzeugkasten: Die Normteile werden einfach in den Editor gezogen. Hier müssen sie jedoch noch angepasst und ausgerichtet werden.

- Der PropertyManager zeigt die Optionen des Kegelrollenlagers an.
- Wählen Sie als *Größe 30306,* die Abmessungen werden dann eingefügt. Wählen Sie als *Anzahl der Rollen Voll,* als *Anzeige detailliert* und lassen Sie den *Käfig hinzufügen.*
- Diese Konfiguration können Sie oben unter *Benennungen* speichern, indem Sie auf die Schaltfläche *Hinzufügen* klicken. Geben Sie eine Beschreibung ein, so können Sie Ihre Konfigurationen in **dieser Kategorie** später wieder aufrufen. Bestätigen Sie, und das Lager wird angepasst.
- Jetzt fragt Sie der PropertyManager nach *Kopien* dieses Lagers. Klicken Sie noch einmal in den Editor, um eine identische Kopie einzufügen. Beenden Sie die Funktion mit der rechten Maustaste oder mit **Esc**.

Die Konfigurationsbox rufen Sie erneut auf, indem Sie im Kontextmenü eines Lagers *Toolbox Definition bearbeiten* wählen.

- Drehen Sie die Lager so, dass später eine **X-Anordnung** entsteht, der Innenring also mit der hohen Seite an die Buchse stößt. Richten Sie es dann genau wie die Abstandbuchse *konzentrisch* auf dem Absatz aus, und docken Sie es wieder *deckungsgleich* an die Buchse an. Nennen Sie die Verknüpfungen **Z** bzw. **D Lager Stirnradwelle A**. **A** steht für **Antriebsseite**.
- Bringen Sie das zweite Lager auf dem entgegengesetzten Absatz an. Die genaue Anordnung entnehmen Sie Abbildung 11.12. Nennen Sie die Verknüpfungen **Z** bzw. **D Lager Stirnradwelle B** für die **Blindseite**.

Bild 11.12:
Im Schnitt:
Die X-Anordnung der Kegelrollenlager auf der Stirnradwelle.

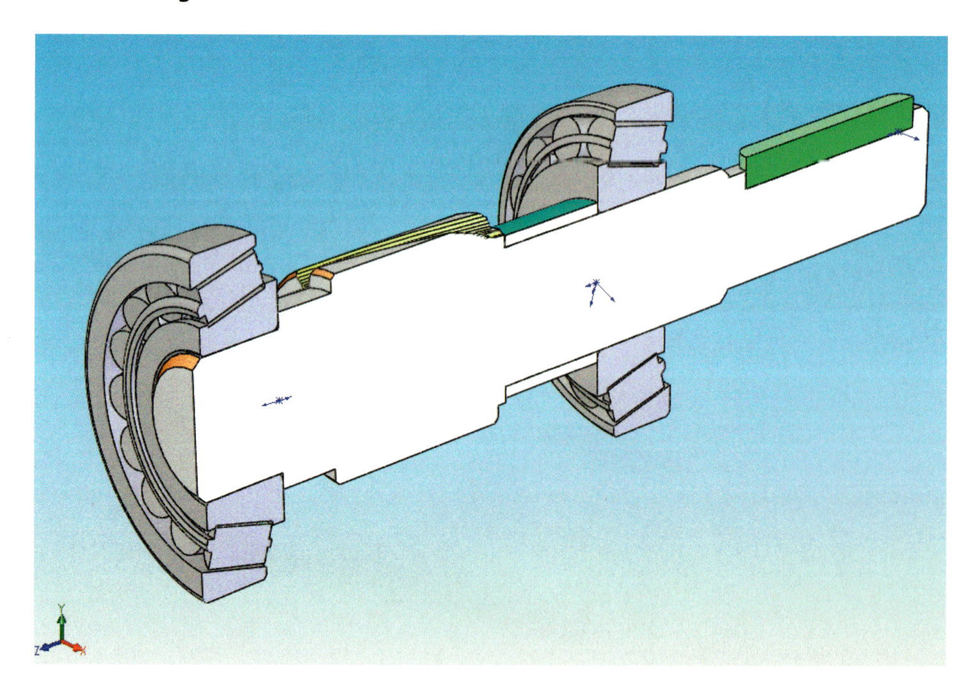

11.2.3.1 Komponenten umbenennen

Benennen Sie nun noch die Wälzlager auf Deutsch:

- Dazu **deaktivieren** Sie zunächst unter *Extras, Optionen, Systemoptionen, Externe Referenzen* die Option *Komponentennamen aktualisieren, wenn Dokumente ersetzt werden.*
- Auch nun können Sie die Komponenten der Baugruppe nicht mit **F2** umbenennen – dazu müssen Sie schon deren *Komponenteneigenschaften* editieren.
- Benennen Sie das Wälzlager mit **KR DIN 30306 A** bzw. **B** für Antriebs- und Blindseite.

11.2.3.2 Komponenten unter neuem Namen speichern

Bislang ist die Datei noch im SolidWorks-Wurzelverzeichnis unter \COPIEDPARTS untergebracht. Wir wollen natürlich alle Teile im gleichen Ordner haben:

- Wählen Sie ein Wälzlager im FeatureManager und lassen Sie über dessen Kontextleiste das *Teil öffnen.* Bejahen Sie die Abfrage mit den... *schreibgeschützten Teilen* ... Speichern Sie es dann unter **KRL DIN 30306** im Ordner des Getriebes. Befolgen Sie **nicht** die Aufforderung, das Teil *als Kopie* zu speichern, denn so wird die neue Datei **automatisch** in der Baugruppe gespeichert und verknüpft.

Ich denke, Sie haben das Prinzip der **Benennung** verstanden – und wenn Sie nach diesen wenigen Schritten einen Blick in den FeatureManager unter *Verknüpfungen* werfen, sicher auch deren **Notwendigkeit**. Ich werde ab jetzt nur noch in Ausnahmefällen darauf eingehen.

11.2.4 Komponenten im Baugruppenkontext bearbeiten

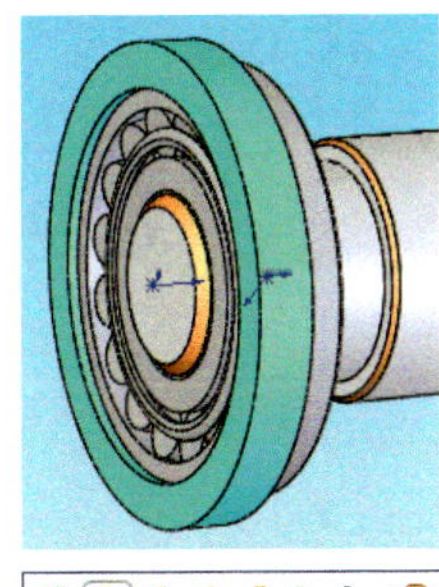

Wir benötigen noch die Reduzierhülsen, die zwischen Lager und Lagerschalen eingesetzt werden:

- Fügen Sie das Bauteil REDUZIERHÜLSE ein. Richten Sie es *konzentrisch* auf dem Außenring eines Kegelrollenlagers und *deckungsgleich* mit der Seite aus, die zum Ende der Welle zeigt.

Die Hülse besitzt zwar den richtigen Innendurchmesser, doch sie ist viel niedriger als der Außenring. Dies können wir **top-down** in der Baugruppe beheben:

- Klicken Sie auf den Eintrag der Reduzierhülse und rufen Sie aus dessen Kontextleiste den zweiten Eintrag, *Teil bearbeiten* auf.

Daraufhin wird die ganze restliche Baugruppe transparent dargestellt, nur die Hülse bleibt opak. Im FeatureManager ist der Baum der Reduzierhülse blau eingefärbt.

Transparenz mindert die die Leistung der 3D-Darstellung erheblich. Wenn Sie die transparente Darstellung ausschalten möchten, wählen Sie unter *Optionen, Systemoptionen, Anzeige/Auswahl* unter *Baugruppentransparenz für Bearbeitung um Kontext* die Option *Undurchsichtige Baugruppe.*

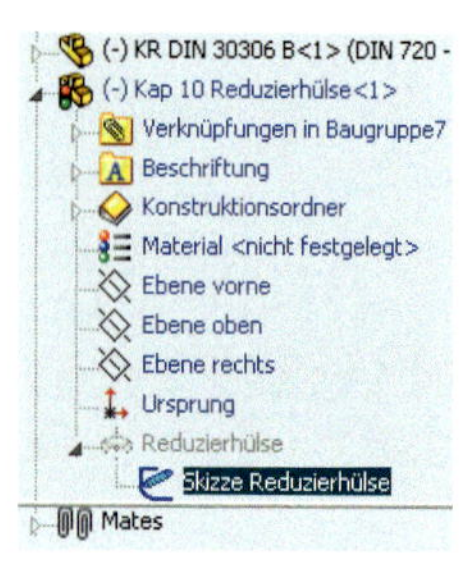

- Rufen Sie die *Skizze Reduzierhülse* zur *Bearbeitung* auf. Gehen Sie in die Normalansicht und zoomen Sie nahe an die Skizze heran.
- Korrigieren Sie die Höhe *10mm* des L-Profils so, dass sie den Außenring des Lagers etwas überragt, also auf **18 mm**.
- Laut Tabellenbuch kann der Spanndurchmesser für den Außenring dieses Lagers zwischen 55 und 65 Millimetern liegen. Korrigieren Sie also den Durchmesser *65mm* auf **60 mm**.

Das Schöne an diesem Modus ist, dass Sie ganz unmittelbar sehen können, wie die restlichen Bauteile dimensioniert sind. Der Nachteil liegt in den Anforderungen an die Hardware, denn Transparentdarstellung so vieler Objekte ist das **Forte**, selbst für die beste Grafikkarte. Natürlich können Sie dann auch mit der bekannten Direktbearbeitung der Maße per Doppelklick arbeiten (Abb. 11.13).

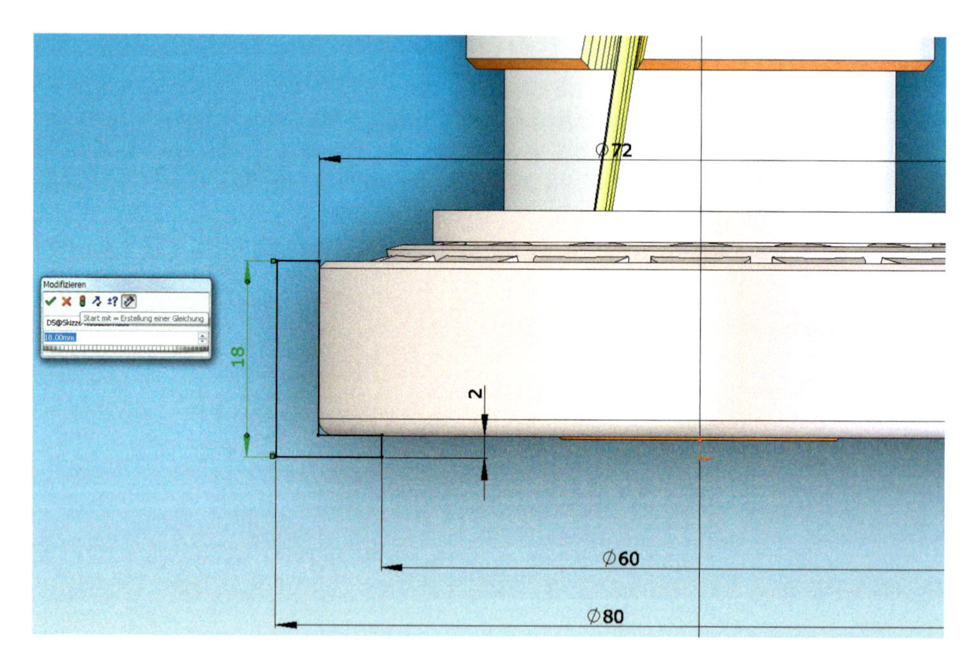

Bild 11.13: Durchgepaust: Der L-Querschnitt wird der Silhouette des aktuellen Lagers angepasst.

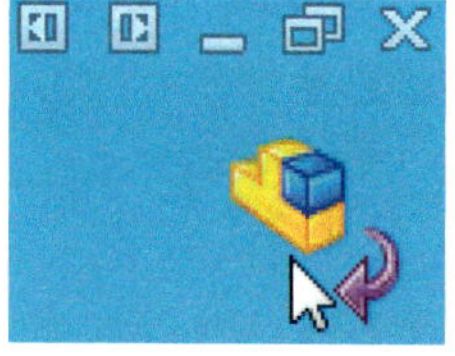

- Beenden Sie dann den Bearbeitungsmodus, indem Sie aus dem Kontextmenü des geöffneten Teils *Baugruppe bearbeiten (. . .)* wählen. Das Teil wird aktualisiert und die Baugruppe wieder vollständig dargestellt.
- Fügen Sie dann eine zweite Reduzierhülse auf dem anderen Lager ein (Abb. 11.14).

Sie können die Schnittansicht mittlerweile so konfigurieren, dass ausgewählte Komponenten nicht geschnitten werden. Besonders schön ist dies, wenn Sie Baugruppen mit Wellen und Bolzen haben. Aktivieren Sie dazu einfach während der geöffneten *Schnittansicht* das untere Auswahlfeld und wählen Sie die nicht zu schneidenden Teile.

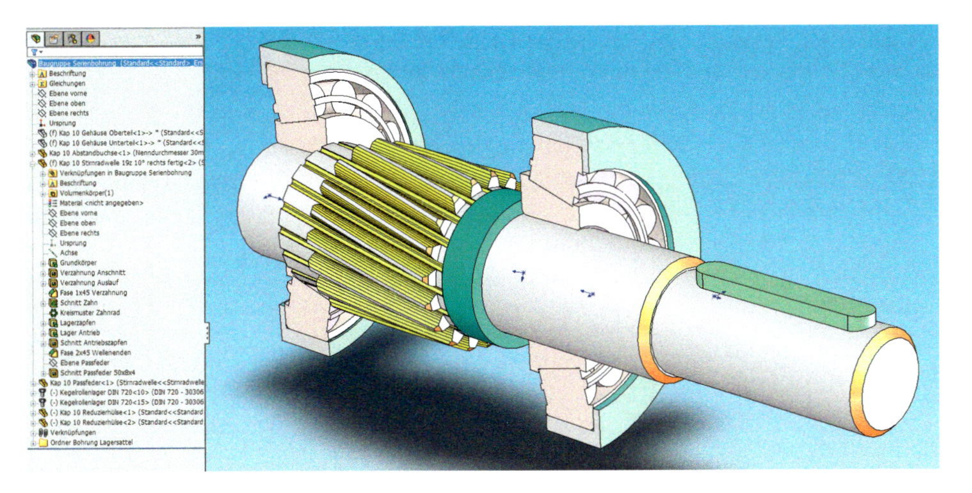

Bild 11.14:
Sieht schon richtig technisch aus: Die Stirnradwelle als Baueinheit. Solche Teilschnitte erzielen Sie, indem Sie in der Schnittansicht *Ausgewählte Komponenten nicht einbeziehen.*

- Sie können nun durch Deaktivieren von *Ansicht Ursprünge* die zahlreichen Ursprünge der Bauteile ausblenden.
- Heben Sie die Fixierung der Welle auf. Es ist, als würden Sie sie aus dem Schraubstock lösen.
- Verlegen Sie dann alles, was zu dieser Baueinheit gehört, in einen neuen Ordner namens **Ordner Stirnradwelle**. Unterdrücken Sie ihn dann.
- Speichern Sie die Baugruppe. Beantworten Sie die Frage, ob die *referenzierten Modelle gespeichert* werden sollen, mit *Ja*. So werden die Änderungen aus dem Baugruppenmodus in die Bauteile übernommen.
- Es fällt noch eine Unstimmigkeit auf: Die Abstandbuchse ist offensichtlich zu hoch, es ist kein Platz für den Lagerdeckel auf der Dichtfläche. Wir werden diese Welle aber erst beim Einbau ins Gehäuse vollenden – *Top-Down* sozusagen.

11.2.5 Richtig unterdrücken

Das Unterdrücken von Features und Komponenten wirkt sich nicht nur positiv auf die Performance aus, es verkleinert auch ganz gewaltig die Dateien. Das aufwendige Kreismuster der Verzahnung zum Beispiel wird so nur als Information gespeichert, nicht aber die zugehörige Geometrie. Und das gilt auch für die Komponenten einer Baugruppe.

Allerdings: Mit den Baugruppenverknüpfungen verhält es sich ähnlich wie mit den Skizzenbeziehungen – sie sind hierarchisch angeordnet. Wenn Sie eine Komponente unterdrücken, von der Verknüpfungen abhängen, so werden diese **freistehend** – ein anderes Wort für ungültig – und Sie werden mit dem *OK*-Button zu kämpfen haben.

Also gilt: Wenn Sie Komponenten unterdrücken, dann stets **von unten nach oben.** Wenn Sie die Unterdrückung aufheben, dann stets **von oben nach unten**. Aus dem gleichen Grunde empfehle ich Ihnen die Verwendung von **Ordnern**. Hier wird diese Reihenfolge automatisch eingehalten – eine Sorge weniger.

11.3 Die Welle aus Kapitel Vier

Es bleibt noch, die Welle für das große Stirnrad zusammenzubauen. Angefertigt haben Sie sie vor unzähligen Seiten am Anfang des vierten Kapitels.

- Fügen Sie der Baugruppe Ihre Datei WELLE oder aber KAP 4 WELLE von der DVD hinzu. *Öffnen* Sie das Teil und speichern Sie es im Ordner der Getriebeteile ab. Speichern Sie es **nicht** als Kopie.
- *Fixieren* Sie die Welle über deren Kontextmenü.

Das Speichern einer Datei *als Kopie* führt dazu, dass diese Kopie weder geladen noch verknüpft wird – Sie arbeiten im aktuellen Bauteil weiter. Dies ist ganz nützlich für das Backup von Baustadien.

11.3.1 Intelligente Verknüpfungen

Es gibt schnellere Wege, Baugruppen zusammenzufügen. Einer dieser Wege ist die intelligente Verknüpfung. Sie verlangt allerdings etwas Mausgeschick:

- Öffnen Sie das Bauteil [KAP 10] STIRNRAD 77Z 10° LINKS FERTIG **in einem zweiten Dokumentfenster**. Ordnen Sie die Fenster von Baugruppe und Welle über das Menü *Fenster, Nebeneinander* so an, dass Sie beide Bauteile sehen können (Abb. 11.15).

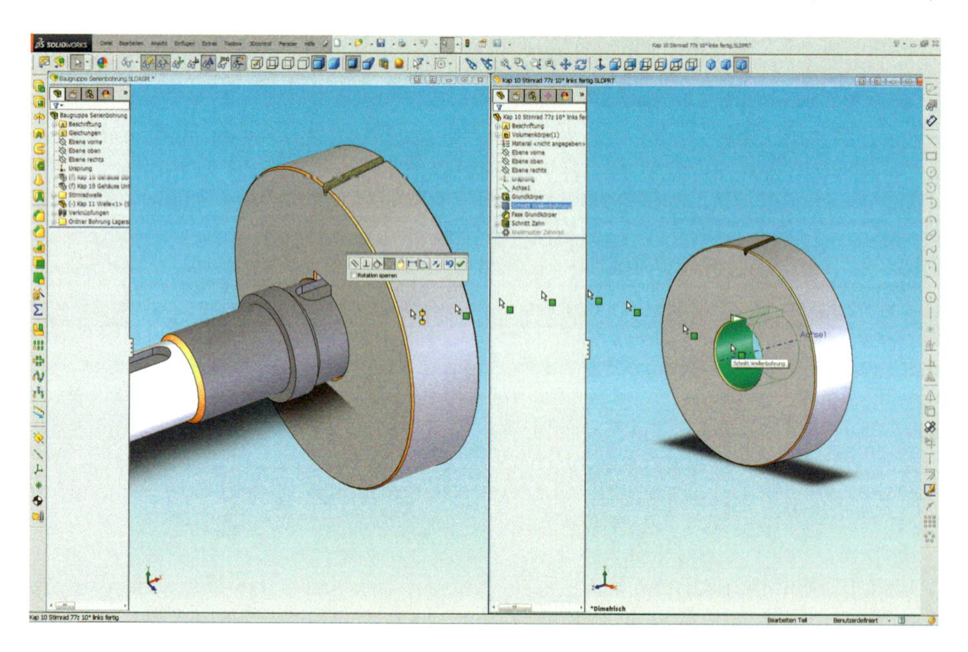

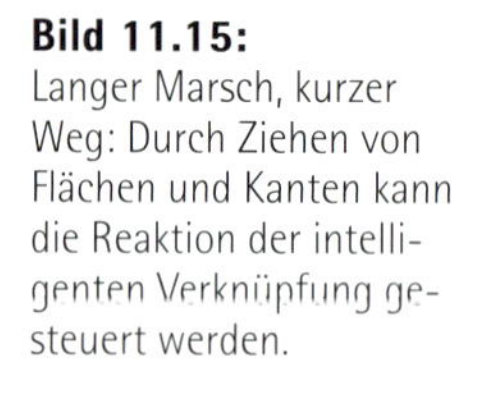

Bild 11.15:
Langer Marsch, kurzer Weg: Durch Ziehen von Flächen und Kanten kann die Reaktion der intelligenten Verknüpfung gesteuert werden.

- Schalten Sie den Auswahl-*Filter Flächen* ein.

- Klicken Sie das Stirnrad an seiner zylindrischen Innenfläche an und ziehen Sie es ins andere Fenster auf die Welle. Wenn Sie mit dem Cursor die Zylinderflächen der Welle erreichen, springt das Rad in Position – der Cursor ändert sich zu einem *Verknüpfungs*-Cursor, und SolidWorks schlägt Ihnen eine konzentrische Verknüpfung vor. Legen Sie das Rad auf dem Absatz mit der kurzen, breiten Passfedernut ab.

Es geht auch noch schneller: Wenn Sie die **Kante** zwischen Fase und Fläche mit der Kante des Absatzes hinter der Passfedernut zur Deckung bringen, werden die Teile in einem Arbeitsgang *konzentrisch* **und** *deckungsgleich* verknüpft. Dies wollen wir hier jedoch noch nicht, da wir die Passfeder selbst einbauen müssen:

- Fügen Sie die PASSFEDER in der Konfiguration *Welle Zahnrad* in die Baugruppe ein.
- Verknüpfen Sie wieder Längskante mit Längskante und Bogen mit Bogen, um die Feder in ihrer Nut zu fixieren. Lassen Sie die Funktion aktiv.
- Platzieren Sie das Zahnrad so, dass Sie einen Teil seiner Aussparung und die Passfeder sehen können. Markieren Sie eine der beiden parallelen Flächen der Aussparung sowie die **abgewandte** Seitenfläche der Passfeder. Das Zahnrad dreht sich, denn SolidWorks schlägt *Deckungsgleich* vor (Abb. 11.16).

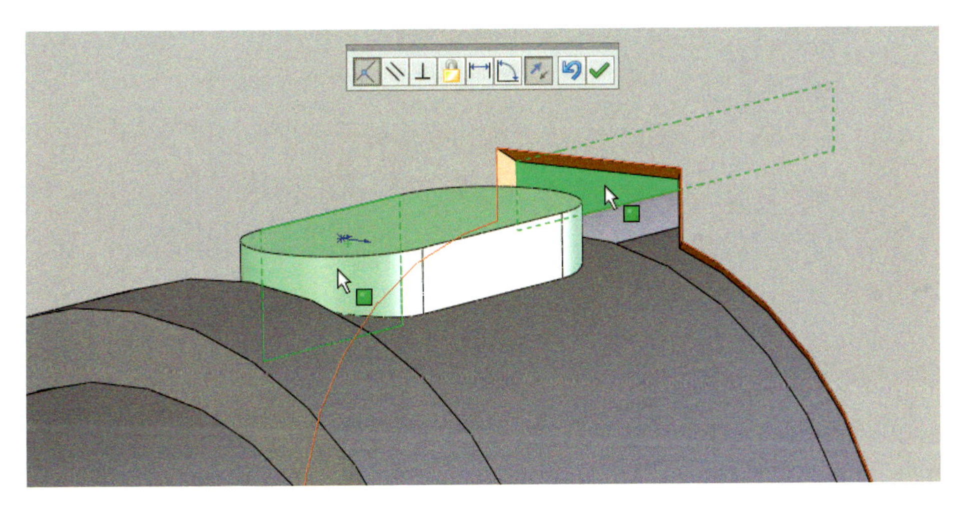

Bild 11.16: Mit Hilfe der Passfeder wird ein Zahnrad auf der Welle formschlüssig gegen Drehen gesichert – das soll auch im Modell nicht anders sein.

- Das Zahnrad lässt sich jetzt nur noch in Achsenrichtung verschieben. Ziehen Sie es zurück und drehen Sie die Ansicht so, dass Sie auf den Wellenabsatz sehen können. Markieren Sie die – wegen des Freistichs sehr dünne – Fläche des Absatzes und die gegenüberliegende Fläche des Zahnrades. Dieses wird mit dem Absatz zur *Deckung* gebracht und ist damit vollständig fixiert.

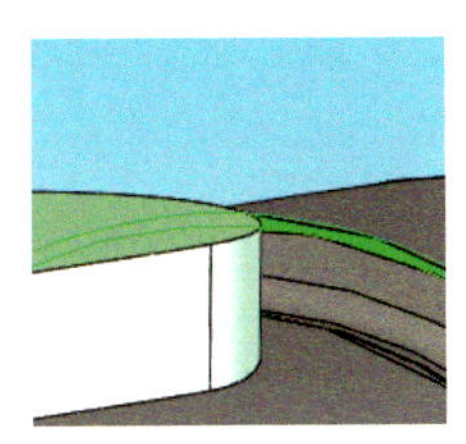

11.3.2 Schnellreparatur

- Fügen Sie eine ABSTANDBUCHSE in der Konfiguration *Nenndurchmesser 50mm* ein. Verknüpfen Sie sie *konzentrisch* mit dem kurzen Ende der Welle und *deckungsgleich* mit der angrenzenden Fläche des Zahnrades.

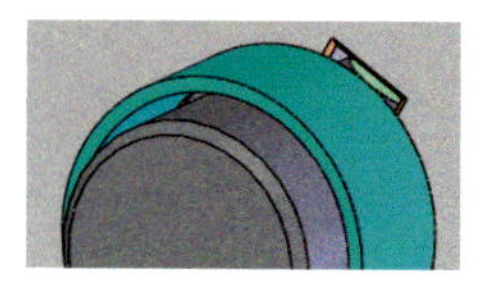

Die Buchse ist zu weit, denn die Welle hat hier einen Durchmesser von nur 45 mm. Für solche kleinen Korrekturen brauchen Sie das Bauteil nicht einmal zu öffnen:

- Klappen Sie den Baum der Abstandbuchse bis zur *Skizze Abstandbuchse* auf und führen Sie darauf einen Doppelklick aus. Die Maße werden eingeblendet. Ändern Sie den Innendurchmesser von *50mm* auf **45 mm**. Achten Sie darauf, dass Sie dies nur für *diese Konfiguration* tun (Abb. 11.17).
- Berechnen Sie das Modell neu und bestätigen Sie den Hinweis, damit die Tabelle des Bauteils ebenfalls neu aufgebaut wird. Die Änderung wird in der Baugruppe angezeigt.

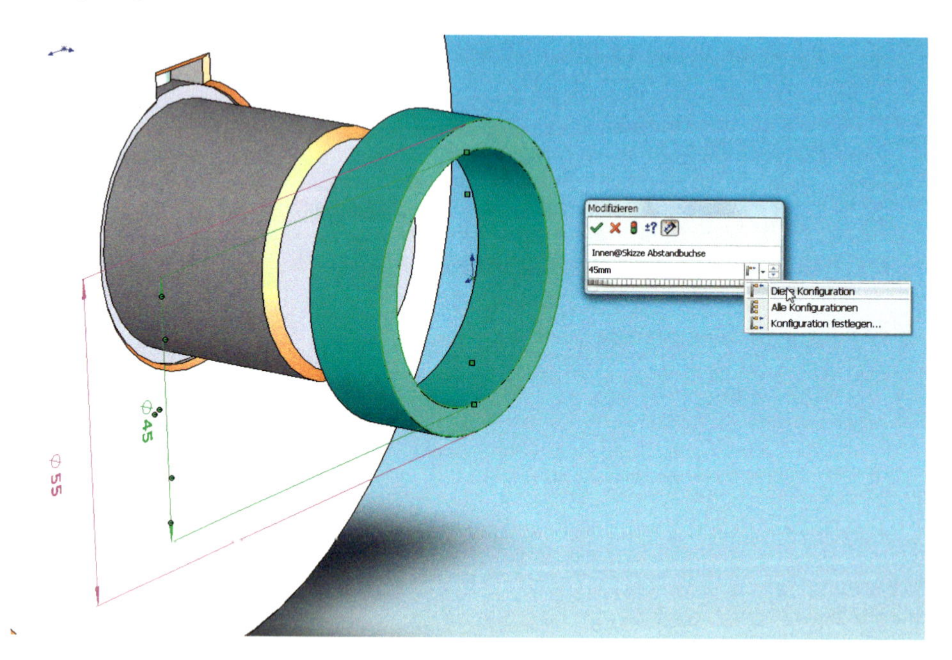

Bild 11.17: Erste Hilfe: Maßzahlen und Features lassen sich auch von der Baugruppe aus ändern.

- Fügen Sie über die Toolbox ein *Kegelrollenlager* nach *DIN 720* mit der Größenbezeichnung *30209* ein. Die Eckdaten dieses Typs werden eingetragen. Definieren Sie dann *volle Anzahl der Rollen*, eine *detaillierte Anzeige*, fügen Sie einen *Käfig* ein und speichern Sie diesen Typ wieder über die Schaltfläche *Hinzufügen*.

Wenn Sie die Zusatzapplikation *Toolbox* nicht besitzen, können Sie das Lager aus der Datei KRL DIN 720 - 30209.SLDPRT von der DVD einfügen. Die Ausrichtung geschieht genau wie im Folgenden beschrieben.

- Fügen Sie ein zweites Lager dieses Typs ein. Drehen Sie die Lager wieder in X-Anordnung. Richten Sie das eine Lager konzentrisch auf die Zylinderfläche hinter der Abstandbuchse aus und lassen Sie es *deckungsgleich* an die Buchse anstoßen.

- Richten Sie das andere Lager auf die Zylinderfläche auf der anderen Seite des Bundes aus. Verknüpfen Sie die Fläche des Innenrings *deckungsgleich* mit dem Bund, sodass wieder eine X-Anordnung entsteht (Abb. 11.18).

Bild 11.18:
Wackelig: Das rechte Lager kann noch ein wenig mehr Auflagefläche vertragen.

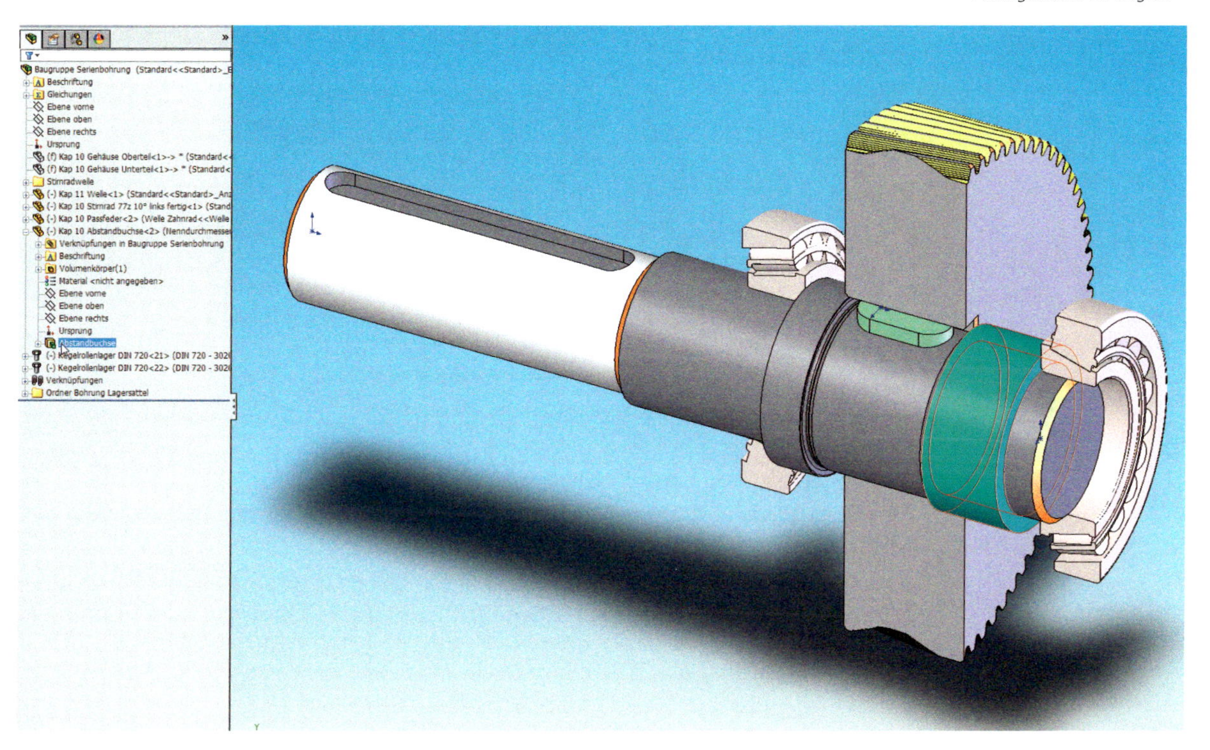

- Öffnen Sie die Datei der Lager und speichern Sie sie unter KRL DIN 30209 im Getriebeverzeichnis ab. Benennen Sie die Einträge im FeatureManager in **KR DIN 30209** um.

Das Lager der Blindseite sitzt nicht bündig auf dem Wellenzapfen. Wir müssen die Abstandbuchse kürzen, doch auch dies ist eine Sache von Augenblicken:

- Führen Sie einen Doppelklick auf das **Feature** *Abstandbuchse* aus (vgl. Abb. 11.18). Die Maßzahl *25mm* der Extrusionshöhe erscheint. Korrigieren Sie sie auf **15 mm**, stellen Sie die Änderung für *Diese Konfiguration* ein und bestätigen Sie. Bauen Sie dann das Modell neu auf.

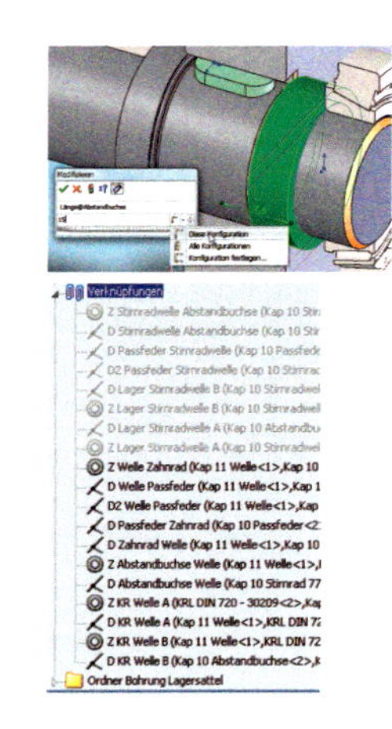

Als letztes bauen wir noch die Passfeder ein:

- Fügen Sie die PASSFEDER in der Konfiguration *Welle* ein. Richten Sie sie in der langen Nut der Welle über Kante und Bogen aus, wie gehabt.
- Wählen Sie im FeatureManager alles, was zur Welle gehört und fügen Sie es über das Kontextmenü *zu einem neuen Ordner* hinzu. Benennen Sie diesen dann **Ordner Welle und Stirnrad**.

11.3.3 Die Verknüpfungen einer Komponente

Damit ist die Welle vorläufig fertig gestellt. Der Ordner *Verknüpfungen* ist inzwischen stark angeschwollen, und trotz detaillierter Nomenklatur ist er schlicht unübersichtlich. Eine Übersicht über die Abhängigkeiten jeder einzelnen Komponente erhalten Sie auf mindestens zwei Arten:

- Entweder Sie wählen aus dem Kontextmenü einer Komponente *Verknüpfungen anzeigen*. Dann wird ein Fenster mit der Liste der Abhängigkeiten geöffnet.
- Oder Sie klicken die Komponente an und betrachten ihre Verknüpfungen durch Umschalten auf den PropertyManager.

Dabei sehen Sie, dass die Einträge trotz der veränderten Dateinamen noch auf dem alten Stand sind – etwa *Kap 4 Welle*. Doch die Abhängigkeiten beziehen sich auf die aktuellen Teile, wie eine Nachprüfung durch Verschieben der Originale ergibt.

11.3.4 Einbau der Wellen in das Gehäuse

Nun können wir die beiden Wellen in die untere Gehäusehälfte einbauen:

- Heben Sie die Unterdrückung von *Gehäuse Unterteil* auf, wie auch die des *Ordners Stirnradwelle*. Heben Sie gegebenenfalls die **Fixierung** der beiden Wellen auf. Wenn die Performance zu wünschen übrig lässt, unterdrücken Sie die *Kreismuster* beider Verzahnungen.

Die Wellen müssen noch gedreht werden, bevor wir sie mit dem Gehäuse verknüpfen können. Doch dies ist nicht ganz so einfach wie unmittelbar nach dem Einfügen: Auch wenn Sie die *Komponente drehen,* wird sie lediglich verschoben und behält stur ihre Ausrichtung bei. Hier kommen die Optionen des Gruppenfeldes *Drehen* ins Spiel:

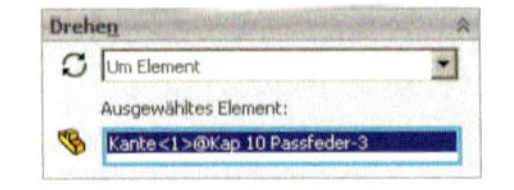

- Aktivieren Sie *Komponente drehen*. Wählen Sie im Listenfeld *Drehen* die Option *Um Element*. Es erscheint ein Auswahlfeld für das Rotationszentrum. Wählen Sie eine der senkrechten Kanten am Gehäuseunterteil. Nun können Sie die *Welle* so drehen, dass der Wellenzapfen in der Isometrieansicht – **Strg + 7** – nach hinten weist (Abb. 11.19).
- Drehen Sie dann die Stirnradwelle mit dem Antriebszapfen nach vorne.
- Verschieben Sie die Stirnradwelle dann zum kürzeren Ende des Gehäuses, die Welle mit dem Extra-Zahnrad dagegen zum längeren Ende.

Mit der Fixierung von Bauteilen hat es eine besondere Bewandtnis: In einer Baugruppe ist das erste eingefügte Teil automatisch das *Basisteil*. Dieses Bauteil, auf das alle anderen bezogen werden, besitzt selbst nur eine Verknüpfung zum Baugruppen-Ursprung. Natürlich müssen alle anderen Bauteile beweglich sein, um den Verknüpfungen Folge leisten zu können. Wir fixierten die Wellen deshalb nur **vorübergehend**, um die Lager, Buchsen, Hülsen usw. daran ausrichten zu können.

- Verknüpfen Sie die Abstandbuchse der Stirnradwelle *konzentrisch* mit der Bohrung der linken Lagerschale. Führen Sie dies dann auch für den Lageraußenring der Welle und die rechte Lagerschale durch.

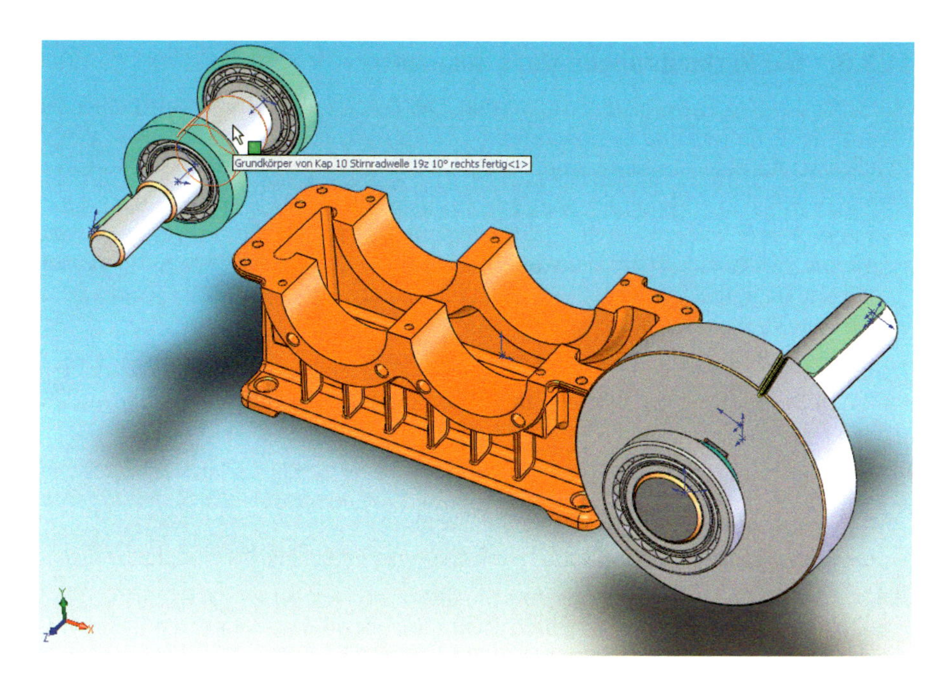

Bild 11.19: Störrische Bauteile können um feststehende Kanten gedreht werden. Auch die Stirnradwelle ist noch nicht korrekt ausgerichtet.

Und wieder: Eine Frage der Strategie

Bei der Verknüpfung von Baugruppen empfiehlt sich eine streng technologische Vorgehensweise. Natürlich können Sie auch die Wellen selbst mit den Lagerschalen verknüpfen. Doch auf diese Art haben Sie keine Rückmeldung darüber, ob Ihre Strategie zum Ziel führt. Noch viel mehr gilt dies für die Flächenkontakte: Als Sie die Abstandbuchse der Welle einkürzten, folgte das Lager automatisch nach – **genau so** sollte es sein, im Virtuellen wie in der Wirklichkeit.

11.3.5 Exakte Positionierung ohne Verknüpfung

Es ist nicht ganz einfach, die Wellen in dem engen Gehäuse auszurichten. Schließlich sollen die Zahnräder das Gehäuse nicht berühren, und zwischen dem großen Stirnrad und den Lagerschalen sind nur zwei Millimeter Luft. Zu diesem Zweck existiert ein Sondermodus bei den Verknüpfungen:

- Wählen Sie *Verknüpfungen* und aktivieren Sie ganz unten im PropertyManager die Option *Nur für Positionierung verwenden.* Richten Sie dann eine Seitenfläche der Verzahnung auf der Stirnradwelle deckungsgleich mit der benachbarten, inneren Endkante der Lagerschale aus.

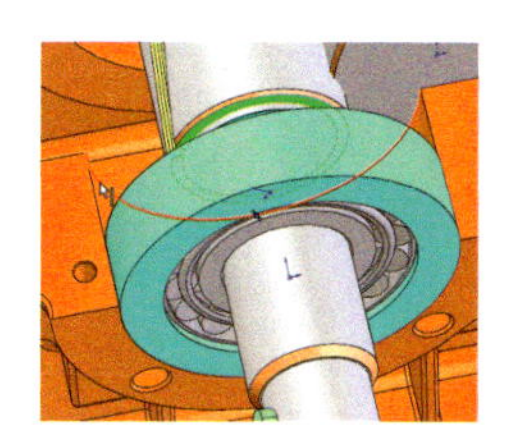

Die Verknüpfung wird im PropertyManager zwar angezeigt, doch wenn Sie bestätigen, erscheint kein weiterer Eintrag im Ordner *Verknüpfungen* – die Stirnradwelle bleibt beweglich. Der Grund, warum dies keine feste Verknüpfung sein soll, ist der, dass wir die Stirnradwelle mit Hilfe der **Lagerdeckel** positionieren wollen, wie es auch im realen Getriebe der Fall ist.

11.3.6 Die Abstandsverknüpfung

Das Stirnrad ist um zwei Millimeter schmaler als die Verzahnung der Stirnradwelle. Der Eingriff der Zahnräder soll jedoch mittig geschehen, also richten wir sie mit einer Abstandsverknüpfung aus:

- Schalten Sie die *Verknüpfungen* ein, definieren Sie auch diese *nur zur Positionierung*. Wählen Sie zwei Seitenflächen von Stirnradwelle und Stirnrad und schalten Sie im PropertyManager vom Defaultvorschlag *Deckungsgleich* auf *Abstand* um. Tragen Sie in das Editierfeld **1 mm** ein und, da das Ritzel breiter ist als das Stirnrad, die Option *Bemaßung auf andere Seite wechseln*.

Nun stellt sich heraus, dass auch die Abstandbuchse der Stirnradwelle zu hoch ist:

- Rufen Sie das Feature *Abstandbuchse* auf und korrigieren Sie die *Tiefe* von *25 mm* auf **10 mm**.
- Der Mindestdurchmesser für einen Stützring am Innenring dieses Lagers beträgt laut Tabellenbuch 37 Millimeter. Korrigieren Sie dies in der *Skizze Abstandbuchse*, indem Sie das Maß *35 mm* auf **37 mm** erhöhen. Achten Sie jedoch darauf, die Option *Diese Konfiguration* zu aktivieren.

Nach einem Neuaufbau sieht die Anordnung schon realistisch aus. Wir werden nun zunächst die Lagerdeckel vorbereiten, bevor wir hierher zurückkehren (Abb. 11.20).

Bild 11.20:
Im Eingriff:
Die Wellen sind ausgerichtet, die Lager befinden sich jeweils auf gleicher Ebene im Gehäuse. Die Verzahnungen und ihre Überschneidung werden später eingestellt.

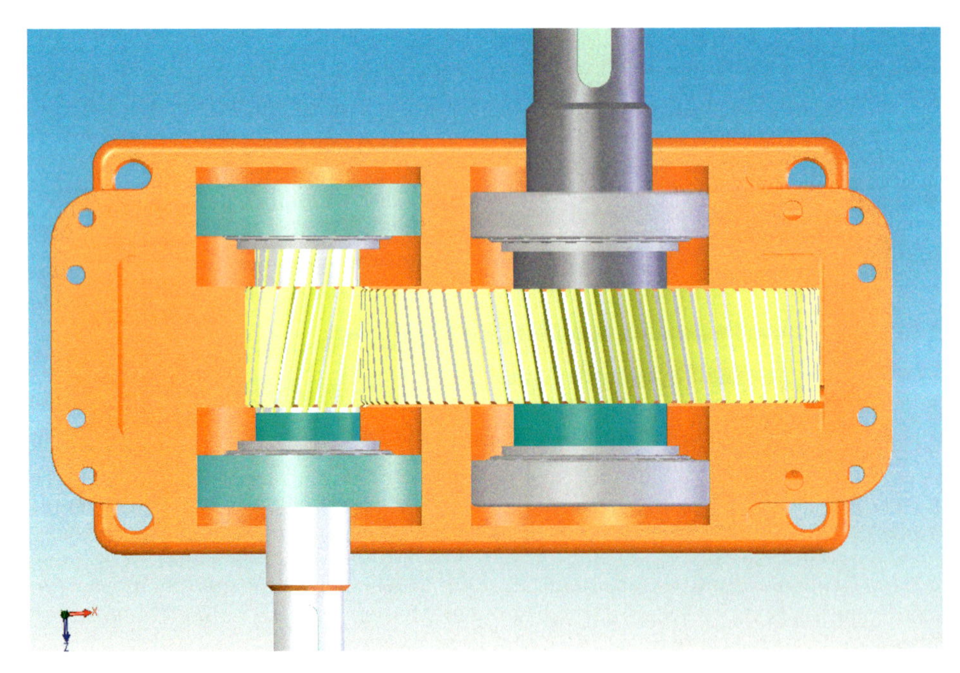

- Speichern Sie die Baugruppe und bestätigen Sie die Anfrage, alle Teildokumente zu speichern.

11.3.7 TopDown, Bottom-Up: Was ist das Richtige?

- *Messen* Sie nun in der Draufsicht an allen vier Wellenenden die Abstände der Lagerschalen zu den Abstandbuchsen bzw. Lagerringen. Für die Blindseite der *Stirnradwelle* messen Sie einen Abstand von 5,75 mm, auf der Antriebsseite 6,75 mm. Auf der Blindseite der *Welle* ergeben sich 6,75 mm, auf der Abtriebsseite 8,75 mm. Diese Werte benötigen wir für die Endanpassung der Lagerdeckel.
- Wenn Sie nun noch einmal das Bauteil ABSTANDBUCHSE öffnen, erkennen Sie, wie es sich durch die Anpassungen verändert hat. Beide Konfigurationen weisen unterschiedliche Höhen auf. Auch die Durchmesser wurden übernommen, die Tabelle wurde berichtigt.

Das iterative Konstruieren über die Baugruppe, das wir auch als **TopDown-Entwurf** bezeichnen, ist eine feine Sache. Im Gegensatz dazu steht der **Bottom-Up-Entwurf**, den wir bei der Erstellung der Einzelteile anwandten. Sie sehen, wie sich diese Methoden gegenseitig ergänzen.

11.4 Unterbaugruppen: Die Lagerdeckel

Den runden Lagerdeckel hatten wir bereits in fünf unterschiedlichen Bauteil-Konfigurationen definiert. Zu jeder der drei Wellenbohrungen gehört indessen ein anderer Wellendichtring. Es wäre doch praktisch, wenn wir diese drei Paarungen in Baugruppen-Konfigurationen verknüpfen könnten. Doch genau dies ist möglich: Wir definieren dazu eine Baugruppendatei, die wir dann ihrerseits in die Getriebebaugruppe einfügen, wodurch sie zu einer sogenannten **Unterbaugruppe** wird.

- Öffnen Sie eine neue *Baugruppe* und speichern Sie sie unter LAGERDECKEL.SLDASM.
- Fügen Sie den LAGERDECKEL in der *Konfiguration WDR 40x30x7* sowie einen WELLENDICHTRING 40X30X7 (auf der DVD, Verzeichnis \GETRIEBE) ein.

Die Konfiguration einer Komponente können Sie auch nachträglich noch ändern:

- Klicken Sie auf die Komponente oder auf ihren Eintrag im FeatureManager, so erscheint über der Kontext-Symbolleiste das Konfigurations-Auswahlmenü. Wählen Sie die Konfiguration und klicken Sie dann auf die *OK*-Schaltfläche rechts daneben.
- Verknüpfen Sie die Elemente in der gewohnten Art *konzentrisch* und *deckungsgleich*. Der Wellendichtring soll mit seiner **flachen Seite** an den Bohrungsgrund des Deckels stoßen.

11.4.1 Der Konfigurations-Manager: Konfigurieren ohne Tabelle

Bislang haben Sie Konfigurationen mit Hilfe der Tabellensteuerung erzeugt. Es geht aber auch anders. Wenn Sie keine Tabelle benötigen, können Sie den *ConfigurationManager* benutzen. Es ist die dritte Registerkarte im Hierarchiebaum:

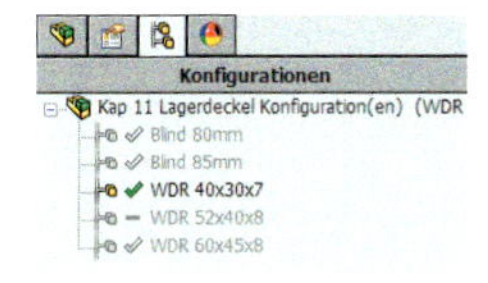

- Aktivieren Sie statt des FeatureManagers den *ConfigurationManager*. Klicken Sie auf den Wurzeleintrag mit dem Baugruppensymbol und wählen Sie aus dem Kontextmenü *Konfiguration hinzufügen*.

- Daraufhin erscheint der PropertyManager mit den *Konfigurationseigenschaften*. Tragen Sie den *Konfigurationsnamen* **WDR 40x30x7** ein und optional eine kurze *Beschreibung* (Abb. 11.21).

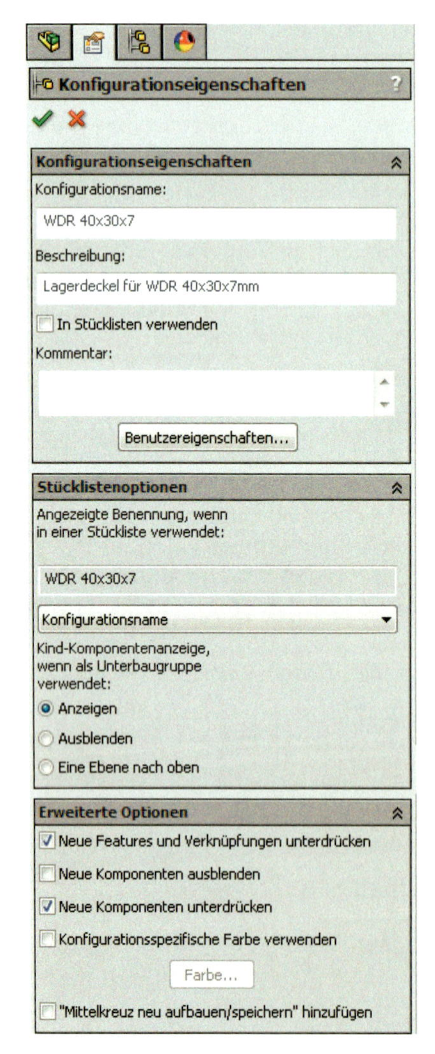

Bild 11.21: Die Eigenschaften einer Konfiguration ermöglichen das Zu- und Abschalten von Komponenten, Features und Verknüpfungen für künftige Konfigurationen.

- Aktivieren Sie unter *Erweiterte Optionen* das Kästchen *Neue Features und Verknüpfungen unterdrücken*. Dadurch werden die anderen Wellendichtringe, die Sie in die folgenden Konfigurationen einfügen, in der aktuellen unterdrückt.
- Wählen Sie unter *Stücklistenoptionen* den *Konfigurationsnamen*. Dieser wird dann im Kontextmenü und später in der Stückliste angezeigt.
- Bestätigen Sie die Konfiguration.
- Erstellen Sie auf gleiche Weise zwei weitere Konfigurationen **WDR 52x40x8** und **WDR 60x45x8** mit identischen Optionen.
- Fügen Sie dann noch die ungebohrten Versionen **Blind 80 mm** und **Blind 85 mm** hinzu.

1. Diese Eigenschaften können Sie jederzeit wieder über das Kontextmenü der Konfiguration aufrufen.
2. Wenn Sie unerwünschte Komponenten in einer Konfiguration vorfinden – z. B. **zwei** Wellendichtringe – so können Sie sie dort jederzeit unterdrücken. Wichtig dabei ist nur, dass Sie die betreffende Konfiguration aktiviert haben!

Nun füllen wir die Konfigurationen mit Leben:

- Aktivieren Sie die Konfiguration *WDR 52x40x8*. Schalten Sie um auf den FeatureManager und wählen Sie über die *Eigenschaften* des *Lagerdeckels* **dessen** Konfiguration *WDR 52x40x8*. Unterdrücken Sie den bestehenden Wellendichtring, fügen Sie den WELLENDICHTRING 52X40X8 in die Baugruppe ein und richten Sie die Komponenten wie bei der Anfangsversion aus.
- Führen Sie dies analog für die Konfiguration *WDR 60x45x8* durch.

Schalten Sie dann die einzelnen Konfigurationen durch, um die Unterdrückung der jeweils unerwünschten Wellendichtringe zu verifizieren – oder nachzuholen:

- Bei den beiden Blind-Fassungen müssen natürlich alle Wellendichtringe unterdrückt sein (Abb. 11.22 links).
- Für die gebohrten Versionen darf nur der jeweils relevante Wellendichtring aktiviert sein, die anderen müssen unterdrückt werden (11.22, restliche Bilder).

Ich gebe zu, es ist reichlich kompliziert. Vergleichen Sie einfach Ihren FeatureManager mit dem in Abbildung 11.22.

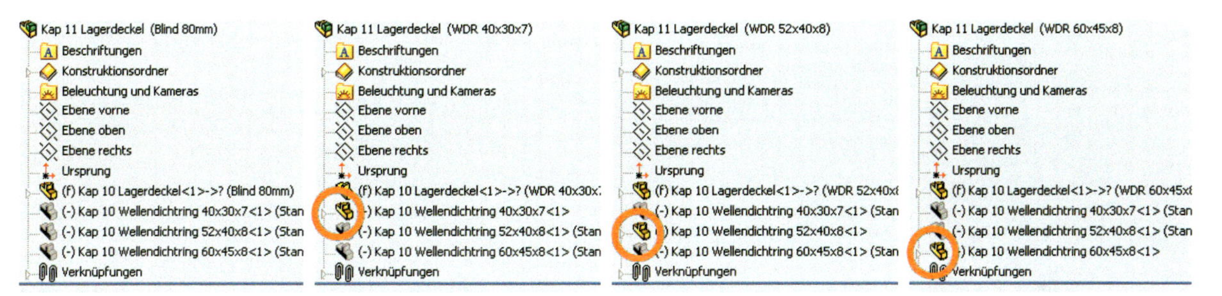

Bild 11.22:
Komponenten-Lotto: Die konfigurationsweise Unterdrückung der Wellendichtringe gleicht einem Ausflug in die Kombinatorik.

11.4.2 Letzte Anpassung der Deckel

In der Baugruppe *Stirnradgetriebe* haben wir bereits die Abstände zwischen den Welleneinheiten und den Lagerschalen gemessen. Diese Informationen bauen wir nun in die Konfigurationen ein:

- Öffnen Sie von der Baugruppe aus das Bauteil *Lagerdeckel* und rufen Sie dessen Tabelle zur *Bearbeitung* auf.
- Editieren Sie die Werte *5 mm* in der Spalte *Tiefe Lager@Skizze Lagerdeckel* (Abb. 11.23, Ellipse).

2		Tiefe Lager@	D Lagerbohr	Dicke@Skizz	Kuppe außen	Kuppe innen	Lochkreis@E	Durchführun	Durchmesser	$STATUS@S	$STATUS@F
3	Blind 80mm	5,8	80	6	68	58	96	32	40	U	U
4	Blind 85mm	6,8	85	6	68	58	98,5	32	40	U	U
5	WDR 40x30x7	6,7	80	8	68	58	96	32	40	NI	NI
6	WDR 52x40x8	10	85	8	68	58	98,5	42	52	NI	U
7	WDR 60x45x8	8,7	85	8	75	66	98,5	47	60	NI	U

Bild 11.23:
MCAD für Faule: Die erforderlichen Spanntiefen werden in die Konfigurationstabelle des Lagerdeckels übertragen.

Übertragen Sie Ihre Messergebnisse in die einzelnen Konfigurationen, aber beachten Sie dabei Folgendes: Die Blinddeckel **positionieren** die Wellen im Gehäuse. Hier übernehmen Sie einfach die Werte aus der Messung (hellbraun). Die gebohrten Deckel dagegen müssen ein wenig Platz lassen für den Fall, dass die Wellen sich durch Erwärmung ausdehnen oder verformen. Ziehen Sie dort also jeweils ein Zehntelmillimeter vom Messwert ab (Blau).

11.4.3 Die Eigenschaften einzelner Maße

Wenn Sie jetzt nachprüfen wollen, ob die Werte auch tatsächlich korrekt in der Baugruppe angekommen sind, so geht dies nur bedingt, da wir die Genauigkeit der Bemaßungen auf null Stellen hinter dem Komma eingestellt hatten. Dies können Sie jedoch für einzelne Maße ändern:

- Öffnen Sie die *Skizze Lagerdeckel* und klicken Sie auf die Bemaßung *Tiefe Lager*. Im Gruppenfeld *Toleranz/Genauigkeit* finden Sie das Listenfeld *Einheitsgenauigkeit*. Dort stellen Sie die Option *.12* ein. Dadurch wird die Anzeige auf zwei Stellen hinter dem Komma genau angezeigt.
- Stellen Sie über die Schaltfläche *Konfigurationen* sicher, dass dies für *alle Konfigurationen* gilt. Bestätigen Sie den PropertyManager.

Nun können Sie die einzelnen Konfigurationen überprüfen. *WDR 52x40x8* wird hier nicht benutzt, daher entlarven Sie sie durch Überdimensionierung. So fällt eine irrtümliche Verwendung gleich auf (Abb. 11.24).

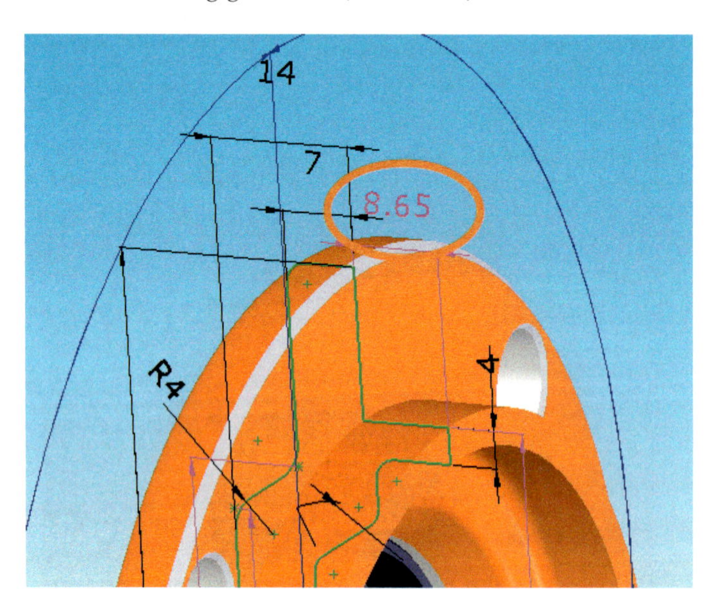

Bild 11.24: Mit allem Komfort: Jeder Deckel besitzt eine individuelle Spanntiefe.

- Speichern Sie nun die Baugruppe.

11.4.4 Einbau der Lagerdeckel für die Stirnradwelle

Um eine Unterbaugruppe in die Baugruppe einzufügen, tun Sie genau das Gleiche wie bei den Bauteilen:

- Wechseln Sie zur Baugruppe STIRNRADGETRIEBE, um die Lagerdeckel einzubauen. Unterdrücken Sie den *Ordner Welle und Stirnrad*, um freie Sicht auf das Geschehen zu haben.

- Fügen Sie die Komponente LAGERDECKEL.**SLDASM** in die Baugruppe ein. Diese Auswahl erleichtern Sie sich, indem Sie in der Dialogbox *Öffnen* den *Dateityp* auf *Baugruppe (*.asm, *.sldasm)* einstellen. Für Kombinationen daraus dienen die *Schnellfilter*-Schaltflächen.
- Wählen Sie die Konfiguration *Blind 80mm* und platzieren Sie den Deckel in der Nähe der Blindseite der Stirnradwelle. Drehen Sie ihn ungefähr in die richtige Position oder
- fügen Sie die Dichtfläche mit den Durchgangslöchern *deckungsgleich* mit der Endfläche der Lagerschalen. Klicken Sie auf *Verknüpfungsausrichtung umkehren*, falls der Deckel in die falsche Richtung weist (vgl. Abb. 11.25).

Bild 11.25: Konstruktionslogik: Erst durch den Blinddeckel wird die Welle endgültig positioniert.

- Verknüpfen Sie den zylindrischen Vorsprung *konzentrisch* mit der Bohrung der Lagerschale.

Der Deckel lässt sich noch drehen, daher richten Sie nun die Durchgangsbohrung auf die Gewindebohrung im Gehäuse aus:

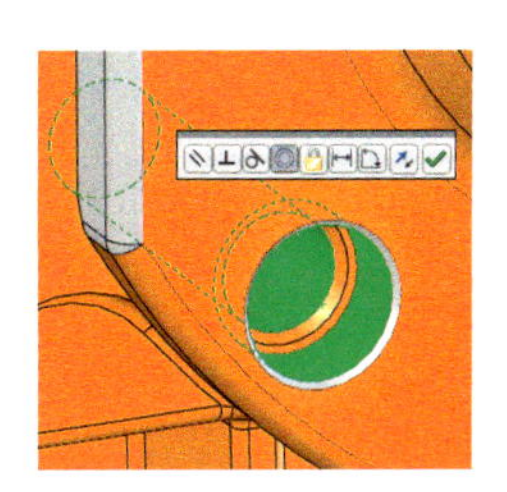

- Drehen Sie den geraden Abschnitt des Deckels vertikal zur anderen Lagerschale weisend. Zoomen Sie nah heran und klicken Sie auf die Innenflächen der Bohrung im Deckel sowie auf das Innere der entsprechenden Gewindebohrung. SolidWorks schlägt nun richtig *Konzentrisch* vor.

Der Deckel sitzt schon mal fest. Nun muss die Welle zur Positionierung an den Anschlag des Deckels gebunden werden. Diese Festlegung ist konstruktiv korrekt, denn im

Realfall wird die Blindseite mit einer engeren Passung gefertigt – es weicht also immer die andere Seite aus:

- Ziehen Sie die Welleneinheit vom Deckel weg. Verknüpfen Sie dann die Stirnfläche der Reduzierhülse *deckungsgleich* mit dem Anschlag des Deckels (Abb. 11.25).

Hätten wir die Positionierung der Welle vorhin statt *zur Positionierung* tatsächlich als **Verknüpfung** definiert, käme jetzt eine Fehlermeldung wegen Überbestimmung. Sollten Sie also diese Meldung erhalten, löschen Sie die irrige Verknüpfung.

Die Welle hat nun fünf von sechs Freiheitsgraden eingebüßt. Sie sollte sich indessen noch drehen lassen. Probieren Sie dies durch Ziehen an der Verzahnung aus. Wenn alles stimmt, bauen Sie den vorderen Lagerdeckel ein:

- Fügen Sie den LAGERDECKEL in der Konfiguration *WDR 40x30x7* ein. Passen Sie ihn mit drei Verknüpfungen auf der Antriebsseite der Stirnradwelle ein, wobei Sie genau so verfahren wie beim Blinddeckel.

Diesmal bilden Sie keine Verbindung zur Welle, denn die ist ja bereits ausreichend festgelegt. Wenn Sie ganz nah an den Übergang zwischen Lagerdeckel und Reduzierhülse heranzoomen, können Sie den haarfeinen Spalt sehen – unsere Rechnung ist aufgegangen.

- Verschieben Sie die beiden Lagerdeckel in den *Ordner Stirnradwelle*.

Achten Sie darauf, dass Sie dabei die ganzen **Unterbaugruppen** wählen, denn SolidWorks klappt ohne Ihr Zutun die Hierarchiebäume auf, wenn Sie Komponenten bearbeiten. Andernfalls könnte ein verwaister Wellendichtring über dem Gehäuse schweben bleiben.

- Unterdrücken Sie dann den *Ordner Stirnradwelle*.

11.4.5 Einbau der Lagerdeckel

Die Lagerdeckel der Welle werden genau so eingesetzt wie die der Stirnradwelle:

- Heben Sie die Unterdrückung des *Ordners Welle und Stirnrad* auf. Fügen Sie dann die **Baugruppe** LAGERDECKEL BLIND 85MM ein und verknüpfen Sie sie *konzentrisch* und *deckungsgleich* mit dem Gehäuse. Drehen Sie sie durch *konzentrische* Ausrichtung der Bohrungen in die richtige Stellung – die abgeflachte Seite weist zum anderen Deckel – und bringen Sie das Lager der Blindseite mit dem Anschlag zur *Deckung*.
- Verknüpfen Sie die Endfläche des Lagers deckungsgleich mit dem Absatz des Lagerdeckels, um die Welle festzulegen.
- Bauen Sie dann den letzten LAGERDECKEL in der Konfiguration *WDR 60x45x8mm* an der Abtriebsseite der Welle ein.
- Verschieben Sie die Lagerdeckel in den *Ordner Welle und Stirnrad*.

Probieren Sie, ob die Welle sich noch drehen lässt. Sie sollte keine andere Bewegung zulassen.

- Blenden Sie nun die *Stirnradwelle* und die *Lagerdeckel* wieder ein (Abb. 11.26).

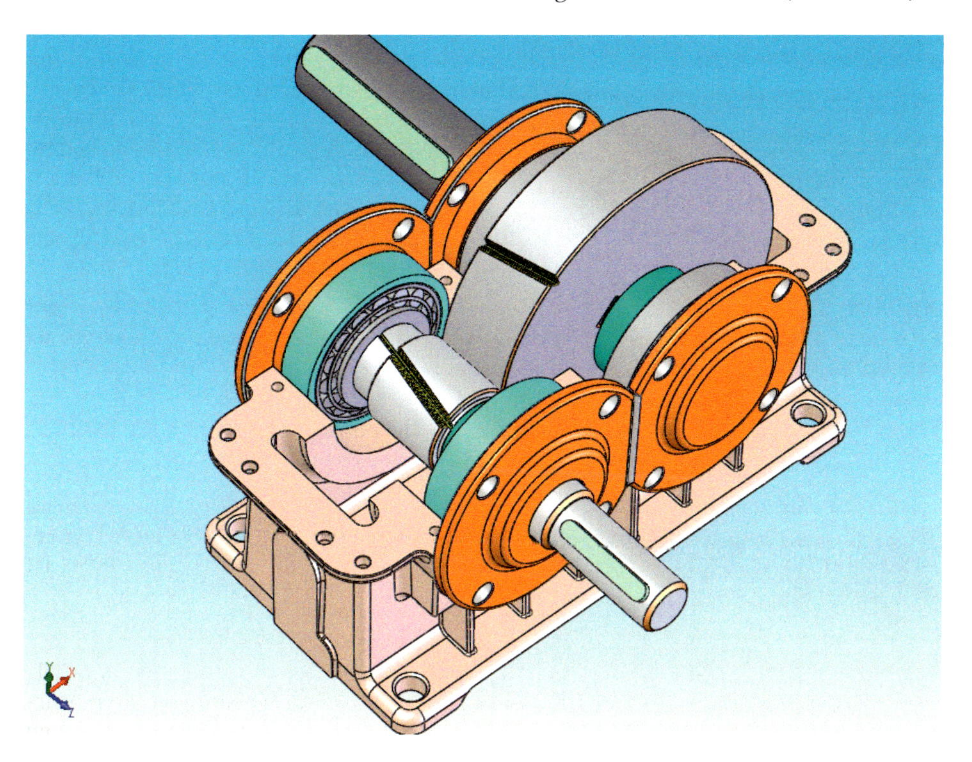

Bild 11.26:
Jetzt wird es langsam eng: Gezieltes Unterdrücken und Ausblenden erspart viel unnötiges Warten.

Sollte die Baugruppe irgendwann mit einem rot-weißen Warnschild versehen sein, so öffnen Sie den Ordner *Verknüpfungen*. Er mag einen schaurigen Anblick bieten, da plötzlich Dutzende von Verknüpfungen freistehen. Die Fehlermeldung (Kontextmenü, *Was stimmt nicht?*) warnt vor Überbestimmung, und vor den betroffenen Einträgen sind rote Warnschilder zu sehen. In der Tat können Sie hier aber aufatmen – meist ist es die **zuletzt definierte** Verknüpfung, die für den Ärger sorgt. Löschen Sie sie, wahrscheinlich ist sie ohnehin überzählig.

11.4.6 Das Gehäuse-Oberteil

Das Innenleben unseres Getriebes ist fertiggestellt. Wir können es schließen:

- Heben Sie alle Unterdrückungen auf.
- Heben Sie über Kontextmenü die *Fixierung* dieses Teils auf. Ziehen Sie es dann ein wenig nach oben, um freien Blick auf die Dichtflächen zu erhalten.
- Verknüpfen Sie die obere und untere Dichtfläche *deckungsgleich*.
- Verknüpfen Sie die beiden korrespondierenden Bohrungen eines Kegelstifts *konzentrisch*.

- Führen Sie mit der Kegelbohrung auf der gegenüberliegenden Seite dasselbe durch. Die Konstruktionslehre sagt, es dürfen nicht mehr als zwei Bohrungen verknüpft werden, denn sonst droht Überbestimmung.

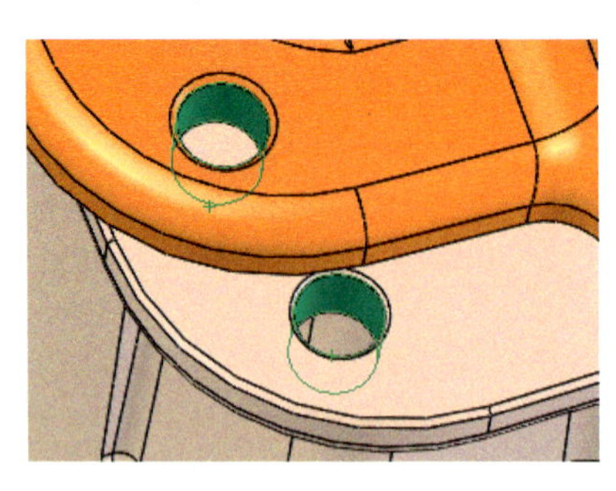

Damit ist das Oberteil auch schon festgelegt. Die Flächenverknüpfung tilgt zwei rotatorische und einen translatorischen Freiheitsgrad, die erste konzentrische Beziehung verhindert Translation in den beiden verbliebenen Richtungen, und der zweite Kegelstift beseitigt die letzte Möglichkeit zur Rotation.

11.4.7 Verknüpfung ungültig: Die Nachteile der Abspaltung

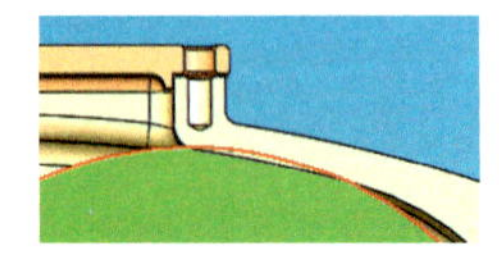

Wenn Sie nun eine Schnittansicht durch die Mittelebene legen, erkennen Sie, dass sich der Umfang des Stirnrades mit der Oberhälfte des Gehäuses überschneidet. Dies ist schnell korrigiert:

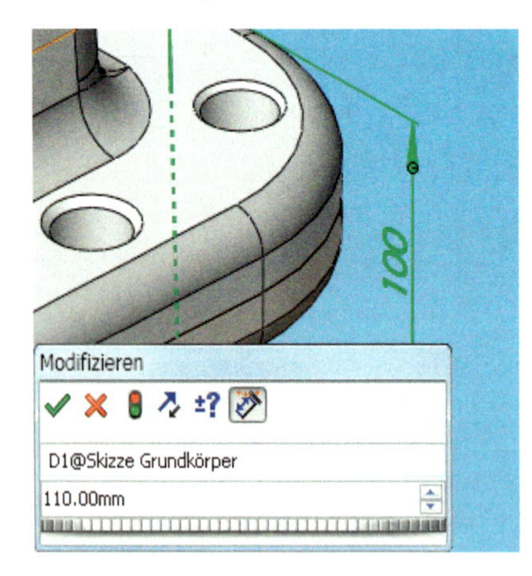

- Öffnen Sie die *Skizze Grundkörper* im Eltern-Teil GEHÄUSE TEILUNG. Korrigieren Sie das Höhenmaß *100 mm* auf **110 mm**. Schließen Sie die Skizze und regenerieren Sie das Modell.

Diese Korrektur geht schnell vonstatten. Der Nachteil der späten Änderung ist indessen, dass durch den Neuaufbau des Oberteils alle entsprechenden **Verknüpfungen freistehend werden**. Dies liegt an der Natur der Abspaltung, durch die die Gehäusehälften entstehen: Da die Kind-Teile völlig neu aufgebaut werden, gehen die internen Namen der Flächen und Kanten und damit auch die Verknüpfungen verloren. Sie können dies auf mehrere Arten beheben:

- Heben Sie zunächst alle **Unterdrückungen auf**, zumindest für **verknüpfte** Komponenten – die Verzahnungsmuster und Referenzbauteile brauchen Sie also nicht zu regenerieren. Speichern und öffnen Sie die Datei neu und erlauben Sie dabei das Laden der referenzierten Dokumente.

Sollten Sie beim Laden keine derartige Anfrage erhalten, schalten Sie unter *Extras, Optionen, Systemoptionen, Externe Referenzen* die Option *Referenzierte Dokumente laden* auf *Nachfragen*.

- Öffnen Sie den Ordner *Verknüpfungen* und markieren Sie alle ungültigen Referenzen. Über deren Kontextleiste rufen Sie dann *Feature bearbeiten* auf. Sie können

auch alle Verknüpfungen einer Komponente bearbeiten. Dann heißt der Befehl – Singular – *Verknüpfung*.

Nun können Sie die einzelnen Verknüpfungen durchgehen und die im Auswahlfeld als ungültig markierten Elemente durch deren Pendants in der neuen Oberhälfte ersetzen. Dabei ist es hilfreich, wenn Sie die Objekte mit **intakten** Verknüpfungen ausblenden.

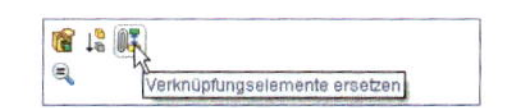

Eine alternative Methode lautet *Verknüpfungselemente ersetzen*, eine Funktion, die Sie zwar im Kontextmenü der Verknüpfungen finden, aber trotzdem auch als Schaltfläche der Baugruppen-Symbolleiste hinzufügen sollten:

- Rufen Sie *Verknüpfungselemente ersetzen* auf. Markieren Sie die freistehenden Verknüpfungen, und sie erscheinen im Listenfeld. Dort erscheinen sie mit Fragezeichen markiert.
- Klappen Sie den Baum auf und klicken Sie auf den schadhaften Eintrag. Hierbei wird der noch intakte Teil der Verknüpfung im Editor angezeigt, Sie wählen nur noch den fehlenden Gegenpart (Abb. 11.27).

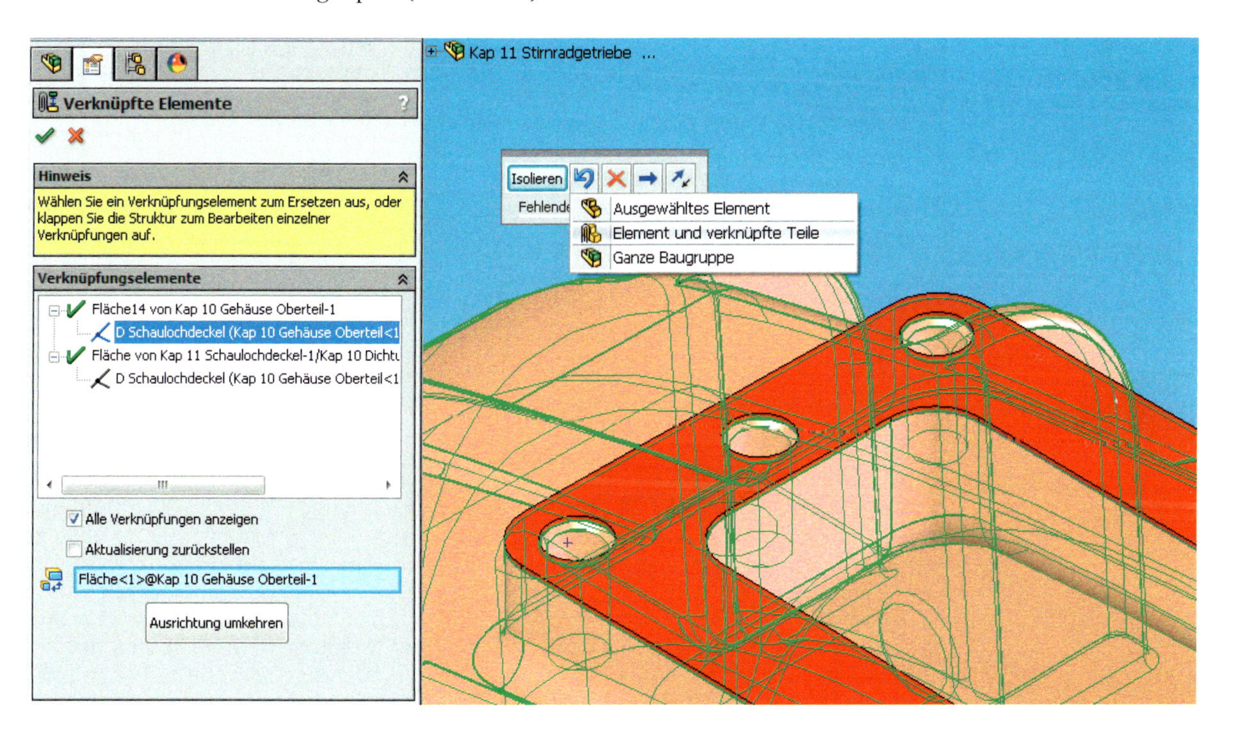

Bild 11.27: Wählen der Verknüpfungspartner

- Mit der Schaltfläche *Isolieren* in der kleinen Dialogbox können Sie die nicht beteiligten Elemente vorläufig ausblenden, was die Übersichtlichkeit erhöht.

Diese Funktion ist ideal zum Reparieren freistehender Verknüpfungen.

11.4.8 Sperren externer Referenzen

Um vor Überraschungen dieser Art künftig verschont zu bleiben, können Sie den Aktualisierungspfad der Abspaltung **sperren**. Damit ist gemeint, dass Sie die Verbindung zum Eltern-Teil vorübergehend unterbrechen, um die dauernde Aktualisierung des Kind-Teils zu verhindern:

- Rufen Sie aus dem Kontextmenü des Oberteils *Externe Referenzen auflisten* auf. Die Dialogbox nach Abbildung 11.28 erscheint.

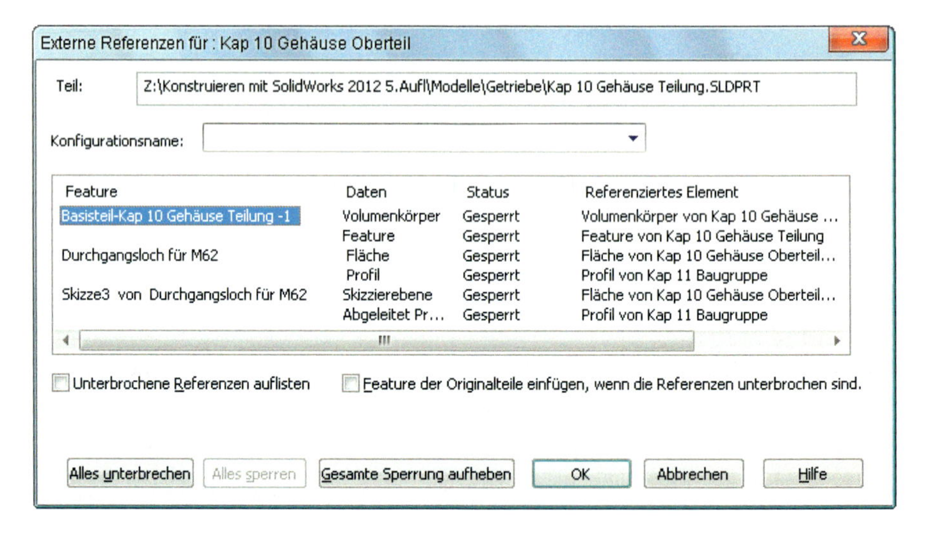

Bild 11.28: Gefahr im Verzuge: Die externen Referenzen des abgespaltenen Oberteils.

- Hier sind alle Referenzen angegeben, die zu dieser Komponente führen. Klicken Sie auf *Alle sperren.* Bestätigen Sie die Abfrage.

Dies können Sie jederzeit rückgängig machen, indem Sie die *gesamte Sperrung aufheben.* Erst dann werden Änderungen wieder durchgereicht.

Ich kann Sie jetzt fluchen hören. Doch in Ihrer täglichen Praxis mit MCAD wird Ihnen so etwas öfter widerfahren. Seien Sie getröstet: Es handelt sich ja nur um ein einfaches Getriebe, nicht um die Ariane V.

11.4.9 Der Schaulochdeckel mit Dichtung

- Erstellen Sie die Baugruppe **Schaulochdeckel**, bestehend aus SCHAULOCHDECKEL und DICHTUNG SCHAULOCHDECKEL. Verknüpfen Sie die Dichtung *deckungsgleich* mit der Druckfläche des Deckels. Zwei *konzentrische* Verknüpfungen, jeweils zwischen einer Deckel- und einer Dichtungsbohrung, definieren die Baugruppe. Schließen Sie diese.
- Blenden Sie nun die Ordner der Wellen aus, um die Performance zu erhöhen.
- Fügen Sie die Baugruppe SCHAULOCHDECKEL ein. Verknüpfen Sie sie analog zu vorhin mit der Dichtfläche des Schaulochs. Verknüpfen Sie jedoch **nicht** die Dichtungsbohrungen (Abb. *11.29*).

Bild 11.29:
Der Schaulochdeckel wird ebenfalls an seinem Platz fixiert.

- Damit ist das Gehäuse geschlossen. Mit einer Schnittansicht prüfen Sie die korrekte Lage des Deckels und der Dichtung (Abb. 11.30).

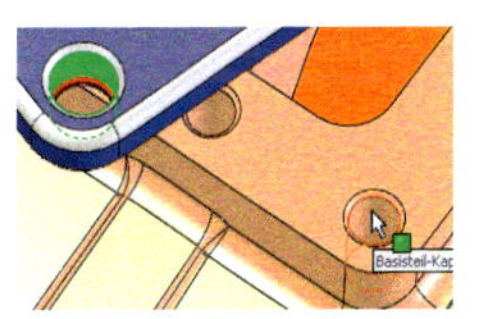

Bild 11.30:
Mit dem Schaulochdeckel wird das Gehäuse geschlossen. Nur die Ölbohrung ist noch offen.

11.4.10 Komponenten austauschen

Wenn Sie die Datei einige Male gespeichert, geschlossen und wieder geöffnet haben, könnte Ihr Verknüpfungsordner abermals einen unliebsamen Anblick bieten: Offenbar werden die Verknüpfungen von Schaulochdeckel und Dichtung immer wieder freistehend.

Dies hat mit Definition und Rang der Bauteile zu tun: Der Schaulochdeckel referenziert das Gehäuse, die Dichtung referenziert den Schaulochdeckel. In der Hierarchie der

Baugruppe jedoch besteht die Rangfolge genau anders herum: Erst die Dichtung, dann der Deckel. Es ist eine Beziehung über Kreuz entstanden, und dies müssen wir beheben.

- Bevor Sie nun mühselig versuchen, die eine externe Referenz durch die andere zu ersetzen, bauen Sie die Dichtung lieber schnell neu auf, diesmal jedoch nicht auf dem Deckel, sondern ebenfalls auf der Basis von GEHÄUSE VERRUNDUNGEN. Benennen Sie sie **Kap 11 Dichtung Schaulochdeckel**. Es sind – inklusive Speichern – ja nur fünf Arbeitsschritte (s. Abschnitt 10.2.4 auf S. 284).

Nun stellt sich noch die Frage, wie wir das alte Teil in der Baugruppe gegen das Neue austauschen. Doch auch hierfür existiert eine Funktion:

- Aktivieren Sie den Eintrag *Dichtung Schaulochdeckel* im FeatureManager. Wählen Sie dann *Datei, Ersetzen*. Auch hierfür finden Sie eine schmucke Schaltfläche im *Baugruppe*-Fundus der Dialogbox *Anpassen*.

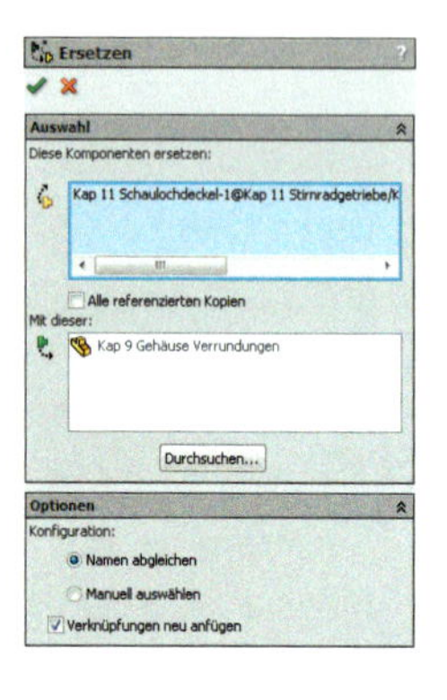

- In der Auswahlliste der zu *ersetzenden* Komponenten ist die alte Dichtung bereits eingetragen. *Durchsuchen* Sie das Verzeichnis nach KAP 11 DICHTUNG SCHAULOCHDECKEL.SLDPRT oder tragen Sie einfach deren Namen in das Editierfeld unterhalb des Auswahlfeldes *Mit dieser* ein.
- Bei den *Optionen* können Sie die Konfiguration auf *Namen abgleichen* belassen, da wir ja nur **eine** Konfiguration zur Verfügung haben. Schalten Sie jedoch *Verknüpfungen neu anfügen* ein.
- Sobald Sie bestätigen, wird im PropertyManager die Liste der zur Dichtung gehörenden Verknüpfungen angezeigt. Deaktivieren Sie das Kästchen *Alle Verknüpfungen anzeigen,* um nur die freistehenden aufzulisten.

Da wir das Bauteil komplett ausgetauscht haben, sind – spätestens jetzt – die Verknüpfungen zum Deckel und zum Gehäuse freistehend, so dass wir sie neu anknüpfen müssen. Doch mit *Verknüpfungen ersetzen* ist dies rasch geschehen:

- Öffnen Sie das erste freistehende *Verknüpfungselement,* durch ein X markiert. Klicken Sie auf den Eintrag. Die Stelle wird im Editor hervorgehoben, Sie brauchen nur noch den Gegenpart auf der Dichtung anzuwählen (Abb. 11.31).

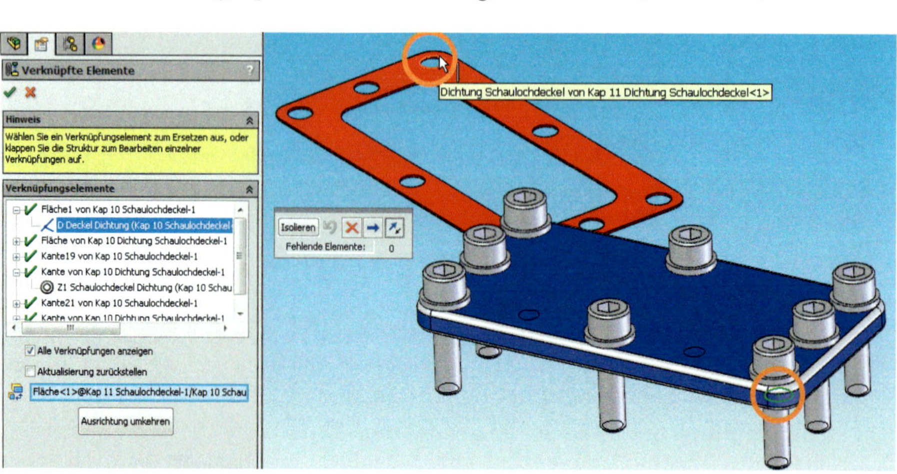

Bild 11.31:
Reparaturset:
Im Listenfeld lässt sich jeder Teil jeder Verknüpfung auswählen und reparieren.

- Gehen Sie so alle Punkte durch, bis nur noch grüne Häkchen im Listenfeld zu sehen sind. Bestätigen Sie dann.
- Damit ist der Austausch vollzogen, und Sie können die Baugruppe(n) speichern.

11.4.11 Top-Down: Ein Dichtring nach DIN 7603

Vorhin korrigierten Sie Reduzierhülsen und Abstandbuchsen innerhalb der Baugruppe, um die Geometrie der verwendeten Lager im Wortsinne abzubilden. Doch die Top-Down-Methode kann mehr: Sie können damit auch ein **neues Bauteil** innerhalb der Baugruppe definieren. Um dies zu illustrieren, vervollständigen wir das letzte Anbauteil, die Verschlussschraube für den Ölablass, mit einem Dichtring.

- Öffnen Sie eine neue Baugruppe und speichern Sie sie unter BAUGRUPPE ÖLABLASS.
- Fügen Sie die Komponente KAP 11 VERSCHLUSSSCHRAUBE DIN 910 von der DVD ein. Speichern Sie diese Komponente im Getriebe-Verzeichnis.
- Klicken Sie auf *Einfügen, Komponente, Neues Teil.* Wählen Sie *Bauteil* und speichern Sie dieses unter dem Namen DICHTRING DIN 7603.

- SolidWorks kehrt in die Baugruppe zurück und bietet Ihnen die Wahl einer Bezugsfläche an. Klicken Sie auf die Dichtfläche nach der nebenstehenden Abbildung.

Über diese Bezugsfläche wird das neue Bauteil mit der Schraube verbunden. Es entsteht eine neue Verknüpfung namens *Platziert<n>*, die Sie nicht editieren können. Dieser Typ gleicht einer *Fixierung* auf einer bestimmten Fläche.

- Legen Sie auf der *Ebene oben* eine neue Skizze an und tragen Sie *kollinear* zur temporären Achse (Menü *Ansicht)* eine Mittellinie ein. Zeichnen Sie dann das einfache Rechteck nach Abbildung 11.32. *Übernehmen* Sie dabei die Kante der Dichtfläche, um die Skizze festzulegen.

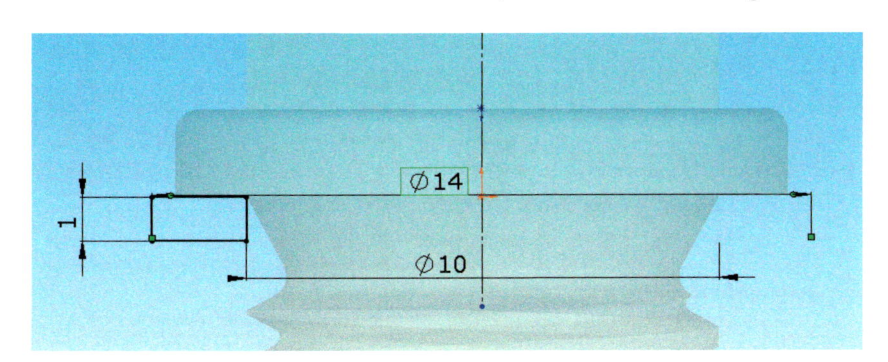

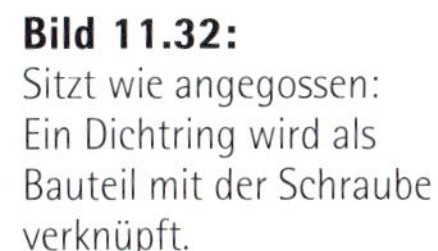

Bild 11.32: Sitzt wie angegossen: Ein Dichtring wird als Bauteil mit der Schraube verknüpft.

- Rotieren Sie die Skizze zu einem geschlossenen Körper. Damit ist dieses Bauteil auch schon fertig, und Sie können alles speichern (Abb. 11.33).

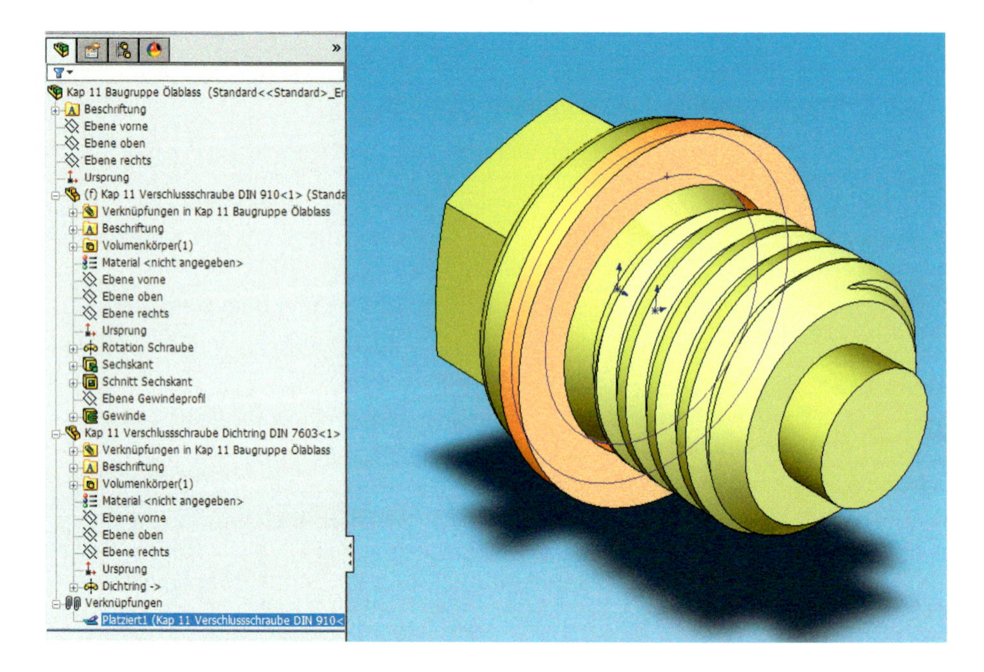

Bild 11.33:
Bauteile interaktiv: Beim Top-Down entstehen neue Bauteile mit Hilfe von existierenden. Einzige Besonderheit ist die *Platzierte Verknüpfung*, die hier angewählt ist.

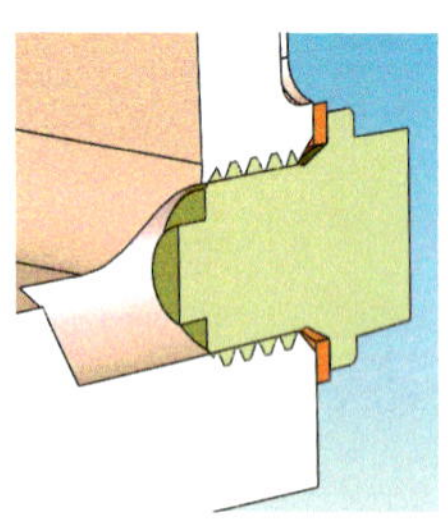

- Öffnen Sie die BAUGRUPPE STIRNRADGETRIEBE und fügen Sie die Unterbaugruppe ein. Verknüpfen Sie die Schraubenachse *konzentrisch* mit der Achse der *Gewindebohrung Ölablass*. Den Flächenkontakt stellen Sie her, indem Sie den Dichtring und die Fläche des Ölablasses am Gehäuse *deckungsgleich* verknüpfen.

Obwohl die Schraube mit dem Dichtring verknüpft ist, stellt diese Anordnung doch kein Mehrkörper-Bauteil dar, wie dies etwa bei Gehäuse und Innenkörper der Fall ist: Sie haben eine vollgültige Baugruppe definiert.

Damit haben sämtliche Bauteile ihren Platz gefunden und wir können nun dazu übergehen, sie zu befestigen.

11.5 Kleinmaterial: Der Normteilkatalog

Das Bauen hat ein Ende. Um die Verbindungselemente, Schrauben, Muttern, Scheiben und Stifte einzufügen, greifen wir, wie bei den Lagern, auf den eingebauten Normteilkatalog zu. Dazu wird wieder der *Toolbox-Browser* benötigt:

- Klicken Sie auf *Extras, Zusatzanwendungen*. Wählen Sie *SolidWorks Toolbox Browser* – nicht *SolidWorks Toolbox*, wie Ihnen die Fehlermeldung glauben machen will – und bestätigen Sie.
- Blenden Sie die Wellenordner aus, mit **Ausnahme** der Lagerdeckel.

11.5.1 Intelligente Verbindungselemente

Die Funktion *Intelligente Verbindungselemente* analysiert Bohrungen, die mit dem Bohrungsassistenten erstellt wurden, und sucht oft die dazu passenden Schrauben aus. Diese Elemente – Schrauben, Muttern, Scheiben usw. – werden dann als Features eingefügt, sind also parametrisch: Sie haben die Möglichkeit, die Definitionen jederzeit zu ändern und zu erweitern.

Leider findet diese segensreiche Einrichtung in unserem Getriebe nur an einer Stelle Verwendung: dem Lagersattel mit seinen Bohrungen. Der Grund: Nur dieses Feature haben wir als *Serienbohrung* innerhalb der Baugruppe definiert.

11.5.1.1 Intelligente Alternativen

Die *Intelligenten* Verbindungselemente reagieren allerdings zwiespältig. Beispielsweise können Sie bei Verwendung von *Einfügen, Intelligente Verbindungselemente* – also im automatischen Suchmodus – keine Scheiben mehr unter die Schraubenköpfe legen, da wegen des Durchgangsgewindes der Serienbohrung nur deren *Mutterseite* angeboten wird.

Deshalb nutzen wir hier die Funktionsvariante, die im Feature der Serienbohrung *selbst* angeboten wird, sobald Sie den *Toolbox Browser* geladen haben.

Wenn Sie die Schrauben dennoch lieber nach dem in Abschnitt 11.5.2 beschriebenen „manuellen" Verfahren einfügen möchten, steht eine fertige Baugruppe namens KAP 11 INNENSECHSKANT M6 SCHEIBE.SLDASM auf der DVD für Sie bereit – Sie brauchen nur noch die Länge anzupassen.

11.5.1.2 Schrauben für den Lagersattel

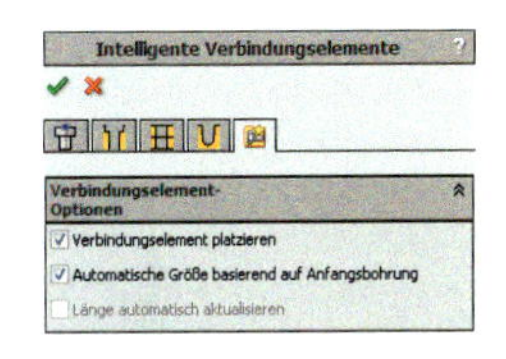

- Öffnen Sie im *Ordner Bohrung Lagersattel* die Serienbohrung *Durchgangsloch für M6* zur Bearbeitung. Im PropertyManager erscheint rechts die Registerkarte mit den *Intelligenten Verbindungselementen.* Aktivieren Sie sie.
- Schalten Sie die Option *Verbindungselement platzieren* ein. Falls die Vorschau später falsche Größen zeigt, aktivieren Sie zusätzlich die Option *Automatische Größe basierend auf Anfangsbohrung.* Diese wird jedoch deaktiviert, sobald Sie manuelle Änderungen vornehmen. Deaktivieren Sie die Option *Länge automatisch aktualisieren.*

Nach kurzer Analyse schlägt die Funktion *Zylinderschrauben mit Innensechskant* nach *DIN 912* vor – eine gute Wahl.

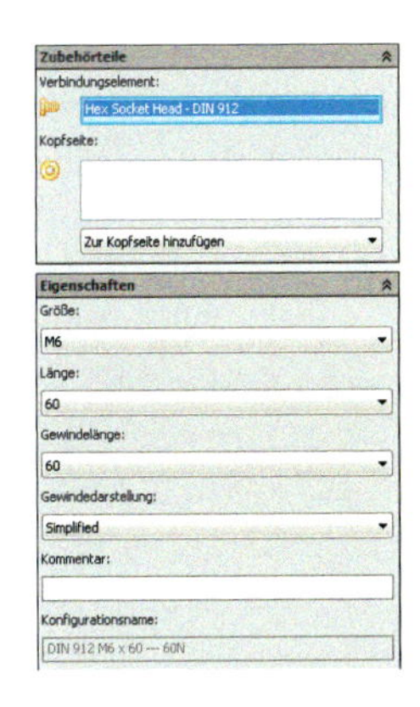

Je nach Version und Service-Pack könnte dieser Vorschlag auch auf Englisch erscheinen: *Hex Socket Head - DIN 912.* Die Abmessungen der Bauteile werden in der 2015er Toolbox korrekt von Zoll in Millimeter umgerechnet.

- Falls dies nicht der Fall ist, können Sie mit einem Rechtsklick über dem Auswahlfeld den Typ des *Verbindungselements ändern.* Eine sehr übersichtliche Dialogbox mit dem Inhalt der gesamten Toolbox erscheint. Wählen Sie in den vier Listenfeldern der Reihe nach *DIN, Bolzen und Schrauben, Innensechskantschrauben* und *Zylinderschraube (912).*

Die Schraube wird in allen Bohrungen des Lagersattels – der Serienbohrung – angezeigt.

- Eventuell müssen Sie jetzt noch im Gruppenfeld *Eigenschaften* die Größe *M6* und die Länge *60 mm* wiederherstellen.

Wir benötigen noch Schraubensicherungen, also fügen wir Unterlegscheiben unter der *Kopfseite* ein:

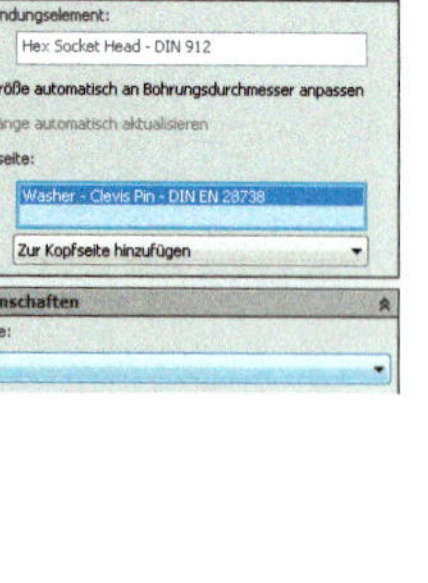

- Klicken Sie in das Auswahlfeld *Kopfseite*. Mit dem Listenfeld darunter wählen Sie die Option *Plain Washers - Clevis Pin (EN 28738)* aus. Stellen Sie die *Größe* auf *6* ein, falls nötig. Die Scheibe wird den Schraubenköpfen untergelegt (Abb. 11.34).

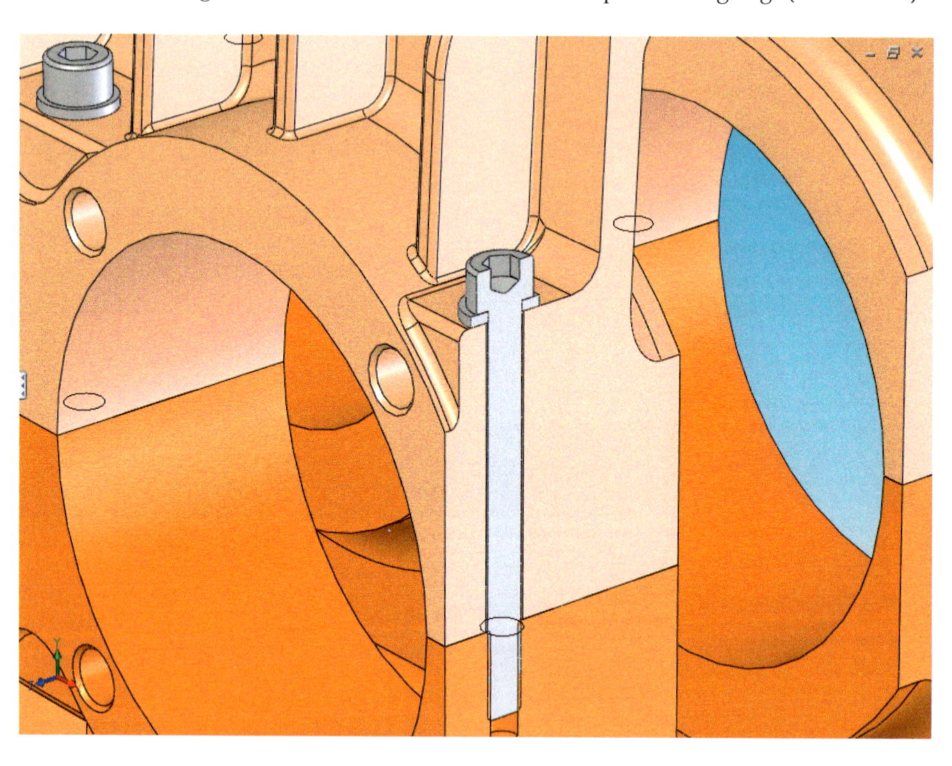

Bild 11.34:
Zubehör:
Die *intelligenten Verbindungselemente* finden leider nur für die Verschraubungen des Lagersattels Verwendung.

Sie bemerken übrigens, dass sich das Gruppenfeld *Eigenschaften* stets nach Ihrer Auswahl des Bauteils im Gruppenfeld *Zubehörteil* richtet.

- Falls die Schrauben jetzt wieder die *Länge* 10 haben, setzen Sie sie wiederum auf *60* mm.

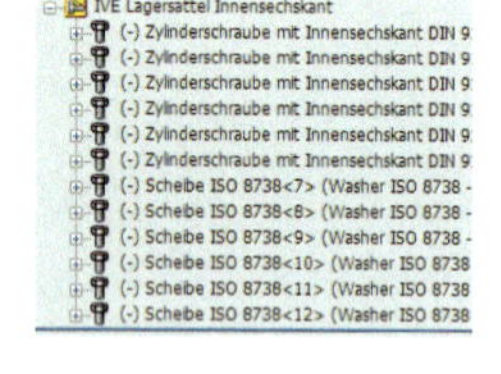

- Bestätigen Sie nun die Funktion. Die Schrauben werden in die sechs Bohrungen eingefügt, und zwar inklusive der korrekten Baugruppenbeschränkungen. Nennen Sie das Feature **IVE Lagersattel**.

Erstmals wurde nun ein Feature **unterhalb** der *Verknüpfungen* und des *Ordners Bohrung Lagersattel* eingefügt. Es scheint unabhängig von der Serienbohrung zu existieren. Doch das täuscht: Wenn Sie die Schrauben ändern wollen, bearbeiten Sie sie tunlichst über das Feature der Serienbohrung. Nur so ist die Verknüpfung der Verbindungselemente mit den Komponenten sichergestellt. Achten Sie jedoch darauf, dass Sie zuvor den *Toolbox Browser* laden.

Überprüfen Sie mit einer *Schnittansicht* durch die betreffende Bohrung die korrekte Ausführung von Schaftlänge und Gewinde.

11.5.2 Verbindungselemente aus Komponenten

Auch die konventionelle Art der Verbindungserstellung ist recht komfortabel – wir ziehen die Teile einfach ins Modell, und bei mehrteiligen Verbindungen definieren wir Unterbaugruppen. Wir fangen mit den Bolzen der Lagerdeckel an:

- Öffnen Sie den Task-Fensterbereich und wählen Sie die Registerkarte *Konstruktionsbibliothek*. Wählen Sie – notfalls wieder über den Trick mit der Schaltfläche *Zur Bibliothek hinzufügen* – die folgenden Bauteile:
- Klicken Sie auf die Registerkarte *Toolbox* und wählen Sie *DIN, Bolzen und Schrauben, Sechskantschrauben*. Ziehen Sie eine Schraube des Typs *Sechskantschraube mit Gewinde bis Kopf (DIN 24017)* in den Editor. Stellen Sie sie auf *M10x25* ein.

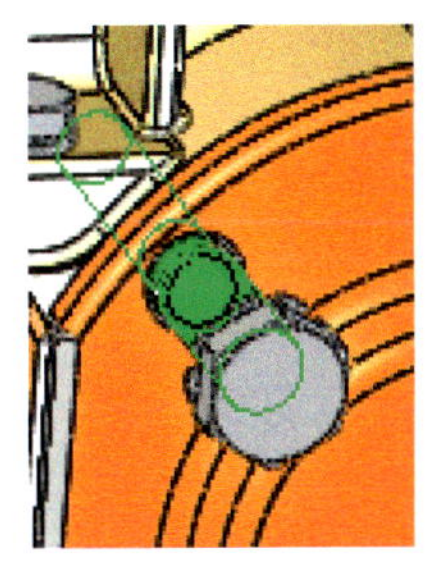

- Verknüpfen Sie die Schraube *konzentrisch* mit einer der vier Bohrungen des *Lagerdeckels WDR 60x45x8*. Wenn die Schraube verkehrt herum liegt, aktivieren Sie unter *Verknüfungsausrichtung* die Option *umkehren*.

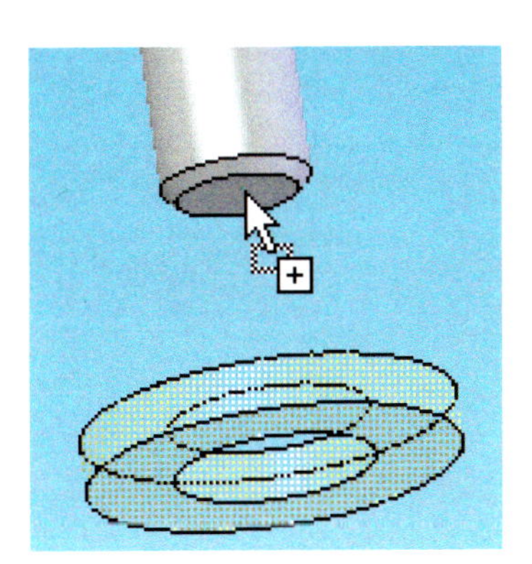

Bevor Sie die Schraube anziehen, legen Sie noch eine Zahnscheibe unter:

- Wählen Sie in der Toolbox *DIN, Scheiben, Zahnscheiben* und ziehen Sie eine *Zahnscheibe A J 6797* auf die Schraube. Wenn Sie sie an der Endfläche ablegen, wird sie automatisch *konzentrisch* verknüpft. Stellen Sie die Scheibe auf die Größe 6 ein. Verknüpfen Sie dann noch den Kopf und die Scheibe *deckungsgleich*.
- Verknüpfen Sie die gegenüberliegenden Flächen der Scheibe und des Lagerdeckels deckungsgleich.

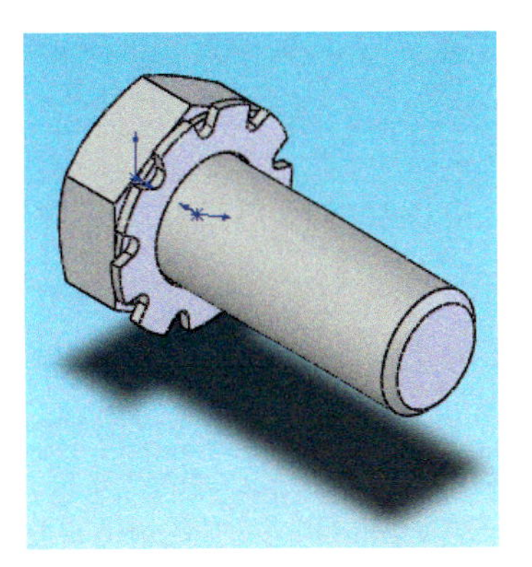

Damit Sie sich diese Arbeit nur einmal machen müssen, definieren Sie eine Unterbaugruppe:

- Aktivieren Sie die beiden Elemente im FeatureManager und wählen Sie *Einfügen, Komponente, Baugruppe aus ausgewählten Komponenten*. Benennen Sie die neue Baugruppe mit BAUGRUPPE SCHRAUBE M10 LAGERDECKEL. Die Komponenten werden durch die Baugruppe ersetzt.

11.5.3 Komponentenmuster kreisförmig

Die Bohrungen des Lagerdeckels folgen einem kreisförmigen Muster – also tun dies auch die Schrauben:

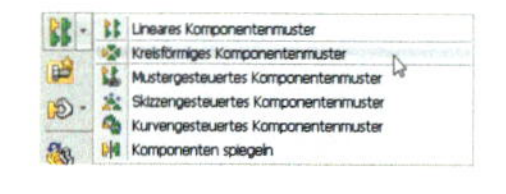

- Blenden Sie über das Menü *Ansicht* die *Achsen* der Lagerdeckel ein.
- Markieren Sie die gesamte Unterbaugruppe der Schraube im FeatureManager und wählen Sie *Einfügen, Komponentenmuster, Kreisförmig*. Klicken Sie als Rotationsachse die Achse des Lagerdeckels an und definieren Sie 4 Elemente mit *Gleichem Abstand*. Nennen Sie das Muster **Lagerdeckel WDR 60 Schrauben.**
- Führen Sie dies auch bei den anderen Lagerdeckeln durch (Abb. 11.35).

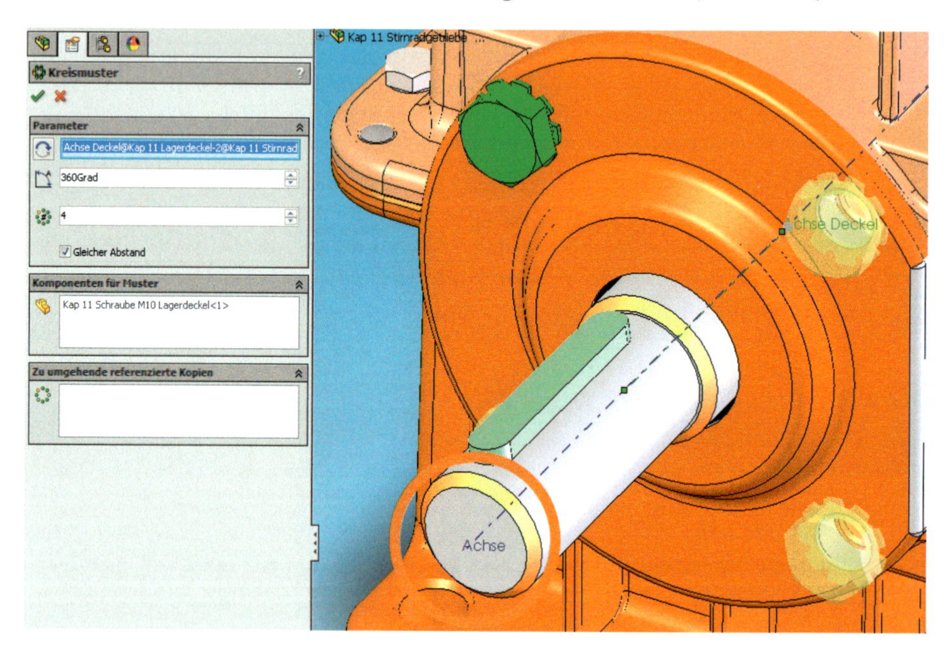

Bild 11.35: Der Lagerdeckel wird durch ein Komponentenmuster verschraubt.

Die Musterbildung mit Komponenten ist nur mit der Funktion **Komponentenmuster** möglich. Das klingt idiotisch, ich weiß. Doch in der Symbolleiste *Baugruppe* befindet sich auch eine Schaltfläche namens *Kreismuster*, und zwar ausgerechnet bei den *Baugruppen-Features*. Das ist die falsche.

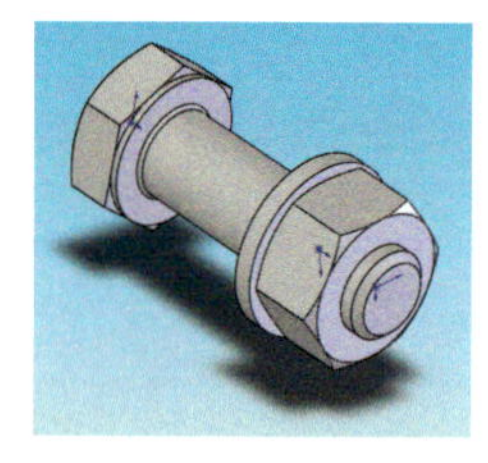

11.5.4 Normteile editieren: Die Dichtflächen

Das gleiche Verfahren wenden wir nun bei den sechs Bolzen und Muttern der Gehäuse-Dichtfläche an:

- Fügen Sie eine Sechskantschraube *ISO 4014 M6x50* ein. Fügen Sie eine *Mutter ISO 4032 M6* hinzu sowie einen *Federring DIN 128* Größe 6. Öffnen Sie die Skizze der Schraube und kürzen Sie ihre Länge auf **20 mm**.

- Richten Sie den Bolzen *konzentrisch* mit der Bohrung und *deckungsgleich* mit der Oberseite der Dichtfläche aus. Richten Sie den Federring konzentrisch zur Schraube und deckungsgleich zur Unterseite aus. Fügen Sie schließlich noch die Mutter hinzu und definieren Sie die fertige Anordnung genau wie beim Lagerdeckel als Baugruppe SCHRAUBE M6 FEDERRING MUTTER. Auch diese wird automatisch eingefügt.
- Fügen Sie die Baugruppe dann noch fünf Mal ein und platzieren Sie sie in den entsprechenden Bohrungen (Abb. 11.36).

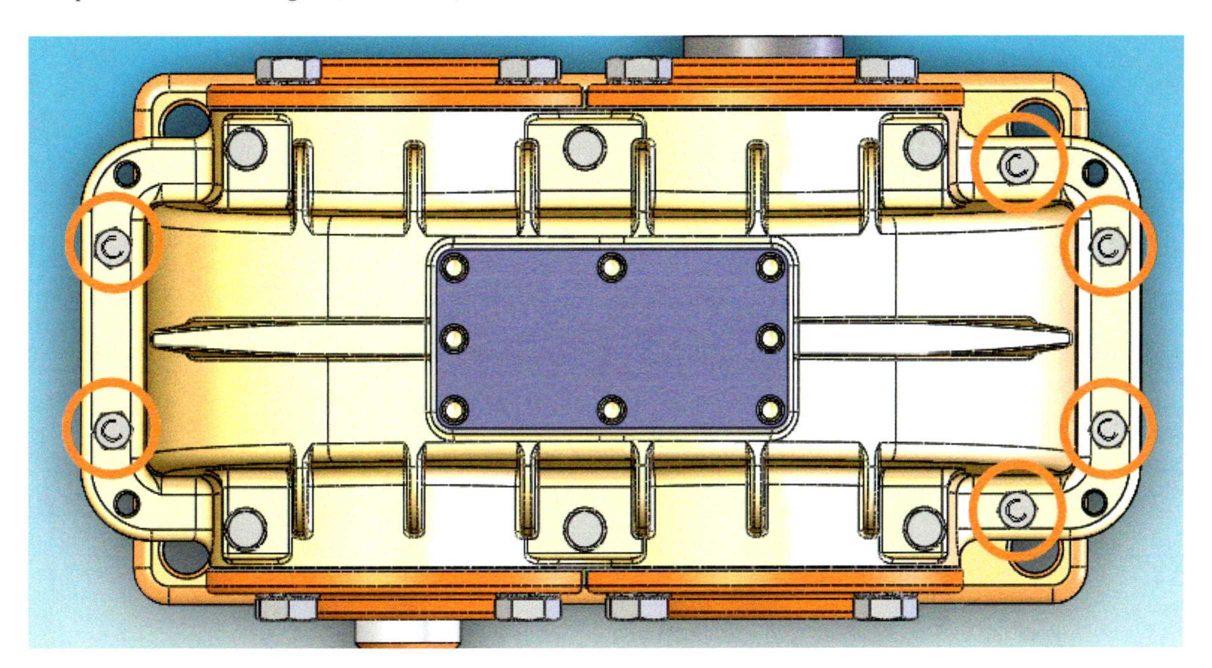

Bild 11.36: Diese sechs Bolzen halten die Dichtflächen zusammen – zusammen mit den sechs im Lagersattel.

11.5.5 Mit Verknüpfungen kopieren: Die Kegelstifte

Eine andere Arbeitstechnik, die zumindest ein paar Mausklicks erspart, üben Sie bei den vier Kegelstiften für die Gehäuse-Dichtfläche:

- Fügen Sie aus der *Toolbox, DIN, Stifte, Kegelstifte* einen Kegelstift nach *DIN 22339* ein. Stellen Sie die Größe *M6* und die *Länge 24 mm* ein.
- Öffnen Sie die Skizze des Kegelstiftes und ändern Sie seine Länge von *24 mm* auf **14 mm**.
- Verknüpfen Sie den Kegelstift *konzentrisch* mit einer der Kegelbohrungen und richten Sie seine kreisförmige Ober**kante** – nicht -fläche – *deckungsgleich* mit der Ober**fläche** der Dichtfläche aus.
- Aus dem Kontextmenü des Stiftes wählen Sie dann *Mit Verknüpfungen kopieren.*
- Im PropertyManager erscheint nun das Auswahlfeld mit dem Kegelstift. Unter *Verknüpfungen* stehen die beiden Verknüpfungen, die Sie für das Original ge-

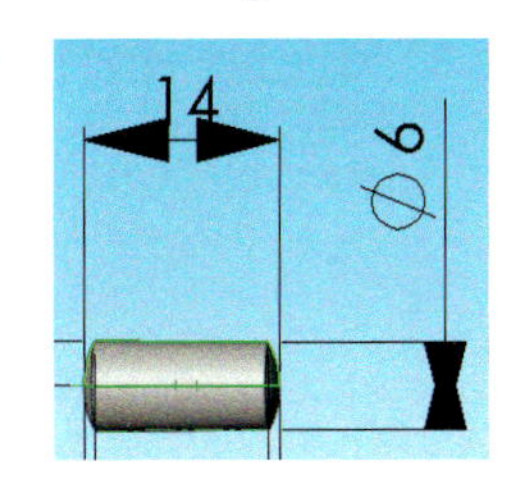

wählt hatten. Auch diese kopieren Sie nun, indem Sie das Auswahlfeld *Konzentrisch<n>* aktivieren und die Kegelfläche der **Zielbohrung** wählen. Als *Deckungsgleich<n>* wählen Sie wieder die Oberfläche der Dichtfläche (Flächenfilter). Bestätigen Sie, der PropertyManager bleibt offen und erwartet die nächste Kopie (Abb. 11.37).

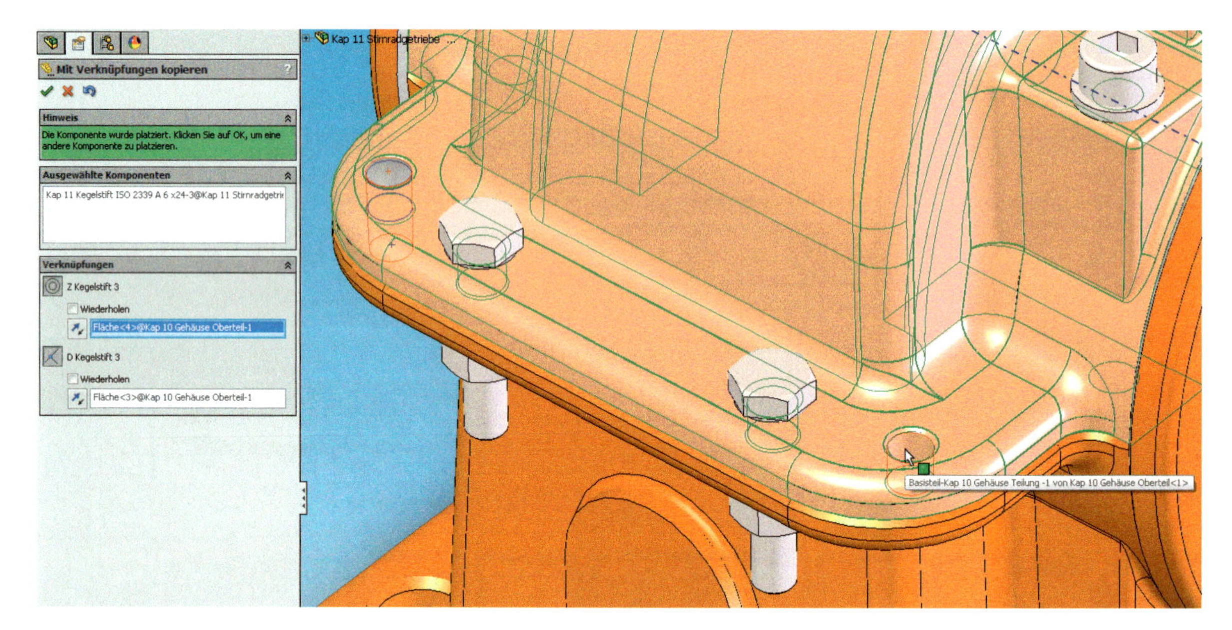

Bild 11.37:
Kopier-Zentrum:
Das Vervielfältigen eines Bauteils samt Verknüpfungen spart einiges an Handarbeit. Nach Definition der letzten Verknüpfung wird das Teil korrekt verknüpft eingesetzt.

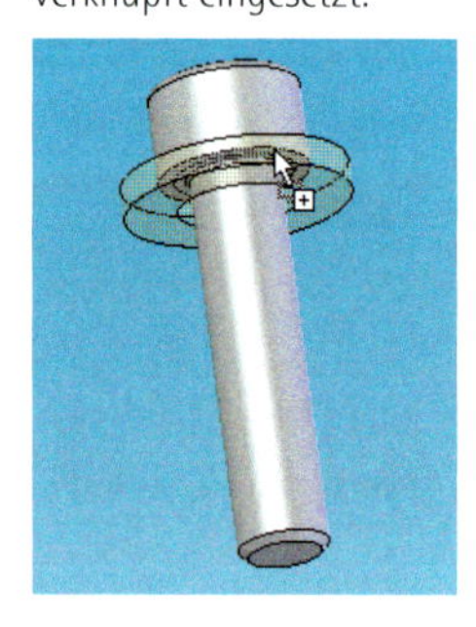

- Kopieren Sie den Stift auf die gleiche Weise auf die restlichen beiden Kegelbohrungen.

11.5.6 Komponentenmuster linear: Der Schaulochdeckel

Für den Schaulochdeckel definieren wir wieder eine Unterbaugruppe aus Schraube und Scheibe:

- Ziehen Sie aus der Toolbox *DIN, Bolzen und Schrauben, Innensechskantschrauben* eine *Zylinderschraube (912)* der Größe *M6x20* in den Editor. Ziehen Sie gleichfalls eine *Scheibe* nach *ISO 8738* hinzu. Verknüpfen Sie die beiden konzentrisch und deckungsgleich und speichern Sie sie als Unterbaugruppe INNENSECHSKANT M6 SCHEIBE. Fügen Sie diese – wiederum konzentrisch und deckungsgleich – in eines der Ecklöcher im Schaulochdeckel ein.
- Aktivieren Sie die Unterbaugruppe und wählen Sie *Einfügen, Komponentenmuster, Linear.* Geben Sie als *Richtung 1* eine Längskante des Schaulochdeckels an, definieren Sie einen *Abstand* von **44.5 mm** bei **3** Kopien.
- Aktivieren Sie für *Richtung 2* eine kurze Kante des Deckels, stellen Sie einen *Abstand* von **19.5 mm** bei **3** Kopien ein.

- Schließlich bleibt noch, die mittlere Kopie zu eliminieren. Aktivieren Sie hierzu das Feld *Zu umgehende referenzierte Kopien* und markieren Sie die mittlere Schraube (Abb. 11.38).

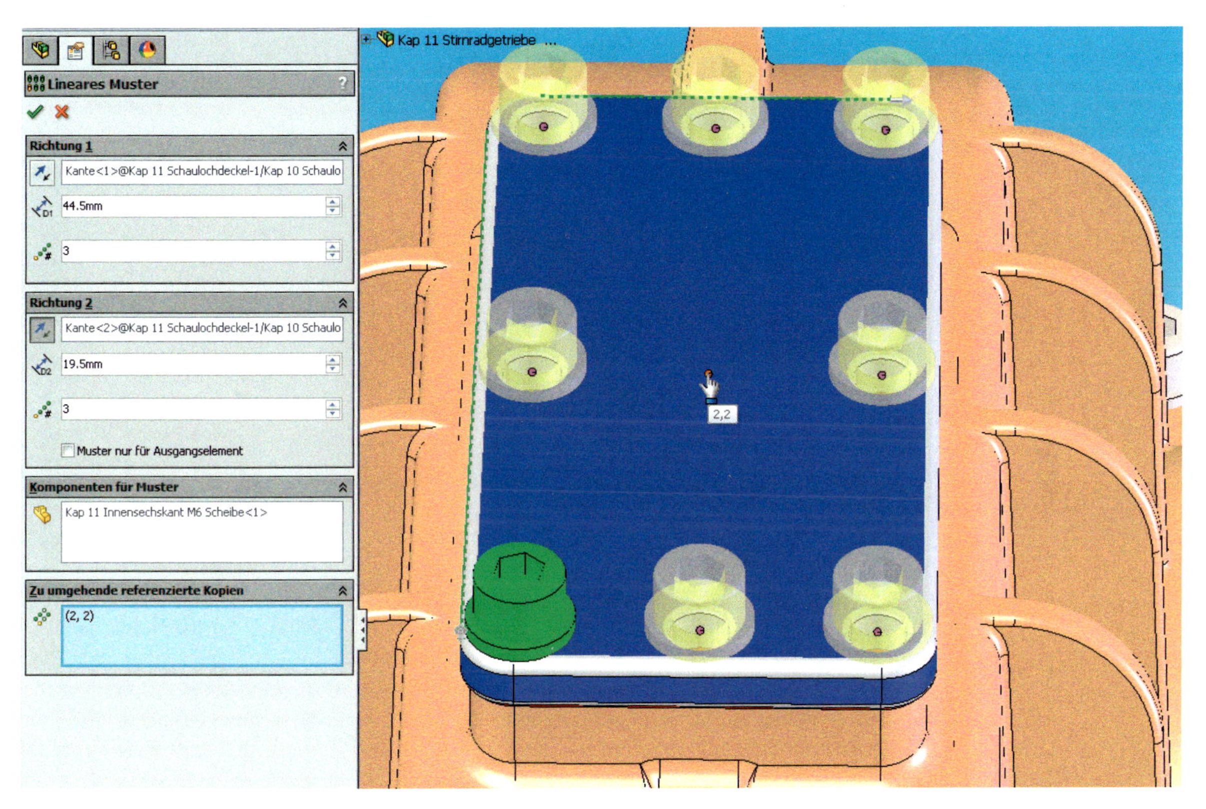

Bild 11.38: Die Schrauben des Lagerdeckels entstehen durch ein lineares Muster. Dabei können einzelne Komponenten eliminiert werden.

11.5.7 Zahnradverknüpfung und Animation

Zu guter Letzt stellen Sie noch das Übersetzungsverhältnis des Getriebes ein. Dies ist wichtig für den Fall, dass Sie das Getriebe per Animation in Gang setzen wollen.

- Heben Sie die Unterdrückung der *Kreismuster* beider Zahnradfeatures *Welle Stirnrad* und *Stirnrad* auf.
- Legen Sie eine Schnittansicht durch das Gehäuse, sodass Sie die Zahnräder sehen können. Drehen Sie dann eines so, dass sich die Zähne nicht überschneiden. Beenden Sie die Schnittansicht.

Um Zahnradbeziehungen zu definieren, brauchen Sie nicht unbedingt Zahnräder anzuklicken – viel sinnvoller ist es hier, die beteiligten **Wellen** zu verknüpfen:

- Aktivieren Sie die *Verknüpfungen*. Wählen Sie bei beiden Wellen je eine Zylinderfläche. Öffnen Sie die Gruppe *Mechanische Verknüpfungen* und stellen Sie die Funktion *Zahnrad* ein.

- Setzen Sie das *Verhältnis* auf die Zähnezahlen **77:19**. Aktivieren Sie *Umkehren,* damit die Wellen sich gegensinnig drehen (Abb. 11.39).

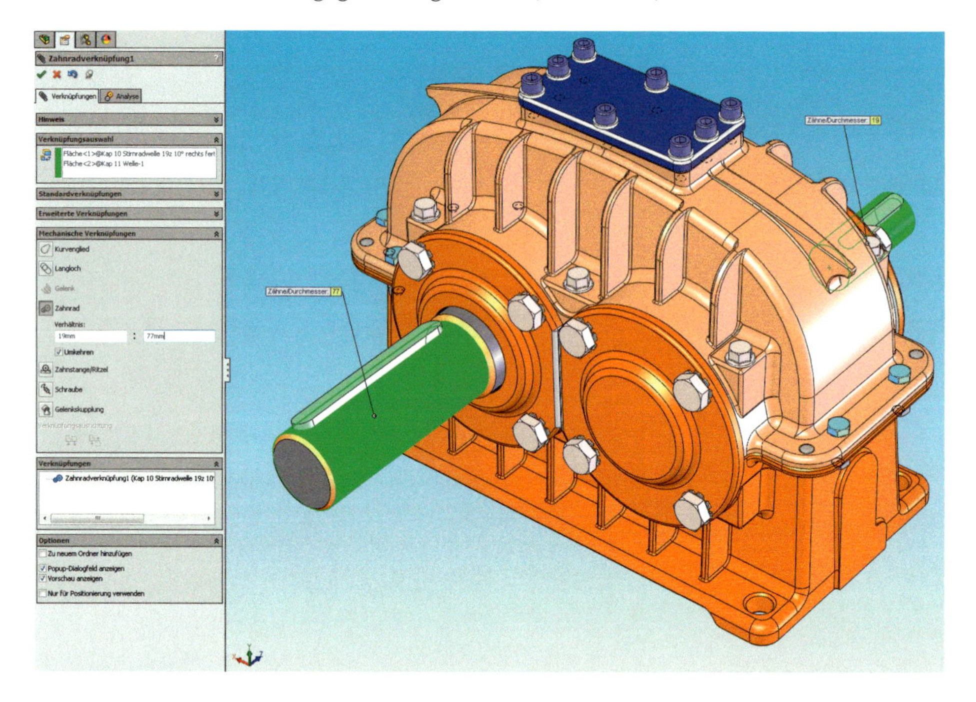

Bild 11.39: Die Wellen werden über eine Zahnradverknüpfung miteinander gekoppelt. Das Verhältnis, obwohl in Millimetern ausgedrückt, entspricht der Zähnezahl der Zahnräder.

- Ziehen Sie dann versuchshalber an einer Passfeder oder einem Wellenzylinder. Die andere Welle sollte sich entgegengesetzt und im richtigen Übersetzungsverhältnis drehen. Andernfalls machen Sie die Bewegung rückgängig und tauschen die Zahlen unter *Verhältnis* aus.

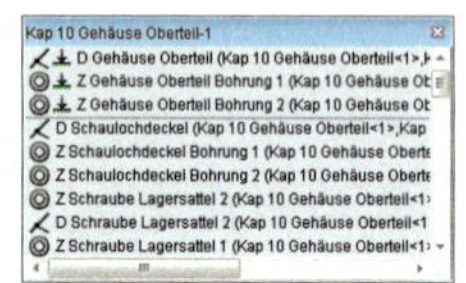

Wenn Sie Verknüpfungen im oft meterlangen Listenfeld *Verknüpfungen* einmal vergeblich suchen, können Sie auch über das Kontextmenü der Komponente gehen: Wählen Sie dort *Verknüpfungen anzeigen,* und ein handliches Auswahlfeld erscheint.

11.5.8 Eine Bewegungsstudie

Nun können Sie einen Rotationsmotor an eine der Wellen anschließen:

- Schalten Sie über das Menü *Ansicht* den *MotionManager* ein. Über der Statusleiste erscheint eine neue Registerkarte. Wechseln Sie zu *Bewegungsstudie<n>.*
- Wählen Sie *Einfügen, Neue Bewegungsstudie.* Wählen Sie in der Symbolleiste des MotionManagers einen *Rotationsmotor.* Sie werden zur Eingabe der zu bewegenden Fläche aufgefordert. Klicken Sie die Stirnradwelle entweder an der Endfläche oder einer ihrer Zylinderflächen an (Abb. 11.40, Pfeil). Der Motor wird eingebaut und als Kreispfeil dargestellt.

- Stellen Sie den Motor auf die Bewegung *Konstante Geschwindigkeit* mit **4** U/min ein. Geben Sie keine Maßeinheit an, sonst gibt es eine Fehlermeldung.

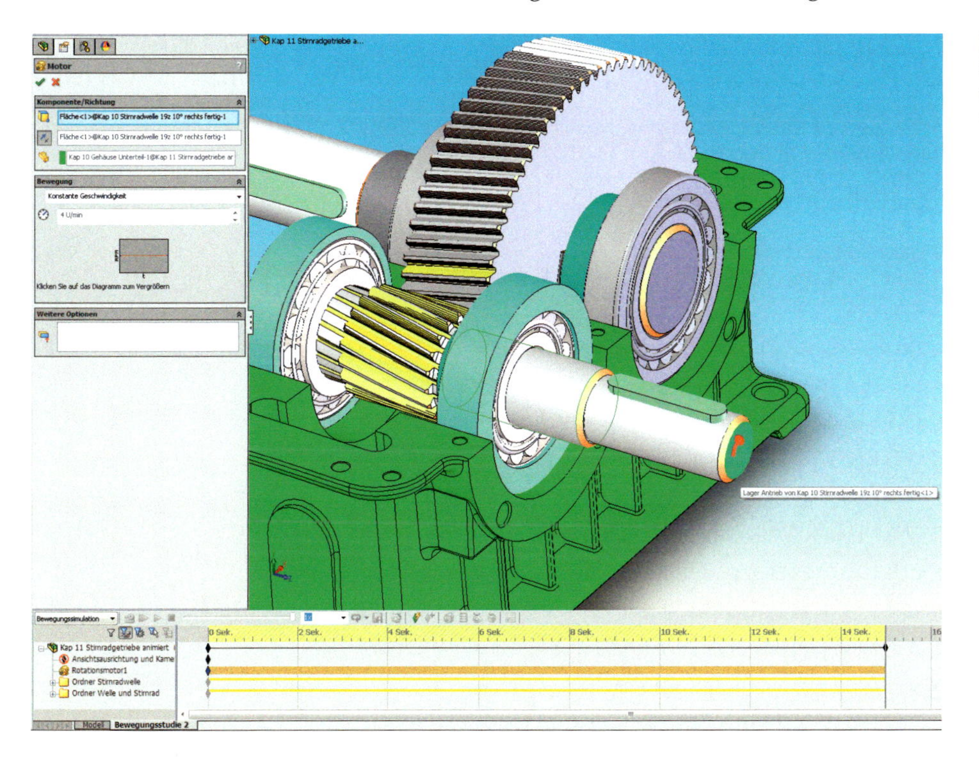

Bild 11.40: SolidWorks verfügt über eine Zeitspur für die Bewegungsanimation.

- Stellen Sie in den Optionen der Bewegungsanimation – also der rechten Schaltfläche in der Symbolleiste des MotionManagers – eine Geschwindigkeit von **24** *Frames pro Sekunde* ein. Bestätigen Sie dann.
- Ziehen Sie in der Zeitansicht des MotionManagers den obersten **Keyframe** – die Rauten in der Zeitspur – nach rechts, etwa auf Position **00:00:15**. Damit sollte der Motor mit der Stirnradwelle in 15 Sekunden genau eine Umdrehung vollführen. Durch das Übersetzungsverhältnis von 77:19 ergibt sich knapp eine Viertelumdrehung der großen Welle.

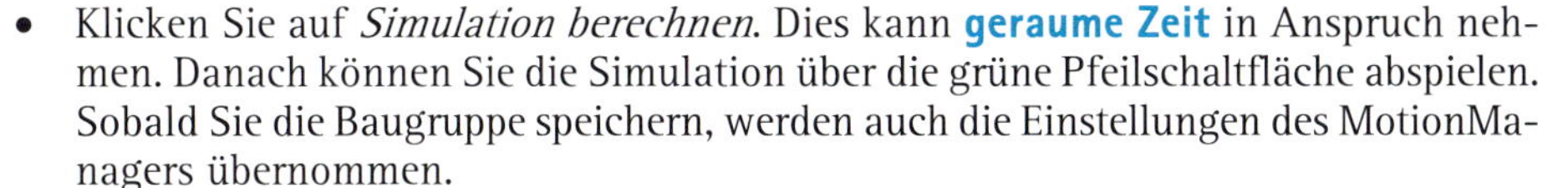

- Klicken Sie auf *Simulation berechnen*. Dies kann **geraume Zeit** in Anspruch nehmen. Danach können Sie die Simulation über die grüne Pfeilschaltfläche abspielen. Sobald Sie die Baugruppe speichern, werden auch die Einstellungen des MotionManagers übernommen.

- Speichern Sie die Simulation als AVI ab, doch Geduld: SolidWorks lässt die Animation zu diesem Zweck nochmals berechnen.

Sie finden einen fertigen Animationsfilm namens KAP 11 STIRNRADGETRIEBE.AVI im Verzeichnis \GETRIEBE auf der DVD. Das Getriebe mit Motor finden Sie unter KAP 11 STIRNRADGETRIEBE ANIMIERT.

11.6 Ausblick auf kommende Ereignisse

Damit ist unser Getriebe fertig. Insgesamt 153 Komponenten dürften selbst den stärksten Rechner ins Schwitzen gebracht haben. Mensch und Maschine haben sich eine Pause jetzt redlich verdient!

Jetzt geht es ans Zeichnen. Sie werden feststellen, SolidWorks nimmt Ihnen diese Arbeit vollständig ab.

Das heißt, fast.

11.7 Dateien auf der DVD

Die Dateien zu diesem Kapitel finden Sie auf der DVD im Verzeichnis \GETRIEBE:

- **Baugruppen:**

KAP 11 BAUGRUPPE ÖLABLASS. SLDASM

KAP 11 BAUGRUPPE SERIENBOHRUNG. SLDASM

KAP 11 GEHÄUSE TEILUNG.XLS

KAP 11 INNENSECHSKANT M6 SCHEIBE. SLDASM

KAP 11 LAGERDECKEL. SLDASM

KAP 11 LAGERDECKEL.XLS

KAP 11 SCHAULOCHDECKEL.SLDASM

KAP 11 SCHRAUBE M10 LAGERDECKEL. SLDASM

KAP 11 SCHRAUBE M6 FEDERRING MUTTER.SLDASM

KAP 11 STIRNRADGETRIEBE. SLDASM

- **Bauteile:**

KAP 11 DICHTUNG SCHAULOCHDECKEL.SLDPRT

KAP 11 KEGELSTIFT ISO 2339 A 6 X24. SLDPRT

KAP 11 KRL DIN 30209.SLDPRT

KAP 11 KRL DIN 30306.SLDPRT

KAP 11 VERSCHLUSSSCHRAUBE DICHTRING DIN 7603. SLDPRT

KAP 11 VERSCHLUSSSCHRAUBE DIN 910. SLDPRT

KAP 11 WELLE. SLDPRT

- **Animationen:**

KAP 11 STIRNRADGETRIEBE ANIMIERT. SLDASM

KAP 11 STIRNRADGETRIEBE.AVI

12 Eine Zeichnungsvorlage nach DIN

Mittler zwischen Modell und Pergament

*Die Erstellung einer Zeichnung aus dem Bauteil und der Baugruppe sollte laut Werbetext eigentlich nur ganz wenig Arbeit machen – allerdings: Wollen Sie **wirklich** normgerechte Ausdrucke, dann wartet einiges an Kleinarbeit auf Sie!*

Auch wenn in Zeiten des CAD/CAM die technische Zeichnung an Wichtigkeit verloren hat, so ist sie unverzichtbar, sobald eine normgerechte Dokumentation verlangt wird: Ämter und Behörden zum Beispiel bestehen bis auf Punkt und Strichstärke auf der Einhaltung der Darstellungsnormen. Mit eigenen Dokument- und Planvorlagen reduzieren Sie die repetitiven Arbeiten beim Zeichnen auf ein Minimum.

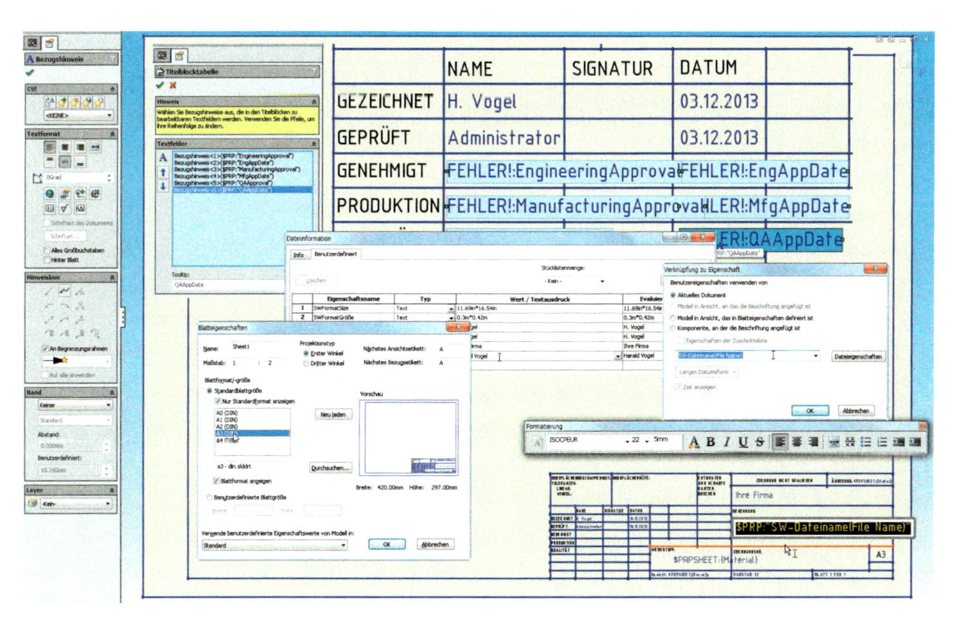

Die Bemaßung in SolidWorks ist alles andere als normgerecht: Die Schrift hat die falsche Form und Größe, die Maßpfeile sind zu dick und zu lang *et cetera*. Wir kommen nicht umhin, ganz SolidWorks nach Einstellungen zu durchforsten. Um die Arbeit jedoch nur ein einziges Mal machen zu müssen, legen wir einige Dokumentvorlagen für Zeichnungen sowie ein paar Schriftfelder und Zeichnungsnormen an.

- Prüfen Sie zunächst, ob sich unter Ihren Systemfonts eine Normschrift befindet. Der Name lautet meist auf **ISO**, also ISOCPEUR oder notfalls ISOCTEUR.

SolidWorks bringt inzwischen auch eigene isometrische Fonts namens SWIsop<N> mit. Allerdings verfügt nur ISOCPEUR über die korrekte Linienstärke und wirkt damit insgesamt satter und „schwärzer" (Abb. 12.1, oben links).

Es muss sich in jedem Fall um **TrueType**-Fonts handeln, SolidWorks erlaubt keine Verwendung von Type-1-Fonts. Sollten Sie keine solche Schrift haben,

Bild 12.1: Normfonts in SolidWorks: ISOCPEUR, SWISOP1, SWISOP2 und SWISOP3

Dies ist ein Text mit zwei Zeilen oder auch drei.

Dies ist ein Text mit zwei Zeilen oder auch drei.

Dies ist ein Text mit zwei Zeilen oder auch drei.

Dies ist ein Text mit zwei Zeilen oder auch drei.

- suchen Sie im Internet danach: *Google*, **ISOCPEUR.TTF**. Installieren Sie den Font dann über dessen Kontextmenü oder die Systemsteuerung.
- Falls Sie die Schriftart neu installieren mussten, starten Sie SolidWorks neu.

12.1 Das Schriftfeld wählen

Eine SolidWorks-Zeichnung bezieht ihre Informationen aus der Zeichnungsvorlage, der Schriftfeldvorlage – dem *Blattformat* –, der Zeichnungsnorm und natürlich aus dem Modell. Das Problem ist, herauszufinden, was wo gespeichert ist. Zunächst die Zeichnungsvorlage:

- Öffnen Sie ein neues Dokument, Typ *Zeichnung*.

Im Moment ist nur eine einzige Vorlage verfügbar, aber das werden wir gleich ändern. Die Vorlage enthält alle Dokumenteigenschaften der Dialogbox *Optionen*. Hierzu gibt es noch das Hilfsmittel der externen Zeichnungsnorm. Sehen Sie dazu auch Abschnitt 12.4, *Die Entwurfsnorm*, ab S. 359.

- Es erscheint die Abfrage des *Blattformats* – gemeint ist das Schriftfeld. Falls nicht, beenden Sie im PropertyManager die *Modellansicht* und rufen Sie über das Kontextmenü von *Blatt<n>* oder *Blattformat* dessen *Eigenschaften* auf (Abb. 12.2).

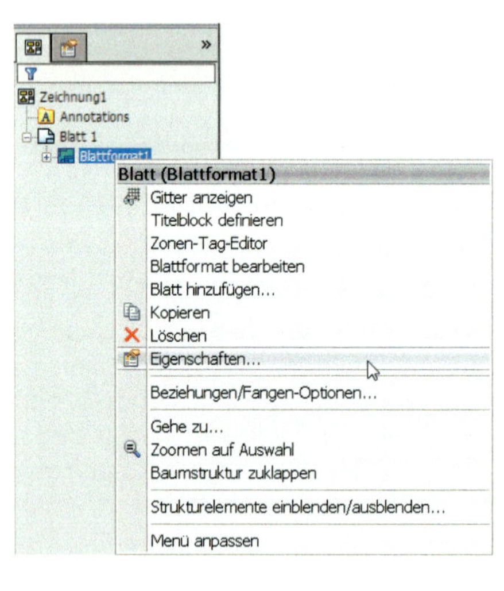

Bild 12.2: Das Schriftfeld versteckt sich in den Eigenschaften des Blattformats.

Das Blattformat enthält alle Informationen des Titelblocks und des Zeichnungsrahmens. Diese werden im sogenannten **Blattformat**-Modus bearbeitet und sind im Default des **Blatt**-Modus, in dem Sie die Modellansichten einfügen, nicht editierbar. Sehen Sie dazu Abschnitt 12.5, *Das Schriftfeld anpassen*, ab S. 365.

- Für die Welle eignet sich am Besten ein Querformat. Aktivieren Sie die Option *Nur Standardformat anzeigen*, dann wählen Sie *A3 (DIN)*. Bestätigen Sie (Abb. 12.3).

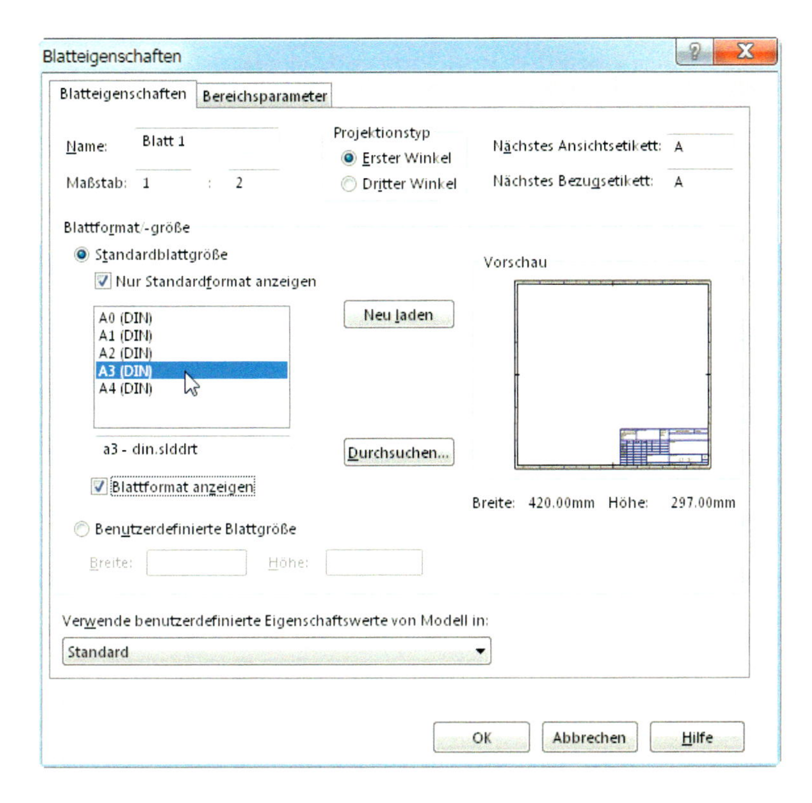

Bild 12.3:
Die *Standardblattgrößen* lassen sich mit eigenen bzw. firmenspezifischen Entwürfen erweitern. Hier wurden die Dokument-Optionen bereits auf die korrekten Einheiten umgestellt. Beachten Sie: Die Vorschau ist in 2015 nicht maßstabgerecht!

- Stellen Sie in der Dialogbox *Optionen, Dokumentoptionen,* die *Einheiten* auf *MMGS* ein. Sehen Sie dazu auch Abschnitt 12.3, *Einheiten, Gitter und Bildqualität,* auf S. 359.
- *Speichern* Sie das Dokument *unter* **Zeichnung Buch DIN A3** und mit dem Dateityp *Zeichnungsvorlage (*.drwdot).* SolidWorks wechselt automatisch ins Vorlagenverzeichnis. Lassen Sie das Dokument jedoch geöffnet.

Sie können eigene Verzeichnisse für Ihre Vorlagen, Referenzdateien, Blöcke, Makros und vieles mehr anlegen. Dies teilen Sie SolidWorks mit, indem Sie in den *Systemoptionen* unter *Dateipositionen* die neuen Pfade hinzufügen. Achten Sie nur darauf, zuvor den korrekten Ordner anzuzeigen. Mehrere Pfade in der Liste werden von oben nach unten durchsucht – Sie können mit Hilfe der Schaltflächen *Nach oben* und *Nach unten* also auch Prioritäten setzen!

Im Folgenden behandeln wir die einzelnen Kategorien der Dialogbox *Optionen, Dokumentoptionen* nicht in ihrer vorgegebenen Reihenfolge. Das geschieht aus gutem Grund: Alle Einstellungen für Linienstärken beziehen sich auf die Kategorie *Liniendicke.* Deshalb muss diese als erstes behandelt werden – die gesamte restliche Konfiguration wird dadurch erheblich einfacher.

12.2 Linienarten und Linienstärken

Sehen Sie dazu auch Abschnitt 12.4, *Die Entwurfsnorm*, ab S. 359.

Die Linienstärken können Sie leider nur in der Vorlage speichern, nicht aber in der *Globalen Zeichnungsnorm* – der Nachteil: Wenn Sie z. B. die DIN-Liniengruppe 0,35 einstellen wollen, dann wird die Zeichnungsnorm-Datei auf Knopfdruck Pfeile und Schriftschnitte anpassen, nicht aber die Linienstärken, auf denen die Liniengruppen nach DIN ja schließlich beruhen!

Gleiches gilt für eine Umstellung der Liniengruppe. Die *Globale Zeichnungsnorm* alleine greift also nicht – Sie brauchen eine ganze Dokumentvorlage pro Gruppe, andernfalls klicken Sie sich jedes Mal zu Tode.

Oder so könnte es scheinen.

Denn da gibt es einen **Trick**.

Um den zu erklären, muss ich etwas ausholen.

12.2.1 Die Zentralsteuerung der Linienstärken

Linienart
Liniendicke
Bildqualität

- Öffnen Sie die *Optionen* und schalten Sie zu den *Dokumenteigenschaften* um. Wählen Sie die Kategorie *Liniendicke*.

Ganze acht Linienstärken stehen zur Verfügung: *Dünn, Normal* und sechsmal *Dick* (Abb. 12.4).

Liniendicke-Druckeinstellungen

Bearbeiten Sie die Standarddicke der gedruckten Linien für jede Größe. Eine Änderung dieser Werte ändert die angezeigte Liniendicke nicht.

Dünn:	0,13mm
Normal:	0,18mm
Dick:	0,25mm
Dick(2):	0,35mm
Dick(3):	0,5mm
Dick(4):	0,7mm
Dick(5):	1mm
Dick(6):	1,4mm

Zurücksetzen

Bild 12.4:
Etwas tricky:
Die Linienstärken bedeuten Variablennamen und -werte zugleich – ein ergonomischer *bug* von erlesener Qualität!

Aber wieso eigentlich *Druckeinstellungen?* Im Zeitalter des WYSIWYG ist so etwas doch unnötig, sollte man meinen. SolidWorks hat dies bereits vor Jahren erkannt, die Namen durch echte Linienstärken ersetzt und damit die Benutzerführung ... – nun, sagen wir, ein ganz klein wenig verschlimmbessert.

Denn in früheren Versionen – **das nebenstehende Bild stammt aus SolidWorks 2004** – waren die Linienstärken Teil des Drucker-Setups, Menü *Datei*. Sie galten für ganz SolidWorks. Die Bezeichnungen – *Dünn, Normal* usw. – wurden dann konsistent in allen Listenfeldern des Zeichnungsmodus verwendet: Man stellte *Dick(2)* für die breite Volllinie ein, verdeckte Kanten waren *Normal*, Schraffuren *Dünn*. Egal, was für diese Namen im Drucker-Setup eingestellt wurde, ob 0,35 mm oder 0,35 m – *Dick(2)* war und blieb in der Zeichnung *Dick(2)*. Man brauchte also nur die acht Linienstärken im Drucker-Setup zu ändern, und schon war die Zeichnung normgerecht eingestellt.

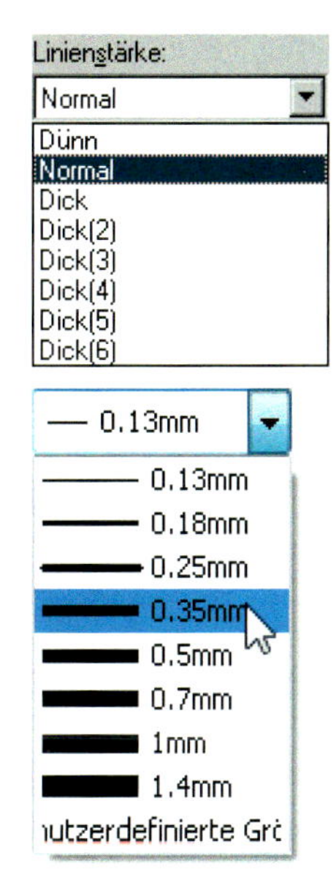

Dass in den neueren Versionen die Linienstärken *selbst* genannt werden, verleitet zu dem Trugschluss, dass man die Linienstärken in der Entwurfsnorm und in den Layern jeweils eigens neu zuordnen müsse. Man kommt ja nicht auf die Idee, dass *0,35 mm* tatsächlich auch ein **Variablenname** ist – genauer: Eine benutzerdefinierte Variable, die auf die **interne** Variable *Dick(2)* zeigt. Ein wahrhaft finsterer Hack (vgl. Abb. 12.6)!

Der Trick: **Die zentrale Steuerung der Linienstärken funktioniert nach wie vor!** Sie brauchen zur Konfiguration also nur jeweils diese Liste anzupassen und die entsprechende *Globale Zeichnungsnorm* einzuspielen, und die Zeichnung wird korrekt ausgedruckt! Das klappt ebenso für eine Umstellung von z. B. Gruppe 0,35 auf 0,5. Damit das jedoch funktioniert, halten Sie sich immer ans gleiche Schema – z. B. folgendes:

Ausgehend von der **breiten Volllinie** – z. B. 0,35 mm bei Gruppe 0,35 – muss die **schmale Volllinie** die halbe Dicke aufweisen, also um zwei DIN-Stufen schmaler sein. Bei Gruppe 0,35 wären das 0,18 mm. **Schraffuren, Mittellinien** usw. sind noch eine Stufe schmaler, also 0,13 mm. Insgesamt also drei Stufen.

Dummerweise bietet SolidWorks unterhalb der Stufe *Normal* aber nur eine einzige Stufe an: *Dünn*. Das *ist* natürlich dünn. Und es bedeutet, Sie müssen die Skala um zwei Stufen nach oben schieben, sodass *Dick(2)* nun die breite Volllinie erhält. Dieser Verschiebung muss dann wiederum in den anderen Kategorien Rechnung getragen werden, denn die stehen auf *Normal*. Aber das kommt später:

- Tippen Sie von *Dünn* bis *Dick(6)* die Stärken nach der DIN-Liniengruppe 0,35 ein, also **0.13**, **0.18**, **0.25**, **0.35**, **0.5**, **0.7**, **1.0** und schließlich **1.4** mm.
- Für Gruppe 0,5 würde die Sequenz **0.18**, **0.25**, **0.35**, **0.5**, **0.7**, **1.0**, **1.4** und **2** mm lauten.
- Für Gruppe 0,7 wären dementsprechend **0.25**, **0.35**, **0.5**, **0.7**, **1.0**, **1.4**, **2** und **2.8** mm einzutippen.

Zur Information für Ihre Umstellung – bitte nicht in dieser Vorlage eintippen!

In SolidWorks gibt es leider immer noch keine Schaltfläche *Anwenden*. Damit diese Einstellungen für die anderen Kategorien der Dokumentoptionen zugänglich werden,

- bestätigen Sie die Dialogbox *Optionen* mit *OK* und öffnen sie gleich wieder.

Diese Linienstärken werden in der Zeichnung recht überhöht angezeigt, weil SolidWorks irgendwelche festen Stärken für *Dünn, Normal* usw. verwendet. Nur in der *Seitenansicht* und im Druck sind die Linien perfekt, und deshalb sind auch **nur diese Funktionen** ausschlaggebend für die Beurteilung!

Das Verwirrende an diesem Hack: Variablennamen und Variablenwerte werden synonym behandelt. Mehr noch: SolidWorks verwendet einfach nur die **Position** der Liste für die Zuordnung: Der 1. Wert ist immer *Dünn*, egal was Sie dort eintragen. Und *Dünn* ist der Default z. B. für Bemaßungen.

Wundern Sie sich also nicht, wenn nach einer Umstellung der breiten Volllinie von 0,35 auf 0,5 mm der korrekte neue Wert in der Zeichnungsnorm steht – ganz so, als ob SolidWorks plötzlich über Normen Bescheid wüsste.

12.2.2 Linienstärken kollektiv einstellen

Die oben beschriebene Zentralsteuerung hat weitreichende Folgen für die Arbeitsersparnis: Die erste Kategorie *Entwurfsnormen* bietet mehrere Dutzend Einstellungen für die Linienstärken der einzelnen Objekte:

- Sehen Sie sich z. B. den Abschnitt 12.4.2 an, *Hauptebene Bemaßungen*, ab S. 361.

Wenn Sie die oben beschriebene Sequenz *0,35* eingegeben haben, dann steht dort *0,13 mm* für die *Hinweis-/Bemaßungslinien*. Diese „0,13 mm“ stehen für nichts anderes als die interne Variable *Dünn*, der Default für Bemaßungen. Sind Ihnen also **sämtliche** Bemaßungen zu schlank,

- dann ändern Sie die obige Liste um in **0.18**, **0.18**, **0.25**, **0.35**, usw. Bestätigen Sie, schließen und öffnen Sie die Dokumentoptionen, und wie von Geisterhand stehen für die Stärke der *Hinweis-/Bemaßungslinien* plötzlich *0,18 mm*. Und natürlich auch für alle anderen *Beschriftungen*, *Bemaßungen* und *Ansichten*, die *Dünn* als Default aufweisen.

Und dies gilt natürlich ebenso für alle anderen Default-Einstellungen, die in der Stärke *Normal, Dick, Dick(2)* usw. gesetzt sind.

Natürlich sind die Defaults jetzt falsch, beispielsweise steht für *Sichtbare Kanten* – die breite Volllinie – immer noch der zweite Listenpunkt *Normal*, den wir in Ermangelung dünner Linienstärken auf 0,18 mm gesetzt hatten. Der muss jetzt auf *Dick(2)* oder *0,35 mm* umgestellt werden. Das korrigieren wir just im Abschnitt 12.2.5, *Die Linienzuordnung für Modellkanten*, auf S. 358.

12.2.3 Benutzerdefinierte Linienstärken

Auch eigene, von der obigen Liste abweichende Linienstärken können Sie jetzt überall in SolidWorks konfigurieren:

- Wählen Sie dazu im Listenfeld *Linienstärke* der jeweiligen Einstellung den Punkt *Benutzerdefinierte Größe*, dann erwartet rechts daneben ein aktiviertes Extra-Editierfeld Ihre Eingabe.

Beachten Sie jedoch: Der obige Trick der zentralen Steuerung funktioniert damit nicht mehr, d.h. Sie müssen diese Linienstärken selbst angleichen!

12.2.4 Linienarten

Die Linienarten konfigurieren Sie über die Kategorie *Linienart* (Abb. 12.5). Für dieses Beispiel werden Sie allerdings kaum Hand anlegen müssen:

- Sie können *neue* Linienarten erstellen oder aus der Liste *löschen*. Der Name wird für die Zuordnungen zu den einzelnen Objektarten benötigt, er erscheint etwa im obersten Listenfeld unter *Liniendicke*.
- Sie können die Liste in Dateien *speichern* und auch wieder *laden*. So stehen sie auch in anderen Zeichnungen und insbesondere Zeichnungsvorlagen zur Verfügung.

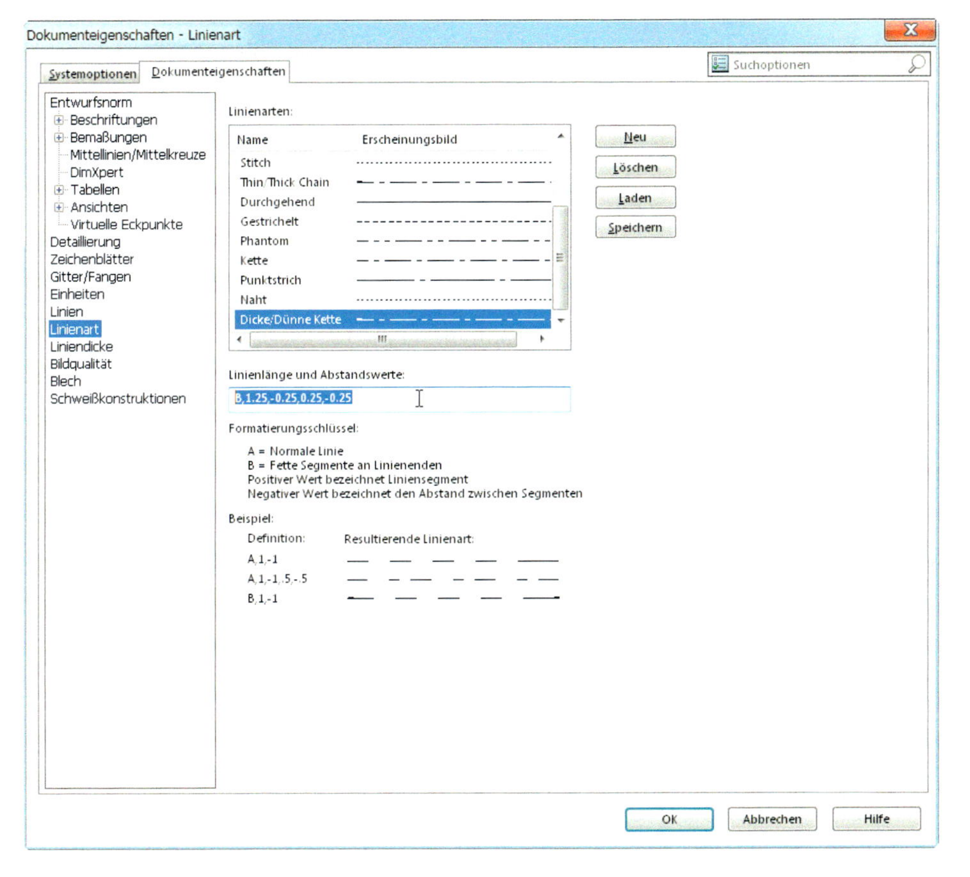

Bild 12.5: Die Konfiguration der Linienarten erinnert an alte AutoCAD-Zeiten.

- Unter *Linienlänge und Abstandswerte* definieren Sie die Linie selbst.

Der Text wird in einer Art Makrosprache abgefasst: *A* und *B* sind die Liniendicken, *B* bezeichnet allerdings nur dicke *Linienenden*. Ein positiver Wert heißt *Linie*, ein negativer *Lücke*. Der Wert selbst bestimmt die Länge des Elements.

- Damit all diese Zuordnungen auch in jedem neuen Dokument bestehen, bestätigen Sie die *Optionen* und speichern die Dokumentvorlage.

12.2.5 Die Linienzuordnung für Modellkanten

Um die Linienstärken und Linienarten den **Modellansichten** zuzuordnen,

- öffnen Sie die Dokumentoptionen und wechseln zur Kategorie *Linien* (Abb. 12.6).

Die Zuordnung für Bemaßungen, Beschriftungen usw. definieren Sie dagegen in der Kategorie *Entwurfsnorm* ab S. 359. Es tut mir wirklich leid.

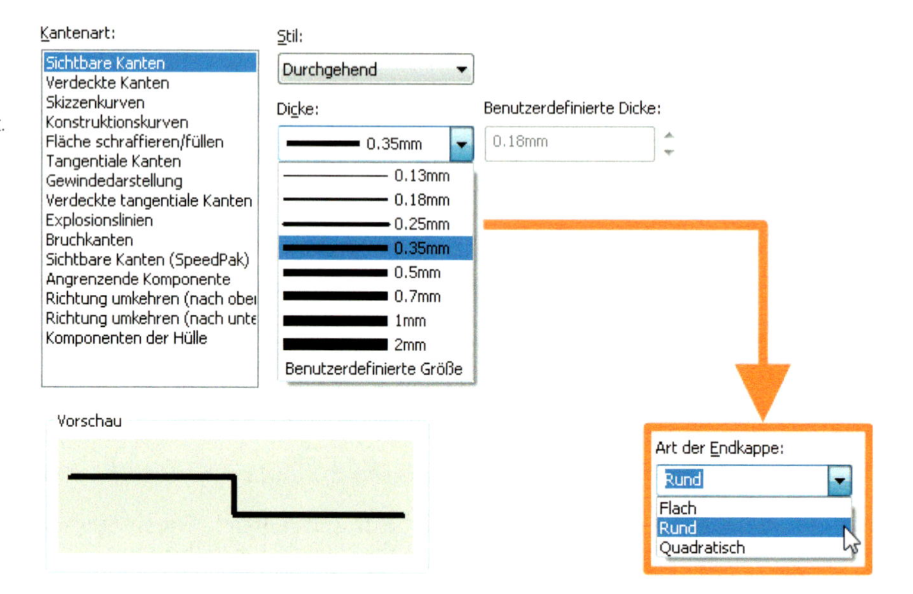

Bild 12.6: Manches unter einem Dach: Die Linien werden nach Vorschrift zugeordnet. In der Mitte die acht Linienstärken *0.13 mm* bis *2 mm* a.k.a. *Dünn* bis *Dick(6)*.

In der Liste *Kantenart* sehen Sie die zu kodierenden Zeichnungselemente. Rechts daneben befinden sich die Listenfelder für *Stil* – gemeint ist die *Linienart*, die Sie in der gleichnamigen Kategorie konfigurieren können (s. S. 357) –, die *Dicke*, die wir soeben definiert hatten, und darunter noch die *Art der Endkappe*, beispielsweise *Rund* für die Form der Ecken und Enden eines mit Tuschfüller gezeichneten Linienzugs:

Vgl. Abschnitt 12.2.1, *Die Zentralsteuerung der Linienstärken*, auf S. 354.

- Klicken Sie *Sichtbare Kanten* an, stellen Sie den Stil *Durchgehend* und die *Dicke 0.35 mm* ein. Noch einmal: für SolidWorks ist dies nur mehr die vierte Position in der Liste der Linienstärken.
- Verdeckte Kanten sind *gestrichelt*, ihre *Dicke* beträgt *0.18 mm*.

Nach diesem Prinzip ordnen Sie Linienarten und Linienstärken den restlichen Zeichnungselementen zu:

- *Skizzenkurven* – z. B. für Blöcke – erhalten *0.35*, *Konstruktionskurven 0.18*, *Schraffuren 0.13*, *Tangentiale Kanten 0.18*, *Gewinde 0.13*, *verdeckte Tangentiale Kanten 0.18* und *Bruchkanten 0.18* mm.
- Ordnen Sie allen Linien als *Art der Endkappe* die Option *Rund* zu, soweit dies möglich ist. Möchten Sie dagegen lieber scharfe Ecken, so wählen Sie **Quadratisch**, nicht *Flach*.

Außer über die Dokumentoptionen können Sie Linienstärken auch individuell zuordnen, indem Sie die Objekte auf **Layer** verschieben. Diesen können Sie dann Linienstärken, -arten und sogar **Farben** zuordnen. Sehen Sie dazu Abschnitt 13.2 auf S. 379.

12.3 Einheiten, Gitter und Bildqualität

Auch die grundsätzlichen Eigenschaften der Zeichnung legen Sie unter *Extras, Optionen, Dokumenteigenschaften* fest:

- Stellen Sie zunächst die *Einheiten* auf *MMGS* ein. Wählen Sie als *Dezimale* für *Länge* die Einstellung *.12* und für die Winkel *Kein.*
- Stellen Sie die *Bildqualität* auf einen hohen Wert ein, der sich noch unterhalb des roten Bereichs befindet.
- Definieren Sie die Werte für *Gitter/Fangen.* Das Gitter benötigen Sie hier zusätzlich zur Anordnung der Ansichten. Die drei Editierfelder legen Sie – normkonform – auf **35 mm**, **10**, **10** fest.

Einheitensystem
- MKS (Meter, Kilogramm, Sekunde)
- ZGS (Zentimeter, Gramm, Sekunde)
- MMGS (Millimeter, Gramm, Sekunde)
- ZPS (Zoll, Pfund, Sekunde)
- Benutzerdefiniert

Typ	Einheit	Dezimale
Grundeinheiten		
Länge	Millimeter	.12
Doppelmaßlänge	Millimeter	Kein
Winkel	Grad	Kein
Massen-/Querschnitteigenschaften		
Länge	Millimeter	.12

Wenn Sie Gruppe 0,5 anwenden, stellen Sie dementsprechend **50, 10, 10** ein.

12.4 Die Entwurfsnorm

Die Dokumentoptionen für die Detaillierung sind sehr umfangreich. Damit Sie sich auch hier nur einmal Arbeit machen müssen, speichern Sie die Einstellungen der Kategorie *Entwurfsnorm* am Schluss dieses Abschnitts in einer *Globalen Zeichnungsnorm.* Das ist eine externe Konfigurationsdatei, aus der Sie sämtliche Einstellungen laden können – auch in andere Zeichnungen, Modelle, Baugruppen und Dokumentvorlagen. Dassault wählt hier – wie schon beim Schriftfeld und auch anderswo – unterschiedliche Bezeichnungen für ein und dieselbe Sache. Warum? Das darf ich Ihnen nicht verraten.

Doch zunächst die Einstellungen selbst. Verfahren Sie zum Beispiel nach DIN ISO 128-24, Liniengruppe 0,35:

- Wählen Sie im Dialogfeld *Optionen, Dokumenteigenschaften* die oberste Rubrik, *Entwurfsnorm,* und dort *DIN.*

Die Kategorie *Entwurfsnorm* ist in mehrere Ebenen untergliedert: Was Sie in einer höheren Ebene vorgeben, gilt für alle ihr untergeordneten, wie zum Beispiel die Ebene *Bemaßungen,* die alle untergeordneten Bemaßungsarten global steuert (Abb. 12.7).

Der Nachteil ist, dass eine hierarchisch höhere Ebene beim Import natürlich auch alles **überschreibt**, was Sie in niedrigeren Ebenen konfiguriert haben. Also: Vorsicht damit!

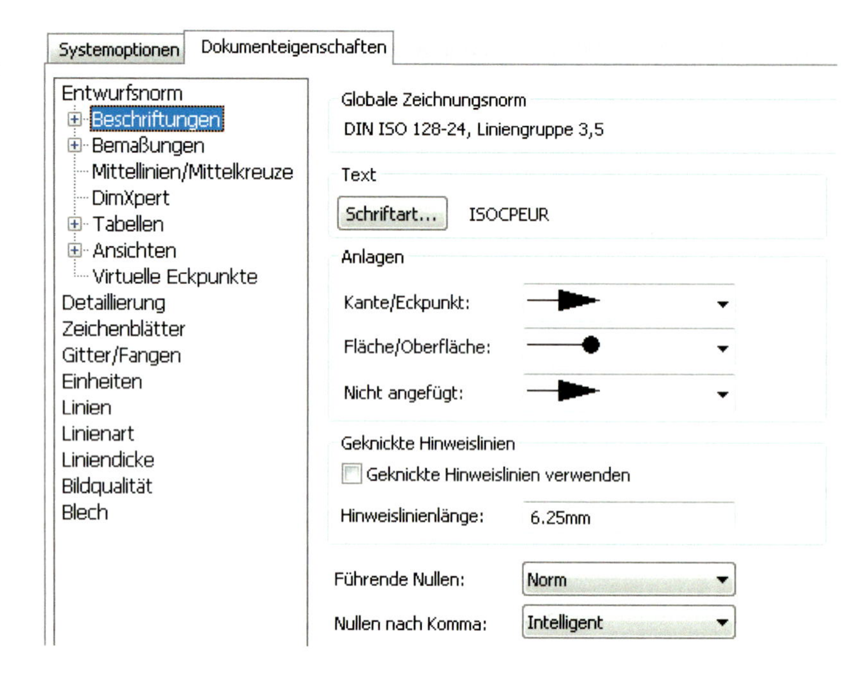

Bild 12.7: Ein Wust an Parametern: Die Optionen zur Entwurfsnorm sind hierarchisch gegliedert.

12.4.1 Hauptebene *Beschriftungen*

- Definieren Sie unter *Beschriftungen* nun die *Schriftart* ISOCPEUR, so gilt dieser wiederum für alle *Stücklistensymbole, Bezüge* usw. (Abb. 12.8). Im Unterschied zur normalen Windows-Fontbox können Sie hier auch die *Höhe* in *Einheiten* vorgeben, hier also **3.5 mm.**

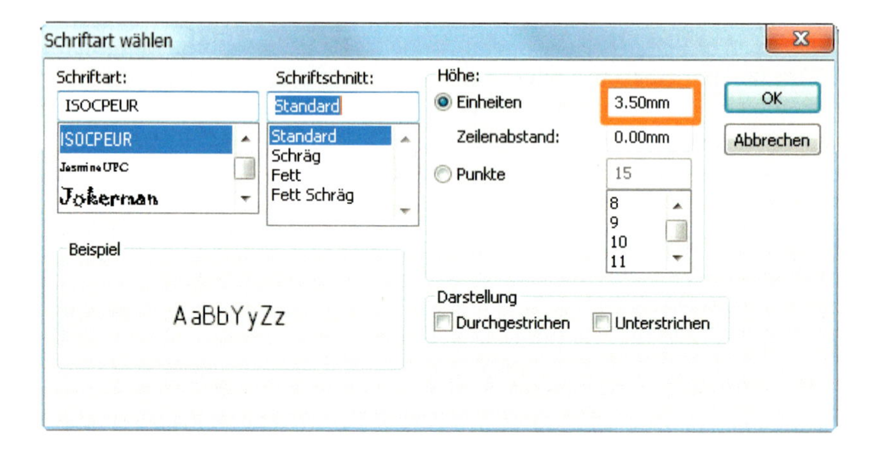

Bild 12.8: Der Unterschied zum Standarddialog: Die Schrifthöhe lässt sich in Millimetern angeben.

- Definieren Sie dieselbe Schriftart und Größe auch für die Hauptpunkte *Bemaßungen* und *Tabellen*. Kehren Sie dann zu den *Beschriftungen* zurück.

Mit den drei Listenfeldern unter *Anlagen* bestimmen Sie, welches Endsymbol die untergeordneten *Beschriftungen* – im Sinne von **Bezugshinweisen** – verwenden sollen, wenn Sie deren Hinweislinien

- an eine *Modellkante* bzw. einen *Eckpunkt*,
- an eine *Modellfläche* bzw. *Oberfläche* oder
- überhaupt *nicht anfügen*, d.h. wenn Sie sie ohne Bezugsobjekt frei in der Zeichnung platzieren.

Leider können Sie dieses Verhalten vorderhand nur global für **alle** Bezugshinweise beeinflussen. Für Individualeinstellungen bleibt Ihnen nur, jedes bestehende Objekt in der Zeichnung zu ändern.

Wenn Sie nun die Unterpunkte durchsehen, so finden Sie dort erstens die *Globale Zeichnungsnorm* und zweitens die *Schriftart* ISOCPEUR mit der Höhe 3.5 mm vor. Letztere finden Sie leider nur heraus, indem Sie auf die Schaltfläche *Schriftart* klicken.

Nun können Sie die Unterpunkte unabhängig voneinander konfigurieren, beispielsweise verschiedene Schriften für Winkel- und Längenmaße und wiederum andere für Bezugshinweise vorgeben, verschiedene Schrifthöhen und -schnitte für Maße und Allgemeinangaben sowie verschiedene Linienstärken und -arten definieren.

- Belassen Sie diese Einstellungen zunächst auf ihren Defaults.

12.4.2 Hauptebene *Bemaßungen*

Im Hauptpunkt *Bemaßungen* stellen Sie alles ein, was mit Maßpfeilen zu tun hat (Abb. 12.9).

- Wählen Sie unter *Pfeile* den *Stil* Vollpfeil und aktivieren Sie die Positionierung *Intelligent*.
- Stellen Sie nach dem nebenstehenden Bild die Abmessungen eines 3,5 mm langen Pfeils mit einem Spitzenwinkel von normgerechten 15° und einer Breite von

$$b = 2L \cdot \tan\frac{\alpha}{2} \approx \mathbf{0{,}92}\text{ mm ein.}$$

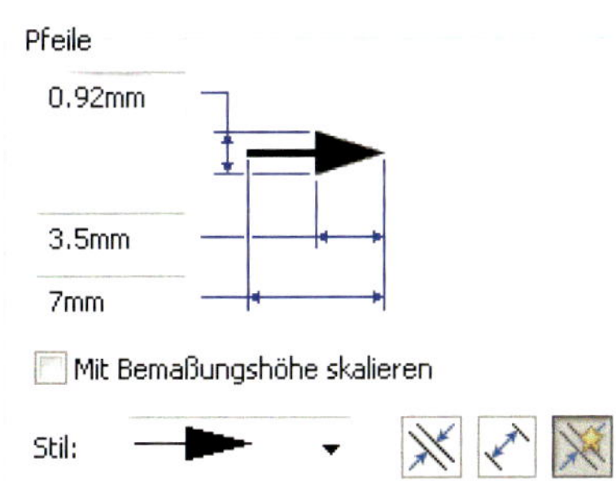

Dabei entspricht L der Länge des Pfeils, α dem Winkel.

Die Gruppe *Offset-Abstände* bestimmt die Abstände zwischen den Bemaßungen:

- Wählen Sie **5 mm** Abstand voneinander und **10 mm** Abstand von der Werkstückkante.
- *Bemaßungslinien/Hinweislinien unterbrechen* Sie, um die Überkreuzung von Maßpfeilen zu verhindern. Stellen Sie die *Lücke* auf **3 mm** ein.

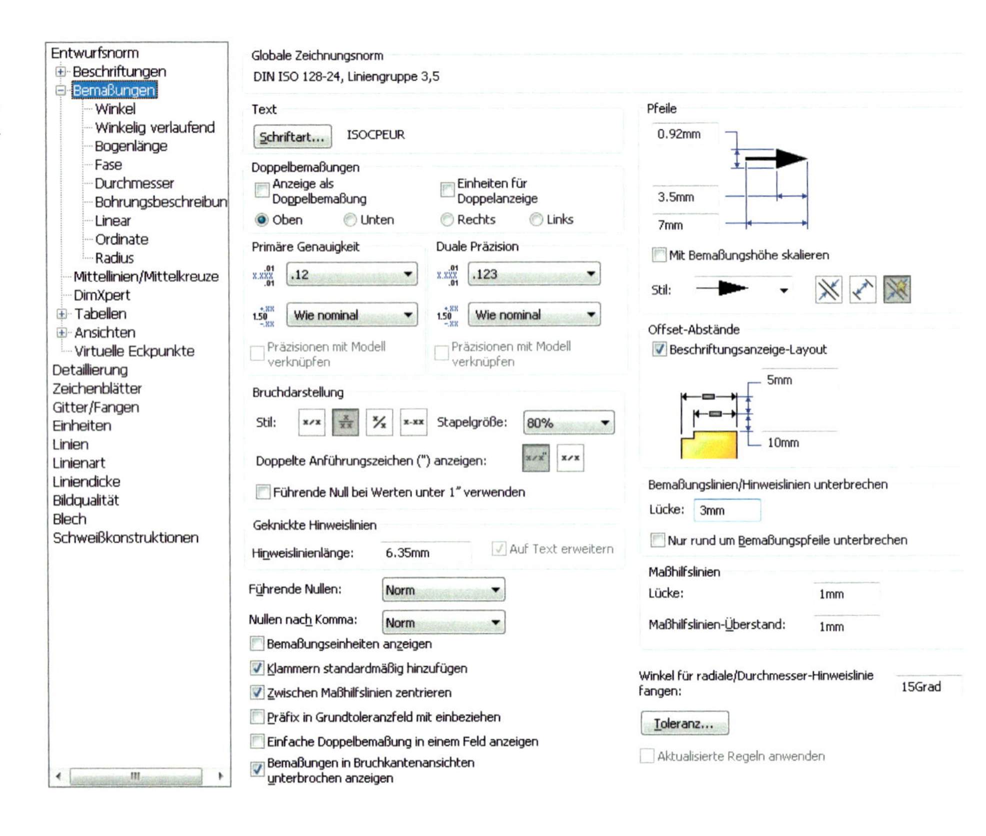

Bild 12.9:
Unter *Bemaßungen* befinden sich die Einstellungen für Maß- und Beschriftungspositionen.

- Aktivieren Sie die Checkbox *Klammern standardmäßig hinzufügen*. Dies führt dazu, dass **gesteuerte Bemaßungen** als Hilfsmaße in Klammern angezeigt werden.
- Aktivieren Sie die Checkboxen *Zwischen Maßhilfslinien zentrieren* und *Bemaßungen in Bruchkantenansichten unterbrochen anzeigen*.

Letzteres führt dazu, dass Maßpfeile in einer Ansicht mit Unterbrechungen ebenfalls unterbrochen werden, beispielsweise mit einer Zickzacklinie.

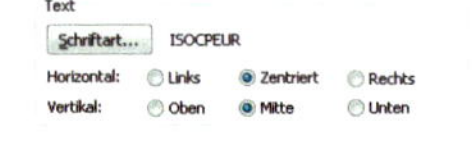

- In allen neun Unterpunkten der Kategorie *Bemaßungen – Winkel, Bogenlänge, Fase* usw. – finden Sie das Gruppenfeld *Text*. Legen Sie die Ausrichtung für *Horizontal* auf *Zentriert* und für *Vertikal* auf *Mitte* fest, falls dies nicht automatisch geschehen ist.

Bevor Sie weitermachen, lesen Sie bitte den Abschnitt 12.2.2, *Linienstärken kollektiv einstellen*, auf S. 356. Der kann Ihnen hier viel Arbeit ersparen!

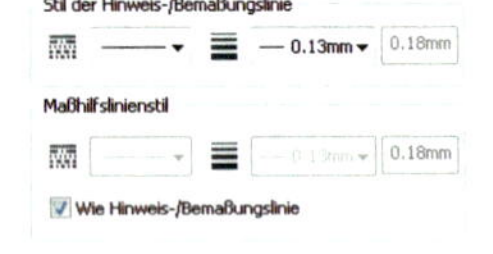

- Auch die Linienstärken der Maß- und Hinweislinien können Sie für jeden Unterpunkt gesondert einstellen. Das Gruppenfeld heißt *Stil der Hinweis-/Bemaßungslinie*. Stellen Sie **0.13** mm ein.

- Wenn Sie im Gruppenfeld darunter – *Maßhilfslinienstil* – die Checkbox *Wie Hinweis-/Bemaßungslinie* deaktivieren, können Sie für die *Maßhilfslinien* eine dünnere Stärke einstellen. Belassen Sie die Box hier jedoch aktiv.

Die Alternative, wenn Sie es ganz genau nehmen:

- Stellen Sie Maßlinien auf **0.18** mm und Maßhilfslinien auf **0.13** mm ein.

Für alle Linienstärke-Einstellungen gilt: Wenn Sie im Listenfeld *Dicke...* die letzte Option *Benutzerdefinierte Größe* wählen, wird das Editierfeld rechts daneben aktiv, und Sie können dort beliebige Linienstärken eingeben. Allerdings setzt dies das in Abschnitt 12.2.1, *Die Zentralsteuerung der Linienstärken*, S. 354, erläuterte Schema außer Kraft.

12.4.3 Hauptebene *DimXpert*

- Im Hauptpunkt *DimXpert* wählen Sie das *Fasenbemaßungsschema Abstand x Winkel*, das *Schlitzbemaßungsschema Mitte zu Mitte*. Belassen die *Verrundungs-* und *Fasenoptionen* jeweils auf *Typisch*.

Kurzfassung: Aktivieren Sie die beiden linken, großen Schaltflächen. Fertig!

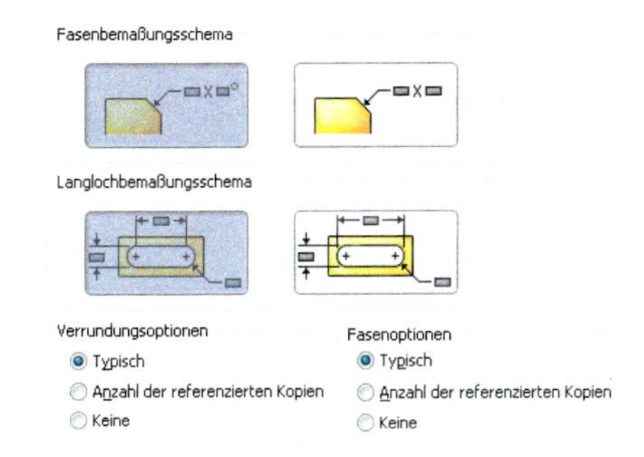

12.4.4 Hauptebene *Ansichten*

Die Beschriftungen für Ansichten – z. B. Schnitte – werden eine Stufe größer gewählt als die Bemaßungsschriftart:

- Stellen Sie unter *Schriftart* wieder ISOCPEUR ein, hier jedoch mit einer *Höhe* von **5** mm. Wählen Sie als *Zeilenabstand* **1** mm.

Manchmal wählt man auch für die Pfeile des Schnittverlaufs die nächste Größe:

- Wechseln Sie zum Unterpunkt *Schnitt* (Abb. 12.10, s. S. 364):
- Stellen Sie die Werte unter *Pfeil* speziell für Schnitte auf **1.32**, **5** und **10** mm ein. So erhalten Sie in Schnittansichten Pfeile von gleicher Form, aber mit 5 mm Länge.

Beachten Sie jedoch, dass die Linienstärke der breiten Volllinie entsprechen muss:

- Stellen Sie eine Linienstärke von **0.35** mm ein.

Die Linienart für Schnitte ist *Strichpunkt*. Diese finden Sie auch richtig unter der Rubrik *Linienart*, nur wird sie hier nicht unter diesem Namen angezeigt:

- Wählen Sie die Linienart *Kette*.

12.4.5 Hauptebene *Virtuelle Eckpunkte*

- Stellen Sie im letzten Hauptpunkt – *Virtuelle Eckpunkte* – die oberste Option, das Pluszeichen ein.

Plus

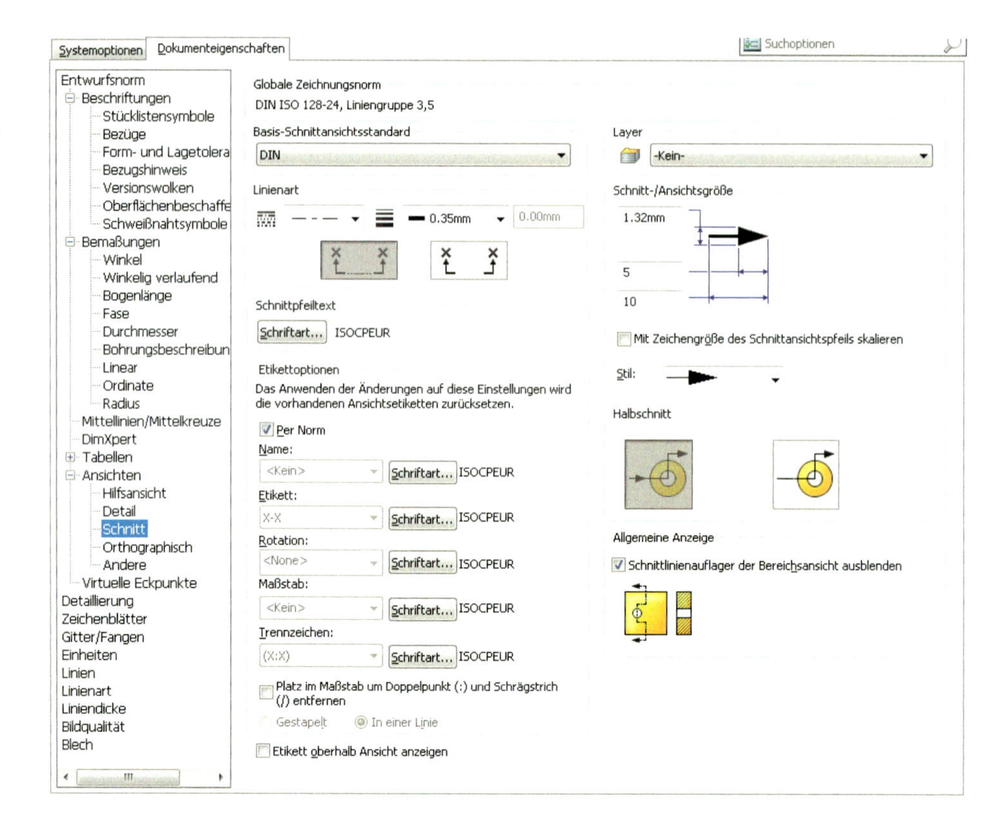

Bild 12.10: Schnittebenen werden mit Strichpunktlinien in voller Stärke gezeichnet.

12.4.6 Speichern als *Globale Zeichnungsnorm*

Die *Globale Zeichnungsnorm* hat unterdessen ihren Namen gewechselt. Sie heißt jetzt <Norm>-MODIFIZIERT (Abb. 12.11). Sie können sie als *externe Datei speichern* und die kompletten Einstellungen der Kategorie *Zeichnungsnorm* aus einer solchen auch wieder *laden*. Das bedeutet, Sie können diese Einstellungen künftig unabhängig von der Dokumentvorlage mit Kollegen austauschen oder sie als Administrator übers Netzwerk verfügbar machen!

Bild 12.11: Was lange währt, wird endlich cool: Die Entwurfsnorm lässt sich unabhängig von der Dokumentvorlage als *Zeichnungsnorm* speichern und laden.

Wenn Sie Ihre *Globale Zeichnungsnorm* später dauerhaft ändern wollen, überschreiben Sie getrost die alte Datei. Lassen Sie die **mitgelieferten Normen** – z. B. DIN – jedoch vorsichtshalber unangetastet.

- *Speichern* Sie Ihre Einstellungen als *Globale Zeichnungsnorm* unter **DIN ISO 128-24, Liniengruppe 0,35** in eine *externe Datei*.

Mit der Zeichnungsnorm – Dateiformat *.SLDSTD für *Standard* – können Sie alle Einstellungen der Rubrik *Entwurfsnorm* in beliebige andere Modelle, Baugruppen, Zeichnungen und insbesondere Dateivorlagen übertragen. Dabei bleiben die Zeichnungsnormen nicht dauerhaft mit diesen Dateien verbunden, sie werden lediglich **eingespielt** – wenn Sie dort etwas ändern, müssen Sie auch den Import wiederholen. Sehr praktisch ist die Zeichnungsnorm, um Vorlagendateien zu synchronisieren.

Ach ja: Vergessen Sie dabei nicht die Linienstärken (Abschnitt 12.2 auf S. 354)!

Höchste Zeit, Ihre Festplatte zu füttern:

- Bestätigen Sie die *Optionen* und speichern Sie auch die Dokumentvorlage.

12.5 Das Schriftfeld anpassen

Viel Kopfzerbrechen gibt es auch beim Schriftfeld. Dieses zerfällt in grafische Objekte und Texte. Erstere bearbeiten Sie genau so, wie Sie es vom Skizzenmodus her kennen. Was die Texte betrifft, da haben Sie im Großen und Ganzen drei Möglichkeiten:

- Sie übernehmen Werte aus den Datei-Eigenschaften des **Quelldokuments**, hier also der Bauteildatei, wodurch das Schriftfeld automatisch mit den Bauteildaten gefüllt wird. Dies zeige ich Ihnen gleich im Anschluss.
- Sie übernehmen Werte aus den Datei-Eigenschaften der **Zeichnung** nach Abschnitt 12.5.3, *Variable aus der Zeichnungsvorlage*, auf S. 369.
- Sie tragen händisch Bezugshinweise ein, sprich einfachen Text. Wir verwenden allerdings die ökonomische Variante mit **Textfeldern**, sodass Sie das Schriftfeld wie ein Formular ausfüllen können. Diese Variante finden Sie in Abschnitt 12.5.4, *Freitexte und Formularfelder*, ab S. 373.

In allen drei Fällen können Sie das Schriftfeld sowohl in der Zeichnungsvorlage als auch separat als sogenanntes *Blattformat* speichern. Der Vorteil: Blattformate können Sie mit beliebigen Zeichnungsvorlagen kombinieren. Sehen Sie dazu Abschnitt 12.5.2, *Ein Schriftfeld abspeichern*, auf S. 368.

12.5.1 Variable aus Quelldokumenten

Fangen wir mit der ersten Methode an. Um Bauteil und Formatvorlage korrekt synchronisieren zu können – was Sie bei einer Vielzahl von Zeichnungen sicherlich nutzen wollen –, konfigurieren wir zunächst die Dateieigenschaften des **Bauteils** für diese Zeichnung:

- Öffnen Sie das Bauteil WELLE aus Ihrem Getriebe-Ordner (vgl. KAP 11 WELLE von der DVD). Klicken Sie auf *Datei, Eigenschaften*. Tragen Sie auf der Registerkarte *Konfigurationsspezifisch* einige Werte ein, etwa das *Material*, Ihren Namen, Ihre Firma, die Beschreibung, Teilenummer usw. Die *Eigenschaftsnamen* müssen dabei den Variablennamen im Schriftfeld entsprechen. An ihrer Stelle wird dort später der *Wert/Textausdruck* erscheinen. Bestätigen und speichern Sie (Abb. 12.12).

Bild 12.12:
Schnell gebrütet:
Die Dateieigenschaften der Welle werden mit Variablen angereichert.

Info | Benutzerdefiniert | Konfigurationsspezifisch

Anwenden auf: Standard — Löschen — Stücklistenmenge: - Kein - — Liste bearbeiten

	Eigenschaftsname	Typ	Wert / Textausdruck	Evaluierter Wert
1	Material	Text	E 295	E 295
2	GezeichnetVon	Text	<Ihr Name>	<Ihr Name>
3	Description	Text	Welle für Stirnrad	Welle für Stirnrad
4	PartNo	Text	01	01
5	GezeichnetAm	Text	31.10.11	31.10.11
6	Status	Text	fertig	fertig
7	Firmenname	Text	<Ihre Firma>	<Ihre Firma>
8	Autor	Text	<Ihr Name>	<Ihr Name>
9	<Type a new property>			

Sie können über die Listenauswahl rechts im Editierfeld *Wert / Textausdruck* auch den aktuellen Wert aus dem Bauteil auslesen, etwa für das *Material,* das wir bei der Welle bereits als *Legierter Stahl* definiert hatten. Interessanter ist hier natürlich die Kurzbezeichnung nach DIN.

- Lassen Sie die Welle geöffnet und schalten Sie zur Zeichnungsvorlage um.
- Klicken Sie rechts über dem leeren Blatt oder dem Tabellenreiter am unteren Bildrand und wählen Sie *Blattformat bearbeiten.* Sie bemerken, SolidWorks gebraucht den Ausdruck „Format" für das Papierformat und das Schriftfeld-Layout synonym.

Sie befinden sich nun im Bearbeitungsmodus für das Schriftfeld. Hier können Sie nach Lust und Laune Variablen einfügen, sie verknüpfen, Kurzstücklisten und Randlinien zeichnen usw. Auf diese Art automatisieren Sie auch die Vorlage:

- Klicken Sie auf den Text im Feld *Benennung.* Im PropertyManager erscheint das Fenster *Bezugshinweis.* Klicken Sie dort im Gruppenfeld *Textformat* auf *Verknüpfung zu Eigenschaft,* die zweite der vier bunten Schaltflächen. Das gleichnamige Dialogfeld erscheint (Abb. 12.13).

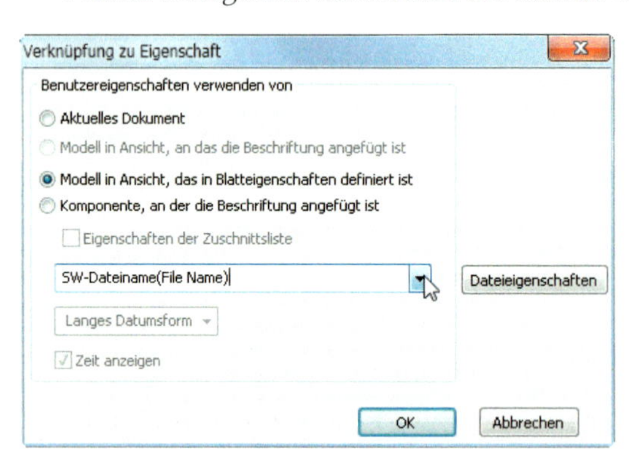

Bild 12.13:
Knoten-Punkt:
Die Dateieigenschaften können aus bis zu vier Quellen kommen . . .

- Wählen Sie die Option *Modell in Ansicht,* denn Sie wollen die Eigenschaften des jeweiligen Bauteils ins Schriftfeld einlesen. Wählen Sie dann aus dem Listenfeld *SW-Dateiname(File Name).* Damit wird der Dateiname des Bauteils ohne Erweiterung ins Bezeichnungsfeld eingetragen.

- Bestätigen Sie das Dialogfeld. Der Text im Schriftfeld ändert sich in *$PRPSHEET:SW-Dateiname(File Name).* Wenn dort mehr steht, löschen Sie einfach den überflüssigen Text, indem Sie einen Doppelklick darauf ausführen. Doch wie gesagt: Sie können hier auch weitere Variable und statischen Text hinzufügen.

- Stellen Sie im PropertyManager noch die *Schriftart* auf *ISOCPEUR* und die *Höhe* auf **7 mm** ein und bestätigen Sie. Über einen Rechtsklick auf einer leeren Stelle des Blattes schalten Sie wieder um auf den Modus *Blatt bearbeiten.*

Der Text verschwindet spurlos – und das sollte er auch, denn dieses Textfeld wartet auf den Namen einer Datei, die noch gar nicht in die Zeichnung geladen ist!

Um die Richtigkeit der Zuordnungen prüfen zu können, benötigen wir ein Bauteil, also fügen wir **vorübergehend** eines in die **Vorlage** ein:

- Blenden Sie die Symbolleiste *Zeichnung* ein.
- Klicken Sie auf *Modellansicht* oder wählen Sie *Einfügen, Zeichenansicht, Modell.*
- Wenn Sie die Welle noch geöffnet haben, wird sie im Auswahlfeld angeboten, andernfalls klicken Sie auf *Durchsuchen* und wählen Ihre Modelldatei WELLE oder MODELLE\GETRIEBE\KAP 11 WELLE von der DVD.

- Klicken Sie oben im PropertyManager auf *Weiter,* um die Einfügeoptionen einzustellen (Abb. 12.14). Wählen Sie unter *Ausrichtung* die Schaltfläche **Oben* (s. Rahmen).
- Klicken Sie den Rahmen der Ansicht ins obere Drittel des Blattes. Die Welle wird ohne Bemaßungen eingefügt, das Schriftfeld zeigt den Dateinamen der Welle an. Um die Einfügung einer weiteren Ansicht zu verhindern, drücken Sie **Esc**.

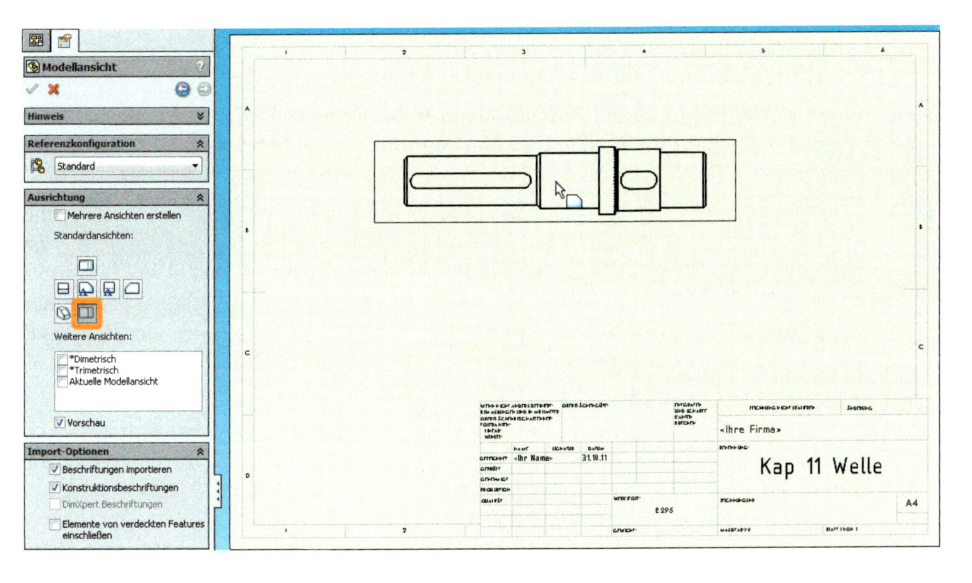

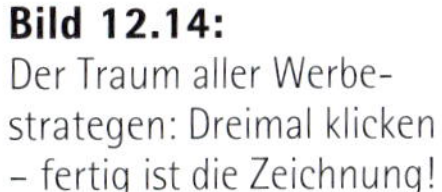

Bild 12.14: Der Traum aller Werbestrategen: Dreimal klicken – fertig ist die Zeichnung!

Im Titelblock der Abbildung ist allerdings noch mehr zu erkennen – es sind die Werte, die wir vorhin in die Dateieigenschaften der Welle eingetragen hatten:

- Schalten Sie wieder auf den Modus *Blattformat bearbeiten,* um diese Felder – in SolidWorks *Bezugshinweise* genannt – zu bearbeiten.

- Blenden Sie die Symbolleiste *Beschriftung* ein.

Wenn Sie den Namen einer Variablen kennen, kommen Sie ohne Dialogboxen aus:

- Führen Sie einen Doppelklick auf den Bezugshinweis im Schriftfeld *Werkstoff* aus und tragen Sie dort **$PRPSHEET:"Material"** ein. Andernfalls klicken Sie im PropertyManager, Gruppenfeld *Textformat* auf *Verknüpfung zu Eigenschaft* und wählen wieder *Modell in Ansicht*, dieses Mal jedoch *Material* (vgl. Abb. 12.13).
- Fügen Sie in das Feld oberhalb des Titels einen neuen *Bezugshinweis* mit dem Inhalt **$PRPSHEET:"Firmenname"** ein. SolidWorks hilft Ihnen beim Ausrichten. Ziehen Sie dieses Feld dann auf die Breite des Faches im Schriftfeld, sodass auch längere Namen möglich sind.
- In die Bearbeitermatrix links oberhalb des Materials fügen Sie unter *Gezeichnet* einen Bezugshinweis mit **$PRPSHEET:"GezeichnetVon"** ein und
- in die gleiche Zeile, unter *Datum*, einen weiteren mit **$PRPSHEET:"GezeichnetAm"**.
- Die Schriftart der beiden stellen Sie zu ISOCPEUR und **2.5 mm** Höhe ein.
- Falls Pfeile zu sehen sind, deaktivieren Sie diese über das Gruppenfeld *Hinweislinie* mit der Schaltfläche *keine Hinweislinie*.
- Es kann sein, dass Sie die Linie links neben *Datum* etwas weiter nach links rücken müssen, damit der Text hineinpasst. Dies funktioniert genau wie beim Skizzenmodus im SolidWorks-Modell. Rücken Sie dann auch die Spaltenüberschriften wieder mittig.

12.5.2 Ein Schriftfeld abspeichern

Auch Schriftfelder werden in der Dokumentvorlage gespeichert, und natürlich können Sie mit Hilfe des Blattformat-Modus und der Symbolleiste *Skizze* beliebige Grafik- und Vektor-Objekte, Tabellenzeilen und Listen hinzufügen, die dann automatisch in jeder neuen Zeichnung erscheinen. Das Blattformat ist auch die Methode, um Linienfarben und -Stärken, Schriftarten und alle anderen Eigenschaften des Schriftfeldes zu konfigurieren.

Sie können Schriftfelder aber auch separat abspeichern, und zwar als Blattformate:

- Speichern Sie das Schriftfeld nun via *Datei, Blattformat speichern* unter dem Namen **A3 Quer**.

Normalerweise werden Blattformate unter C:\USERS\ALL USERS\SOLIDWORKS\SOLIDWORKS 2015\LANG\GERMAN\SHEETFORMAT\ mit der Endung *.SLDDRT abgelegt. Falls nicht, verschieben Sie es händisch dorthin, denn nur in diesem Verzeichnis sucht SolidWorks nach Blattformaten. **Oder:** Sie ergänzen Ihren eigenen Pfad unter *Optionen, Systemoptionen, Dateipositionen* unter *Blattformate*.

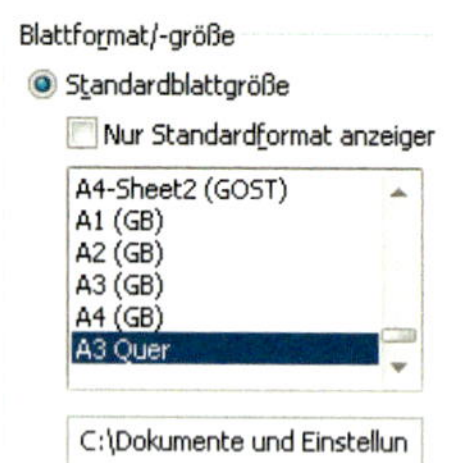

- Künftig wird dieses Blattformat in der Liste der *Standardblattgrößen* erscheinen, wenn Sie ein neues Blatt einfügen.
- Schalten Sie wieder um in den Blattmodus, so werden die Inhalte der Variablen angezeigt – sofern sie in der Modelldatei existieren.

- Löschen Sie die *Zeichenansicht* der Welle nun mit **Entf** aus dem FeatureManager. Damit verschwindet sie aus der Vorlage, und auch die Texte verschwinden.
- Speichern Sie die *Zeichnungsvorlage (*.drwdot)* ab.

Eines ist klar: Diese Vorlage erfordert viel Arbeit, bis ein automatisches DIN-Schriftfeld daraus wird!

Variable, die aus dem Quelldokument stammen, erhalten den Vorsatz **$PRPSHEET**, gefolgt von einem Doppelpunkt und der Variablen in Anführungszeichen.

12.5.3 Variable aus der Zeichnungsvorlage

Die zweite Möglichkeit der Beschriftung besteht darin, dass Sie die Zeichnungsvorlage selbst personalisieren, d.h. Ihr Benutzerkürzel und das Erstellungsdatum der **Zeichnung** anstatt des Bauteils eintragen, den Dateinamen der Zeichnung, die Beschreibung, den Maßstab usw. Je nach Anwendung ist auch eine Kombination aus Quell- und Zielvariablen sinnvoll. Doch zunächst verschaffen Sie sich einen Überblick über die bestehenden Variablen:

- Öffnen Sie Ihre soeben erstellte Dokumentvorlage ZEICHNUNG BUCH DIN A3 (oder die von der DVD) und speichern Sie sie – wiederum als *Zeichnungsvorlage (*.drwdot)* – unter dem Namen **Zeichnung Buch DIN A3 - Zeichnungsvariable.**
- *Speichern* Sie das *Blattformat* unter **A3 - Quer Zeichnungsvariable.**

Um unsichtbare – also unausgefüllte und nicht definierte – Felder sichtbar zu machen,

- aktivieren Sie *Ansicht, Fehler bei Beschriftungsverknüpfung.*

Sie sehen, hier sind schon allerlei Dokumentvariable definiert. Da sie jedoch nicht ausgefüllt sind oder im Dokument nicht existieren, erscheint jeweils der Hinweis *Fehler* davor. Ohne die vorige Ansichtseinstellung werden sie deshalb gar nicht erst angezeigt.

- Schalten Sie per Kontextmenü wieder um auf *Blattformat bearbeiten* (Abb. 12.15).

OBERFLÄCHENBESCHAFFENHEIT: OBERFLÄCHENGÜTE:
TOLERANZEN:
LINEAR:
WINKEL:
ENTGRATEN UND SCHARFE KANTEN BRECHEN
ZEICHNUNG NICHT SKALIEREN
ÄNDERUNG 123123
FEHLER!:COMPANYNAME

	NAME	SIGNATUR	DATUM
GEZEICHNET	FEHLER!:DrawnBy		FEHLER!:DrawnDate
GEPRÜFT	FEHLER!:CheckedBy		FEHLER!:CheckedDate
GENEHMIGT	FEHLER!:EngineeringApproval		FEHLER!:EngAppDate
PRODUKTION	FEHLER!:ManufacturingApproval		FEHLER!:MfgAppDate
QUALITÄT	FEHLER!:QAApproval		FEHLER!:QAAppDate

BENENNUNG:
WERKSTOFF:
ZEICHNUNGSNR.
A3
GEWICHT: FEHLER!:Weight
MASSSTAB:1:2
BLATT 1 VON 1

Bild 12.15: Titel ohne Mittel: Die hier aufgeführten Variablen sind noch nicht definiert.

Der Name der betreffenden Variablen erscheint hinter dem Fehler-Hinweis, und per Doppelklick stellen Sie fest, dass sie auch ähnlich formatiert ist wie vorhin die Quellvariablen. Anstelle des Präfixes *$PRPSHEET* für das **Quelldokument** steht hier jedoch immer nur *$PRP,* also eine Dokumentvariable aus dem **aktuellen** Dokument, hier also der Zeichnungsvorlage.

Sinnvoll sind hier der Ersteller, der Prüfer, der Firmen- und der Langname des Autoren, die wir diesmal aus den bestehenden Variablen des Schriftfeldes beziehen, ohne sie umzubenennen:

- Öffnen Sie die Dateieigenschaften der Zeichnungsvorlage und ergänzen Sie die fehlenden Variablen **DrawnBy**, **CheckedBy**, **CompanyName** und **Autor** inklusive der zugehörigen *Werte*. Bestätigen und speichern Sie dann (Abb. 12.16).

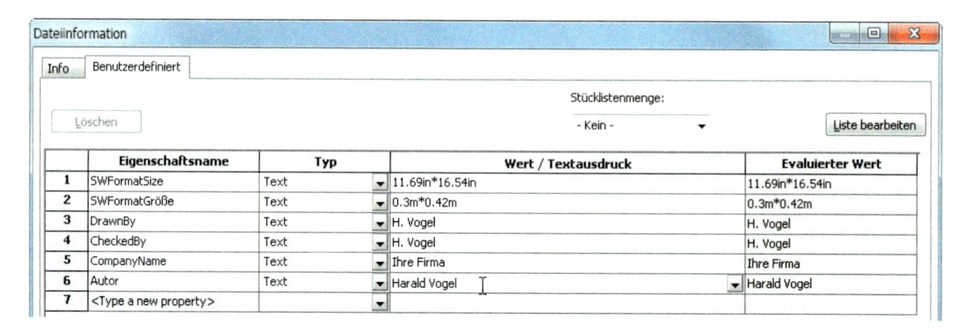

Bild 12.16: Die Dateiinformationen der Zeichnungsvorlage lassen sich ebenso konfigurieren wie die des Modells.

- Löschen Sie aus dem Schriftfeld nun gegebenenfalls die Texte *$PRPSHEET: "Firmenname", $PRPSHEET:"GezeichnetVon"* und *$PRPSHEET:"GezeichnetAm"* aus dem vorigen Abschnitt. Andernfalls werden Sie überlagerte Texte erhalten.

Ändern Sie zunächst den Text des Titels im Feld *Benennung:*

- Führen Sie einen Doppelklick auf den Bezugshinweis *$PRPSHEET:SW-Dateiname(File Name)* aus, sodass der Text gewählt ist. Klicken Sie im Gruppenfeld *Textformat* dann wieder auf die Schaltfläche *Verknüpfung zu Eigenschaft.* Stellen Sie im gleichnamigen Dialogfeld diesmal die Variante *Aktuelles Dokument* ein (Abb. 12.17).

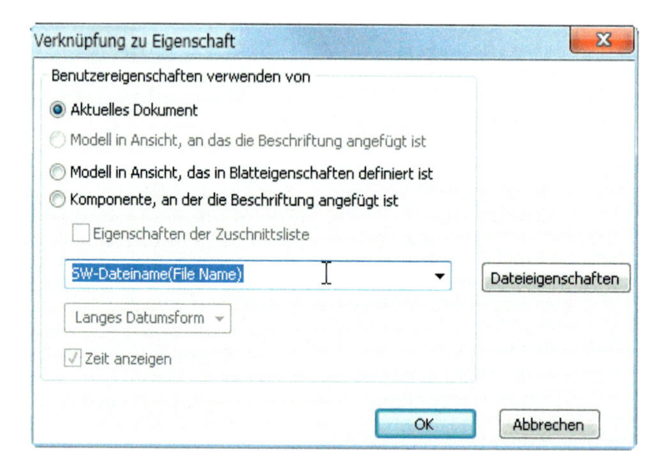

Bild 12.17: Eigenschaften: Diesmal sind die Zeichnungsvariablen gefragt.

- Aus dem Listenfeld wählen Sie wieder *SW-Dateiname(File Name)* und bestätigen.

Die Variable lautet nunmehr *$PRP:"SW-Dateiname(File Name)"*. Dies ist der Name der Zeichnungsdatei. Er lautet jetzt noch auf den überlangen Namen der Zeichnungsvorlage, doch das ändert sich, sobald Sie eine Zeichnungsdatei damit erzeugen.

- Ersetzen Sie die Variable im *Namen*-Feld *Gezeichnet* durch die neue Dokumentvariable *DrawnBy*.
- Ersetzen Sie die Variable *DrawnDate* durch das *SW-Erstellungsdatum(Created Date)*.
- Ersetzen Sie das Datum unter *Geprüft* durch die Variable *SW-Datum der letzten Speicherung(Last Saved Date)*. Bevor Sie bestätigen, stellen Sie die Anzeige noch auf *Kurzes Datumsformat* um und deaktivieren *Zeit anzeigen*.

SW-Datum der letzten Speicherung(Last Saved Date)
Kurzes Datumsforma
Zeit anzeigen

- Den Namen des Prüfers ersetzen Sie entweder durch die neue Variable *CheckedBy* oder – experimentweise – durch den Namen desjenigen, der die Zeichnung zuletzt gespeichert hat, also *SW-Letzte Speicherung durch(Last Saved By)*.

Normalerweise würden Sie über die Dateieigenschaften natürlich je eine gesonderte Namens- und Datumsvariable für den Prüfer definieren.

- Wählen Sie nun alle Hinweistexte und stellen Sie deren Ausrichtung unter *Textformat* auf *Links* und *Mitte* ein. Richten Sie die Texte dann mittig in den Feldern aus.
- Falls ein Text zu lang sein sollte, können Sie wieder die Linien des Schriftfeldes verschieben (Abb. 12.18).

	NAME	SIGNATUR	DATUM
GEZEICHNET	H. Vogel		03.12.2013
GEPRÜFT	Administrator		03.12.2013

Bild 12.18: Wer zuletzt speichert, prüft am Besten: Hier werden das letzte Speicherdatum und der zugehörige User als Prüferdaten interpretiert.

- Hinter *Änderung* – oben rechts im Schriftfeld – setzen Sie die Variable *Status* aus der Modelldatei der Welle. Hier nutzen Sie also wieder *$PRPSHEET*.

Den fehlerhaften Text unter *Gewicht* ersetzen Sie mit der neuen Modellvariablen **Masse**, die Sie noch in der Datei der **Welle** nachtragen müssen, bevor sie hier angeboten wird:

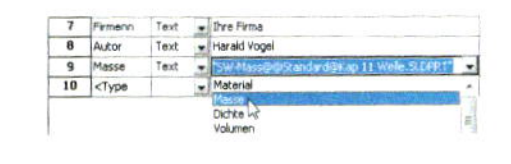

- Es handelt sich dabei allerdings um eine automatische Variable namens *Masse* in der Modelldatei, die Sie einfach über das Listenfeld in *Werte* auswählen und der neuen Variablen **Masse** – Typ *Text* – zuweisen können. Bestätigen und speichern Sie die Welle.
- Wieder zurück im Blattmodus der Vorlage, setzen Sie vor diese Modellvariable noch den Text **Gewicht:** und ein **Leerzeichen**. Die Maßeinheit ergänzen Sie **hinter** der Variablen mit **g**.

Sie bemerken, dass im Schriftfeld statt der Variablenwerte nur deren Namen angezeigt werden, falls die Werte noch unbekannt sind.

- Ersetzen Sie die fehlerhafte Maßstabsangabe durch den Text **Maßstab**, ein **Leerzeichen** und die Variable *SW-Blattmaßstab(Sheet Scale)*. Diese kommt wieder aus dem aktuellen Dokument *($PRP)*.

Formatieren Sie jetzt noch die Schriftart und -größe:

- Wählen z. B. eine der Datumsvariablen und stellen Sie über *Textformat, Schriftart* den Font *ISOCPEUR* und die *Höhe* **1.8 mm** ein.

- Diese Formatierung übertragen Sie nun mit Hilfe der Funktion *Format-Übertragung* in der Symbolleiste *Beschriftung* auf alle anderen Texte des Schriftfeldes, bis auf *Benennung, Firma, Werkstoff* und die Formatangabe *A3*. Dazu wählen Sie den Text mit der Quellformatierung, schalten die Funktion ein und wählen der Reihe nach alle anderen. Möglicherweise müssen Sie diese Texte dann neu ausrichten.

- Die *Benennung* erhält die gleiche Schriftart, aber die Höhe **5 mm**. Den restlichen drei verleihen Sie einfach die *Schriftart des Dokuments*. Schalten Sie nun die *Ansicht* der *Fehler bei Beschriftungsverknüpfung* wieder aus und stellen Sie um auf *Blatt bearbeiten*.

Das Schriftfeld sollte nun etwa so aussehen wie in Abb. 12.19.

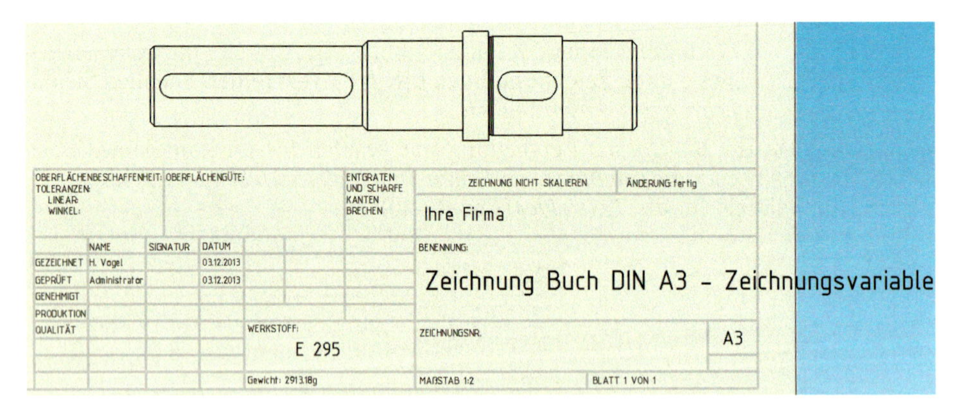

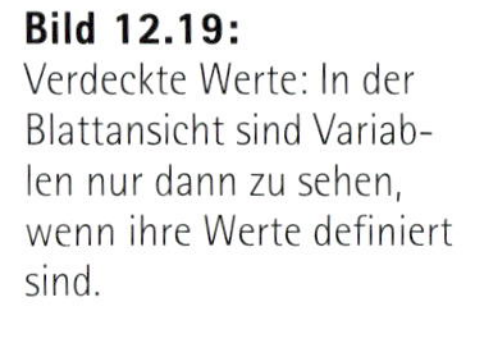

Bild 12.19:
Verdeckte Werte: In der Blattansicht sind Variablen nur dann zu sehen, wenn ihre Werte definiert sind.

Noch fehlen die Angaben für Gewicht, Status und Werkstoff:

- Fügen Sie probeweise die Welle aus Kapitel 11 ein. Damit sollten jetzt auch die Modelldaten korrekt angezeigt werden.
- Wenn alles in Ordnung ist, löschen Sie die Welle und speichern die Zeichnungsvorlage. Sicherheitshalber speichern Sie auch das Blattformat A3 QUER ZEICHNUNGSVARIABLE noch einmal.

Nun bleibt noch ein kleiner Nachtrag für das erste Schriftfeld aus dem Abschnitt 12.5.1, *Variable aus Quelldokumenten*, auf S. 365: Die Zeichnungsvariablen werden stellenweise von Dokumentvariablen überlagert. Sie müssen entfernt werden, denn falls sie jemand definiert und ausfüllt, werden sich auch die Texte im Schriftfeld überlagern.

- Öffnen Sie die Zeichnungsvorlage ZEICHNUNG BUCH DIN A3. Bearbeiten Sie das *Blattformat* und entfernen Sie all diejenigen Verknüpfungshinweise der Zeichnung

($PRP), die von den Modellvariablen *($PRPSHEET)* überdeckt werden. Speichern Sie die Vorlage und das Blattformat.

Die Variablen können – entsprechend dem Dialogfeld *Verknüpfung zu Eigenschaft* nach Abb. 12.17 – aus vier Quellen stammen:
- dem **aktuellen Dokument** *($PRP)*,
- **einer bestimmten** Ansicht *($PRPVIEW)* für den Fall, dass es mehrere gibt,
- der **Modelldatei** *($PRPSHEET)* oder
- **einer bestimmten** Modelldatei *(Komponente)* in einer Baugruppenzeichnung *($PRPMODEL)*.

12.5.4 Freitexte und Formularfelder

Textfelder zum Ausfüllen kennen Sie aus Excel-Sheets und PDF-Formularen. Nun, diesen Komfort können Sie auch in SolidWorks-Zeichnungen realisieren.

Nehmen wir an, die Autoren der drei letzten Vermerke im Schriftfeld wechseln ständig oder werden gar nicht immer bemüht. Dann können Sie diese Felder zur Direktbearbeitung markieren und von Fall zu Fall beliebige Texte einfügen:

- Öffnen Sie die Zeichnungsvorlage ZEICHNUNG BUCH DIN A3 – ZEICHNUNGSVARIABLE und speichern Sie sie unter **Zeichnung Buch DIN A3 - Textfelder.** Schalten Sie die *Fehler bei Beschriftungsverknüpfung* ein.
- Schalten Sie zur *Blattformat*-Bearbeitung um, wählen Sie im Kontextmenü des Blattes dann wiederum *Titelblock bearbeiten*. Die *Titelblocktabelle* erscheint mit einem Auswahlfeld für die *Textfelder* (Abb. 12.20).

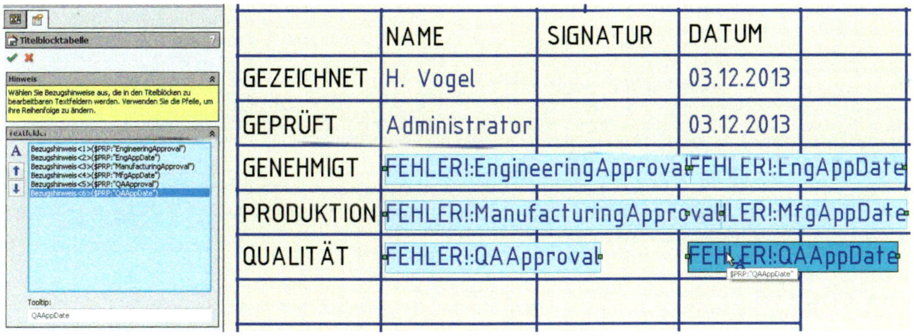

Bild 12.20: Wüst und voll: Die Bezugshinweise werden in Formularfelder umgewandelt.

Alle hier beschriebenen Funktionen und Techniken gehören zur Tabellenfunktionalität von SolidWorks. Das bedeutet: Alles hier Gelernte können Sie ebenso auf Tabellenobjekte wie z. B. Stücklisten anwenden.

- Klicken Sie nacheinander das *Namens-* und *Datumsfeld* der Zeilen *Genehmigt, Produktion* und *Qualität* an. Die sechs Felder erscheinen im Auswahlfeld. Bestätigen Sie dann.

- Schalten Sie wieder um auf den Blattmodus.

Äußerlich hat sich nichts getan.

- Doch wenn Sie jetzt das Kontextmenü des Blattes aufrufen, so können Sie dort einen neuen Menüpunkt namens *Titelblock-Daten eingeben* aufrufen. Gleiches erreichen Sie durch einen Doppelklick auf das Blatt.
- Klicken Sie in eines der blauen Felder und geben Sie Text ein. Mit **Enter** oder **Tab** schalten Sie die Felder in der Reihenfolge der Auswahlbox nach Abb. 12.20 durch. Klicken Sie dann auf *OK* (Abb. 12.21).

GEPRÜFT	Administrator		03.12.2013
GENEHMIGT	Müller		04.12.2013
PRODUKTION	Meier		23.
QUALITÄT	FEHLER!:QAApproval		FEHLER!:QA

Bild 12.21:
Schriftfeld für Dummies: Ohne lästiges Einfügen, Editieren, Konfigurieren oder Positionieren füllen Sie diese Textfelder schneller aus, als es dauert, diese Bildunterschrift zu lesen!

Das ist noch nicht alles – öffnen Sie noch einmal die Dateieigenschaften der Zeichnung: Die Eingaben wurden übernommen, und zwar jeweils mit den korrekten Variablennamen als Zuordnung (Abb. 12.22)!

	Eigenschaftsname	Typ	Wert / Textausdruck	Evaluierter Wert
1	SWFormatSize	Text	11.69in*16.54in	11.69in*16.54in
2	SWFormatGröße	Text	0.3m*0.42m	0.3m*0.42m
3	DrawnBy	Text	H. Vogel	H. Vogel
4	CheckedBy	Text	H. Vogel	H. Vogel
5	CompanyName	Text	Ihre Firma	Ihre Firma
6	Autor	Text	Harald Vogel	Harald Vogel
7	EngineeringApproval	Text	Müller	Müller
8	EngAppDate	Text	04.12.2013	04.12.2013
9	ManufacturingApproval	Text	Meier	Meier
10	MfgAppDate	Text	23.12.2013	23.12.2013
11	QAApproval	Text	Schmidt	Schmidt
12	QAAppDate	Text	24.12.2013	24.12.2013
13	<Type a new property>			

Bild 12.22:
Die Werte der Textfelder werden in die Variablen übernommen.

PRODUKTION	Meier Zwei

Dies funktioniert auch andersherum, denn die Variablen bleiben erhalten:

- Tragen Sie z. B. als Wert für *ManufacturingApproval* **Meier Zwei** ein, so wird diese Angabe ins Schriftfeld übernommen.

Die Titelblocktabelle ist nicht auf den Titelblock beschränkt: Nach dem gleichen Prinzip können Sie freie **Bezugshinweise ins Blattformat einfügen** und nach Bedarf ausfüllen. Dies ist z. B. für Sammelbeschreibungen sinnvoll.

12.6 Layer und Blöcke

Sie können sich überlegen, ob Sie einen Satz Default-Layer in die **Zeichnungsvorlage** aufnehmen wollen, sodass diese in jeder neuen Zeichnung bereits definiert sind. Das ist besonders dann sinnvoll, wenn Sie viele gleichartige Zeichnungen zu erstellen haben:

- Das Thema *Layer* finden Sie in Abschnitt 13.2 auf S. 379.

Gleiches gilt für das Thema **Blöcke**. Ein Block ist eine Einheit aus beliebig vielen Skizzenelementen. Er kann in der Zeichnung *definiert* sein, ohne jedoch zwingend zur Anwendung kommen zu müssen. Ein Block ist praktisch ein grafisches Makro, das der Ausführung harrt:

- Die Definition von Blöcken erlernen Sie in Abschnitt 13.3 auf S. 391.

12.7 Ausblick auf kommende Ereignisse

Soweit der Verwaltungskram.

Im Endspurt des nächsten Kapitels lehnen Sie sich entspannt zurück und schauen SolidWorks beim Technischen Zeichnen zu. Außerdem lernen Sie, Blöcke zu definieren und sich dadurch lästige Wiederholungen zu ersparen.

12.8 Dateien auf der DVD

Die Dateien zu diesem Kapitel finden Sie auf der DVD in folgenden Verzeichnissen:

Die Zeichnungsvorlagen befinden sich im Verzeichnis \TEMPLATES:

ZEICHNUNG BUCH DIN A3.DRWDOT

ZEICHNUNG BUCH DIN A3 - TEXTFELDER.DRWDOT

ZEICHNUNG BUCH DIN A3 - ZEICHNUNGSVARIABLE.DRWDOT

Auch die Zeichnungsnormen sind unter \TEMPLATES abgelegt:

DIN ISO 128-24, LINIENGRUPPE 0,35.SLDSTD

DIN ISO 128-24, LINIENGRUPPE 0,5.SLDSTD

DIN ISO 128-24, LINIENGRUPPE 0,7.SLDSTD

Die Schriftfelder bzw. Blattformate finden Sie im Verzeichnis \LANG\GERMAN\SHEETFORMAT:

A3 - QUER.SLDDRT

A3 - QUER TEXTFELDER.SLDDRT

A3 - QUER ZEICHNUNGSVARIABLE.SLDDRT

13 Ansichten eines Bauteils

Die Welle als Technische Zeichnung

Ende gut, alles gut: Sind Dokumentvorlagen, Schriftfelder und Zeichnungsnormen erst einmal unter Dach und Fach, wird das Erstellen von Zeichnungen aus Modellen und Baugruppen mehr oder weniger zum Kinderspiel. Mehr oder weniger.

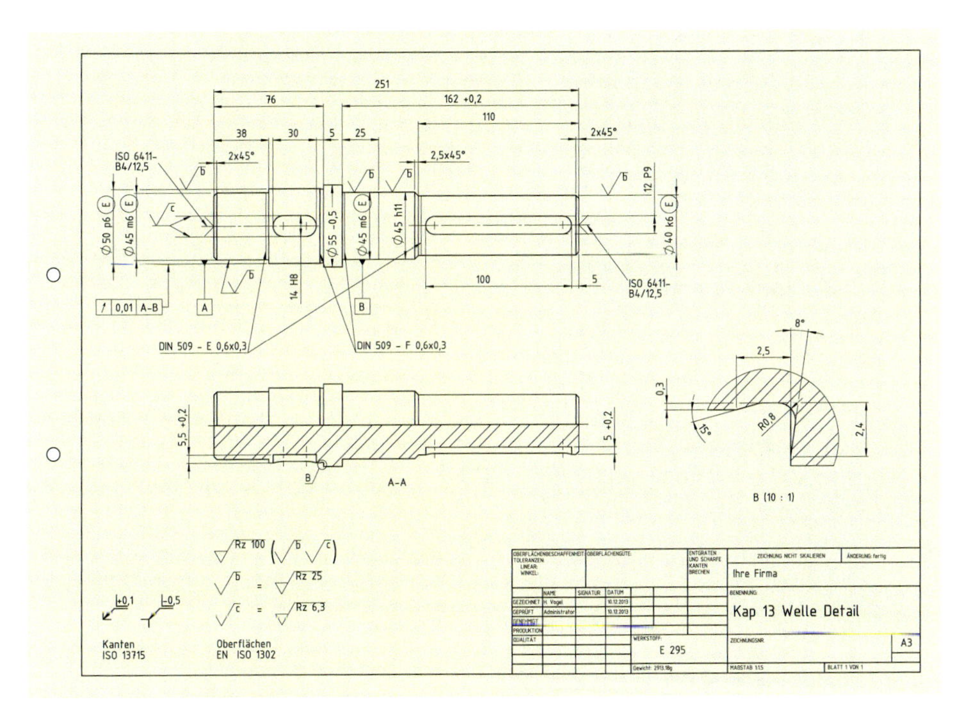

Um ein Bauteil in eine Zeichnung zu verwandeln, bedarf es in erster Näherung nur einiger Mausklicks. Denn grundsätzlich zeichnen nicht Sie, sondern Ihr Computer – SolidWorks *leitet die Zeichnung ab,* wie man sagt. *Sie* dagegen **verwalten** die Zeichnung, und zwar in einzelnen **Ansichten**.

- Wählen Sie *Datei, Neu,* klicken Sie im Dialogfeld *Neu* auf *Erweitert.* Wählen Sie dann unsere neue Vorlage ZEICHNUNG BUCH DIN A3 – ZEICHNUNGSVARIABLE.

Nun erscheint das leere Zeichenblatt, und Sie können die erste *Modellansicht* einfügen:

- Noch ist die *OK*-Schaltfläche nicht aktiviert, denn Sie haben noch keine Ansicht gewählt. Klicken Sie oben im PropertyManager auf den Rechtspfeil *Weiter.*

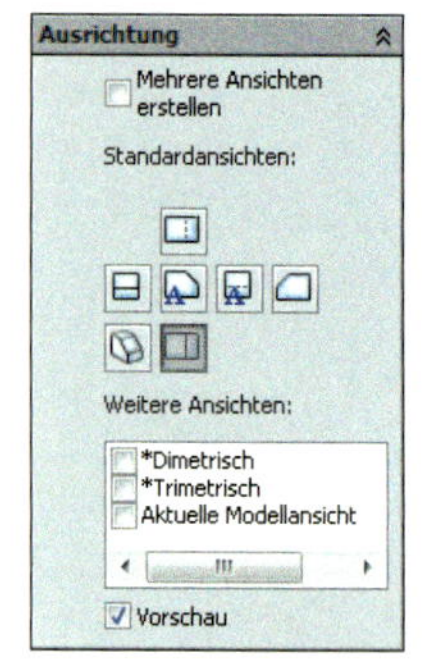

- Wählen Sie die *Ansicht *Oben.* Mit der Option *Vorschau* sehen Sie statt des Begrenzungsrahmens die Welle selbst, und zwar in der gewählten Ansicht.
- Aktivieren Sie in den *Import-Optionen* die Checkboxen *Beschriftungen importieren* und *Konstruktionsbeschriftungen importieren* und klicken Sie die Ansicht einfach auf das Blatt. Sie können sie später noch zurechtrücken.
- Auf die gleiche Art könnten Sie weitere Ansichten platzieren, was Sie hier jedoch wegen Platzmangels mit *OK* oder **Esc** unterbinden.
- Benennen Sie diese Ansicht durch zwei Einzelklicks oder **F2** im FeatureManager mit **Draufsicht** (vgl. Abb. 13.3).

Durch einen Klick auf die Ansicht können Sie den PropertyManager abermals aufrufen:

- Stellen Sie als Anzeigeart *verdeckte Linien* ein. Diese Einstellung wird für jede Ansicht individuell vorgenommen.
- Als *Bemaßungstyp* wählen Sie *Projiziert,* denn es geht uns hier um die Anfertigung einer Normansicht, also *Vorne, Oben, Rechts* usw. Für axonometrische Ansichten würden Sie hier *Wahr* einstellen. Bestätigen Sie dann.

Auch der Zeichnungsmaßstab kann individuell eingestellt werden. Da wir einiges an Beschriftung anzubringen haben,

Name: Welle
Maßstab: 1 : 1.5

- rufen Sie im FeatureManager über das Kontextmenü von *Blattformat1* die *Eigenschaften* auf. Es erscheint wieder das Dialogfeld *Blatteigenschaften.* Stellen Sie nun ein Verhältnis von **1:1.5** ein, und zwar mit **Punkt** statt Komma. Nennen Sie das Blatt **Welle** und bestätigen Sie.
- Speichern Sie die Zeichnung unter **Welle**. Dadurch wird auch die *Benennung* im Schriftfeld angepasst.

Die Schaltflächen der Symbolleiste *Ansicht,* die Sie aus den Bauteilen kennen, haben hier teilweise andere Funktionen.

- Markieren Sie die Zeichenansicht im FeatureManager und klicken Sie auf *Ansicht drehen.* Drehen Sie die Ansicht der Welle mit Hilfe der Dialogbox um **180 Grad** (Abb. 13.1).

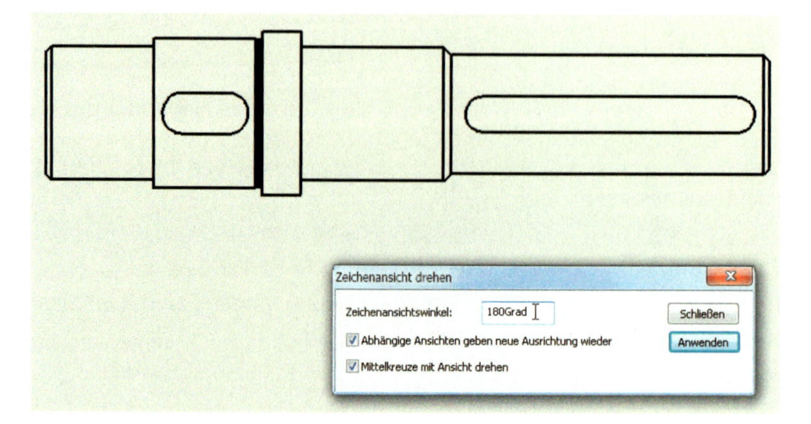

Bild 13.1:
Der Befehl *Drehen* wird bei der Zeichnungsansicht zum 2D-Drehen verwendet.

13.1 Bemaßungen vom Modell importieren

Die Ansicht zeigt keinerlei Bemaßungen, obwohl wir diese bereits in Kapitel 4 definiert, dort zur *Anzeige in der Zeichnung* bestimmt und darum doch eigentlich mit dem Modell in die Zeichnung hätten importiert haben müssen. Doch keine Sorge, natürlich können Sie die Maße des Bauteils verwenden – genau genommen, sogar **alle** Elemente –, und mehr noch: Alles, was Sie an diesen importierten Maßen ändern, findet auf Wunsch seinen Weg ins Bauteil zurück!

13.1.1 Modellelemente vom Import ausschließen

Doch bevor Sie ans Werk gehen, schalten Sie die winzigen Maße des Freistichs der Welle ab, denn diese würden in unserer Zeichnung unweigerlich zu einer düsteren, schwarzen Wolke aus Schriftzeichen mutieren. Keine Sorge, die Maße werden dadurch nicht ungültig, sondern nur vom *Standard*-Import ausgeschlossen. Natürlich können sie trotzdem noch importiert werden – aber erst, wenn Sie das ausdrücklich wollen (s. *Eine Detailansicht* auf S. 408):

- *Öffnen* Sie über den FeatureManager und die Ansicht oder das Modellfeature das *Teil*.

Das Bauteil WELLE wird geöffnet.

- Öffnen Sie die *Skizze Welle* zur Bearbeitung. Zoomen Sie in der Normalansicht an den Freistich und seine sechs Einzelmaße heran.
- Wählen Sie die sechs Maße entweder mit **Strg** + Klicken oder mit einem Zugrahmen von links oben nach rechts unten. Im Gegensatz um Inversrahmen werden durch dieses Vorgehen nur **vollständig eingeschlossene Elemente** gewählt (Abb. 13.2, links).
- Über das Kontextmenü dieser Bemaßungen deaktivieren Sie nun die Option *Für Zeichnung markiert*. Nach Abwahl werden die Maße in einer anderen Farbe dargestellt, im Bild in einer Art Flieder (Abb. 13.2, rechts).

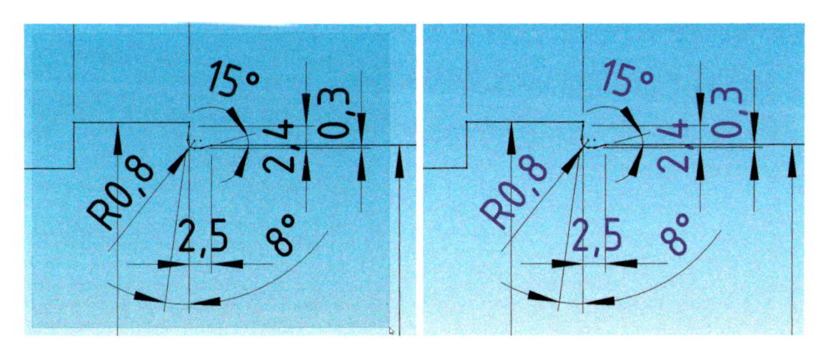

Bild 13.2: Die Maße des Freistichs werden vom Import in die Zeichnung ausgeschlossen.

Sie erinnern sich: Die Markierung für den Import in die Zeichnungsableitung ist per Default eingeschaltet. Sie finden die zugehörige Schaltfläche im Dialogfeld *Modifizieren* (Rahmen).

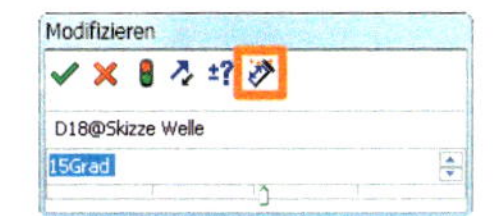

- Bestätigen und schließen Sie die Skizze, speichern und schließen Sie das Modell.

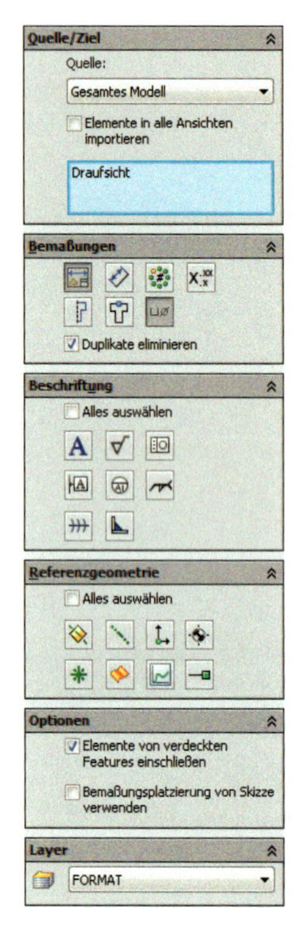

13.1.2 Modellelemente importieren

- Wählen Sie im Menü *Einfügen, Modellelemente*.
- Aktivieren Sie als *Quelle* das *gesamte Modell,* deaktivieren Sie *Elemente in alle Ansichten importieren.*
- Daraufhin erscheint ein Auswahlfeld der *Zielansicht*. Klicken Sie dann die *Draufsicht* – die Welle – auf dem Blatt an.
- Wählen Sie als Bemaßungen *Für Zeichnung markiert* und *Bohrungsbeschreibungen*.

Sie sehen, Sie könnten auch *Referenzgeometrie* wie Hilfsebenen, Achsen usw. importieren, sogar *Beschriftungen,* die Sie in der Teildatei definiert haben. In diesem Beispiel brauchen wir das aber nicht.

- Aktivieren Sie *Elemente von verdeckten Features einschließen* und **deaktivieren** Sie *Bemaßungsplatzierung von Skizze verwenden*. Letzteres ist meist die bessere Wahl, da die Bemaßungen sonst u. U. meterweit entfernt von der Modellkontur landen.
- Importieren Sie alles in den *Layer FORMAT* und bestätigen Sie.

Daraufhin erscheinen alle Bemaßungen in der Ansicht des Zeichenblatts (Abb. 13.3).

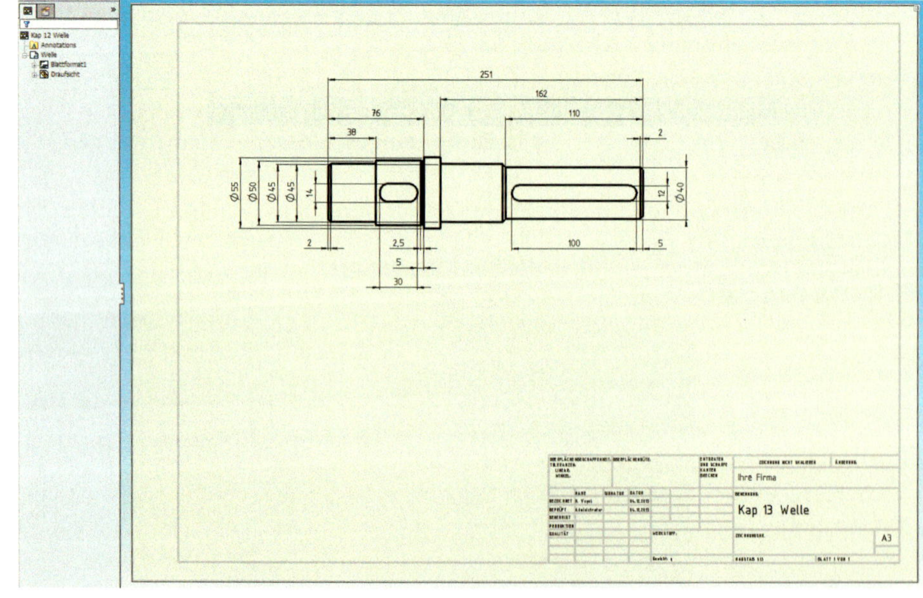

Bild 13.3: Rohdiamant: Die Default-Ansicht der Welle mit Bemaßungen und Bauteilinformationen.

Die *Modellelemente* können Sie jederzeit erneut importieren, etwa dann, wenn Bemaßungen durch Bearbeiten und Löschen verlorengegangen sind.

13.2 Arbeiten mit Layern

Die Linien haben die richtige Stärke, die Schrift ist normgerecht, doch noch fehlt die fertigungsgerechte Detaillierung.

Wenn Sie 2D-CAD-Systeme, Vektor- oder Pixelprogramme kennen, dann kennen Sie auch **Layer**. Das Wort bedeutet *Schichten* oder *Lagen,* und so helfen Layer Ihnen dabei, Ihre vielen verschiedenen Zeichnungsobjekte sauber zu ordnen und einzulagern. Und das aus gutem Grund: Wir werden am Schluss nicht nur Längenmaße und Durchmesser in der Zeichnung haben, sondern auch Formtoleranzen, Oberflächenangaben, Schleifmaße, Blöcke, allgemeine und sonstige Beschriftungen. Auf dem Blatt wird es also nicht nur eng zugehen, sondern es wird auch die eine oder andere Handformatierung nötig werden. Höchste Zeit, Ordnung zu schaffen:

- Blenden Sie die Symbolleisten *Layer* und *Linienformat* ein und wählen Sie die Schaltfläche *Layer-Eigenschaften.* Die Dialogbox *Layers* erscheint.
- Fügen Sie sieben *neue* Layer hinzu und benennen Sie sie nach Abb. 13.4. Sie können jedem Layer *Farbe, Linienstärke* und *Linienart* zuordnen. Diese können Sie auch jederzeit abweichend von den Dokument-Optionen konfigurieren, wodurch jene überschrieben werden.

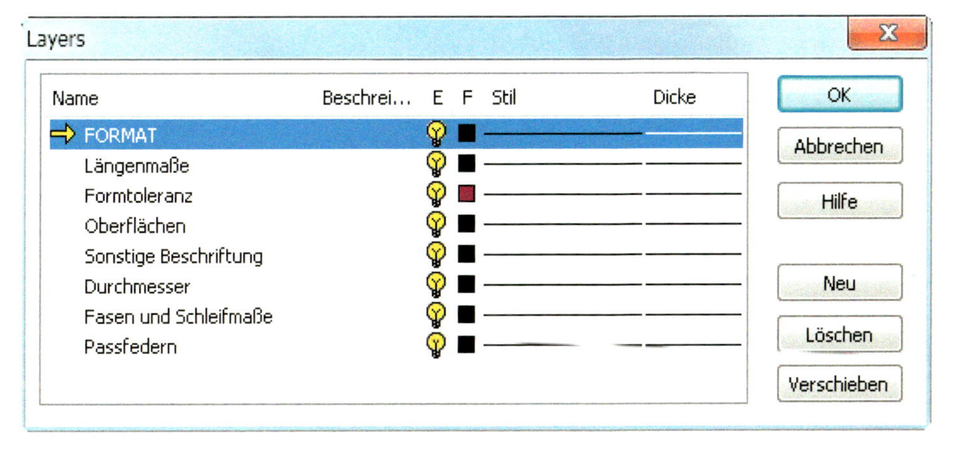

Bild 13.4: Layer-Dialog, einfache Form. Die Funktion ist gängigen CAD-Anwendungen entlehnt.

- Schalten Sie über die *Glühbirne* alle Layer *aus,* bis auf *FORMAT.* Bestätigen Sie und schalten Sie über das Listenfeld in der Symbolleiste *Layer* den Layer *FORMAT* aktuell.
- Wählen Sie mit gedrückter **Strg**-Taste alle fünf Durchmesser und verlegen Sie sie auf den Layer *Durchmesser.* Dies erreichen Sie, indem Sie nach Auswahl den Eintrag des Ziel-Layers im Listenfeld *Layer* anwählen.

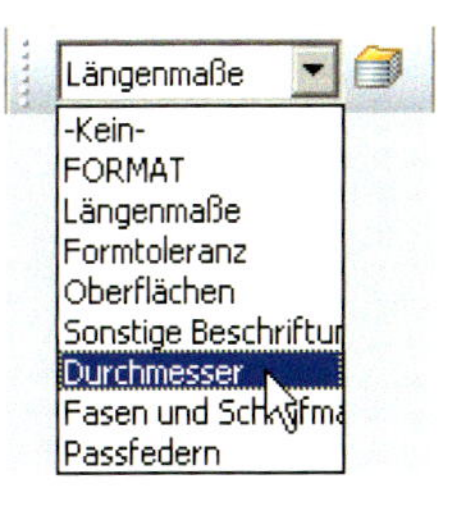

Der PropertyManager verfügt über eine ähnliche Option auf der Registerkarte *Sonstiges,* aber das ist natürlich viel umständlicher. In jedem Fall verschwinden die aktivierten Elemente, sobald Sie auf eine freie Stelle klicken, denn ihr neuer Layer ist ausgeschaltet. Diese Kontrolle ist Sinn der Sache.

- Wählen Sie beide Maße *2x45°* und verlegen Sie sie auf den Layer *Fasen und Schleifmaße*.
- Wählen Sie die sechs Bemaßungen der Passfedernuten, also Längen, Breiten und die Abstände *5mm* und verlegen Sie sie auf den Layer *Passfedern*.
- Wählen Sie die übrigen sechs Längenmaße und verlegen Sie sie auf *Längenmaße*. Damit sollte die Zeichnung schon wesentlich aufgeräumter aussehen.
- Wenn Sie nun wieder die Layer-Box öffnen, können Sie durch sukzessives Ein- und Ausschalten der Layer – die Glühbirne – nachprüfen, ob alle Bemaßungen am richtigen Ort gelandet sind. Wenn Sie **nur** *FORMAT* einschalten, sollte außer dem Modell nichts mehr zu sehen sein.

13.2.1 Layer-Logik

Es kann immer nur **ein** Layer bearbeitet werden:

- Sie schalten einen Layer auf Eingabe oder **aktuell**, indem Sie in der Dialogbox *Layers* in die leere Zone links neben seinen Namen klicken. Dann wird dort ein gelber Pfeil angezeigt (vgl. Abb. 13.4).

Sie können einen Layer auch durch Anwahl im *Layer*-Listenfeld aktuell schalten, doch dazu darf im Zeichenblatt **nichts ausgewählt** sein – ansonsten verlegen Sie das betreffende Nichts auf einen anderen Layer!

- Schalten Sie *Längenmaße* sichtbar und aktuell. Ordnen Sie die verbliebenen Längenmaße etwa so wie in Abbildung 13.5.

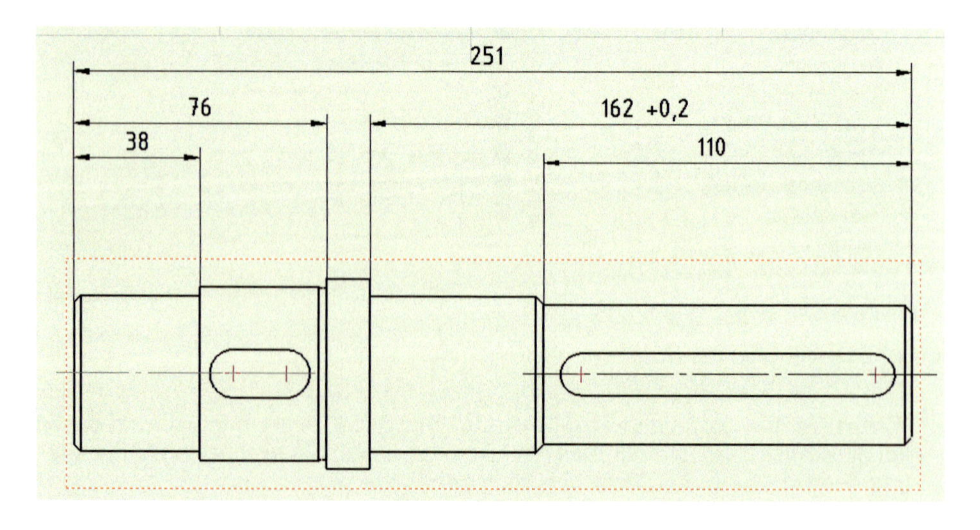

Bild 13.5: Ordnung ist das **ganze** Leben – zumindest, wenn es ums Technische Zeichnen geht!

- Sie bemerken, dass die Maßzahlen an manchen Orten einrasten und durch gelbe Linien ihren Bezug anzeigen. Auf diese Weise können Sie die Maßzahlen auf gleiche Höhe ziehen, sie mittig ausrichten und vieles andere mehr (Abb. 13.6).

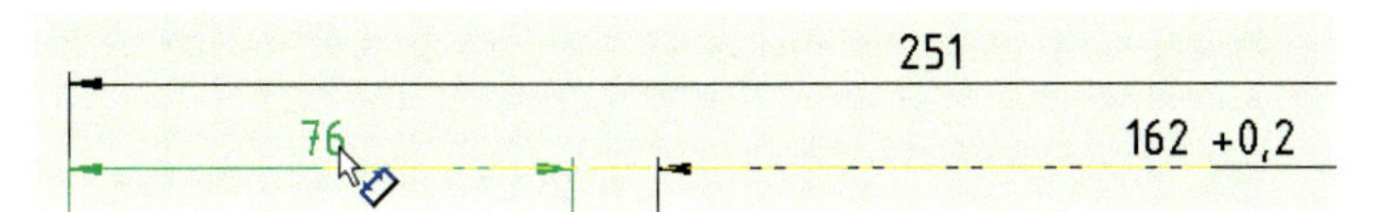

Bild 13.6:
Mit Hilfe des Objektfangs lassen sich Maße interaktiv aneinander ausrichten.

Die Pfeilspitzen werden normalerweise korrekt angebracht. Wenn nicht, können Sie sie durch Klicken auf ihre grünen Punkte zwischen Innen und Außen umschalten.

Wir brauchen außerdem etwas mehr Platz für die Durchmesser:

- Ziehen Sie die Mittellinie bis kurz vor die rechte Passfedernut zurück und fügen Sie über die Schaltfläche *Mittellinie* eine zweite ein, die gerade über die linke Nut hinausragt (vgl. Abb. 13.7).
- Klicken Sie auf das Maß *162*. Der PropertyManager blendet die Parameter ein. Fügen Sie im Gruppenfeld *Bemaßungstext* hinter der Maßvariable <DIM> noch ein **Leerzeichen** und den Text **+0,2** ein und bestätigen Sie.

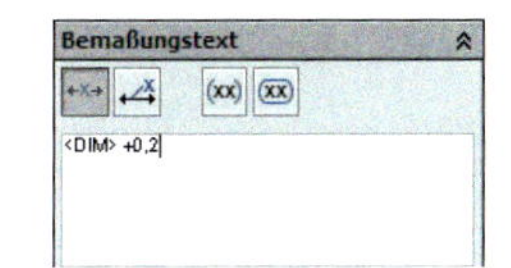

13.2.2 Toleranzen und Passungen

- Schalten Sie den Layer *Längenmaße* zur Übersichtlichkeit aus und dafür *Passfedern* ein. Ziehen und ergänzen Sie die Maße wie in der Abbildung 13.7.

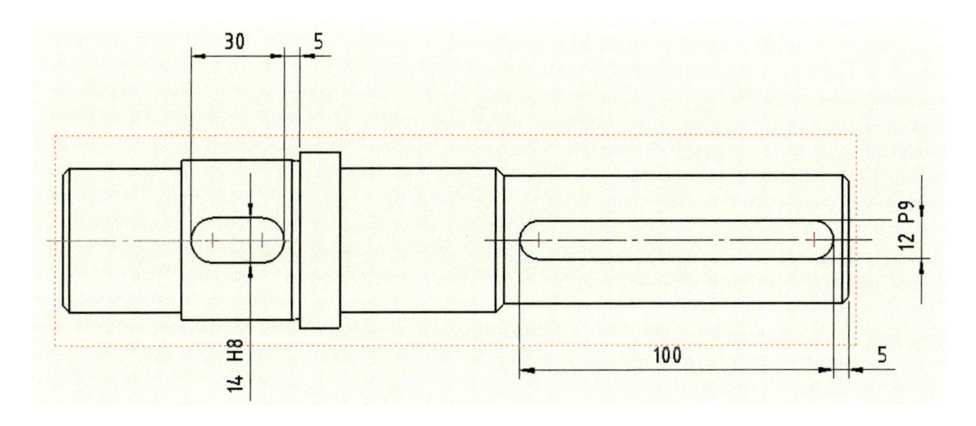

Bild 13.7:
Die Passfedernuten werden auf einem eigenen Layer bemaßt.

- Klicken Sie auf das Maß *14*. Unter der Rubrik *Toleranz/Genauigkeit* wählen Sie den Toleranztyp *Passung*. Stellen Sie dann über das Listenfeld *Bohrungspassung* die Größe *H8* ein. Durch *Präzision mit Modell verknüpfen* können Sie diese Passungsangaben ins Modell der Welle zurückschreiben. Bestätigen Sie.
- Bearbeiten Sie auf gleiche Weise den anderen Nutdurchmesser, *12*. Bemessen Sie hier jedoch die Bohrungspassung *P9*.

Die Maßzahl wird durch ihre eigenen Hilfslinien durchkreuzt, und SolidWorks bietet keinerlei Abhilfe. Wir müssen also wieder improvisieren:

- Führen Sie einen Rechtsklick über der **oberen Maßhilfslinie** aus und wählen Sie aus deren Kontextmenü *Maßhilfslinie ausblenden.*
- Ersetzen Sie die fehlende Hilfslinie durch eine kürzere aus *Extras, Skizzenelemente.* Rücken Sie die Maßzahl in die Lücke (vgl. Abb. 13.7).
- Alternative: Sie ziehen die Maßzahl einfach nach oben über die Maßhilfslinien hinaus.

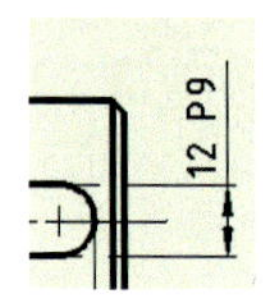

Über das Kontextmenü der **Bemaßung** können Sie die *Maßhilfslinien* wieder *einblenden.*

13.2.3 Maßwerte mit Symbolen

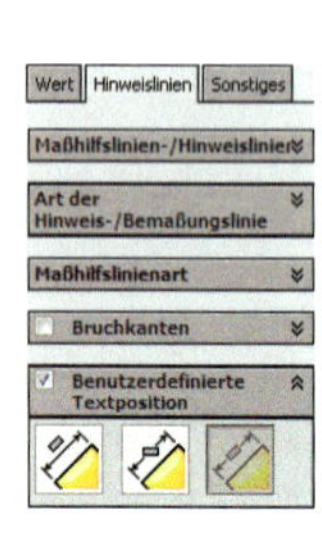

- Schalten Sie den Layer *Passfedern* aus, dafür den Layer *Durchmesser* ein und aktuell. Rücken Sie die Durchmesser etwa so wie in Abbildung 13.8.
- Ergänzen Sie das Maß *45* mit Hilfe der *Intelligenten Bemaßung* und konfigurieren Sie die *Wellenpassung h11.* Stellen Sie die *benutzerdefinierte Textposition* auf *durchgehende Maßlinien, ausgerichteter Text,* falls nötig.
- Schalten Sie für die innenliegenden Maße *45* und *55* die *Anzeige* beider *Maßhilfslinien* aus und für das Maß *55* zusätzlich die Anzeige zwischen den Maßlinien *ein,* um Platz zu sparen (s. Bild).

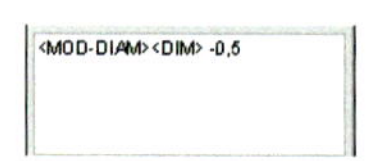

- Ergänzen Sie den Durchmesser *55* – also <MOD-DIAM><DIM> – mit einem **Leerzeichen** und dem Abmaß **-0,5**.

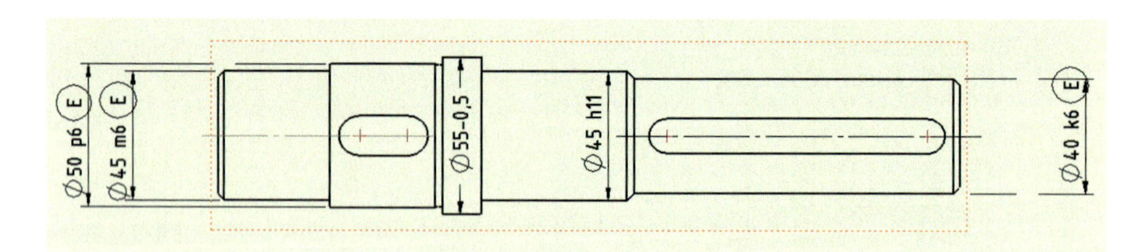

Bild 13.8:
Platznot:
Die Durchmesser werden teilweise innerhalb der Kanten angeordnet, was hier die übersichtlichste Lösung ist. Die Unterbrechungen werden später automatisch hinzugefügt.

- Versehen Sie den Durchmesser *50* mit einer *Passung,* suchen Sie die *Wellenpassung p6* heraus.
- Klicken Sie im Editierfeld *Bemaßungstext* dieses Durchmessers hinter den Maßtext und dann auf die Schaltfläche *Weiter.*

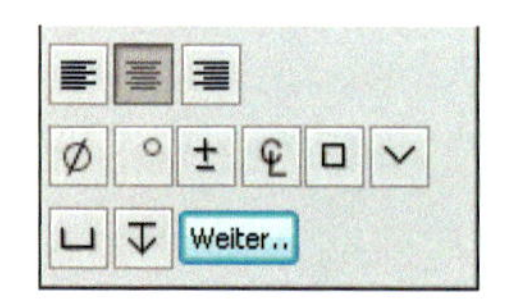

- Die Dialogbox *Symbolbibliothek:* erscheint. Wählen Sie unter der Rubrik *Kategorien* die *Bearbeitungssymbole* und dort das Symbol für *Encompassing* aus. Bestätigen Sie (Abb. 13.9).

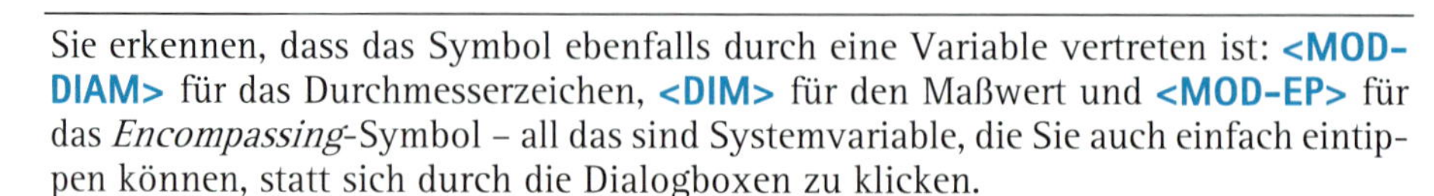
Sie erkennen, dass das Symbol ebenfalls durch eine Variable vertreten ist: **<MOD-DIAM>** für das Durchmesserzeichen, **<DIM>** für den Maßwert und **<MOD-EP>** für das *Encompassing*-Symbol – all das sind Systemvariable, die Sie auch einfach eintippen können, statt sich durch die Dialogboxen zu klicken.

- Bearbeiten Sie auf gleiche Weise die Durchmesser *45* und *40*.

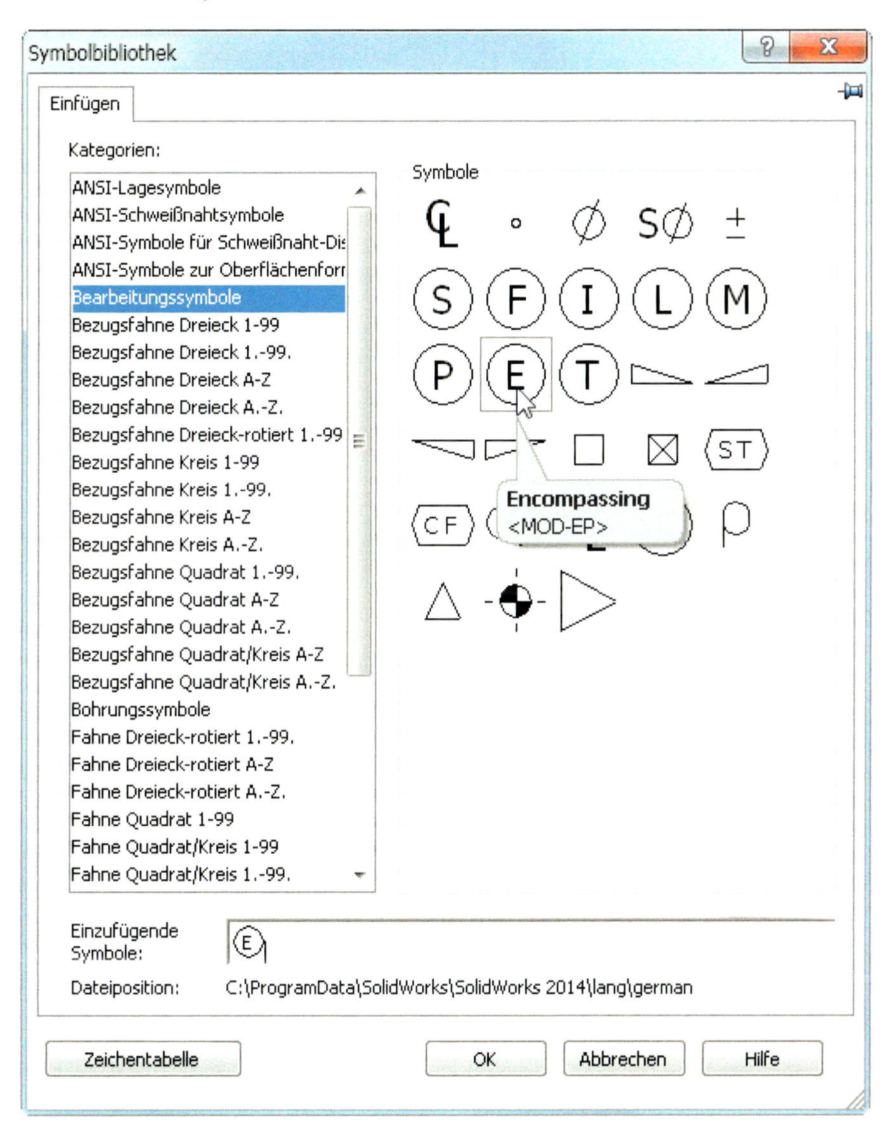

Bild 13.9: Schwer auffindbar: Die Symbole in Maßtexten sind kodiert. Wenn man jedoch den Code kennt, trägt man ihn einfach in spitzen Klammern ins Editierfeld ein.

13.2.4 Der Bemaßungs-Editor

Sicher ist Ihnen schon die kleine Schaltfläche aufgefallen, die immer dann erscheint, wenn Sie auf eine Bemaßung klicken.

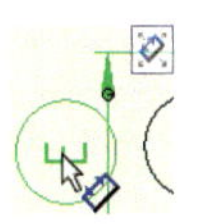

- Zeigen Sie auf diese Schaltfläche, so öffnet sich ein Dialogfeld mit den Daten des Bemaßungstextes.

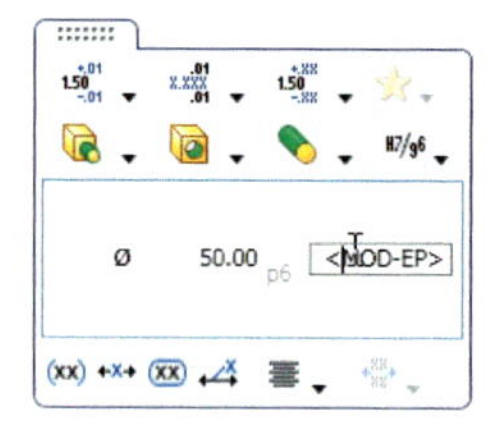

Hier sind alle Parameter des Textes grafisch dargestellt, d.h. Sie bestimmen, an welcher Position in Bezug auf den eigentlichen Maßtext ein Symbol, eine Passung und ähnliches platziert wird: darüber, darunter, links oder rechts davon. Sie können Text auch an einer Position ausschneiden und an einer anderen wieder einfügen. Sie können Hilfs- und Prüfmaß-Darstellung, eine Hinweislinie und die Textausrichtung bestimmen.

Leider können Sie von hier aus nicht die *Symbolbibliothek* aufrufen, sondern müssen den Symbol-Code – wie hier den des *Encompassing*-Symbols – direkt eingeben.

13.2.5 Maße, Linien und Kanten einfügen

- Schalten Sie *Fasen und Schleifmaße* ein und aktuell, blenden Sie *Durchmesser* aus.
- Fügen Sie aus der Symbolleiste *Beschriftung* eine *Intelligente Bemaßung* ein, indem Sie auf die beiden Eckpunkte der Fase klicken (Abb. 13.10 links und 2. Bild).

Eigentlich: *Schneller Bemaßungs-Manipulator.* Für Zungenbrecher fragen Sie bitte in der Belletristik-Abteilung nach.

Der *Manipulator* erscheint, ein blauer Kreis, der – hier – in vier Quadranten aufgeteilt ist (3. Bild).

- Zeigen Sie nacheinander auf jeden Quadranten: Das Maß wird in die jeweilige Richtung gedreht. Klicken Sie dann auf den oberen Quadranten, um das Maß oberhalb der Fase zu platzieren.

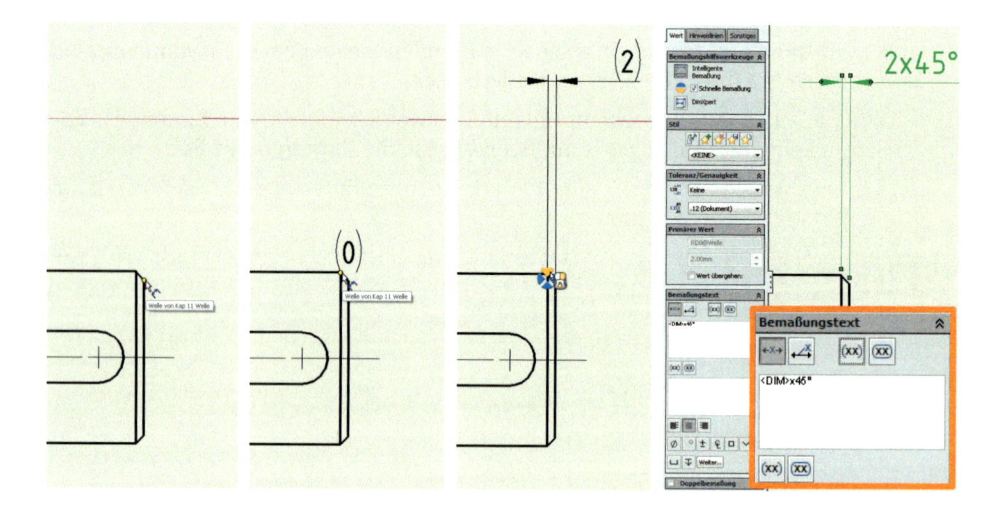

Bild 13.10: Bemaßung mit Komfort: Der Manipulator erleichtert die Ausrichtung des Maßes.

- Editieren Sie dann den Maßtext zu **<DIM>x45°**. Dadurch wird die Bemaßung aktualisiert, wenn Sie das Bauteil später ändern.
- Ergänzen Sie analog die Fase **2.5x45°** in der Mitte der Welle und **2x45°** an ihrem linken Ende (Abb. 13.11).
- Zeichnen Sie eine vertikale Linie in den Absatz mit dem Durchmesser *45* und verknüpfen Sie die Endpunkte *deckungsgleich* mit der Kontur. Bemaßen Sie seinen Abstand vom Bund mit **25 mm**.

- Tragen Sie dort ein weiteres Durchmessermaß ein, das Sie dann mit der Wellenpassung *m6* und dem *Encompassing*-Symbol erweitern.

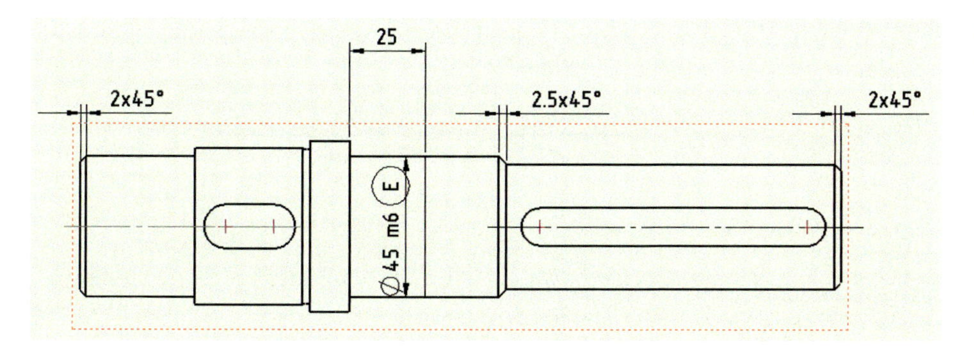

Bild 13.11: Auch die Fasen werden auf gleiche Höhe ausgerichtet.

Der Hintergrund ist, dass auf der eben abgeteilten Sektion das Kegelrollenlager aufgepresst wird, während die vordere Hälfte als Dichtfläche für den Wellendichtring fungiert. Deshalb gehören die beiden Maße auch zum Layer *Fasen und Schleifmaße*.

13.2.6 Form- und Lagetoleranzen

- Lassen Sie die *Durchmesser* eingeschaltet. Blenden Sie den Layer *Formtoleranz* ein und schalten Sie ihn aktuell. Er ist bis jetzt leer.
- Klicken Sie auf *Bezugssymbol* und fügen Sie zwei Symbole an die Kanten der Lagersitze – Durchmesser *45 m6* – an. Beenden Sie die Funktion mit **Esc**.
- Die Buchstaben werden zwar automatisch hochgezählt, doch Sie können sie im PropertyManager frei bestimmen.
- Ziehen Sie das linke Symbol am Buchstaben aus der Kontur heraus. Eine Hilfslinie wird automatisch hinzugefügt (Abb. 13.12).

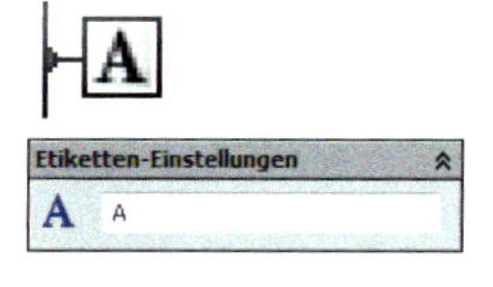

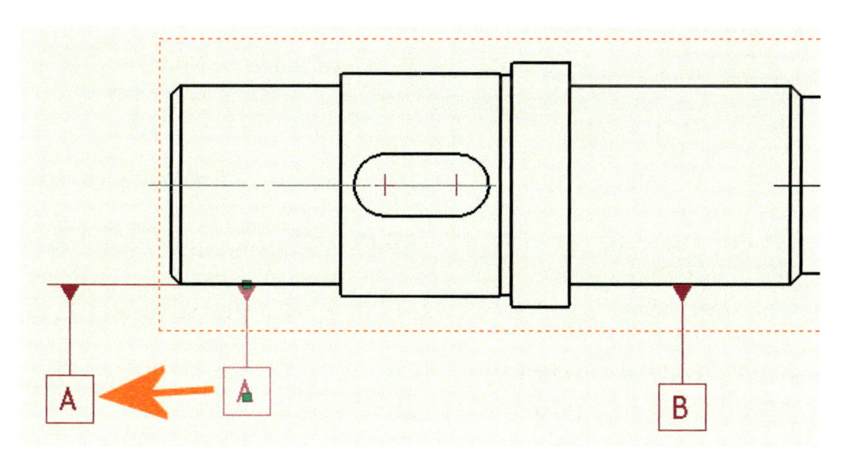

Bild 13.12: Formtoleranzen werden an die Werkstückkanten angehängt und bleiben mit ihnen verbunden.

- Klicken Sie auf *Geometrische Toleranz* (eigentlich: *Form- und Lagetoleranzen*). Das Dialogfeld *Eigenschaften* erscheint (Abb. 13.13).
- Suchen Sie unter *Symbole* dasjenige für *Kreisförmiger Lauf* heraus. Tragen Sie ins Feld *Toleranz 1* den Wert **0,01** ein und in das **aktivierte** Feld *Toleranz 2* den Text **A-B**.

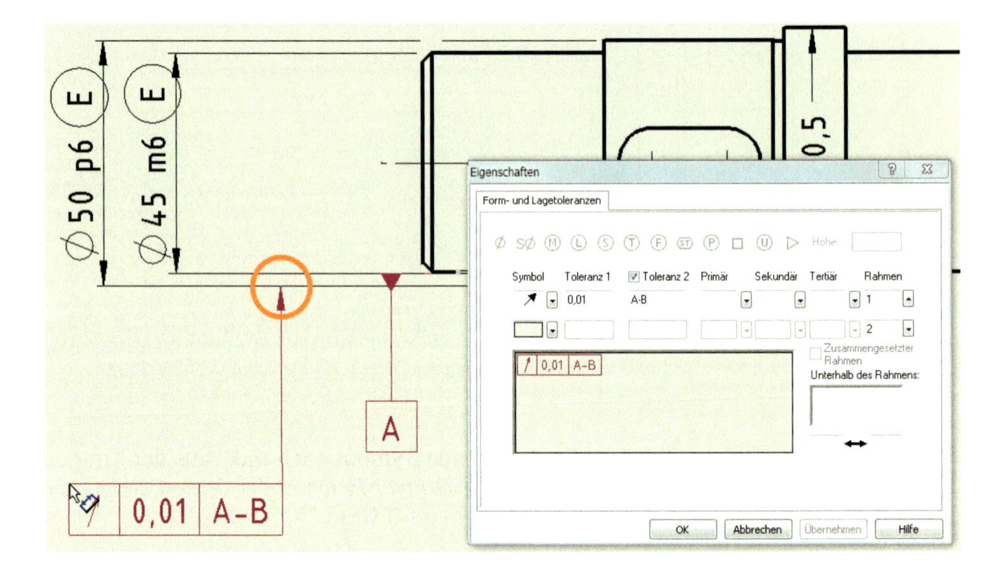

Bild 13.13: Ohne große Mühe wird dieser Toleranzkasten konfiguriert.

- Klicken Sie dann die untere Maßhilfslinie des linken Durchmessers **50p6 (E)** (Kreis) an und ziehen Sie das Kästchen aus der Kontur heraus. Bestätigen Sie.
- Wählen Sie die Toleranzbox und stellen Sie im PropertyManager unter der Rubrik *Hinweislinie* eine *senkrechte Hinweislinie* ein.

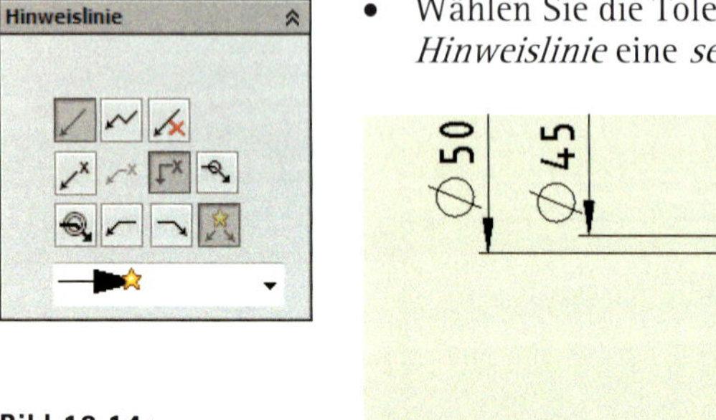

Bild 13.14: Die *senkrechte Hinweislinie* sorgt zugleich für geknickte Pfeile.

- Nun können Sie den Hinweispfeil und die Toleranzbox in Position ziehen, wobei die Hilfslinien orthogonal nachfolgen (Abb. 13.14).

13.2.7 Oberflächensymbole

- Blenden Sie die Layer *Durchmesser* und *Formtoleranz* aus, dafür den Layer *Oberflächensymbole* ein und schalten Sie diesen aktuell.

Die SolidWorks-Oberflächensymbole stellen sich automatisch auf die Körperkanten ein:

- Schalten Sie die Funktion *Oberflächenbeschaffenheit* ein.

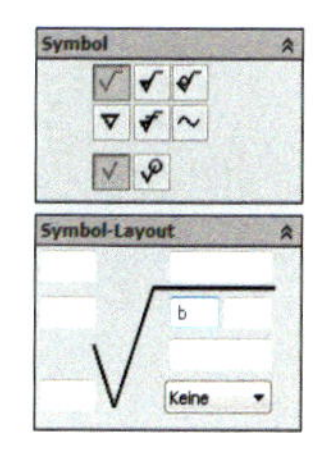

- Wählen Sie im PropertyManager das *Symbol Grundlegend* und tragen Sie in der Gruppe *Symbol-Layout* unter den Balken den Buchstaben **b** ein.
- Klicken Sie fünf Symbole jeweils auf die Zylinderflächen / Körperkanten nach Abb. 13.15.

Beachten Sie: Der zweite Absatz von rechts besitzt **zwei** verschiedene Durchmesser, jede erhält demnach ein eigenes Oberflächenzeichen.

- Ziehen Sie die Symbole nun wie im Bild aus der Körperkante heraus. Die Hilfslinie wird automatisch hinzugefügt.

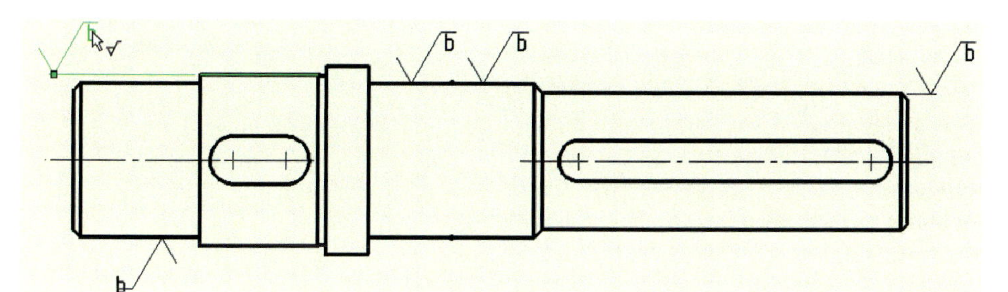

Bild 13.15: Einfach ist der Gebrauch der Oberflächensymbole in SolidWorks geworden...

- Ziehen Sie das untere, auf dem Kopf stehende Symbol nach links aus der Kontur. Stellen Sie in der Gruppe *Hinweislinie* eine *Hinweislinie* mit der Option *Geknickte Hinweislinie* ein. Fordern Sie einen *Winkel* von **0 Grad** (Abb. 13.16).

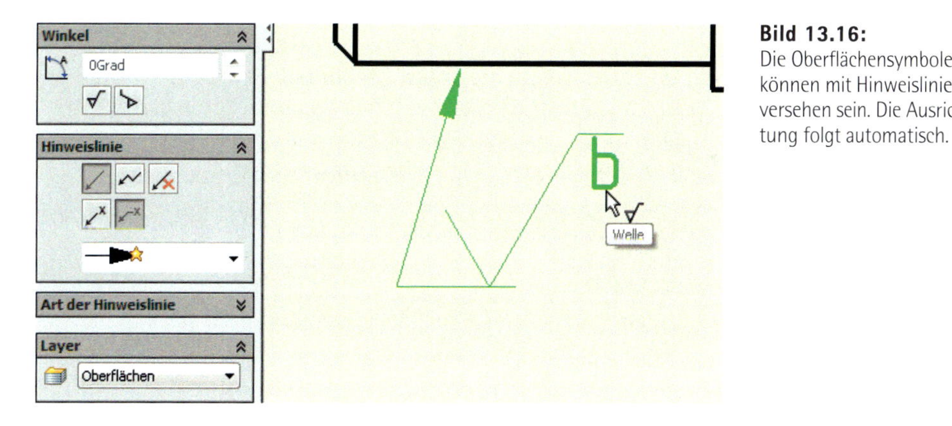

Bild 13.16: Die Oberflächensymbole können mit Hinweislinien versehen sein. Die Ausrichtung folgt automatisch.

- Zoomen Sie ans Symbol heran und ziehen Sie dieses – **nicht** seinen Verknüpfungspunkt! – nach unten. Daraufhin wird es automatisch herumgedreht.

Auch die Passfedernuten müssen bearbeitet werden:

- Ziehen Sie zwei horizontale Linien *deckungsgleich* mit den Flanken der linken Passfedernut aus der Kontur und richten Sie die freien Enden vertikal zueinander aus (Symbolleiste *Skizzieren)*.

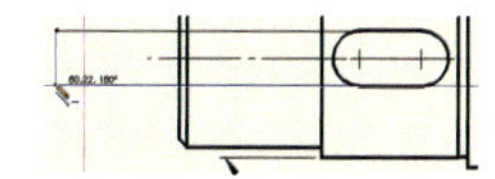

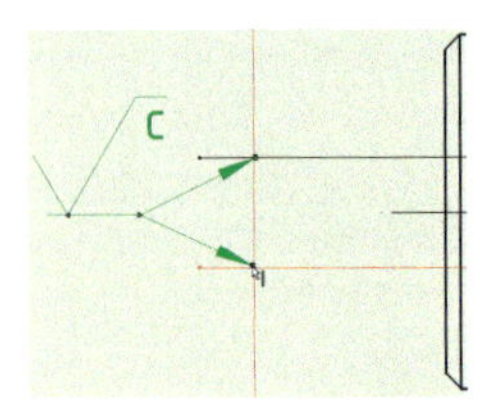

- Fügen Sie ein Oberflächensymbol mit *geknickter Hinweislinie* ein, indem Sie die **Strg**-Taste gedrückt halten und je einen Pfeil zu den beiden Linien ziehen. Mit dem dritten Klick positionieren Sie das Symbol. Verleihen Sie ihm den Buchstaben **c** nach der Abbildung.
- Sollte dies nicht klappen, können Sie den ersten Pfeil nachträglich mit gedrückter **Strg**-Taste wegziehen und dadurch kopieren. Dies gilt für alle Hinweiselemente.

Sollte der Drehwinkel eines Oberflächensymbols einmal nicht Ihren Wünschen entsprechen, so korrigieren Sie ihn über das Gruppenfeld *Winkel* im PropertyManager.

13.2.8 Allgemeine Bearbeitungshinweise

Nun bleibt noch die Legende der allgemeinen Bearbeitungshinweise. Leider sind die Probleme, etwas derartiges in SolidWorks zu realisieren, ebenfalls Legende, denn es gibt beispielsweise keine Unterstützung für die Werkstückkanten nach Abb. 13.17 links. Es bleibt nichts übrig, als die Legende selbst zu zeichnen:

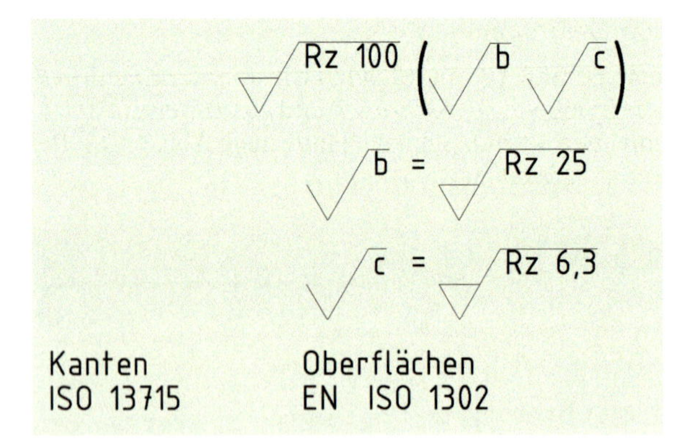

Bild 13.17: Selbst gezimmert: Die Legende für die Kanten- und Oberflächenbearbeitung.

Für die folgenden Symbole verwenden Sie jeweils die *Schriftart des Dokuments,* hier also 3.5 mm:

- Fügen Sie die drei Oberflächensymbole mit der entsprechenden Bezifferung ein, wobei Sie den PropertyManager und die Gruppe *Symbol-Layout* nutzen.
- Setzen Sie dann mit einem *Bezugshinweis* die beiden runden Klammern der Schriftgröße **7 mm** mit passenden Leerzeichen. Sie können auch zwei einzelne Bezugshinweise mit einer linken und einer rechten Klammer setzen.
- Verfahren Sie so auch für die beiden Zeilen darunter, wo Sie ein einzelnes Gleichheitszeichen zwischen die Symbole setzen. Richten Sie die Gleichheitszeichen mittig untereinander aus.
- Fügen Sie zwei Bezugshinweise ohne Pfeile mit den Inhalten **Oberflächen EN ISO 1302** und **Kanten ISO 13715** hinzu. Mit der Eingabetaste können Sie die Zeilen umbrechen.

13.3 Einen Block erstellen

Die Symbole für Werkstückkanten nach DIN 13715 sind ebenfalls nicht in SolidWorks vertreten. Da Sie diese aber immer wieder benötigen, fertigen Sie hierfür ein Blocksymbol an, das Sie als externe Datei speichern und in andere Zeichnungen einfügen können. Und – hätten Sie's gedacht? – es gibt mal wieder ein paar Regeln:

1. Zeichnen Sie Blöcke immer im Maßstab 1:1, andernfalls werden Sie später alle möglichen Probleme mit der Skalierung bekommen.
2. Bemaßungen in Blöcken können Sie ausblenden, Konstruktionselemente hingegen nicht. Also müssen Sie diese verstecken – oder vermeiden.

Unsere Zeichenansicht der Welle ist im Maßstab 1:1,5 gehalten, also

- fügen Sie über das Menü *Einfügen* ein neues *Blatt* hinzu.
- Öffnen Sie über das Kontextmenü im FeatureManager dessen *Eigenschaften* und definieren Sie einen *Maßstab* von **1:1**, nennen Sie das Blatt **Blocksymbol**.

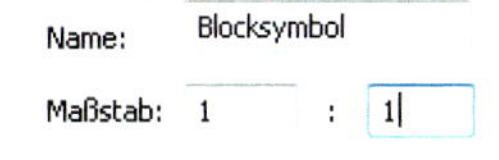

Da sich die Pfeile der Bezugshinweise nicht in Einzelteile zerlegen lassen, müssen wir wohl oder übel selbst einen bauen. Zum Glück können Sie im Zeichnungsmodus genau so schön arbeiten wie bei der Skizzendefinition:

- Stellen Sie das *Gitter* auf **35 mm**, **10** und **10** ein. Blenden Sie über das Menü *Ansicht* die *Skizzenbeziehungen,* die Symbolleiste *Skizzieren* und das *Gitter* ein. Zeichnen Sie einen rechten Winkel von etwa 3,5 mm Schenkellänge nach Abb. 13.18. Definieren Sie die beiden Schenkel als *gleich* lang.

N.B.: Alles, was sich berührt, ist *deckungsgleich*, alles Orthogonale ist *vertikal* bzw. *horizontal* beschränkt.

In den folgenden Bildern ist das Gitter ausgeblendet.

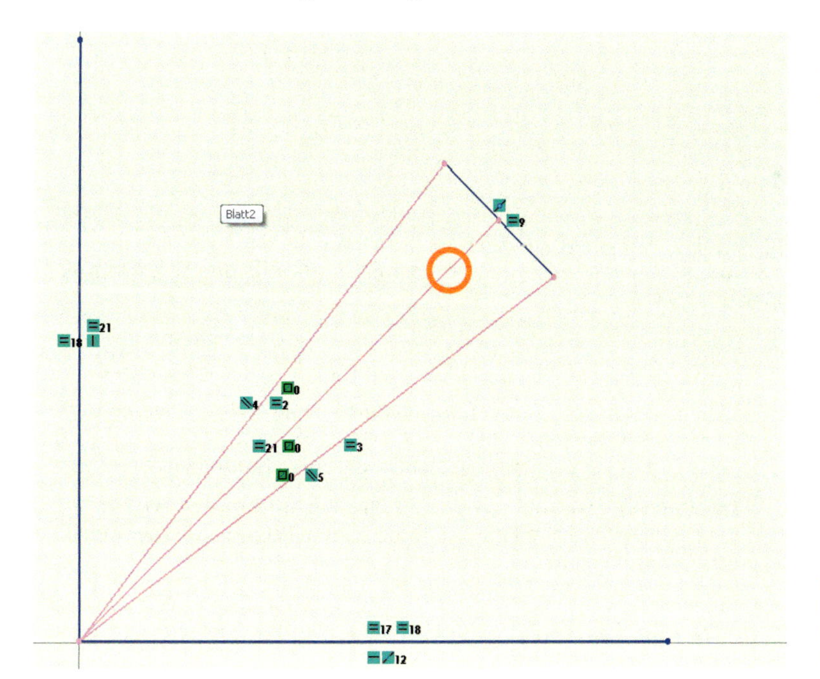

Bild 13.18:
Die Konstruktion eines Normpfeils ist eine kleine Herausforderung…

Vielleicht unterschätze ich Sie. Wenn Sie es nach zwölf Kapiteln SolidWorks einmal ohne Netz versuchen wollen, sehen wir uns auf S. 394 wieder.

- Zeichnen Sie dann eine *Konstruktionslinie* im Winkel von 45° ein (Kreis) und definieren Sie sie als *gleich* lang wie einer der Schenkel. Somit definieren wir einen Pfeil von 3,5 mm Länge, entsprechend der Schrifthöhe der Zeichnung.
- Ergänzen Sie dann die beiden langen Seiten des Pfeils, die Sie als *symmetrisch* zur Konstruktionslinie und *gleich* lang in Bezug aufeinander beschränken. Die kurze Verbindungslinie liegt *deckungsgleich* auf dem Ende der Konstruktionslinie und verbindet zugleich die beiden Linienenden miteinander.

Die restlichen Beziehungen im Bild knüpfen Sie im nächsten Schritt (Abb. 13.19):

- Ziehen Sie zwei Linien, eine von der Pfeilspitze schräg nach oben, und eine Waagerechte. Verknüpfen Sie die Schräge und die Konstruktionslinie *kollinear*.

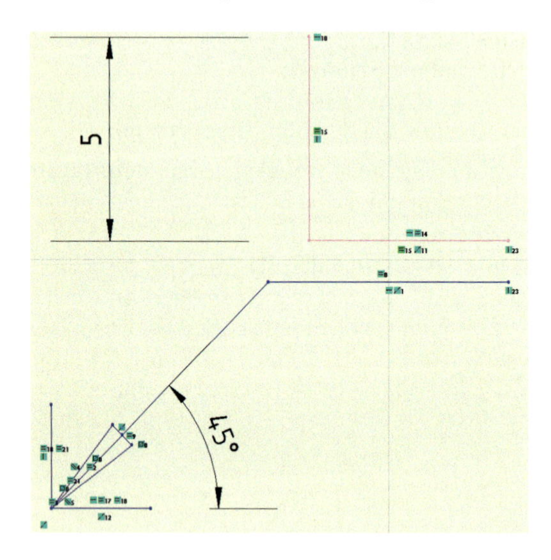

Bild 13.19:
Schon wird's erkennbar: Der Pfeil des Kantensymbols und der Rahmen für die Maßangabe sind ebenfalls miteinander verknüpft.

- Zeichnen Sie einen zweiten Rechten Winkel aus zwei *gleichen* Linien mit etwa 5 mm Länge oberhalb der Waagerechten ein. *Bemaßen* Sie ihn mit **5 mm**, die Schräge dagegen mit **45°** zur Waagerechten. Bemaßen Sie den Pfeilwinkel mit **15°**.

Die Bemaßungen sind wahrscheinlich viel zu groß für diese kleine Skizze:

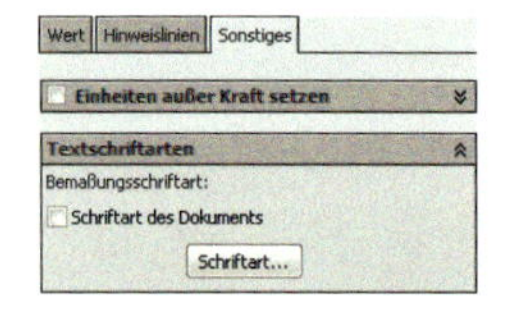

- Wählen Sie eine aus und verkleinern Sie über die Registerkarte *Sonstiges* die *Bemaßungsschriftart* auf **1 mm**. Um die Pfeile zu verkleinern, aktivieren Sie in den *Dokument-Optionen, Bemaßungen,* die Option *Mit Bemaßungshöhe skalieren.*

Mit der Schaltfläche *Format-Übertragung* in der Symbolleiste *Beschriftung* kopieren Sie die Formatierung auf die zweite und später alle weiteren Bemaßungen dieser Skizze.

Seit Version 2014 können Sie Deckungsgleichheit auch zwischen Elementen erzeugen, die sich nicht berühren.

- Verknüpfen Sie die **Endpunkte** der beiden Waagerechten ganz rechts *vertikal.*
- Verknüpfen Sie die Schräge und den Eckpunkt des oberen Winkels *deckungsgleich.* (Abb. 13.20, Pfeile).

Da es in Zeichnungen keinen Skizzenursprung gibt,

- *Fixieren* Sie vorübergehend den Eckpunkt des unteren Winkels, um die vollständige Bestimmung der Skizze überprüfen zu können.
- Markieren Sie das gesamte Symbol und wählen Sie im Kontextmenü *Elemente kopieren* oder ziehen Sie es mit gedrückter **Strg**-Taste nach rechts.

Elemente verschieben
Elemente drehen
Elemente skalieren
Elemente kopieren
Elemente dehnen

In SolidWorks sind Kopien völlig unbestimmt – leider müssen Sie die Beziehungen ergänzen, und zwar derart geschickt, dass keine Überbestimmung entsteht:

- Fügen Sie *vertikale* und *horizontale* Beziehungen ein. Vergessen Sie nicht die vertikale Beziehung zwischen den Endpunkten der Waagerechten ganz rechts.
- Verknüpfen Sie die drei Waagerechten jeweils *kollinear* miteinander.
- Sofern sich **parallele** Elemente zur ersten Skizze finden, verknüpfen Sie sie *parallel.* Dies betrifft die beiden Seiten der Pfeile und die Schrägen.

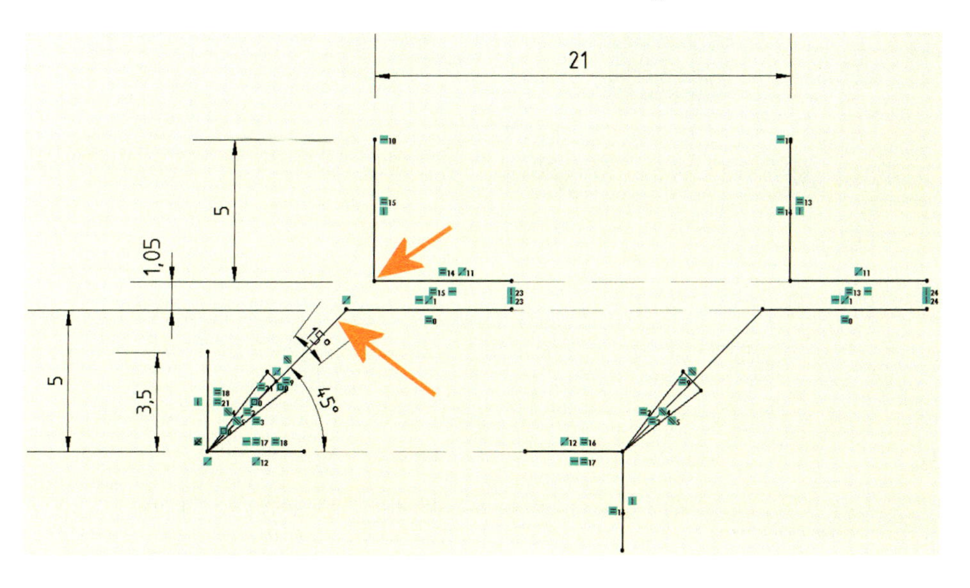

Bild 13.20: Beziehungs-Krisen: Wer hätte geahnt, dass sich die komplizierteste aller Skizzen im letzten Kapitel befindet?

- Verknüpfen Sie die beiden Rechten Winkel wie gehabt durch *Gleichheit.* Stellen Sie dann noch die Beziehung *Gleich* zwischen jeweils **einer** Linie jedes Winkels mit seinem Pendant auf der rechten Seite her.
- Definieren Sie *Gleichheit* paarweise dann auch für die sechs Pfeil-Elemente.
- Bemaßen Sie nun die Skizze. Wenn Sie alles richtig gemacht haben, ist sie nun voll bestimmt. (Wenn nicht, habe ich etwas vergessen.)

Zur Erklärung: DIN 13715 schreibt einen lichten Abstand von zwei Linienstärken zwischen den Waagerechten vor. Die *1,05* mm entsprechen **drei** Linienstärken 0,35 mm – was genau 1,05 – 2*0,35/2 oder 0,7 mm entspricht. Wenn Sie den Block skalieren, z. B. mit einem Skalierfaktor von 1,4 auf 5 mm Schrifthöhe, dann wird dieser Abstand wiederum korrekt drei Linienstärken 0,5 und einen lichten Abstand von 1 mm annehmen.

Leider geht es nur über diesen Umweg, da Bemaßungen in **Zeichnungen** keine Gleichungen erlauben, wie es in einer Modellskizze möglich wäre.

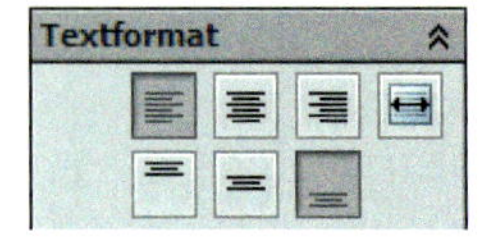

- Fügen Sie zwei *Bezugshinweise* ohne Pfeil in der *Schriftart des Dokuments* ein. Stellen Sie für beide Texte im Gruppenfeld *Textformat Linksbündig* und *nach unten ausrichten* ein.

Auf diese Art können Sie später ohne Nachbearbeitung korrekt ausgerichtete Ober- und Untergrenzen angeben.

- Die Kehle erhält den Wert **+0,1**, die Kante **-0,5**. Diese Texte können Sie später im Block sehr bequem ändern. Rücken Sie die Texte auf gleiche Höhe und dicht an die linken Begrenzungen heran (Abb. 13.21).

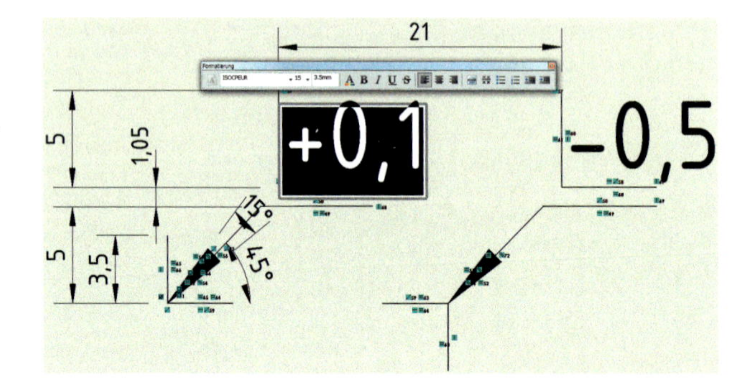

Bild 13.21: Schriftliches: Bezugshinweise können im Block als Attribute definiert werden.

- Deaktivieren Sie die Anzeige der Skizzenbeziehungen, zoomen Sie die beiden Pfeile heran und wählen Sie in der Symbolleiste *Beschriftung* die Schaltfläche *Bereich schraffieren/füllen* (Abb. 13.22).
- Wählen Sie die Modi *Füllen* und *Bereich*. Klicken Sie dann einfach in die Pfeile, jeweils einmal links und rechts von der Symmetrielinie. Bestätigen Sie dann.

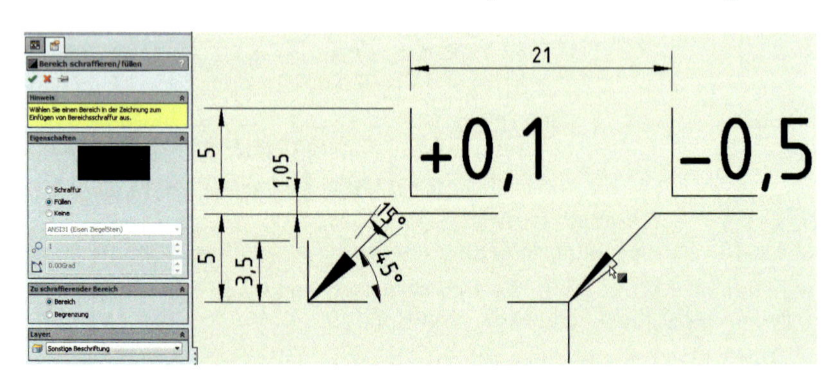

Bild 13.22: *Fit for Block:* Die Füllungen der Pfeile sind das letzte Detail dieses komplexen Symbols.

- Enfernen Sie nun die *Fixierung*, wodurch die Skizze unterdefiniert erscheint. Dies jedoch liegt, wie gesagt, nur daran, dass wir keinen Skizzenursprung zum Anheften zur Verfügung haben.

Warum der ganze Aufwand mit der Skizzenbestimmung?, höre ich Sie fragen, *es soll doch ohnehin ein Block werden.* Nun, Blöcke kann man skalieren. Und spätestens bei der Übung mit dem Tetraeder haben Sie gesehen, wie entscheidend die Beschränkung für skalierbare Objekte ist.

Definieren Sie nun den Block:

- Blenden Sie die Symbolleiste *Blöcke* ein und rufen Sie *Block erstellen* auf. Das Auswahlfeld *Blockelemente* erwartet die Objekte (Abb. 13.23).
- Ziehen Sie einen großzügigen Auswahlrahmen um alle Objekte inklusive der Bemaßungen. Nur die Linien, Texte und Füllungen werden aufgenommen.

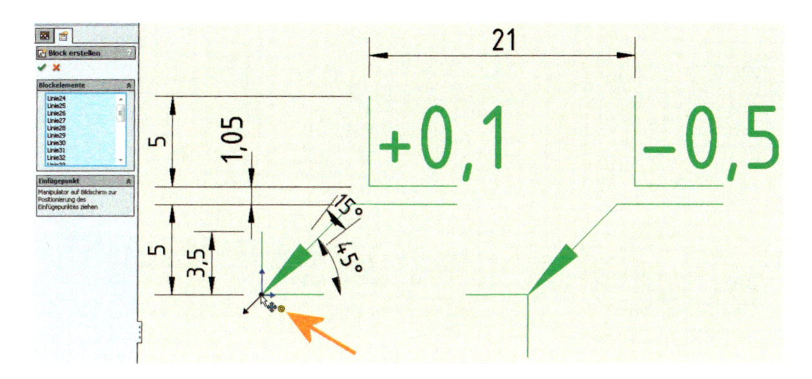

Bild 13.23: Die Blockdefinition enthält offenbar keine Bemaßungen, trotzdem werden diese aufgenommen.

- Klicken Sie nun im Gruppenfeld *Einfügepunkt* auf den Doppelpfeil.

Dieses öffnet sich, zugleich erwartet der Editor Ihre Definition sowohl des Einfüge- als auch des Hinweispunktes. Die Reihenfolge ist egal (Abb. 13.23, Pfeil):

- Ziehen Sie den blauen Ursprung deckungsgleich auf den linken unteren Eckpunkt der Skizze. Dies ist der Einfügepunkt des Blocks, also jener Punkt, mit dem Sie den Block platzieren.
- Ziehen Sie den schwarzen Zeiger deckungsgleich auf den gleichen Punkt.

Dieser Zeiger bestimmt die Position des Hinweispfeils. Da Sie jedoch schon Pfeile eingebaut haben, platzieren Sie den Zeiger auf dem Ursprung, um einen weiteren Pfeil zu vermeiden.

Da stellt sich natürlich sofort die Frage, warum wir nicht einfach Hinweispfeile eingebaut haben, statt alles mühselig zu konstruieren. Nun, die Hinweispfeile verhalten sich äußerst eigenwillig. Sie können sie nicht ausrichten, können ihre Längen nicht fixieren, und wenn Sie Pech haben, springen sie unvermittelt an irgendwelche Positionen – nur nicht die gewünschte. Dies gilt besonders für geknickte Hinweislinien. Solange Dassault das so lässt, bleibt nur die Handfertigung.

- Bestätigen Sie, so wird der Block erzeugt. Klicken Sie dann auf *Modellneuaufbau,* bis die Ampeln aus dem FeatureManager verschwinden.

Oben im FeatureManager erscheint ein neuer Ast namens *Blöcke.* Darin befindet sich der neue Block.

- Benennen Sie ihn durch zwei Klicks auf den Namen um in **Kantenzustand - DIN ISO 13715 innen, außen o. Text**.
- Wählen Sie den Block in der Zeichnung, so erscheinen dessen Eigenschaften im PropertyManager (Abb. 13.24).

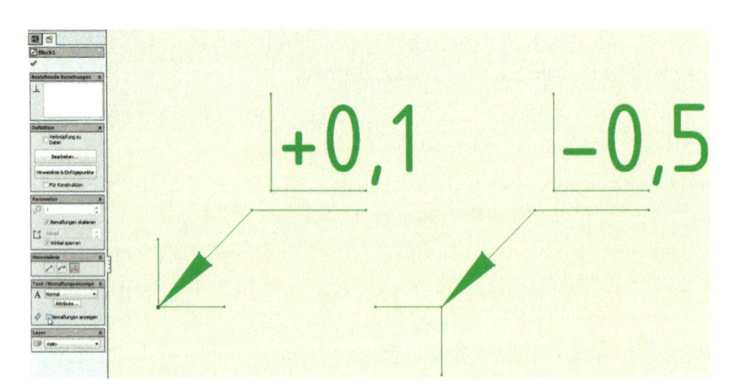

Bild 13.24: Aufgeräumt wirkt der FeatureManager mit den Blockeigenschaften

Sie wissen, dass die Fortfolge der DIN-Reihen nach der Regel 1:√2 bzw. 1:1,41 berechnet wird? Gut.

Im Gruppenfeld *Parameter* sehen Sie den *Skalierfaktor*, der nominal auf **1** steht. Bis wir fertig sind, belassen Sie ihn auf dieser Einstellung. Später können Sie die Symbole problemlos mit diesem einzigen Parameter z. B. auf die Normgröße der Liniengruppe 0,5 und 0,7 skalieren.

- Deaktivieren Sie im Gruppenfeld *Text-/Bemaßungsanzeige* die Option *Bemaßungen anzeigen*, so verschwinden diese.
- Deaktivieren Sie auch die Option *Bemaßungen skalieren*. Dadurch behalten die Bemaßungen des Blocks bei jeder Skalierung die gleiche Größe.
- Klicken Sie auf die Schaltfläche *Attribute*, so werden die Bezugshinweise des Blocks angezeigt. In diesem Falle sind das die beiden Zahlenangaben (Abb. 13.25).

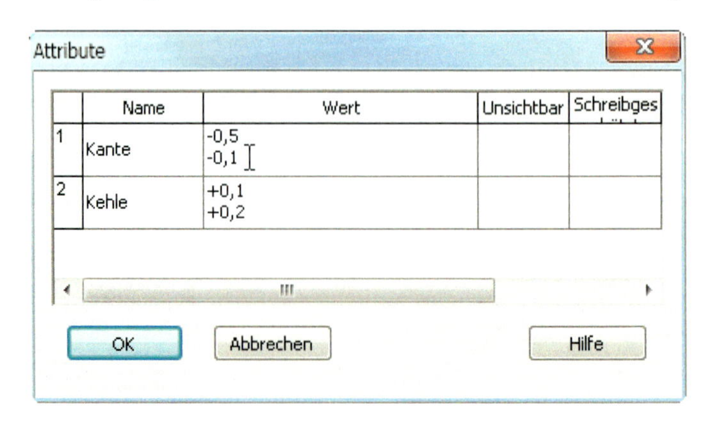

	Name	Wert	Unsichtbar	Schreibges
1	Kante	-0,5 -0,1		
2	Kehle	+0,1 +0,2		

Bild 13.25: Thema mit Variationen: Durch die Ausrichtung der Texte im Block lassen sich auch Ober- und Untergrenzen angeben.

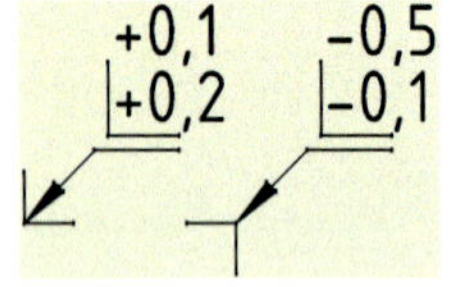

- Geben Sie probehalber eine Ober- und Untergrenze für jeden Text ein. Umbrüche erzielen Sie auch hier mit der **Eingabetaste**. Bestätigen Sie dann.

13.3.1 Block bearbeiten

Wenn Sie die Hinweise korrekt ausgerichtet haben, werden die Zahlen übereinander gestapelt, ohne die Rahmen zu berühren. Falls nicht, können Sie das jederzeit korrigieren:

- Klicken Sie im PropertyManager auf *Bearbeiten*. Diese Schaltfläche entspricht der Schaltfläche *Block bearbeiten* in der Symbolleiste *Blöcke*.

Die Stapelangabe wird wieder durch einzelne Zahlen ersetzt, denn die Grenzangaben sind nur Attribute und gehören nicht zur Definition des Blockes.

- Überprüfen Sie durch Anklicken des ersten Bezugshinweises, ob er im Gruppenfeld *Textformat* als *Linksbündig* und *nach unten ausrichten* formatiert ist.

Durch die Verwendung in einem Block ist für beide Bezugshinweise ein zusätzliches Gruppenfeld namens *Blockattribut* hinzugekommen, in dem Sie die Texte korrekt benennen können:

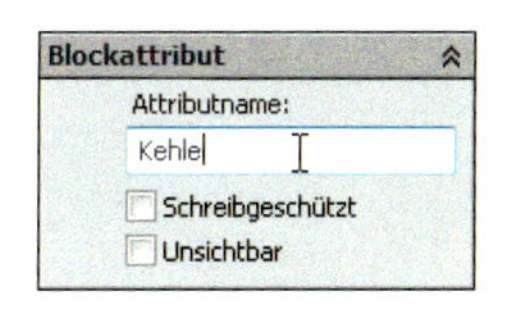

- Ändern Sie den *Attributnamen* des linken Hinweises in **Kehle** und den des rechten in **Kante**.
- Bestätigen Sie durch Anklicken des *Blocksymbols* im Bestätigungs-Eckfeld.

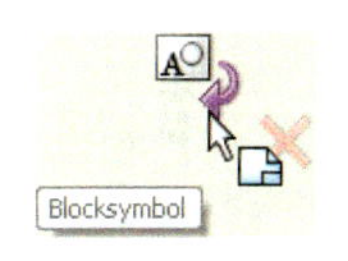

Der Block wird wieder mit Grenzangaben gezeigt. Die Dialogbox *Attribute* (vgl. Abb. 13.25) zeigt jetzt die neuen Namen an.

- Setzen Sie die *Attribute* jetzt wieder auf **+0,1** bzw. **-0,5** zurück.

Die Attribute *Schreibgeschützt* und *Unsichtbar* können Sie z. B. nutzen, um weitere Zahlenangaben für die Grat- und Abtragsrichtung *unsichtbar* neben bzw. über dem Symbol anzubringen. Auch können Sie Dokumentvariable – die Stichworte lauten *$PRP* und *$PRPSHEET* – einbauen und auf *Schreibgeschützt* setzen. Leider jedoch müssen Sie den *Block bearbeiten,* um diese Attribute zu ändern.

- Mit der Schaltfläche *Hinweise & Einfügepunkte* können Sie diese beiden Punkte für jede Instanz des Blocks in der Zeichnung anpassen, ohne dass sich die Blockdefinition selbst dadurch ändert.

13.3.2 Block extern speichern

Bis jetzt ist der Block nur in der aktuellen Zeichnung verfügbar. Sie können Blöcke jedoch auch als externe Datei abspeichern, um sie für andere Zeichnungen – und Ihre Kollegen – zur Verfügung zu stellen:

- Wählen Sie den Block ab. Im FeatureManager, *Blöcke* können Sie nun über das Kontextmenü den *Block speichern*. Speichern Sie ihn unter dem gleichen Namen wie eben, **Kantenzustand - DIN ISO 13715 innen, außen o. Text**.

Blocksammlungen solcher Symbole erhalten Sie im Internet: Suchen Sie nach den Dateinamenerweiterungen *.SLDBLK und *.SLDSYM. Allerdings werden Blöcke in einem speziellen Verzeichnis abgelegt. Wenn Sie diese über *Block einfügen* verwenden wollen, kopieren Sie sie nach C:\PROGRAMDATA\SOLIDWORKS\SOLIDWORKS 2015\DESIGN LIBRARY\ANNOTATIONS.

- Nun können Sie den Zeichnungsblock über den PropertyManager mit der externen *Datei verknüpfen,* wodurch Änderungen des externen Blocks automatisch zur Aktualisierung der verknüpften Kopien – jetzt also **Instanzen** – führen. Attributänderungen – wie hier die Texte – bleiben jedoch erhalten.

Wenn Sie den Block selbst bearbeiten wollen, lösen Sie zunächst dessen Verknüpfung zur Datei. Dadurch erhalten Sie eine unabhängige Kopie. Nach Fertigstellung speichern Sie diese als Variante oder überschreiben die alte Datei, **bevor** Sie die Verknüpfung wiederherstellen – andernfalls geht Ihre Arbeit verloren.

13.3.3 Linienstärken für Blöcke

Die Linienstärke des Blocks folgt aus der Einstellung in *Optionen, Dokumenteigenschaften, Linien, Skizzenkurven.* Wenn Sie die Linienstärke unabhängig davon steuern wollen, verlegen Sie diesen Block einfach auf einen neuen Layer:

- Erstellen Sie einen neuen Layer namens **Blöcke**, legen Sie dessen Linienstärke auf *0,35 mm* fest. Verlegen Sie den Block auf diesen Layer, so wird die Linienstärke entsprechend angezeigt.

Diese Einstellung können Sie auch fest in der Blockdefinition installieren:

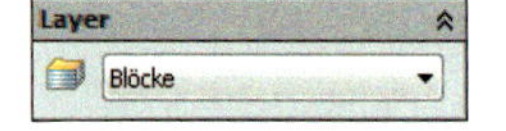

- Wählen Sie den Block und verlegen Sie ihn über den PropertyManager, Gruppenfeld *Layer* auf den Layer *Blöcke*. Speichern Sie ihn dann erneut ab, wobei Sie die alte Datei überschreiben.

Eine dritte Möglichkeit besteht darin, die Blockelemente schon während der Bearbeitung auf – möglicherweise sogar verschiedene – Layer zu verlegen. Die Blockelemente werden dann entsprechend den jeweiligen Linieneigenschaften angezeigt. Allerdings werden diese Layer beim Einfügen in eine andere Zeichnung erst dann gebildet, wenn der Block zum ersten Mal zur Bearbeitung geöffnet wird.

Sobald Sie die Blockdefinition abgeschlossen haben, setzen Sie die globalen Pfeilgrößen in den Dokumentoptionen zurück, denn auch die Zeichnung ist davon betroffen:

- Deaktivieren Sie in den *Dokument-Optionen, Bemaßungen,* die Option *Mit Bemaßungshöhe skalieren.* Wenn sich die Pfeilabmaße in der Dialogbox verändert haben, re-importieren Sie die *Globale Zeichnungsnorm* DIN ISO 128-24, LINIENGRUPPE 0,35.SLDSTD. Importieren Sie die **externe Datei**, sonst erfolgt keine Änderung.
- Fügen Sie nun den Block in die Zeichnung ein, indem Sie ihn aus dem FeatureManager, Kategorie *Blöcke* auf das Blatt ziehen oder aus seinem Kontextmenü *Block einfügen* wählen.

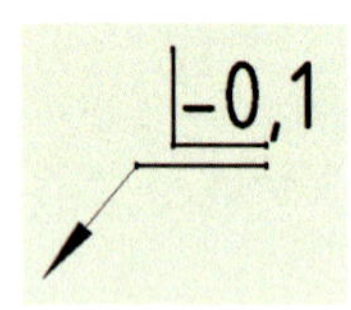

13.3.3.1 Der dynamische Kantenzustand

Die „dynamische“ Variante – der Kantenzustand für die individuelle Kante – stellt jetzt kein Problem mehr dar. Der Unterschied: Der Pfeil muss **beweglich** sein, damit Sie ihn an Kanten und Zeichnungsobjekte anheften können. Dazu nutzen Sie den SolidWorks-Hinweispfeil:

- Zeichnen Sie nur dessen Waagerechte als Linienobjekt.
- Deren linkes Ende ist bei der Blockdefinition sowohl Ursprung für die *Hinweislinie* als auch *Einfügepunkt*.
- Definieren Sie den Block mit *gerader Hinweislinie* und Pfeilsymbol und verlegen Sie ihn auf den Layer *Blöcke*.

13.3.4 Block auflösen und löschen

Wenn Sie einen Block in seine Bestandteile zerlegen möchten, z. B. um ihn erneut zu definieren, dann ist auch das möglich:

- Wählen Sie den Block und klicken Sie auf *Block auflösen*.

Hierauf erhalten Sie die einzelnen Elemente, wie sie vor der Blockdefinition vorhanden waren. Der Block selbst existiert allerdings weiterhin als Feature im FeatureManager. Wenn Sie einen Block vom Blatt entfernen wollen, dann

- löschen Sie ihn aus der Zeichnung.

Wenn Sie den Block vollständig aus der Zeichnungsdatei entfernen wollen,

- entfernen Sie seine Definition aus dem FeatureManager, *Blöcke*.

13.4 Allgemeine Beschriftung

Nun kommt der letzte Layer an die Reihe. Vergleichen Sie die folgenden Arbeitsschritte mit Bild 13.26:

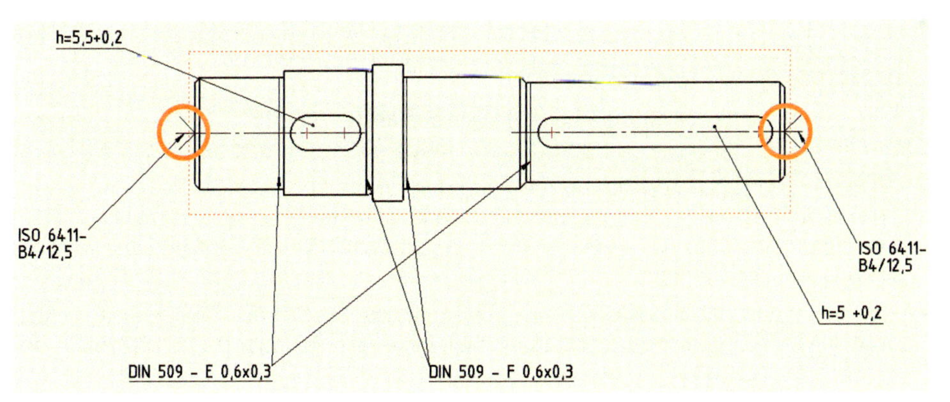

Bild 13.26: Der letzte Streich: Die allgemeinen Beschriftungen werden improvisiert. Orange umkreist die Zentrierbohrungen.

- Blenden Sie den Layer *Sonstige Beschriftungen* ein und schalten Sie ihn aktuell.
- Fügen Sie einen *Bezugshinweis* ein, in den Sie einen String in genau dieser Form eintragen: **<HOLE-SINK>**

Dies ist der Code für Zentrierbohrungen, wie wir sie für die Welle benötigen.

- Alternativ dazu können Sie in der Gruppe *Textformat* auf die dritte der bunten Schaltflächen klicken, *Symbol hinzufügen* (Kasten).

Hierdurch öffnet sich wieder die Dialogbox *Symbolbibliothek*.

- Wählen Sie die Kategorie *Bohrungssymbole*, dort die *Formsenkung* und bestätigen Sie.
- Drehen Sie das Symbol mit dem Editierfeld *Winkel* in der Gruppe *Textformat* um **90°**, ziehen Sie mit der **Strg**-Taste eine Kopie, die Sie um **-90°** drehen, und passen Sie die Symbole ungefähr auf den Schnittpunkten zwischen Mittellinie und den Wellenenden ein – ganz genau geht es leider nicht (Abb. 13.26, Kreise).

- Tragen Sie für diese Zentrierbohrungen je einen *Bezugshinweis* mit dem Text **ISO 6411 - B4/12,5** in der Nähe des Symbols ein. Über die *Eigenschaften* können Sie die *Hinweislinie* einschalten und diese auf die Mittellinie ziehen.
- Tragen Sie in gleicher Manier die Tiefenangaben für die beiden Passfedernuten ein. Wenn die *Pfeilart* nicht automatisch auf *Punkt* umspringt, stellen Sie sie in der Gruppe *Hinweislinie* ein.

Bringen Sie schließlich noch die beiden zweigeteilten Hinweise für die Freistiche an:

- Zeichnen Sie je eine dünne vertikale Linie dort in die Kontur ein, wo sich ein Freistich befinden soll, also hinter jeden der vier Absätze, mit Ausnahme des zweiten.
- Definieren Sie den ersten *Bezugshinweis*. Die Hinweislinie wird eingefügt, wenn Sie damit auf eine der Vertikalen zeigen. Tragen Sie den Text nach Bild 13.26 ein.

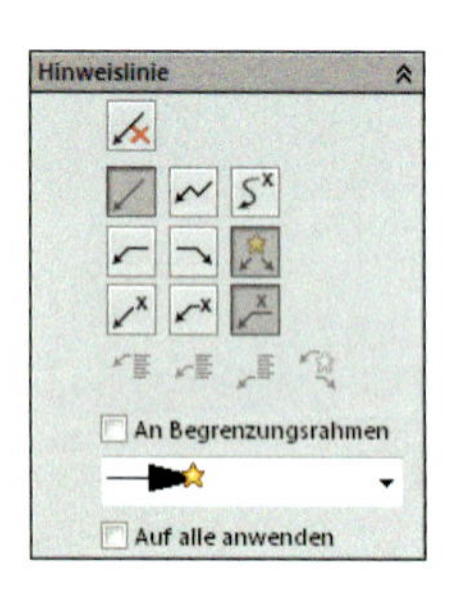

- Stellen Sie im PropertyManager in der Gruppe *Hinweislinie* die *Unterstrichene Hinweislinie* ein, wählen Sie die *Textausrichtung rechts*, wenn die Pfeile nach rechts zeigen. Verknüpfen Sie einen zweiten Pfeil mit der anderen Freistichlinie, indem Sie die Pfeilspitze mit gedrückter **Strg**-Taste weg ziehen.
- Fügen Sie auf gleiche Art die zweite Freistich-Beschriftung hinzu.

13.5 Unterbrechen der Maßhilfslinien

- Blenden Sie nun alle Layer wieder ein.
- Wahrscheinlich ist es nötig, die Bemaßungen und Symbole zurechtzurücken. Sie erleichtern sich die Arbeit, wenn Sie die Layer paarweise einschalten und die Symbole aneinander ausrichten.

- Wählen Sie jetzt die **Maße**, die von den Pfeilen anderer Maße durchkreuzt werden und schalten Sie im PropertyManager, Registerkarte *Hilfslinien,* die Optionen der Gruppe *Bruchkanten* ein und auf *Dokumentenabstand*. Dadurch werden die Maßpfeile von den Maßhilfslinien freigestellt. Die Einstellung ist vor allem für die außen liegenden Durchmesser sinnvoll, da sie die Längenmaße kreuzen.

Leider gibt es so etwas nicht für Bezugshinweise. Auch nicht für Maßtexte.

- Vergrößern Sie notfalls die Bruchkante, indem Sie *Dokumentenabstand* deaktivieren und den Wert erhöhen. So können Sie auch die Hinweislinien der allgemeinen Beschriftungen zwischen den Maßlinien hindurchbugsieren.
- Schließlich sehen Sie sich mit Datei, *Seitenansicht* die Zeichnung genau so an, wie sie zum Drucker geschickt wird. Es ist die ultimative Kontrolle vor dem Plot: Was hier stimmt, wird auch auf dem Papier stimmen.

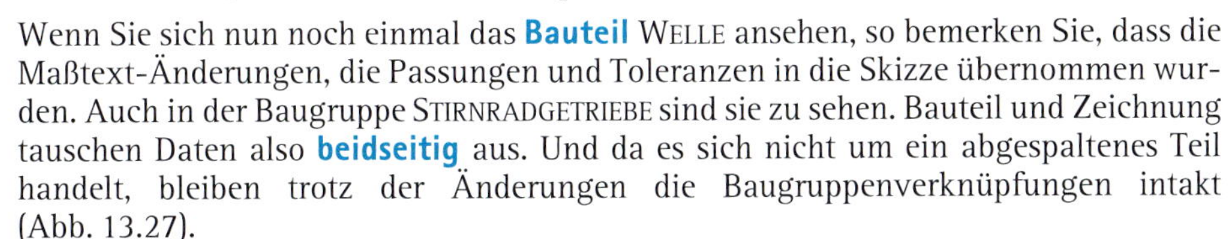

Wenn Sie sich nun noch einmal das **Bauteil** WELLE ansehen, so bemerken Sie, dass die Maßtext-Änderungen, die Passungen und Toleranzen in die Skizze übernommen wurden. Auch in der Baugruppe STIRNRADGETRIEBE sind sie zu sehen. Bauteil und Zeichnung tauschen Daten also **beidseitig** aus. Und da es sich nicht um ein abgespaltenes Teil handelt, bleiben trotz der Änderungen die Baugruppenverknüpfungen intakt (Abb. 13.27).

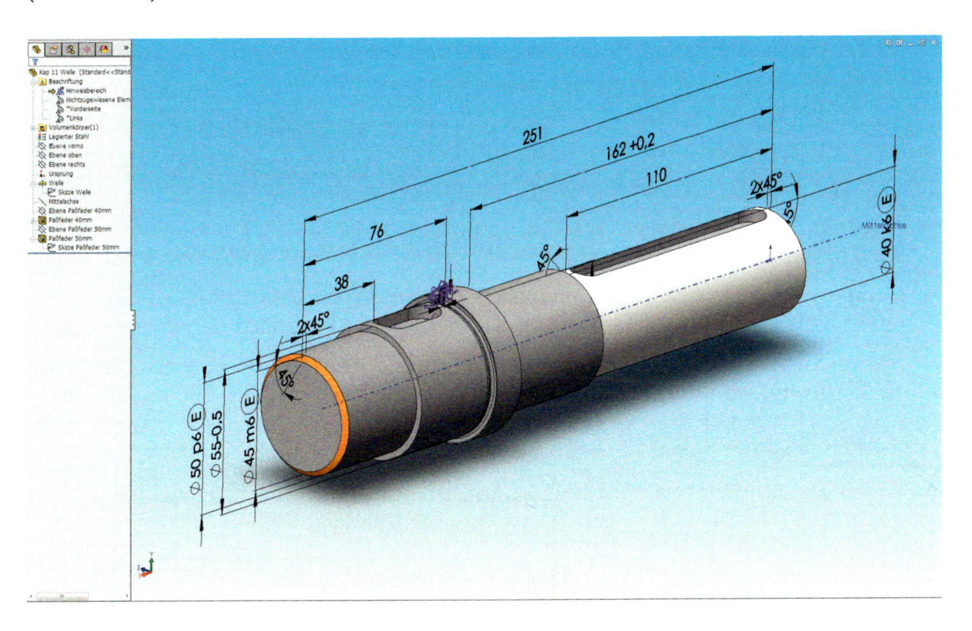

Bild 13.27: Maß-Arbeit: Die Passungen wurden ins Bauteil übernommen.

13.6 Schnitte und andere Hilfsansichten

„Erfreulich ist der äußre Schein ... “, schrieb Wilhelm Busch. Doch der Zeichner dringet tiefer ein, und so sind Schnitte durch komplizierte und hohle Werkstücke im Technischen Zeichnen allgegenwärtig. Glücklicherweise macht Ihnen SolidWorks die Definition von Schnitten, Ausbrüchen und allen anderen Hilfsansichten recht leicht.

Angenommen, Sie wollen die Tiefe der Passfedernuten der Welle in einer Hilfsansicht bemaßen, dann haben Sie mehrere Möglichkeiten. Diesmal sind *alle* gut.

- Verschieben Sie die *Draufsicht* in die linke obere Ecke der Zeichnung. Bis auf die Oberflächenangaben folgen alle Bemaßungen nach.

Die Ansichtsfunktionen finden Sie im Menü *Einfügen, Zeichenansicht.*

13.6.1 Ein Querschnitt

Speichern unter
Als Kopie speichern und fortfahren
Als Kopie speichern und öffnen

- *Speichern* Sie die aktuelle Zeichnung *unter* WELLE QUERSCHNITT. Wählen Sie im Speicherdialog die Option *Als Kopie speichern und öffnen,* so wird die Kopie gespeichert **und geladen**, sodass Sie sofort mit der Kopie weiterarbeiten. Die alte Zeichnung bleibt geöffnet.

- Klicken Sie auf *Einfügen, Zeichenansicht, Schnitt* oder auf die Schaltfläche *Schnittansicht* in der Symbolleiste *Zeichnung.*

Der PropertyManager erscheint mit dem Assistenten.

- Wählen Sie die Kategorie *Schnitt* und die Schnittlinie *Vertikal* (Abb. 13.28). Aktivieren Sie die Option *Schnittansicht automatisch starten.* Dies ist die Methode für einfache, ebene Schnitte wie diesen.

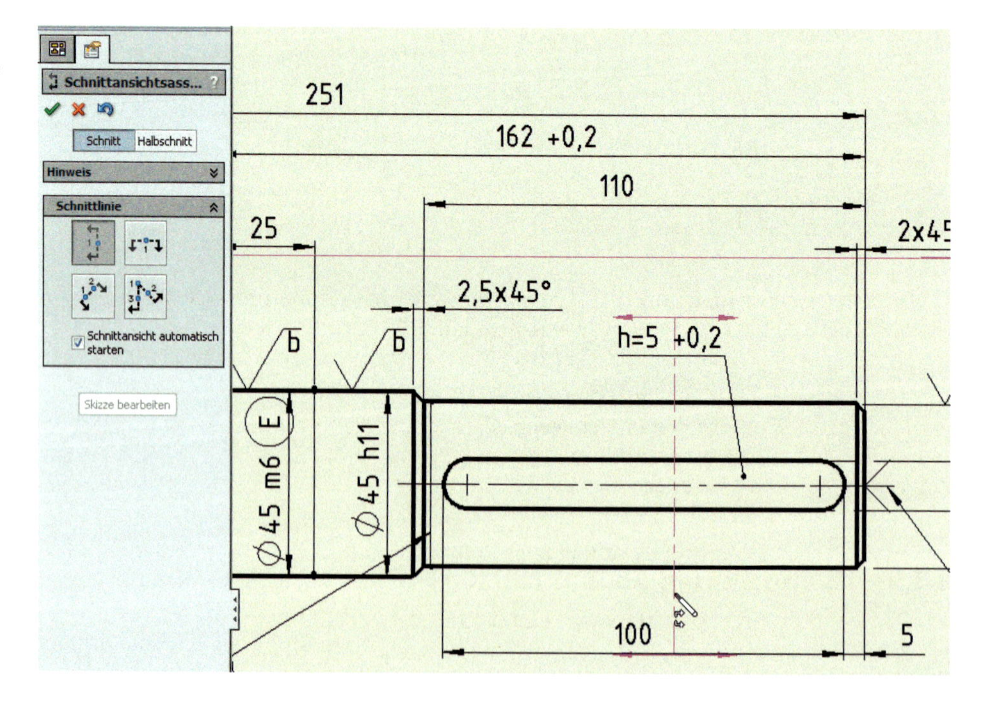

Bild 13.28: Leichter als in 3D: Platzieren der Schnittebene

- Klicken Sie in die Mitte der langen Passfedernut. Daraufhin wird die Schnittansicht erzeugt. Klicken Sie rechts neben die Draufsicht der Welle, um den Schnitt zu platzieren.

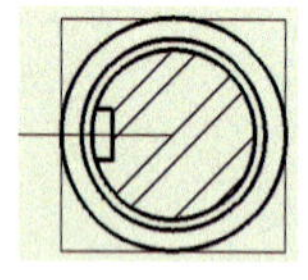

- Der Schnitt zeigt in die falsche Richtung. Klicken Sie im PropertyManager auf *Richtung umkehren,* so erfolgt der Schnitt von links, auf das rechte Ende der Welle zu (Abb. 13.29).

- Hier können Sie auch den/die Buchstaben des *Etiketts* ändern. Natürlich können Sie statt des Buchstabens auch eine längere Bezeichnung eintragen.

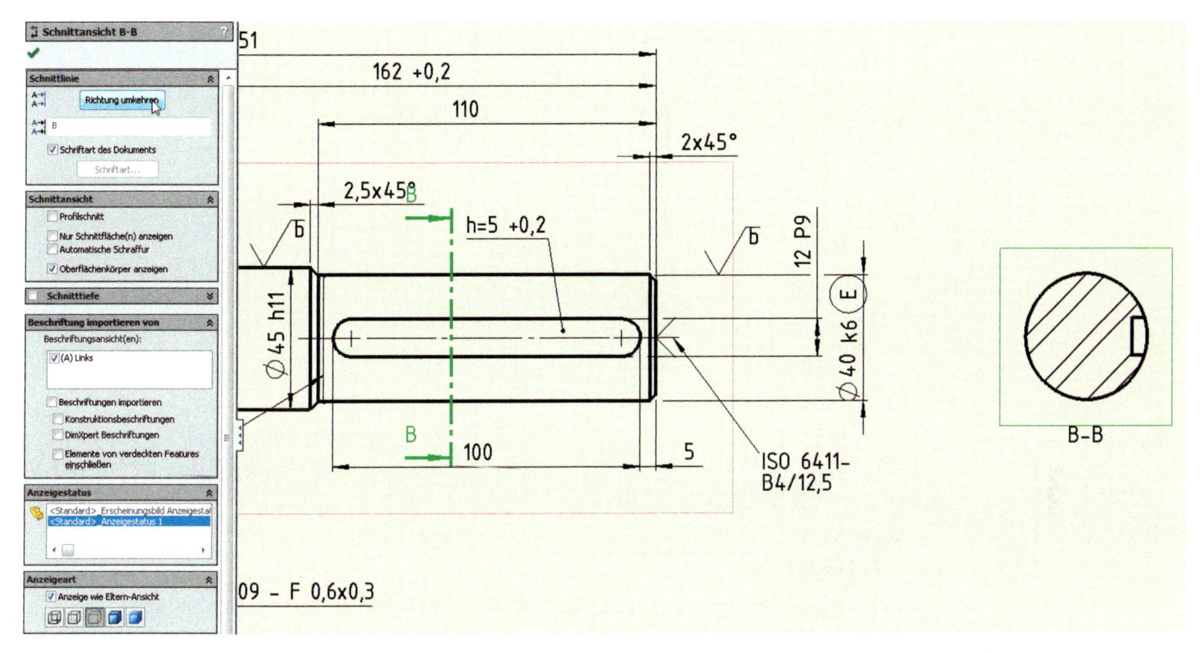

Bild 13.29: Ebenfalls leicht: Die Konfiguration des Schnittes.

- Deaktivieren Sie im Gruppenfeld *Schnittansicht* die Optionen *Profilschnitt* und *Nur Schnittflächen anzeigen,* denn Sie wollen ja die Tiefe der Nut gegen den Durchmesser bemaßen. Sorgen Sie für die Anzeigart *Verdeckte Kanten ausgeblendet.*

Die *Schnittansicht B-B* erscheint im FeatureManager. Wenn Sie den Ast aufklappen, erkennen Sie wieder das Modell der Welle, aber auch einen Eintrag namens *Schnittlinie B-B.* Über deren Kontextmenü könnten Sie diese Linie *ausblenden,* um Platz in der Zeichnung zu sparen. Was Sie hier aber nicht brauchen, denn Sie verschieben die Tiefenangabe auf die Schnittansicht.

Ein Maß zwischen einer Kante und einem Umfang anzubringen, ist allerdings nach wie vor schwierig, also importieren Sie einfach das Tiefenmaß aus dem Modell:

- Aktivieren Sie die Schnittansicht und klicken Sie auf *Modellelemente.*
- Wählen Sie als *Quelle* das *ausgewählte Feature,* die Ansicht *B-B* sollte bereits im Auswahlfeld stehen. Deaktivieren Sie die Option *Elemente in alle Ansichten importieren,* andernfalls haben Sie gleich eine Menge Bemaßungen aus der *Draufsicht* zu löschen. Bestätigen Sie.

Hierauf erhalten Sie die Meldung, dass ... *kein Maß eingefügt...* wurde.

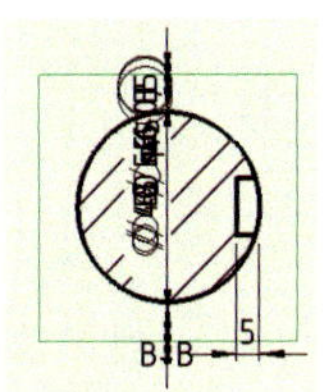

- Bejahen Sie die Abfrage nach der Such-Erweiterung auf das *ganze Modell.*
- Löschen Sie alle Maße bis auf das Tiefenmaß *5* mit einem Zugrahmen.

- Erweitern Sie den *Bemaßungstext* dieses Tiefenmaßes auf **<DIM> +0,2** und bestätigen Sie. Löschen Sie dann das Maß *h=5 +02* aus der Hauptansicht.

Der Vorteil dieses *Modellmaßes* anstelle des alten Bezugshinweises ist, dass es automatisch nachgeführt wird, sobald Sie das Modell der Welle ändern.

Übrigens können Sie die Schnittlinie in der *Draufsicht* jederzeit verschieben, wodurch die *Schnittansicht* automatisch nachgeführt wird. Dies gilt analog für alle Hilfsansichten.

13.6.2 Ein Halbschnitt

Nun fehlt noch die Schnittansicht für die kleine Passfedernut. Anstatt einen weiteren Querschnitt zu definieren, wählen wir den klassischen Halbschnitt, mit dem wir gleich beide Nuten auf einmal erschlagen:

- *Speichern* Sie die aktuelle Zeichnung *unter* WELLE HALBSCHNITT. Wählen Sie im Speicherdialog die Option *Als Kopie speichern und öffnen.* Löschen Sie die Schnittansicht.

Da wir für Halbschnitte eine Axial-Ansicht benötigen, müssen wir erst eine schaffen. Um den modernen Standard mit der unteren Hälfte als Schnittviertel zu erreichen, benötigen wir außerdem eine Ansicht in der richtigen Drehung:

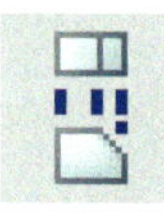

- Klicken Sie auf die *Projizierte Ansicht* in der Symbolleiste *Zeichnung.*

Projiziert bedeutet, dass sich die neue Ansicht auf eine bestehende bezieht. Wenn – wie hier – nur eine einzige Ansicht existiert, nimmt SolidWorks diese als Ausgangsbasis an, und Sie können direkt fortfahren. Sind dagegen mehrere Ansichten definiert, müssen Sie die gewünschte Ansicht erst wählen.

- Klicken Sie die neue Ansicht unterhalb der Draufsicht auf das Blatt. Die schwachen Kurven der Passfedernuten sollten nach unten zeigen (Abb. 13.30).

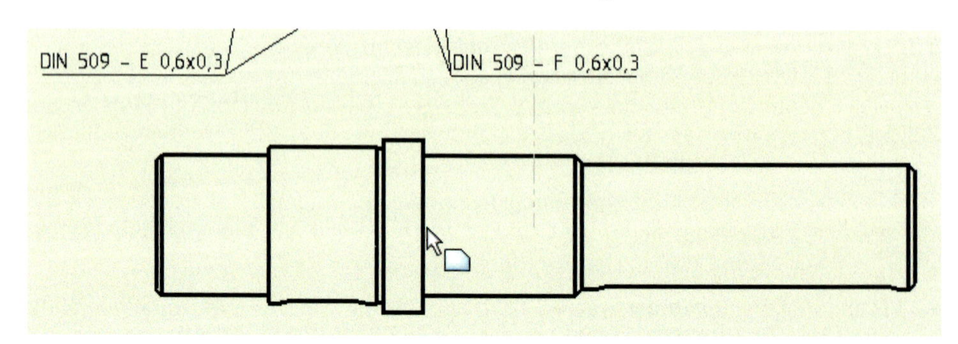

Bild 13.30: Kein Aufwand: Die Nuten werden mit einer Dummy-Ansicht in die gewünschte Richtung gedreht.

- Nennen Sie die Ansicht im FeatureManager **P f. Schnittskizze**. Das *P* steht für *Projektion.*

- Erzeugen Sie auf dieselbe Weise von **dieser** Ansicht eine Axialansicht, die Sie **A Schnittskizze** nennen. Das *A* steht für *Axial.*
- Ziehen Sie diese Ansicht nach rechts aus der Projektion.

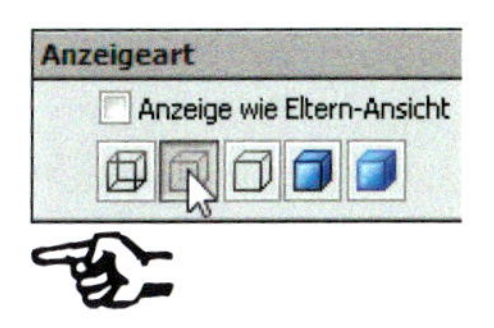

- Um die Lage der Passfedernuten zu verdeutlichen, stellen Sie diese Ansicht um auf *Verdeckte Kanten sichtbar.*

Ja, genau: Auch Ansichten sollten benannt werden, besonders wenn ihre Zahl zunimmt und Sie ihre Funktion hervorheben müssen.

- Machen Sie die Ansicht *P f. Schnittskizze* über deren Kontextmenü im FeatureManager *Unsichtbar,* denn an ihre Stelle werden Sie in wenigen Momenten den Halbschnitt ablegen. Die Funktionalität der Ansicht bleibt dabei erhalten.
- Wählen Sie nun wieder die Funktion *Schnittansicht,* diesmal aber mit der Kategorie *Halbschnitt.*

Um die untere Hälfte zu schneiden, benötigen wir für die Axialansicht einen Horizontalschnitt mit einer sichtbaren Schnittfläche von rechts.

- Wählen Sie die Variante *Unten links.* Klicken Sie den Schnittwinkel *deckungsgleich* auf das Zentrum von *A Schnittskizze.*
- Ziehen Sie die neue Ansicht nach links an die gleiche Stelle, an der sich vorher die Projektion befand (Abb. 13.31).

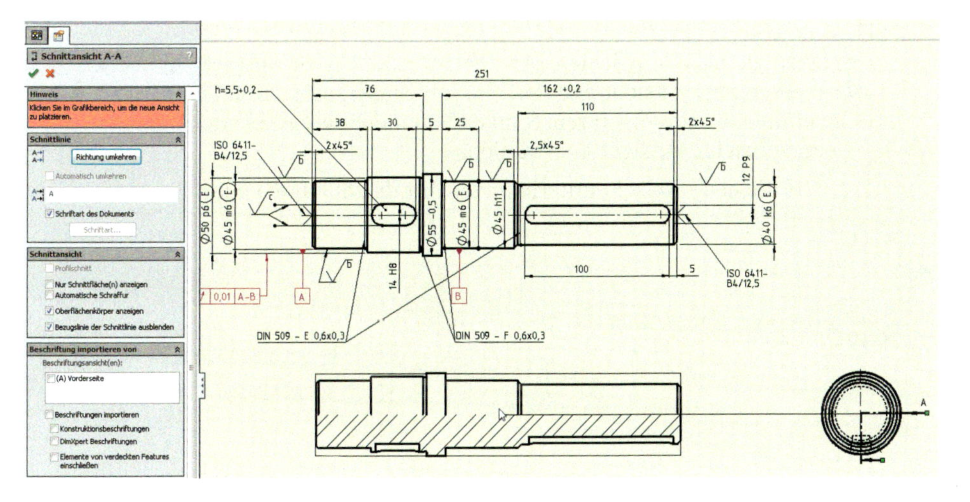

Bild 13.31: Rösselsprung: Der Halbschnitt nimmt wiederum den Platz der Projektion ein.

- Wenn Sie wollen, können Sie jetzt auch *A Schnittskizze* ausblenden. Halbschnitte verstehen sich von selbst. Beantworten Sie die Frage nach dem Ausblenden der *Kind-Ansichten* mit *Nein,* andernfalls verschwindet auch der Halbschnitt.

Der FeatureManager füllt sich unterdessen mit Ansichten. Ausgeblendete Objekte wie die Projektion *P f. Schnittskizze* werden in Grau angezeigt.

Durch dieses etwas umständliche Setup bleibt die Automatik der Ansichten erhalten: Egal, was Sie am Modell der Welle oder in einer der Eltern-Ansichten ändern, es findet seinen Weg in den Halbschnitt, ohne dass sich die Ansicht selbst dabei verändert.

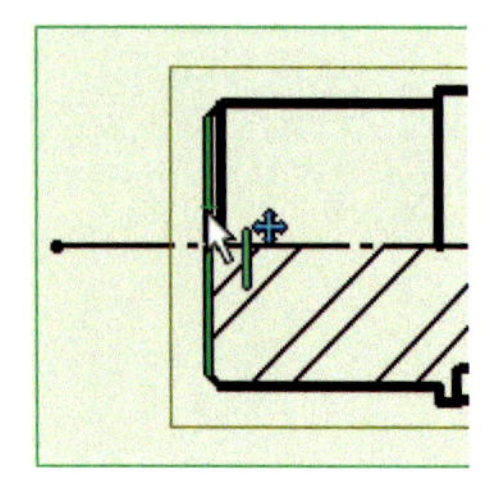

Richten Sie jetzt noch die Draufsicht und die Schnittansicht aufeinander aus:

- Wählen Sie die linke vertikale Kante der Schnittansicht. Aus dem Kontextmenü wählen Sie nun *Ausrichtung, vertikal auf Ursprung ausrichten.* Klicken Sie die obere Ansicht an.

Dadurch fluchten die beiden Ansichten. Fehlen nur noch die Tiefenmaße der beiden Passfedernuten:

- Markieren Sie die *Schnittansicht A-A* im FeatureManager und importieren Sie die *Modellelemente* aus dem gesamten Modell. Löschen Sie alle Maße bis auf die beiden Tiefenmaße der Passfedernuten.
- Ergänzen Sie beide Maße jeweils auf **<DIM> +0,2**. Löschen Sie dann die beiden Angaben *h=...* aus der *Draufsicht.*
- Rücken Sie die Ansatzpunkte der rechten Bemaßungen an die jeweils äußerst rechte Kante der Objektkontur, sodass die Abstände der Maßhilfslinien zur Wirkung kommen (Abb. 13.32).

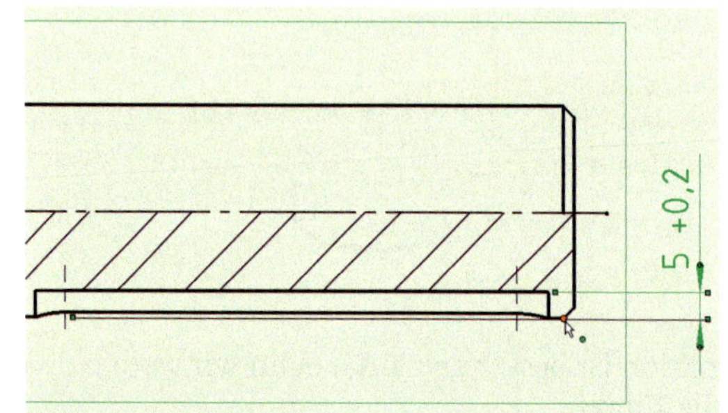

Bild 13.32:
Die Ansatzpunkte der Maße werden nach außen verschoben.

- Ziehen Sie dann die Mittellinie der Schnittansicht ein, sodass Sie die Bemaßung näher an die Kontur heranrücken können.
- Führen Sie diese Prozedur auch mit der linken Bemaßung durch.

Den fertigen Halbschnitt sehen Sie in Abb. 13.33.

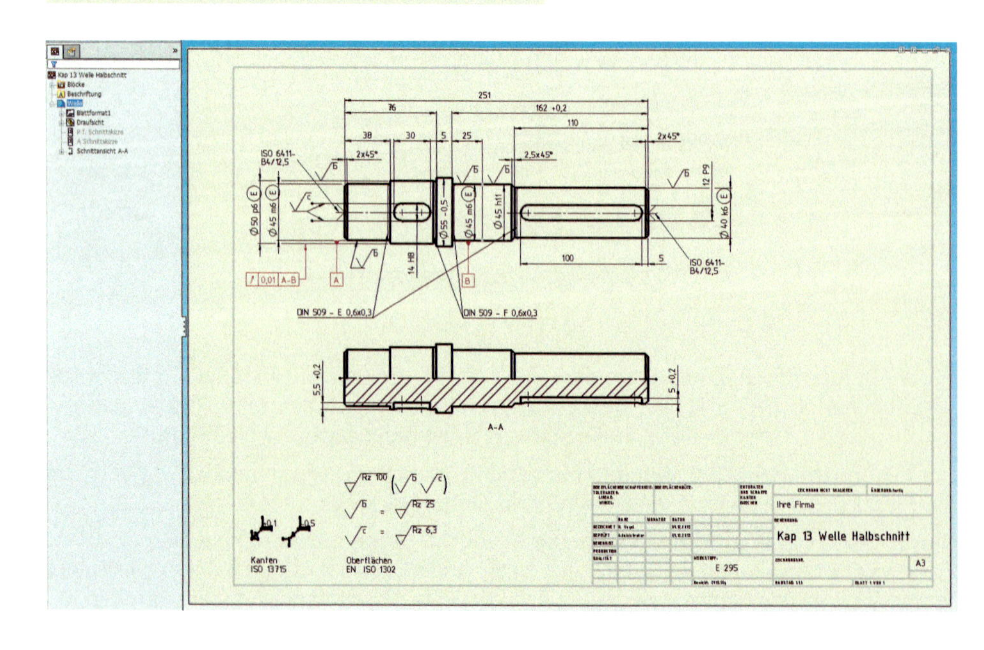

Bild 13.33:
Halbschnitt im Einsatz: Aufgeräumt wirkt die Draufsicht ohne die Tiefenangaben. Auch sind die Konstruktionsansichten ausgeblendet.

13.6.3 Ein Ausbruch

Auch mit Ausbrüchen können Sie dem Empfänger der Zeichnung Einblicke gewähren. Wir wenden dieses Verfahren auf die kleine Passfedernut an:

- *Speichern* Sie die aktuelle Zeichnung *unter* WELLE AUSBRUCH. Wählen Sie im Speicherdialog die Option *Als Kopie speichern und öffnen.* Löschen Sie die *Schnittansicht A-A* und die Axialansicht *A Schnittskizze.*
- Blenden Sie *P f. Schnittansicht* wieder ein und benennen Sie sie über den Feature-Manager in **P Ausbruch** um.
- Rufen Sie über die Symbolleiste *Zeichnung* die Funktion *Ausbruch* auf.

Erste Stufe ist das Zeichnen der Ausbruch-Skizze:

- Die *Spline*-Funktion wird eingeschaltet. Zeichnen einen geschlossenen Spline um die Ausbuchtung der kleinen Passfeder herum. Geschlossenheit erreichen Sie, indem Sie den letzten von **mindestens drei Punkten** *deckungsgleich* auf den ersten setzen (Abb. 13.34).

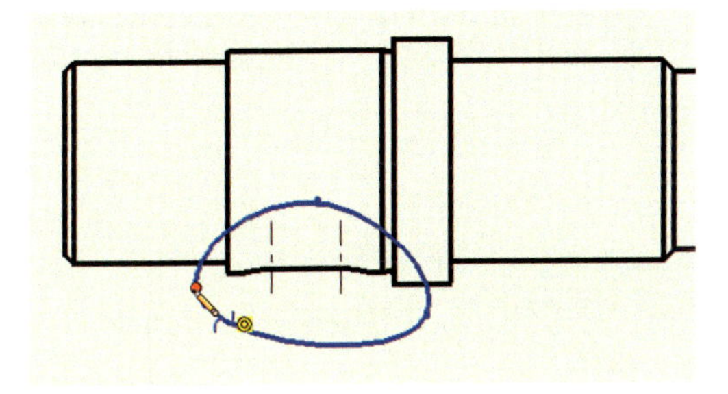

Bild 13.34: Schnell skizziert: Die Ausbruch-Skizze muss geschlossen sein.

Die zweite Stufe besteht in der Abfrage der *Tiefe* in mm oder einer Kante – gemeint ist die Tiefenkoordinate der Schnittebene. Die zweite Funktion ist besser geeignet, denn wir wollen den Ausbruch durch die Mittellinie der Welle führen:

- Schalten Sie die *Vorschau* ein und zeigen Sie in der Draufsicht auf die Mittellinie, bis sich eine Kante findet. Diese wird dann rot hervorgehoben (Abb. 13.35).

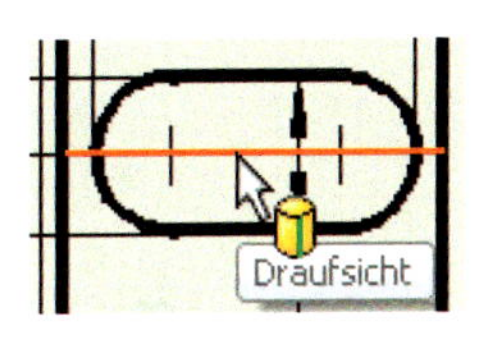

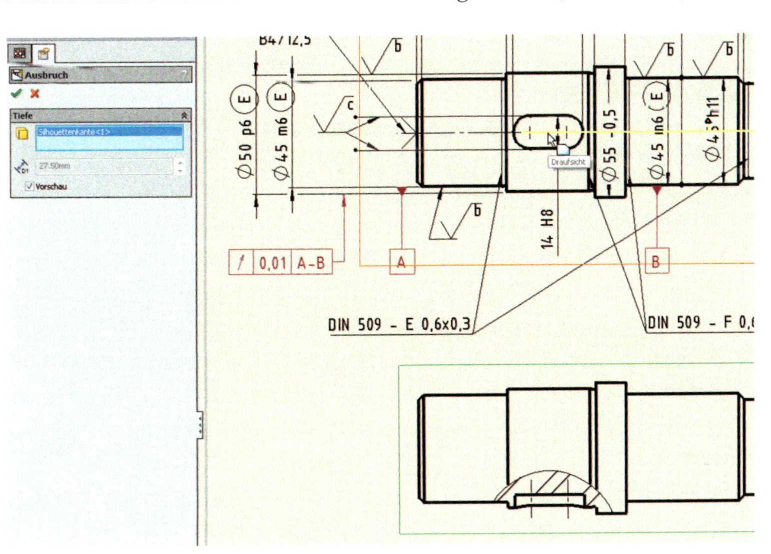

Bild 13.35: Die Schnittebene des Ausbruchs wird mit Hilfe einer Modellkante definiert.

- Klicken Sie auf die Kante, so wird sie in das Auswahlfeld übernommen. Bestätigen Sie, so wird der Ausbruch angezeigt.

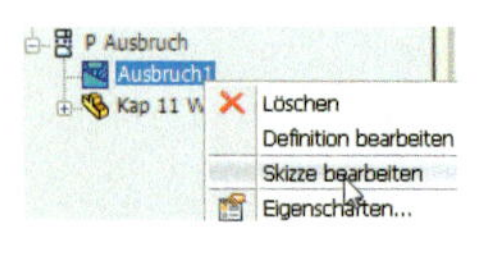

Wie immer können Sie nachträglich sowohl die *Skizze* als auch die *Definition* mit der Tiefenangabe bearbeiten, indem Sie den Ast der Ausbruchsansicht öffnen.

Und wie immer können Sie nun die Modellelemente importieren, um an die Bemaßung heranzukommen. Es geht aber auch anders:

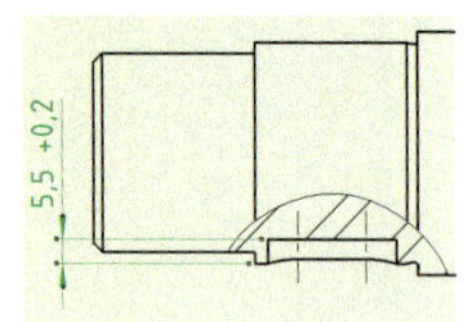

- Bemaßen Sie die Passfedernut mit einer *Intelligenten Bemaßung*, die Sie dann auf **<DIM> +0,2** erweitern. Die Prüfmaß-Klammern entfernen Sie durch Deaktivierung der gedrückten oberen Schaltfläche *Klammer hinzufügen*.

Die graue Farbe der Bemaßung wird im Ausdruck nicht erscheinen.

- Ergänzen Sie dann die Tiefenangabe der langen Passfedernut in der *Draufsicht*. Sie können diesen Bezugshinweis einfach mit **Strg+C** aus der Zeichnung WELLE kopieren und mit **Strg+V** hier einfügen.

Das klappt übrigens auch mit ganzen Ansichten!

13.6.4 Eine Detailansicht

Für die Detailansicht wenden wir uns dem modellierten Freistich der Welle zu. Da wir dazu eine geschnittene Ansicht benötigen, verwenden wir einfach eine der Schnittzeichnungen als Grundlage:

- Öffnen Sie die Zeichnung WELLE HALBSCHNITT und *speichern* Sie sie *unter* WELLE DETAIL.

- Zoomen Sie an die kleine Passfedernut im Halbschnitt heran und rufen Sie die Funktion *Detailansicht* aus der Symbolleiste *Zeichnen* auf.

Die erste Stufe ist das Zeichnen des Detail-Kreises:

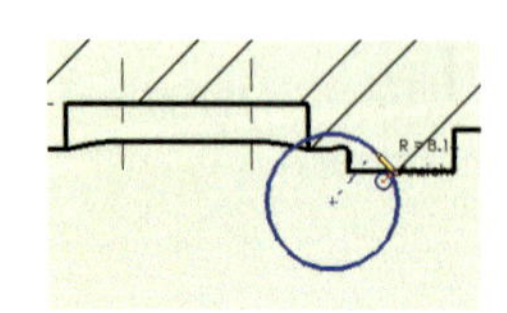

- Zeichnen Sie den Kreis um die Kante mit dem modellierten Freistich herum. Sie befindet sich in der Ansicht rechts von der kleinen Passfedernut. Achten Sie darauf, dass das Kreiszentrum **nicht** deckungsgleich beschränkt wird, damit Sie den Kreis besser verschieben und skalieren können.
- Stellen Sie den Stil *mit Hinweislinie* ein, da der Markierungskreis sehr klein ist. Dadurch wird der Kreis mit dem Buchstabenetikett verbunden (Abb. 13.36).
- Bestimmen Sie außerdem einen *Benutzerdefinierten Maßstab* von *10:1* und klicken Sie die Ansicht rechts neben den Halbschnitt auf das Blatt.

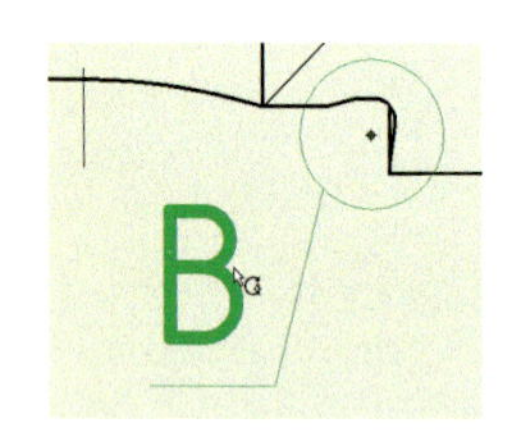

- Wahrscheinlich müssen Sie jetzt den Kreis an seinem Umfang verkleinern und immer wieder zurechtrücken, um die Ansicht überhaupt auf das Blatt zu bekommen. Achten Sie nur darauf, dass der gesamte Freistich zu sehen ist.
- Aktivieren Sie die Detailansicht im FeatureManager und wählen Sie wieder den Import der *Modellelemente* (Abb. 13.37).
- Wählen Sie als *Quelle* das Gesamte Modell und als Ziel die Detailansicht, falls sie nicht ohnehin schon in der Auswahlliste steht.

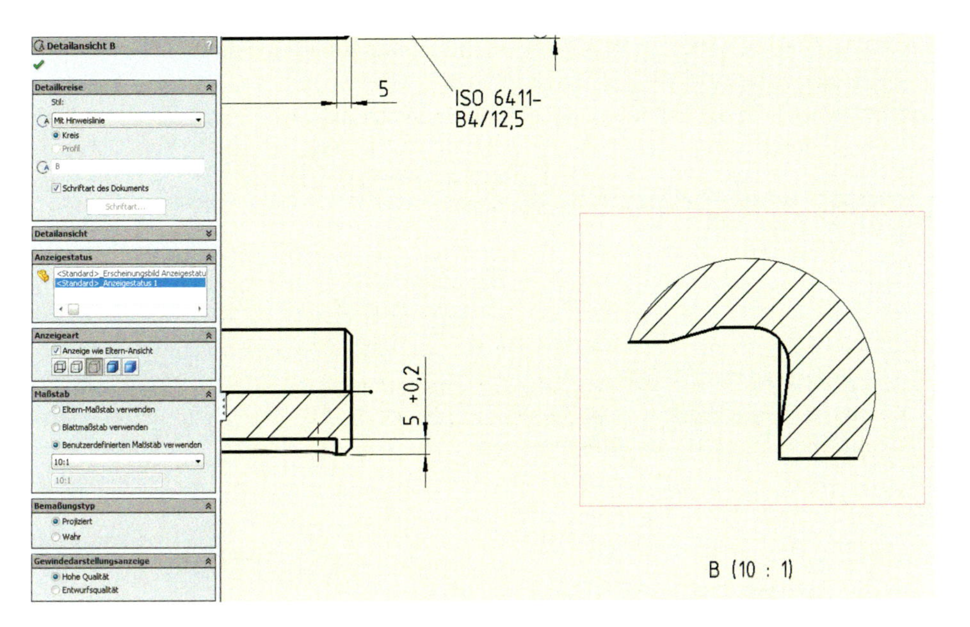

Bild 13.36:
Detail-Arbeit: Je größer der Maßstab, desto sorgfältiger muss der Ausschnitt gewählt werden.

- Deaktivieren Sie im Gruppenfeld *Bemaßungen* die erste Schaltfläche, *Für Zeichnung markiert,* und aktivieren Sie dafür die zweite mit dem Namen *Nicht für Zeichnung markiert.*

Hierdurch importieren Sie lediglich die sechs Bemaßungen des Freistichs, die Sie vorhin explizit für den Nicht-Import markiert hatten. Ich weiß, es klingt wie absurdes Theater.

- Deaktivieren Sie unten im PropertyManager die Option *Bemaßungsplatzierung von Skizze verwenden* und bestätigen Sie.

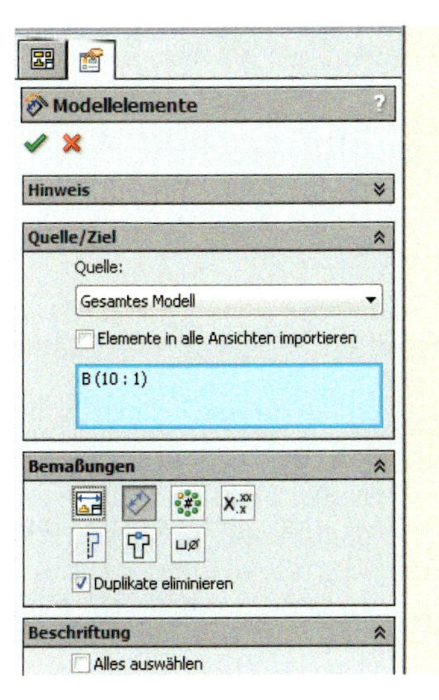

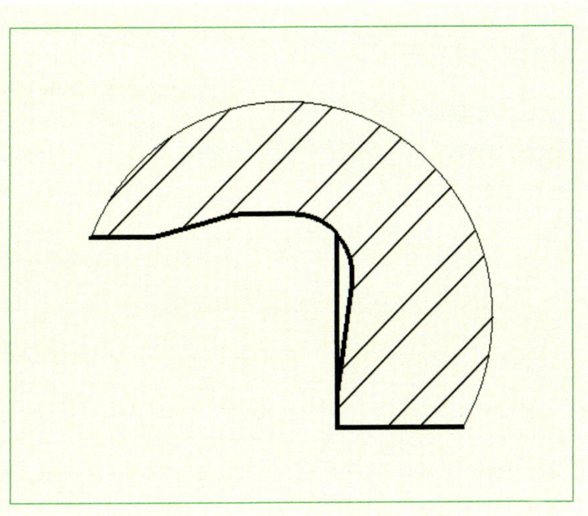

Bild 13.37:
Maßarbeit beim Importieren ist möglich mit unterschiedlich markierten Bemaßungen

Bruchkanten
Dokumentabstand
3.00mm
Maßhilfslinien brechen
Bemaßungslinien brechen

Hierauf werden die sechs Bemaßungen in die Detailansicht importiert.

- Sie brauchen sie nur noch zu positionieren und über deren PropertyManager die Bruchkanten zu aktivieren, damit sich die vielen Linien und Pfeile nicht überlagern (Abb. 13.38).

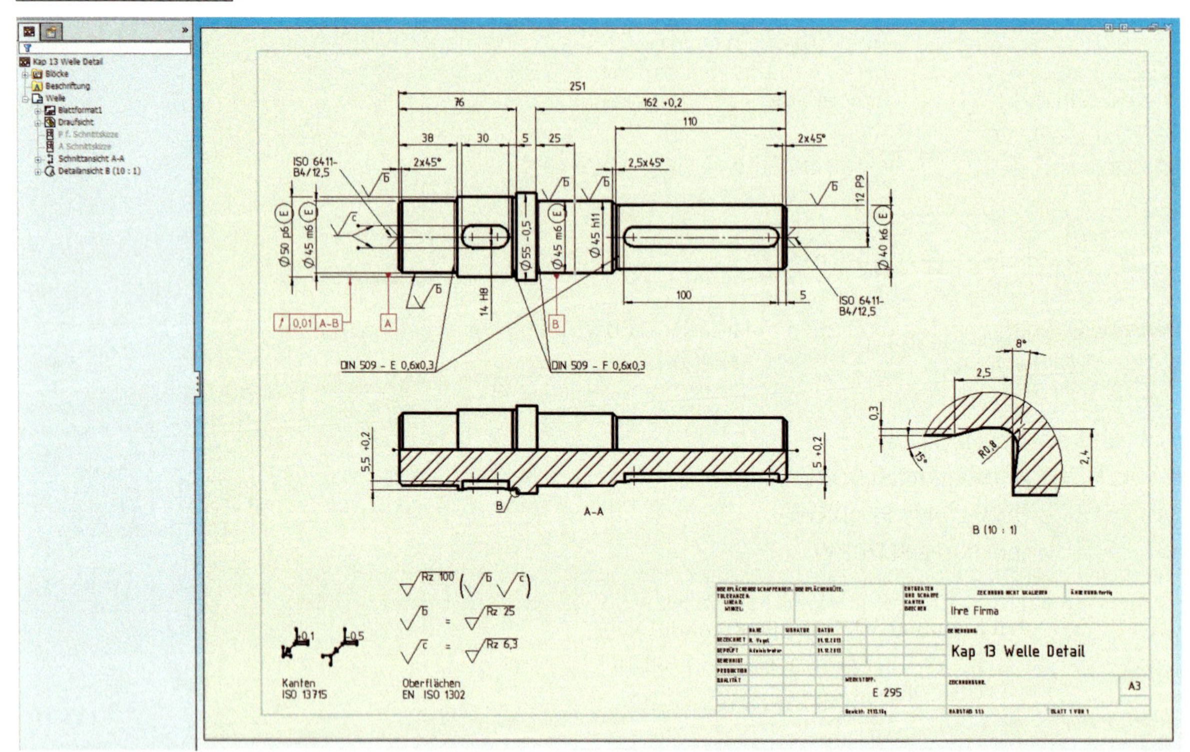

Bild 13.38:
Wenig Aufwand, viel Gewinn: Der vollständig bemaßte Freistich.

- Wenn Sie die Detailansicht verschieben, folgen die Bemaßungen nach.
- Speichern Sie dann die Zeichnung.

13.7 Ausblick auf kommende Ereignisse

Damit sind wir am Ende dieses Werkbuchs angekommen, liebe Leserin, lieber Leser.

Von hier aus haben Sie unzählige Möglichkeiten der Weiterbildung. Nicht nur, dass Sie das ganze Paket mit Hilfe eigener Schaltflächen, Menüs, Tastenkürzel und VBA-Makros von bloßer Konfektionsware in ein Spezialwerkzeug verwandeln können, Sie können auch eigene Anwendungen dafür schreiben: Die API von SolidWorks gilt als gut gepflegt, und die zum Teil sehr mächtigen Plug-ins zeigen, wie tief man in die Programmstruktur eingreifen kann.

Doch auch in konstruktiver Hinsicht haben Sie nicht alles gesehen. Es gibt eine Unzahl von Möglichkeiten, die Funktionen untereinander zu kombinieren. Es gibt vorteilhafte Arbeitsweisen, die sich erst einschleifen müssen.

Dinge, die einfach Übung und einen geschulten Blick verlangen.

Dinge, die erst noch zu entdecken sind.

Ich hoffe sehr, dass dieses Buch Ihnen einen Anstoß in die richtige Richtung geben konnte und Ihre Neugier geweckt hat. Dass Sie von hier aus auf eigene Faust in SolidWorks weiterkommen, vielleicht mit der – nun – verständlichen Originaldokumentation oder auch mit Hilfe eines Kurses.

Ich jedenfalls wünsche Ihnen auf Ihrem Weg mit MCAD alles Gute.

13.8 Dateien auf der DVD

Die Dateien zu diesem Kapitel finden Sie auf der DVD im Verzeichnis \GETRIEBE unter

KAP 13 WELLE.SLDDRW

KAP 13 WELLE AUSBRUCH.SLDDRW

KAP 13 WELLE DETAIL.SLDDRW

KAP 13 WELLE HALBSCHNITT.SLDDRW

KAP 13 WELLE QUERSCHNITT.SLDDRW

KAP 13 STIRNRADGETRIEBE.SLDDRW

Die Blöcke finden Sie unter \DESIGN LIBARY\ANNOTATIONS:

KANTENZUSTAND - DIN ISO 13715 AUßEN O. TEXT.SLDBLK

KANTENZUSTAND - DIN ISO 13715 INNEN, AUßEN O. TEXT.SLDBLK

Literaturverzeichnis

Hans Hoischen, Wilfried Hesser (Hrsg.): TECHNISCHES ZEICHNEN, 31. Auflage, Cornelsen Verlag Berlin, 2007

Stichwortverzeichnis

V

W

Z